普通高等教育农业农村部"十四五"规划教材
全国高等农业院校优秀教材

周海燕　谢达平　主编

食品生物化学

第三版

SHIPIN SHENGWU HUAXUE

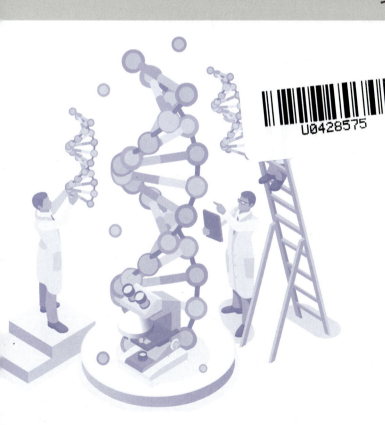

中国农业出版社
北京

内容提要

　　本教材是普通高等教育农业农村部"十四五"规划教材。分为物质篇、代谢篇、应用篇和技术篇，包括绪论和十六章内容。绪论主要介绍食品生物化学的主要内容以及应用与发展前景；第一章至第五章从物质基础入手，主要讨论生物大分子（糖类、脂质、蛋白质和核酸）的结构与功能；第六章至第十一章从物质代谢角度阐述了生物体新陈代谢与生物氧化，包括糖类的分解与合成代谢、脂质代谢、氨基酸代谢和核苷酸代谢等；第十二章至第十四章设置了三个专题内容，分别介绍了食品加工贮藏和风味物质形成的生物化学，以及食品对人体免疫调控的生物化学；第十五章和第十六章则从技术方面入手，介绍了食品成分的分离和分析。每章均设置知识窗，并附有复习题，以便开拓视野和教学巩固使用。

　　本教材适合于食品科学与工程类专业本、专科生使用，也可供从事食品生产的技术人员参考。

第三版编审人员

主　编　周海燕（湖南农业大学）
　　　　　谢达平（湖南农业大学）
副主编　田　云（湖南农业大学）
　　　　　袁志辉（湖南科技学院）
参　编（以姓氏笔画为序）
　　　　　刘　霞（云南农业大学）
　　　　　陈　军（河南科技学院）
　　　　　周　辉（湖南农业大学）
　　　　　周毅峰（湖北民族大学）
　　　　　唐新科（湖南科技大学）
审　稿　王　征（湖南农业大学）
　　　　　李　理（华南理工大学）

第一版编审人员

主　　编　谢达平
副 主 编　赵国华　陈晓平　林亲录
编写人员　（以姓氏笔画为序）
　　　　　于国萍（东北农业大学）
　　　　　邓林伟（湖南农业大学）
　　　　　白卫东（仲恺农业技术学院）
　　　　　陈晓平（吉林农业大学）
　　　　　林亲录（湖南农业大学）
　　　　　赵国华（西南农业大学）
　　　　　常　弘（山西农业大学）
　　　　　谢达平（湖南农业大学）
　　　　　谭敬军（湖南农业大学）
主　　审　刘冠民（湖南农业大学）

第二版编审人员

主　　编　谢达平
副 主 编　赵国华　于国萍　戴小阳
编写人员　（以姓氏笔画为序）
　　　　　于国萍（东北农业大学）
　　　　　王文君（江西农业大学）
　　　　　王玉昆（河北工程大学）
　　　　　王建辉（长沙理工大学）
　　　　　乌日娜（沈阳农业大学）
　　　　　赵国华（西南大学）
　　　　　耿丽晶（辽宁医学院）
　　　　　贾丽艳（山西农业大学）
　　　　　谢达平（湖南农业大学）
　　　　　戴小阳（湖南农业大学）
　　　　　檀建新（河北农业大学）
　　　　　魏新元（西北农林科技大学）
主　　审　曾晓雄（南京农业大学）
　　　　　谭周进（湖南中医药大学）
　　　　　曹　庸（华南农业大学）

第三版前言

生物化学是生物学领域重要的基础学科,是农、林、医、药学等学科的重要基础,是自然科学领域中发展最迅速的基础学科之一。食品生物化学是生物化学的分支学科,也是应用生物化学基本理论解释与阐述食品加工贮藏、安全营养重要原理的基础课程。

本教材内容全面,针对食品中生物大分子(蛋白质、核酸、糖类和脂质)的结构与功能、基本的物质代谢、能量代谢和信息传递进行了全面的阐述,并介绍了与人类食物质量密切相关的色、香、味的生物化学。本书在编写过程中严格依据生物化学与分子生物学名词审定委员会编写的《生物化学与分子生物学名词》对生物化学相关基本概念进行了规范。

与第二版相比,本版修订主要表现在以下几个方面:一是更新了应用于食品品质分析和检测的生物学技术的相关内容,如在第十六章第四节增加了PCR-ELISA技术;二是增加了食品生物化学领域的最新进展和前沿知识,如第三章第二节增加了必需氨基酸和稀有氨基酸的内容,第七章第五节增加了乙醛酸循环等;三是结合学科与专业的发展历程、现实状况和未来趋势,以"知识窗"或二维码链接的形式呈现了大量与食品生物化学相关的重大工程和科学技术发展成果、科学人物事迹、科学发现与生活实践等,如酶在古代应用的记载、人类基因组计划、我国科学家在合成生物学领域的突破、邹承鲁院士与酶学研究、AI技术引领食品风味趋势,等等。在本教材的编写中,编者特别注重突出生物化学领域的知识和技术在食品科学中的应用,在第三篇(应用篇)和第四篇(技术篇)中增加了许多食品方面的实例,以期学以致用。

参加本书编写工作的有:湖南农业大学周海燕(绪论、第六章)、田云(第四章、第十章和第十一章)、周辉(第一章和第五章),湖南科技学院袁志辉(第八章、第九章和第十六章)、云南农业大学刘霞(第二章和第三章)、湖北民族大学周毅峰(第七章和第十二章)、湖南科技大学唐新科(第十三章)和河南科技学院陈军(第十四章和第十五章)。全书由周海燕和谢达平统稿并最终定稿。湖南农业大学的王征教授和华南理工大学的李理教授对本教材进行了细致的审阅,并提出许多宝贵的修改意见,在此表示衷心的感谢！本教材在编写过程中得到了中国农业出版社和各编写单位的大力支持、充分理解与无私帮助，在此一并表示最诚挚的谢意！

尽管我们在教材编写过程中始终贯彻科学、系统、实用、新颖以及准确的原则，但由于学科发展迅速，以及我们自身水平和经验有限，不足之处在所难免，敬请广大读者批评指正，以便再版时进一步修正，使之更趋完善。

编　者
2020 年 9 月
（2024 年 7 月修改）

第一版前言

本书是为食品科学与工程专业本科学生编写的教科书。本书内容力求反映学科发展的趋势，以培养适应21世纪科技发展、具有创新意识、基础扎实、知识面广、综合素质高的人才。考虑到食品加工生物化学、食品添加剂化学中的许多内容已编入食品化学教材，为避免与食品化学课程某些内容重复，我们重在加强食品生物化学的基础理论、基本概念和技能的内容教学，并尽可能结合食品生产实际。

本书共分为4篇15章。第1篇为物质篇，重点讲述生物体内糖类、脂类、蛋白质、核酸和酶的组成、结构和功能。第2篇为代谢篇，讲述生物大分子糖类、脂类、蛋白质和核酸的生物合成与降解代谢、能量代谢、基因信息传递及各物质代谢的相互关系与调节控制。第3篇为专题篇，讲述植物原料采摘后和动物屠宰后至食品加工前贮藏期间食品原料的生物化学变化以及风味物质的形成和转化。第4篇为技术篇，主要介绍与食品物质成分的纯化和检测相关的现代生物化学技术，重点讲述其基本原理和在食品科学上的应用现状与前景。

考虑到教学学时的因素，第3篇和第4篇编入的内容有所压缩，但随着转基因作物和转基因食品被人们广泛接受，这方面的内容可在以后补充。为使教材便于教与学，编写时力求简明、概念明确、突出重点，每章后面附有复习题，以帮助学生课后复习，掌握要点。

该教材由长期担任食品生物化学课程教学的主讲教师编写，谢达平教授任主编。第1章和第2章由谭敬军编写，第3章和第6章由陈晓平编写，第4章由常弘编写，第5章、第11章和绪论由谢达平编写，第7章由于国萍编写，第8章由林亲录编写，第12章由常弘和林亲录合编，第9章由白卫东编写，第10章由邓林伟编写，第13章、第14章和第15章由赵国华编写。刘冠民教授对本教材进行了审阅。

本教材还可供相关专业的科技人员和研究生参考。由于编者水平有限，书中难免存在缺陷或错误之处，诚望读者和同行专家不吝指正。

编　者

2004年4月于长沙

目 录

第三版前言
第一版前言

绪论 / 1

第一篇 物 质 篇

第一章 糖类物质 / 7

第一节 单糖 / 7
一、单糖的分子结构 / 7
二、单糖的理化性质 / 12
三、重要的单糖 / 16
四、单糖的重要衍生物 / 16

第二节 寡糖 / 17
一、二糖 / 17
二、三糖 / 19
三、环糊精 / 19

第三节 多糖 / 19
一、均多糖 / 19
二、杂多糖 / 22
三、糖复合物 / 24

【知识窗】淀粉和糖原是贮存的燃料 / 26
复习题 / 27

第二章 脂类物质 / 28

第一节 单纯脂 / 28
一、脂酰甘油酯 / 28
二、蜡 / 33

第二节 复合脂 / 34

一、磷脂 / 34
二、糖脂 / 36
三、脂蛋白 / 37

第三节 非皂化脂 / 38
一、萜类 / 38
二、类固醇类 / 39
三、前列腺素 / 42

【知识窗】贮存能量的三酰甘油还能御寒 / 42
　　　　　食物中的三酰甘油 / 42
复习题 / 43

第三章 蛋白质 / 44

第一节 蛋白质的化学组成与分类 / 44
一、蛋白质的化学组成 / 44
二、蛋白质的分类 / 45

第二节 氨基酸 / 47
一、氨基酸的结构 / 48
二、蛋白质氨基酸的分类 / 48
三、必需氨基酸和稀有氨基酸 / 52
四、氨基酸的理化性质 / 52

第三节 肽 / 56
一、肽的结构与命名 / 56
二、重要的肽 / 57

第四节 蛋白质的分子结构 / 57
一、蛋白质的一级结构 / 58

1

二、蛋白质的空间结构 / 58
三、蛋白质结构与功能的关系 / 63

第五节 蛋白质的理化性质 / 65
一、蛋白质的分子质量 / 65
二、蛋白质的两性解离及等电点 / 65
三、蛋白质的胶体性质 / 66
四、蛋白质的沉淀作用 / 67
五、蛋白质的渗透压与透析 / 68
六、蛋白质的颜色反应 / 68

第六节 蛋白质的分离纯化 / 69
一、蛋白质分离纯化的一般原则 / 69
二、蛋白质分离纯化的方法 / 70

【知识窗】高蛋白饮食更有益于健康吗？/ 73

复习题 / 74

第四章 核酸 / 75

第一节 核苷酸 / 75
一、核苷酸的组成 / 75
二、核苷酸的理化性质 / 78
三、核苷酸的衍生物 / 79

第二节 脱氧核糖核酸 / 81
一、DNA 的碱基组成及一级结构 / 81
二、DNA 的空间结构 / 82
三、DNA 的生物学功能 / 86

第三节 核糖核酸 / 86
一、RNA 的结构 / 86
二、RNA 的类型 / 86

第四节 核酸的理化性质 / 90
一、核酸的溶解性质 / 90
二、核酸的两性解离 / 90
三、核酸的酸水解和碱水解 / 91
四、核酸的分子质量 / 91
五、核酸的黏度 / 91
六、核酸的紫外吸收 / 91
七、核酸的沉降特性 / 92
八、核酸的变性、复性与杂交 / 92

第五节 核酸的研究方法 / 93
一、核酸制备的一般程序 / 93
二、核酸分离纯化的一般步骤 / 93
三、核酸的分离纯化 / 93
四、核酸的凝胶电泳 / 93
五、DNA 序列测定 / 94

【知识窗】双螺旋结构的发现 / 96

复习题 / 96

第五章 酶 / 98

第一节 酶的一般概念 / 98
一、酶的定义和催化特点 / 98
二、酶的化学本质及组成 / 99
三、酶的命名与分类 / 100
四、酶催化反应的专一性 / 101

第二节 酶的催化作用机理 / 102
一、酶的活性中心 / 102
二、诱导契合学说 / 103
三、中间产物学说 / 103
四、酶催化高效率作用的机理 / 104
五、酶原激活 / 105

第三节 酶反应动力学 / 106
一、酶反应速度与活力单位 / 106
二、底物浓度对酶促反应速度的影响 / 106
三、pH 对酶促反应速度的影响 / 108
四、温度对酶促反应速度的影响 / 109
五、酶浓度对酶促反应速度的影响 / 109
六、激活剂对酶促反应速度的影响 / 109
七、抑制剂对酶促反应速度的影响 / 109

第四节 调节酶 / 111
一、别构酶 / 111
二、同工酶 / 112
三、共价调节酶 / 112

第五节 维生素构成的辅因子 / 112
一、维生素 PP 与 NAD^+、$NADP^+$ / 113
二、维生素 B_1 与焦磷酸硫胺素 / 113
三、维生素 B_2 与 FMN、FAD / 113
四、维生素 B_6 与磷酸吡哆醛 / 114
五、泛酸与辅酶 A / 115
六、生物素 / 115
七、叶酸及其辅酶形式 / 115
八、维生素 B_{12} 与辅酶 B_{12} / 116
九、硫辛酸 / 117
十、维生素 C / 117

第六节 食品加工中的常用酶 / 117
一、食品工程中的常用酶 / 117
二、酶的改造与模拟 / 119

【知识窗】服用头孢后能喝酒吗？/ 121

复习题 / 121

第二篇 代谢篇

第六章 生物氧化 / 125

第一节 生物氧化概述 / 125
一、生物氧化的定义和特点 / 125
二、生物氧化的方式与 CO_2 的生成 / 125
三、生物氧化的酶类 / 127

第二节 呼吸链 / 127
一、呼吸链的组成 / 129
二、线粒体内两条重要的呼吸链 / 130

第三节 生物氧化中能量的转变 / 131
一、磷酸肌酸和磷酸精氨酸的贮能作用 / 132
二、ATP 的生成 / 132
三、ATP 的循环 / 135
四、线粒体外 NADH 的氧化 / 135
五、超氧负离子的生成 / 137

【知识窗】你知道棕色脂肪吗？/ 138

复习题 / 138

第七章 糖类代谢 / 140

第一节 糖类的消化吸收 / 140
一、糖类的消化 / 140
二、糖类的吸收 / 141
三、糖的转运——血糖的来源与去路 / 141

第二节 糖的无氧分解 / 142
一、糖酵解的反应过程 / 142
二、丙酮酸的去路 / 144
三、糖酵解的能量核算及生理意义 / 146
四、其他单糖的酵解 / 146
五、糖酵解的调节 / 147

第三节 糖的有氧氧化 / 148
一、糖有氧氧化的反应过程 / 148
二、糖有氧氧化产生的 ATP / 152
三、糖有氧氧化的调节 / 153

第四节 磷酸戊糖途径 / 154
一、磷酸戊糖途径的反应过程 / 155
二、磷酸戊糖途径的意义 / 157

第五节 乙醛酸循环 / 157

第六节 糖醛酸途径 / 158

第七节 糖异生作用 / 159
一、糖异生途径 / 159
二、糖异生的调节 / 161

第八节 糖原的分解与合成 / 162
一、糖原的分解代谢 / 162
二、糖原的合成代谢 / 163
三、糖原的代谢调控 / 164

第九节 其他糖类的合成 / 165
一、淀粉的合成 / 165
二、蔗糖的合成 / 166
三、乳糖的合成 / 166

第十节 糖代谢各途径之间的关系 / 167

【知识窗】沙拉三明治与葡萄糖-6-磷酸脱氢酶缺乏症 / 168

复习题 / 169

第八章 脂类代谢 / 170

第一节 脂类的消化吸收与运输 / 170
一、脂类的消化 / 170
二、脂类的吸收 / 171
三、脂类的转运 / 171

第二节 脂肪的分解代谢 / 172
一、甘油的转化 / 173
二、脂肪酸的分解 / 173
三、酮体的代谢 / 179
四、乙醛酸循环 / 180

第三节 脂肪的合成代谢 / 182
一、3-磷酸甘油的生物合成 / 182
二、脂肪酸的生物合成 / 182
三、三脂酰甘油的生物合成 / 188

第四节 磷脂的代谢 / 188
一、磷脂的降解 / 189
二、磷脂酰胆碱（卵磷脂）的生物合成 / 189

第五节 胆固醇的转化 / 191

【知识窗】谨防酸中毒 / 192

复习题 / 192

第九章 氨基酸和核苷酸代谢 / 194

第一节 蛋白质的降解 / 195
一、蛋白质消化吸收 / 195
二、胞内蛋白的降解 / 195

第一节 氨基酸的分解代谢 / 195
一、氨基酸的脱氨基作用 / 195
二、氨基酸的脱羧基作用 / 203
三、个别氨基酸的特殊代谢途径 / 204

第三节 氨基酸的合成代谢 / 206

第四节　核苷酸的代谢 / 207
　一、核酸的降解 / 207
　二、核苷酸的降解 / 208
第五节　核苷酸的生物合成 / 210
　一、嘌呤核苷酸的合成 / 210
　二、嘧啶核苷酸的合成 / 212
　三、脱氧核糖核苷酸的合成 / 214
【知识窗】"不食人间烟火的孩子" / 215
复习题 / 216

第十章　核酸及蛋白质的生物合成 / 217

第一节　DNA 的生物合成 / 217
　一、DNA 的半保留复制 / 217
　二、DNA 复制的起点和方式 / 218
　三、DNA 复制有关的酶和蛋白质 / 219
　四、DNA 生物合成的过程 / 221
　五、真核生物 DNA 的复制 / 222
　六、DNA 复制的忠实性 / 223
　七、DNA 的突变及修复 / 224
　八、逆转录作用 / 225
第二节　RNA 的生物合成 / 226
　一、原核生物中的基因转录 / 226
　二、真核生物中的基因转录 / 228
第三节　蛋白质的生物合成 / 229
　一、遗传密码 / 229
　二、蛋白质合成体系及其组成 / 231
　三、氨基酸的活化 / 232
　四、原核生物多肽链的合成 / 233
　五、真核生物多肽链的合成 / 237
　六、翻译后的加工 / 237
【知识窗】冈崎片段的发现者 / 238
复习题 / 238

第十一章　物质代谢途径的相互关系与调控 / 239

第一节　物质代谢的相互关系 / 239
　一、糖类代谢与脂类代谢的相互关系 / 239
　二、糖类代谢与蛋白质代谢的相互关系 / 239
　三、脂类代谢与蛋白质代谢的相互关系 / 239
　四、核酸代谢与糖类代谢、脂类代谢及蛋白质代谢的相互关系 / 240
第二节　代谢调节控制 / 241
　一、酶水平的调控 / 241
　二、酶的区域化定位 / 250
　三、激素对代谢的调控 / 250
　四、神经系统对代谢的调控 / 251
【知识窗】绿茶中的儿茶素与代谢综合征 / 252
复习题 / 252

第三篇　应用篇

第十二章　食品加工贮藏中的生物化学 / 255

第一节　植物性生鲜原料的主要成分 / 255
　一、水分 / 255
　二、糖类 / 255
　三、有机酸 / 256
　四、色素物质 / 257
　五、维生素 / 258
　六、矿物质 / 259
　七、含氮物质 / 259
　八、单宁物质 / 259
　九、糖苷类 / 259
　十、芳香物质 / 260
　十一、油脂类 / 260
　十二、酶 / 260
第二节　植物性原料采后代谢活动 / 260
　一、水果、蔬菜等植物性原料采后的呼吸活动 / 261
　二、水果、蔬菜等植物性原料成熟和衰老过程的生物化学变化 / 262
　三、水果、蔬菜等植物性原料成熟和衰老过程中的呼吸作用特征 / 264
第三节　采后贮藏期间乙烯的影响 / 265
　一、乙烯的分布和生物合成 / 265
　二、乙烯与水果和蔬菜成熟衰老的关系 / 266
第四节　动物屠宰后组织中的生物化学 / 267
　一、动物屠宰后组织代谢的一般特征 / 267
　二、动物屠宰后组织呼吸途径的转变 / 269
　三、动物屠宰后组织中 ATP 含量的变化 / 269
　四、动物屠宰后组织中 pH 的变化 / 269
　五、动物屠宰后肌肉中蛋白质的变化 / 270
第五节　食品的变色作用 / 271
　一、褐变作用 / 271
　二、其他变色作用 / 277

第六节　蛋白质的功能性质及其在食品
　　　　工业中的应用 /278
　　一、蛋白质的水合性和持水力 / 278
　　二、蛋白质的溶解度 / 279
　　三、蛋白质的膨润 / 279
　　四、面团的形成 / 280
　　五、蛋白质的界面性质 / 280
　　六、蛋白质的黏度 / 282
　　七、蛋白质与风味物质的结合 / 282
第七节　食品加工和贮藏对蛋白质的
　　　　影响 /282
　　一、热处理对蛋白质的影响 / 282
　　二、低温处理对蛋白质的影响 / 283
　　三、脱水与干燥对蛋白质的影响 / 283
　　四、碱处理对蛋白质的影响 / 283
　　五、辐照对蛋白质的影响 / 283
【知识窗】微生物与食物保存 / 283
复习题 / 284

第十三章　风味物质形成的生物化学 / 285

第一节　风味 /285
　　一、风味的概念与分类 / 285
　　二、味感与气味 / 286
　　三、风味物质产生的途径 / 287
第二节　风味物质形成的生物化学过程 / 288
　　一、风味物质前体的生物转化 / 288
　　二、风味物质的发酵形成 / 294
　　三、利用植物细胞培养生产风味物质 / 294
　　四、食品香气的控制与增强 / 295
　　五、食品风味的测定 / 297
【知识窗】AI 技术引领食品风味趋势？ / 299
复习题 / 299

第十四章　食品与免疫 / 300

第一节　免疫系统 / 300
　　一、免疫器官 / 300
　　二、免疫细胞 / 301
　　三、抗原和抗体 / 303
　　四、细胞因子 / 304
第二节　Toll 样受体（TLR）识别模式 / 305
　　一、TLR 家族 / 305
　　二、TLR 信号转导途径 / 308
第三节　食品对细胞因子网络的调节作用 / 310

　　一、食品中主要成分对细胞因子网络的调
　　　　节作用 / 311
　　二、食品中其他成分的调节作用 / 315
【知识窗】Toll 样受体的发现 / 317
复习题 / 318

第四篇　技术篇

第十五章　现代食品生物化学分离技术 / 321

第一节　微波辅助萃取技术 / 321
　　一、微波辅助萃取的原理 / 321
　　二、微波辅助萃取的条件 / 321
　　三、微波辅助萃取的试样制备系统 / 322
　　四、微波辅助萃取的应用 / 323
第二节　超声波辅助萃取技术 / 323
　　一、超声波辅助萃取的原理及特点 / 324
　　二、超声波辅助萃取工艺及设备 / 325
　　三、超声波辅助萃取的应用 / 326
第三节　离子交换分离技术 / 327
　　一、离子交换树脂的结构和类型 / 327
　　二、离子交换过程的理论基础 / 330
　　三、离子交换操作方法 / 331
　　四、离子交换分离技术的应用 / 333
第四节　膜分离技术 / 333
　　一、超滤膜分离技术 / 333
　　二、反渗透膜分离技术 / 335
　　三、纳米过滤技术 / 335
　　四、膜分离技术的应用 / 337
【知识窗】如何去除咖啡中的咖啡因？ / 338
复习题 / 339

第十六章　现代食品生物化学分析技术 / 340

第一节　生物传感器分析技术 / 340
　　一、生物传感器的概念、组成及分类 / 340
　　二、生物传感器的工作原理 / 341
　　三、生物传感器在食品检测中的应用 / 341
第二节　基因芯片分析技术 / 342
　　一、基因芯片技术概述 / 342
　　二、基因芯片技术在转基因食品检测中的
　　　　应用 / 343
第三节　PCR 技术 / 344
　　一、PCR 技术原理及种类 / 344
　　二、用于食品检测的 PCR 方法 / 344

第四节　免疫分析技术 / 346
　　一、免疫分析法概述 / 346
　　二、ELISA 检测法的应用 / 346
　　三、PCR-ELISA 技术 / 347
第五节　波谱分析技术 / 348
　　一、红外光谱分析 / 348
　　二、紫外-可见光谱分析 / 350
　　三、核磁共振谱分析 / 350
　　四、质谱分析 / 351
【知识窗】质谱仪的发明者阿斯顿 / 353
复习题 / 354

参考文献 / 355

绪 论

食品生物化学是探讨食品成分的组成、结构、性质和在人体内的代谢，以及在贮藏加工过程中化学变化规律的一门学科，主要运用生物化学原理来分析和阐述食品及其原料的化学结构、性质及其在人体内的代谢过程。食品生物化学是基于普通生物化学和食品化学，结合了二者的基本原理并应用于食品科学的一门交叉学科。

一、生物化学与食品生物化学

生物化学（biochemistry）是以物理、化学及生物领域的现代技术研究生物体的物质组成和结构，主要用于研究细胞内各组分，如蛋白质、糖类、脂类、核酸等生物大分子的结构和功能，根据基本原理揭示生物大分子在生物体内发生的变化，以及这些大分子的结构和功能与生理机能之间的关系，从而在分子水平上深入探讨生命现象本质的一门科学。

其中，两大类重要物质——蛋白质和核酸是生命体的基本物质。

蛋白质在生物体内的种类很多，且执行着不同的生理功能。例如，酶是维持生物体新陈代谢的重要物质，具有催化功能，可以催化各种代谢反应的发生；激素（蛋白质类）能够调节代谢活动；血红蛋白有运输氧的作用；肌肉蛋白能够收缩和舒张；免疫蛋白可以为生物体起到防御功能。这些多种功能的综合形成了有序的生命活动。

如此复杂的生命活动，生物体又是如何控制和调节蛋白质的合成并发挥其功能的呢？普遍认为是另一种生物大分子——核酸发挥了这一调控作用。核酸有两个基本特征和功能：一是自我复制，使生命特征世代相传；二是指导、参与合成蛋白质，并通过蛋白质的生理功能来表征生命体。因此，核酸是生物遗传的物质基础。

除了蛋白质和核酸两大类基本物质外，糖类和脂类等复杂的生物分子也在新陈代谢过程中具有重要作用，还有一些小分子化合物，如氨基酸及其衍生物、肽、核苷酸、激素、维生素、无机盐等也参与新陈代谢过程。生命体就是在各种物质成分的互相促进或抑制中协同完成各种代谢途径。

新陈代谢（metabolism）是生物体内有序化学变化的总称。从广义上来看，代谢是生物体与外界环境之间的物质和能量交换，以及生物体内物质和能量的转变过程；从狭义上来看，代谢是细胞内所发生的酶促反应过程，称为中间代谢。新陈代谢包括同化和异化两个基本过程。生物体在生命活动中不断从外界摄取蛋白质、糖类、脂类、无机盐和其他营养物质，通过一系列化学反应，将这些物质转化为自身的组成成分，这就是同化作用（assimilation）。同时，生物体又会不断地将本身已有的组成成分分解为其他物质排出体外，这就是异化作用（dissimilation）。在不断的新陈代谢过程中，生物体获得生长、发育、繁殖、分泌和运动等生理过程，若新陈代谢停止，生命就会终止。

为了维持生命，人类必须从外界获取物质和能量，即进行同化作用。摄入体内的具有营养价值的物料，如蛋白质、糖类、脂类、矿物质、水等统称为食物或食料。人类的食物大都需要经过加工成熟后才能食用，经过加工的食物称为食品。长期以来，人类通过生物学、化学、工程学等方法和技术研究食品，从而形成了食品科学，而食品生物化学则是食品科学的一个重要分支。

食品生物化学的研究范畴包括以下几个方面：

(1)食品的化学组成、主要结构、性质及生理功能。食品的化学组成是指食品中含有的能用化学方法进行分析的元素或物质，主要包括无机成分如水、矿物质，有机成分如糖类、蛋白质、核酸、脂类、维生素等。

(2)以代谢途径为中心，研究食品在人体内的变化规律及伴随其发生的能量变化。

(3)食品在加工、贮运过程中的变化及这些变化对食品感官质量和营养质量的影响。

(4)通过生物化学的技术与方法对食品进行分析与检测。

二、生物化学与食品生物化学的发展史

生物化学的研究始于18世纪晚期，但当时结构化学的研究还没有得到发展，使得生物化学的发展受到阻碍。进入20世纪初，生物化学的发展进入突飞猛进的时代。回顾生物化学的发展，经历了以下几个时期。

18世纪中叶至20世纪初是生物化学发展的初期阶段，主要研究生物体的化学组成、性质及含量，称之为"静态生物化学"时代。1770—1786年瑞典化学家Scheele分离出甘油、柠檬酸、苹果酸、乳酸、尿酸等，奠定了生物化学的物质基础。这一阶段的重要贡献是对脂类、糖类及氨基酸的性质进行了较为系统的研究；发现了核酸；化学合成了简单的多肽；酵母发酵过程中"可溶性催化剂"的发现奠定了酶学的基础。尤其值得关注的是1828年，德国化学家Wölher在实验室里成功地将氰酸铵转变成了尿素。氰酸铵是一种普通的无机化合物，而尿素则是哺乳动物尿中的一种有机物。人工合成尿素的成功，彻底改变了有机物只能在生物体内合成的错误观点，为生物化学的发展开辟了广阔的道路。

20世纪初期开始，分析鉴定技术取得大幅进步，推动生物化学进入了蓬勃发展时期。例如，在营养学方面，人们发现了人类必需氨基酸、必需脂肪酸及多种维生素。在酶学方面，美国化学家Sumner于1926年首次得到脲酶结晶，其后另一位美国化学家Northrop相继制备出胃蛋白酶等结晶，从而证明了酶的化学本质是蛋白质。在物质代谢方面，得益于化学分析及同位素示踪技术的发展与应用，生物体内主要物质的代谢途径已基本确定：德国生物化学家Embden和Meyerhof阐明了糖酵解反应途径；英国生物化学家Krebs证明了尿素循环和三羧酸循环；美国生物化学家Lipmann发现了ATP在能量传递循环中的中心作用。这个时期的生物化学是以研究物质代谢变化为主体，称之为"动态生物化学"时代。

而20世纪50年代以来，电镜、超速离心、色谱技术、电泳和X射线晶体衍射等技术和设备的发明，加速了生物化学大发展。这一阶段的生物化学研究融合了生理学、环境科学，使生物化学进入了机能生物化学时期，称之为"现代生物化学"时代。这一时期，蛋白质、酶和核酸等生物大分子的研究，得以从基本的分离提纯和性质分析发展成为研究化学元素组成、序列、空间结构与生物学功能的关系，并创造了人工合成、人工模拟及基因工程等新领域。代表性成果包括：1953年，Watson和Crick提出DNA双螺旋结构模型，揭开了分子生物学的序幕，是20世纪自然科学中的重要基石，此后分子生物学以前所未有的速度发展；1958年Crick提出了"中心法则"；Jacob和Mondo于1961年提出了操纵子学说；1965年，我国生化工作者首先用人工方法合成了有生物活性的牛胰岛素；1970年，Arber、Nathans和Smith在限制性内切酶研究方面做出重要贡献，Temin和Baltimore还发现了逆转录酶；1978年，胰岛素基因在大肠杆菌中获得表达，凸显出了重组DNA技术的应用价值；1979年，我国又合成了酵母丙氨酸tRNA，开辟了人工合成生物大分子的途径；1981年，Cech等研究原生动物四膜虫rRNA的加工时，发现了具有催化活性的RNA，这一发现颠覆了酶完全是由蛋白质组成的传统观点，开拓了全新的生物催化剂领域；2003年，中国、美国、日本、德国、法国、英国6国科学家成功绘制了人类基因组图谱，该图谱覆盖了人类基因组所含基因区域的99%，精确测定的生物大分子三维结构超过1万种，使人们开始在生物分子三维结构的基础上，预测和分析生命活动的规律和机制，正式进入了"后基因组生物学"时期。

　　生物化学是食品科学的重要理论依据和技术基础，现代食品科学以现代科学技术与工程为基础，以食品生产、加工、包装、贮藏、流通、消费、环保等为研究内容，以食品安全、营养、感官品质等食品质量及其变化、维护、检验、评价为研究范畴，到目前已经发展成为一门多学科交叉的综合性学科。例如，在进行食品资源开发领域，需要应用生物工程技术，改造食用农产品的品质，开发新的食品种类及其食品添加剂；在食品生产过程中，食品工程、发酵工程等技术能够帮助人们根据微生物合成某种产物的代谢规律，对反应条件进行控制，提高大规模生产的效率；在食品分析检测方面，则经常需要使用生化分离、检测技术，包括光谱分析、层析、电泳、免疫学、膜分离技术等；在考察贮藏加工过程中食品的化学成分变化及其在人体代谢中的分解和转化规律时，则需要运用基因和遗传信息技术对食品原料的品质、质量和营养价值进行分析。

01

第一篇 物质篇

食品原料主要来源于动物和植物体，也有少量来源于微生物，如大型真菌等，其营养成分经食用吸收后参与人体的新陈代谢。生物体可看作是物质运动的一种形式，生物体内的糖类、脂类、蛋白质、核酸等生物大分子是生物体生长、繁殖、运动、遗传及物质转化等各种生命现象的物质基础，研究它们的分子组成、结构与功能以及核酸和蛋白质的相互作用，可使我们能够深入了解生命的本质。

第一篇将涉及生物体主要细胞组分物质的结构和功能：糖类(第1章)、脂类(第2章)、蛋白质(第3章)、核酸(第4章)和酶(第5章)。这些物质都是由亚单位组成，糖类的亚单位是单糖，脂类的亚单位是脂肪酸，蛋白质的亚单位是氨基酸，而核酸的亚单位是核苷酸。本篇除了描述亚单位的结构和性质外，还描述了生物大分子的结构和性质。大分子聚合物中亚单位的排列具有特定的顺序，每个大分子的独特结构决定着它的功能，其中的非共价相互作用在维持大分子空间结构中扮演了至关重要的角色。酶是生物体内物质转化的催化剂，绝大部分酶的化学本质为蛋白质分子，生物体内的化学反应几乎都是在酶的催化下进行的。了解酶的催化特点和性质，不仅有利于理解物质的转化和代谢调节的机制，还可利用生物学实验技术改造酶的催化特性，挖掘酶资源，并将之合理地应用于食品生产实践之中。事实上，由此产生的酶工程与技术已在食品加工、贮存等方面得到了相当广泛的应用。

CHAPTER 1
第一章 糖类物质

糖类(saccharide)亦称为碳水化合物(carbohydrate),是自然界存在的最为丰富的有机化合物,广泛分布于动物、植物、微生物中。糖类在植物中的含量可高达植物体干物质量的80%以上;糖类占微生物菌体干物质量的10%~30%;人和动物体中糖类含量较低,约占干物质量的2%。

糖类是指多羟基醛或多羟基酮及其缩聚物和某些衍生物的总称。根据其聚合度,糖可分为单糖、寡糖和多糖。聚合度是指每摩尔糖类化合物完全水解后生成的单糖的物质的量(摩尔)。

单糖(monosaccharide)是结构最简单的糖类,其不能被水解成更小的糖单位。根据其分子中碳原子数目,单糖又分为丙糖(triose)、丁糖(tetrose)、戊糖(pentose)和己糖(hexose)等。根据单糖分子构型,可将其分为酮糖(ketose)和醛糖(aldose)。葡萄糖(glucose)和果糖(fructose)分别是最常见的醛糖和酮糖的代表。

寡糖(oligosaccharide)又称为低聚糖,是指聚合度在2~10的糖类化合物,蔗糖(sucrose)、麦芽糖(maltose)和乳糖(lactose)是其重要代表。

多糖(polysaccharide)是指聚合度在10以上的糖类化合物,如淀粉(starch)、糖原(glycogen)、纤维素(cellulose)等。

根据其组成的单糖是否为同一种,多糖可分为均多糖(homopolysaccharide)和杂多糖(heteropolysaccharide)。均多糖指仅由1种单糖构成的多糖,而杂多糖指由2种以上种类的单糖构成的多糖。

根据多糖分子中是否含有非糖成分,可将多糖分为纯粹多糖(pure polysaccharide)与复合多糖(complex saccharide)。不含非糖成分的多糖称为纯粹多糖,如淀粉、果胶等;含非糖成分的多糖称为复合多糖,如糖蛋白、糖脂等。

糖类化合物的生物学作用主要有:①作为生物能源;②作为其他物质(如蛋白质、核酸、脂类等)生物合成的重要原料;③作为生物体的结构物质,如纤维素是植物茎秆等支撑组织的结构成分,几丁质是虾、蟹等动物硬壳组织的结构成分;④糖蛋白、糖脂等具有细胞识别、免疫活性等多种生理活性功能。近年来,由于糖的特殊生理功能,对糖类物质的研究越来越受到重视。

第一节 单 糖

一、单糖的分子结构

单糖是多羟基醛或多羟基酮,分别称为醛糖(aldose)和酮糖(ketose),它们的分子结构通式如图1-1所示。

单糖的分子结构有链状结构和环状结构两种。链状结构即单糖的开链结构,其分子构型呈线性,而环状结构是指糖类C_1上的醛基与分子中其他碳原子(主要为C_4和C_5)上连接的羟基(—OH)之间形

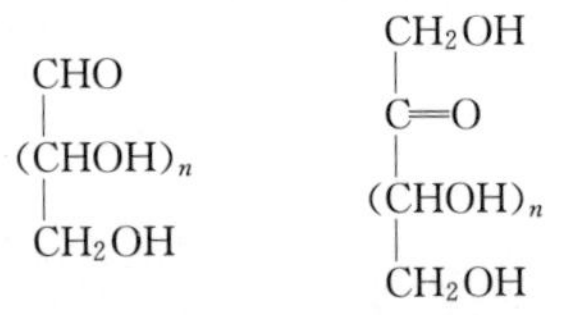

$$\begin{array}{cc} \text{CHO} & \text{CH}_2\text{OH} \\ | & | \\ (\text{CHOH})_n & \text{C}=\text{O} \\ | & | \\ \text{CH}_2\text{OH} & (\text{CHOH})_n \\ & | \\ & \text{CH}_2\text{OH} \\ \text{醛糖} & \text{酮糖} \end{array}$$

图1-1 链状醛糖和酮糖的通式

成半缩醛基,从而在分子内形成一个环状结构。单糖分子的链状结构和环状结构实际上是同分异构体。

(一)单糖的链状结构

1. 单糖的链状结构 以常见单糖分子为例,它们的链状结构分别如图1-2所示。

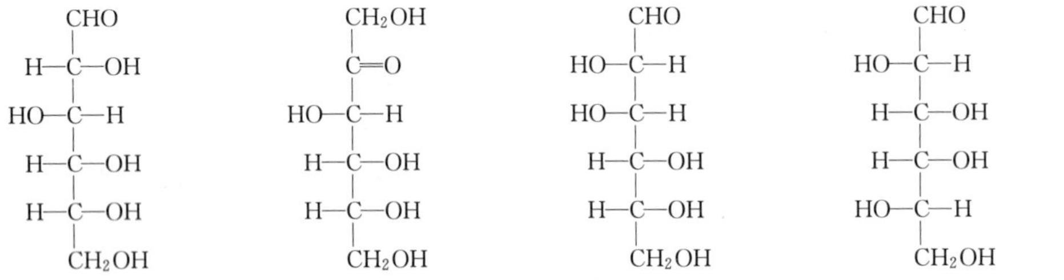

D(+)-葡萄糖(醛糖)　　D(-)-果糖(酮糖)　　D(+)-甘露糖(醛糖)　　L(-)-半乳糖(醛糖)

图1-2 常见单糖分子的链状结构

[(+)表示右旋,(-)表示左旋]

图1-2中结构式可以简化,以"├"表示碳链及不对称碳原子上羟基的位置;以"△"表示醛基,即—CHO;以"—"表示羟基,即—OH;以"○"表示第一醇基,即—CH$_2$OH,则D-葡萄糖和D-果糖分子结构的简化式如图1-3所示。

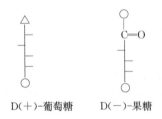

D(+)-葡萄糖　　D(-)-果糖

图1-3 葡萄糖与果糖分子的简化式

2. 单糖的差向异构体 含有相同碳原子的同构型(醛糖或酮糖)的单糖的分子构象,如己醛糖中的葡萄糖与甘露糖、葡萄糖与半乳糖,除了一个不对称碳原子的构型不同(主要是—OH的位置)外,其余结构完全相同,如图1-4所示。把这种仅有一个不对称碳原子构型不同的两个非镜像对映异构体单糖称为差向异构体(epimer)。

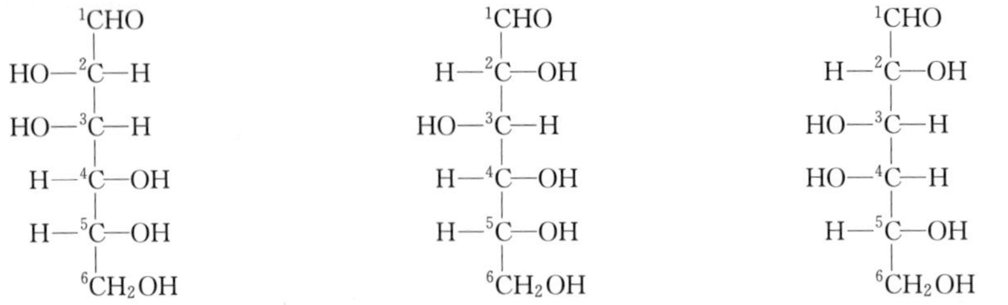

C$_2$处差向异构　　D(+)-葡萄糖　　C$_4$处差向异构
D(+)-甘露糖　　　　　　　　　　　　D(+)-半乳糖

图1-4 葡萄糖的差向异构体

3. 单糖的镜像对映体 构型(configuration)指一个分子由于其中各原子不同的空间排列,而使该分子具有的特定的立体化学形式。当某物质由一种构型转变为另一种构型时,要求有共价键的断裂和重新形成。

单糖有 D 型及 L 型两种异构体,即有两种构型。判断其是 D 型还是 L 型的方法是将单糖分子中离羰基最远的不对称碳原子上—OH 的空间排布与甘油醛做比较,若与 D-甘油醛相同,即—OH 在不对称碳原子右边的为 D 型;若与 L-甘油醛相同,即—OH 在不对称碳原子左边的为 L 型。甘油醛的 D 型或 L 型是人为规定的。甘油醛是含有一个不对称碳原子的最简单的单糖,与其他单糖一样,含有不对称碳原子。一个不对称碳原子上的—H 和—OH 有两种可能的排列方法,因而形成两种对映体(antipode)。—OH 在甘油醛的不对称碳原子右边的,即在与—CH₂OH 邻近的不对称碳原子(有 * 号的)右边,被规定为 D 型;在左边的则为 L 型(图 1-5)。

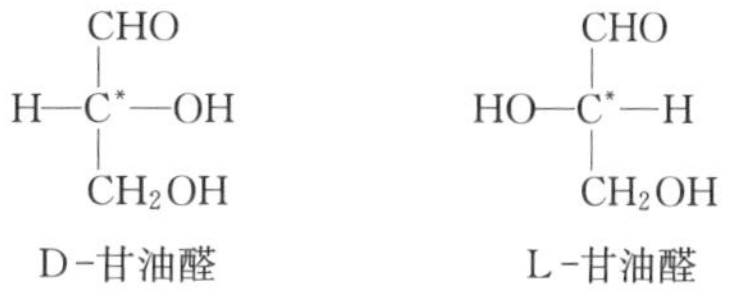

图 1-5 D-甘油醛与 L-甘油醛的结构

将甘油醛分子做成立体模型,则 D-甘油醛及 L-甘油醛两个对映体的结构如图 1-6 所示,它们不能重叠,而是互为镜像,因此称为镜像对映体。

根据这种方法,从 D-甘油醛可能衍生出 2 个 D-丁糖、4 个 D-戊糖、8 个 D-己糖;从 L-甘油醛也可衍生出同样数目的 L 型单糖。D 型单糖与 L 型单糖互为对映体。故一种具有 n 个不对称碳原子的单糖,其镜像对映体的数目为 2^n,图 1-7 和图 1-8 分别给出了 D 系醛糖与酮糖的立体结构。

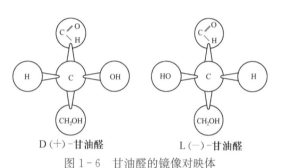

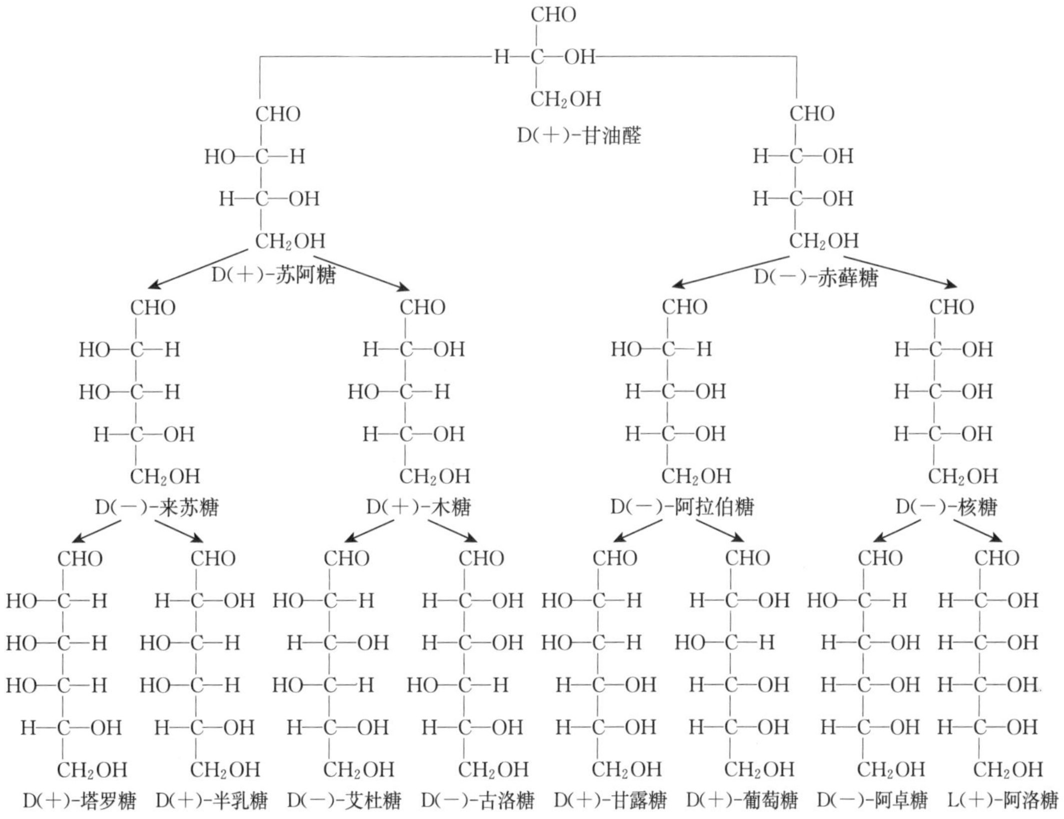

图 1-6 甘油醛的镜像对映体

图 1-7 D 系醛糖衍生的单糖

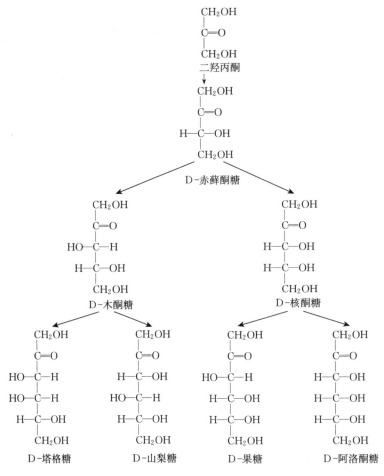

图 1-8　D 系酮糖衍生的单糖

(二)单糖的环状结构

由于葡萄糖的醛基只能与一分子醇反应生成半缩醛(图 1-9)，不同于普通的醛；并且它不能与亚硫酸氢钠反应形成加成物，在红外光谱中没有羰基的伸缩振动，在核磁共振氢谱中也没有醛基质子的吸收峰。实验表明，因为葡萄糖的醛基与分子内的一个羟基形成了环状半缩醛结构，所以只能与一分子醇形成缩醛，又称为糖苷。

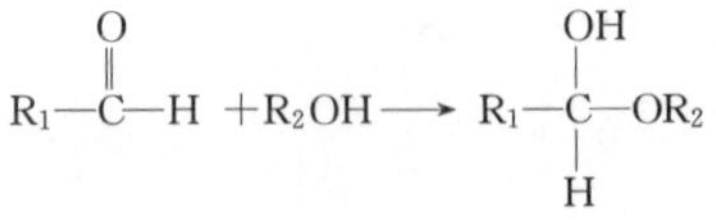

图 1-9　半缩醛的形成过程

E. Fischer(1893)提出单糖的环状结构。在溶液中，含有 5 个或更多碳原子的醛糖和酮糖的羰基都可以与分子内的一个羟基反应形成环状半缩醛(图 1-10)。环状半缩醛可以是五元环或六元环结构，环状结构中的氧来自形成半缩醛的羟基，所以环状半缩醛是一个杂环结构。单糖的链状结构和环状结构，实际上是同分异构体，环状结构更重要。

1. 单糖的 α 型和 β 型　由于环式第 1 碳原子是不对称的，与其相连的—H 和—OH 的位置就有两种可能的排列方式，因而就有了 α 和 β 两种构型的可能。决定 α 型和 β 型的依据与决定 D 构型和 L 构型的依据相同，都是以与分子末端—CH_2OH 邻近的不对称碳原子的—OH 的位置作依据。凡是糖分子的半缩醛羟基(即 C_1 上的—OH)和分子末端的—CH_2OH 基邻近的不对称碳原子的—OH 在碳链同侧的称为 α 型，在异侧的称为 β 型。C_1 称为异头碳原子(头部碳原子)，α 型和 β 型两种异构体称为异头物(anomer)。环式醛糖和酮糖都有 α 型和 β 型两种构型。水溶液中，单糖的 α 型和 β 型异构体可通过直链互变而达到平衡，这就是葡萄糖溶液的变旋现象(mutamerism)。α 型和 β 型异构体不是对映体。

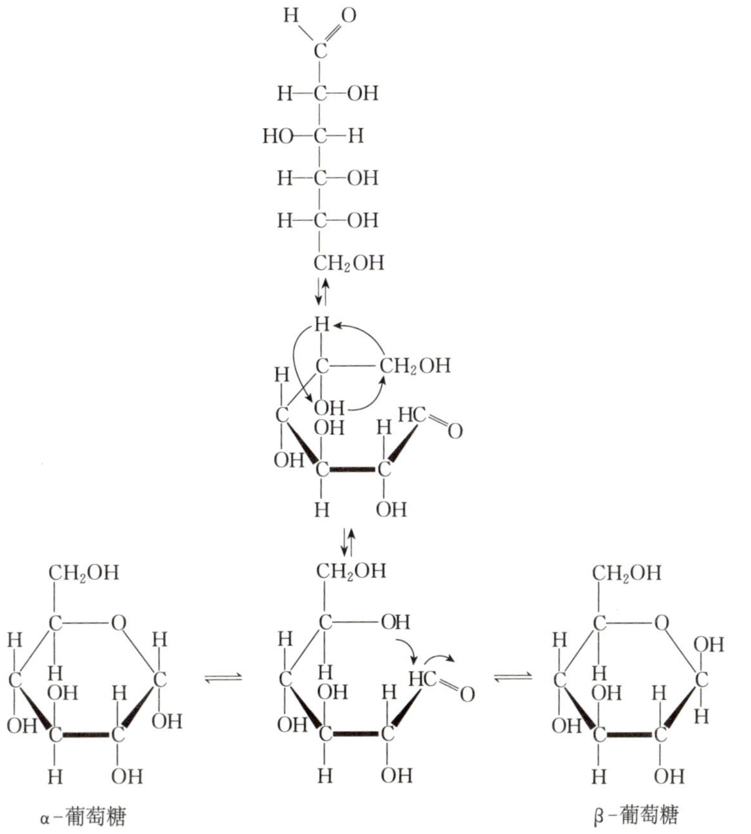

图 1-10 葡萄糖链状结构与环状结构互变

2. 吡喃糖与呋喃糖 葡萄糖在无水甲醇溶液内受氯化氢催化,能产生两种各含一个甲基的甲基葡萄糖苷:α 型甲基葡萄糖苷或者 β 型甲基葡萄糖苷。表明 C_1 有两种不对称形式,即葡萄糖分子环状结构有两种可能的形式。实验证明,C_1 上的醛基在形成半缩醛基时有两种成环形式,一种是半缩醛基的氧桥由 C_1 和 C_5 连接,形成六元环(五个碳原子),称为吡喃型;另一种是半缩醛基的氧桥由 C_1 和 C_4 连接,形成五元环(四个碳原子),称为呋喃型。从这个角度,单糖又可分为吡喃糖(pyranose)与呋喃糖(furanose)(图 1-11)。葡萄糖的五元环结构(即呋喃糖)不太稳定,天然葡萄糖多以六元环(即吡喃糖)的形式存在。

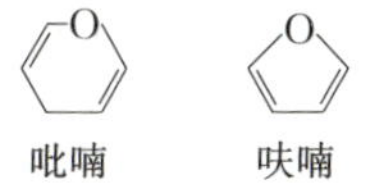

图 1-11 吡喃环与呋喃环的结构式

3. 单糖环状结构 Haworth 式 Fischer 的环状式虽能表示各个不对称碳原子构型的差异,较圆满地解释了单糖的性质,但不能很准确地反映糖分子的立体构型。例如,过长的氧桥就不符合实际情况。1926 年,Haworth 提出了以透视式表达糖的环状结构,即 Haworth 透视式,将吡喃糖写成六元环,将呋喃糖写成五元环。葡萄糖的 Haworth 透视式如图 1-12 所示。

天然存在的糖环结构实际上并不像 Haworth 表示的透视平面图那样,吡喃糖有如图 1-13 所示

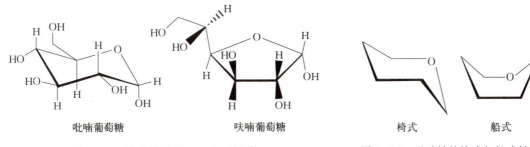

图 1-12 葡萄糖的 Haworth 透视式　　　　图 1-13 吡喃糖的椅式与船式结构

的椅式和船式两种不同的构象。椅式构象相当刚性且热力学上较稳定,很多己糖都以这种构象存在。单糖中的酮糖,与醛糖相同,也有环状结构,不过其五元环即呋喃糖更常见。

对于一种构型的糖(如 D-葡萄糖),有开链形式,也有环状形式;环状形式又分为 α 型和 β 型,成环的方式不同,又有呋喃式和吡喃式之分。因此一种糖在溶液状态时至少有 5 种形式的糖分子存在,它们处于平衡之中(图 1-14)。其中 α 型与 β 型互变是通过醛式或水化醛式来完成的。

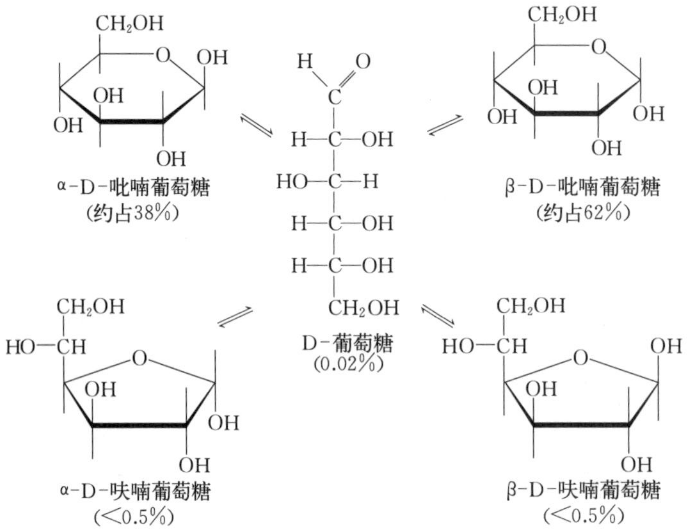

图 1-14　α-葡萄糖与 β-葡萄糖的互变

二、单糖的理化性质

(一)单糖的物理性质

1. 单糖的旋光性　旋光性(rotation)是指一种物质使偏振光的振动平面发生向左或向右旋转的特性。具有不对称碳原子(又称为手性碳原子)的化合物都具有旋光性。除丙酮糖外,其余单糖分子中都具有手性碳原子,故都具有旋光性,这也可作为鉴定糖的一个重要指标。值得注意的是,凡在理论上可由 D-甘油醛(即 D-甘油醛糖)衍生出来的单糖皆为 D 型糖,由 L-甘油醛衍生出来的单糖皆为 L 型糖。但 D 及 L 符号仅表示单糖在构型上与 D-甘油醛或 L-甘油醛的关系,与旋光性无关。要表示旋光性,则在 D 或 L 后加"(+)"号或"(-)","(+)"号表示右旋,"(-)"号表示左旋。构型与旋光方向是两个概念。

糖的比旋光度是指含有 1g 糖的 1mL 溶液当其透光层为 1dm 时使偏振光旋转的角度,表示为 $[\alpha]_\lambda^t$。其中,t 为测定时的温度;λ 为测定时光的波长,一般采用钠光,符号为 D。表 1-1 为一些单糖的比旋光度。

表 1-1　各种单糖在 20 ℃(钠光)时的比旋光度

单　糖	比旋光度$[\alpha]_D^{20}/(°)$	单　糖	比旋光度$[\alpha]_D^{20}/(°)$
D-葡萄糖	+52.6	D-甘露糖	+14.2
D-果糖	-92.2	D-阿拉伯糖	-105.0
D-半乳糖	+80.2	D-伯糖	+18.8
L-阿拉伯糖	+104.5		

糖刚溶于水时,其比旋光度值是处于动态变化中的,一定时间后才趋于稳定,这种由糖发生构象转变而引起的现象称为变旋现象。因此在测定变旋光性糖的旋光度时,必须使糖溶液静置一段时

间(24 h)后再测定。

2. 单糖的甜度 甜味的高低称为甜度,甜度是甜味剂的重要指标。目前甜度的测定主要通过人的味觉来品评。通常以蔗糖作为测量甜味剂的基准物质,规定以10%或15%的蔗糖溶液在20℃时甜度为1.0,用相同浓度的其他糖溶液或甜味剂来比较甜度的高低。由于这种甜度是相对的,所以又称为比甜度。表1-2列举了常见单糖的比甜度。

表1-2 常见单糖的比甜度

单　糖	比甜度	单　糖	比甜度
蔗糖	1.00	麦芽糖	0.5
α-D-葡萄糖	0.70	乳糖	0.4
β-D-呋喃果糖	1.50	麦芽糖醇	0.9
α-D-半乳糖	0.27	山梨醇	0.5
α-D-甘露糖	0.59	木糖醇	1.0
α-D-木糖	0.50		

3. 单糖的溶解度 单糖分子中有多个羟基,易溶于水,不溶于乙醚、丙酮等有机溶剂。

(二)单糖的化学性质

单糖是多羟基醛或多羟基酮,因此它们既具有羟基的化学性质(如氧化、酯化、缩醛反应),也具有羰基和醛基的化学性质,以及由于它们相互影响而产生的一些特殊化学性质。

1. 单糖的氧化作用 单糖分子中的游离羰基,在稀碱溶液中能转化为醛基,因此单糖具有醛的通性,既可以被氧化成酸,也可以被还原成醇。弱氧化剂(如多伦试剂或费林试剂)可将单糖氧化成糖酸,通常将被这些弱氧化剂氧化的糖,都称为还原糖。

$$C_6H_{12}O_6 + [Ag(NH_3)_2]^+OH^- \longrightarrow C_6H_{12}O_7 + Ag\downarrow$$
葡萄糖或果糖　　　　　　　　　葡萄糖酸

$$C_6H_{12}O_6 + Cu(OH)_2 \longrightarrow C_6H_{12}O_7 + Cu_2O\downarrow$$
　　　　　　　　　　　　　　　　　红色沉淀

除此之外,单糖因氧化条件不同,产物也不一样(图1-15)。较强氧化剂(如硝酸)除了可氧化单糖分子中的醛基外,也可氧化单糖分子中的伯醇基,生成葡萄糖二酸。在氧化酶的作用下,葡萄糖形成具有重要生理意义的葡萄糖醛酸。该物质在生物体内主要起到解毒的作用。溴水也能将醛糖氧化而生成糖酸,进而发生分子内脱水,生成葡萄糖内酯。但酮糖与溴水不起作用,因此可根据是否能被溴水氧化来区分食品中的酮糖和醛糖。

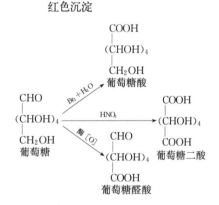

图1-15 糖的氧化反应及其产物

2. 单糖的还原作用 单糖分子中游离的酮糖基在溶液中易重排为醛基的结构,而分子中含有自由醛基和半缩醛基的糖都具有还原性,因此单糖又被称为还原糖。游离的羰基在一定压力及催化剂镍的催化下,加氢还原成羟基,从而生成多羟基醇。例如,D-葡萄糖可被还原为D-葡萄糖醇(又称为山梨糖醇),果糖还原后可得到葡萄糖醇和甘露糖醇的混合物,木糖经加氢还原可生成木糖醇(图1-16)。

3. 酸对单糖的作用 不同酸的种类、浓度和温度对不同种类糖的作用不同。单糖在稀溶液中

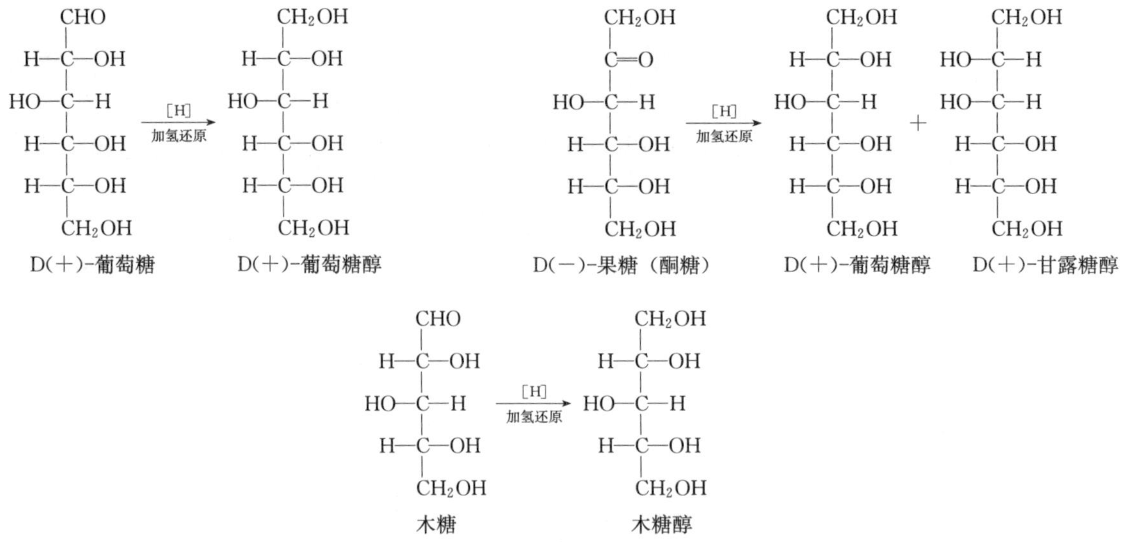

图 1-16 葡萄糖、果糖与木糖的还原

是稳定的，在强的无机酸的作用下，戊糖和己糖都可被脱水。戊糖与强酸共热，产生糠醛；己糖与强酸共热，得到 5-羟甲基糠醛(图 1-17)。

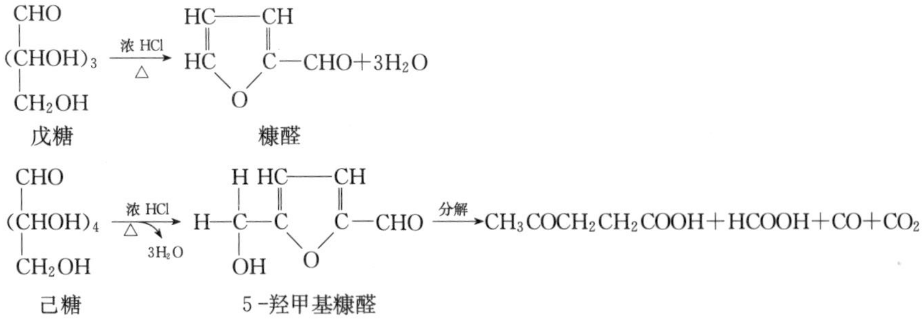

图 1-17 单糖在浓酸作用下的脱水与分解反应

糠醛和 5-羟甲基糠醛能与某些酚类物质作用生成有色的缩合物。如 α-萘酚与糠醛或 5-羟甲基糠醛反应生成紫色，这一反应称为莫利西试验(Molisch's test)，利用该反应可以鉴定糖的存在。间苯二酚与盐酸遇酮糖呈红色，遇醛糖呈很浅的颜色，根据这一特性可鉴别醛糖和酮糖，该反应称为西利万诺夫试验(Seliwanof's test)。

4. 碱对单糖的作用 单糖用稀碱液处理时能发生分子重排，醛糖和酮糖能相互转化(包括同分异构和差向异构)。例如，D-葡萄糖醛基的 α 碳原子上的氢原子被碱夺去，通过形成烯醇式中间体转化得到 D-葡萄糖、D-甘露糖和 D-果糖 3 种差向异构体的混合物，如图 1-18 所示。果葡糖浆生产中的酶解之前即利用此反应处理葡萄糖液。

糖在浓碱作用下很不稳定，分解为乳酸、甲酸、甲醇、乙醇酸、3-羟基-2-丁酮和各种呋喃

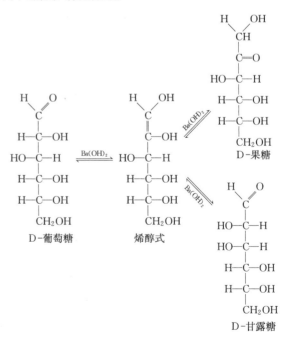

图 1-18 单糖异构化示意

衍生物(包括糠醛，即羟甲基呋喃)。

5. 单糖的酯化作用 糖中的羟基可以与有机酸或无机酸作用生成酯。天然多糖中存在醋酸酯和其他羧酸酯，例如，马铃薯淀粉中含有少量的磷酸酯基，卡拉胶中含有硫酸酯基。人工合成的蔗糖脂肪酸酯是一种常用的食品乳化剂，6-磷酸葡萄糖、1,6-二磷酸果糖则是一些生物体中糖代谢的中间产物(图1-19)。

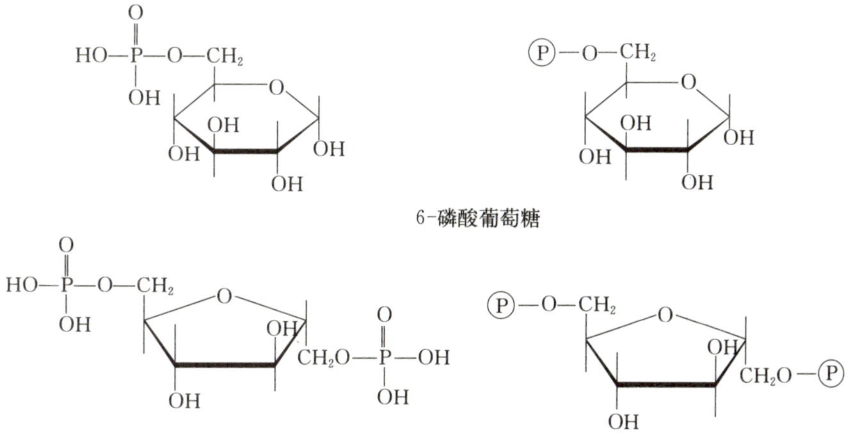

6-磷酸葡萄糖

1，6-二磷酸果糖

图1-19 6-磷酸葡萄糖与1,6-二磷酸果糖的结构

6. 单糖的成苷作用 单糖的半缩醛羟基很容易与另一分子的羟基、氨基或巯基反应，失水形成缩醛(或缩酮)式衍生物，统称为糖苷(glycoside)。其中，非糖部分称为配糖体或配基。如果配糖体是糖分子，则缩合生成聚糖。糖与配基之间的连接键称为糖苷键(glycosidic bond)。糖苷键可以通过氧、氮、硫、碳原子连接，分别形成O型糖苷、N型糖苷、S型糖苷、C型糖苷。自然界最常见的是O型糖苷和N型糖苷。O型糖苷常见于多糖或寡糖的一级结构中，而N型糖苷常见于核苷。单糖有α型与β型之分，生成的糖苷也有α与β两种形式，如简单的α-甲基葡萄糖苷和β-甲基葡萄糖苷(图1-20)。

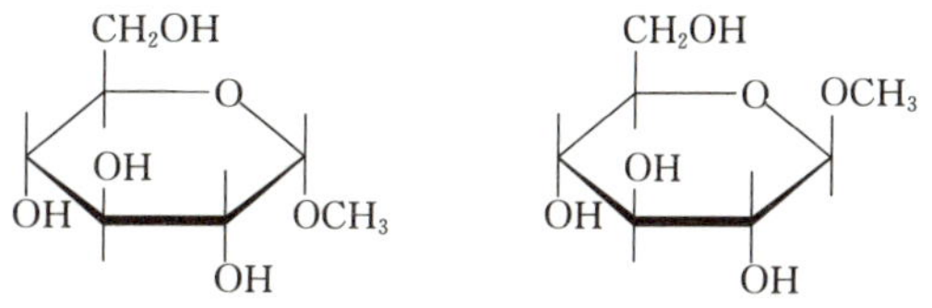

α-甲基葡萄糖苷　β-甲基葡萄糖苷

图1-20 葡萄糖苷的结构

7. 单糖的成脎作用 单糖具有自由羰基，能与3分子苯肼($H_2NNHC_6H_5$)作用生成糖脎。无论是醛糖还是酮糖都能成脎。糖脎为黄色结晶，不溶于水，且性质稳定。各种糖生成的糖脎形状与熔点都不相同，因此常用糖脎的生成来鉴定不同的糖。苯肼通常也被称为糖的定性试剂。葡萄糖的成脎过程如图1-21所示。

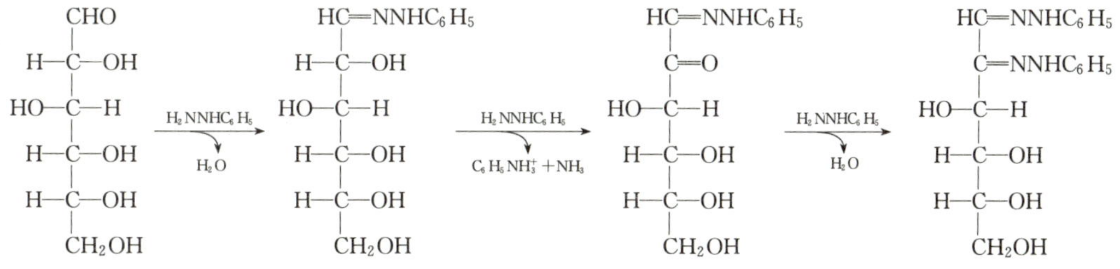

葡萄糖　葡萄糖苯腙　葡萄糖酮苯腙　葡萄糖脎

图1-21 葡萄糖的成脎过程

三、重要的单糖

(一)丙糖

含有3个碳原子的糖称为丙糖。比较重要的丙糖有D-甘油醛和二羟丙酮，它们的磷酸酯是糖代谢的重要的中间产物。

(二)丁糖

丁糖分子共含有4个碳原子，自然界常见的丁糖有D-赤藓糖及D-赤藓酮糖，它们的磷酸酯是糖代谢的中间产物。

(三)戊糖

自然界存在的戊糖主要有D-核糖、D-2-脱氧核糖、D-木糖和D-阿拉伯糖，它们大多以多聚戊糖或糖苷的形式存在。戊酮糖中的D-核酮糖和D-木酮糖均是代谢的中间产物。

(四)己糖

重要的己醛糖有D-葡萄糖、D-半乳糖和D-甘露糖；重要的己酮糖有D-果糖和D-山梨糖。下面主要介绍葡萄糖和果糖。

1. 葡萄糖 在室温下，从水溶液中结晶析出的葡萄糖，是含有一分子结晶水的单斜晶系晶体，构型为α-D-葡萄糖，在50℃以上失水变为无水葡萄糖。在98℃以上的热水溶液或酒精溶液中析出的葡萄糖，是无水的斜方晶体，构型为β-D-葡萄糖。葡萄糖的甜度为蔗糖甜度的56%~75%，其甜味有凉爽之感，适宜食用。葡萄糖加热后逐渐变为褐色，温度在170℃以上则生成焦糖。葡萄糖液能被多种微生物发酵，是发酵工业的重要原料。工业上是用淀粉作原料，经酸法或酶法水解来生产葡萄糖的。

2. 果糖 果糖通常与葡萄糖共存于果实及蜂蜜中。果糖易溶于水，在常温下难溶于酒精。果糖吸湿性强，因而从水溶液中结晶困难，但果糖从酒精中析出的是无水结晶，熔点为102~104℃。果糖为左旋糖。在糖类中，果糖的甜度最高，尤其以β-果糖的甜度为最。其甜度随温度而变，热的时候为蔗糖的1.03倍，冷的时候为蔗糖的1.73倍。果糖易于消化，适于幼儿和糖尿病患者食用，它不需要胰岛素的作用。在常温常压下用异构化酶可使葡萄糖转化为果糖。

四、单糖的重要衍生物

(一)糖醇

糖醇可溶于水及乙醇中，较稳定，有甜味，不能还原费林试剂。常见的糖醇有甘露糖醇及山梨糖醇。甘露糖醇广泛分布于各种植物组织中，熔点为106℃，比旋光度为-21°。海带中的甘露糖醇含量为干物质量的5.2%~20.5%，是制作甘露糖醇的良好原料。山梨糖醇在植物界分布也很广泛，熔点为97.5℃，氧化后可形成葡萄糖、果糖和山梨糖。

(二)氨基糖

糖中的—OH为—NH_2所代替，即为氨基糖。自然界存在的氨基糖都是氨基己糖，常见的是D-氨基葡萄糖，存在于几丁质、唾液酸中。氨基半乳糖是软骨组成成分软骨酸的水解产物。

(三)糖醛酸

糖醛酸由单糖的伯醇基氧化而得，其中常见的是葡萄糖醛酸，它是肝内的一种解毒剂。半乳糖醛酸也存在于果胶中。

(四)糖苷

糖苷主要存在于植物的种子、叶片及树皮内。天然糖苷中的糖苷配基有醇类、醛类、酚类、固醇、嘌呤等。糖苷大多极毒，但微量糖苷可作为药物。重要的糖苷有能引起溶血的皂角苷、具有强心剂作用的毛地黄苷以及能引起葡萄糖随尿排出的根皮苷。苦杏仁苷是一种毒性物质。

第二节 寡 糖

寡糖,又称为低聚糖,是少数单糖(2~10个)缩合的聚合物,可通过多糖水解得到。自然界重要的寡糖有二糖(双糖)和三糖等。研究寡糖结构涉及 3 个共性的问题:单糖的种类、糖苷键的类型和糖苷键的连接位置。表 1-3 给出了常见寡糖的结构及来源。

表 1-3 常见寡糖的结构及来源

名 称	结 构	来 源
麦芽糖	α-葡萄糖(1→4)葡萄糖	麦芽糖酶水解淀粉产物
异麦芽糖	α-葡萄糖(1→6)葡萄糖	淀粉酶水解淀粉产物
槐二糖	β-葡萄糖(1→2)葡萄糖	槐树
纤维二糖	β-葡萄糖(1→4)葡萄糖	纤维素酶水解纤维素产物
昆布二糖	β-葡萄糖(1→3)葡萄糖	昆布
龙胆二糖	β-葡萄糖(1→6)葡萄糖	龙胆根
海藻二糖	α-葡萄糖(1↔1)α-葡萄糖	海藻、真菌
蔗糖	α-葡萄糖(1↔2)β-果糖	甘蔗、水果
菊(粉)二糖	β-果糖(2→1)果糖	菊粉组分
乳糖	β-半乳糖(1→4)葡萄糖	哺乳动物乳汁
别乳糖	β-半乳糖(1→6)葡萄糖	乳糖经酵母异构化
蜜二糖	α-半乳糖(1→6)葡萄糖	棉子糖组分
芦丁糖	β-鼠李糖(1→6)葡萄糖	芦丁糖苷
樱草糖	β-木糖(1→6)葡萄糖	白珠树
异海藻糖	β-葡萄糖(1↔1)β-葡萄糖	酵母、真菌孢子
新海藻糖	α-葡萄糖醛酸(1↔1)β-葡萄糖	藻类、蕨类等
软骨素二糖	β-葡萄糖醛酸(1↔3)半乳糖胺	软骨素组分
透明质二糖	β-葡萄糖醛酸(1↔3)葡萄糖胺	透明质酸组分
龙胆糖	β-葡萄糖(1→6)α-葡萄糖(1↔2)β-葡萄糖	龙胆根
松三糖	α-葡萄糖(1↔2)β-葡萄糖(3→1)α-葡萄糖	松属植物等
棉子糖	α-半乳糖(1→6)α-葡萄糖(1↔2)β-果糖	甜菜
水苏糖	α-半乳糖(1→6)α-半乳糖(1→6)α-葡萄糖(1↔2)β-果糖	水苏属宝塔菜

一、二糖

二糖又称为双糖,是最简单的低聚糖,被水解可生成 2 分子单糖。二糖分为两种:一种是以一个单糖的半缩醛羟基与另一个单糖的非半缩醛羟基形成的糖苷键,这种二糖仍有一个游离的半缩醛羟基,因而具有还原性,为还原糖;另一种二糖的糖苷键由两个半缩醛羟基连接而成,因没有游离的半缩醛基,为非还原性糖。自然界中存在的重要的二糖有蔗糖、麦芽糖、乳糖等。

(一)蔗糖

蔗糖为日常食用糖,在甘蔗、甜菜、胡萝卜和有甜味的果实(如香蕉、菠萝等)中存在较多。蔗糖是由一分子葡萄糖和一分子果糖缩合、失水而成的(图 1-22)。分子中无半缩醛羟基,无还原性,为非还原性糖。蔗糖很甜，易结晶，易溶于水，但难溶于乙醇。蔗糖为右旋糖，比旋光度为+66.5°。蔗糖水解生成等物质的量的 D-葡萄糖和 D-果糖，果糖的比旋光度为-92.2°，葡萄糖的比旋光度为+52.6°，所以蔗糖水解液呈左旋性，其水解后的葡萄糖和果糖的混合物称为转化糖(invert sugar)。

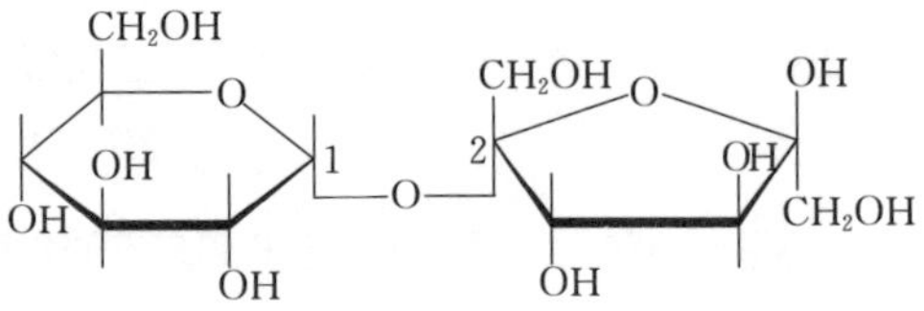

蔗糖[α-D-吡喃葡萄糖基(1→2)-β-D-果糖]

图 1-22 蔗糖的分子结构

（二）麦芽糖

麦芽糖大量存在于发芽的谷粒中，特别是麦芽中。淀粉水解时也可产生少量的麦芽糖。它是由一个葡萄糖分子的 C_4 和另外一个葡萄糖分子的半缩醛羟基脱水形成的 α-葡萄糖苷(图 1-23)。分子内含有一个游离的半缩醛羟基，因此具有还原性，为还原糖。麦芽糖在水溶液中有变旋现象，比旋光度为+136°，且能成脎，极易被酵母发酵。

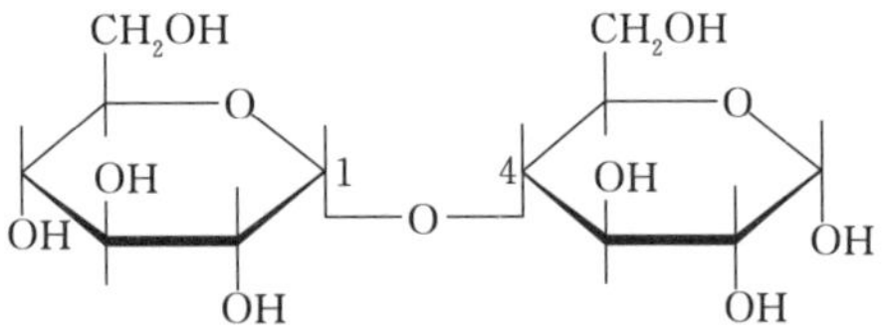

麦芽糖[α-D-吡喃葡萄糖基(1→4)-α-D-葡萄糖]

图 1-23 麦芽糖的分子结构

（三）乳糖

乳糖主要存在于哺乳动物的乳汁中，其中，牛乳含乳糖4%，人乳含乳糖5%～7%，这也是乳汁中唯一的糖。乳糖是由一分子半乳糖和一分子葡萄糖缩合、失水而成的(图 1-24)。乳糖不易溶解，味道也不是很甜，具有还原性，能成脎，不能被酵母发酵，能被水解生成不同含量的葡萄糖、半乳糖和乳糖的浓缩物糖浆。这类糖浆被提出可用作冰淇淋中蔗糖的合适代用品，亦可作为水果罐头中转化糖的补充，或在啤酒和葡萄酒生产中作发酵糖浆用。乳糖能减缓食品关键组分的晶化作用，改善食品的持水性，还能保持食品对温度的良好稳定性。所以，乳糖在食品工业中有扩大应用的趋势。

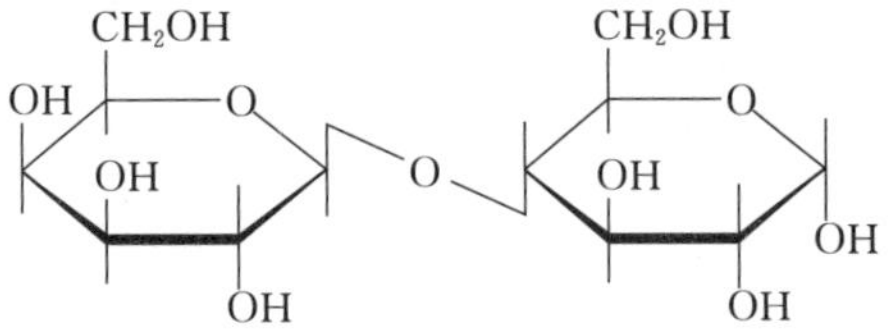

乳糖[β-D-吡喃半乳糖基(1→4)-α-D-葡萄糖]

图 1-24 乳糖的分子结构

（四）纤维二糖

纤维二糖是纤维素的基本构成单位，水解纤维素可得到纤维二糖。纤维二糖由两个 β-D-葡萄糖通过 1,4 糖苷键相连，它与麦芽糖的区别是纤维二糖为 β-葡萄糖苷(图 1-25)。

（五）海藻二糖

海藻二糖在动物、植物、微生物中广泛分布，如低等植物、真菌、细菌、酵母等，是由 2 分子葡萄糖通过它们的 C_1 结合而成的非还原性糖(图 1-26)。

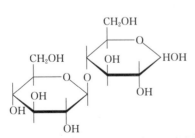

纤维二糖[β-D-吡喃葡萄糖基(1→4)-D-葡萄糖]

图 1-25 纤维二糖的分子结构

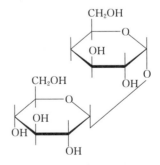

海藻二糖[α-D-吡喃葡萄糖基(1→1)-α-D-葡萄糖]

图 1-26 海藻二糖的分子结构

二、三糖

三糖也分为还原糖和非还原糖。常见的三糖有棉子糖、龙胆三糖和松三糖等。棉子糖与人类关系最密切,常见于很多植物中,甜菜中也有棉子糖。棉子糖又称为蜜三糖,是由葡萄糖、果糖和半乳糖各一分子组成的,它是在蔗糖的葡萄糖侧以 α-1,6 糖苷键结合一个半乳糖而成。棉子糖为非还原糖。用甜菜制糖时,蜜糖中含有大量棉子糖。

棉子糖可被蔗糖酶和 α-半乳糖苷酶水解。棉子糖在蔗糖酶的作用下,分解为果糖和蜜二糖;在 α-半乳糖苷酶作用下,分解为半乳糖和蔗糖。人体本身不具有合成 α-半乳糖苷酶的能力,所以人体不能直接分解吸收利用这种低聚糖,但是肠道细菌中含有这种酶,因此棉子糖可通过肠道作用分解,并能引起双歧杆菌等增殖。

三、环糊精

环糊精是直链淀粉在有芽孢杆菌产生的环糊精葡萄糖基转移酶作用下生成的一系列环状低聚糖的总称。它是由 6~12 个 D-吡喃葡萄糖残基以 α-1,4 糖苷键连接而成,其中研究较多的是含有 6 个、7 个和 8 个葡萄糖残基的分子,分别称为 α 环糊精、β 环糊精和 γ 环糊精。环糊精中无游离的半缩醛羟基,是一种非还原糖。α 环糊精结构特点是 C_6 上的羟基均在大环的一侧,而 C_2、C_3 上的羟基在另一侧。当多个环状分子彼此叠加成圆筒形多聚体时,圆筒形外壁排列着葡萄糖残基的羟甲基,而羟甲基是亲水性的;圆筒内壁由疏水的—CH 和氧环组成。因此筒外壁呈亲水性,筒内壁呈疏水性。

由于环糊精具有疏水空腔的结构,在水溶液里形状和大小适合的疏水性物质可被包裹在环糊精形成的空穴里。环糊精常作为稳定剂、乳化剂、增溶剂、抗氧化剂、抗光解剂等,广泛应用于食品、医药、农业、化工等方面。例如,在医药工业上,环糊精可作为药物载体,将药物分子包裹于其中,类似微型胶囊,可增加药物的溶解性和稳定性,降低药物的刺激性、副作用,还可掩盖苦味等。

第三节 多 糖

多糖是由多个单糖分子缩合、失水而成,它是自然界分子结构庞大且复杂的糖类物质。多糖按组成可分为均多糖和杂多糖;按功能可分为结构多糖和贮存多糖。结构多糖通常为一些不溶性多糖,如植物的纤维素和动物的甲壳多糖,分别是构成植物和动物骨架的原料。贮存多糖是指在生物体内以贮存形式存在的多糖,在需要时可以通过生物体内酶系统的作用分解、释放出单糖。多糖在水溶液中不形成真溶液,只能形成胶体。多糖具有旋光性,但无变旋现象。

一、均多糖

(一)淀粉

淀粉主要存在于植物的种子和果实中,是由葡萄糖单位组成的链状结构。天然淀粉有两种结构:直链淀粉和支链淀粉。当用热水处理时,直链淀粉溶解,而支链淀粉不溶解。

1. 直链淀粉 直链淀粉是由大约 300 个 α-D-葡萄糖分子缩合而成的,相对分子质量在 60 000 左右。用碘液处理直链淀粉会产生蓝色,每个直链淀粉都有一个还原性末端和一个非还原性末端,是一条长而不分支的链(图 1-27)。直链淀粉不是完全伸直的,

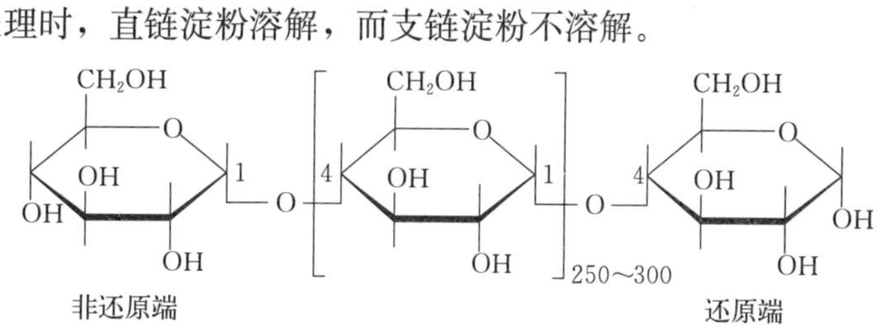

图 1-27 直链淀粉的分子结构

它的分子通常卷曲成螺旋形，每转一圈有 6 个葡萄糖分子，如图 1-28 所示。

2. 支链淀粉 支链淀粉由两部分构成，一是由 α-1,4 糖苷键构成的直链，二是由 α-1,6 糖苷键构成的分支结构。支链淀粉相对分子质量大，为 50 000~1 000 000。每 24~30 个葡萄糖单位含有一个末端，支链淀粉至少含有 300 个 α-1,6 糖苷键连接在一起的支链，与碘反应成紫色或红紫色。支链淀粉结构如图 1-29 所示。

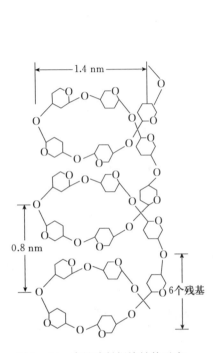

图 1-28 直链淀粉螺旋结构示意

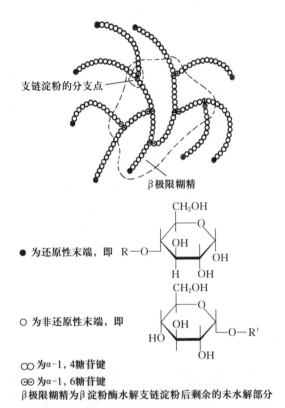

图 1-29 支链淀粉结构示意

不同来源的食物淀粉中直链淀粉与支链淀粉的比例各不相同。常见食物淀粉中直链淀粉的含量低于支链淀粉的含量（表 1-4）。

表 1-4 常见食物淀粉中直链淀粉与支链淀粉的比例（%）

淀粉来源	直链淀粉	支链淀粉
玉米	26	74
小麦	25	75
大米	17	83
马铃薯	21	79
木薯	17	83
糯玉米	1~3	99~97
高直链淀粉玉米	70	30

（二）糖原

糖原为动物体内贮存的重要多糖，相当于植物体内贮存的淀粉，所以糖原又称为动物淀粉。其在动物组织内分布广泛，肝和肌肉中贮存量最多。糖原分子中 α-D-葡萄糖残基通过 α-1,4 糖苷键相互连接，糖原的结构与支链淀粉相似，但糖原的分支更多，支链比较短，每个支链平均长度为12~18个葡萄糖分子，在主链中平均每3个葡萄糖残基就有一个支链。糖原的支链分支点也是α-1,6糖苷键，如图1-30所示。

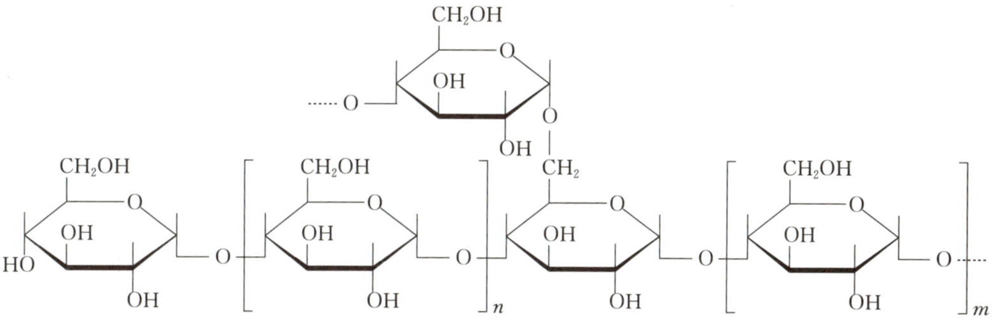

糖原的部分结构式

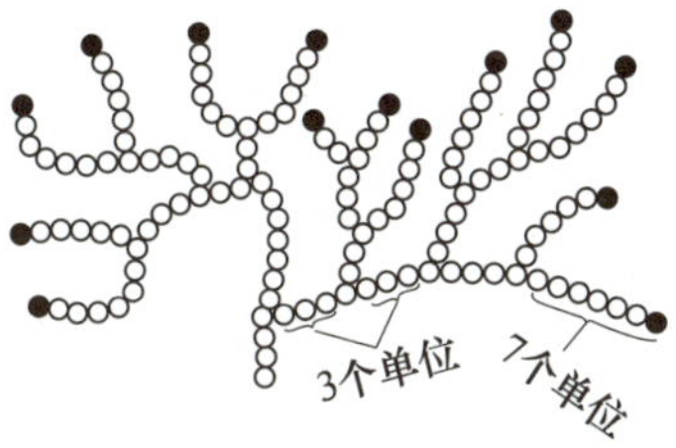

● 表示支链的还原性末端

图1-30　糖原分子部分结构示意

糖原与碘作用通常呈棕红色。它不溶于冷水，易溶于热的碱溶液，并在加入乙醇后会析出。糖原在细胞的胞液中以颗粒状存在，直径为10~40 nm，较植物中的淀粉颗粒小得多。糖原是人体内贮存糖类化合物的主要形式，在维持人体能量平衡方面起十分重要的作用。

(三)壳多糖

壳多糖又称为甲壳素、甲壳质、几丁质，是许多低等动物，特别是节肢动物外壳的重要成分，但也存在于低等植物(如真菌素、藻类)的细胞壁中，分布十分广泛，是一种 N-乙酰葡萄糖胺通过 β-1,4糖苷键连接起来的直链多糖(图1-31)。

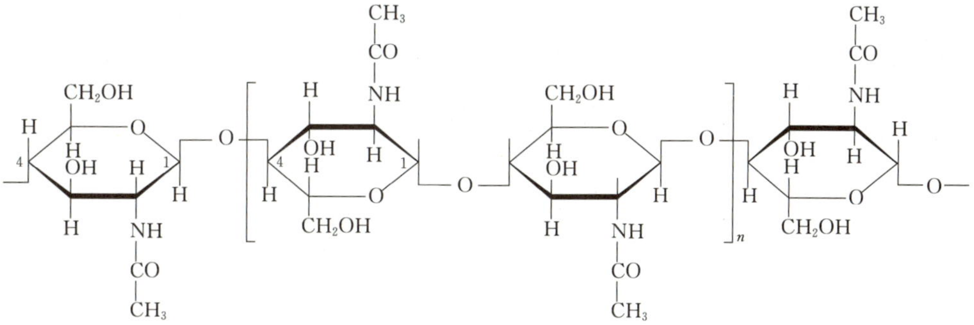

图1-31　壳多糖的分子结构

壳多糖的结构相当于纤维素组成单元葡萄糖上 C_2 位置上的羟基被乙酰基所置换，分子排列成纤维形式。壳多糖不溶于水、稀酸、稀碱和一般有机溶剂中，可溶于浓无机酸，但同时发生直链降解。壳多糖脱去分子中的乙酰基后，转变为壳聚糖，溶解性大大增加。壳聚糖可溶于稀酸，不同黏度的产品有不同的用途。

(四)纤维素

纤维素是自然界分布最广、含量最多的一种多糖。纤维素是天然植物纤维的主要成分，如棉花纤维中含纤维素97%～99%，木材纤维中含纤维素41%～43%。同时，纤维素也是植物细胞壁的主要结构组分。纤维素是由β-D-葡萄糖以β-1,4糖苷键连接而成的直链状分子(图1-32)，不形成螺旋构象，没有分支结构，易形成晶体。纤维素分子间是由氢键和非共价键连接构成的许多微纤丝，这些微纤丝的排列平行有序，有一定的规律性。纤维素为无色、无味的白色丝状物，不溶于水、稀酸、稀碱和有机溶剂。

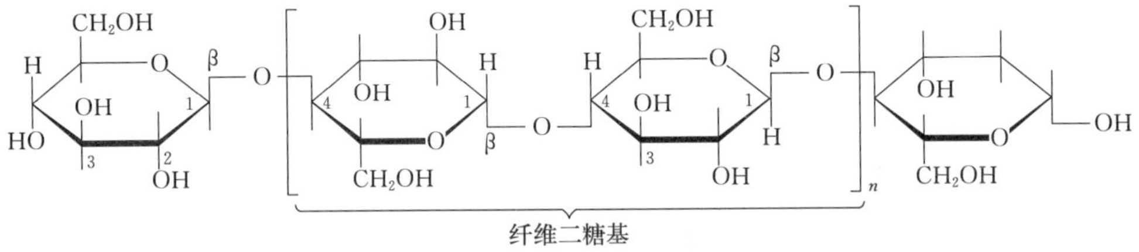

图1-32 纤维素的分子结构

人体消化道内不分泌分解纤维素所需要的酶，所以纤维素在人体内不能直接被消化吸收，也不能提供能量，但它们是非常重要的膳食成分，能促进肠道蠕动。食物中含一定的纤维素，还可减少胆固醇的吸收，有降低血清胆固醇的作用。而反刍动物的消化道中含有水解β-1,4糖苷键的酶，它们可以消化纤维素，某些微生物和昆虫也能分解纤维素。

二、杂多糖

杂多糖水解后的产物不只是一种单糖，而是几种单糖或单糖的衍生物。

(一)果胶物质

果胶物质一般存在于初生细胞壁中，在水果(如苹果、橘皮、柚皮)及胡萝卜中等含量较多。果胶(pectin)是D-吡喃半乳糖醛酸以α-1,4糖苷键结合的长链，通常以不同程度甲酯化状态存在。天然果胶甲酯化程度变化很大，分子中的仲醇基也可能有一部分乙酯化。果胶物质可以分为3类：原果胶、果胶酸和果胶酯酸。羧基不同程度被酯化的果胶物质除含半乳糖醛酸外，还含少量糖类，如L-阿拉伯糖、D-半乳糖、L-鼠李糖、D-葡萄糖等。

1. 原果胶 原果胶不溶于水，主要存在于新生细胞中，特别是薄壁细胞及分生细胞的胞壁中。苹果和橘皮中富含原果胶，其中在橘皮中的含量可高达干物质量的40%。目前对原果胶的分子结构还没有确切的了解，其可能是由果胶分子和细胞壁的阿拉伯聚糖结合而成的。在水果成熟时，原果胶和果胶酸盐在酶的作用下分解，水果则由较硬的状态变得柔软。

2. 果胶酸 果胶酸的主要成分为多聚半乳糖醛酸，水解后产生半乳糖醛酸。植物细胞的胶层中有果胶酸的钙盐和镁盐的混合物，它是细胞与细胞之间的黏合物。某些微生物(如白菜软腐病菌)能分泌分解果胶酸盐的酶，使细胞与细胞松开。植物器官的脱落也是由中胶层中果胶酸的分解引起的。

3. 果胶酯酸 果胶酯酸常呈不同程度的甲酯化，酯化范围为0～35%，一般将酯化程度很低(低于5%)的称为果胶酸，酯化程度高(高于5%)的统称为果胶酯酸。果胶酯酸是水溶性的溶胶。酯化程度在45%以下的果胶酯酸在饱和糖溶液(含糖65%～70%)或在酸性条件下(pH 3.1～3.5)形成凝胶(胶冻)，为制造糖果、果酱等的重要物质，称为果胶。

(二)半纤维素

半纤维素是一些与纤维素共存于植物细胞壁中不溶于水而溶于稀碱液的多糖的总称。它与木质素、纤维素一起，通过非共价键的作用，增强细胞壁的强度。半纤维素并不是纤维素的衍生物，它们是多聚己糖或戊糖。大多数半纤维素是异质多糖，由2~4种不同糖组成，多聚己糖主要有多聚甘露糖和多聚半乳糖，多聚戊糖比较普遍的是多聚木糖和多聚阿拉伯糖。多聚己糖及多聚戊糖都是以 β-1,4 糖苷键相连接的。

(三)琼脂

琼脂也称为琼胶，是一种多糖混合物，来源于海藻，不溶于冷水，溶于热水，其胶凝性很好，1‰~2‰的水溶液在35~50℃就可以形成凝胶。琼脂是由 D-半乳糖和 3,6-脱水-L-半乳糖基组成(图1-33)，分子间靠 α-1,4 糖苷键或 β-1,3 糖苷键连接，含有少量的硫酸酯，琼脂实际上是琼脂糖和琼脂胶的混合物。

图1-33 琼脂糖的分子结构

一般微生物不产琼脂水解酶类，因而琼脂被广泛用作微生物培养基的固体支持物。琼脂还可用作生物固体技术的包埋材料。分离除去琼脂胶的纯琼脂是生物化学分离分析中常用的凝胶材料。琼脂在食品工业中应用很广，琼脂中的微量元素达30多种。琼脂是被公认为无毒低热的食品，它不能被哺乳动物的消化酶水解，因此可作为一种有用的食用纤维添加剂。

(四)糖胺聚糖

糖胺聚糖都是多聚阴离子化合物，具有黏稠性，过去曾被称为黏多糖，是一类含己糖胺和己糖醛的杂多糖。它存在于软骨、肌腱等结缔组织中，构成组织间质。各种腺体分泌出来的起润滑作用的黏液多富含糖胺聚糖，在组织成长和再生过程中、受精过程中以及肌体与许多传染病原(细菌、病毒)的相互作用过程中都起着重要作用。其代表性物质有透明质酸、硫酸软骨素、肝素及硫酸角质素等。

1. 透明质酸 透明质酸广泛存在于高等动物的关节液、软骨、结缔组织、皮肤、脐带、眼球玻璃体、鸡冠等组织和某些微生物的细胞壁中，主要起润滑、黏合、保护等作用，并能防止病原微生物侵入组织。透明质酸是由 D-葡萄糖醛酸通过 β-1,3 糖苷键与 D-2-N-乙酰葡萄糖胺缩合成双糖单位(图1-34)，再通过 β-1,4 糖苷键将多个双糖单位连接成长的无分支直链，在体内常与蛋白质结合，构成一种蛋白多糖。

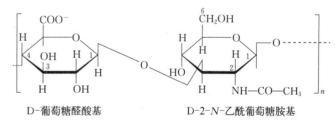

图1-34 透明质酸的分子结构

透明质酸酶能引起透明质酸的分解，使其黏度降低，有利于病原体等侵入和传播。在具有强烈侵染性的细菌、迅速生长的恶性肿瘤以及蜂毒和蛇毒中含有透明质酸酶，能引起透明质酸的分解。

2. 硫酸软骨素 硫酸软骨素也是广泛存在于软骨及结缔组织内的一种高分子聚合物，其基本结构与透明质酸的结构相似，只是其重复糖单位中的 D-2-N-乙酰葡萄糖胺被 D-2-N-乙酰半乳糖胺取代(图1-35)。硫酸软骨素的 D-2-N-乙酰半乳糖胺基的 C_4 或 C_6 羟基被硫酸基取代，由于硫酸酯的位置不同可分为 4-硫酸软骨素(硫酸软骨素 A)和 6-硫酸软骨素(硫酸软骨素 G)

两类。

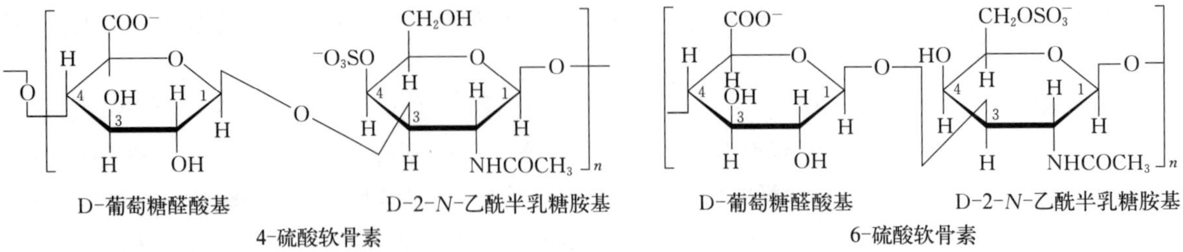

图 1-35 硫酸软骨素的分子结构

硫酸软骨素在临床上能较好地降低高血压患者的血清胆固醇、三酰甘油，可减少冠心病患者的发病率和死亡率。

3. **肝素**　肝素(图 1-36)在动物体内分布很广，组成较为简单。分子中也含有硫酸基团，与硫酸软骨素不同的是，其硫酸部分不仅以硫酸酯的形式存在，而且也可与氨基葡萄糖的氨基结合。肝素具有阻止血液凝固的特性，临床上被广泛应用为输血时的血液抗凝剂，也可防止血栓的形成。

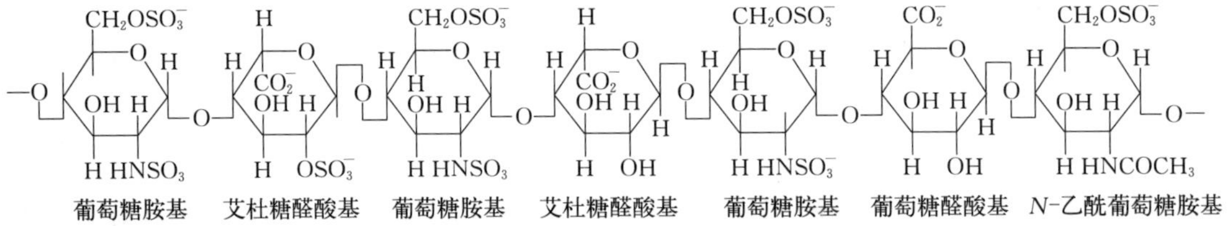

图 1-36 肝素的分子结构

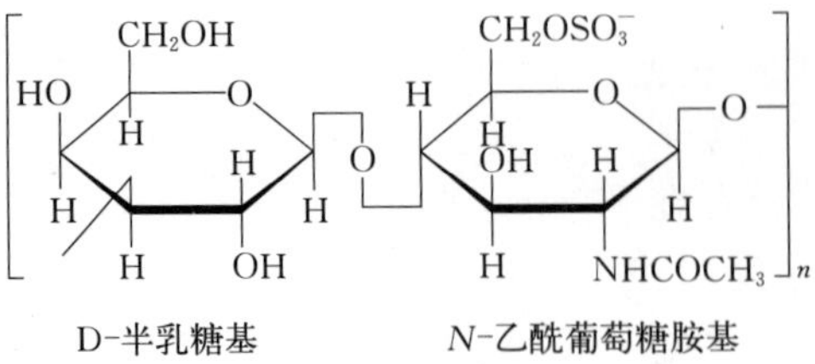

图 1-37 硫酸角质素的分子结构

4. **硫酸角质素**　硫酸角质素是由 D-半乳糖和 N-乙酰葡萄糖胺以 β-1,4 糖苷键构成的二糖重复单位(图 1-37)，重复单位之间以 β-1,3 糖苷键相连。硫酸基团位于葡萄糖胺的 C_6 位，在某些半乳糖基上也含有硫酸基团。硫酸角质素不受许多酶(如透明质酸酶)的影响。婴儿体内几乎不存在硫酸角质素，以后随着年龄的增大，硫酸角质素的含量逐渐增加，到 20～30 岁时，人体肋骨软骨中的硫酸角质素占其糖胺聚糖总量的 50% 左右。

三、糖复合物

糖复合物是指糖与非糖物质的结合糖，也称为结合糖，常见的非糖物质有蛋白质及脂质，分别形成糖蛋白、蛋白聚糖、糖脂和脂多糖等。现简要介绍糖蛋白和脂多糖。

(一)糖蛋白

糖蛋白广泛存在于动物、植物及某些微生物中。生物体内大多数蛋白质都是糖蛋白。人体内许多重要的生物活性物质(如免疫球蛋白、某些激素、酶、干扰素、补体、凝血因子、凝集素、毒素、膜表面的某些抗原、细胞标记、受体和转运蛋白等)的化学本质大多是糖蛋白。糖蛋白在生物体内具有广泛和重要的生物功能，糖链也担负着一些重要作用，如细胞黏着、生长、分化、识别等。

糖蛋白有 3 大组成部分：糖链、糖肽键和多肽。糖链是由数目较少的单糖或其衍生物组成，糖基数一般为 1~15 个，糖链有直链和分支链。不同糖蛋白其糖链数目不等，多肽链上糖链的分布也不均。组成糖蛋白中糖基的单糖及其衍生物主要有葡萄糖、半乳糖、甘露糖、N-乙酰葡萄糖胺、N-乙酰半乳糖胺、阿拉伯糖、木糖等。糖蛋白的糖链中一般不含糖醛酸。糖肽键是糖链和肽链的连接键。糖蛋白中糖链和蛋白质以共价键结合，糖链和肽链的连接方式，主要分为两类：一类是 β 构型的 N-乙酰葡萄糖胺(Glc-NAc)与天冬酰胺的酰胺基形成的糖苷键，称为 N-糖苷键；另外一类是 α 构型的 N-乙酰半乳糖胺(Gal-NAc)与丝氨酸或苏氨酸的羟基形成的糖苷键，称为 O-糖苷键。由 N-糖苷键连接的糖肽称为天冬酰胺连接的糖肽，由 O-糖苷键方式形成的糖肽称为黏蛋白型糖肽。糖蛋白中常见的糖肽连接见表 1-5。

表 1-5 糖蛋白中常见的糖肽连接

糖肽连接	分布
N-糖苷键	
β-N-乙酰葡萄糖氨基-天冬酰胺(Glc-NAc-Asn)	动物、植物和微生物
O-糖苷键	
α-N-乙酰半乳糖基-丝氨酸/苏氨酸(GalNAc-Ser/Thr)	动物来源的糖蛋白
β-木糖基-丝氨酸(Xyl-Ser)	蛋白聚糖、人甲状腺球蛋白
半乳糖基-羟赖氨酸(Gal-Hyl)	胶原
α-L-阿拉伯糖基-羟脯氨酸(Ara-Hyp)	植物和海藻糖蛋白

糖的种类及连接方式的多样性，使糖链可能蕴含大量的信息。糖蛋白的糖基在决定糖蛋白的理化性质中起重要作用，如黏液蛋白的黏稠性，可能与其分子所含的唾液酸有关。糖基可通过改变蛋白质的疏水性、电荷、溶解度等来改变蛋白质的理化性质。糖基还显示了明显的生物功能，如人的血型物质具有糖结构的决定簇；肿瘤细胞特有的抗原决定簇主要也是糖，糖链可以作为识别信号。在细胞的不同分化阶段，细胞表面糖链的表达也不同，高等动物血液循环中糖蛋白的存活时间与其表面的糖链密切相关，糖链参与细胞的黏附，作为细菌、病毒等病原体的受体，或是作为激素等信息分子的受体。

(二)脂多糖

革兰氏阴性细菌(如 *Escherichia coli* 和 *Salmonella typhimurium*)细胞壁中含有十分复杂的脂多糖，它们是脊椎动物的免疫系统对细胞侵染做出反应所产生抗体的主要作用目标，从而也成为菌株按血清型分类的决定因素(血清型是根据抗原特性而将菌系分成不同的类型)。

脂多糖种类很多，其分子结构一般由三部分组成。细菌脂多糖分子中的外层低聚糖链是使人致病的部分，带电荷的磷酸基团与其他离子结合，对维持细菌细胞壁的必需离子环境有一定的作用。例如，菌株 *S. typhimurium* 上的脂多糖是 6 条脂肪酸链结合到 2 个葡糖胺分子上，这 2 个葡糖胺分子中的一个还与一条复杂的寡糖链连接(图 1-38)。*E. coli* 具有相似但独特的脂多糖。一些细菌所带有的脂多糖对人和其他动物是有毒性的，例如在由革兰氏阴性菌侵染所导致的中毒性休克综合征中，这些脂多糖是引起血压降低的主要因素。

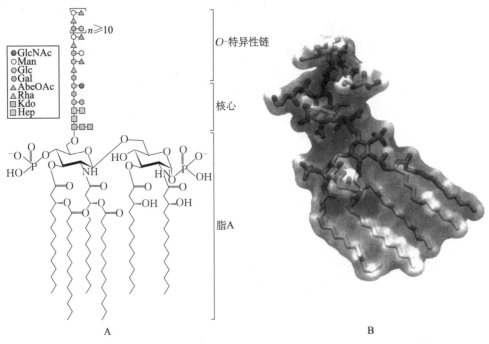

图1-38 细菌脂多糖

A. Salmonella typhimurium 膜外的脂多糖。Kdo 是 3-脱氧-D-甘露辛酸，也称为脱氧辛酮糖酸；Hep 是 L-甘油-D-甘露庚糖；AbeOAc 是其中一个羟基乙酰化的 3-脱氧-D-岩藻糖（一种 3,6-双脱氧己糖）。这个分子的脂 A 中有 6 个脂肪酸。不同类型微生物的脂多糖结构有差异，但是它们都有一个脂区（脂 A），一个核心寡糖以及一个决定微生物血清型（免疫活性）的 O-特异性链

B. 大肠杆菌来源的脂多糖空间结构的分子模型

知识窗

淀粉和糖原是贮存的燃料

植物细胞中最重要的多糖是淀粉，动物细胞中最重要的多糖是糖原。细胞内的这两种多糖以大的分子簇或颗粒形式存在。因为淀粉和糖原在水中大量暴露的羟基可与水形成氢键，所以很容易发生水解反应。许多植物细胞都能够合成淀粉，特别是在块茎（如马铃薯）和种子（如玉米）中含有大量的淀粉。而糖原则是在动物肝中含量特别丰富，是肝细胞湿重的 7%，另外骨骼肌中也存在大量糖原。

淀粉和糖原分别是植物和动物细胞中贮存的主要能量物质，基本单位都是葡萄糖。其作为能量物质被利用时，每次都从末端去掉一个葡萄糖残基。为什么葡萄糖不以单体的形式贮存呢？经计算得出肝细胞贮存糖原的浓度大约相当于 0.4 mol/L 葡萄糖。除去不溶的与较少

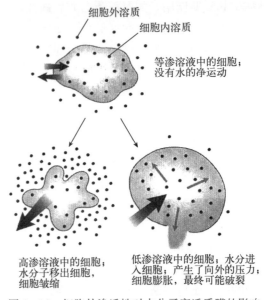

图1-39 细胞外渗透性对水分子穿透质膜的影响

影响细胞渗透压的葡萄糖，实际上糖原浓度大概是 0.01 μmol/L。假如细胞内含有 0.4 mol/L 的葡萄糖，渗透压就会急剧升高，那将导致水渗透进入细胞，引起细胞破裂（图 1-39）。此外，细胞内葡萄糖的浓度是 0.4 mol/L，而体内最终浓度为 5 mmol/L（哺乳动物的血糖浓度），要克服这么大的浓度梯度而实现细胞对葡萄糖的摄入所需要的自由能的变化也会非常大。

复习题

1. 名词解释：旋光性　变旋性　还原糖　糖苷键　配糖体　寡糖　糖蛋白
2. 简述淀粉、几丁质、纤维素和糖原在分子结构和性质上的异同点。
3. 麦芽糖水溶液在 20 ℃时的比旋光度为 +138°，在 10 cm 旋光管中观测到旋光度为 +23°，求测试样品的麦芽糖浓度。
4. 写出下列糖及其衍生物的 Haworth 结构式：
   半乳糖　甘露糖　果糖　核糖　6-磷酸葡萄糖　葡萄糖醛酸　1-甲基-D-葡萄糖苷　乳糖
5. 简述麦芽糖、蔗糖、乳糖的化学组成和结构特点，并说明如何进行定性鉴定。
6. 从动物肝提取糖原样品 25 mg，用 2 mL 1 mol/L 的 H_2SO_4 水解，水解液中和后，再稀释到 10 mL，最终溶液的葡萄糖含量为 2.35 mg/mL，则分离出的糖原纯度是多少？
7. 环糊精的结构有何特点？在生产实际中有哪些应用？
8. 蜂蜜中的果糖主要是以 β-D-吡喃型果糖存在的，是目前已知的最甜成分之一，其甜度大约是葡萄糖的两倍。高温放置的蜂蜜其甜味会逐渐减弱。请试用果糖的化学特性来解释这一现象。

CHAPTER 2 第二章 脂类物质

脂类是脂肪及类脂的总称,尽管它的种类繁多,但它们都具有一个共同的特征:都含有非极性基团,这种含非极性基团的分子结构,使脂类具有易溶于有机溶剂而不溶于水的特性。脂肪是指三分子脂肪酸与甘油生成的脂,称三酰甘油或中性脂,类脂包括蜡、糖脂、磷脂、硫脂、萜类、甾醇类等。脂类根据组成成分可分为单纯脂、复合脂和非皂化脂几类。

脂类在生物体内具有多种生物学功能:①磷脂、糖脂和胆固醇是生物膜的重要结构成分。②脂肪是生物体内重要的供能和贮能物质。脂肪在体内完全氧化分解产生的能量,是等量糖或蛋白质的2.3倍,所占体积仅是等量糖或蛋白质的1/4左右,因此脂肪是生物体内最为有效的贮能形式。③脂肪对动物具保护和保温作用。动物皮下和脏器周围的脂肪具有防止机械损伤和固定内脏的保护作用,脂肪不易导热,具有防止热量散失、维持体温的作用。④脂肪还是一种良好的溶剂,有助于脂溶性物质(脂溶性维生素及维生素原等)的吸收。⑤某些具有特殊生理活性的物质(如维生素 A、维生素 D、维生素 E、维生素 K、激素、胆汁酸等)都是脂类物质。⑥很多细胞间和细胞内的信号传递都与脂类分子有关。

第一节 单 纯 脂

单纯脂(simple lipid)是由脂肪酸(fatty acid)和醇形成的酯,包括脂酰甘油酯(acyl glyceride)和蜡(wax)。食物原料中的脂肪几乎都是三酰甘油。三酰甘油即通常所说的脂肪,常温下呈固态的称为脂(fat),而呈液态的则常称为油(oil),二者统称为油脂。蜡是高级脂肪酸和高级一元醇化合生成的酯,其中的脂肪酸和醇的碳原子数大都在 16 个以上,且都含有偶数碳原子。

一、脂酰甘油酯

(一)三脂酰甘油的结构

脂肪酸的羧基与甘油的醇羟基脱水形成的化合物称为脂酰甘油。根据脂肪酸分子数目不同,脂酰甘油又分为单脂酰甘油、二脂酰甘油及三脂酰甘油(常分别简称为单酰甘油、二酰甘油和三酰甘油)。生物体内存在的脂酰甘油大部分是三脂酰甘油(triacylglycerol 或 triglyceride),俗称油脂,是脂类中含量最丰富的一大类。单酰甘油及二酰甘油主要作为脂代谢的中间产物存在,量少。三脂酰甘油的结构通式如图 2-1 所示。

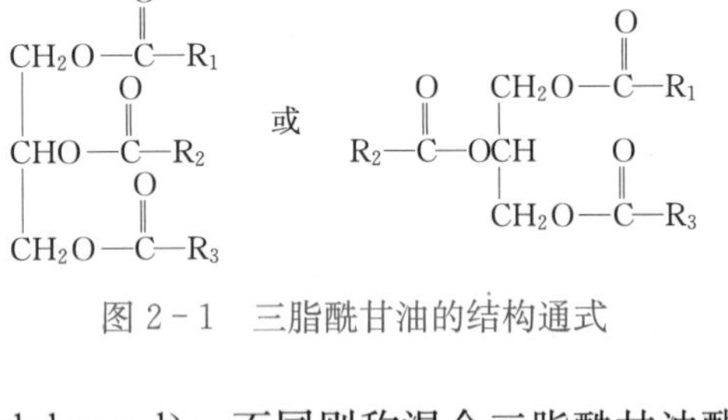

图 2-1 三脂酰甘油的结构通式

图 2-1 中,R_1、R_2、R_3 为各脂肪酸的烃基。如果 R_1、R_2、R_3 都相同,称为简单三脂酰甘油酯(simple triacylglycerol);不同则称混合三脂酰甘油酯

(mixed triacylglycerol)。多数天然油脂都是简单三脂酰甘油酯和混合三脂酰甘油酯的混合物。

(二) 脂酰甘油的组成成分

1. 脂肪酸 在组织和细胞中，绝大部分的脂肪酸(fatty acid，FA)以结合形式存在，游离形式存在的极少。从动物、植物和微生物中分离出来的脂肪酸已逾百种。所有的脂肪酸都有一条长的碳氢链，其一端有一个羧基。碳氢链以线性的为主，分支或环状的为数甚少。碳氢链不含有碳碳双键的脂肪酸称为饱和脂肪酸(saturated fatty acid)，如软脂酸(palmitic acid)、硬脂酸(stearic acid)等；有的碳氢链含有一个或几个碳碳双键，为不饱和脂肪酸(unsaturated fatty acid)，如油酸(oleic acid)、亚油酸(linoleic acid)、亚麻酸(linolenic acid)等。不同脂肪酸之间的区别主要在于碳氢链的长度、饱和与否以及双键的数目和位置。

脂肪酸是植物传递给菌根真菌的碳源

脂肪酸常用简写法表示，原则是先写出碳原子数目，再写出双键数目，两者之间以冒号隔开，双键位置用"Δ"右上标数字表示，数字间以逗号隔开。例如，软脂酸以 16:0 表示，显示软脂酸含 16 个碳原子，无双键；油酸以 $18:1^{\Delta 9}$ 表示，显示油酸有 18 个碳原子，在第 9 位与第 10 位碳原子间有一个不饱和双键；二十碳五烯酸(EPA)以 $20:5^{\Delta 5,8,11,14,17}$ 表示，显示其含有 20 个碳原子，在第 5 位与第 6 位碳原子间、第 8 位与第 9 位碳原子间、第 11 位与第 12 位碳原子间、第 14 位与第 15 位碳原子间和第 17 位与第 18 位碳原子之间各有一个不饱和双键；而二十二碳六烯酸(DHA)以 $22:6^{\Delta 4,7,10,13,16,19}$ 表示，显示其有 22 个碳原子，在第 4 位与第 5 位碳原子间、第 7 位与第 8 位碳原子间、第 10 位与第 11 位碳原子间、第 13 位与第 14 位碳原子间、第 16 位与第 17 位碳原子间和第 19 位与第 20 位碳原子间各有一个不饱和双键。常见的脂肪酸见表 2-1。

高等动物和植物的脂肪酸具有以下特点：

① 大多数脂肪酸的碳原子数为 10~20，且均是偶数。最常见的是 16 个或 18 个碳原子的脂肪酸。

② 饱和脂肪酸中最常见的是软脂酸和硬脂酸，不饱和脂肪酸中最常见的是油酸。

③ 饱和脂肪酸的熔点高于同等链长的不饱和脂肪酸。

④ 高等动物和植物的单不饱和脂肪酸的双键位置一般在第 9 位与第 10 位碳原子之间。有些多不饱和脂肪酸中的一个双键也位于第 9 位与第 10 位碳原子之间，另外的双键较第一个双键更远离羧基。两双键之间往往隔着一个亚甲基(—CH₂—)，如亚油酸、花生四烯酸等；但也有少数植物的不饱和脂肪酸中含有共轭双键(—CH=CH—CH=CH—)。

⑤ 高等动物和植物的不饱和脂肪酸多为顺式(*cis*)异构体，只有极少的不饱和脂肪酸属于反式(*trans*)。反式脂肪酸碳原子和双键位置的简写是在表示双键位置的符号右边加"*trans*"字样，如反油酸写作 $18:1^{\Delta 9,trans}$。

⑥ 高等动物和植物所含的脂肪酸种类比细菌的多得多。

自然界存在的脂肪酸有 40 多种。其中有些脂肪酸人体不能自行合成，必须由食物供给，故称为必需脂肪酸(essential fatty acid)。亚油酸和亚麻酸是人体所必需脂肪酸，这两种脂肪酸在植物中含量非常丰富。花生四烯酸虽然也是人体所必需的脂肪酸，但它可利用亚油酸由人体自行合成。

2. ω-3 脂肪酸和 ω-6 脂肪酸 脂肪酸中的第一个不饱和双键处于碳链中第 3 位(从甲基端开始)和第 4 位碳原子之间，称为 ω-3 脂肪酸。脂肪酸中的第一个不饱和双键处于碳链中第 6 位(从甲基端开始)和第 7 位碳原子之间，则称为 ω-6 脂肪酸。ω-3 脂肪酸包括 α 亚麻酸(α-linolenic acid)、二十碳五烯酸(eicosapentaenoic acid，EPA)和二十二碳六烯酸(docosahexaenoic acid，DHA)。ω-6 脂肪酸包括亚油酸(linoleic acid)、花生四烯酸(arachidonic acid)和 γ 亚麻酸(γ-linolenic acid)。

ω-3 脂肪酸中的 α 亚麻酸常见于绿色蔬菜、亚麻子油、苏子油、核桃油、花椒油中，大豆油中也含有少量 α 亚麻酸，动物体内不含 α 亚麻酸。ω-3 脂肪酸中的二十碳五烯酸和二十二碳六烯酸常

表 2-1 常见的脂肪酸

名称	英文名	分子式	熔点/℃	存在
丁酸（酪酸）	butyric acid	C_3H_7COOH	−7.9	奶油
己酸（羊油酸）	caproic acid	$C_5H_{11}COOH$	−3.4	奶油、羊脂、可可油等
辛酸（羊脂酸）	caprylic acid	$C_7H_{15}COOH$	16.7	奶油、羊脂、可可油等
癸酸（羊蜡酸）	capric acid	$C_9H_{19}COOH$	32	椰子油、奶油
十二酸（月桂酸）	lauric acid	$C_{11}H_{23}COOH$	44	鲸蜡、椰子油
十四酸（豆蔻酸）	myristic acid	$C_{13}H_{27}COOH$	54	肉豆蔻油、椰子油
十六酸（软脂酸）	palmitic acid	$C_{15}H_{31}COOH$	63	动植物油
十八酸（硬脂酸）	stearic acid	$C_{17}H_{35}COOH$	70	动植物油
二十酸（花生酸）	arachidic acid	$C_{19}H_{39}COOH$	75	花生油
二十二酸（山嵛酸）	behenic acid	$C_{21}H_{43}COOH$	80	山嵛油、花生油
二十四酸（掬焦油酸）	lignoceric acid	$C_{23}H_{47}COOH$	84	花生油
二十六酸（蜡酸）	cerotic acid	$C_{25}H_{51}COOH$	87.7	蜂蜡、羊毛油
二十八酸（褐煤酸）	montanic acid	$C_{27}H_{55}COOH$		蜂蜡
十八碳一烯酸（油酸）18:1$^{\Delta 9}$	oleic acid	$CH_3(CH_2)_7CH=CH(CH_2)_7COOH$	13.4	动植物油
十八碳二烯酸（亚油酸）18:2$^{\Delta 9,12}$	linoleic acid	$CH_3(CH_2)_4(CH=CH-CH_2)_3(CH_2)_6COOH$	−5	棉子油、亚麻子油
十八碳三烯酸（亚麻酸）18:3$^{\Delta 9,12,15}$	linolenic acid	$CH_3CH_2(CH=CHCH_2)_3(CH_2)_6COOH$	−11	亚麻子油
二十碳四烯酸（花生四烯酸）20:4$^{\Delta 5,8,11,14}$	arachidonic acid	$CH_3(CH_2)_4(CH=CHCH_2)_4(CH_2)_2COOH$	−50	磷脂酰胆碱、磷脂酰乙醇胺
二十碳五烯酸 20:5$^{\Delta 5,8,11,14,17}$	eicosapentaenoic acid, EPA	$CH_3CH_2(CH=CHCH_2)_5(CH_2)_2COOH$		鱼油
二十二碳六烯酸 22:6$^{\Delta 4,7,10,13,16,19}$	docosahexaenoic acid, DHA	$CH_3CH_2(CH=CHCH_2)_6CH_2COOH$		鱼油

见于海藻类、深海鱼类（非人工养殖）、海兽类和贝类中。ω-6脂肪酸常见于植物油、禾谷类种子等。表2-2列出了常见ω-3脂肪酸和ω-6脂肪酸含量高的油类，并且将它们分别简称为ω-3油类和ω-6油类。

表2-2 常见的ω-3油类和ω-6油类

ω-3油类	ω-6油类
深海鱼油	玉米油
亚麻子油	红花油
加拿大油菜子油	葵花子油
核桃油	棉子油
花椒油	花生油
苏子油	芝麻油

ω-3脂肪酸对人身体有保健作用。目前认为ω-3脂肪酸对降低血压、降低心血管疾病风险、促进抗炎药物的疗效有一定效果，对于疼痛、糖尿病、肾损伤、肥胖、皮肤病、肿瘤及红斑狼疮的治疗也可起一定作用。

目前人类普遍存在ω-3脂肪酸摄入严重不足，而ω-6脂肪酸摄入比率严重超标的状况。在20世纪60年代曾进行的一项涉及希腊、意大利、荷兰、日本、美国等不同国家12 000人的调查中，希腊克里特岛上居民的膳食因其富含ω-3脂肪酸，身体状况优势明显。例如，他们的癌症死亡率只有美国的1/20，各种疾病的死亡率只有日本的一半。医学研究认为，食物中ω-3脂肪酸与ω-6脂肪酸最适宜的比例为1∶4；旧石器时代人的食物结构中近似于1∶4的比例；而母乳中也恰好是1∶4，是人类进化过程中的自然结果。

3. 甘油 甘油（glycerol）味甜，化学名称为丙三醇，为无色、透明、无臭的黏稠状液体，熔点为18.17 ℃，密度为1.26 g/cm³（20 ℃），与水或乙醇可以任何比例互溶，不溶于乙醚、氯仿及苯。甘油可被过氧化氢氧化，形成二羟丙酮和甘油醛的混合物。甘油在脱水剂（如硫酸氢钾、五氧化二磷）存在下加热，即生成丙烯醛，成为有刺激性臭味的气体，此反应可用于鉴定甘油。

根据1967年国际纯粹和应用化学联合会及国际生物化学联合会（IUPAC-IUB）的生物化学名词委员会的规定，甘油的命名原则是：甘油分子中3个碳原子指定为1、2、3碳位，第2碳位羟基写在左边，上面为1碳位，下面为3碳位，1、3两数字的位置不能交换。也可用α、β和α'代表甘油碳位，β代表中间碳位。这就是立体专一序数（stereospecific numbering），用Sn表示，并写在甘油衍生物名称的前面，如3-磷酸甘油即写为Sn-3-磷酸-甘油。

甘油是食品加工业中通常使用的甜味剂和保湿剂，大多用在运动食品和代乳品中。每克甘油完全氧化可产生16 736 J（4 kcal）热量，经人体吸收后不会改变血糖和胰岛素水平。

甘油可制成生物精化甘油，是食用级甘油中最优质的一种。生物精化甘油含有丙三醇、酯类、葡萄糖等，属于多元醇类甘油，除具保湿、保润作用外，还具有高活性抗氧化等特殊功效。甘油可用于制造硝化甘油、醇酸树脂和环氧树脂，可作烟草添加剂的吸湿剂和溶剂，也可作为纺织和印染工业中的润滑剂、吸湿剂、织物防皱缩处理剂及油田的防冻剂等。

（三）三脂酰甘油的性质

1. 三脂酰甘油的物理性质 天然三脂酰甘油一般为无色、无臭、无味、呈中性的液体或固体，密度皆小于1 g/cm³，其中常温下的固体三脂酰甘油密度约为0.8 g/cm³，液体三脂酰甘油密度为0.915~0.94 g/cm³。天然的脂肪（特别是植物油）因溶有维生素及色素而有颜色和气味。脂肪难溶于水，易溶于乙醚、石油醚、苯、氯仿、热乙醇等有机溶剂。

人和动物体消化道内胆汁可分泌到肠道，胆汁内的胆汁酸盐使肠内脂肪乳化形成乳糜微粒，因而促进肠道内脂肪的消化吸收。脂肪能溶解脂溶性维生素(维生素 A、维生素 D、维生素 E、维生素 K)和某些有机物质(如香精、固醇、某些激素等),利于其在人体内的运输和吸收。

动物中的三脂酰甘油饱和脂肪酸含量高,熔点也高;植物中的三脂酰甘油不饱和脂肪酸含量高,熔点就低。

2. 三脂酰甘油的化学性质

(1) 水解和皂化。油脂在酸、碱、脂酶或加热的条件下都会发生水解,生成甘油、游离脂肪酸或脂肪酸盐。这个反应在酸水解条件下是可逆的,已经水解的甘油与游离脂肪酸可再次结合生成单脂酰甘油、二脂酰甘油。在碱性条件下,水解反应不可逆,水解出的游离脂肪酸与碱结合生成脂肪酸盐,即肥皂。碱水解脂肪的反应也称为皂化反应(图 2-2)。

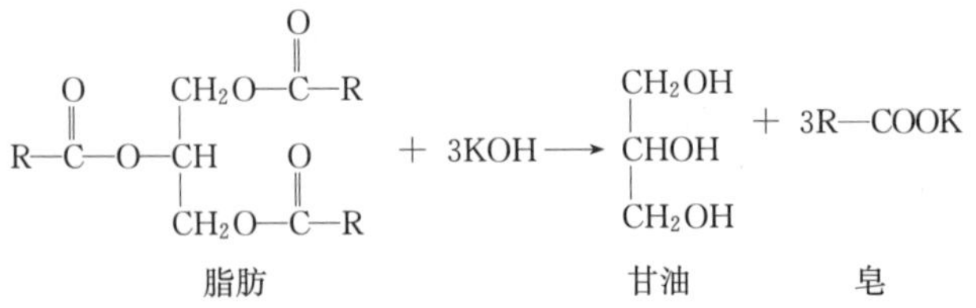

图 2-2 脂肪的皂化反应

肥皂可溶于水,并有乳化性,可以除去油污,但在加工高脂肪含量的食品时,如混入强碱,会使产品带有肥皂味,影响食品的风味。皂化所需的碱量数值称为皂化值(saponification number)。皂化值为皂化 1 g 脂肪所需的氢氧化钾的量(mg),可用下式表示。

$$\text{皂化值} = \frac{VN \times 56}{m}$$

上式中,V 表示皂化值测定时用来滴定的盐酸样品所消耗的体积(mL);N 为盐酸的浓度(mol/L);56 为 KOH 的摩尔质量(g/mol);m 为测定的脂肪质量(g)。通常根据皂化值可推算混合脂肪酸或混合脂肪的平均相对分子质量,其计算公式为

$$\text{平均相对分子质量} = \frac{3 \times 56 \times 1\,000}{\text{皂化值}}$$

上式中,56 是 KOH 的相对分子质量;由于中和 1 mol 三脂酰甘油的脂肪酸需要 3 mol 的 KOH,故以 3 乘之。皂化值与脂肪(或脂肪酸)的分子质量成反比,皂化值高表示含低分子质量的脂肪酸较多,因为相同重量的低级脂肪酸皂化时所需的 KOH 的量比高级脂肪酸多。

(2) 氢化和卤化。对于含不饱和双键的三脂酰甘油而言,其不饱和双键可与 H_2 和卤素等起加成反应,称为三脂酰甘油的氢化和卤化作用。氢化作用由金属镍(Ni)催化,有防止油脂酸败的作用。油脂分析上常用碘值表示油脂的不饱和度。碘值(iodine number)指 100 g 油脂吸收碘的量(g),用于测定油脂的不饱和程度。不饱和程度越高,碘值越高。常见油脂的皂化值和碘值见表 2-3。

植物油的稳定性较差,油脂工业常利用其与 H_2 的加成反应对其进行改性。氢化后可得到稳定性更高的氢化油或硬化油,除了用来生产人造奶油、起酥油外,还可用来生产稳定性高的煎炸用油。

(3) 氧化与酸败作用。

氧化:不饱和脂肪酸与分子氧作用后,可产生脂肪酸过氧化物。后者在空气中可以形成胶状复杂化合物。油类含较多的不饱和脂肪酸,暴露在空气中,也发生这种氧化。工业上的油漆利用了这种性质,如桐油暴露在空气中,可得到一层坚硬而有弹性的固体薄膜,作为防雨防腐用,这种现象称为脂类的干化。

酸败:油脂在贮存过程中,暴露在空气中经相当时间后败坏而产生臭味,这种现象称为酸败。表现为油脂颜色加深、味变苦涩并产生特殊的气味,即油脂哈喇了。酸败程度的大小用酸价来表示。酸价是中和 1 g 脂类的游离脂肪酸所需的 KOH 的量(mg)。

表 2-3　各种油脂的皂化值和碘值

名　称	皂化值	碘　值
菜子油	170～180	92～109
蓖麻油	176～187	81～90
花生油	185～195	83～98
牛油	190～200	31～47
羊油	192～195	32～50
猪油	193～200	46～66
奶油	216～235	25～45
芝麻油	187～195	103～112
棉子油	191～196	103～115
豆油	189～194	124～136
亚麻油	189～198	170～204
桐油	190～197	160～180
椰子油	246～265	8～10
橄榄油	190～195	74～95
盐蒿油	191	144.8
茶子油	190～195	80～87

油脂酸败的原因：一是脂类因长期经光和热或微生物作用而被水解，放出自由脂肪酸，低分子脂肪酸有臭味；二是空气中的氧将不饱和脂肪酸氧化，产生的醛和酮亦有臭味。

（4）乙酰化。这是脂类所含羟基脂肪产生的反应，如羟基化甘油酯和醋酸酐作用即成乙酰化甘油酯（图 2-3）。

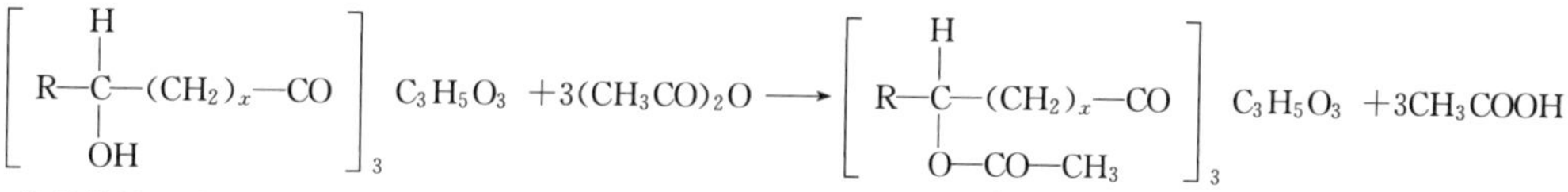

$$\left[\begin{array}{c}H\\R-C-(CH_2)_x-CO\\OH\end{array}\right]_3 C_3H_5O_3 + 3(CH_3CO)_2O \longrightarrow \left[\begin{array}{c}H\\R-C-(CH_2)_x-CO\\O-CO-CH_3\end{array}\right]_3 C_3H_5O_3 + 3CH_3COOH$$

　　　　羟基化甘油酯　　　　　　　　醋酸酐　　　　　　　　乙酰化甘油酯

图 2-3　含羟基脂肪的乙酰化反应

脂肪的羟基化程度用乙酰值表示。乙酰值指中和 1 g 乙酰脂经皂化释放出的乙酸所需的 KOH 的量（mg）。从乙酰值的大小可推知样品中所含羟基的多少。

二、蜡

蜡广泛存在于自然界。蜡中的脂肪酸一般为含 16 个碳或 16 个以上碳的饱和脂肪酸，天然的蜡中往往含有一些游离脂肪酸和脂肪醇。蜡的熔点为 60～80 ℃，较三脂酰甘油的熔点高。蜡在常温时是固体，不溶于水，能溶于醚、苯、三氯甲烷等有机溶剂。蜡既不被脂肪酶水解，也不易皂化。人体内没有分解蜡的酯酶，故蜡不能为人体消化利用。

依来源的不同，天然蜡可分为动物蜡和植物蜡两大类。动物蜡主要有蜂蜡、虫蜡（白蜡）、鲸蜡、羊毛蜡等。植物蜡主要为巴西棕榈蜡，存在于巴西棕榈叶中。很多植物的叶、茎、果实的表皮都覆盖着一层很薄的蜡质，起着保护植物内层组织、防止细菌侵入和调节植物水分平衡的作用。很多动物的表皮和甲壳也常有蜡层保护。鱼油和某些植物油（如棉子油、豆油、玉米胚油）中含有少量的蜡，低温时，蜡凝成云雾状悬浮于油脂中，影响外观，精炼时可被除去。

第二节 复合脂

复合脂(complex lipid)是指除了脂肪酸与醇组成的酯外，分子内还含有其他非脂成分(如磷酸、胆碱、糖等)的脂类。重要的复合脂有磷脂和硫脂。

磷脂(phospholipid)中最重要的是磷酸甘油酯，其中卵磷脂和磷脂酰乙醇胺是细胞中含量最丰富的磷脂，广泛存在于生物膜中，是生物膜骨架成分。生物体内常见的磷脂还有磷脂酸、磷脂酰肌醇等。

硫脂(sulfatide)主要由糖脂衍生而来，硫酸连在糖基上形成硫酸酯。硫脂主要存在于叶绿体膜上，马铃薯块茎和苹果果实中也发现微量硫脂。

一、磷脂

磷脂为含磷酸的复合脂，是构成生物膜的重要成分。在自然界分布很广，种类繁多。按其化学组成大体上可分为两大类：一种是分子中含甘油的，称为甘油磷脂；另一种是分子中含鞘氨醇的，称为鞘氨醇磷脂。

(一)甘油磷脂

甘油磷脂(glycerophosphatide)又称为磷酸甘油酯，是生物膜的主要成分。甘油磷脂(图2-4)按性质不同可分为中性甘油磷脂和酸性甘油磷脂两类。前者如磷脂酰胆碱(卵磷脂)、磷脂酰乙醇胺(脑磷脂、缩醛磷脂)、溶血磷脂酰胆碱等；后者如磷脂酸、磷脂酰丝氨酸、二磷脂酰甘油(心磷脂)等。

图2-4中，R_1和R_2表示脂酰基的碳氢基，X表示胆碱或其他基团，如肌醇。

1. 磷脂酰胆碱　磷脂酰胆碱(phosphatidyl choline，PC)又称为卵磷脂(lecithin)。磷脂酰胆碱含甘油、脂肪酸、磷酸和胆碱，是动植物中分布最广泛的磷脂，主要存在于动物的卵、植物的种子(如大豆)及动物的神经组织中。因其在蛋黄中含量最多，故得名卵磷脂。结构和三酰甘油相似，不同的是1个脂酰基被磷酰胆碱基所代替。自然界存在的多为L-α-磷脂酰胆碱，它易解离形成两性离子形式，其结构见图2-5。

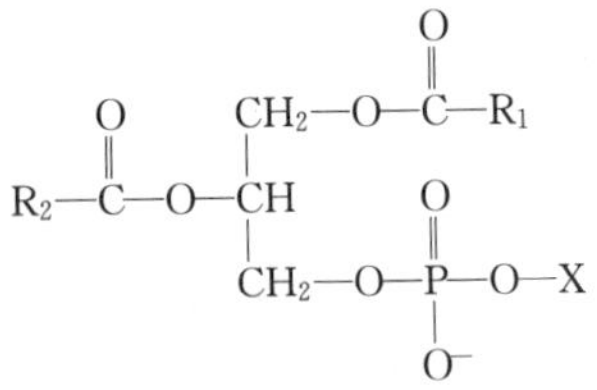

图2-4　甘油磷脂的结构通式 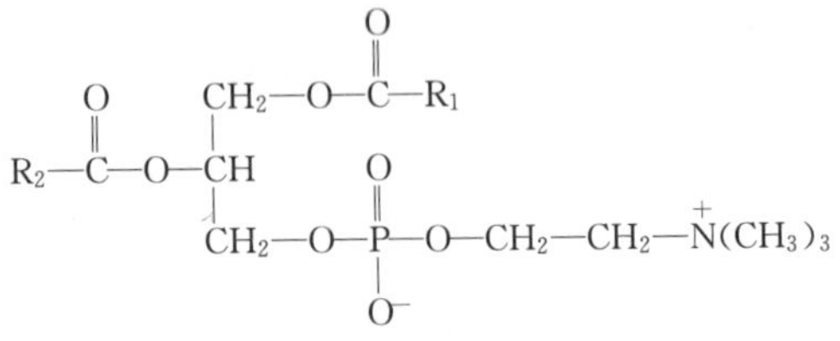　　图2-5　L-α-磷脂酰胆碱的两性离子型

磷脂酰胆碱分子中的脂肪酸常有软脂酸、硬脂酸、油酸、亚油酸、亚麻酸、花生四烯酸等。磷脂酰胆碱为白色蜡状物，在低温下也可结晶，易吸水变成棕黑色胶状物。磷脂酰胆碱不溶于丙酮，溶于乙醚及乙醇。磷脂酰胆碱中含有不饱和脂肪酸，稳定性差，遇空气易氧化。

2. 磷脂酰乙醇胺　磷脂酰乙醇胺(phosphatidyl ethanolamine，PE)俗称脑磷脂(cephalin)，含甘油、脂肪酸、磷酸和乙醇胺，其结构见图2-6。

磷脂酰乙醇胺分子中的脂肪酸常有软脂酸、硬脂酸、油酸及少量花生四烯酸。磷脂酰乙醇胺的性质与磷脂酰胆碱相似，不稳定，易吸水氧化成棕黑色物质，不溶于丙酮及乙醇，溶于乙醚。磷脂酰乙醇胺在脑组织和神经组织中含量较多，心、肝等组织中亦有存在。

3. 磷脂酰丝氨酸　磷脂酰丝氨酸(phosphatidyl serine，PS)含甘油、脂肪酸、磷酸和丝氨酸，其结构见图2-7。

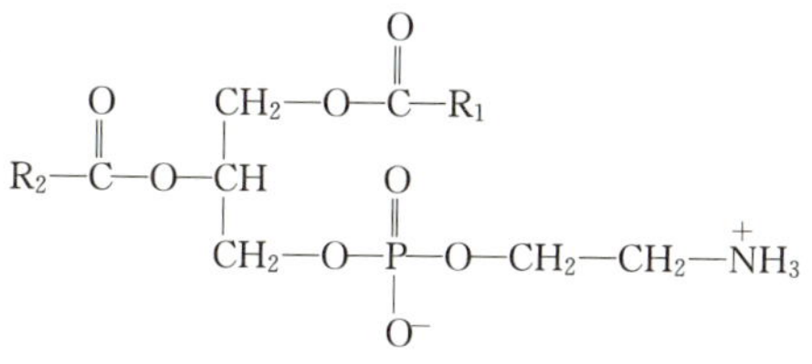

图 2-6　磷脂酰乙醇胺(脑磷脂) 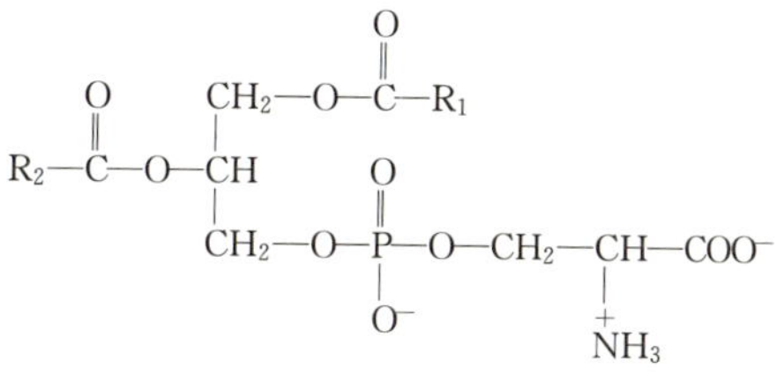　　　　　图 2-7　磷脂酰丝氨酸

磷脂酰丝氨酸与磷脂酰胆碱相似，只是以丝氨酸代替胆碱。磷脂酰丝氨酸的脂肪酸通常有 4 种：软脂酸、硬脂酸、油酸及少量二十碳四烯酸。磷脂酰丝氨酸称为血小板第三因子，血小板受损组织中磷脂酰丝氨酸能与其他因子一起促使凝血酶原活化。

4. 磷脂酰肌醇　磷脂酰肌醇(phosphatidyl inositol)由磷脂酸与肌醇结合形成，结构上与磷脂酰胆碱相似，不同处仅是由肌醇代替胆碱。磷脂酰肌醇在多种动物、植物组织中存在。磷脂酰肌醇有磷脂酰肌醇、磷脂酰肌醇磷酸、磷脂酰肌醇二磷酸等几种。磷脂酰肌醇的结构如图 2-8 所示。

磷脂酰肌醇的生理作用还在进一步研究中，实验表明肌醇三磷酸为胞内信使，通过钙调蛋白(calmodulin)可促进细胞内 Ca^{2+} 的释放，参与激素信号放大。

5. 缩醛磷脂　缩醛磷脂经酸处理后产生 1 个长链脂性醛基。这个链代替了典型的磷脂结构式中的 1 个脂酰基，乙醇胺缩醛磷脂(图 2-9)是最常见的一种。

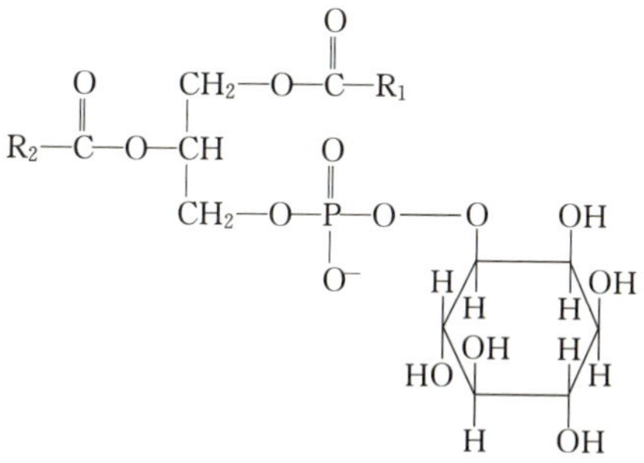

图 2-8　磷脂酰肌醇 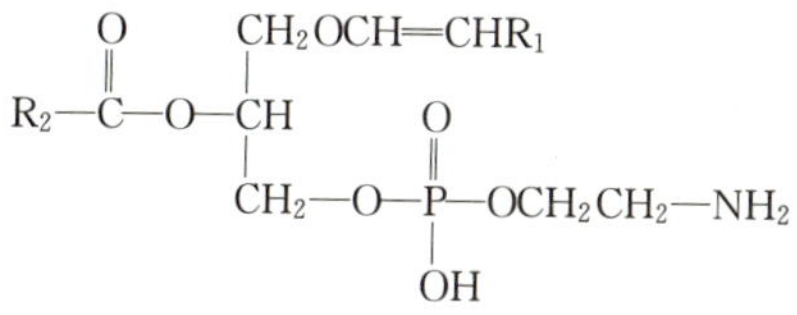　　　　　图 2-9　乙醇胺缩醛磷脂

缩醛磷脂可水解，随不同程度的水解而产生不同的产物。缩醛磷脂溶于热乙醇、KOH 溶液，不溶于水，微溶于丙酮或石油醚。缩醛磷脂存在于细胞膜，尤其以肌肉和神经细胞膜中含量丰富，在脑组织及动脉血管中的缩醛磷脂可能有保护血管的作用。

6. 心磷脂　心磷脂(cardiolipin)是由 2 分子磷脂酸与 1 分子甘油共价结合而成的(图 2-10)，故又称为双磷脂酰甘油或多甘油磷脂。

心磷脂广泛存在于高等动物、植物和微生物中，在动物细胞中主要存在于线粒体的内膜，特别在心肌中可达总磷脂的 15%。在牛心肌的心磷脂中脂肪酸残基的 80%~90% 是亚油酸。心磷脂有助于线粒体膜的结构蛋白质同细胞色素 c 的连接，是脂质中唯一具有抗原性的脂类。

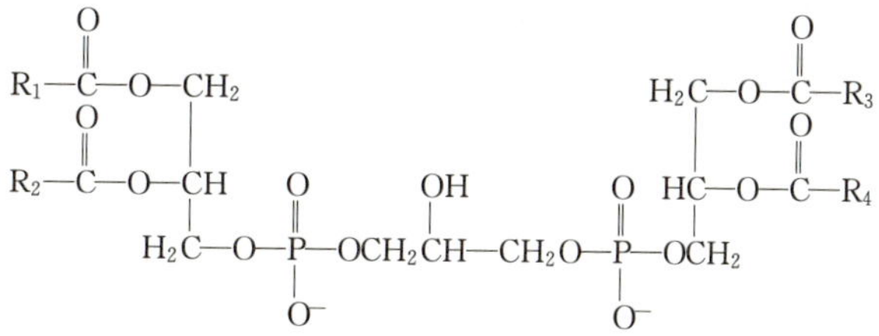

图 2-10　心磷脂

(二)鞘氨醇磷脂

鞘氨醇磷脂(phosphingolipid)是由鞘氨醇(sphingosine，又称为神经鞘氨醇)、脂肪酸、磷脂酰胆碱组成的，如图2-11所示。鞘氨醇磷脂与甘油磷脂的差异主要是醇，以鞘氨醇代替甘油醇，鞘氨醇的氨基以酰胺键与长链(含18~20个碳)脂肪酸的羧基相连形成神经酰胺(ceramide)，它是鞘氨醇磷脂的母体。

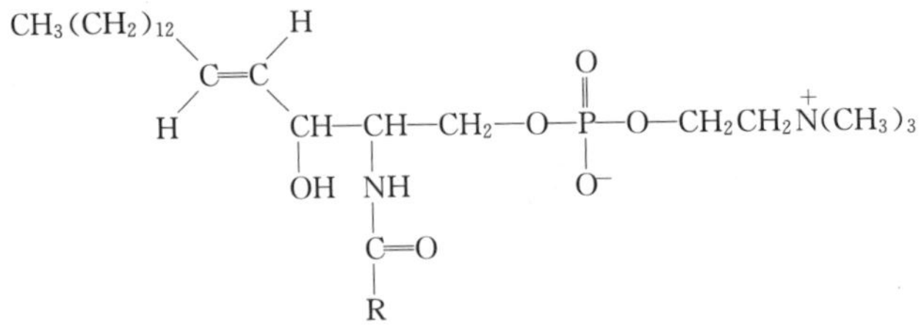

图2-11 鞘氨醇磷脂

鞘氨醇磷脂的种类不如甘油磷脂多，除分布于细胞膜的鞘磷脂(sphingomyelin)外，生物体中可能还存在有其他鞘氨醇磷脂，如含不同脂肪酸的鞘氨醇磷脂。

鞘氨醇磷脂为白色晶体，对光及空气皆稳定，可经久不变；溶于热乙醇，而不溶于丙酮、乙醚。在水中呈乳状液，有两性解离性质。鞘氨醇磷脂不仅大量存在于神经组织，而且还存在于脾、肺及血液中。它对神经的激动和传导性有重要作用。

二、糖脂

糖脂(glycolipid)是指糖通过其半缩醛羟基以糖苷键形式与脂类连接的复合脂。它分为鞘糖脂(glycosphingolipid)和甘油糖脂(glycerol glycolipid)两大类。动物细胞膜中的糖脂主要是鞘糖脂，植物和细菌的细胞膜中的糖脂主要是甘油糖脂。

(一)鞘糖脂

鞘糖脂是以神经酰胺(ceramide)为母体构成的，这类糖脂最初从脑组织分离，主要包括脑苷脂(cerebroside)和神经节苷脂(ganglioside)。鞘糖脂是生物膜的结构成分，与血型抗原、受体等性质有关，在细胞识别与黏着、血液凝固及神经冲动的传导中起重要作用。

1. 脑苷脂 脑苷脂由鞘氨醇、脂肪酸和D-半乳糖组成，是哺乳动物组织中存在的最简单的鞘氨醇糖脂。它占脑干物质量的13%，少量存在于肝、胸腺、肾、肾上腺、肺和卵黄中。天然存在的脑苷脂有角苷脂、α-羟脑苷脂、烯脑苷脂和羟烯脑苷脂(表2-4)，它们的结构基本相同，所不同者仅脂肪酸部分。脑苷脂的结构通式如图2-12所示。

表2-4 4种天然存在的脑苷脂

脑苷脂	脂肪酸残基	分子质量/u	熔点/℃
角苷脂(kerasin 或 cerasin)	二十四碳烷酸(24:0)(lignoceric acid)	812	180
α-羟脑苷脂(phrenosin)	α-羟二十四碳烷酸(cerebronic acid)	828	212
烯脑苷脂(nervon)	二十四碳烯酸(24:1)(即神经酸，nervonic acid)	810	180
羟烯脑苷脂(oxynervon)	2-羟二十四碳烯酸(即2-羟神经酸，2-hydroxynervonic acid)	—	

2. 神经节苷脂 神经节苷脂由鞘氨醇、脂肪酸、半乳糖、葡萄糖和唾液酸组成。在神经末梢中含量丰富，广泛存在于大脑灰质、神经节、红细胞、脾、肝、肾等软组织中。根据分子中所含唾液酸的数目不同，神经节苷脂又可分为单唾液酸神经节苷脂、二唾液酸神经节苷脂、三唾液酸神经节苷脂等。单唾液酸神经节苷脂的结构式如图2-13所示。神经节苷脂也可能存在于乙酰胆碱和其他

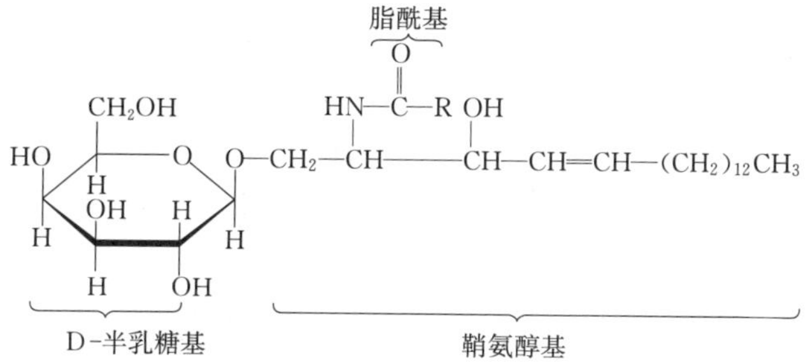

图 2-12 脑苷脂的结构通式

神经介质的受体部位。细胞表面的神经节苷脂与血型专一性、组织器官专一性、组织免疫、细胞识别等都有关系。

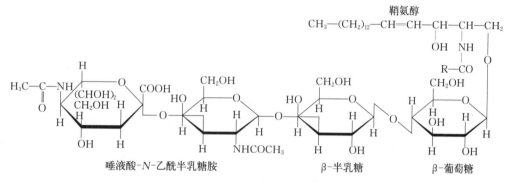

图 2-13 单唾液酸神经节苷脂

(二)甘油糖脂

甘油糖脂存在于植物、微生物和哺乳动物中,其结构与甘油磷脂相似。它是由二脂酰甘油与己糖通过糖苷键结合生成的,己糖主要为半乳糖、甘露糖、脱氧葡萄糖。甘油糖脂分子中可含 1 分子或 2 分子己糖,有些糖基带有—SO_3 基(硫酯)。最常见的甘油糖脂有单半乳糖基二脂酰甘油和二半乳糖基二脂酰甘油,其结构如图 2-14 所示。

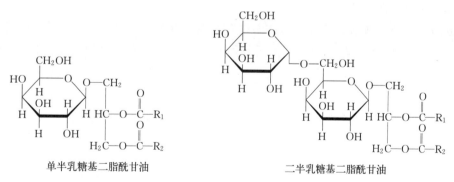

图 2-14 单半乳糖基二脂酰甘油和二半乳糖基二脂酰甘油

三、脂蛋白

脂蛋白(lipoprotein)是由脂类和蛋白质以非共价键形式结合而成的复合物。广泛存在于血浆和生物膜中,其结合方式大多以松散的非共价键结合,如疏水作用、范德华力等,分别称为血浆脂蛋白和细胞脂蛋白（细胞膜系统中脂溶性脂蛋白）。血浆中除游离脂肪酸与清蛋白结合成复合物运输以外，其他的脂类都形成复杂的脂蛋白形式被运输。

血浆脂蛋白是由三脂酰甘油、胆固醇酯组成的疏水核心以及由磷脂、未酯化的胆固醇和载脂蛋白（apoprotein）组成的极性外壳所构成的球形颗粒（图2-15）。

通常用密度梯度超速离心方法分离血浆脂蛋白，根据脂蛋白密度上的差别将其分为5类，密度由低到高依次为乳糜微粒（chylomicron，CM）、极低密度脂蛋白（very low density lipoprotein，VLDL）、低密度脂蛋白（low density lipoprotein，LDL）、高密度脂蛋白（high density lipoprotein，HDL）和极高密度脂蛋白（very high density lipoprotein，VHDL）。

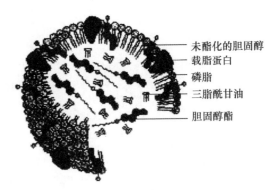

图2-15　血浆脂蛋白的结构

乳糜微粒由小肠上皮细胞合成，主要成分来自食物脂肪，还有少量蛋白质，其功能为转运外源性脂肪。极低密度脂蛋白由肝细胞合成，主要成分也是脂肪，其功能为转运内源性脂肪。低密度脂蛋白来自肝，富含胆固醇，磷脂含量也不少，其功能为转运胆固醇和磷脂。高密度脂蛋白也来自肝，其颗粒最小，其功能为转运胆固醇和磷脂。极高密度脂蛋白属清蛋白-游离脂肪酸性质，其功能为转运游离脂肪酸。研究表明，脂蛋白代谢异常会导致动脉粥样硬化，血浆中低密度脂蛋白水平高而高密度脂蛋白水平低者易患心血管疾病。

第三节　非皂化脂

某些脂类因不含脂肪酸，不能进行皂化，故称为非皂化脂。非皂化脂主要包括萜类和甾醇类化合物。

萜类（terpenoid）是一大类化合物的统称，一般都由若干个异戊二烯（isoprene）结构单元构成，故可看成是异戊二烯的衍生物。

甾醇（steroid）又称为固醇，是环戊烷多氢菲的羟基衍生物。在生物体内它们可以游离的醇形式存在，也可与脂肪酸结合成酯，主要包括谷甾醇、麦甾醇、麦角固醇等。胆固醇是动物组织中甾醇类物质的典型代表，通过它可转化成性激素、肾上腺皮质激素等具有重要功能的代谢产物。

萜类和类固醇类共同的特点是不含脂肪酸。它们在组织和细胞内含量虽少，却含有许多具有重要生物功能的物质。

一、萜类

萜类（terpene）不含脂肪酸，是非皂化性物质，与类固醇类（胆固醇酯除外）同属异戊二烯（isoprene）（图2-16）衍生物。

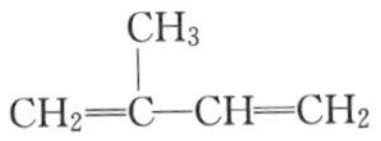

$$CH_2=C(CH_3)-CH=CH_2$$

图2-16　异戊二烯的分子结构

根据所含的异戊二烯的数目，萜可分为单萜、双萜、三萜和多萜等。由两个异戊二烯构成的萜称单萜，由3个异戊二烯构成倍半萜，由4个异戊二烯构成双萜，以此类推（表2-5）。

表 2-5 萜类化合物

碳原子数	异戊二烯数目	类名	重要代表
10	2	单萜(monoterpene)	柠檬苦素(limonin)
15	3	倍半萜(sesquiterpene)	法尼醇(farnesol)
20	4	二萜(diterpene)	叶绿醇(phytol)
30	6	三萜(triterpene)	鲨烯(squalene)
40	8	四萜(tetraterpene)	胡萝卜素(carotene)
	数千	多萜(polyterpene)	天然橡胶

萜类分子呈线状或环状，异戊二烯在构成萜时，有头尾相连及尾尾相连的方式(图 2-17)。多数线状萜类的双键呈反式排布，但在 11-顺-视黄醛(11-cis-retinal)第 11 位上的双键为顺式(图 2-18)。

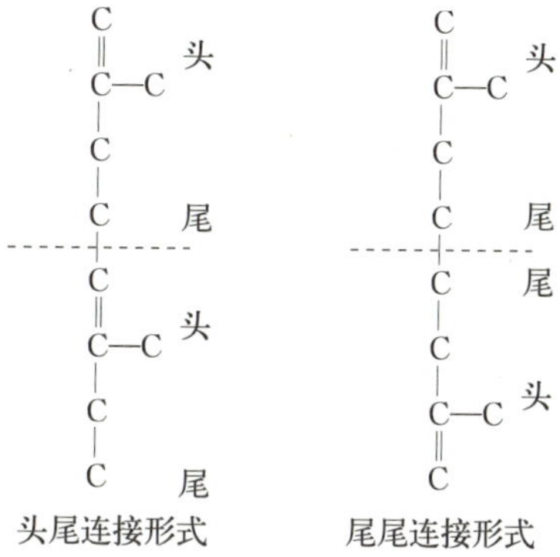

图 2-17 萜类中异戊二烯连接方式

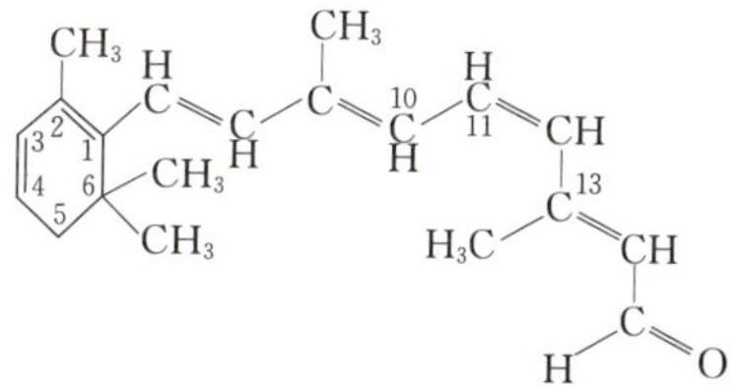

图 2-18 11-顺-视黄醛

植物中的萜类多数有特殊气味，是各类植物特有油类的主要成分。例如，从植物薄荷的茎叶中提取所得的精油即薄荷油，它是萜的衍生物，其主要成分是薄荷醇，并含少量薄荷酮。而柠檬苦素和樟脑(camphor)等分别是柠檬油和樟脑油的主要成分。维生素 A、维生素 E、维生素 K 和天然橡胶属于多聚萜类。多聚萜醇常以磷酸酯的形式存在，这类物质在糖基从细胞质到细胞表面的转移中起类似辅酶的作用。

二、类固醇类

类固醇(steroid)又称为类甾醇，都含有环戊烷多氢菲结构，是非皂化脂。其具多种生物学功能：作为激素，起某种代谢调节作用；作为乳化剂，有助于脂类的消化与吸收，还有抗炎症作用。按羟基数量及位置不同分为固醇类及固醇衍生物，其中固醇是在核的 C_3 位有 1 个羟基，在 C_{17} 位有 1 个分支烃链(图 2-19)。

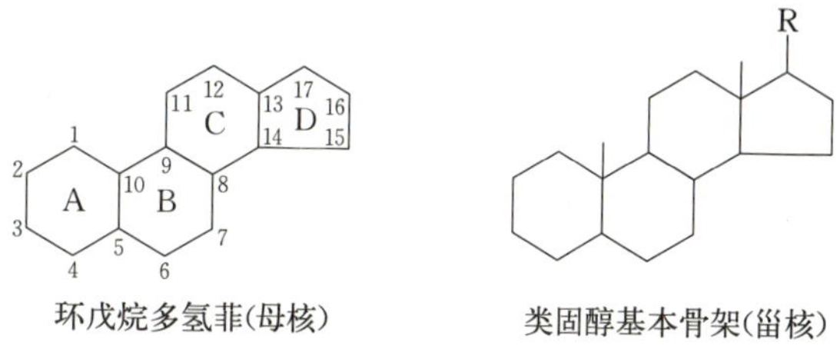

环戊烷多氢菲(母核)　　类固醇基本骨架(甾核)

图 2-19 类固醇的基本结构

(一)固醇类

固醇类(sterol)是由 A、B、C 和 D 共 4 个环结构组成的高分子一元醇，为环戊烷多氢菲的衍生物。各种固醇物质的母核相同，差别只是 B 环中双键的数目和位置以及 C_{17} 位上的侧链结构。固醇类在生物体中以游离态或以与脂肪酸结合成酯的形式存在，可分为动物固醇、植物固醇和酵母固醇。

1. 动物固醇 动物固醇(zoosterol)多以酯的形式存在,包括胆固醇、胆固醇酯、7-脱氢胆固醇等。

(1)胆固醇。胆固醇(cholesterol)是高等动物生物膜的重要成分,占质膜脂类的20%以上,占细胞器膜的5%。人体内发现的胆结石,几乎全由胆固醇构成。肝、肾和表皮组织含量也相当多,它的结构如图2-20所示。

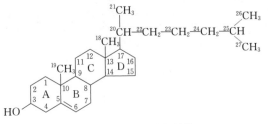

图2-20 胆固醇的结构

胆固醇是合成多种激素的前体物,如类固醇激素、维生素D_3、胆汁酸等。动物能吸收利用食物胆固醇,也能自行合成。其生理功能与生物膜的透性、神经髓鞘的绝缘物质以及动物细胞对某种毒素的保护作用有关。

胆固醇易溶于乙醚、氯仿、苯及热乙醇,不能皂化。胆固醇上的羟基易与高级脂肪酸形成胆固醇酯。胆固醇易与毛地黄苷结合而沉淀,利用这一特性可以测定溶液中胆固醇含量。

(2)7-脱氢胆固醇。7-脱氢胆固醇存在于动物皮下,可能是由胆固醇转化而来的。它在紫外线作用下可生成维生素D_3(图2-21)。

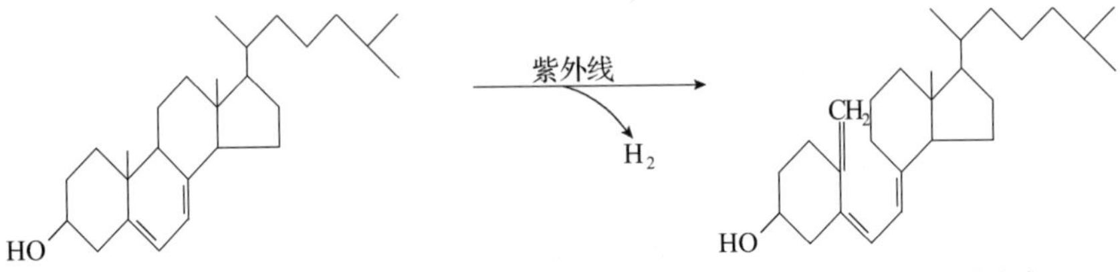

图2-21 7-脱氢胆固醇转化成维生素D_3

2. 植物固醇 植物很少含有胆固醇,但含有其他固醇,称为植物固醇(phytosterol)。植物固醇是植物细胞的重要组分,不能为动物吸收利用。植物固醇中以豆固醇(stigmasterol)和麦固醇(sitosterol)含量最多(图2-22),分别存在于大豆和麦芽中。

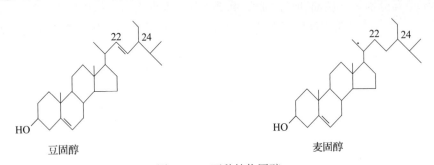

图2-22 两种植物固醇

3. 酵母固醇 酵母固醇以麦角固醇(ergosterol)最多,广泛存在于酵母菌及霉菌中,因最初从麦角中分离而得名,属于霉菌固醇类。麦角固醇经紫外线照射可转化为维生素D_2,所以麦角固醇又称为维生素D_2原(图2-23)。

(二)固醇衍生物

固醇衍生物包括胆汁酸、类固醇激素及部分植物固醇衍生物。

1. 胆汁酸 胆汁酸(bile acid)在肝中合成,可从胆汁分离得到。人的胆汁含有3种不同的胆汁酸:胆酸(cholic acid)、脱氧胆酸(deoxycholic acid)及鹅脱氧胆酸(chenodeoxycholic acid)(图2-24)。

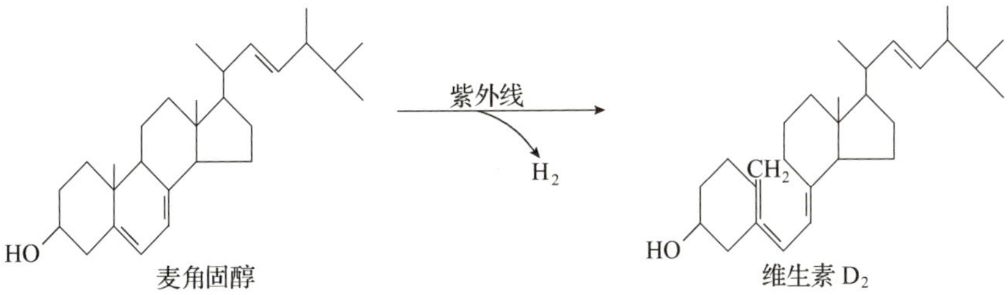

麦角固醇　　维生素 D_2

图 2-23　麦角固醇转化为维生素 D_2

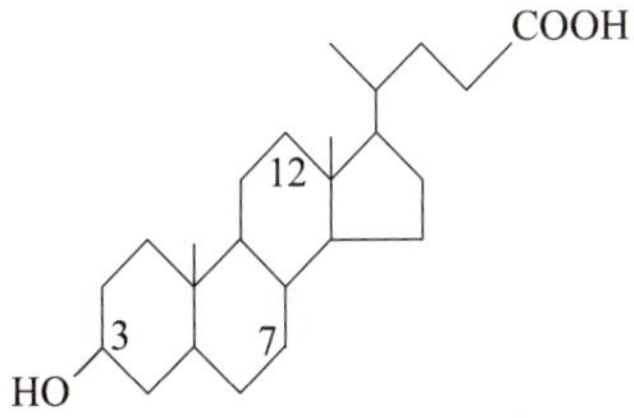

	羟基位置	分子质量/u	熔化温度/℃	$[\alpha]_D^{20}$（乙醇）
胆酸	3,7,12	408.56	196～198	+37°
脱氧胆酸	3,12	392.56	176～177	+55°
鹅脱氧胆酸	3,7	392.56	119	+11°

图 2-24　胆汁酸的分子结构

胆酸可认为是固醇衍生的一类固醇酸，在生物体内与甘氨酸或牛磺酸结合，生成甘氨胆酸或牛磺胆酸，它们是胆苦的主要原因。胆汁酸在碱性胆汁中以钠盐或钾盐形式存在，称为胆汁酸盐。它可作乳化剂，能促进脂肪消化吸收。

2. 类固醇激素　类固醇激素（steroid hormone）又称为甾类激素，是动物体内起代谢调节作用的一类固醇衍生物。根据类固醇激素激发的生理响应可将其进行如下分类。

（1）糖皮质激素。糖皮质激素（glucocorticoid）如皮质醇（cortisol），参与调节糖、蛋白质和脂的代谢，并影响很多其他的重要机能，包括炎症和应激反应。

（2）醛固酮和其他盐皮质激素。醛固酮（aldosterone）和其他盐皮质激素（mineralocorticoid）调节肾中盐和水的排泄。

（3）雄激素和雌激素。雄激素（androgen）与雌激素（estrogen）影响性的发育和功能。睾丸激素（testosterone）是典型的雄性激素。

一些典型的类固醇激素结构如图 2-25 所示。

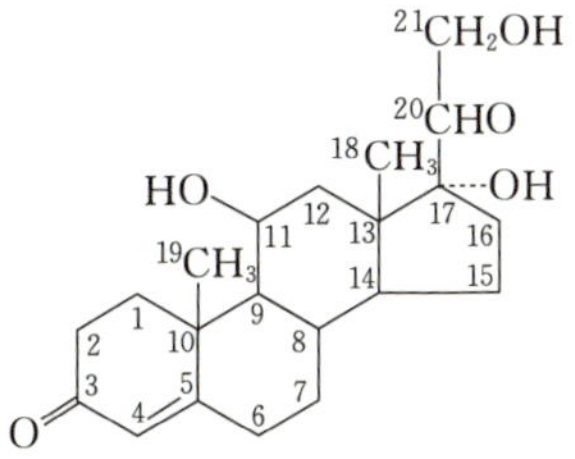

皮质醇(氢化可的松)
(一种糖皮质激素)

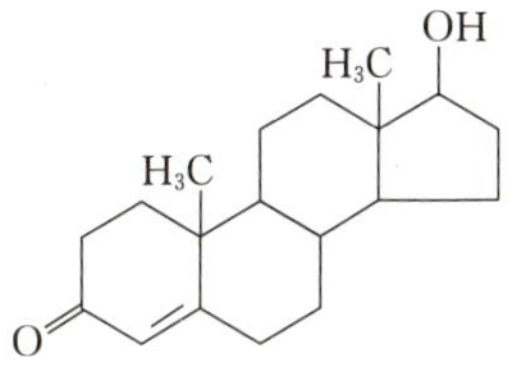

睾丸激素
(一种雄性激素)

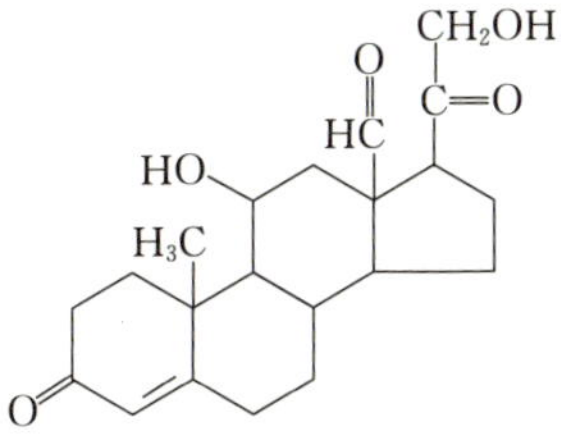

醛固酮
(一种盐皮质激素)

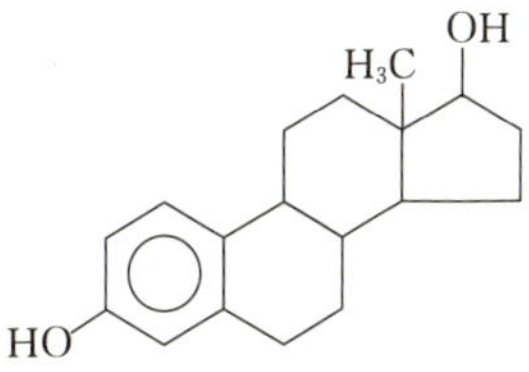

β-雌二醇
(一种雌激素)

图 2-25　一些典型的类固醇激素

3. 植物固醇衍生物 植物固醇(phytosterol)衍生物存在于植物中。有些植物固醇衍生物具有较强的生理活性及药理作用。如强心苷是来自玄参科及百合科植物中一类由葡萄糖、鼠李糖等寡糖与固醇构成的糖苷，水解后产生糖和苷元，它促使心率降低，使心肌收缩强度增加，可用于治疗心律失常等疾病。

三、前列腺素

前列腺素(prostaglandin，PG)是一类脂肪酸的衍生物，是花生四烯酸以及其他不饱和脂肪酸的衍生物。它是在前列腺的分泌物中检测出来的，故名前列腺素。它存在于大多数哺乳动物组织和细胞中，但含量甚微，10^{-9} g或更少。

前列腺素是具有五元环和20个碳原子的脂肪酸。其基本结构是前列腺(烷)酸(prostanoic acid)(图2-26)。

前列腺素调节控制的生理过程有：平滑肌收缩、血液供应(血压)、神经传递、炎症反应的发生、水潴留、电解质钠的排出及血液凝结等。

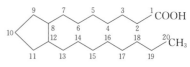

图2-26 前列腺(烷)酸

> **知识窗**
>
> ### 贮存能量的三酰甘油还能御寒
>
> 在大多数真核细胞中，三酰甘油形成细微的油滴分散于胞液中，作为代谢原料贮藏库。在脊椎动物中，有种特殊的细胞叫作脂肪细胞，里面贮存大量的三酰甘油，脂滴几乎充满整个细胞。三酰甘油也存在于很多植物的种子里，在种子萌芽的时候提供能量和生物合成前体。脂肪细胞和萌芽的种子都含有脂酶(lipase)，这类酶可以催化三酰甘油的水解，释放脂肪酸到需要它们的地方并作为能源。
>
> 以三酰甘油而不以多糖(如糖原和淀粉)作为贮存能源的原料有两个优点：首先，与糖中的C原子相比，脂肪酸的C原子处于更加还原的状态，它们氧化所释放的能量相当于同质量糖类的两倍多；其次，三酰甘油是疏水性的，不含水，所以生物体以脂质作为能源可以不必携带以水合作用结合的水的重量，而在多糖中则携带有水(每克多糖含2 g水)。人类的脂肪组织，主要由脂肪细胞组成，分布在皮肤下、腹腔和胸腺。中等肥胖的人其脂肪细胞中含有15~20 kg的三酰甘油，这些三酰甘油可以提供人体数月的能量消耗。相对的，人体以糖原的形式只能贮存不到一天的能量消耗。当然，糖类(如葡萄糖和糖原)也有它们的优点，它们在水中是可溶的，可以快速提供代谢所需的能量。
>
> 在一些动物中，三酰甘油在皮下的贮存不仅是能量原料，还是抵御低温的屏障。海豹、海象、企鹅，还有其他一些温血的极地动物，也都含有很丰富的三酰甘油。冬眠动物(如熊)在冬眠之前进行大量的脂肪积累有两种作用：绝热和能量贮备。三酰甘油的低密度也有另外一个功能，如在鲸鱼中，三酰甘油和蜡的贮存使得它们身体的浮力与环境相当，利于它们在冷水中深潜。
>
> ### 食物中的三酰甘油
>
> 大多数天然脂，如在植物油、乳制品和动物脂肪中的脂都是简单三酰甘油和混合三酰甘油。它们含有多种多样的链长及不饱和度各不相同的脂肪酸(图2-27)。植物油(如玉米油和橄榄油)主要含不饱和脂肪酸的三酰甘油，因此在室温下呈液态。工业上它们通过催化加氢转变成

固体脂。仅含有饱和脂肪酸的三酰甘油（如三硬脂酰甘油）是牛脂的主要成分，在室温下呈白色，为脂状固体。

含脂质丰富的食物过长地暴露在空气时，会腐败发臭，其臭味是因不饱和脂肪酸的双键氧化断裂引起的，此过程产生了含有短链的醛和羧酸，因此挥发性变强。

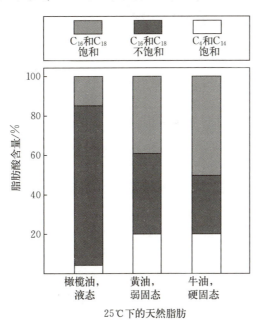

图 2-27　三种食物脂肪中脂肪酸的组成

橄榄油、黄油、牛油都是由三酰甘油的混合物组成。它们的脂肪酸组成有所不同。这些脂的熔点不同，在室温下呈现的状态也不同。橄榄油为含有较多长链（C_{16} 和 C_{18}）的不饱和脂肪酸，在 25 ℃ 时呈液态。黄油中长链 C_{16} 和 C_{18} 饱和脂肪酸含量高一些，室温下呈软固态。牛油的长链饱和脂肪酸含量更高，呈一种较硬的固态。

复习题

1. 何谓脂酰甘油？其有哪些物理化学性质？
2. 脂类的生物学功能有哪些？
3. ω-3 脂肪酸和 ω-6 脂肪酸各是什么？ω-3 脂肪酸对人体健康有什么作用？
4. 磷脂的结构有何特点？
5. 250 mg 纯橄榄油样品，完全皂化需 47.5 mg KOH。计算橄榄油中三脂酰甘油的平均分子质量。
6. 检验油脂的质量通常要测它的碘价、皂化价和酸价，为什么？这 3 种油脂常数的大小各说明什么问题？
7. 血浆脂蛋白有哪几种？各有何功能？
8. 甘油磷脂和鞘氨醇磷脂各有哪些重要代表？它们在结构上各有何特点？
9. 什么是固醇？它的结构有何特点？
10. 在蛋黄酱的制备过程中，要将蛋黄加到熔化的黄油中以稳定酱，避免分离。该过程中，蛋黄中起作用的稳定剂是卵磷脂，请解释作用机理。

CHAPTER 3 第三章 蛋 白 质

我国首次合成人工结晶牛胰岛素蛋白

蛋白质是由 20 种常见氨基酸通过肽键相互连接而成的一类具有特定空间构象和生物学活性的高分子有机化合物，其相对分子质量常为 $10^4 \sim 10^5$。蛋白质是细胞内最丰富的有机分子之一。由于结构和功能的不同，蛋白质广泛存在于生物体的各种部位。蛋白质是构成细胞的重要物质，在生物体内具有催化、分泌、代谢、免疫、调节等多种重要的功能。因此，蛋白质是生命活动所需摄取的最重要的营养物质之一。

从食品科学的角度来看，蛋白质具有很高的营养价值。摄取足够的蛋白质和氨基酸是维持健康的重要条件。在食品加工中，蛋白质对食品色、香、味、质地等形成也起着重要作用。目前，充分利用现有的蛋白质资源，开发利用蛋白质的新技术和寻找新的蛋白质资源已成为蛋白质研究的重要方向。因此，了解和掌握蛋白质的组成结构、理化性质和生物学性质及其在食品加工过程中的变化具有十分重要的意义。

第一节 蛋白质的化学组成与分类

一、蛋白质的化学组成

(一)蛋白质的元素组成

经元素分析，蛋白质的元素组成与糖类和脂类不同，除含有碳、氢、氧外，还有氮和少量的硫。一般含碳 50%～55%，氢 6%～8%，氧 20%～23%，氮 15%～18%，硫 0～3%。有些蛋白质还含有少量的磷、铁、锌、铜、碘、钼等元素。

大多数蛋白质的氮含量相对稳定，平均为 16%，因此氮元素是蛋白质在组成上区别于糖类和脂类的特征性元素，也成为测定蛋白质含量的计算基础。可由凯氏(Kjeldahl)定氮法测定生物样品中的含氮量，将含氮量除以 16%（即乘以 6.25），即可粗略地估计食品中蛋白质的含量。我们通常把 6.25 称为蛋白质系数或蛋白质因数，即 16% 的倒数，为 1 g 氮所代表的蛋白质质量(g)。需要指出的是，不同来源蛋白质的换算系数略有差异。因此在来源明确的情况下，尽量采用特定种类蛋白质的换算系数。表 3-1 给出了常见植物蛋白的蛋白质换算系数。

(二)蛋白质分子组成

作为一种相对分子质量较大、结构复杂的生物大分子，蛋白质可以被酸、碱或蛋白酶催化水解。在蛋白质的水解过程中，由于水解的方法及条件的差异，可得到一系列不同分子质量的降解产物(表 3-2)。蛋白质水解的最终产物都是一系列相对分子质量较低的 α-氨基酸。而 α-氨基酸不能水解为更小的单位，因此，我们说它是蛋白质的基本组成单位。构成蛋白质的 α-氨基酸共有 20 种，称为基本氨基酸。

表 3-1 常见植物蛋白的蛋白质换算系数

蛋白质来源	换算系数	蛋白质来源	换算系数
花生	5.70	芝麻	5.50
豌豆	5.70	棉子	5.50
大豆	5.70	葵花子	5.50
蚕豆	5.70	玉米	6.00
大麦	5.70	荞麦	6.00
小麦	5.70	稻米	5.95
燕麦	5.70	高粱	6.25

表 3-2 蛋白质及其不同降解产物的相对分子质量

降解物	蛋白质	胨	多肽	二肽	氨基酸
相对分子质量	$>10^7$	2×10^3	500~1 000	约 200	约 100

1. 酸水解 蛋白质在进行酸水解时，通常使用 6 mol/L HCl 或 4 mol/L H_2SO_4 进行回流煮沸 20 h 左右。这种水解方式可水解完全，不容易引起水解产物的消旋化，产物均为 L-氨基酸。但酸水解会破坏全部色氨酸、部分含有羟基的丝氨酸或苏氨酸及含有酰胺基的天冬酰胺和谷氨酰胺，同时可产生腐黑质，使水解液呈黑色，导致水解液须进行脱色处理。此法是氨基酸工业生产的主要方法之一，也可用于蛋白质的分析。

2. 碱水解 蛋白质在进行碱水解时，通常使用 5 mol/L NaOH 煮沸 10~20 h 或者 6 mol/L NaOH 煮沸 6 h。这种水解方式可水解完全，水解液清亮，且色氨酸不被破坏。但水解过程中丝氨酸、苏氨酸、胱氨酸、赖氨酸、精氨酸等会受到不同程度的破坏，且水解产生的部分氨基酸发生消旋化，具有 D 型和 L 型两种构型，而 D 型氨基酸不能被人体利用。因此该方法一般很少使用。

3. 蛋白酶水解 目前常用于蛋白质水解的酶有胰蛋白酶(trypsin)、胰凝乳蛋白酶(chymotrypsin)、胃蛋白酶(pepsin)等。反应条件比较温和，一般温度 37~40 ℃，pH5~8。这种水解方式可不破坏氨基酸，不发生消旋现象。但水解不完全，会产生较大的中间产物，需要几种酶协同作用才能使蛋白质完全水解，且水解所需时间较长。该方法主要用于蛋白质的部分水解。

二、蛋白质的分类

自然界中蛋白质数量庞大，结构复杂，种类繁多，为了便于研究，通常根据蛋白质的分子形状、化学组成、溶解度等的不同进行分类。

(一)基于分子形状的蛋白质分类

根据分子形状，蛋白质可分为球状蛋白(globular protein)和纤维状蛋白(fibrous protein)。

1. 球状蛋白 球状蛋白分子对称性较好，外形接近于球状或椭球状，轴比(即分子长度与直径比)小于 10，甚至接近 1，其多肽链折叠紧密，疏水的氨基酸侧链位于分子内部，亲水的氨基酸侧链位于分子外部。溶解性较好，能结晶，大部分蛋白质属于这一类。球状蛋白在细胞内通常承担动态的功能，如血液中的血红蛋白、血清球蛋白等。

2. 纤维状蛋白 纤维状蛋白具有比较简单、有规则的线性结构，分子对称性较差，形状类似细棒或纤维，轴比大于 10。这类蛋白质大多数不溶于水，如胶原蛋白、弹性蛋白、角蛋白及丝蛋白等。有些纤维状蛋白能溶于水，如肌球蛋白、纤维蛋白原等。

(二)基于化学组成的蛋白质分类

根据蛋白质分子的化学组成，蛋白质可分为单纯蛋白(simple protein)和结合蛋白(conjugated protein)。

1. 单纯蛋白 单纯蛋白又称简单蛋白，仅由氨基酸组成，不含其他化学成分。单纯蛋白按照溶解度、盐析和受热凝固等性质，又可分为清蛋白、球蛋白、谷蛋白、醇溶蛋白、硬蛋白、组蛋白和精蛋白，具体如表3-3所示。

表3-3 单纯蛋白的分类及实例

蛋白质	特性	存在部位	典型实例
清蛋白(albumin)	能溶于水、稀盐类、稀酸、稀碱溶液，在饱和硫酸铵中析出，加热凝固	动植物细胞和体液	血清蛋白、乳清蛋白、卵白蛋白、豆白蛋白
球蛋白(globulin)	能溶于稀盐类、稀酸、稀碱溶液，不溶于水，在半饱和硫酸铵中析出，加热时多数凝固	动植物细胞和体液	血清球蛋白、大豆球蛋白、肌球蛋白、β-乳球蛋白、溶菌酶
谷蛋白(glutelin)	能溶于稀酸、稀碱溶液，不溶于水、乙醇和中性盐溶液	植物种子	麦谷蛋白、米谷蛋白
醇溶蛋白(gliadin)	能溶于稀酸、稀碱及66%~80%乙醇溶液，不溶于水、盐类溶液，脯氨酸和谷氨酸的含量较高，赖氨酸含量较低	植物种子	小麦醇溶蛋白、玉米醇溶蛋白
硬蛋白(scleroprotein)	一般不溶于各种盐、水、稀酸、稀碱溶液，也不被酶分解	动物组织	胶原蛋白、角蛋白、弹性蛋白
组蛋白(histone)	能溶于稀酸和水，不溶于氨水。在酸性或中性溶液中加磷钨酸沉淀	动物细胞	核蛋白、红细胞组蛋白、胸腺组蛋白
精蛋白(protamine)	能溶于稀酸和水，不溶于氨水。在酸性或中性溶液中加磷钨酸沉淀，精氨酸含量高	成熟的生殖细胞	鱼类精蛋白

2. 结合蛋白 结合蛋白又称缀合蛋白，是由单纯蛋白和非蛋白质成分(如糖类、油脂、核酸、金属离子、磷酸盐)结合而成，这种非蛋白质成分称为辅基或者配体。按照辅基或者配体的性质，结合蛋白可分为核蛋白、糖蛋白、脂蛋白、磷蛋白、金属蛋白和色蛋白等(表3-4)。

(1)核蛋白(nucleoprotein)。由蛋白质和核酸结合而成，辅基是核酸(DNA或RNA)，如核糖体(含RNA)、AIDS病毒(含RNA)及腺病毒(含DNA)等。

(2)糖蛋白(glycoprotein)。由蛋白质与糖类结合而成。辅基通常是半乳糖、甘露糖、氨基己糖、葡萄糖醛酸等。许多胞外基质蛋白都属于此类蛋白质，如胶原蛋白、软骨素蛋白、黏蛋白等。

(3)脂蛋白(lipoprotein)。由蛋白质与脂类结合而成。辅基通常是三酰甘油、胆固醇、磷脂等，如血浆脂蛋白、膜脂蛋白等。

(4)磷蛋白(phosphoprotein)。由蛋白质与磷酸结合而成。辅基是磷酸基，如糖原磷酸化酶、酪蛋白等。

(5)金属蛋白(metalloprotein)。由蛋白质和金属离子结合而成。辅基是Fe、Mo、Mn、Cu、Zn等金属，如含铁的铁蛋白、含锌的乙醇脱氢酶、含铜和铁的细胞色素氧化酶、含钼的固氮酶、含锰的丙酮酸羧化酶等。

(6)色蛋白(chromoprotein)。由蛋白质和某些色素结合而成。辅基多为血红素，故又称血红素蛋白(hemeprotein)，如血红蛋白、细胞色素类等。

表 3-4 结合蛋白的分类

蛋白质		辅基成分	存在部位	典型实例
核蛋白	脱氧核糖蛋白	DNA	动植物细胞	染色体
(nucleoprotein)	核糖体核蛋白	RNA	动植物细胞	30S 核糖体
	病毒	DNA 或 RNA	各种动植物和病毒	烟草花叶病毒
糖蛋白(glycoprotein)	糖蛋白	含糖低于 4%，葡萄糖、半乳糖、甘露糖等	动物细胞	α-淀粉酶、凝血酶
	黏蛋白	含糖高于 4%，氨基葡萄糖、半乳糖、甘露糖、鼠李糖	动物细胞	血清黏蛋白、卵类黏蛋白
脂蛋白(lipoprotein)		磷脂、中性脂、胆固醇	动植物细胞和体液	α-脂蛋白、β-脂蛋白
磷蛋白(phosphoprotein)		磷酸基	动物细胞和体液	酪蛋白、卵黄磷蛋白
金属蛋白(metalloprotein)	铁蛋白	Fe	动植物体	细胞色素 c
	铜蛋白	Cu	动植物体	质蓝素
色蛋白(chromoprotein)		含铁、铜等有机色素	动植物体和细胞	血红蛋白、肌红蛋白

(三)基于溶解度的蛋白质分类

根据溶解度不同，蛋白质可以分为清蛋白、球蛋白、谷蛋白、醇溶蛋白、组蛋白、鱼精蛋白、硬蛋白等。

1. 清蛋白（albumin） 清蛋白又称白蛋白，可溶于水及稀盐、稀酸或稀碱溶液，广泛存在于生物体内，如血清蛋白、乳清蛋白等。

2. 球蛋白（globulin） 微溶于水但溶于稀盐溶液，可为半饱和硫酸铵所沉淀，普遍存在于生物体内，如血清球蛋白、肌球蛋白和植物种子球蛋白等。

3. 谷蛋白（glutelin） 不溶于水、醇及中性盐溶液，但易溶于稀酸或稀碱，主要存在于谷类作物中，如米谷蛋白和麦谷蛋白等。

4. 醇溶蛋白（gliadin） 不溶于水及无水乙醇，但溶于 70%～80% 乙醇中，主要存在于植物种子中，如玉米醇溶蛋白、小麦醇溶蛋白等。

5. 组蛋白（histone） 溶于水及稀酸，可为稀氨水所沉淀，分子中碱性氨基酸较多，分子呈碱性，如小牛胸腺组蛋白等。

6. 鱼精蛋白（protamine） 溶于水及稀酸，不溶于氨水。分子中碱性氨基酸特别多，呈碱性，如鲑精蛋白等。

7. 硬蛋白（scleroprotein） 不溶于水、盐、稀酸或稀碱，是动物体内作为结缔组织起保护功能的蛋白质，如角蛋白、胶原蛋白、弹性蛋白等。

第二节 氨 基 酸

氨基酸是含有氨基的羧酸，即羧酸分子中 α 碳原子上的一个氢原子被氨基取代生成的化合物。天然氨基酸分为蛋白质氨基酸和非蛋白质氨基酸。目前从各种生物体中发现的氨基酸已有 180 多种，但是参与蛋白质组成的常见氨基酸只有 20 种，这些氨基酸由生物遗传密码直接编码。此外，在某些蛋白质中也存在若干种不常见的氨基酸，它们都是在已合成的肽链上由常见的氨基酸修饰转化而来。

一、氨基酸的结构

从蛋白质水解产物分离出来的20种常见氨基酸，除脯氨酸外，其余19种氨基酸在结构上有一个共同特点，即与羧基相邻的α碳原子上都有一个氨基，也就是氨基酸的氨基和羧基都连在同一个α碳原子上，因而称为α-氨基酸。连接在α碳原子上的还有一个氢原子和一个可变的侧链，称R基。不同的氨基酸具有不同的R基，结构通式如图3-1所示。

从结构上看，所有α-氨基酸（除甘氨酸外）分子中的α碳原子上都有一个羧基、一个氨基（或亚氨基）、一个侧链基团和一个氢原子，均为不对称碳原子，因而大多数氨基酸都具有旋光性。氨基酸的构型是以甘油醛为参照物确定的，凡是α碳原子位上的构型与L-甘油醛相同的氨基酸都为L型，相反为D型。具体如图3-2所示。D型氨基酸在自然界中是存在的，如D-丝氨酸、D-亮氨酸等，它们存在于多黏菌肽中，但只有L型氨基酸能为生物利用，D型氨基酸一般不能被利用。

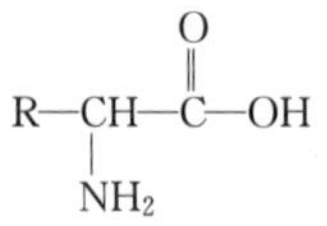

图3-1 氨基酸的结构通式（R代表不同的侧链）

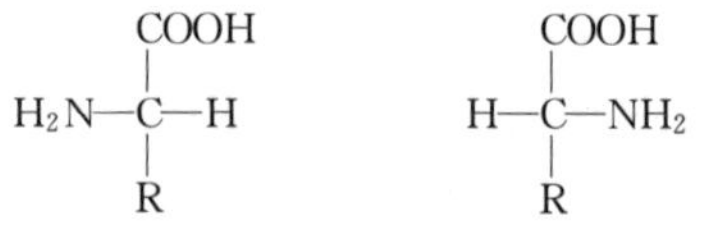

图3-2 氨基酸的构型示意

二、蛋白质氨基酸的分类

蛋白质中20种常见氨基酸在物理性质和化学性质的不同主要是由其侧链的差异造成的。根据侧链R基的结构和性质进行分类，可将氨基酸分为非极性氨基酸和极性氨基酸。其中，极性氨基酸又可分为不带电荷、带正电荷和带负电荷3类。

(一)按照R基的化学结构

根据R基的化学结构的不同，可将氨基酸分为脂肪族氨基酸、芳香族氨基酸和杂环族氨基酸3类，其中以脂肪族氨基酸最多。

1. 脂肪族氨基酸 共有15种，按照R基特点可进一步分为以下6类。

(1)一氨基一羧基氨基酸。包括甘氨酸、丙氨酸、缬氨酸、亮氨酸、异亮氨酸（表3-5）

(2)一氨基二羧基氨基酸。包括天冬氨酸和谷氨酸（表3-5）。

(3)二氨基一羧基氨基酸。包括赖氨酸和精氨酸（表3-5）。

(4)含羟基氨基酸。包括丝氨酸和苏氨酸（表3-5）。

(5)含硫氨基酸。包括半胱氨酸和甲硫氨酸（表3-5）。

(6)含酰胺基氨基酸。包括天冬酰胺和谷氨酰胺（表3-5）。

2. 芳香族氨基酸 芳香族氨基酸共有3种：苯丙氨酸、色氨酸和酪氨酸（表3-5）。

3. 杂环族氨基酸 杂环族氨基酸共有2种：组氨酸和脯氨酸（表3-5）。

(二)按照R基的酸碱性

根据R基酸碱性的不同，可将氨基酸分为酸性氨基酸、碱性氨基酸和中性氨基酸3类，其中以中性氨基酸最多。

1. 酸性氨基酸 共有2种：天冬氨酸和谷氨酸。

表 3-5 氨基酸的名称、结构和分类

极性	带电状况	氨基酸名称	缩写三字符号	缩写单字符号	结构式	分子质量/u
非极性氨基酸	不带电荷	丙氨酸（alanine）	Ala	A	$\text{H}_2\text{N-CH-COOH}$ | CH_3	89.06
		缬氨酸（valine）	Val	V	$\text{H}_2\text{N-CH-COOH}$ | CH-CH_3 | CH_3	117.09
		亮氨酸（leucine）	Leu	L	$\text{H}_2\text{N-CH-COOH}$ | CH_2 | CH-CH_3 | CH_3	131.11
		异亮氨酸（isoleucine）	Ile	I	$\text{H}_2\text{N-CH-COOH}$ | CH-CH_3 | CH_2 | CH_3	131.11
		苯丙氨酸（phenylalanine）	Phe	F	$\text{H}_2\text{N-CH-COOH}$ | CH_2 | C_6H_5	165.09
		甲硫氨酸（methionine）	Met	M	$\text{H}_2\text{N-CH-COOH}$ | CH_2 | CH_2 | S | CH_3	149.15
		脯氨酸（proline）	Pro	P	吡咯烷-2-羧酸结构	115.08
		色氨酸（tryptophan）	Try	W	$\text{H}_2\text{N-CH-COOH}$ | CH_2 | 吲哚基	204.11

（续）

极性	带电状况	氨基酸名称	缩写三字符号	缩写单字符号	结构式	分子质量/u
极性氨基酸	不带电荷	甘氨酸 (glycine)	Gly	G	$H_2N-\underset{H}{\overset{\displaystyle O}{\underset{\|}{CH}}}-\overset{\|\|}{C}-OH$	75.05
		丝氨酸 (serine)	Ser	S	$H_2N-CH-C(=O)-OH$，侧链 CH_2-OH	105.06
		苏氨酸 (threonine)	Thr	T	$H_2N-CH-C(=O)-OH$，侧链 $CH(OH)-CH_3$	119.18
		天冬酰胺 (asparagine)	Asn	N	$H_2N-CH-C(=O)-OH$，侧链 $CH_2-C(=O)-NH_2$	132.60
		谷氨酰胺 (glutamine)	Gln	Q	$H_2N-CH-C(=O)-OH$，侧链 $CH_2-CH_2-C(=O)-NH_2$	146.08
		酪氨酸 (tyrosine)	Tyr	Y	$H_2N-CH-C(=O)-OH$，侧链 $CH_2-C_6H_4-OH$	181.09
		半胱氨酸 (cysteine)	Cys	C	$H_2N-CH-C(=O)-OH$，侧链 CH_2-SH	121.12
	带负电荷	天冬氨酸 (aspartic acid)	Asp	D	$H_2N-CH-C(=O)-OH$，侧链 $CH_2-C(=O)-OH$	133.60
		谷氨酸 (glutamic acid)	Glu	E	$H_2N-CH-C(=O)-OH$，侧链 $CH_2-CH_2-C(=O)-OH$	147.08

(续)

极性	带电状况	氨基酸名称	缩写三字符号	缩写单字符号	结构式	分子质量/u
极性氨基酸	带正电荷	组氨酸（histidine）	His	H	$H_2N-CH-COOH$ | CH_2 | 咪唑环(NH)	155.09
		赖氨酸（lysine）	Lys	K	$H_2N-CH-COOH$ | $(CH_2)_4$ | NH_2	146.03
		精氨酸（arginine）	Arg	R	$H_2N-CH-COOH$ | $(CH_2)_3$ | NH | $C=NH$ | NH_2	174.40

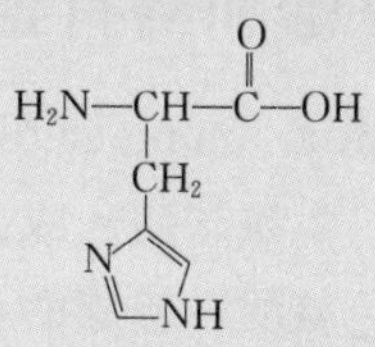

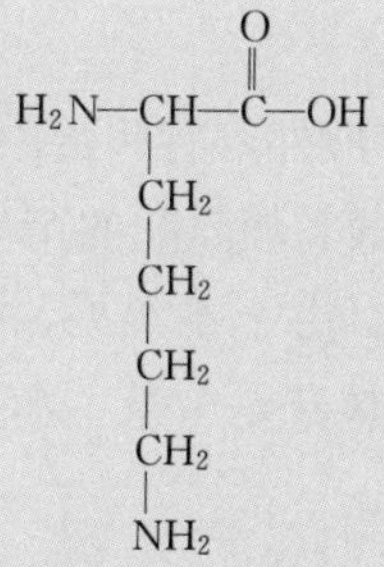

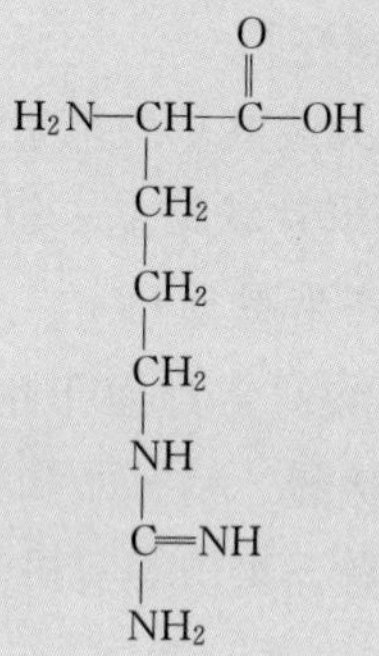

注：1. 甘氨酸虽然不带有 R 基团，但其分子中极性的羧基和氨基所占比重大，具有明显的极性，故归为极性类。

2. 组氨酸在 pH6 时 50% 以上的分子带正电荷，而在 pH7 时带正电荷的分子少于 10%。

2. 碱性氨基酸 共有 3 种：精氨酸、组氨酸和赖氨酸。

3. 中性氨基酸 共有 15 种。20 种常见氨基酸中，除上述酸性氨基酸和碱性氨基酸外，其余均为中性氨基酸。

（三）按照 R 基的极性

根据 R 基极性的不同，可将氨基酸分为非极性 R 基氨基酸、不带电荷的极性 R 基氨基酸、带正电荷的 R 基氨基酸和带负电荷的 R 基氨基酸 4 类（表 3-5）。

1. 非极性 R 基氨基酸 共有 8 种，即丙氨酸、亮氨酸、异亮氨酸、缬氨酸、脯氨酸、色氨酸、苯丙氨酸和甲硫氨酸。此类氨基酸含有非极性的侧链，呈中性，具有不同程度的疏水性，其疏水性随碳链长度的增加而增加。它们在水中溶解度较低。

2. 不带电荷的极性 R 基氨基酸 共有 7 种，即丝氨酸、苏氨酸、酪氨酸、半胱氨酸、天冬酰胺、谷氨酰胺及甘氨酸。此类氨基酸的侧链带有羟基、硫基或酰胺基等极性基团，可以同其他的极性基团形成氢键，在水中溶解度比非极性氨基酸大，但在水中不发生电离。

3. 带正电荷的 R 基氨基酸 共有 3 种，即赖氨酸、精氨酸和组氨酸。侧链含有氨基或亚氨基，使得在酸性环境中带有正电荷，易接受 H^+ 而显碱性。

4. 带负电荷的 R 基氨基酸 共有 2 种，即谷氨酸和天冬氨酸。侧链均含有 1 个羧基，因其羧基解离出 H^+ 而显酸性。

三、必需氨基酸和稀有氨基酸

必需氨基酸(essential amino acid)是指人和非反刍动物体内不能合成的，需要从食物中摄取以保证正常生命活动的一类氨基酸。成人的必需氨基酸有 8 种，它们是苏氨酸、缬氨酸、亮氨酸、异亮氨酸、苯丙氨酸、色氨酸、赖氨酸和甲硫氨酸。人体内虽然可以合成组氨酸和精氨酸，但其合成量少，很难满足人体需要，故把这两种氨基酸称为半必需氨基酸。婴幼儿和少儿几乎不能合成组氨酸，所以组氨酸对他们来说也是必需氨基酸。非反刍动物的必需氨基酸是人体的 8 种必需氨基酸加上组氨酸和精氨酸。

除常见 20 种氨基酸外，有些蛋白质还含有少量其他的氨基酸，如 4-羟基脯氨酸、5-羟基赖氨酸，它们分别是脯氨酸和赖氨酸的衍生物，是蛋白质合成以后通过酶的修饰而形成的。因此，这些氨基酸没有遗传密码。由于不常见，仅存在于某些蛋白质中，故将其称为稀有氨基酸(rare amino acid)。食物的鲜味和风味是由某些游离氨基酸或稀有氨基酸引起的，如茶叶中的茶氨酸、味精中的谷氨酸钠等。

四、氨基酸的理化性质

(一)氨基酸的物理性质

1. 形状和熔点 天然氨基酸都是无色晶体，但晶体形状各不相同，如 L-谷氨酸为四角柱形结晶，D-谷氨酸则为菱形片状结晶。氨基酸结晶的熔点都很高，一般为 200~300 ℃。温度高于熔点时，许多氨基酸分解产生胺及 CO_2。

2. 溶解度 氨基酸通常都溶于水、稀酸或稀碱溶液，但不同氨基酸在水中溶解度差别较大，甘氨酸、丙氨酸、苏氨酸、精氨酸和赖氨酸在水中溶解度很大，酪氨酸和胱氨酸难溶于水。氨基酸一般不溶于乙醇、乙醚、氯仿等有机溶剂，故乙醇能将溶液中的氨基酸沉淀析出(脯氨酸、羟脯氨酸除外)。

3. 旋光性 除甘氨酸外，大多数氨基酸的 α 碳原子是不对称的手性碳原子，所以大多数氨基酸均具有旋光性(rotation)，其旋光方向和大小不仅取决于侧链 R 基性质，并与水溶液的 pH、温度等介质条件相关。天然氨基酸的溶解度和旋光性见表 3-6。

4. 味感 氨基酸具有一定的味感，其味感与氨基酸的立体结构有关。一般 D 型氨基酸多数带有甜味，甜味最强的是 D-色氨酸，其甜度可达蔗糖的 40 倍。L 型氨基酸有甜、苦、鲜、酸等 4 种不同味感。

5. 光吸收性 常见的 20 种氨基酸在可见光区无明显吸收，但在远紫外区域($\lambda<220$ nm)均有光吸收。在近紫外光区域(220~300 nm)，酪氨酸、色氨酸、苯丙氨酸由于含有芳香环而有吸收光的能力，分别在 278 nm、279 nm 和 259 nm 处有较强吸收，可基于此性质对这 3 种氨基酸进行分析测定。结合后的酪氨酸、色氨酸、苯丙氨酸残基等同样在 280 nm 附近有最大吸收，故紫外分光光度法同样可用于蛋白质的定量分析。

(二)氨基酸的酸碱性质

氨基酸分子中含有碱性的氨基(—NH_2)和酸性的羧基(—COOH)，它既能解离成带正电荷的阳离子(—NH_3^+)，又能解离形成带负电荷的阴离子(—COO^-)。因此，氨基酸是两性化合物。实验证明，氨基酸在水溶液或晶体状态都以两性离子形式存在。两性离子是指一个氨基酸分子上带有能释放出质子的—NH_3^+阳离子和能接受质子的—COO^-阴离子。

表 3-6 天然氨基酸的溶解度和旋光性

氨基酸	溶解度/% (25℃，在水中)	旋光性				
		旋光①	比旋度/(°)	浓度/%	溶剂	温度/℃
胱氨酸	0.011	-	-212.9	0.99	1.02 mol/L HCl	25
酪氨酸	0.045	-	-7.27	4.0	6.08 mol/L HCl	25
天冬氨酸	0.05	+	+24.62	2.0	6 mol/L HCl	24
谷氨酸	0.84	+	+31.7	0.99	1.73 mol/L HCl	25
色氨酸	1.13	-	-32.15	2.07	水	26
苏氨酸	1.59	-	-28.3	1.1	水	20
亮氨酸	2.19	+	+13.91	9.07	1.5 mol/L HCl	25
苯丙氨酸	2.96	-	-35.1	1.93	水	20
甲硫氨酸	3.38	+	+23.4	5.0	3 mol/L HCl	20
异亮氨酸	4.12	+	+40.6	5.1	6.1 mol/L HCl	25
组氨酸	4.29	-	-39.2	3.77	水	25
丝氨酸	5.02	+	+14.5	9.34	1 mol/L HCl	25
缬氨酸	8.85	+	+28.8	3.40	6 mol/L HCl	20
丙氨酸	16.51	+	+14.47	10.0	5.97 mol/L HCl	25
甘氨酸	24.99	无				
羟脯氨酸	36.11	-	-75.2	1.0	水	22.5
脯氨酸	62.30	-	-85.0	1.0	水	20
精氨酸	易溶	+	+25.58	1.66	6 mol/L HCl	23
赖氨酸	易溶	+	+25.72	1.64	6.08 mol/L HCl	25

注：①"-"表示左旋，"+"表示右旋。

氨基酸的解离方式和带电荷状态取决于其所处溶液的酸碱度。当两性离子氨基酸溶于水，向氨基酸溶液中加入酸时，其—COO^-接受质子转化为—COOH，氨基酸主要以阳离子状态存在，在电场中向阴极移动。加入碱时，其—NH_3^+释放出质子转化成—NH_2，解离出的H^+与OH^-结合成水，氨基酸主要以阴离子状态存在，在电场中向阳极移动。当调节氨基酸溶液的pH，使氨基酸分子中的—NH_3^+和—COO^-的解离完全相等时，即氨基酸的正电荷数和负电荷数相等，其所带净电荷为零，在电场中既不向阴极移动，也不向阳极移动，此时溶液的pH即为该氨基酸的等电点，用pI表示。以甘氨酸为例，其两性解离情况如图3-3所示。

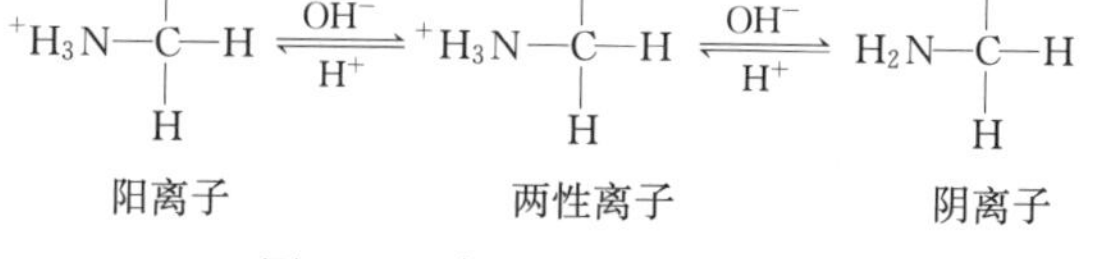

$$^+H_3N-\underset{H}{\overset{COOH}{\underset{|}{C}}}-H \xrightleftharpoons[H^+]{OH^-} {}^+H_3N-\underset{H}{\overset{COO^-}{\underset{|}{C}}}-H \xrightleftharpoons[H^+]{OH^-} H_2N-\underset{H}{\overset{COO^-}{\underset{|}{C}}}-H$$

阳离子　　　　两性离子　　　　阴离子

图 3-3 氨基酸的两性解离

氨基酸在等电点时，主要以两性离子形式存在，就整个分子来说是处于电中性状态的。它和水分子的作用比处于阳离子或阴离子状态时要小，此时氨基酸的溶解度最小，容易沉淀。利用这一性质，可以制取某些氨基酸产品。例如，味精(谷氨酸的单钠盐)的生产，就是将发酵液的pH调节到谷氨酸的等电点(3.22)从而使谷氨酸沉淀析出。

氨基酸的等电点可由实验测定，也可根据氨基酸的解离常数的负对数pK来计算。

侧链不含可解离基团的单氨基单羧基氨基酸，由于分子中含有两个可电离的基团，因此有pK_1'(α-COOH的解离常数负对数)和pK_2'(α-NH_2的解离常数负对数)，其等电点为两者的算术平均值，即：$pI=(pK_1'+pK_2')/2$。酸性氨基酸侧链中含有可解离的羧基，其等电点则为：$pI=(pK_1'+pK_{RCOOH}')/2$。碱性氨基酸侧链中含有可解离的氨基，其等电点则为：$pI=(pK_2'+pK_{RNH_2}')/2$。

氨基酸的pK可以用滴定曲线的实验方法求得。图3-4为甘氨酸的酸碱滴定曲线。1 mol/L 甘氨酸溶液的pH约为6，用标准盐酸溶液进行滴定，得到滴定曲线A，曲线的转折点即为 $pK_1'=2.34$。表明在此 pH 时，有一半 H_3N^+—CH_2—COO^- 转变为 H_3N^+—CH_2—COOH。用标准氢氧化钠溶液滴定，得到曲线B，曲线的转折点为 $pK_2'=9.60$。表明此时有一半的 H_3N^+—CH_2—COO^- 转变为 H_2N—CH_2—COO^-。侧链不含可解离基团的单氨基单羧基氨基酸均具有与甘氨酸类似的滴定曲线。而酸性氨基酸和碱性氨基酸的滴定曲线较为复杂。

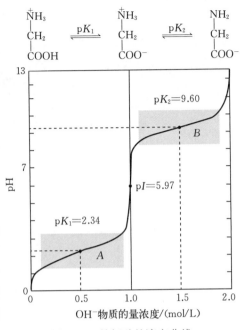

图3-4 甘氨酸的滴定曲线

(三)氨基酸的重要化学反应

1. 由 α-氨基参与的反应

(1)与亚硝基反应。α-氨基酸的 α-NH_2 定量与亚硝基作用，产生氮气和羟酸。反应中所释放的 N_2，一半来自氨基酸分子上的 α-NH_2，一半来自亚硝基的氮，故可通过测定释放出 N_2 的体积来计算出氨基酸的含量，这便是范斯莱克(Van Slyke)定氮法测定氨基酸的原理。与 α-NH_2 不同，ε-NH_2 与 HNO_2 反应较慢，脯氨酸的 α-亚氨基不与 HNO_2 作用，精氨酸、组氨酸、色氨酸中被环结合的氮也不与 HNO_2 作用。蛋白质水解时，游离 α-氨基酸逐渐增加，而蛋白质合成时，游离 α-氨基酸逐渐减少，通过上述反应测定出氨基酸的含量，可以推断蛋白质水解或合成的程度。

$$H_2N\text{—}\underset{\underset{R}{|}}{CH}\text{—}\overset{\overset{O}{\|}}{C}\text{—}OH + HNO_2 \longrightarrow R\text{—}\underset{\underset{OH}{|}}{CH}\text{—}\overset{\overset{O}{\|}}{C}\text{—}OH + H_2O + N_2\uparrow$$

氨基酸与亚硝基的反应

(2)与醛类的反应。α-氨基酸与醛类化合物反应生成 Schiff 碱类化合物，Schiff 碱是非酶褐变反应的中间产物。

$$H_2N\text{—}\underset{\underset{R}{|}}{CH}\text{—}COOH + R'\text{—}CHO \longrightarrow HOOC\text{—}\underset{\underset{R}{|}}{CH}\text{—}N=CH\text{—}R' + H_2O$$

氨基酸与醛类的反应

其中，氨基酸与甲醛可发生下述反应。反应的结果，—NH_3^+ 上的 H^+ 放出，也就是使—NH_3^+ 的酸性更强，用标准 NaOH 溶液滴定时，可用酚酞作指示剂。根据 NaOH 的用量，可以计算出氨基酸的含量。这就是甲醛滴定法测定氨基酸含量的基本原理。

$$R\text{—}\underset{\underset{NH_3^+}{|}}{CH}\text{—}COO^- + HCHO \longrightarrow R\text{—}\underset{\underset{+NH(CH_2OH)_2}{|}}{CH}\text{—}COO^-$$

氨基酸与甲醛的反应

(3) 酰基化反应。α-氨基酸与苄氧基甲酰氯在弱碱条件下反应，生成氨基衍生物，可用于肽的合成。

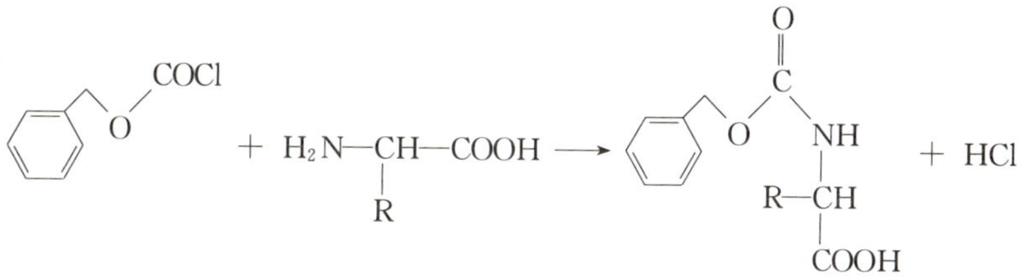

氨基酸的酰基化反应

(4) 烃基化反应。α-氨基酸氨基的一个氢原子可被烃基(包括环烃及其衍生物)取代，如与2,4-二硝基氟苯(简写DNFB)，在弱碱性溶液中发生反应生成二硝基苯基氨基酸。这个反应首先被桑格(Sanger)用来鉴定多肽蛋白质的N端氨基酸，故又称为桑格反应。

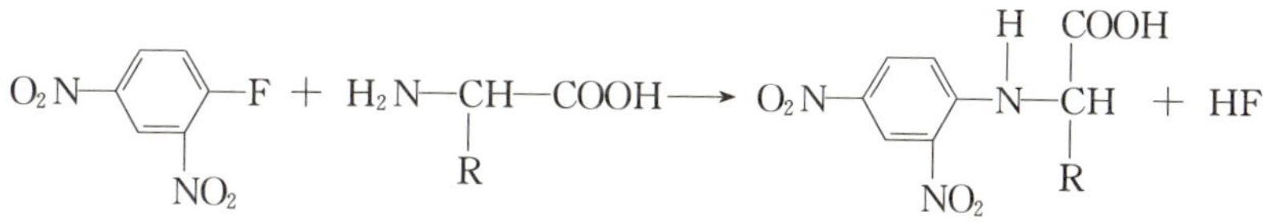

氨基酸的桑格反应

α-氨基另一个重要的烃基化反应是与异硫氰酸苯酯(缩写为PITC)在弱碱性条件下形成相应的苯异硫氰氨基酸衍生物，该化合物在硝基甲烷中与酸作用发生环化，生成苯乙内酰硫脲衍生物。这些衍生物是无色的，可用层析法加以分离鉴定。这个反应首先被艾德曼(Edman)用于鉴定多肽蛋白质的N端氨基酸，故又称艾德曼反应。

2. 由α-羧基参与的反应 氨基酸的α-羧基和其他有机酸的羧基一样，在一定的条件下可以发生成盐、成酯、成酰氯、成酰胺以及脱羧和叠氮化反应。

(1) 成盐和成酯反应。氨基酸与碱作用即生成盐。氨基酸在干燥的HCl存在下，与无水甲醇或乙醇作用生成甲酯或乙酯。

氨基酸的酯化反应

(2) 脱羧反应。生物体内的氨基酸经脱羧酶作用，生成CO_2，并形成相应的胺(图3-19)。

氨基酸的脱羧反应

大肠杆菌中含有一种谷氨酸脱羧酶，可使谷氨酸发生脱羧反应。该反应可用于味精中谷氨酸钠盐含量的分析，通过测定放出的CO_2量，计算出谷氨酸的含量。

3. 由α-氨基和α-羧基共同参与的反应

(1) 成肽反应。一个氨基酸的羧基与另一个氨基酸的氨基之间发生缩合反应，形成肽键，这是蛋白质形成的基础。

肽键的形成

(2)与茚三酮的反应。在微碱性条件下，α-氨基酸与茚三酮共热可发生反应，产生紫红、蓝色或紫色物质，在 570 nm 处有最大吸收值。脯氨酸和羟脯氨酸因其含有 α-亚氨基，与茚三酮反应生成黄色化合物。天冬酰胺由于含有游离的酰胺基，与茚三酮反应生成棕色物质。这一颜色反应可作为氨基酸的比色测定方法。

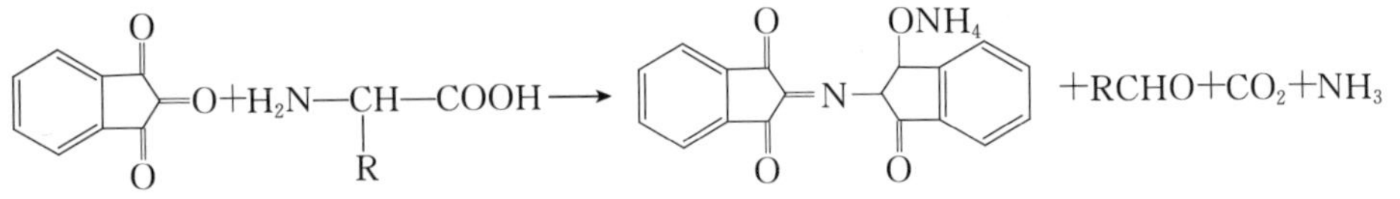

氨基酸的茚三酮反应

4. 侧链 R 基参与的反应 氨基酸侧链具有功能团时也能发生化学反应。这些功能团有羟基、酚基、巯基、吲哚基、甲硫基以及非 α-氨基和非 α-羧基等。每种功能团都可以与多种试剂起反应，其中有些反应是蛋白质与某种试剂的特异反应，引起蛋白质中个别氨基酸侧链或功能团发生共价化学改变。以下简单介绍几种。

(1)米伦反应(Millon reaction)。酪氨酸及含酪氨酸的蛋白质均有此反应，反应产物是红色的硝酸汞、亚硝酸汞等混合物。

(2)福林反应(Folin reaction)。福林试剂的主要成分是磷钼酸和磷钨酸。在碱性条件下，酪氨酸及含酪氨酸的蛋白质和福林试剂反应产生一种蓝色的化合物。

(3)坂口反应(Sakaguchi reaction)。是精氨酸特有的反应。试剂的主要成分是碱性次溴酸钠、α-萘酚；精氨酸可与之反应生成红色的产物。

(4)Pauly 反应。试剂的主要成分为：5%的对氨基苯磺酸盐酸溶液、亚硝酸钠、碳酸钠、组氨酸。酪氨酸与该试剂在 0~4 ℃反应，生成橘红色的产物。

(5)乙醛酸反应(glyoxylic acid reaction)。这是色氨酸特有的反应，含有色氨酸残基的蛋白质溶液加入乙醛酸后加入浓硫酸，在溶液的界面处产生一种紫红色的物质。

(6)半胱氨酸的反应。半胱氨酸可与亚硝酸-铁氰化钠的甲醇溶液反应产生一种红色的化合物。

第三节 肽

一、肽的结构与命名

氨基酸彼此能够以酰胺键相互连接，即一个氨基酸的氨基与另一个氨基酸的羧基脱去一分子水形成—CO—NH—的结构单元，这个结构单元称为肽键(peptide bond)，如图 3-5 虚线区域所示。肽键为共价键，肽键长度为 0.132 nm，介于单键(0.149 nm)和双键(0.127 nm)之间，具有双键性质，不能自由旋转，因此存在顺、反两种结构。

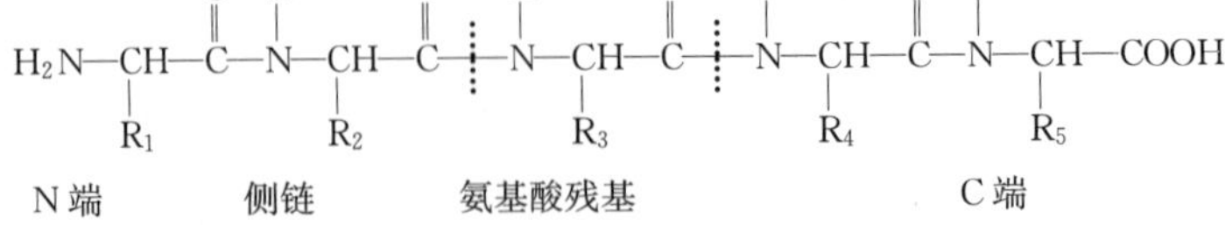

图 3-5 肽 键

由氨基酸通过肽键连接起来的化合物称为肽(peptide)。由两个氨基酸分子组成的肽称为二肽(dipeptide)，三个氨基酸缩合成的肽称为三肽(tripeptide)。含有少于 10 个氨基酸的肽称为寡肽(oligopeptide)，超过 10 个氨基酸缩合而成的肽则称为多肽(polypeptide)。

二、重要的肽

(一)谷胱甘肽

谷胱甘肽(glutathione, GSH)是一种三肽,也叫γ-谷氨酰半胱氨酰甘氨酸,广泛存在于动植物和微生物细胞中。它是由谷氨酸、半胱氨酸和甘氨酸构成的。GSH分子中含有活性的巯基,极易被氧化,该肽具有还原型和氧化型两种形式,且两种形式可以相互转变(图3-6)。GSH有保护含巯基的蛋白质和参与植物体的电子传递等功能。

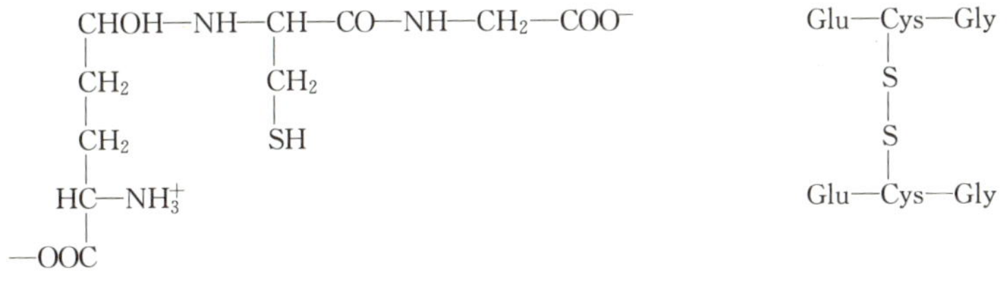

$$2GSH \underset{+2H}{\overset{-2H}{\rightleftharpoons}} GS\text{-}SG$$

图3-6 谷胱甘肽的氧化型和还原型及其互变

(二)脑啡肽

脑啡肽(enkephalin)是高等动物中枢神经系统产生的一类活性肽,如甲硫氨酸脑啡肽、亮氨酸脑啡肽等(图3-7)。这些活性肽与大脑的吗啡受体有很强的亲和力,具有与吗啡相似的镇痛作用。

$^+NH_3$—Tyr—Gly—Gly—Phe—Met—COO$^-$
甲硫氨酸脑啡肽

$^+NH_3$—Tyr—Gly—Gly—Phe—Leu—COO$^-$
亮氨酸脑啡肽

图3-7 常见脑啡肽的结构

(三)乳酸链球菌肽

乳酸链球菌肽(nisin)是由乳酸链球菌中乳酸亚种产生的一种小分子抗菌肽,它是由34个氨基酸残基组成的多肽,对许多革兰阳性菌有很强的抑制作用。

(四)降血压肽

降血压肽(antihypertensive peptide)是天然蛋白水解得到的肽,具有显著的降血压作用,如来自大豆蛋白、酪蛋白水解物中的一些肽。降血压肽主要是通过竞争性抑制人体中的血管紧张素转化酶(ACE)的活性达到降血压的目的,因此又被称为ACE抑制肽。

第四节 蛋白质的分子结构

蛋白质是生物大分子,可由一条或多条肽链构成。虽然组成蛋白质的基本氨基酸为20种,但各种不同的蛋白质氨基酸残基数变化很大,少则50个,多则千个以上,加之氨基酸排列顺序的差异及组合肽链数的不同,就形成了结构和功能都十分复杂和多样的蛋白质。为了研究方便,20世纪50年代丹麦科学家建议将蛋白质的结构分为不同的层次,即一级结构、二级结构、三级结构和四级结构。一级结构是指蛋白质的共价结构,也称为初级结构。二级、三级和四级结构是指蛋白质分子中所有原子在三维空间中的排列,称为空间结构,也称为构象、立体结构、三维结构及高级结构。

跨膜转运蛋白的结构生物学研究

一、蛋白质的一级结构

蛋白质的一级结构(primary structure)又称初级结构,即多肽链内氨基酸残基从 N 末端到 C 末端的排列顺序,或称氨基酸序列,它是蛋白质最基本的结构。维持一级结构的化学键是肽键,为共价键。所以一级结构又称为共价结构。通常一级结构还包括二硫键的定位,这是因为有些蛋白质分子由两条以上的肽链组成,链间半胱氨酸残基常结合形成二硫键。二硫键在蛋白质分子中起着稳定肽链空间结构的作用。

氨基酸序列测定是蛋白质结构研究的基础工作,英国生化学家桑格(Sanger)是氨基酸序列测定的开拓者,他于1953年首次阐明了牛胰岛素的氨基酸序列,从而揭开蛋白质一级结构研究的序幕,也因此获得了1958年的诺贝尔化学奖。

蛋白质一级结构的测定包括肽链数目的确定及拆分,氨基酸组成的测定,肽链末端氨基酸的分析,肽链的水解和肽段的分离,各肽段氨基酸序列测定,氨基酸完整顺序的拼接以及肽链中二硫键位置的确定等步骤。

1. 肽链数目的确定及拆分　蛋白质可由一条或多条肽链组成,因此在测定其一级结构之前,先要确定组成该蛋白质的肽链数目。根据蛋白质末端残基(氨基末端或羧基末端)的物质的量和蛋白质的相对分子质量可以确定蛋白质分子中的多肽链数目。如果蛋白质分子只含有一条多肽链,即单体蛋白质,则蛋白质的物质的量应与末端残基的物质的量相等;如果后者是前者的倍数,说明该蛋白质分子是由多条肽链组成。如果检测到的末端残基多于一种,表明蛋白质由两条或多条不同的肽链组成,即样品是杂多聚蛋白质。

对于含多条肽链的蛋白质,在氨基酸序列分析前,必须先将肽链拆开。如果蛋白质的肽链间借助非共价键缔合,则可加酸或加碱改变溶液的 pH,将肽链分开;也可使用变性剂,如 8 mol/L 尿素、6 mol/L 盐酸胍或高浓度盐,使肽链拆开。如果蛋白质的肽链间是通过共价键如二硫键缔合在一起,则可采用氧化剂或还原剂将二硫键断裂,如使用过甲酸将二硫键氧化为磺酸基。

2. 氨基酸组成的测定　确定蛋白质的肽链数目后需要将肽链分离、纯化,然后进行完全水解,测定氨基酸的种类及每种氨基酸的数量,了解氨基酸的构成情况。目前较常用的是将蛋白质进行酸水解,然后用氨基酸自动分析仪进行测定。

3. 肽链末端氨基酸的分析　将肽链进行末端残基的鉴定,以便建立两个重要的氨基酸序列参考点。

4. 肽链的水解和肽段的分离　目前最常用的 Edman 降解法一次只能连续降解几十个氨基酸残基,而天然蛋白质分子至少含有 100 个以上的残基,因此必须先将蛋白质裂解成小肽,通过凝胶过滤、凝胶电泳及高效液相色谱等方法对这些小肽进行分离纯化,然后测定小肽的氨基酸序列。目前蛋白质的裂解方法主要有酶裂解法和化学裂解法两类。

5. 各肽段氨基酸序列测定　各肽段的氨基酸序列分析方法包括 Edman 降解法、酶解法、质谱法和气相色谱-质谱联用法等,其中最常用的是 Edman 降解法。

6. 氨基酸完整顺序的拼接　利用两套或多套肽段的氨基酸序列彼此间的交错重叠,可以拼凑出原来的完整多肽链的氨基酸序列。

7. 肽键中二硫键位置的确定　确定半胱氨酸残基间形成的二硫键位置。应该指出,氨基酸序列测定中不包括二硫键的分析,但它应属于蛋白质化学结构的内容。

二、蛋白质的空间结构

(一)蛋白质构象变化的基础

蛋白质的高级结构又称为蛋白质的构象(conformation),它是蛋白质在一级结构基础上多肽链折叠或缠绕的结果。

1. 维持蛋白质空间结构的作用力　与形成蛋白质一级结构的作用力是肽键和二硫键这两种共价键不同，蛋白质的高级结构则是由氢键、疏水相互作用、离子键、范德华力、二硫键等维系的，这些化学键为次级键（图3-8）。蛋白质各种构象稳定态的维持及其相互间的转化主要是靠这些次级键的作用。

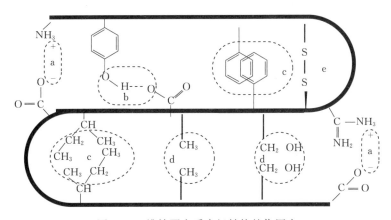

图3-8　维持蛋白质高级结构的作用力
a. 离子键　b. 氢键　c. 疏水相互作用力　d. 范德华力　e. 二硫键

(1)氢键。在蛋白质分子中，可以参与氢键形成的基团包括：肽主链上的羰基氧原子和亚氨基上的氮原子；侧链上羟基、羧基、氨基的氧和氮，如丝氨酸、苏氨酸、酪氨酸上的羟基，精氨酸、赖氨酸上的—NH_2；天冬氨酸、谷氨酸上的—COO^-。蛋白质的二级结构主要是靠肽键的氢键维持。氨基酸侧链间形成的氢键则对维系蛋白质的三级结构和四级结构起重要作用。

(2)疏水相互作用。在蛋白质分子中，含有疏水侧链的氨基酸有亮氨酸、异亮氨酸、苯丙氨酸、缬氨酸、丙氨酸和脯氨酸。蛋白质分子中含有一些亲水的极性基团，这些基团都趋向于伸向蛋白质的外表，与周围的水介质作用，形成亲水区。蛋白质的疏水作用和亲水作用对于维系蛋白质的空间构象都起着极其重要的作用。

(3)离子键。蛋白质分子中的酸性氨基酸和碱性氨基酸残基在一定条件下可以形成离子。例如，谷氨酸和天冬氨酸残基的侧链都带有可解离成带负电荷的羧基，而赖氨酸和精氨酸则带有可解离成带正电荷的碱性基团，这种带正负电荷的离子在蛋白质分子中形成离子键。高浓度的盐、过高或过低的pH都可以破坏蛋白质分子中的离子键。

(4)范德华力。蛋白质分子的极性基团的偶极与非极性基团的诱导偶极之间相互吸引（诱导力）和非极性基团瞬时偶极之间的相互吸引（色散力）对稳定结构有帮助。

(5)二硫键。二硫键是由处于同一肽链不同部位或相邻肽链中的两个半胱氨酸的巯基氧化后相连接而形成的化学键，它是一种共价键，也起稳定蛋白质空间结构的作用。

除二硫键外，以上各次级键单独存在时都是比较弱的键，但是各次级键加在一起时，就产生一种足以维持蛋白质空间结构的强大作用力。

2. 酰胺平面与肽单元　肽键介于单键和双键之间，它具有部分双键的性质。这是由肽键中的羰基C＝O上的π电子与N原子上的孤对电子产生p-π共轭，形成较大的π键所致。双键的重要性质之一就是不能自由旋转，这就使得多肽链中围绕C—N的6个原子构成一个平面，称为酰胺平面（amide plane），也称肽平面（peptide plane）。肽键中的4个原子和相邻的2个α碳原子组成的结构单位称为肽单元，它是多肽主链骨架的重复结构。

(二)蛋白质的二级结构

蛋白质的二级结构（secondary structure）是指多肽主链骨架上的原子沿一定的轴盘旋或折叠，

并以氢键为主要次级键而形成有规则的构象。例如，α螺旋、β折叠和β转角，其他还有γ螺旋、β弯曲，另外还有一种没有对称轴或对称面的无规卷曲结构（random coil）。氢键在蛋白质二级结构中起着稳定构象的重要作用。

1. α螺旋 α螺旋是蛋白质中最常见的二级结构。它是多肽链主链围绕中心轴有规律地向左或向右盘绕而形成的一种螺旋状结构（图3-9）。这种结构最初是由美国麻省理工学院的Pauling和Corey两位化学家在研究羊毛、猪毛等纤维状蛋白质的基础上于1952年首先提出的。

在α螺旋结构中，每圈螺旋有3.6个氨基酸残基，氨基酸残基位于螺旋的外侧，螺旋的表观直径为0.6 nm，螺旋之间的距离为0.54 nm，相邻2个氨基酸残基的垂直距离为0.15 nm。肽链中的酰胺键的亚氨基氢，与螺旋下一圈的羰基氧形成氢键，所以α螺旋中的氢键方向与电偶极的方向一致。由于脯氨酸的化学结构中氮原子上不存在氢，妨碍螺旋的形成及肽键的弯曲，所以不能形成α螺旋，而是形成无规卷曲结构，酪蛋白就是因此而形成特殊结构的，这种特殊结构对蛋白质的性质产生重要影响。天然蛋白质中存在的α螺旋主要是右手螺旋。一条多肽链能否形成α螺旋，以及形成的螺旋是否稳定，与它的氨基酸组成和排列顺序有极大关系。侧链R基团的大小及电荷性质对多肽链能否形成螺旋也有决定作用。

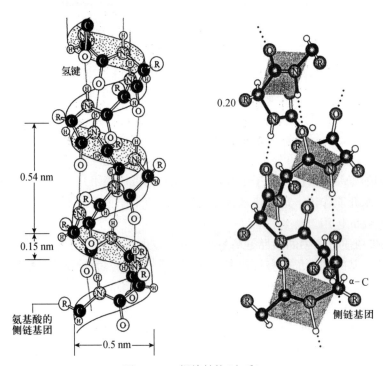

图3-9 α螺旋结构（右手）

2. β折叠 β折叠也是蛋白质中常见的二级结构，也叫作β折叠片或β片层结构（图3-10），是两条或多条充分伸展成锯齿状折叠构象的肽链侧向聚集，按肽键的长轴方向平行并列，相邻肽链上的—NH—和—CO—之间形成氢键，呈折纸状结构。在β折叠结构中，所有的肽键都参与键间氢键的交联，氢键与肽链的长轴接近垂直，在肽键的长轴方向上具有重复的单位。在纤维状蛋白质中，β折叠的氢键主要是在两条肽链之间形成的；而在球状蛋白质中，β折叠既可以在不同肽链间形成，也可以在同一条肽链的不同部分之间形成。

β折叠可分为两种类型：一种为平行式，即所有肽链的N末端都在同一端；另一种为反平行式，即相邻肽链的N末端排列方向相反。平行式和反平行式β折叠中两个氨基酸残基间的轴心距分别为0.325 nm和0.35 nm。在纤维状蛋白质中，β折叠主要是反平行式；而在球状蛋白质中，平行式和反平行式两种方式同样广泛存在。β折叠大量存在于丝心蛋白和β-角蛋白中。在一些蛋白质分子(如溶菌酶、羧肽酶 A、胰岛素)中,也有少量β折叠存在。除作为某些纤维状蛋白质的基本构象外,β折叠也普遍存在于球状蛋白质中。

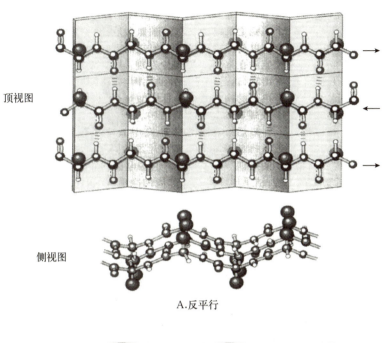

A.反平行

β折叠结构

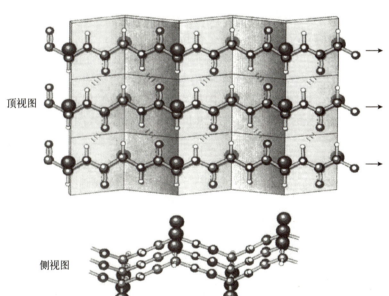

B.平行

图 3-10　β折叠结构

3. β转角　β转角也称 μ 形回折、β弯曲或发夹结构,存在于球状蛋白质中。β转角有三种类型,每种类型都有 4 个氨基酸残基,弯曲处的第一个残基的—CO—和第四个残基的—NH—之间均形成一个氢键,产生一种不很稳定的环形结构。类型Ⅰ和类型Ⅱ的关系在于中心肽单位旋转了 180°(图 3-11)。类型Ⅱ中 C_3 几乎都是甘氨酸残基,否则由于空间阻位,不能形成氢键。类型Ⅲ是在第 1 个和第 3 个残基之间形成一小段 3_{10} 螺旋。β转角多数处在球状蛋白质分子的表面,此处改变多肽链的方向阻力较小。β转角约占球蛋白全部残基的 25%,含量丰富。

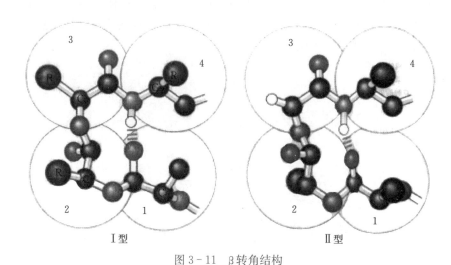

图 3-11 β转角结构

（Ⅰ型和Ⅱ型β转角最为常见，Ⅰ型转角的发生率是Ⅱ型的两倍多。Ⅱ型转角常常以甘氨酸作为第3个残基。注意弯折的第1个和第4个残基间有氢键）

4. 无规卷曲　无规卷曲（random coil）是指多肽链中没有规律性的那部分肽链的结构。无规卷曲和β转角是球状蛋白质形成近似球形空间构象所必需的主链构象，与球状蛋白质的生物功能有着密切关系。

（三）蛋白质的超二级结构和结构域

1. 超二级结构　蛋白质超二级结构（super secondary structure）的概念是 M. Rossmann 于 1973 年提出来的，又称为蛋白质的"标准折叠单位"。在蛋白质分子中，特别是球状蛋白质中，经常可以看到由若干相邻的二级结构单元（即α螺旋、β折叠和β转角等）组合在一起，彼此相互作用，形成有规则、在空间上能辨认的二级结构组合体，它充当三级结构的构件，称为超二级结构。超二级结构在结构的组织层次上高于二级结构，但没有构成完整的结构域。目前，已知的超二级结构有α螺旋聚集体（αα）、α螺旋和β折叠的聚集体（βαβ）、β折叠聚集体（βββ）（图 3-12）。

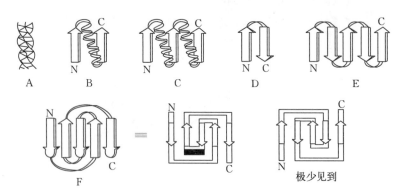

图 3-12　蛋白质中的几种超二级结构（箭头表示β股及其方向）
A. αα　B. βαβ　C. βαβαβ　D. β发夹　E. β曲折　F. 希腊钥匙拓扑结构

2. 结构域　1973年 Wetlaufer 根据对蛋白质结构及折叠机制的研究结果提出了介于二级和三级结构之间的一种结构层次。多肽链在二级结构或超二级结构的基础上形成三级结构的局部折叠区，它是相对独立的紧密球状实体，称为结构域或辖区。结构域是球状蛋白的折叠单位，多肽链折叠的最后一步是结构域的缔合。一般来说，大的蛋白质可以由2个或更多个结构域组成，如木瓜蛋白酶分子包含2个不同的结构域，免疫球蛋白分子包含12个相似的结构域。

(四)蛋白质的三级结构

蛋白质的三级结构(tertiary structure)是指一条多肽链在二级结构基础上进一步卷曲折叠，构成一个不规则的特定构象，包括全部主链、侧链在内的所有原子的排布，不包括肽链间的关系。

蛋白质三级结构的特征如下：①大多数天然蛋白质的三级结构都近似球状结构，其表面有一个空穴(也称裂沟、凹槽或口袋)，且疏水侧链埋藏在分子内部，亲水侧链暴露在分子表面。②蛋白质三级结构的稳定性主要依靠次级键来维持，其中疏水键发挥了很重要的作用。此外，氢键、离子键、二硫键和范德华力也有一定作用。例如，图3-13为β-乳球蛋白的三级结构，稳定蛋白质三级结构的作用力有氢键、二硫键、离子键和范德华力等。

(五)蛋白质的四级结构

由多条肽链组成的蛋白质分子中，每一条肽链都独立形成三级结构，这些三级结构单位主要通过非共价键相互缔合形成特定空间构象，即蛋白质的四级结构。这样的蛋白质称为寡聚蛋白，寡聚蛋白分子中的每个三级结构单位称为一个亚基(或亚单位，subunit)。连接亚基的共价键主要为：范德华力、氢键、疏水键和离子键。一种蛋白质疏水性氨基酸的物质的量占比高于30%时，其形成四级结构的倾向大于含较少疏水性氨基酸的蛋白质。四级结构分为均一(含有相同的亚基)和不均一(含有不同的亚基)两类。寡聚体蛋白质分子可按亚基数目分为二聚体、四聚体、六聚体等。现在很多实例表明，相对分子质量在55 000以上的蛋白质几乎都有四级结构。最简单的寡聚蛋白质是血红蛋白，其相对分子质量为64 500，它是由两条α链和两条β链构成的四聚体。表3-7给出了常见蛋白质的亚基数及其相对分子质量。

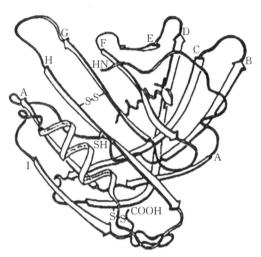

图3-13 β-乳球蛋白的三级结构
(箭头代表β折叠，共9股；还有一个短的α螺旋)

表3-7 常见蛋白质的亚基数及其相对分子质量

蛋白质	相对分子质量	亚基数	蛋白质	相对分子质量	亚基数
乳球蛋白	35 000	2	转化酶	210 000	4
血红蛋白	64 500	4	过氧化氢酶	232 000	4
脂氧合酶	108 000	2	胶原蛋白	300 000	3
酪氨酸酶	128 000	4	11S大豆球蛋白	350 000	12
乳酸脱氢酶	140 000	4	豆球蛋白	360 000	6
7S大豆球蛋白	200 000	9	肌球蛋白	475 000	6

三、蛋白质结构与功能的关系

蛋白质因其结构的千差万别，其生物功能也不尽相同。这使得蛋白质在生物体的生命活动过程中起着重要的作用。研究结果表明，蛋白质分子的一级结构和高级结构都与其功能有密切关系。

(一)蛋白质一级结构与功能的关系

蛋白质的一级结构决定它的空间结构，而空间结构是蛋白质发挥生物学功能所依据的。因此从根本上来说，蛋白质实现生物学功能最终取决于它的一级结构。

1. 同源蛋白质的氨基酸序列具有明显的相似性 有些蛋白质存在于不同的生物体内，但具有相同的生物学功能，这些蛋白质被称为同功能蛋白质或同源蛋白质。研究发现，不同种属的同功能蛋白质，在一级结构上既有明显的相似性，也存在种属差异。所以，同功能蛋白质的氨基酸组成可划分为两部分：存在于所有种属的同源蛋白质中，且排列位置不变的那部分氨基酸称为不变残基（保守残基），它们决定蛋白质的空间结构和功能；剩余部分的氨基酸对不同种属来说有较大差异，称可变残基，它们不影响蛋白质的功能，但能体现种属差异。

根据对哺乳动物、鱼类和鸟类等动物的胰岛素一级结构的研究，发现这些不同种属动物的胰岛素绝大多数是由51个氨基酸组成的，并且这些不同种属动物胰岛素中有22个位置的氨基酸是不变的，尤其是决定二硫键位置的半胱氨酸没有变化。

一级结构的改变能否影响蛋白质的生物功能，关键是看这种改变是否引起构象的变化。如血红蛋白分子一级结构变化引起的镰刀状细胞贫血病。贫血病人细胞的血红蛋白（HbS）和正常人细胞的血红蛋白（HbA）在氨基酸的组成和排列顺序上存在1个氨基酸的差异，即正常β链上的第6位谷氨酸被缬氨酸取代，使得HbS分子表面的负电荷数减少，影响分子的正常聚集，致使溶解度降低，红细胞收缩成镰刀形，其输氧能力下降，细胞变得脆弱而发生溶血。

2. 一级结构相同的蛋白质的功能也相同 研究发现，蛋白质的一级结构差异越小，其功能的相似性越大。例如，促肾上腺皮质激素（ACTH）和促黑激素（α-MSH），两者N端的13个氨基酸残基完全相同，仅α-MSH的N端为乙酰化的丝氨酸，而不是游离的丝氨酸。若将ACTH分子从C端逐渐切下，仅剩下N端的13个氨基酸，则ACTH的活性完全消失，而具有显著的α-MSH的活性。ACTH和α-MSH的N端的结构如下：

Ac－Ser－Tyr－Ser－Met－Glu－His－Phe－Arg－Trp－Gly－Lys－Pro－Val　　（α-MSH）

Ser－Tyr－Ser－Met－Glu－His－Phe－Arg－TRP－Gly－Lys－Pro－Val　　（ACTH）

3. 一级结构上的细微变化可直接影响其功能 不同蛋白质和多肽具有不同的功能，根本的原因是它们的一级结构各异，有时仅微小的差异就可表现出不同的生物学功能，如加压素与催产素都是由神经垂体分泌的9肽激素，它们分子中仅两个氨基酸有差异，但两者的生理功能却有根本的区别。这种差异往往由基因突变引起，并会导致蛋白质分子结构的改变，进而引起多种疾病，即分子病。胰岛素分子病是由于胰岛素分子中B链第24位的苯丙氨酸被亮氨酸取代，使胰岛素成为活性很低的分子，不能降血糖。镰刀型细胞贫血病是最早被认识的一种分子病，患者血液中大量出现镰刀型红细胞，后者不能与氧正常结合，使患者缺氧窒息，死亡率极高。

（二）蛋白质空间结构与功能的关系

蛋白质要具有特定的生物功能，必须要有相应的空间结构，为特定的氨基酸残基基团提供其发挥作用的相对位置和微环境。蛋白质空间结构的改变必然引起功能的相应改变。

1. 蛋白质的变性 蛋白质受一些物理因素（如高温、高压、辐射等）和化学因素（如强酸、强碱、有机溶剂）的影响，氢键、离子键等次级键维系的高级结构被破坏，分子内部结构发生改变，致使蛋白质生物活性丧失，同时引起某些物理性质和化学性质变化，如溶解度降低、发生胶凝等，这个过程称为蛋白质的变性（denaturation）。蛋白质的变性一般不涉及氨基酸的连接顺序即蛋白质一级结构的变化，而是其二、三、四级结构发生不同程度的变化。天然蛋白质的变性是可逆的，当引起变性的因素被解除后，蛋白质恢复到原状，此过程称为蛋白质的复性（renaturation）。一般来说，温和条件下蛋白质易发生可逆的变性，而在比较剧烈的条件下，蛋白质将产生不可逆的变性。当稳定蛋白质构象的二硫键被破坏时，则变性蛋白质很难复性。

2. 蛋白质的变构效应 多亚基蛋白质（四级结构）中的一个亚基空间结构的改变会引起其他亚基空间结构的改变，从而使蛋白质功能和性质发生一定的改变，这种现象为蛋白质的变构效应（allosteric effect）。变构效应除对血红蛋白运氧功能具有重要的调节作用外，也是体内普遍存在的对于已合成蛋白质生物活性进行微调控的重要方式之一。

近年来，对蛋白质结构变化引起功能变化方面的研究取得了很大进展。例如，对疯牛病发病的分子机制研究结果认为，引发疯牛病的朊病毒是一种存在于牛脑中正常的蛋白质分子转变而来的，因其分子中的 3 个 α 螺旋转变成 β 折叠而致病。

第五节　蛋白质的理化性质

一、蛋白质的分子质量

(一)蛋白质的分子质量

蛋白质是高分子化合物，一般相对分子质量在 $6\times10^3 \sim 1\times10^6$，甚至更大。通常将相对分子质量低于 10 000 者称为多肽，高于 10 000 者称为蛋白质。当然这种界限并不很严格，如胰岛素的相对分子质量为 5 437，但习惯上称作蛋白质，有时亦称多肽。表 3-8 列举了一些常见蛋白质的相对分子质量。用于测定蛋白质分子质量的方法大多是根据它的物理性质确定的，一般采用渗透压法、超速离心法，有时也用凝胶过滤法和凝胶电泳法。

表 3-8　常见蛋白质的相对分子质量

蛋白质	来源	相对分子质量	蛋白质	来源	相对分子质量
胰岛素	胰	12 000	血红蛋白	人血	64 500
乳清蛋白	牛乳	17 400	明胶	皮肤	100 000
醇溶谷蛋白	小麦	27 500	肌球蛋白	肌肉	475 000
玉米醇溶蛋白	玉米	35 000	脲酶	刀豆	480 000
卵清蛋白	鸡蛋	44 000	核组蛋白	牛	23 000 000

(二)蛋白质的分子形状

天然蛋白质根据其构型的不同可分为纤维状蛋白质和球状蛋白质两大类。纤维状蛋白质像纤维，呈线形，如毛发中的角蛋白、蚕丝中的丝心蛋白等；球状蛋白质分子似球状，呈球形或椭球形。生物体内活性蛋白质绝大多数呈球形。纤维状和球状也可以通过蛋白质分子长轴与短轴的长度比(轴长比)来区分。纤维状蛋白质的轴长比一般达到几百以上，而球状蛋白质的轴长比很小，最大为几十。蛋白质分子的形状及其轴长比如表 3-9 所示。

表 3-9　蛋白质分子的形状及其轴长比

蛋白质名称	分子形状	相对分子质量	轴长比
小麦醇溶蛋白	球状	26 000	11.1
大麦醇溶蛋白	球状	27 500	11.1
玉米醇溶蛋白	球状	35 000	20.1
过氧化氢酶	球状	232 000	5.8
麻仁球蛋白	球状	309 000	4.3
脲酶	球状	480 000	4.3
胶原蛋白原	纤维状	680 000	523

二、蛋白质的两性解离及等电点

由于构成蛋白质的多肽链末端具有游离氨基和游离羧基，因此，蛋白质与氨基酸一样是两性电解质。但是蛋白质的解离情况更为复杂。这是因为蛋白质所含有的氨基酸残基的侧链上有多种可解离的基团,如赖氨酸的 ε-氨基、组氨酸的咪唑基和精氨酸的胍基在一定 pH 条件下可接受质子而带正电荷;而天冬酰胺的 β-羧基、谷氨酸的 γ-羧基、酪氨酸的酚羧基和半胱氨酸的巯基在一定 pH 条件下能解离出氢离子成为带负电荷的基团。因此,蛋白质所带电荷的性质和数量是由蛋白质分子中可解离基团的种类、数目以及溶液的 pH 决定的。蛋白质分子的两性解离过程如图 3-14 所示。

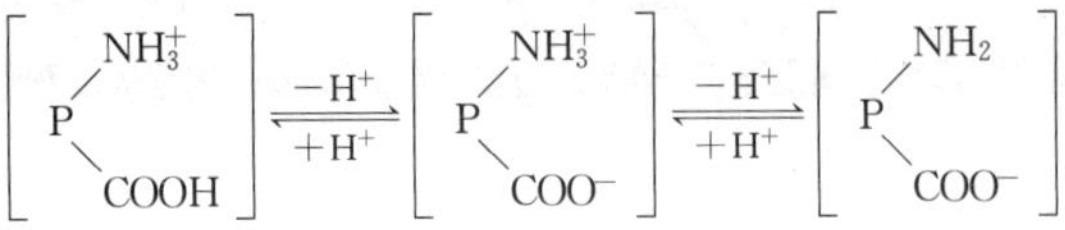

$$\left[P \genfrac{}{}{0pt}{}{NH_3^+}{COOH} \right] \underset{+H^+}{\overset{-H^+}{\rightleftharpoons}} \left[P \genfrac{}{}{0pt}{}{NH_3^+}{COO^-} \right] \underset{+H^+}{\overset{-H^+}{\rightleftharpoons}} \left[P \genfrac{}{}{0pt}{}{NH_2}{COO^-} \right]$$

正离子　　　　两性离子　　　　负离子
(pH<pI)　　　(pH=pI)　　　(pH>pI)

图 3-14 蛋白质分子的两性解离过程
(P 代表蛋白质)

对于蛋白质来说,当溶液在某一特定 pH 时,蛋白质所带的正电荷与负电荷恰好相等,即净电荷为零,在电场中,既不向阳极移动,也不向阴极移动,这时溶液的 pH 称为该蛋白质的等电点,可以用 pI 表示。表 3-10 给出了常见蛋白质的等电点。

表 3-10 常见蛋白质的等电点

蛋白质	来源	等电点(pI)
酪蛋白	乳	4.6
卵清蛋白	蛋	4.6
明胶	骨	4.9
乳球蛋白	乳	5.1
肌球蛋白	肉	5.4
醇溶谷蛋白	面粉	6.5
谷蛋白	面粉	7.0

蛋白质在不同的 pH 溶液中可解离成正离子、两性离子或负离子。当溶液 pH<pI 时,为正离子;当溶液 pH>pI 时,为负离子;而在等电点(pH=pI)时为两性离子。因此,若以电流通过蛋白质溶液,则在碱性介质中,蛋白质分子向阳极移动;而在酸性介质中,蛋白质分子则向阴极移动。蛋白质在电场中能够泳动的现象,称为电泳(electrophoresis)。蛋白质电泳的方向主要取决于其所带电荷的性质,而泳动的速度则与所带电荷的多少、分子大小和形状有关。故可根据蛋白质在电场中移动的方向和速度的不同,利用电泳法分离和鉴定混合物中的蛋白质。蛋白质处于等电点时具有一些特殊的理化性质,其导电率、分子黏度、膨胀性、溶解度以及渗透压均为最小。故可利用蛋白质在等电点时溶解度最小这一性质来分离、提纯蛋白质。

了解蛋白质等电点对食品加工条件的选择也有重要意义。例如,在脱水猪肉的加工中,在猪肉干燥前,调节其 pH,使之离等电点较远,这样蛋白质在带电荷情况下干燥,可以避免蛋白质分子间紧密结合,复水时容易重新结合水,较易嫩化。

三、蛋白质的胶体性质

蛋白质溶液是一种分散系统,在这种分散系统中,蛋白质分子颗粒是分散相,水是分散介质,就其分散程度来说,蛋白质溶液属于胶体系统。蛋白质这种亲水胶体比较稳定,原因在于:①质点大小在 10~100 nm;②质点带有相同的电荷,互相排斥,不易聚集成大颗粒而沉淀;③质子与溶剂(如水)分子相结合形成溶剂化层(如水化层)。一般的胶体溶液具有丁达尔现象、布朗运动、电泳现象、光散射现象及不能透过半透膜,并具有吸附能力等。

从蛋白质相对分子质量的测定结果可以看出,蛋白质的分子大小属于胶体质点的范围。蛋白质溶液是一种亲水胶体。蛋白质分子表面的亲水基团,如—NH_2、—COOH、—OH 和—NH—CO—等,在水溶液中能与水分子起水化作用,使蛋白质分子表面形成一个水化层。实验表明,1 g 球状蛋白质能结合 0.2~0.3 g 水。因此蛋白质在水溶液中,每一个分子的表面都有一水化层包围着。蛋白质分子表面的可解离基团,在适当的 pH 条件下,都带有相同的净电荷,与其周围的反离子构成稳定的双电层。蛋白质溶液由于具有水化层与双电层两方面的稳定因素,所以作为胶体系统是相当稳定的(图 3-15)。

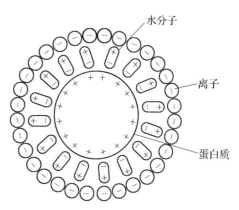

图 3-15 蛋白质颗粒的水化层和双电层

四、蛋白质的沉淀作用

蛋白质胶体溶液的稳定主要是靠水化层和相同电荷间的排斥力来维持。如果利用外界条件破坏这两种因素,蛋白质就会失去稳定性而从溶液中析出,这种现象称为蛋白质的沉淀作用(precipitation)。蛋白质沉淀作用如图 3-16 所示。沉淀蛋白质的方法有以下几种。

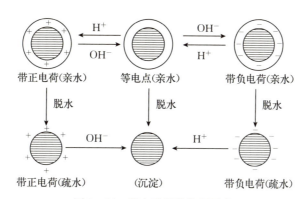

图 3-16 蛋白质沉淀作用示意

(一)盐析法

向蛋白质溶液中加入高浓度的中性盐(如 NaCl、KCl、Na_2SO_4 等)使蛋白质沉淀析出的现象称为盐析(图 3-16)。盐析现象的发生主要是高浓度的盐不仅结合了大量的水,破坏了蛋白质的水化层,使蛋白质分子表面的疏水残基充分暴露,同时也中和了蛋白质所带的同种电荷,破坏了它的双电层,导致蛋白质颗粒相互聚集而沉淀。

常用的中性盐有硫酸铵、硫酸钠、氯化钠及氯化钾等,其中硫酸铵由于在水溶液中可形成二价阴离子,且在水中的溶解度很大,在低温下仍以高浓度存在,因此在盐析中最为常用。

盐析法是蛋白质混合物分离纯化最常用的一种方法,该方法的主要特点是沉淀出的蛋白质不变性。因此本法常用于酶、激素等具有生物活性的蛋白质的分离制备。

(二)有机溶剂沉淀法

在蛋白质溶液中,加入可与水互溶的有机溶剂(如乙醇、丙酮),可使蛋白质产生沉淀。加入的有机溶剂作为脱水剂,其亲水性比蛋白质分子强,能破坏蛋白质表面的水化层,使蛋白质处于不稳定状态,发生碰撞后,聚集形成大颗粒,从而沉淀出来。用有机溶剂对蛋白质进行沉淀时,须在低温下操作,产生沉淀后应立即使蛋白质与有机溶剂分离,避免蛋白质变性,失去生物活性。此沉淀法的一般过程为:先将蛋白质溶液冷却至接近 0 ℃,再将有机溶剂冷却至 $-15\sim-25$ ℃,在不断搅拌的条件下,将有机溶剂缓缓加入蛋白质溶液中,使有机溶剂浓度达 30%~80%,待蛋白质沉淀后迅速离心除去有机溶剂。

(三)重金属盐沉淀法

当溶液 pH 大于蛋白质的等电点时,蛋白质颗粒带负电荷,易与正电荷的金属离子(如 Ag^+、Hg^{2+}、Cu^{2+}、Pb^{2+} 等)结合,生成难溶性盐类沉淀析出。这种方法所得的蛋白质通常是变性的。临床上抢救误食重金属盐中毒的病人时,可通过大量服用牛奶或豆浆等高蛋白质食物,使蛋白质与重金属盐结合形成不溶性盐,再经催吐将不溶性盐排出体外的方式进行解毒。

(四)生物碱试剂沉淀法

生物碱是植物组织中具有显著生理作用的一类含氮的碱性物质。能够沉淀生物碱的试剂称为生物碱试剂。单宁酸、苦味酸、三氯乙酸等都能沉淀生物碱。当溶液 pH 小于等电点时,蛋白质颗粒带正电荷,易与生物碱试剂的酸根负离子结合生成不溶性盐而沉淀。"柿石症"的产生就是由于空腹吃了大量的柿子,柿子中含有单宁酸,使肠胃中的蛋白质凝固变性而成为不能被消耗的"柿石"。临床检验部门经常采用此方法除去待检样品中干扰测定的蛋白质。

(五)加热变性沉淀法

加热可使蛋白质变性沉淀。加热灭菌的原理就是加热使细菌蛋白质变性凝固而失去生物活性,但加热使蛋白质变性沉淀与溶液 pH 有关。当蛋白质溶液 pH 处于等电点时,由于带电荷状态发生改变,分子间无斥力存在,因此沉淀最完全、最迅速。而偏酸或偏碱时,蛋白质虽加热变性也不易沉淀。实际工作中常在溶液 pH 处于等电点时加热沉淀除去杂蛋白质。

五、蛋白质的渗透压与透析

由于蛋白质的分子质量很大,蛋白质溶液的物质的量浓度一般很小,所以蛋白质溶液的渗透压很低。将混有无机盐、氨基酸、单糖、短肽、表面活性剂等小分子化合物的蛋白质溶液盛入半透膜内放入透析液(常为蒸馏水或缓冲液)中,蛋白质分子因其体积大不能透过半透膜,而其他小分子化合物则能通过半透膜进入透析液中,从而使蛋白质与小分子化合物分离开来,这一过程叫透析(dialysis)。常用的半透膜有玻璃纸或高分子合成材料。透析是蛋白质分离纯化中常用的简便方法。

六、蛋白质的颜色反应

蛋白质分子中的肽键等某些特殊化学结构和某些氨基酸侧链上的基团可与一些试剂发生特殊的颜色反应。应用这些颜色反应可对蛋白质进行定性和定量测定。蛋白质的颜色反应很多(表 3-11),下面介绍几种重要的颜色反应。

表 3-11 蛋白质的颜色反应

反应名称	试剂	颜色	反应基团	有此反应的蛋白质或氨基酸
双缩脲反应	$NaOH+CuSO_4$	紫红色	两个以上肽键	所以蛋白质均具有此反应
米伦反应	$Hg(NO_2)_2$ 及 $Hg(NO_3)_2$ 混合物	红色	酚基	酪氨酸、酪蛋白
黄色反应	浓硝酸及碱	黄色	苯基	苯丙氨酸、酪氨酸
乙醛酸反应	乙醛酸	紫色	吲哚基	色氨酸
茚三酮反应	茚三酮	蓝色	自由氨基及羧基	α-氨基酸、所有蛋白质
酚试剂反应	碱性硫酸铜及磷钨酸、磷钼酸	蓝色	酚基、吲哚基	酪氨酸、色氨酸
α-萘酚-次氯酸盐反应(坂口反应)	α-萘酚、次氯酸钠	红色	胍基	精氨酸

(一)双缩脲反应

蛋白质在碱性溶液中可与 Cu^{2+} 产生紫红色反应。凡是含有两个或两个以上肽键结构的蛋白质均可发生双缩脲反应，这是蛋白质分子中肽键的反应，肽键越多反应颜色越深。该反应常用于蛋白质的定性、定量测定和水解程度的测定。

(二)茚三酮反应

在 pH5～7 时，蛋白质与茚三酮丙酮液加热可产生蓝紫色。此反应可用于蛋白质的定性与定量测定。此外，多肽、氨基酸及伯胺类化合物与茚三酮亦有同样反应。

(三)酚试剂反应

在碱性条件下，蛋白质分子中的酪氨酸、色氨酸可与酚试剂(含磷钨酸、磷钼酸化合物)生成蓝色化合物，显色的强度与蛋白质的量成正比，该反应的作用基团是酚基。此法是测定蛋白质浓度的常用方法，主要优点是灵敏度高，可测定微克水平的蛋白质含量；但缺点是本方法只与蛋白质中个别氨基酸反应。

第六节 蛋白质的分离纯化

一、蛋白质分离纯化的一般原则

蛋白质在组织或细胞中一般是以混合物形式存在，除含有各种蛋白质外，还含有多糖、核酸、脂类、有机小分子和无机离子等各种杂质，因此，分离、提纯工作是生物化学中一项艰巨而繁重的任务。蛋白质分离工作的关键步骤、基本手段是相同的。分离和提纯蛋白质的方法主要是利用各种蛋白质特性的差异，包括分子的大小和形状、酸碱性质、溶解度、吸附性质和对其他分子的生物学亲和力。现在已有几百种蛋白质得到结晶，上千种蛋白质获得高纯度的制品。分离纯化的目的是将目的蛋白质从复杂的混合物中分离出来，或者通过简单的操作除去一部分杂质，其总目标是增加单位质量蛋白质中目的蛋白质的含量或生物活性。

蛋白质的分离纯化大致可分为前处理、粗分级分离和细分级分离 3 个步骤。

(一)前处理

分离纯化某一种蛋白质，需要根据不同的情况选择适当的方法将新鲜的组织或细胞破碎，把蛋白质从原来的组织或细胞中以溶解的状态释放出来，并保持原来的天然状态，不丧失生物活性。细胞破碎后，用适当的溶剂(如缓冲液或水)抽提混合物中的目的蛋白质，经离心或过滤，去除细胞碎片。如果目的蛋白质集中在某种特定的细胞器中，如细胞核、染色体、核糖体等，可利用差速离心的方法将该细胞器与其他物质分开，然后再破碎细胞器膜，抽提目的蛋白质至溶液中。

待处理原料不同，所选用的细胞破碎方法不同。一般动物组织或细胞可用电动捣碎机、匀浆机破碎或用超声波破碎。植物细胞壁含有纤维素、半纤维素和果胶等物质，一般需要用与石英砂或玻璃粉和适当的提取液一起研磨的方法破碎，或用纤维素酶处理也可达到目的。细菌的细胞壁骨架是一个由共价键连接而成的肽聚糖囊状分子，非常坚韧，所以在破碎细菌细胞时，常采用超声波震荡、石英砂研磨、高压挤压或溶菌酶处理等方法。

(二)粗分级分离

经前处理得到的蛋白质溶液含有大量的杂质，常选用简便且可处理大量样品的方法(如盐析、等电点沉淀、有机溶剂沉淀、透析、超滤等)先除去其中大部分杂质，得到纯度不是很高的粗分级分离蛋白质制品。如果对产品的纯度要求不高，通过这一步骤就可完成分离提纯的任务，如许多工业用酶纯度不需要很高，通过超滤、有机溶剂沉淀等方法即可达到分离提纯的目的。如果需要得到纯度高的蛋白质,则需要进一步分离纯化。

(三)细分级分离

这是在粗分级分离的基础上对样品进一步分离纯化。蛋白质样品经粗分级分离后,一般体积较小,杂蛋白质大部分已被除去,进一步纯化通常使用层析法(包括凝胶过滤、离子交换层析、吸附层析、疏水层析、金属螯合层析及亲和层析等)、电泳法(凝胶电泳、等电聚焦等)和离心法(密度梯度离心法)。经过细分级分离得到纯度较高的目的蛋白质溶液,可通过结晶和重结晶得到蛋白质晶体。细分级分离的特点是所用方法的分辨率较高,可基本除去杂质。但一般规模较小,处理量不大,且所用仪器设备成本较高,难以满足大规模生产的需要。

二、蛋白质分离纯化的方法

用等电点沉淀法、盐析法所得到的蛋白质一般含有其他蛋白质杂质,需进一步分离提纯才能得到一定纯度的样品。常用的纯化方法有:离子交换色谱、分子排阻色谱、亲和色谱、疏水色谱等。有时还需要这几种方法联合使用,才能得到纯度较高的蛋白质样品。按其分离原理的不同可简单分类如下。

(一)根据分子大小不同的分离纯化方法

蛋白质是大分子物质,但不同蛋白质分子大小各异,利用此性质可从混合样品中分离各组分。

1. 透析和超滤法 透析(dialysis)法是利用蛋白质大分子对半透膜的不可透过性而与其他小分子物质分开的方法。此法简单,常用于蛋白质的脱盐,但需要的时间较长。常用的半透膜有玻璃纸、火棉胶、动物膀胱膜以及其他改性的纤维素材料。透析是把待纯化的蛋白质溶液装在半透膜的透析袋里,放入透析液(蒸馏水或缓冲液)中进行的,透析液可以更换,直至透析袋内无机盐等小分子物质降低到最小值为止。

超滤(ultrafiltration)又称超过滤,是利用压力或离心力,强行使水和其他小分子溶质通过半透膜,而蛋白质被截留在膜上,以达到浓缩和脱盐的目的。超滤既可以用于小量样品处理,也可用于生产规模。现已有各种市售的超滤膜装置可供选用,有加压、抽滤和离心等多种形式。滤膜也有多种规格,可截留相对分子质量不同的蛋白。此法的优点是可选择性地分离相对分子质量不同的蛋白质,超滤过程无相态变化、条件温和、蛋白质不易变性,常用于蛋白质溶液的浓缩、脱盐、分级、纯化等。表3-12列出了超滤膜孔径与截留蛋白质相对分子质量的对应关系。

表3-12 超滤膜孔径与截留蛋白质相对分子质量的对应关系

膜孔平均直径/10^{-8}cm	截留蛋白质相对分子质量	膜孔平均直径/10^{-8}cm	截留蛋白质相对分子质量
10	500	22	3×10^4
12	1 000	30	5×10^4
15	1×10^4	55	10×10^4
18	2×10^4	140	30×10^4

2. 凝胶过滤色谱(gel-filtration chromatography) 又名分子排阻色谱(molecular-exclusion chromatography)、分子筛色谱(molecular sieve chromatography)。这是一种简便而有效的生化分离方法之一,其原理是利用蛋白质相对分子质量的差异,通过具有分子筛性质的凝胶而分离。该法既可以应用于蛋白质的分离纯化,又可以应用于蛋白质的相对分子质量测定。常用的凝胶有葡聚糖凝胶、聚丙烯酰胺凝胶和琼脂糖凝胶等。葡聚糖凝胶是交联葡聚糖,是由水溶性的葡聚糖和环氧氯丙烷交联而成的三维空间网状结构物,两者的比例和反应条件决定其交联度的大小,即孔径大小。交联度越大,孔径越小。交联度或网孔大小又决定了凝胶的分级范围。把这种凝胶装入一根细的玻

璃管中，使不同蛋白质的混合溶液从柱顶流下，当蛋白质分子的直径大于凝胶的孔径时，被排阻于凝胶之外，小于孔径者则进入凝胶。因此，大分子受阻小而先流出，小分子受阻大而后流出。由于不同的蛋白质分子大小不同，进入网孔的程度不同，因此流出的速度也不同，从而达到分离的目的。图3-17为凝胶过滤色谱过程示意。

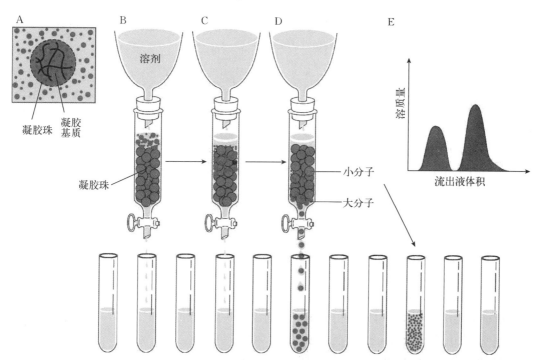

图3-17 凝胶过滤色谱过程示意
A. 凝胶珠内部结构示意 B. 加入样品并开始洗脱 C. 层析过程，小分子可进入凝胶颗粒，通过柱的速度慢 D. 大分子首先被洗脱出来并收集 E. 洗脱曲线

3. 密度梯度(区带)**离心** 蛋白质颗粒的沉降不仅取决于它的分子大小，而且也取决于密度大小。如果蛋白质颗粒在具有密度梯度的介质中离心，质量和密度大的颗粒比质量和密度小的颗粒沉降得快，并且每种蛋白质颗粒沉降到与自身密度相等的介质梯度时，即停止不前，最后各种蛋白质在离心管中被分离成各自独立的区带。分成区带的蛋白质可以在管底刺一小孔逐滴放出，分部收集，每个组分进行小样分析以确定区带位置。

常用的密度梯度有蔗糖梯度，蔗糖便宜，纯度高，浓度为60%的蔗糖溶液，密度可达1.25 g/cm³。密度梯度在离心管内的分布是管底的密度最大，向上逐渐减小，待分离的蛋白质混合物平铺在梯度的顶端，离心管用水平转头高速进行。

(二)根据电离性质不同的分离纯化方法

蛋白质是两性电解质，在一定的pH条件下，不同蛋白质所带电荷的质与量各异，可用离子交换层析法或电泳法等分离纯化。

1. 离子交换层析法(ion-exchange chromatography) 是利用不同分子所带电荷的种类和数量不同，因此其与离子交换剂的结合能力不同，进而在层析过程中被洗脱的顺序不同而进行的分离。常用的离子交换剂有离子交换树脂、离子交换纤维素和离子交换凝胶。离子交换树脂适用于小分子离子化合物（氨基酸、小肽等）的分离。离子交换纤维素和离子交换凝胶由于具有松散的亲水性网状结构和较大的表面积，适合于蛋白质等大分子离子化合物的分离。

离子交换凝胶还以交联葡聚糖、琼脂糖、聚丙烯酰胺等作为惰性支持物，连接带电基团形成的，如以交联葡聚糖为介质，可形成DEAE-Sephadex（弱碱型）、QAB-Sephadex（强碱型）、

CM-Sephadex（弱碱型）、SE-Sephadex（强酸型）等不同种类离子交换凝胶。

常见的离子交换纤维素见表3-13。

表3-13 常见的离子交换纤维素

种类		名称	简写	解离集团
阳离子型	强酸型	磷酸纤维素	P-纤维素	$-O-PO_3H_3$
		磺乙基纤维素	SE-纤维素	$-O-CH_2-CH_2-SO_3H$
	弱酸型	羧甲基纤维素	CM-纤维素	$-O-CH_2-COOH$
阴离子型	强碱型	三乙氨乙基纤维素	TEAE-纤维素	$-O-CH_2-CH_2-\overset{+}{N}(C_2H_5)_3$
	弱碱型	二乙氨乙基纤维素	DEAE-纤维素	$-O-CH_2-CH_2-N(C_2H_5)_2$
		氨乙基纤维素	AE-纤维素	$-O-CH_2-CH_2-NH_2$

蛋白质是两性分子，在某一特定pH下，不同蛋白质分子所带的电荷种类和数量各不相同，因而与离子交换剂的结合能力不同。以DEAE-纤维素分离胃蛋白酶（$pI=1.0$）、胰岛素（$pI=5.3$）、卵清蛋白（$pI=4.6$）和细胞色素c（$pI=10.7$）4种蛋白质组成的混合物为例，DEAE-纤维素表面带正电荷，能吸附带负电荷的基团，是一种阴离子交换剂。若4种蛋白质混合溶液初始pH为6.0，此时细胞色素c带正电荷，不能被DEAE-纤维素吸附，在层析时最先从层析柱上被洗脱下来。另外3种蛋白质均因带负电荷而被吸附在层析柱上，以所带负电荷数与DEAE-纤维素结合的牢固程度划分，胃蛋白酶＞卵清蛋白＞胰岛素。因此洗脱时，胰岛素先被洗脱，卵清蛋白次之，胃蛋白酶最后从层析柱上流出。洗脱时可以采用保持洗脱剂成分一直不变的方式洗脱，也可以采用改变洗脱剂的盐浓度或（和）pH的方式洗脱。

2. 电泳法 带电质点在电场中向与其所带电荷相反的方向移动，这种性质称为电泳（electrophoresis）。蛋白质除在等电点外，都具有电泳性质。目前常用的分离蛋白质的电泳有SDS-聚丙烯酰胺凝胶电泳、等电聚焦电泳、醋酸纤维薄膜电泳和免疫电泳等。

（1）SDS-聚丙烯酰胺凝胶电泳。SDS-聚丙烯酰胺凝胶电泳不仅是分离蛋白质的常用方法，也是测定蛋白质相对分子质量和鉴定蛋白质纯度的常用方法。它以聚丙烯酰胺凝胶为支持物，具有电泳和凝胶过滤的特点，即电荷效应、浓缩效应、分子筛效应，因而电泳分辨率高。

（2）等电聚焦电泳。是根据蛋白质等电点不同而分离鉴定蛋白质的一种电泳技术。该技术以蔗糖溶液或聚丙烯酰胺凝胶作为介质，利用两性电解质建立一个由正极到负极连续而稳定的线性pH梯度体系，且采用不同的两性电解质在电泳中可以形成不同的pH范围，如pH3～10、pH4～6、pH8～10等。蛋白质在此系统中电泳，各自集中在与其等电点相应的pH区域而达到分离的目的。此法分辨率高，各蛋白质pI相差0.02个pH单位即可分开，可用于蛋白质的分离纯化和分析。

（3）醋酸纤维薄膜电泳。以醋酸纤维薄膜作为支持物，电泳效果比纸电泳好，时间短，电泳谱清晰。临床用于血浆蛋白电泳分析。

（4）免疫电泳。此法把电泳技术和抗原与抗体反应的特异性相结合，一般以琼脂或琼脂糖凝胶为支持物。方法是先将抗原中各蛋白质组分经凝胶电泳分开，然后加入特异性抗体经扩散可产生免疫沉淀反应。本法常用于蛋白质的鉴定及其纯度的检查。

3. 利用对其配体的特异生物学亲和力的纯化方法 亲和层析是分离蛋白质的一种极为有效的方法。它是利用蛋白质分子对其配体分子特有的识别能力（即生物学亲和力）建立起来的一种纯化方法。采用亲和层析只需要经过一步处理，即可将某种蛋白质从复杂的混合物中分离出来，并且纯度相当高。该法常用琼脂糖、交联葡聚糖、纤维素、聚丙烯酰胺等作为亲和层析柱的固定相，这些固定相载体具有可以与特异性配体进行偶联反应的基团。

亲和层析的基本原理是先把待纯化的某一蛋白质的特异配体通过适当的化学反应共价地连接到像琼脂糖凝胶一类的载体表面的功能基上。一般在配体与多糖基质之间插入一段所谓连接臂或间隔臂使配体与凝胶之间保持足够的距离，不致因载体表面的空间位阻妨碍待分离的大分子与其配体的结合。

4. 利用选择性吸附的纯化方法 某些称为吸附剂的固体物质具有吸附能力，能够将其他种类的分子吸附在自己表面，吸附力的强弱因被吸物质的性质而异。吸附过程涉及范德华相互作用和氢键这些非离子吸引力。吸附层析就是利用待纯化的分子和杂质分子与吸附剂之间的吸附能力和解析性质不同而达到分离目的。典型的吸附剂有硅胶、氧化铝和活性炭等。硅胶表面有硅烷醇，呈微酸性，它适用于分离碱性物质。氧化铝是微碱性，适于分离酸性物质。活性炭是一种非极性吸附剂。为了获得好的分离效果，需要选择合适的洗脱液。一般选择其极性与待分离的混合物中极性最大组分的极性相当的洗脱液。因此，如果待分离物含羟基，则选用醇类；含羰基的选用丙酮或酚类；烃类如己烷、庚烷和甲苯则用于非极性物质的分离。

吸附层析可采用薄层或柱方式进行。吸附层析主要用于分离非离子、水不溶性化合物，如三酰甘油、氨基酸以及维生素、激素等。

(1) 羟磷灰石层析。吸附剂羟磷灰石即结晶磷酸钙 $[Ca_{10}(PO_4)_6 \cdot 2H_2O]$，它用于分离蛋白质或核酸。羟磷灰石的吸附机制尚不完全清楚，但认为与其表面上的钙离子和磷酸根有关，涉及偶极-偶极相互作用，可能还有静电吸引。

(2) 疏水作用层析。存在于蛋白质分子表面的疏水氨基酸残基的数量是不同的。疏水作用层析就是根据蛋白质表面的疏水性差别发展起来的一种纯化技术。在疏水作用层析中，不是暴露的疏水基团促进蛋白质与蛋白质之间的相互作用，而是连接在支持介质(如琼脂糖)上的疏水集团与蛋白质表面上暴露的疏水基团结合。市售的疏水吸附剂有苯基琼脂糖、辛基琼脂糖等。

知识窗

高蛋白饮食更有益于健康吗？

高蛋白饮食是指日常摄入蛋白质较多的一种饮食方式。高蛋白饮食是影响人体健康的重要因素之一，适量食用高蛋白食物可摄取优质蛋白，为机体提供必需氨基酸。高蛋白食物与蔬菜的合理搭配，有利于机体免疫力的提高。不过，也有研究显示，长期摄入高蛋白对肾功能会产生不利影响，还可能增加罹患心血管疾病的风险。

20世纪初，北极探险家斯蒂芬森(Vilhjalmur Stefansson)曾连续5年内只吃肉食，这意味着他的饮食由约80%的脂肪和20%的蛋白质组成。20年后的1928年，他在纽约市贝尔维尤医院又做了一次为期一年的只吃肉食的实验。

斯蒂芬森想借此反驳"人类只吃肉就无法生存"的观点。但不幸的是，无论在北极还是纽约，每当他只吃瘦肉、不吃肥肉时，他很快就生病了。鉴于此，他提出"蛋白质中毒"这一病症，又称"兔子饥饿症"。

不过，当他降低蛋白质摄入量并且增加脂肪的摄入后，症状也就消失了。事实上，他从北极回到纽约，恢复美国典型的高蛋白饮食生活后，就发现自己的健康状况恶化，因此他选择了继续其低糖类、高脂肪和高蛋白的饮食习惯，直至83岁逝世。

他的早期实验是为数不多记录了蛋白高摄入量会带来极端不良反应的案例。尽管现今蛋白补充剂的销售量节节飙升，但是许多人仍然不确定我们究竟需要多少蛋白质，哪一种摄入方法最好，以及摄入太多或是太少，是否都会对人体有害。

复习题

1. 名词解释

   肽键　蛋白质的一级结构　蛋白质的二级结构　结构域　蛋白质系数
   蛋白质的等电点　单纯蛋白　超二级结构　蛋白质的三级结构

2. 简述常见氨基酸的分类方法，总结氨基酸的氨基反应及应用。

3. 蛋白质为什么也有两性解离性质？其正负电荷来源于何处？写出蛋白质的两性解离平衡式。

4. 构成蛋白质的元素主要有哪几种？用凯氏定氮法测定 0.5 g 某啤酒大麦中含氮量为 8 mg，那么该大麦的粗蛋白含量是多少？

5. 举例说明蛋白质结构与功能的关系。

6. 把某一氨基酸晶体（净电荷为零）溶于纯水（pH7）时，该溶液的 pH 为 5，那么该氨基酸的等电点是大于 5，小于 5 还是等于 5？为什么？

7. 什么是蛋白质变性？其本质是什么？

8. 影响蛋白质乳化性的因素有哪些？

9. 简述蛋白质分离纯化的常用方法。

第四章 核 酸

核酸(nucleic acid)是重要的生物大分子，是生物化学和分子生物学研究的重要对象和领域。它承担许多生命的基本功能，是遗传信息的贮存和解码过程中的主要参与者，在细胞中执行构建和催化作用。

核酸分为脱氧核糖核酸(deoxyribonucleic acid, DNA)和核糖核酸(ribonucleic acid, RNA)两大类。所有生物细胞都含有这两类核酸。生物机体的遗传信息以密码形式在核酸分子上表现为特定的核苷酸序列。DNA是主要的遗传物质，通过复制而将遗传信息由亲代传给子代，其主要集中在细胞核内，线粒体、叶绿体也含有DNA。RNA与遗传信息在子代的表达有关，主要分布于细胞质中。

第一节 核苷酸

核酸是一种线形多聚核苷酸(polynucleotide)，它的基本组成单位是核苷酸(nucleotide)。在细胞代谢过程中，核苷酸发挥着多种作用：在代谢转换过程中，核苷酸是通用的高能化合物；在对激素和细胞外刺激的细胞应答中，它们是主要的化学中介物；它们还是一些代谢中间体和辅酶的结构组成。

一、核苷酸的组成

核苷酸可分解为核苷(nucleoside)和磷酸。核苷还可进一步分解生成碱基(base)和戊糖(pentose)。碱基分为两大类：嘌呤碱与嘧啶碱。所以，核酸是由核苷酸组成的，而核苷酸又由碱基、戊糖与磷酸组成。

核酸中的戊糖有两类：D-核糖和D-2-脱氧核糖。根据所含戊糖种类不同，核酸分为核糖核酸(RNA)和脱氧核糖核酸(DNA)两大类。

RNA中的碱基主要有4种：腺嘌呤(A)、鸟嘌呤(G)、胞嘧啶(C)和尿嘧啶(U)；DNA中的碱基主要也是4种，前3种与RNA中的相同，只是胸腺嘧啶(T)代替了尿嘧啶(表4-1)。

(一)碱基

核酸中的碱基分为两类：嘧啶碱和嘌呤碱。

1. 嘧啶碱 嘧啶碱是母体化合物嘧啶的衍生物。核酸中常见的嘧啶有3类：胞嘧啶、尿嘧啶和胸腺嘧啶。其中，胞嘧啶为DNA和RNA两类核酸所共有，尿嘧啶只存在于RNA中，胸腺嘧啶一般只存在于DNA中，在tRNA中也有少量存在。植物DNA中有相当含量的5-甲基胞嘧啶。一些大肠杆菌噬菌体DNA中，5-羟甲基胞嘧啶取代了胞嘧啶。

表 4-1　两类核酸的基本化学组成

化学成分	DNA	RNA
嘌呤碱（purine base）	腺嘌呤（adenine） 鸟嘌呤（guanine）	腺嘌呤（adenine） 鸟嘌呤（guanine）
嘧啶碱（pyrimidine base）	胞嘧啶（cytosine） 胸腺嘧啶（thymine）	胞嘧啶（cytosine） 尿嘧啶（uracil）
戊糖（pentose）	D-2-脱氧核糖（D-2-deoxyribose）	D-核糖（D-ribose）
酸（acid）	磷酸（phosphoric acid）	磷酸（phosphoric acid）

嘧啶　　胞嘧啶（2-酮基-4-氨基嘧啶）　　尿嘧啶（2,4-二酮基嘧啶）　　胸腺嘧啶（5-甲基尿嘧啶）

2. 嘌呤碱　嘌呤碱是母体化合物嘌呤的衍生物。核酸中常见的嘌呤碱有两类：腺嘌呤和鸟嘌呤。

嘌呤　　腺嘌呤（6-氨基嘌呤）　　鸟嘌呤（2-氨基-6-酮基嘌呤）

3. 稀有碱基　除了上述的 5 种碱基外，核酸中还有一些含量甚少的碱基，称为稀有碱基。稀有碱基的种类极多，大多都是甲基化碱基。tRNA 中含有较多的稀有碱基，如 5-甲基胞嘧啶、5,6-二氢尿嘧啶、次黄嘌呤等，可高达 10%。目前已知的稀有碱基和核苷近百种。

（二）核苷

核苷（又名核糖苷）由戊糖和碱基缩合而成，并以糖苷键连接。糖环上的 C_1 与嘧啶碱的 N_1 或嘌呤碱的 N_9 相连接。所以糖与碱基之间的连接是 N—C 键，称为 N-糖苷键。

核苷中的 D-核糖与 D-2-脱氧核糖均为呋喃型环状结构。糖环中的 C_1 是不对称碳原子，所以有 α 及 β 两种构型，戊糖环不是一个平面，而是以椅式构象存在（图 4-1）。

核酸分子中的糖苷键均为 β-糖苷键。应用 X 射线衍射分析已证明，核苷中的碱基与糖环平面互相垂直。

核苷可以分为核糖核苷与脱氧核糖核苷（表 4-2）。对核苷进行命名时，必须先冠以碱基的名称，如腺嘌呤核苷、腺嘌呤脱氧核苷等。其中，糖环中的碳原子标号右上角加撇"′"以示与碱基碳原子位置的区别。

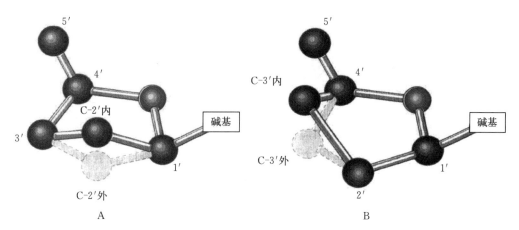

图 4-1 核苷中核糖糖环的两种构型
A. α构型　B. β构型

表 4-2　各种常见核苷

碱基	核糖核苷	脱氧核糖核苷
腺嘌呤	腺嘌呤核苷（adenosine）	腺嘌呤脱氧核苷（deoxyadenosine）
鸟嘌呤	鸟嘌呤核苷（guanosine）	鸟嘌呤脱氧核苷（deoxyguanosine）
胞嘧啶	胞嘧啶核苷（cytidine）	胞嘧啶脱氧核苷（deoxycytidine）
尿嘧啶	尿嘧啶核苷（uridine）	—
胸腺嘧啶	—	胸腺嘧啶脱氧核苷（deoxythymidine）

几种核苷的结构式见图 4-2。

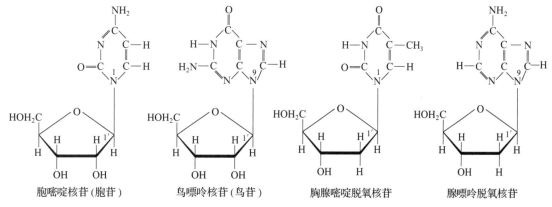

胞嘧啶核苷（胞苷）　鸟嘌呤核苷（鸟苷）　胸腺嘧啶脱氧核苷　腺嘌呤脱氧核苷

图 4-2　几种核苷的结构式

(三)核苷酸

核苷中的戊糖羟基被磷酸酯化，就形成核苷酸。核苷酸分为核糖核苷酸（RNA）和脱氧核糖核苷酸（DNA）两大类，它们是遗传信息的分子基础。图 4-3 为两种核苷酸的结构式。

生物体内存在的游离核苷酸大多是 $5'$-核苷酸。用碱水解 RNA 时，可得到 $2'$-核苷酸与 $3'$-核糖核苷酸的混合物。常见的核苷酸列于图 4-4 中。

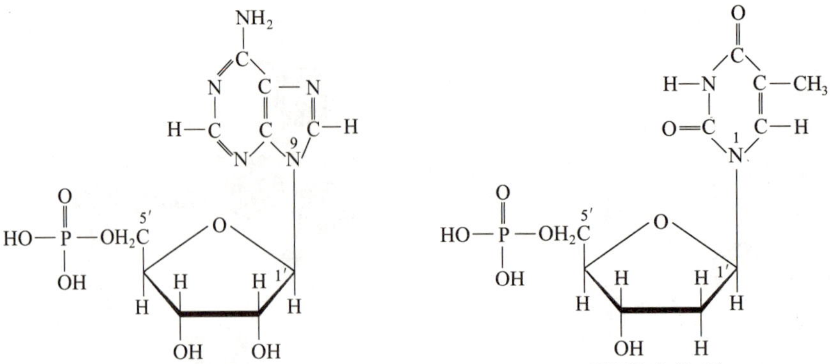

5′-腺嘌呤核苷酸 (AMP)　　　　　　　5′-脱氧胸苷酸 (3′-dTMP)

图 4-3　两种核苷酸的结构式

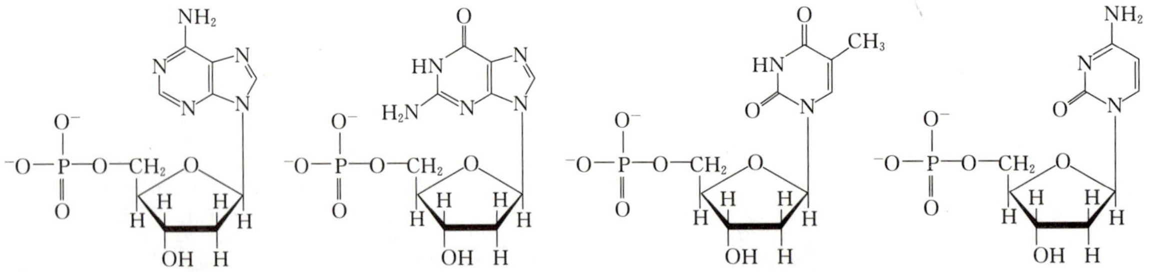

核苷酸：　脱氧腺苷酸　　　　　脱氧鸟苷酸　　　　　脱氧胸苷酸　　　　　脱氧胞苷酸
　　　　（脱氧腺苷-5′-　　　（脱氧鸟苷-5′-　　　（脱氧胸苷-5′-　　　（脱氧胞苷-5′-
　　　　　一磷酸）　　　　　　一磷酸）　　　　　　一磷酸）　　　　　　一磷酸）
符号：　A, dA, dAMP　　　　G, dG, dGMP　　　　T, dT, dTMP　　　　C, dC, dCMP
核苷：　脱氧腺苷　　　　　　脱氧鸟苷　　　　　　脱氧胸苷　　　　　　脱氧胞苷

A

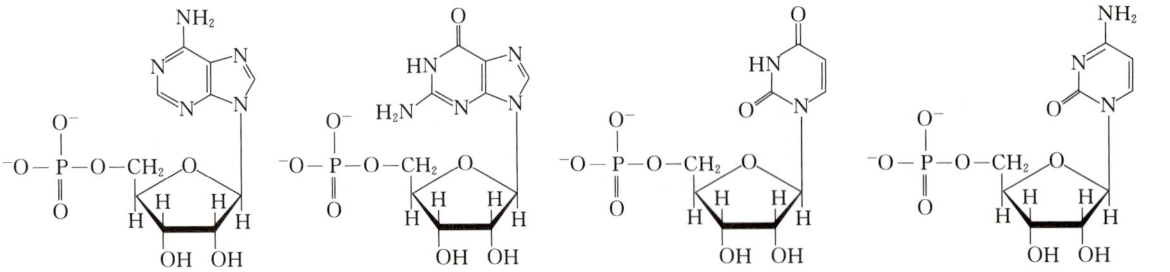

核苷酸：　腺苷酸　　　　　　鸟苷酸　　　　　　　尿苷酸　　　　　　　胞苷酸
　　　　（腺苷-5′-一磷酸）　（鸟苷-5′-一磷酸）　（尿苷-5′-一磷酸）　（胞苷-5′-一磷酸）
符号：　A, AMP　　　　　　G, GMP　　　　　　U, UMP　　　　　　　C, CMP
核苷：　腺苷　　　　　　　　鸟苷　　　　　　　　尿苷　　　　　　　　胞苷

B

图 4-4　脱氧核糖核苷酸和核糖核苷酸
A. 脱氧核糖核苷酸　B. 核糖核苷酸

（图中所有核苷酸都是在 pH 7 时的游离形式。DNA 中的核苷酸通常用 A、G、T 和 C 表示，有时也用 dA、dG、dT 和 dC 表示。RNA 中的核苷酸通常用 A、G、U 和 C 表示。脱氧核糖核苷酸通常简写为 dAMP、dGMP、dTMP 和 dCMP；核糖核苷酸通常简写为 AMP、GMP、UMP 和 CMP。每种核苷酸的常用名称都带有全名，所有简写都认为磷酸基团在 5′ 位。每个分子的核苷部分都显示成阴影。本图例中，环上的碳原子都不显示）

二、核苷酸的理化性质

核酸是由核苷酸组成的。核苷酸中的碱基具有多种理化性质，碱基的理化性质影响核酸的结构，进而影响核酸的功能。

(一)碱基的构型与紫外吸收

嘌呤和嘧啶是共轭分子。这一性质对核酸的结构、电子分布和光吸收具有重要影响。嘌呤和嘧啶环中的原子由于共振作用而使其大部分键具有双键的性质。这样,碱基环为平面结构,依不同的 pH 而呈现异构形式。例如,尿嘧啶可有内酰胺(lactam)、内酰亚胺(lactim)和双内酰亚胺(double lactim)3 种形式且相互转变。

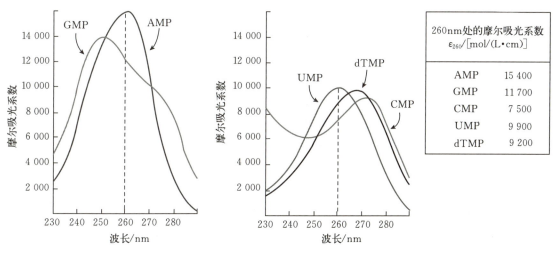

在体内,碱基均以酮式(内酰胺)构型存在。碱基的共轭双键使其具有紫外吸收,因此,核酸可以在 260 nm 波长下进行测定。5 种核苷酸在 pH 7.0 时 260 nm 处的吸收系数如图 4-5 所示。

图 4-5 5 种核苷酸的光吸收谱

(图中显示摩尔吸光系数随波长的变化,表中显示波长 260 nm 和 pH 7.0 时的摩尔吸光系数。相应脱氧核糖核苷酸和核糖核苷酸的光谱基本相同。对于核苷酸混合物,260 nm 的波长用于吸收测量)

(二)核苷酸碱基影响核酸结构

嘌呤和嘧啶是疏水的,在细胞中近中性条件下是较难溶于水的。但在酸性和碱性条件下,它们带电荷且在水中的溶解性增大。碱基平面的平行堆积是碱基间相互作用的一种重要方式,叫疏水堆积作用(hydrophobic stacking interaction)。这种堆积力是由范德华力和偶极-偶极作用组成的。碱基堆积作用有助于减少核酸与水的接触,维持其三维结构的稳定。

嘌呤和嘧啶中重要的功能基团是环中氮、羰基和环外氨基。两个碱基间的这些基团可形成氢键。通过形成的氢键,2 条或 3 条核苷酸链之间碱基互补配对,并起着稳定核酸结构的作用。主要碱基的配对是 A 与 U(T)、C 与 G 配对,称为 Watson-Crick 配对。碱基配对是遗传信息传递、表达及分子杂交的基础。

三、核苷酸的衍生物

核苷酸除了作为核酸结构单位外,还有一些物质也包含部分核苷酸结构。它们具有多种重要功能,如能量载体、辅酶成分、化学信使和细胞中携带化学能的中间产物。Watson-Crick 碱基配对中的氢键模式见图 4-6。

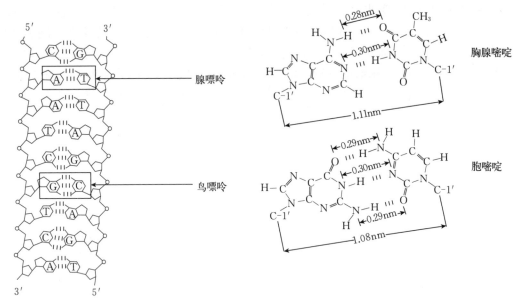

图4-6 Watson-Crick碱基配对中的氢键模式

(一)核苷酸是能量分子

核苷酸中可以是1个、2个或3个磷酸基共价连接在核糖5'羟基上，分别叫作一磷酸核苷酸(NMP)、二磷酸核苷酸(NDP)和三磷酸核苷酸(NTP)，结构如图4-7所示。从核糖开始，3个磷酸基分别标为α、β和γ。三磷酸核苷用作驱动大量生物化学反应的化学能源。三磷酸腺苷(ATP)使用最为广泛，而三磷酸尿苷(UTP)、三磷酸胞苷(CTP)和三磷酸鸟苷(GTP)则用于某些特定的反应中。它们是一类高能磷酸化合物，在细胞中，可与二磷酸核苷酸(NDP)的相互转化实现贮能和放能，保证细胞各项生命活动的能量供应。

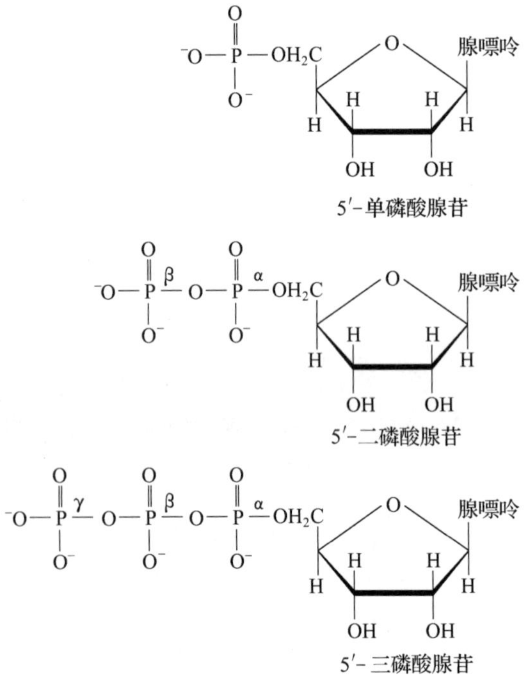

(二)核苷酸是许多酶辅因子的组成成分

一些含有腺苷的辅酶因子具有广泛的化学功能，例如 NAD^+、$NADP^+$、CoA—SH、FMN、FAD与维生素 B_{12} 等。在这些辅酶因子中，虽结构上有腺苷，而腺苷部分并不直接参与其主要功能，但如果将腺苷从这些结构中除去，会导致它们活性的急剧降低。例如，从乙酰乙酰CoA中除去3'-磷酸ADP，将使β-酮脂酰CoA转移酶活性降低至 $1/10^6$。虽然需要腺苷的真实原因尚不清楚，但它确与酶和底物的结合以及稳定酶与底物复合体有关。

图4-7 3种核苷酸

(三)某些核苷酸介导细胞信息交流

环化核苷酸是细胞功能的调节因子和信号分子，可携带激素的信息完成激素所产生的各种生理效应。细胞外的信号分子和细胞表面受体互作，常导致细胞内产生第二信使(second messenger)，并依次产生细胞内的适应性变化。最普通的第二信使是3',5'-环腺苷酸(3',5'-cyclic adenylic acid, cAMP)，也叫作环磷酸腺苷(cyclic AMP)，在细胞中起调节代谢功能的作用。另外，3',5'-环鸟苷酸(cGMP)也在许多细胞中行使调节功能。

另一个调节核苷酸ppGpp是细菌在氨基酸缺乏、蛋白质合成降低时生成的。它能抑制蛋白质合成中的rRNA和tRNA的合成，防止核酸的不必要生成。

第二节 脱氧核糖核酸

一、DNA的碱基组成及一级结构

(一)DNA的碱基组成

参与DNA组成的主要有4种碱基：腺嘌呤、鸟嘌呤、胞嘧啶和胸腺嘧啶。此外，在DNA分子中也含有少量稀有碱基。20世纪40年代，Chargaff等科学家应用纸层析及紫外分光光度技术对各种生物DNA的碱基组成进行定量测定，发现如下规律(Chargaff规则)：

① 所有DNA中腺嘌呤和胸腺嘧啶的物质的量相等，即A=T；鸟嘌呤与胞嘧啶的物质的量相等，即G=C。因此，嘌呤的总含量与嘧啶的总含量相等，即A+G=T+C。

② DNA的碱基组成具有种的特异性，即不同生物种的DNA具有自己独特的碱基组成。但DNA的碱基组成没有组织和器官的特异性。生长发育阶段、营养状态和环境的改变都不影响DNA的碱基组成。

所有DNA中碱基组成必定是A=T，G=C。这一规律的发现，提示了A与T，G与C之间碱基互补的可能性，为以后DNA双螺旋结构的建立提供了重要根据。

(二)DNA的一级结构

DNA的一级结构是由数量极其庞大的4种脱氧核糖核苷酸(即腺嘌呤脱氧核苷酸、鸟嘌呤脱氧核苷酸、胞嘧啶脱氧核苷酸和胸腺嘧啶脱氧核苷酸)通过3′,5′-磷酸二酯键连接起来的直线形或环形多聚体。由于脱氧核糖中$C_{2'}$上不含羟基，$C_{1'}$又与碱基相连接，所以唯一可以形成的键是3′,5′-磷酸二酯键。因此DNA没有侧链(图4-8)。

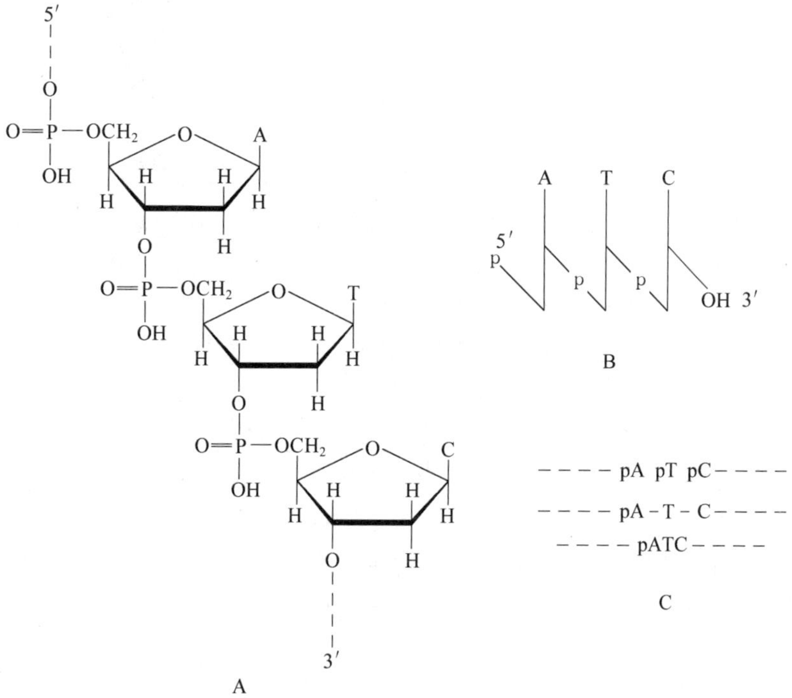

图4-8 DNA多核苷酸链的一个小片段(A)及缩写符号(B和C)

图4-8A表示DNA多核苷酸链的一个小片段。图的右侧是多核苷酸的几种缩写法。B图为竖线式缩写，竖线表示核糖的碳链，A、T、C表示不同的碱基，p代表磷酸基，由p引出的斜线一端与$C_{3'}$相连，另一端与$C_{5'}$相连。C图为文字式缩写，p在碱基左侧，表示p在$C_{5'}$位置上。p在碱基右侧，表示p与$C_{3'}$相连。有时，多核苷酸中磷酸二酯键上的p也可省略，而写成…pA-C-T-G…。这两种写法对DNA和RNA分子都适用。

二、DNA的空间结构

(一)DNA的二级结构

1. DNA的右手双螺旋结构

(1)双螺旋结构模型的特点。1953年Watson和Crick在Chargaff规则和DNA X射线衍射结果的基础上提出了著名的DNA双螺旋(double helix)结构模型，即B-DNA模型(图4-9)。这个模型的要点如下：

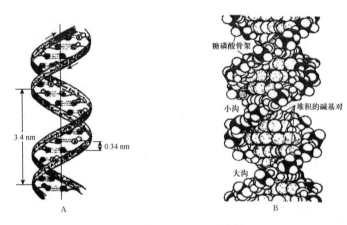

图4-9 DNA双螺旋结构模型
A.简图 B.空间结构模型

① 两条反向平行的多核苷酸链围绕同一中心轴盘绕成右手双螺旋。

② 嘌呤和嘧啶碱位于双螺旋的内侧，磷酸与核糖在外侧，彼此通过3',5'-磷酸二酯键相连接，形成DNA分子的骨架。碱基平面与纵轴垂直，糖环的平面则与纵轴平行。沿螺旋中心轴方向看去，双螺旋结构上有两个凹槽：一条较宽深，称为大沟(major groove)；另一条较浅小，称为小沟(minor groove)。大沟的宽度为1.2 nm，深度为0.85 nm；小沟的宽度为0.6 nm，深度为0.75 nm。这些沟对DNA和蛋白质的相互作用是很重要的。

③ 双螺旋的平均直径为2 nm，相邻碱基距离为0.34 nm，相邻碱基的夹角为36°。因此沿中心轴每旋转一周有10个碱基对，每旋转一周的高度(即螺距)为3.4 nm。

④ 两条核苷酸链依靠彼此碱基之间形成的氢键结合在一起，且总是A=T，G≡C。

由于两条链之间的距离是一定的，碱基不能随意配对，只能是腺嘌呤和胸腺嘧啶配对，形成两个氢键(A=T)；鸟嘌呤和胞嘧啶配对，形成3个氢键(C≡G)，这样才能保证两条链距离在2 nm左右，正好与双螺旋的直径相吻合(图4-10)。这种碱基之间配对的原则称为碱基互补原则。根据碱基互补原则，当一条多核苷酸链的序列被确定以后，即可推知另一互补链的序列。碱基互补原则具有很重要的生物学意义。DNA的复制、转录、反转录和翻译都是以碱基互补作为分子基础的。

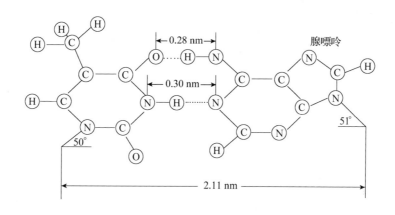

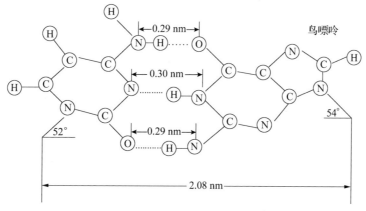

图 4-10 DNA 分子中的碱基

(2) 维持双螺旋结构的作用力。DNA 双螺旋结构是很稳定的,主要有 3 种作用力促进 DNA 的稳定性:

① 两条多核苷酸链间的互补碱基对之间的氢键作用。

② 碱基对疏水的芳香环堆积所产生的疏水作用力和上下相邻的芳香环的 π 电子的相互作用,即碱基堆积力。

③ 磷酸基团上带负电荷,而介质中的阳离子或阳离子化合物(如无机离子 Mg^{2+})、含碱性氨基酸较多的蛋白质等所带的正电荷,可以消除两条链上磷酸基团负电荷形成的斥力。上述 3 种力中以碱基堆积力所起的作用最大。

2. 双螺旋结构的多态性 上述 DNA 双螺旋结构的特征是以 B-DNA 钠盐纤维为对象进行分析的结果。所谓 B-DNA(B 型 DNA)是指 DNA 钠盐纤维在相对湿度为 92% 时所处的状态。当外界条件发生变化时,双螺旋的特征也会发生变化。当 DNA 钠盐纤维处在相对湿度为 75% 时,则以 A-DNA(A 型 DNA)状态存在。在相对湿度为 66% 时制成的 DNA 锂盐纤维,则以 C-DNA(C 型 DNA)状态存在。A-DNA 和 C-DNA 也是右手螺旋,但它们的双螺旋结构的螺旋距离以及碱基平面与中心轴间的关系等方面与 B-DNA 是有差异的(表 4-3)。一般认为,在溶液中以及在细胞内的生理条件下,DNA 分子最接近于 B 型。

表4-3 几种不同类型的右手双螺旋结构上的某些差异

类型	碱基倾角/(°)	碱基夹角(旋转度数)/(°)	碱基升高/nm	螺距/nm	每个螺旋内的碱基对数
A-DNA	20	32.7	0.256	2.8	11
B-DNA	0	36	0.34	3.4	10
C-DNA	6	38	0.331	3.1	9.3

1979年，A. Rich 等人通过对人工合成的脱氧六核苷酸 dCGCGCG 的 X 射线晶体衍射分析，发现两分子的上述片段以左手双螺旋结构的形式存在于晶体之中。由于左手螺旋构象中磷酸和糖的骨架呈锯齿形（zigzag）走向，因此被命名为 Z-DNA。现已知 Z-DNA 是 DNA 的一种稳定的构象，存在于 B-DNA 局部结构中，在染色体中存在于端粒处。左手双螺旋结构与右手双螺旋结构有明显的不同（图4-11）。Z-DNA 也有大沟和小沟。关于 Z-DNA 结构在天然 DNA 分子中存在的广泛性，以及在生物体内起什么作用等都有待于进一步研究。

还须指出的是，并非所有 DNA 都呈双螺旋结构，比如噬菌体 DNA 为单链，在这种情况下，A 不一定等于 T，C 也不一定等于 G。

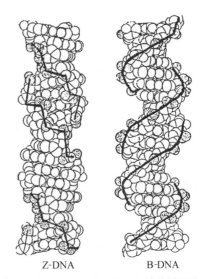

图4-11 Z-DNA 和 B-DNA 结构模型比较

3. DNA 的三股螺旋 最早提出 DNA 的三股螺旋结构（triplex）的是著名化学家 Pauling 等人。1957年，Felsenfeld 等第一次报道了 poly(U) 和 poly(A) 在 $MgCl_2$ 存在条件下形成物质的量比为 2∶1 的复合物。

三股螺旋结构是在 DNA 双螺旋结构的基础上形成的。三链区的 3 条链均为同型嘌呤（HPu）或同型嘧啶（HPy），即整段的碱基均为嘌呤或嘧啶。

根据第三链的来源不同，三股螺旋可分为分子间的和分子内的两类。根据三条链的组成及相对位置又可分为 Pu-Pu-Py 和 Py-Pu-Py 两型（Pu 代表嘌呤链，Py 代表嘧啶链）。通常，后者比较多见。在 Py-Pu-Py 型三链中，两条为正常的双螺旋，第三条嘧啶链位于双螺旋的大沟中，它与嘌呤链的方向一致，并随双螺旋结构一起旋转。三链中碱基配对方式普遍认为符合 Hogsteen 模型，即第三个碱基以 A=T、G=C^+ 配对。第三链上的 C 必须质子化，并且它与 G 配对只形成两个氢键。在 Pu-Pu-Py 型三链中，存在 G=G、A=A 配对。

4. DNA 分子的回文序列 当 DNA 双链中含 H 回文序列（H-palindrome sequence）时，亦即某区段 DNA 两条链分别为 HPu 和 HPy 并且各自为回文结构（图4-12）时，任何一条完整的回文结构与另一回文结构的 5′部分或 3′部分都可以形成分子内的三股螺旋结构。

近年来，在真核细胞染色质中，发现许多基因的调控区和染色质的重组部位含有 H 回文序列，如二氢叶酸还原酶基因复制子部位等。已有实验证明，3 个单链 DNA 的单克隆抗体能够结合到真核细胞的染色体上，表明细胞完整染色体中确实存在 H-DNA。因此，对三链 DNA 的研究将有助于认识染色体结构及真核基因转录、复制、调控和重组的机理。

```
5′—— CCTCCTCCTCGCATTCTCCTCCTCCT ——3′
3′—— GGAGGAGGAGCGTAAGAGGAGGAGGA ——5′
```

图4-12 H 回文序列

(二)DNA 的三级结构

DNA 分子多呈线状,但也有一些 DNA 分子首尾共价连接成环状。例如,大肠杆菌的染色体是一个闭合的环,叶绿体、线粒体和一些病毒的 DNA 均呈环状。环状的双螺旋 DNA 可以做多次扭曲而形成麻花状的结构,这种结构叫作超卷曲(supercoil)或超螺旋(superhelix)结构。真核细胞 DNA 分子与组蛋白结合后形成串珠状的染色质,它的基本结构单位是核小体,包括组蛋白 H_{2A}、H_{2B}、H_3 和 H_4 各两分子构成的圆盘状核颗粒和缠绕在上面的 1.75 圈 DNA(约 140 个碱基对);核小体之间由长 2~14 nm 的 DNA 链连接,组蛋白 1(H_1)结合在连接 DNA 上(图 4-13)。串珠状的染色质进一步盘绕,形成螺线体。螺线体再螺旋化,形成超螺线体,再经折叠和螺旋化,形成染色单体。在此结构化过程中,DNA 的长度被压缩为原来的 1/10 000~1/8 000。

B-DNA 是热力学上的一种稳定状态。如果使这种正常的双螺旋分子额外地多转几圈(拧紧状态)或者少转几圈(拧松状态),就会导致双螺旋内的原子偏离正常位置,使双螺旋分子中产生额外的张力。若双螺旋末端是开放的,这种张力可以通过链的转动而释放,DNA 尚可恢复原状;若双螺旋两端固定或是环状分子,则此额外张力不能释放到分子外,只能通过分子自身扭曲形成超螺旋结构,使得原子发生重排而消除张力。双螺旋 DNA 处于拧紧状态时所形成的超螺旋称为正超螺旋(左手超螺旋),处于拧松状态则形成负超螺旋(右手超螺旋)。

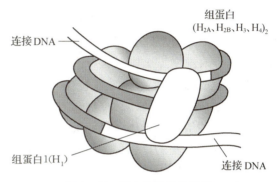

图 4-13 核小体的结构模型

目前所发现的天然 DNA 中的超螺旋都是负超螺旋。DNA 形成超螺旋结构便进入另一种热力学上的稳定状态,但不会改变环形双螺旋 DNA 分子中一股多核苷酸链与另一股多核苷酸链的交叉次数,DNA 分子的这种变化可用一数学式来描述:

$$L=T+W$$

式中,L 称为连环数(linking number),指环形 DNA 分子的一股与另一股交叉的次数,它是整个环状 DNA 分子的一个很重要的特性,只要不发生链的断裂,它就是一个定值。因此,L 代表了分子的拓扑性质。右手螺旋时 L 为正值。T 为双螺旋的扭转数(twisting number),一般 DNA 的右手螺旋,T 为正值。B-DNA 的 T 值为碱基对数/10.5(10.5 为 B-DNA 每圈螺旋所含的碱基对数)。W 为超螺旋数(number of turns of superhelix)或缠绕数(writhing number)。T 和 W 是变量。因为在一个完整的环状双螺旋分子中 L 为常数,所以当其形成超螺旋时,ΔT 和 ΔW 数值相等,方向相反。

DNA 分子形成超螺旋具有两方面的生物学意义:一是超螺旋 DNA 具有更紧密的形状,因此在 DNA 组装中具有重要作用;二是形成超螺旋可以改变双螺旋的解开程度,影响 DNA 分子与其他分子的相互作用,从而执行正常生物功能。例如,在 DNA 复制、RNA 转录、基因重组过程中都有碱基序列的识别,这需要 DNA 分子的互补多核苷酸链局部解开。

对于一个环形 DNA 分子来说,双螺旋解开会导致负超螺旋数减少,进而形成正螺旋。但随着正超螺旋的形成,使 DNA 双螺旋进一步解开发生困难,为保证 DNA 双螺旋不断解开(T 值不断下降)而又不致形成正超螺旋(W 值不变),必然需要 L 值发生变化,这需要多核苷酸链的共价键发生断裂。能使多核苷酸链发生瞬变切口和连接,从而改变 DNA 分子拓扑状态,或者说催化 DNA 由一种转变为另一种拓扑异构体的酶叫作拓扑异构酶(topoisomerase)。L 值不同的同种 DNA 可形成含不同超螺旋数的异构体,称为拓扑异构体。DNA 拓扑异构体之间的转变需要拓扑异构酶催化完成。

三、DNA 的生物学功能

DNA 是遗传物质，是遗传信息的载体。尽管细胞学的证据早就提示 DNA 可能是遗传物质，但直接证明 DNA 是遗传物质的证据来自 Avery 于 1948 年完成的细菌转化实验。间接的证据包括：

① DNA 分布在染色体内，是染色体的主要成分，而染色体是直接与遗传有关的。

② 细胞核内 DNA 含量十分稳定，而且与染色体数目的多少有平行关系，体细胞（双倍体）DNA 含量为生殖细胞（单倍体）DNA 含量的两倍。

③ DNA 在代谢上较稳定，不受营养条件、年龄等因素影响。

④ 可作用于 DNA 的一些物理因素和化学因素，如紫外线、X 射线、氮芥等都可以引起遗传特性的改变。

1944 年 Avery 等人第一次证明了 DNA 是细菌的转化因子。这项研究在分子遗传学上有极其重要的意义。Avery 从光滑型肺炎球菌（有荚膜，菌落光滑）分别提取 DNA、蛋白质及多糖物质，并分别与粗糙型肺炎球菌（无荚膜，菌落粗糙）一起培养，发现只有 DNA 能使一部分粗糙型细菌转变成为光滑型，而且转化率与 DNA 的纯度有关，DNA 越纯，转化率越高。若将 DNA 事先用脱氧核糖核酸酶降解，转化作用就不复存在。这一实验有力地说明了 DNA 是转化因子。这种从一个供体菌得到的 DNA 通过一定途径授予另一种细菌从而使后者（受体菌）的遗传特性发生改变的作用称为转化作用（transformation）。转化作用的实质是外源 DNA 与受体细胞基因组间的重组，使受体细胞获得新的遗传信息。近年来已将转化作用应用于分子生物学的各个领域。

第三节 核糖核酸

一、RNA 的结构

RNA 也是无分支的线形多聚核糖核苷酸，主要是由 4 种核糖核苷酸组成，即腺嘌呤核糖核苷酸、鸟嘌呤核糖核苷酸、胞嘧啶核糖核苷酸和尿嘧啶核糖核苷酸。这些核苷酸中的戊糖不是脱氧核糖，而是核糖。RNA 分子中也有某些稀有碱基。图 4-14 为 RNA 分子中的一小段，以示 RNA 的结构。组成 RNA 的核苷酸也是以 $3',5'$-磷酸二酯键彼此连接。尽管 RNA 分子中核糖环 $C_{2'}$ 上有一羟基，但并不形成 $2',5'$-磷酸二酯键。天然 RNA 并不像 DNA 那样均呈双螺旋结构，而是单链线形分子，只有局部区域为双螺旋结构。这些双链结构是由于 RNA 单链分子通过自身回折使得互补的碱基对相遇，形成氢键结合而成，同时形成双螺旋结构。不能配对的区域形成突环（loop），被排斥在双螺旋结构之外（图 4-15）。RNA 中的双螺旋结构为 A-DNA 类型的结构。每一段双螺旋区至少需要 4～6 对碱基才能保持稳定。一般说，双螺旋区约占 RNA 分子的 50%。

二、RNA 的类型

生物体内 RNA 一般都是以 DNA 为模板合成的。某些 RNA 病毒中，RNA 复制酶也可催化以 RNA 为模板的 RNA 合成。动物、植物和微生物细胞内都含有 3 种主要 RNA：核糖体 RNA（ribosomal RNA，rRNA）、转运 RNA（transfer RNA，tRNA）和信使 RNA（messenger RNA，mRNA）。表 4-4 中列出了大肠杆菌 3 种类型 RNA 的主要特征。此外，真核细胞中还有少量核内小 RNA（small nuclear RNA，snRNA）。

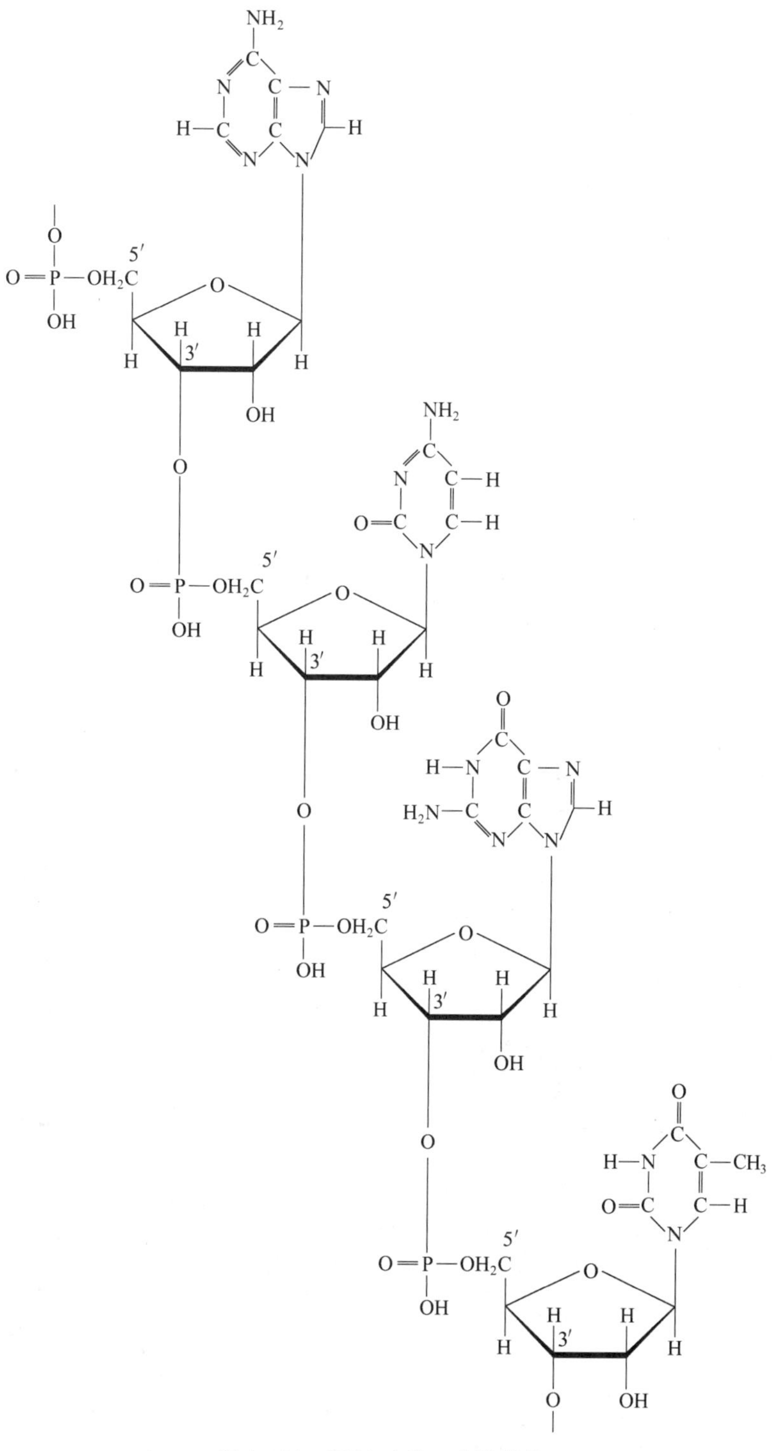

图 4-14　RNA 中的一小段结构

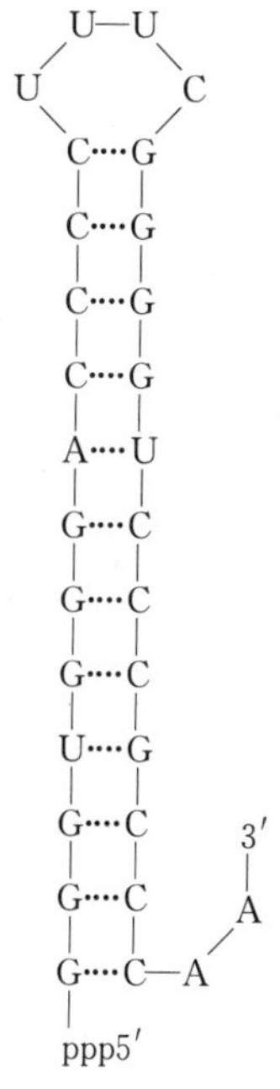

图 4-15　RNA 分子自身回折形成双螺旋区

表 4-4　大肠杆菌中的 RNA

RNA 类型	相对含量/%	沉降系数/S	分子质量/ku	分子长度（核苷酸）
rRNA	80	23	1.2×10^3	3 700
		16	0.55×10^3	1 700
		5	3.6×10	120
tRNA	15	4	2.5×10	75
mRNA	5	—	变化范围很大	—

(一)tRNA

1. tRNA 的结构特点　tRNA 约占全部 RNA 的 15%。tRNA 的分子质量较小,在 25 ku 左右,由 70~94 个核苷酸组成。tRNA 在蛋白质生物合成过程中具有转运氨基酸的作用,因而得名。但 tRNA 的生理功能不仅仅是转运氨基酸,它在蛋白质生物合成的起始过程中、在 DNA 反转录合成中及其他代谢调节中也起重要作用。细胞内 tRNA 的种类很多,每一种氨基酸都有其相应的一种或几种 tRNA。许多 tRNA 的一级结构早就被阐明,对 tRNA 的二级结构和三级结构也比较清楚。下面是 tRNA 的结构特点:

① 分子质量在 25 ku 左右,由 70~94 个核苷酸组成,沉降系数在 4S 左右。
② 碱基组成中有较多的稀有碱基。
③ 3′末端都为…CCAOH,用来接受活化的氨基酸,所以这个末端称为接受末端。
④ 5′末端大多为 pG…,也有 pC…的。
⑤ tRNA 的二级结构均呈三叶草形(图 4-16)。

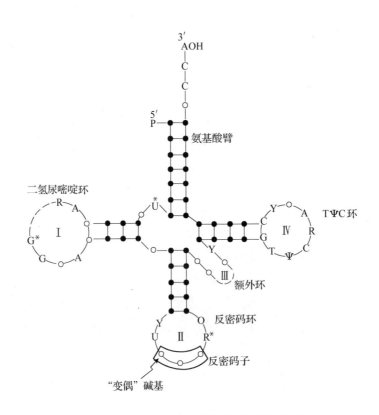

图 4-16　tRNA 的三叶草形二级结构模型

2. tRNA 的二级结构　双螺旋区构成了叶柄,突环区好像是三叶草的 3 片小叶。由于双螺旋结构所占比例甚高,tRNA 的二级结构十分稳定。三叶草形结构由氨基酸臂、二氢尿嘧啶环、反密码环、额外环和 TΨC 环 5 个部分组成。

(1)氨基酸臂。氨基酸臂(amino acid arm)由 7 对碱基组成,富含鸟嘌呤,末端为—CCA,接受活化的氨基酸。

(2)二氢尿嘧啶环。二氢尿嘧啶(DHU)环(dihydrouracil loop)由 8~12 个核苷酸组成,具有两个二氢尿嘧啶,故得名。通过由 3~4 对碱基组成的双螺旋区(也称二氢尿嘧啶臂)与 tRNA 分子的其余部分相连。

(3)反密码环。反密码环(anticodon loop)由 7 个核苷酸组成。环中部为反密码子,由 3 个碱基组成。次黄嘌呤核苷酸(也称为肌苷酸)常出现于反密码子中。反密码环通过由 5 对碱基组成的双螺旋区(反密码臂)与 tRNA 的其余部分相连。

(4)额外环。额外环(extra loop)由 3～18 个核苷酸组成。不同的 tRNA 具有不同大小的额外环，是 tRNA 分类的重要指标。

(5)假尿嘧啶核苷-胸腺嘧啶核苷环。假尿嘧啶核苷-胸腺嘧啶核苷环(TΨC 环)由 7 个核苷酸组成，通过由 5 对碱基组成的双螺旋区(TΨC 臂)与 tRNA 的其余部分相连。除个别例外，几乎所有 tRNA 在此环中都含有 TΨC。

3. tRNA 的三级结构　tRNA 三级结构的形状像一个倒写的 L 字母(图 4-17)。Kim(1973)和 Robertus(1974)应用 X 射线衍射分析对酵母苯丙氨酸 tRNA 晶体进行研究并先后阐明了 tRNA 的三级结构。在此 tRNA 的三级结构中，氨基酸臂与 TΨC 臂形成一个连续的双螺旋区，构成字母 L 下面的一横，而二氢尿嘧啶臂与它相垂直，二氢尿嘧啶臂与反密码臂及反密码环共同构成字母 L 的一竖。反密码臂经额外环而与二氢尿嘧啶臂相连接。此外，二氢尿嘧啶环中的某些碱基与 TΨC 环及额外环中的某些碱基之间形成额外的碱基对，这些额外的碱基对是维持 tRNA 三级结构的重要因素。

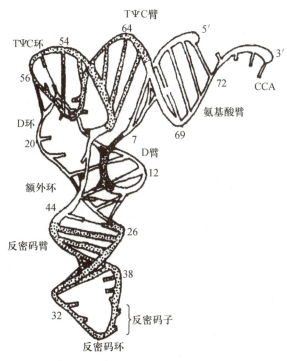

图 4-17　酵母苯丙氨酸 tRNA 的三级结构

(二)mRNA

mRNA 是以 DNA 为模板合成的。mRNA 又是蛋白质合成的模板。每一种多肽都有一种特定的 mRNA 负责编码。真核细胞 mRNA 的结构有以下特点：

大多数真核细胞 mRNA 在 3′末端有一段长约 200 个核苷酸残基的 poly(A)(polyadenylic acid)，poly(A)是在转录后经 poly(A)聚合酶的作用而添加上去的。poly(A)聚合酶对 mRNA 具有专一性，不作用于 rRNA 和 tRNA。原核生物的 mRNA 无 3′-poly(A)，但某些病毒 mRNA 也有 poly(A)。poly(A)可能有多方面功能：与 mRNA 从细胞核到细胞质的转移有关；与 mRNA 的半衰期有关，新合成的 mRNA 半衰期较长，而衰老的 mRNA，其 poly(A)较短。

真核细胞 mRNA 5′末端还有一个特殊的结构：$3'-m^7G-5'ppp5'-N_m-3'-p-$，称为 5′帽子(cap)(图 4-18)。5′末端的鸟嘌呤 N_7 被甲基化。在这里 G 代表鸟苷，N 代表任意核苷，m 在字母左边表示该碱基被甲基化，m 右上角的数字表示甲基化的位置，m 在字母右下角表示核糖被甲基化。鸟嘌呤核苷酸经焦磷酸与相邻的一个核苷酸相连，形成5′,5′-磷酸二酯键。这种结构有抗5′-核酸外切酶降解的作用。

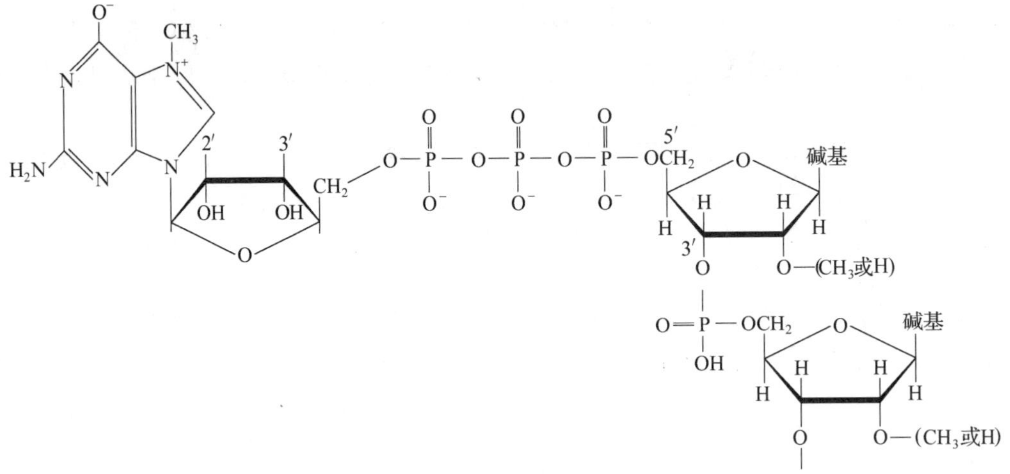

图 4-18　真核 mRNA 5′端的帽子结构

（三）rRNA

rRNA 含量大，占细胞 RNA 总量的 80% 左右，是构成核糖体的骨架。大肠杆菌核糖体中有3类 rRNA：5S rRNA、16S rRNA 和 23S rRNA。动物细胞核糖体 rRNA 有 4 种：5S rRNA、5.8S rRNA、18S rRNA 和 28S rRNA。许多 rRNA 的一级结构及由一级结构推导出来的二级结构已经阐明，但 rRNA 的功能还有待进一步研究。

第四节　核酸的理化性质

一、核酸的溶解性质

DNA 和 RNA 都是由核苷酸组成的大分子。它们含有许多极性基团，如羟基、磷酸基团等。因此 DNA 和 RNA 都能溶解在水溶液中，而不溶于乙醇、氯仿等有机溶剂中。利用核酸的这种性质可以用乙醇把核酸从水溶液中沉淀出来，当乙醇浓度达到 50% 时，DNA 便沉淀析出，增高至 75% 时，RNA 也沉淀出来。常利用二者在有机溶剂中溶解度的差别，将 DNA 和 RNA 分离。

二、核酸的两性解离

组成核酸的核苷酸是两性电解质，因而核酸也是两性电解质。在多核苷酸链中，除了末端磷酸残基外，所有磷酸残基因形成磷酸二酯键而只能解离出一个 H^+，其 pK 为 1.5。核酸的等电点偏于酸性。在一定的 pH 条件下，核酸上可解离的磷酸基和碱基依照各自的解离常数解离，从而使核酸带上电荷，具有电泳行为。常用的电泳有琼脂糖（agarose）凝胶电泳和聚丙烯酰胺（polyacrylamide）凝胶电泳。前者分辨率稍低，但分离范围广，易于操作，适用于较大的分子。后者分辨率高，适用于较小的分子。

由于碱基的解离受 pH 的影响，而碱基的解离又会影响到碱基对间的氢键的稳定性，所以 pH 直接影响核酸双螺旋结构中碱基对之间的氢键的稳定性。核酸在 pH 4.0~11.0 是稳定的，超过此范围便会变性。

三、核酸的酸水解和碱水解

用温和的或者稀的酸对核酸做短时间处理不会引起分解，但如用稀酸长时间或在增高温度下处理，或增加酸的强度，则嘌呤碱与脱氧核糖之间的糖苷键会发生水解，生成无嘌呤核酸，同时也使少数磷酸二酯键分解。若用中等强度的酸在100 ℃下处理数小时，或用较浓的酸（如1～6 mol/L HCl）处理，则可使嘧啶碱发生分解，此时也有较多的磷酸二酯键分解。

在温和的碱性条件下，核酸的 N-糖苷键是稳定的，但磷酸二酯键则发生分解。例如37 ℃以下用0.3 mol/L KOH 处理约1 h，RNA 的磷酸二酯键即全部分解而生成 $2',3'$-环核苷酸，在延长处理时间（12～18 h）后，后者再水解为2-磷酸核苷和3-磷酸核苷。

因为在DNA中的 $2'$ 碳位没有羟基，不能形成 $2',3'$-环核苷酸，所以DNA的磷酸二酯键在温和的碱性条件下是稳定的。上述DNA和RNA在碱作用下的不同稳定性，可以作为两种核酸定量分析的依据。

四、核酸的分子质量

DNA和RNA都是大分子化合物，分子质量很大，尤其是DNA，虽然双螺旋结构的直径只有2.0 nm，但天然DNA分子的长度可达几厘米，其相对分子质量为 $1.6×10^6$～$2.2×10^9$。RNA分子比DNA短得多，而且只有部分双螺旋区，分子质量也较小，其相对分子质量为几万到几百万或更大些。不同种类的RNA其分子质量大小是不同的。

五、核酸的黏度

根据大分子溶液的黏度特征，即高分子溶液比普通溶液的黏度要大得多，无规线团比球状分子的黏度大，线性分子的黏度又比无规线团的黏度大，而DNA分子长度与直径之比可达 10^7，因此即使是极稀的溶液，DNA也有极大的黏度，RNA的黏度要小得多。当核酸溶液因受热或在其他因素作用下发生由螺旋向无规线团转变时，黏度降低。所以可用黏度作为DNA变性的重要指标。

六、核酸的紫外吸收

嘌呤碱与嘧啶碱具有共轭双键，使碱基、核苷、核苷酸和核酸对240～290 nm的紫外波段有强烈的吸收，最大吸收值在260 nm附近（图4-19）。不同核酸有不同的吸收特性。所以可以用紫外分光光度计加以定量测定及定性测定。

核酸的紫外吸收光谱取决于其碱基组成，同时也受二级结构的影响。在双螺旋中，碱基层层堆积，并包在螺旋内部，它们之间的π电子相互作用，使紫外吸收值降低（比单核苷酸低20%～60%），这种现象称为减色效应（hypochromic effect）。但当核酸变性时，双螺旋结构被破坏，碱基暴露出来，其紫外吸收随之增强，称为增色效应（hyperchromic effect）。

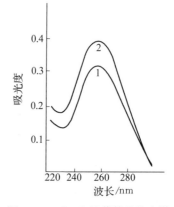

图 4-19 DNA 的紫外吸收光谱
1. 天然 DNA 2. 变性 DNA

实验室中最常用的是定量测定少量的DNA或RNA。对待测样品的纯度可用紫外分光光度计读出260 nm与280 nm的 OD 值，从 OD_{260}/OD_{280} 的比值即可判断样品的纯度。纯DNA的 OD_{260}/OD_{280} 应为1.8，纯RNA应为2.0。样品中如含有杂蛋白及苯酚，OD_{260}/OD_{280} 比值则明显降低。不纯的样品不能用紫外吸收法做定量测定。对于纯的样品，只要读出260 nm的 OD 值即可算出含量。通常以 OD 值为1，相当于50 μg/mL 双螺旋 DNA，或40 μg/mL 单链 DNA（或RNA）。这个方法既快速，又相当准确，而且不会浪费样品。对于不纯的核酸可以用琼脂糖凝胶电泳分离出区带后，经溴化乙锭染色在紫外灯下粗略地估计其含量。

七、核酸的沉降特性

溶液中的核酸分子在引力场中可以下沉。不同构象的核酸（线形、开环、超螺旋结构）、蛋白质及其他杂质，在超离心机的强大引力场中，沉降的速率有很大差异，RNA＞环形DNA＞蛋白质，所以可以用超离心法沉降核酸，或将不同构象的核酸进行分离，也可以测定核酸的沉降常数与分子质量。

沉降常数，又称为沉降系数（sedimentation coefficient），是指用离心法时，大分子沉降速度的量度，等于每单位离心场的速度，即 $S=v/(\omega^2 \cdot r)$。S 是沉降系数，ω 是离心转子的角速度，r 是到旋转中心的距离，v 是沉降速度。

应用不同介质组成密度梯度进行超离心分离核酸，效果较好。RNA分离常用蔗糖梯度离心。分离DNA时用得最多的是氯化铯梯度离心。氯化铯在水中有很大的溶解度，可以制成浓度很高（80 mol/L）的溶液。

八、核酸的变性、复性与杂交

（一）核酸的变性

核酸的变性是指在一些物理因素或化学因素作用下，核酸中氢键断裂，双螺旋解开，变成无规线团的现象。核酸变性仅是氢键断裂，不涉及共价键的破坏，分子质量也不改变。引起变性的因素很多，如加热、强酸、强碱、有机溶剂（如乙醇、丙酮）、一般变性剂（如脲、盐酸胍、水杨酸）和各种射线等。核酸变性后，引起一系列物理性质和化学性质的改变，如生物活性丧失、黏度下降、浮力密度上升、260 nm区紫外吸收增强（增色效应）等。

高温引起的变性称为热变性，将DNA的稀盐溶液在80~100 ℃下加热数分钟，双螺旋结构即被破坏，两条链分开，形成无规线团，这一过程称为螺旋→线团转变。DNA的加热变性一般在较窄的温度范围内发生，很像固体结晶物质在其熔点时的相变情况。因此通常把熔解温度的中点（变性50％的温度）称为熔点或解链温度（T_m）。DNA的 T_m 一般为70~85 ℃，分子中G、C含量越高的DNA，其 T_m 值越高，反之亦然。这是因为G-C碱基对中3个氢键较A-T碱基对2个氢键牢固。

（二）核酸的复性

如果在加热后缓慢冷却，则分开的链又可恢复成为双螺旋结构，这一过程称为复性。DNA复性后，一系列理化性质也随之恢复。在缓慢冷却过程中，加热时伸展的单键在溶液中找到与自己互补的另一条单链，两条链的互补碱基重新配对结合，形成氢键。但是即使在最理想条件下也不能达到完全复性的程度。复性程度与DNA的浓度、介质的离子强度及DNA信息含量的多少有关。DNA的浓度越高，则两条互补链在溶液中相遇的机会越多，越易复性。但浓度太大时容易发生凝集现象，影响复性的进行。复性也受溶液中离子强度的影响，在稀溶液中，两条带负电荷的DNA链互相排斥，如果存在一定浓度的阳离子，容易使两链接近。信息量少的病毒DNA比信息量多的真核细胞DNA容易复性，这是因为多核苷酸链越长，找到它的互补链并相互结合就越困难。

如果DNA热变性后不是缓慢冷却，而是快速冷却，则两条单链不能结合，仍保持分离状态。

RNA变性时，也具有螺旋→线团的转变，但由于RNA只有部分双螺旋结构，因此热变性的特征不像DNA那样明显。变性温度低，范围宽，变性曲线没那么陡。RNA热变性中的转变是完全可逆的。

（三）核酸杂交

不同来源的两条DNA或RNA分子，只要它们有一定程度的互补碱基顺序，通过变性和复性处理，异源 DNA 之间(或 DNA 与 RNA 之间)便可形成部分氢键配对的双螺旋结构。这种相应碱基配对而不完全互补的两条链的结合，称为杂交。核酸杂交技术不仅可用于遗传信息含量的测定，而且还用作 DNA 亲缘关系的测定，广泛用于分类学和基因工程的研究。

第五节　核酸的研究方法

一、核酸制备的一般程序

无论是研究核酸的结构还是研究核酸的功能，都需要制备有一定纯度的核酸样品，但是在细胞内，核酸常和蛋白质结合成核酸-蛋白质复合物。而且在细胞内还存在许多其他蛋白质、糖类等杂质。欲分离提纯核酸，就要想办法除去蛋白质及其他杂质。

制取核酸样品的根本要求是保持核酸的完整性，即保持天然状态。核酸分子很大，特别是 DNA 分子，而且很不稳定，在提取过程中，容易受到许多因素(如温度、酸、碱、变性剂、机械力)以及各种核酸酶的破坏而变性、降解。因此在分离提纯核酸时，应尽可能在低温下操作，避免过酸过碱或其他变性因素的影响，并注意使用核酸酶的抑制剂。

二、核酸分离纯化的一般步骤

1. 细胞破碎　这一步要特别注意加核酸酶的抑制剂，防止核酸被降解。

2. 除去与核酸结合的蛋白质及多糖等杂质　除去蛋白质，可以加酚或氯仿(使蛋白质变性)；除去 DNA 中少量的 RNA，可以加 RNase；除去 RNA 中少量的 DNA，可以加 DNase。

3. 除去其他杂质核酸　得均一的样品。

三、核酸的分离纯化

由于核酸的种类多，制备核酸的目的又不相同，所以分离纯化核酸的方法也不尽相同。可根据 DNA 和 RNA 各自的特性采用不同的方法进行分离和纯化，如密度梯度超速离心法、羟基磷灰石层析法、电泳法等。

四、核酸的凝胶电泳

凝胶电泳是当前核酸研究中最常用的方法。它有许多优点，如简单、快速、成本低等。常用的凝胶电泳有琼脂糖凝胶电泳和聚丙烯酰胺凝胶电泳。可以在水平或垂直的电泳槽中进行。凝胶电泳兼有分子筛和电泳双重效果，所以分离效率很高。

(一)琼脂糖凝胶电泳

琼脂糖凝胶电泳是以琼脂糖为支持物的电泳。

1. 电泳迁移率的影响因素　电泳的迁移率取决于以下因素：

(1)核酸分子大小。迁移率与分子质量对数成反比。

(2)胶浓度。迁移率与胶浓度成反比，常用1%胶分离 DNA。

(3)DNA 的构象。一般条件下，超螺旋 DNA 的迁移率最快，线形 DNA 其次，开环形最慢。

(4)电压。一般不大于 5 V/cm。在适当的电压差范围内，迁移率与电流大小成正比。

(5)碱基组成。碱基组成对电泳迁移率有一定影响，但影响不大。

(6)温度。4～30 ℃都可进行电泳，常在室温进行。

2. 琼脂糖凝胶电泳的应用和操作　琼脂糖凝胶电泳常用于分析 DNA。由于琼脂糖制品中往往带有核糖核酸酶杂质，所以用于分析 RNA 时必须加入蛋白质变性剂，如甲醛等。

电泳完毕后，将胶在荧光染料溴化乙锭的水溶液(0.5 μg/mL)中染色。溴化乙锭为一扁平分子，很易插入 DNA 中的碱基对之间。DNA 与溴化乙锭结合后，经紫外光照射，可发射红色至橙色的可见荧光。根据荧光强度可大体判断 DNA 样品的浓度。若在同一胶上加上已知浓度的 DNA 作参考，则所测得的样品浓度更为准确。

应用凝胶电泳可以测定 DNA 片段的分子大小。其方法是在同一胶上加一组已知相对分子质量的样品(图 4 - 20 中 λDNA/Hind Ⅲ 的片段)。电泳完毕后，经溴化乙锭染色，照相，从照片上比较待测样品中的 DNA 片段与标准样品中的哪一条带最接近，即可推算出未知样品中各片段的大小。

凝胶上的样品，还可以设法回收，以供进一步研究之用。回收的方法很多，常用的方法是将胶上某一区带在紫外光照射下，切割下来进行回收。

(二)聚丙烯酰胺凝胶电泳

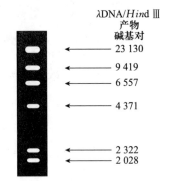

图 4 - 20　DNA 相对分子质量标准物（λDNA/Hind Ⅲ 片段）琼脂糖凝胶电泳

聚丙烯酰胺凝胶电泳是以聚丙烯酰胺作支持物的电泳。单体丙烯酰胺在加入交联剂后，就成聚丙烯酰胺。由于这种凝胶的孔径比琼脂糖胶的要小，可用于分析小于 1 000 bp 的 DNA 片段和 RNA 的电泳。聚丙烯酰胺中一般不含有 RNase，所以可用于 RNA 的分析，但仍要留心缓冲液及其他器皿中所带的 RNase。常用垂直板电泳。

聚丙烯酰胺凝胶上的核酸样品，经溴化乙锭染色，在紫外光照射下，发出的荧光很弱，所以浓度很低的核酸样品不能用此法检测出来，需要用亚甲蓝或银染来显示。

五、DNA 序列测定

人类基因组计划

在信息存贮中，DNA 分子最重要的性质是它的核苷酸序列。在 20 世纪 70 年代前，想要知道含有 5 个或 10 个核苷酸的核酸序列都是非常困难的。1977 年两个新的技术使较长的 DNA 序列分析成为现实：一个是 A. Maxam 和 W. Gilbert 创立的化学法，另一个是 F. Sanger 创立的酶法。这两种技术都建立在对核苷酸化学和 DNA 代谢的了解以及电泳方法的进步上。聚丙烯酰胺凝胶常用作短 DNA 片段分离的介质，琼脂糖一般用于分离较长的 DNA 片段的介质。

Sanger 的双脱氧法和 Maxam-Gilbert 的化学断裂法的基本原理是被测的 DNA 样品的 5′末端用 ^{32}P 标记。然后用碱基特异性的试剂使碱基被修饰，使其在每个特定碱基位置断裂。4 种碱基有 4 种处理方式，从而形成不同长度核苷酸片段。这种混合物经过聚丙烯酰胺凝胶电泳分离和放射自显影，根据电泳图谱就可以得知其样品的核苷酸序列(图 4 - 21)。例如，序列 pAATCGACT，它将生成以 C 结尾的长 4 个或 7 个碱基的片段，并只生成 5 个核苷酸长的以 G 结尾的片段，片段的大小相应于序列中 C 和 G 的位置。4 组以各个碱基结尾的片段经过电泳分离，就可以按产生的每个泳道的条带直接读出其序列。现在使用改进的 Sanger 测序方法的原理又称为双脱氧法，它的原理是利用 2′,3′-双脱氧核苷三磷酸(2′,3′-ddNTP)作为核苷酸链合成的抑制剂，用 4 个试管进行反应，每一管反应以被测的 DNA 作为模板，并加入已知引物，DNA 聚合酶和 4 种不同碱基的核苷酸(dATP、dGTP、dCTP 和 dTTP)其中一种为已标记的核苷酸(放射性标记或荧光标记)，再分别加入一种 2′,3′-双脱氧核苷酸(ddGTP、ddATP、ddCTP 和 ddTTP)掺入链合成。因在核糖中，这些核苷酸既无 2′-OH，也缺乏 3′-OH，不能形成核糖-磷酸的结合体，而使链的合成反应终止。由于 dNTP 和 ddNTP 的掺入概率不同，就形成不同长度的 DNA 片段。然后利用电泳分离，放射自显影就可以拼读出样品 DNA 的核苷酸序列(图 4 - 22)，也可以将 DNA 序列分析自动化。实验中将 4 个引物用不同的荧光物质进行标记，然后按双脱氧法进行聚合反应、电泳分离、荧光分析和计算机处理。自动分析可在几个小时内测定数千碱基的 DNA 序列。

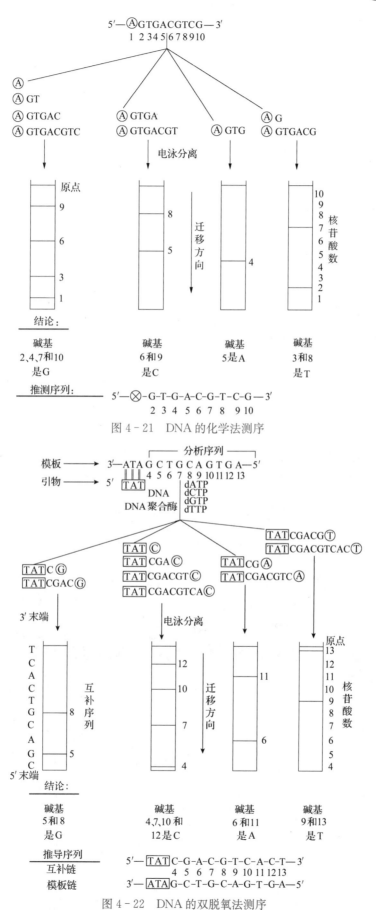

图 4-21 DNA 的化学法测序

图 4-22 DNA 的双脱氧法测序

知识窗

双螺旋结构的发现

DNA双螺旋结构模型(DNA double helix)是詹姆斯·沃森(James Watson)和弗朗西斯·克里克(Francis Crick)于1953年提出的描述DNA二级结构的模型,也称为Watson-Crick结构模型。

模型要点:

(1)两条多核苷酸链以相反的平行缠结,依赖成对的碱基上的氢键结合形成双螺旋状,亲水的脱氧核糖基和磷酸基骨架位于双链的外侧,而碱基位于内侧,两条链的碱基之间以氢键相结合,一条链的走向是$5'\rightarrow 3'$,另一条链的走向是$3'\rightarrow 5'$。

(2)碱基平面向内延伸,与双螺旋链成垂直状。

(3)向右旋,顺长轴方向每隔0.34 nm有一个核苷酸,每隔3.4 nm重复出现同一结构。

(4)A与T配对,其间距离1.11 nm;G与C配对,其间距离1.08 nm,两者距离几乎相等,以便保持链间距离相等。

(5)在结构上有深沟和浅沟。

(6)DNA双螺旋结构稳定的维系,横向稳定靠两条链间互补碱基的氢键维系,纵向则靠碱基平面间的疏水性堆积力维持。

DNA双螺旋结构的发现还要得益于另外一位科学家罗莎琳德·富兰克林(Rosalind Franklin)的研究工作。富兰克林是一位X射线晶体衍射专家,从事DNA结构研究,对DNA双螺旋结构的发现做出了关键贡献。

克里克　　　　　　　沃森　　　　　　　富兰克林

DNA双螺旋结构的发现开启了分子生物学时代,分子生物学使生物大分子的研究进入一个新的阶段,使遗传的研究深入分子层次。从此"生命之谜"被打开,人们清楚地了解遗传信息的构成和传递的途径。之后,分子遗传学、分子免疫学、细胞生物学等新学科如雨后春笋般出现,一个又一个生命的奥秘从分子角度得到了更清晰的阐明,DNA重组技术更是为利用生物工程手段的研究和应用开辟了广阔的前景。

复习题

1. 名词解释

DNA熔点　DNA变性　分子杂交　减色效应　核苷　复性　超螺旋

2. 核酸分为哪几类？比较它们在化学组成上的异同点。
3. 描述 Watson-Crick DNA 模型。
4. 核苷酸分子是如何组成的？组成核酸的核苷酸有哪些？
5. 比较 DNA 和 RNA 之间的化学性质和生物学性质的异同。
6. 什么是核酸的变性？变性因素有哪些？
7. 外切核酸酶能从多核苷酸链的一端逐个水解核苷酸。蛇毒磷酸二酯酶从带有 3′-羟基的寡聚核苷酸 3′端开始水解，裂解发生在核糖或脱氧核糖 3′-羟基与相邻核苷酸磷酰基团之间。它可以作用于单链 DNA 或 RNA，没有碱基特异性。在现代核酸测序技术发展之前，此酶被用于测序实验。问寡核苷酸(5′)GCGCCAUUGC(3′)—OH 被蛇毒磷酸二酯酶部分消化的产物是什么？

CHAPTER 5 第五章 酶

新陈代谢是生命的主要特征，其过程包含许多复杂且有规律的物质变化和能量变化。例如，绿色植物利用光能、水、二氧化碳和无机盐等简单物质，经过一系列反应合成复杂的糖、蛋白质、脂肪等物质。而动物又可以利用植物体中的这些物质，将其分解为简单分子后再通过合成反应转化为自身的物质，以进行生长、繁殖等生命活动。又如食品的腐败变质，多为微生物生命活动所致。在生物体内发生的许多反应，在体外进行实验时，则需要高温、高压、强酸、强碱等剧烈条件才能完成。其原因是，在生物体内有一类特殊的催化剂——酶。

酶在古代应用的记载

酶是生化反应过程中的重要物质，催化成百上千的有序反应，通过这些反应，营养分子被降解，化学能被贮存和转移，简单的前体分子被合成为生物大分子。通过调节酶的作用，代谢途径高度协同，使维持生命所必需的许多不同活动得以和谐进行。

第一节 酶的一般概念

一、酶的定义和催化特点

(一)酶的定义

酶(enzyme)是由生物细胞所产生的，以蛋白质为主要成分的生物催化剂。

(二)酶催化的特点

1. 酶具有一般催化剂的特点　酶作为生物催化剂，具有一般催化剂的性质：只催化热力学允许进行的反应；在反应前后质量和性质不改变；极少量就可大大加速化学反应的进行；可缩短反应到达平衡点的时间而不改变反应的平衡点，即催化剂不会影响反应的平衡常数。

2. 酶又具有不同于一般催化剂的特点　酶具有下述不同于一般催化剂的特点。

(1)酶易变性失活。由于酶是蛋白质，凡能使蛋白质变性失活的因素(如高温、强酸、强碱、重金属等)都能使酶丧失活性。酶催化要求较为温和的反应条件。

(2)酶具有极高的催化效率。酶催化反应的速度比无机催化剂的作用高 $10^8 \sim 10^{20}$ 倍。如在20 ℃下，脲酶水解尿素的速率比在微酸水溶液中反应速率高 10^{18} 倍。又如在同样的条件下，过氧化氢酶催化过氧化氢分解为水和氧的速度较铁离子催化作用高 10^{10} 倍。

(3)酶催化具有高度的专一性。专一性是指酶对所作用的底物有严格的选择性，即某种酶往往只能对某类物质起作用，或只对某种物质起催化作用，催化一定的反应，生成一定的产物。例如，无机催化剂铂可以催化许多不同的反应，氢离子可催化淀粉、脂肪、蛋白质和蔗糖的水解，但蔗糖酶只能催化蔗糖的水解，脂肪酶只能催化脂肪的水解，蛋白酶仅对蛋白质有水解作用，对其他的物质不能产生作用。

(4)酶的催化活性是受到调节和控制的。酶是由细胞合成的，随着细胞的生长发育和代谢的进行,其组分不断地变化和更新。催化活性易受各种环境条件的影响,因此生物体可通过多种调节方式对酶的催化活性进行调节控制,使极其复杂的物质代谢网络能协调、正常地进行。

活细胞产生的酶,许多都在细胞内进行催化反应,参与细胞的代谢过程,并不分泌至细胞外,这一类酶被称为胞内酶。有些酶则被分泌到细胞外发挥作用,如人和动物消化液中存在的分解食物的酶、某些细菌所分泌的水解淀粉的酶、制作腐乳时毛霉所产生分泌的水解蛋白质的酶等均属于胞外酶。胞内酶的获得需要破碎细胞,较胞外酶的提取制备麻烦一些。

二、酶的化学本质及组成

(一)酶的化学本质

酶的化学本质是蛋白质。这个概念在历史上进行过长时间的争论,自1926年Sumner从刀豆中提取出脲酶并制备成结晶,并通过物理和化学分析证明它是蛋白质后,人们的争论才宣告结束。现在被研究的酶有3 000多种,对它们的分子组成、结构和作用机理等方面的研究日益深入,人们对酶的认识也更加清楚。由于酶是一类具有催化功能的蛋白质,因而具有一般蛋白质的理化性质,如能被蛋白酶水解失去活性;能发生两性解离并具有等电点;不能透过半透膜;受到紫外线、热、强酸、强碱、重金属盐、蛋白质沉淀剂的作用时,会发生变性而失去活性。人们已能够利用氨基酸人工合成具有催化活性的酶。

(二)酶的组成

从酶的化学组成来看,有简单酶和复合酶两类。

1. 简单酶 属于简单蛋白的酶,除了蛋白质外,不含其他物质,一般催化水解的酶类多属于这一类,如脲酶、酯酶、蛋白酶、核糖核酸酶等。

2. 复合酶 转氨酶、碳酸酐酶、乳酸脱氢酶、催化氧化还原反应的酶等酶分子中,除了蛋白质外,还有一些对热稳定的非蛋白小分子成分,这类酶属于复合酶。复合酶中蛋白质部分称为酶蛋白,非蛋白部分称为辅助因子。酶蛋白与辅助因子单独存在时,均无催化活力,只有两者结合为完整的全酶分子才能表现出催化活力。

全酶=酶蛋白+辅助因子

在催化反应中,酶蛋白部分决定其对催化底物的专一性,只有空间结构与酶蛋白的空间结构相适应的底物分子才能被催化。辅助因子则是作为电子、原子或某些化学基团的传递者参与催化过程,辅助因子可以决定和反映出酶催化反应的性质。例如,具有辅助因子NAD^+的酶是催化氧化还原反应的酶;以四氢叶酸为辅助因子的酶,能够催化基团转移的反应。

辅助因子又可分为两类:辅酶与辅基,它们的划分是以其与酶蛋白结合的松紧程度为依据的,没有太严格的区分标准。通常将与酶蛋白结合比较松弛,用透析法可以除去的辅助因子称为辅酶(coenzyme),如NAD^+、$NADP^+$等;而将那些与酶蛋白结合比较牢固,用透析法不易除去的辅助因子称为辅基(prosthetic group)。将辅基与酶蛋白分离常要经过一定的化学处理,如过氧化氢酶中的铁卟啉、多酚氧化酶中的铜均属于辅基。

在复合酶中,酶蛋白往往只能与一特定的辅酶或辅基结合,即酶对辅助因子的要求有一定的专一性,如醇脱氢酶需NAD^+为辅酶,当换以$NADP^+$时就丧失了酶活力。而一种辅助因子常常可与多种不同的酶蛋白结合而显示出多种不同的催化作用,如以NAD^+为辅酶的3-磷酸甘油醛脱氢酶、醇脱氢酶、乳酸脱氢酶,它们的辅酶相同,但各自催化不同的底物脱氢,说明酶催化的专一性是由酶蛋白决定的。

(三)单体酶、寡聚酶和多酶复合体

按酶分子结构特点,有单体酶、寡聚酶和多酶复合体3种形式。

1. 单体酶 单体酶(monomeric enzyme)指仅由一条多肽链组成的酶。一般催化水解反应的酶属此类型,相对分子质量为13 000~15 000,如胰蛋白酶、溶菌酶、木瓜蛋白酶等。

2. 寡聚酶 由两个以上亚基所组成的酶称为寡聚酶(oligomeric enzyme)。组成酶的亚基可以相同，也可以不同。亚基之间以非共价键联结，彼此之间很易分开。通过寡聚酶的聚合与解聚方式可调节酶活力高低。寡聚酶相对分子质量从 35 000 到几百万。如磷酸化酶 a、乳酸脱氢酶、3-磷酸甘油醛脱氢酶等。

3. 多酶复合体 多酶复合体(multienzyme complex)又称为多酶体系，是由几种酶嵌合而成的复合体。一般由功能相关的酶组成，它们能按序催化一系列的连续反应，以提高催化的效率。多酶复合体的相对分子质量都很高，一般在几百万以上。如丙酮酸脱氢酶系和脂肪酸合成酶系都是多酶复合体。

(四)核酶

迄今已研究过的数千种酶中，其化学本质一般都是蛋白质。然而在 1982 年，美国科学家 Cech 发现原生动物四膜虫(*Tetrahymena*)的 26S rRNA 前体能自我剪接，成为成熟的 rRNA，首次证明 rRNA 具有催化活性。1983 年年底，Altman 和 Pace 发现将 RNase P 中 20% 的蛋白组分去除后，余下的占总量 80% 的 RNA 部分具有与全酶相同的催化活性，能够对大肠杆菌(*E. coli*)的 tRNA 前体进行加工。以后陆续发现了一些其他具有催化活性的 RNA。Cech 将这种具有催化活性的 RNA 定名为 ribozyme，中文译名为核酶，也有称为核糖酶、拟酶等名称的。因此核酶是指生物体内一类具有催化活性的 RNA 分子。

三、酶的命名与分类

(一)酶的命名

酶的命名有两种方式：习惯命名和系统命名。

1. 习惯命名 习惯命名简短、方便，酶名称是习惯沿用的，命名依据有以下几种情况：

① 根据酶作用的底物命名，如淀粉酶、蛋白酶、脂肪酶等。
② 根据酶催化的反应性质命名，如转氨酶、水解酶、脱氢酶等。
③ 结合上述两个原则命名，如乳酸脱氢酶、柠檬酸合酶等。
④ 在上述命名的基础上，有时加上酶的来源或其他特点命名，如胃蛋白酶、胰蛋白酶、碱性磷酸酯酶等。

习惯命名虽然简短，但不够精确，有时会出现一酶数名或一名数酶的情况，不利于学术上的交流。国际酶学会于 1961 年提出了系统命名法。

2. 系统命名 系统命名要求明确标明酶的底物及催化反应的性质，底物间加":"隔开，如底物之一是水可略去不写。例如，催化下列反应的己糖激酶的系统名称为 ATP：D-己糖磷酸转移酶。

$$ATP + D\text{-己糖} \longrightarrow D\text{-己糖-6-磷酸} + ADP$$

催化下列反应的酶的系统名称为丙氨酸：α-酮戊二酸氨基转移酶。

$$\text{丙氨酸} + \alpha\text{-酮戊二酸} \Longleftrightarrow \text{谷氨酸} + \text{丙酮酸}$$

(二)酶的分类

为便于研究和学术交流，国际生物化学协会酶学委员会根据酶所催化的反应类型将酶分为 6 大类。

1. 第 1 大类：氧化还原酶类 氧化还原酶类(oxidoreductase)催化氧化还原反应。反应通式为

$$AH_2 + B \Longleftrightarrow A + BH_2$$

琥珀酸脱氢酶、醇脱氢酶、多酚氧化酶等属于此类酶。

2. 第 2 大类：转移酶类 转移酶类(transferase)催化某一基团从一种化合物转移到另一种化合物的反应。反应通式为

$$AR + B \Longleftrightarrow A + BR$$

谷丙转氨酶、胆碱转乙酰酶、己糖激酶等属此类酶。

3. 第3大类：水解酶类 水解酶类(hydrolase)催化水解反应。反应通式为

$$AB + H_2O \rightleftharpoons AOH + BH$$

蛋白酶、酯酶、淀粉酶、蔗糖酶等属此类酶。

4. 第4大类：裂解酶类 裂解酶类(lyase)也称为裂合酶类，催化一个基团从底物上移去而形成双键的反应或其逆反应。反应通式为

$$AB \rightleftharpoons A + B$$

脱羧酶、水合酶、脱氨酶、醛缩酶等属此类酶。

5. 第5大类：异构酶类 异构酶类(isomerase)催化异构体相互转化的反应。反应通式为

$$A \rightleftharpoons B$$

消旋酶、差向异构酶、顺反异构酶、酮醛异构酶、分子内转移酶等属此类酶。

6. 第6大类：合成酶类 合成酶类(ligase)又名连接酶，催化裂解ATP偶联供能，由小分子合成较大分子的反应。反应通式为

$$A + B + ATP \longrightarrow AB + ADP + Pi$$

天冬酰胺合成酶、氨酰tRNA合成酶、丙酮酸羧化酶属此类酶。

在上面每一大类酶中，根据底物中被作用的基团或键的特点又可分为若干亚类，每一亚类中的酶按辅助因子的不同或其他特点可分为几种亚亚类，在亚亚类中的酶按顺序编号。这样，每一种酶都可用4个数字编码，汇编成酶表。通过编码，每种酶都可找到其在酶表中的位置，了解其催化功能。如乳酸脱氢酶的编码为EC 1.1.1.27(EC为酶学委员会缩写)，第1个"1"代表第一大类，即氧化还原酶类；第2个数字"1"代表亚类，表示被氧化基团为—CHOH；第3个数字"1"表示亚亚类，氢受体为NAD^+；第4个数字"27"表示乳酸脱氢酶在亚亚类中的顺序号。编码中的每一个数字均应由点隔开。在学术论文中，酶名称后都应标出酶的编码。

四、酶催化反应的专一性

酶催化的专一性是指对底物和反应类型严格的选择性，即一种酶仅能作用于一种物质或一类结构类似的物质，发生一定的化学反应。不同的酶，其专一性程度有所不同。酶对底物的专一性可分为两种情况：结构专一性(structure specificity)和立体异构专一性(stereo specificity)。

(一)结构专一性

根据酶对底物分子结构专一性的要求不同又可分为绝对专一性和相对专一性。

1. 绝对专一性 有的酶只能作用于一种底物发生反应，这种对底物严格的选择性称为绝对专一性。如脲酶只能作用于尿素发生反应，而不能作用于尿素的衍生物，即对尿素的甲基取代物或氯取代物不起作用。

$$H_2N-\overset{O}{\overset{\|}{C}}-NH_2 + H_2O \xrightarrow{脲酶} 2NH_3 + CO_2$$

2. 相对专一性 有时酶作用对象不止一种底物，有的甚至可作用于一类分子，这种专一性称为相对专一性。按其程度不同，相对专一性又可分为键专一性和基团专一性。

(1)键专一性。键专一性指酶只作用于一定的键，而对键两端的基团无严格的要求。如酯酶能够催化酯键的水解，而对键两端的基团没有严格的要求，它能水解甘油酯类的酯键，也能水解有机酸和醇形成的酯键。如酯酶对酯键两端的R和R'基团无严格要求。

$$R-\overset{O}{\overset{\|}{C}}-O-R' + H_2O \xrightarrow{酯酶} RCOO^- + R'-OH + H^+$$

水解二肽肽键的二肽酶亦属于键专一性酶。

(2)基团专一性。基团专一性又称为族专一性。基团专一性的酶对催化底物不但要求有一定的化学键,而且对键一端的基团也有一定的要求,而对键另一端的基团则无严格要求。如α-葡萄糖苷酶能催化α-葡萄糖苷的水解(图5-1)。

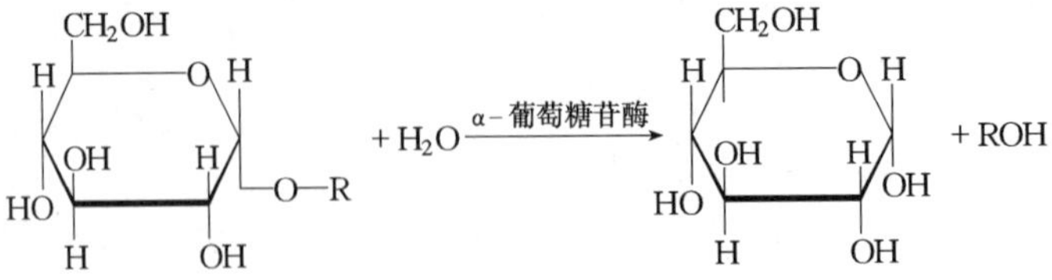

图5-1 α-葡萄糖苷酶催化的反应

该酶只对葡萄糖的糖苷键起作用,而对形成糖苷键的R基团无要求,因此属基团专一性的酶。

(二)立体异构专一性

自然界许多化合物呈立体异构体存在,如含不对称碳原子的氨基酸和糖分子就有D型及L型的异构体。一种酶只能对一种异构体起催化作用,对其对映体则全无作用,此专一性称为立体异构专一性。它又可分为旋光异构专一性和几何异构专一性两种情况。

1. 旋光异构专一性 当酶只能催化底物分子中旋光异构体中的一种时,称为旋光异构专一性。如L-氨基酸氧化酶只能催化L-氨基酸氧化,而对D-氨基酸不能作用。因此该酶具有旋光异构专一性。

2. 几何异构专一性 当酶只能催化顺反异构体中的一种分子发生反应时,则称该酶具有几何异构专一性。如延胡索酸水化酶,只能催化反丁烯二酸水合生成苹果酸,而对顺丁烯二酸不能产生催化反应。故该酶属几何异构专一性的酶。

第二节 酶的催化作用机理

由于酶催化反应的高效率,引起了人们研究的极大兴趣,酶究竟是如何进行催化反应的,其催化反应机理就成了一个重要的研究内容。

一、酶的活性中心

酶分子与底物直接结合并使之转变为产物的反应,并不需要整个酶分子参与,只需要酶分子中很小的一个局部区域作用于底物分子。酶分子中结合和催化底物反应的区域称为活性中心(active center),或称为活性部位。活性中心有两个功能部位,一个是结合部位(binding site),是酶分子结合底物的部位;另一个是催化部位(catalytic site),底物的敏感键在此处被打断或形成新的键而发生化学反应的部位。对于简单酶来说,活性中心就是酶分子中在三维结构上比较靠近的少数几个氨基酸残基或这些残基的侧链基团,它们在一级结构上可能相距甚远,甚至可以不在同一肽链上,但通过酶分子的空间构象而相互靠近,并形成具特定空间结构的区域。对于具有辅助因子的复合酶来说,辅助因子往往是活性中心的组成成分。活性中心一般位于酶分子的表面,呈凹穴状,这样有利于酶与底物的结合和催化反应的进行。

氨基酸残基组成活性中心,其侧链基团在结合和催化底物的反应中发挥作用。出现于活性中心并参与催化反应的基团称为必需基团(essential group),常见的酶活性中心的必需基团有丝氨酸(Ser)残基的羟基、组氨酸(His)残基的咪唑基、半胱氨酸(Cys)残基的巯基、天冬氨酸(Asp)残基和谷氨酸(Glu)残基的侧链羧基等。一种酶活性中心必需基团一般含1~3个,其在活性中心的位置和取向决定酶催化活性的高低,这些基团如被修饰则酶活丧失。在活性中心以外还有一些基团,对维持酶分子特定的空间构象起重要作用,关系到活性中心必需基团的相对位置。如这些基团被修饰,则会引起酶分子以至活性中心的特定构象发生改变,最终导致酶活丧失,这类基团属活性中心以外的必需基团。

二、诱导契合学说

酶催化具有专一性,能选择性地催化一定的底物发生反应。为解释其机理,1890 年,Emil Fischer 提出了锁钥学说,认为酶与底物结合如钥匙与锁的关系(lock and key)。当底物分子或底物分子的反应部位像钥匙那样,能够与酶活性中心部位的结构吻合或互补,则能发生反应(图 5-2a)。不能与酶活性中心结构吻合的分子则不能发生反应。就好像一把钥匙仅能开一把锁一样。此学说虽能很好地解释酶的专一性,但不能解释酶催化中的有些现象。如酶亦能高效地催化逆反应,底物和产物的结构明显不同时,就很难用锁钥学说解释其催化逆反应。

在大量研究的基础上,1968 年,Koshland 提出诱导契合模式(induced-fit model)学说,认为有些酶活性中心的结构原来不一定是与底物的结构吻合的,但酶的活性中心是柔性的,当底物与酶相遇时,可诱导酶活性中心的构象发生相应的变化,使活性中心相关的基团达到正确的排列和定向,从而使酶与底物分子吻合而成中间络合物,并引起底物发生反应(图 5-2b)。当催化反应完成以后,活性中心又可恢复成催化前的构象。这种理论强调了催化过程中活性中心基团的运动,X 射线晶体衍射法分析的实验结果证明催化过程中活性中心的基团确有显著的运动。

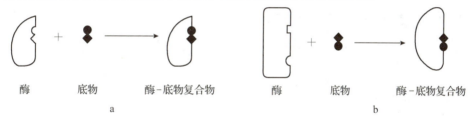

图 5-2 底物与酶结合示意
a. 锁钥学说 b. 诱导契合学说

三、中间产物学说

根据化学反应的原理,一个化学反应能否进行,反应分子的状态起决定作用,只有那些含有较高的能量、超过了反应所需要的能阈的分子才能发生反应。这种具有超过能阈能量、能在分子碰撞中发生化学反应的分子称为活化分子。反应体系中活化分子越多,反应速度就越快。由常态分子转变为活化分子所需的能量称为活化能(activation energy)。使常态分子变为活化分子的途径有两种:其一是通过对反应体系加热或用光照射供给能量,使反应分子活化;其二是使用适当的催化剂,降低反应活化能,使原来活化能较高的反应变为活化能较低的反应。常态分子只需较低的能量就可转变为能发生反应的分子,从而增加活化分子的数量,加快反应速度。

酶和一般催化剂的作用一样,能通过改变反应历程,使反应沿一个低活化能的途径进行(图 5-3)。

酶是怎样降低反应的活化能呢?较为公认的一种解释是中间产物学说(transition state theory)。例如,对某一单底物 S 形成产物 P 的反应:S→P,酶 E 在

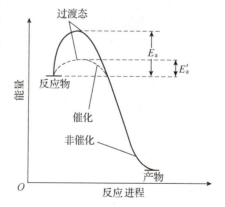

图 5-3 酶反应与非反应活化能的比较
E_a. 非酶反应活化能 E_a'. 酶反应活化能

催化此反应时，先与底物(substrate)结合成一个不稳定的中间产物 ES，然后 ES 转变为产物释放出游离酶。

$$E+S \underset{K_{-1}}{\overset{K_1}{\rightleftharpoons}} ES \xrightarrow{K_2} E+P$$

在酶催化反应历程中，酶活性中心某些基团和底物通过次级键的相互作用，迫使底物分子的敏感键极化、扭曲、变形而削弱，使底物反应所需活化能大大降低，很易达到不稳定的过渡态 ES^*，从而导致产物的形成。因此酶作用的实质在于改变了反应的历程，从而降低反应活化能，最终加快反应的速度。其反应历程还可用下式更明确表示。

$$S+E \rightleftharpoons ES \rightleftharpoons ES^* \rightleftharpoons EP \rightleftharpoons E+P$$

中间产物极易迅速分解成产物，很难将它从反应体系中分离出来，但可通过试验检测到它的生成。如过氧化物酶催化的反应为

$$H_2O_2 + AH_2 \longrightarrow A + 2H_2O$$

过氧化物酶含铁卟啉辅基，酶溶液呈红褐色，且在 645 nm、583 nm、548 nm 和 498 nm 处有特征吸收光谱。当向酶液中加 H_2O_2 后，酶液由褐变红，光谱改变，只在 561 nm 和 530.5 nm 两处有吸收带，说明酶与 H_2O_2 结合成了复合物(过氧化氢酶- H_2O_2)，此时如再加入供氢体 AH_2 (如焦性没食子酸或抗坏血酸)，则中间复合物分解成产物，酶液又变成红褐色，两条新谱带消失，原来的 4 条吸收谱带又出现。研究过渡态中间产物类似物的结构对了解酶作用机理和酶应用有重要意义。

四、酶催化高效率作用的机理

酶具有比一般催化剂更高的催化效率，通过化学模拟研究，有以下一些被认为是酶催化高效率的因素。

(一)邻近效应和定向效应

邻近效应(proximity)和定向效应(orientation)指底物分子与酶活性部位的靠近以及底物分子与酶活性部位基团之间严格的定向，使催化基团能有效地发挥催化反应。有人测得某反应体系底物浓度为 0.001 mol/L，而在酶活性中心局部区域底物浓度则高达 100 mol/L，较溶液中的浓度高 10 万倍，因此活性中心催化反应速度因底物浓度的升高而加快。Koshland 认为，分子之间并不是相互靠近以后就可以发生反应，活性中心的催化基团必须与底物分子的敏感键有最适合的位置关系，才易发生催化反应。而酶与底物结合的过程中，通过活性中心构象变化，能使催化基团处于最合适的位置和指向而有利于催化反应。

(二)张力和变形

底物结合于酶活性中心的过程中，因活性中心构象变化，可使底物分子的敏感键产生张力和变形，即酶的活性中心的某些基团或离子可使底物分子内敏感键中的某些基团的电子云密度增高或降低，产生电子张力，使敏感键的一端更加敏感，更易于反应。

(三)酸碱催化

按 Bronsted Lowry 的广义酸碱理论，凡能供出质子者为酸，接受质子者为碱。在酶促反应中，酶分子的某些功能基团可作为酸或碱，瞬时向底物提供质子或从底物抽取质子，相互作用形成过渡态复合物，加速反应进行，称为酸碱催化(acid - base catalysis)。

在酸碱催化中发挥作用的氨基酸侧链基团由组氨酸(His)残基、谷氨酸(Glu)残基、精氨酸(Asp)残基、赖氨酸(Lys)残基、半胱氨酸(Cys)残基、丝氨酸(Ser)残基这些极性氨基酸残基提供。其中最重要的是组氨酸(His)残基的咪唑基，它的 pK 为 6.7~7.1，在接近中性的生理条件下，一半以广义酸的形式存在，一半以广义碱的形式存在，因此在酶促反应中，既能作为质子供体，又能作为质子受体。

同时，咪唑基提供和接受质子的速度很快，其半衰期短于 0.1 ns，且二者速度几乎相等，在酸碱催化中能有效地发挥作用。

(四) 共价催化

共价催化(covalent catalysis)方式，是酶在催化过程中与底物形成一个反应活性很高的共价中间物，这个中间物很易变成过渡态，使得反应的活化能大大降低，底物可以越过较低的能阈而形成产物。

(五) 酶活性中心是低介电区域

有些酶的活性中心穴内是疏水的非极性环境，酶的催化基团处于低介电环境，这有利于酶的催化基团对底物敏感键的作用，增强其反应能力，加快反应速度。

以上 5 个方面的因素都可使酶催化反应速度加快，但在一个酶的催化过程中，并不是同时具备以上 5 种作用机制，有的酶可能只具备 1 种催化机制，即足以大大加快催化反应的速度。

五、酶原激活

有些酶刚合成时，是一种较大分子的无活性的前体形式，当它到达某合适的部位时，通过一个或多个肽键的不可逆水解而转变为有活性的酶。这种无活性的前体称为酶原(proenzyme)。由无活性的酶原转变为有活性酶的过程称为酶原激活(或酶原活化)。

胰蛋白酶、胰凝乳蛋白酶和弹性蛋白酶是一类消化食物的酶，由胰以酶原的形式合成并运送至小肠，在小肠通过特定肽键的裂解而活化为酶。活化时，胰蛋白酶原被肠道产生的肠肽酶(enteropeptidase)裂解而活化。活化的胰蛋白酶能进一步活化其他的胰蛋白酶原、胰凝乳蛋白酶原和弹性蛋白酶原为有活性的酶。

下面以胰凝乳蛋白酶原为例说明其活化过程：最初合成的胰凝乳蛋白酶原是一个具有 245 个氨基酸残基的多肽链，当分泌输送到肠道后，胰蛋白酶裂解第 15 位精氨酸羧基形成的肽键而成为具有活性的 π 胰凝乳蛋白酶，通过其他 π 胰凝乳蛋白酶的水解作用，π 胰凝乳蛋白酶再脱去 Ser_{14}-Arg_{15} 和 Thr_{147}-Asn_{148} 两个二肽而成为较稳定的形式，被称为 δ 胰凝乳蛋白酶，然后通过空间构象的构建而完成 α 胰凝乳蛋白酶的活化(图 5-4)。

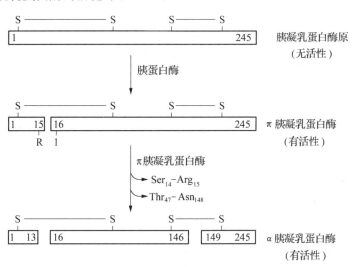

图 5-4 胰凝乳蛋白酶原的激活

第三节 酶反应动力学

科学人物：
邹承鲁

酶反应动力学是研究酶催化反应速度及其影响因素的科学。酶反应动力学在酶作用机理、酶结构和功能的关系、物质代谢规律、酶在生产实际中的应用、药物的设计和作用机理等方面的研究有广泛的应用。

一、酶反应速度与活力单位

酶催化反应速度的测定，按不同的反应特点有不同的方法，其中较常用的方法有两种：测定单位时间内底物的消耗量、测定单位时间内产物的生成量。

(一)酶反应速度的测定

在一个酶反应体系中，测定其反应时间从 0 到 t 时的产物浓度，以反应时间对产物的浓度做坐标图，得到的反应进程曲线，如图 5-5 所示。从中可看出，产物浓度与反应时间不呈直线关系，只在反应最初较短的时间内，产物浓度与反应时间呈现直线关系，随着反应时间增长，产物增加的速度越来越慢，曲线上某点的斜率代表相应反应时间的反应速度。随着反应时间的推移，曲线上的斜率愈来愈小，代表反应速度愈来愈低。出现此种现象的原因可能有：底物浓度随反应时间延长逐步降低；产物逐渐增加进而产生抑制作用或逆反应速度增加；酶失活以至催化能力下降等。因此测定或比较酶的活力一般测定反应初期的速度，即反应初速度。初速度代表酶催化的最高速度。

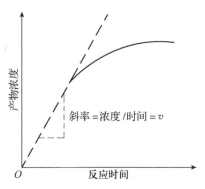

图 5-5　酶反应速度与反应时间的关系

(二)酶活力

酶催化某一化学反应速度的能力常称为酶活性，又叫作酶活力。酶活力的大小常用酶活力单位(U)表示。酶活力单位随生产厂家或实验室的不同常有不相同的规定，如 α 淀粉酶的活力单位，有的厂家规定：60 ℃、pH 6.2 的条件下，1 h 催化 1 g 可溶性淀粉分解所需的酶量为一个活力单位。但另一些厂家则规定：在最适条件下，1 h 催化 1 mL 2%的可溶性淀粉液化所需的酶量为一个活力单位。为了便于比较和学术交流，1961 年国际生物化学协会酶学委员会规定：在特定的条件下，在 1 min 内能转化 1 μmol 底物的酶量为一个国际单位(international unit，IU)。

1972 年，国际生物化学协会酶学委员会推荐了一个新单位开特(Katal，简称 Kat)，以便与国际单位制取得一致。1 Kat 是指在特定条件下 1 s 内转化 1 mol 底物所需要的酶量，与国际单位的换算关系如下：1 Kat=6×10^7 IU；1 IU=16.67 nKat。

酶的比活力是在科研和生产中常用的一个概念。它是指每毫克酶蛋白所含的酶活力单位数或是每千克酶蛋白中含有的开特数，即

$$比活力=\frac{活力单位数(U)}{酶蛋白(mg)}$$

在实际工作中，为了简便和快速，酶活力常用其他一些表示法，如用分光光度法测定酶反应时，可直接用测得的物理量表示，用单位时间内光吸收的改变量($\Delta A/\Delta t$)代表酶活力单位。

二、底物浓度对酶促反应速度的影响

在单体酶催化单底物转化的反应中，在其他反应条件不变的情况下，底物浓度和反应速率的关

系呈现如图5-6所示的双曲线特征。图5-6显示，在底物浓度较低时，反应速度随底物浓度增加而升高，反应速度与底物浓度[S]基本呈正比关系，为一级反应；随着底物浓度的继续增加，反应速度不再按正比例增加，增加的幅度降低，当底物浓度增至一定限度以后，反应速度则不再增加，而是呈现零级反应特点。

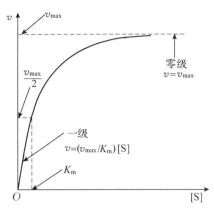

图 5-6　底物浓度与反应速度关系

1913年，Michaelis和Menten根据中间产物学说，推导出了上述动力学双曲线的方程。酶促反应可表达为

$$E + S \underset{K_{-1}}{\overset{K_1}{\rightleftharpoons}} ES \overset{K_2}{\rightleftharpoons} E + P$$

式中：　E——游离酶；
　　　　ES——酶与底物复合物；
　　　　S——底物；
　　　　P——产物；
K_1、K_{-1}、K_2——相应反应方向的反应速度常数。

在反应中，令生成ES的速度为v_i，则有

$$v_i = K_1([E_t] - [ES])[S] = K_1[E][S]$$

式中：[E_t]——总酶浓度；
　　　[ES]——酶与底物复合物（又称为中间复合物）浓度；
　　　[S]——底物浓度；
　　　[E]——游离酶浓度。

令酶与底物复合物(ES)分解的速度为v_d，则有

$$v_d = K_{-1}[ES] + K_2[ES] = (K_{-1} + K_2)[ES]$$

当反应进入稳态时，ES的生成速度和分解速度相等，即$v_i = v_d$，于是有

$$K_1([E_t] - [ES])[S] = (K_{-1} + K_2)[ES]$$

整理得

$$\frac{([E_t] - [ES])[S]}{[ES]} = \frac{K_{-1} + K_2}{K_1}$$

令常数$K_m = \frac{K_{-1} + K_2}{K_1}$，则有

$$[E_t][S] - [ES][S] = K_m[ES]$$

$$[ES] = \frac{[E_t][S]}{K_m + [S]}$$

酶反应速度由酶与底物复合物(ES)转化为产物(P)的速度决定，所以酶促反应的速度$v = K_2[ES]$，即

$$v = K_2 \frac{[E_t][S]}{K_m + [S]}$$

当所有酶都以酶与底物复合物(ES)的形式存在时，[E_t]=[ES]，此时反应速度达最大值v_{max}，所以$v_{max} = K_2[E_t]$，代入上式得

$$v = \frac{v_{max}[S]}{K_m + [S]}$$

此方程被称为米氏方程，式中K_m称为米氏常数。

从推导米氏方程的过程，应该注意到其适用范围：①此方程只表示初速度与底物的关系，即底物(S)消耗小于5%时的速度，此时生成的产物很少而可忽略其逆反应对酶促反应的影响；②底物浓度[S]要大大高于酶的浓度[E]，即生成的[ES]远远小于[S]，此时[S]方可用初始底物浓度表示；

③此方程适用于简单酶催化的单底物反应。

米氏常数 K_m 是酶的特征常数。在一定温度、一定 pH 和一定底物的条件下,K_m 为特定的常数。它只与酶的性质有关,而与酶的浓度无关。因此测定特定条件下的 K_m 可作为鉴别酶的一个指标。

当 $v=\frac{1}{2}v_{max}$ 时,可得

$$\frac{1}{2}v_{max}=\frac{v_{max}[S]}{K_m+[S]}$$

整理得

$$K_m+[S]=2[S]$$

或

$$K_m=[S]$$

所以米氏常数 K_m 为反应速度达最大速度一半时的底物浓度。

当 $K_{-1}\gg K_2$ 时,米氏常数 $K_m=\frac{K_{-1}+K_2}{K_1}\approx\frac{K_{-1}}{K_1}$,可见 K_m 可近似用来表示酶和底物的亲和力大小。K_m 大,则酶底亲和力小;K_m 小,则酶底亲和力大。如一个酶能催化几种不同底物的反应,则 K_m 最小的为该酶的最适底物或天然底物。

运用 Lineweaver-Burk 作图法(双倒数作图法)可测定 K_m 和 v_{max}。取米氏方程的倒数形式,得

$$\frac{1}{v}=\frac{K_m}{v_{max}}\times\frac{1}{[S]}+\frac{1}{v_{max}}$$

此方程呈一次函数形式,以 $\frac{1}{v}$ 对 $\frac{1}{[S]}$ 作图,可得图 5-7 所示直线。此直线在纵轴的截距为 $\frac{1}{v_{max}}$,在横轴上截距为 $-\frac{1}{K_m}$,直线的斜率为 $\frac{K_m}{v_{max}}$,根据截距和斜率的值可求出 K_m 和 v_{max}。

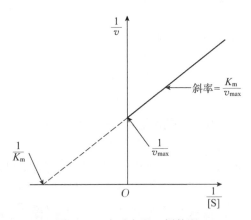

图 5-7 米氏方程双倒数图

三、pH 对酶促反应速度的影响

酶促反应对酸碱度很敏感。一种酶,只能在一定的 pH 范围内表现催化活性,在此范围内,有一个使酶活性表现最高的 pH,被称为最适 pH。如溶液的 pH 偏离最适 pH,则酶催化能力下降;随着偏离程度的增加,酶活性下降的程度亦增大。其动力学曲线呈钟形,如图 5-8 所示。

各种酶的最适 pH 不同。植物与微生物体内的酶,其最适 pH 多为 5.5~8.0。另外,还应注意,许多酶不符合这些特点,如胃蛋白酶的动力学曲线就不呈钟形,其最适 pH 为 1.5;精氨酸酶的最适 pH 为 9.7。同时,酶的最适 pH 还随酶纯度、底物种类和浓度的不同而变化。

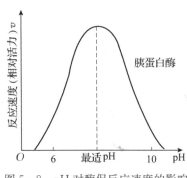

图 5-8 pH 对酶促反应速度的影响

pH 影响酶活性的原因有以下几方面:

① pH 影响酶分子构象稳定性,过酸或过碱可导致酶的变性失活。

② pH 影响酶分子的解离状态,特别是功能基团的解离状态或电荷状态,其状态与酶催化能力密切相关。

③ pH 影响底物分子的解离状态或带电状态,只有一定的带电状态更利于底物与酶结合和被酶

催化发生反应。如当 pH 为 9.0～10.0 时，精氨酸解离成正离子，而精氨酸酶解离成负离子，此时酶表现出最高的催化活性。

四、温度对酶促反应速度的影响

温度影响酶促反应的速度，反应速度与温度关系的动力学曲线如图 5-9 所示。酶反应速度最大时的温度为最适温度(optimum temperature)。高于或低于最适温度，反应速度都会降低，温度与最适温度相距愈远，反应速度降低也愈大，因而动力学曲线也呈钟形。

在最适温度以下，温度相差 10 ℃ 的两个酶反应速度之比称为反应的温度系数(temperature coefficient)，用 Q_{10} 表示。许多酶的 Q_{10} 为 1～2。

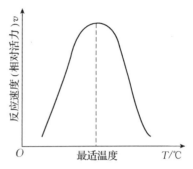

图 5-9 温度对酶促反应速度的影响

温度对酶反应的影响有两个方面：一方面是温度升高时，反应速度升高，与一般化学反应相同；另一方面是随温度升高，酶的变形程度逐步加大，酶的催化活力逐步降低。在最适温度下，前一种效应起主导作用，反应速度随温度升高而升高；在最适温度以上，后一种效应起主导作用，反应速度随温度升高而降低。

大多数来源于植物酶的最适温度为 40～50 ℃，从温血动物分离的酶，最适温度一般为 35～40 ℃。有些酶能在较高的温度条件下催化反应，如细菌淀粉酶在 93 ℃ 下活力最高；Taq DNA 聚合酶的最适温度为 70 ℃。耐高温的酶制剂具有很高的实用价值，研究和开发耐高温的酶制剂是酶工程研究中的一个重要内容。

五、酶浓度对酶促反应速度的影响

在底物浓度过量的情况下，即底物浓度[S]大大高于酶浓度[E]和大大高于 K_m 时，米氏方程可表示为

$$v=K[E]$$

这时，反应速度与酶浓度成正比。

六、激活剂对酶促反应速度的影响

有些离子或小分子化合物能使某些酶的催化活性提高。这些能使某种酶活性提高的物质称为该种酶的激活剂(activator)。

一些金属离子或无机离子常可作为某些酶的激活剂。如唾液淀粉酶需要 Cl^- 作为激活剂；葡萄糖异构酶需 Co^{2+} 作为激活剂；3942 枯草芽孢杆菌蛋白酶用于皮革脱毛时，加入少量 Cu^{2+}、Mg^{2+}、Co^{2+} 可使其活性明显提高。此外，Na^+、K^+、Ca^{2+}、Mg^{2+}、Zn^{2+}、Cr^{3+}、Fe^{2+} 和阴离子 Br^-、I^-、CN^-、NO_3^-、PO_4^{3-} 等都可作为激活剂起作用。人们认为在酶的制备过程中，丢失了某些离子，因而添加这些离子时可提高酶活性。

一些含巯基的酶，在分离纯化过程中，其巯基常被氧化而活性下降，加入某些还原性的小分子有机物(如抗坏血酸、半胱氨酸、谷胱甘肽等)，可使巯基还原而恢复活性。

添加激活剂时要注意其浓度，过高或过低浓度的激活剂有时并不起激活作用，甚至还起抑制作用，这是应用时该注意的。

七、抑制剂对酶促反应速度的影响

抑制剂是指能降低酶的催化活性，甚至使催化活性完全丧失的物质。一般说来，抑制剂不会使酶变性，使酶变性而丧失活性的物质不属于抑制剂范畴。抑制作用分为可逆抑制作用和不可逆抑制

作用。

(一) 可逆抑制作用

一些抑制剂与酶蛋白非共价地可逆结合，可以用透析或超滤等方法除去抑制剂而恢复酶的活性。这种抑制作用称为可逆抑制作用（reversible inhibition）。按抑制剂对酶动力学的不同影响，又可将其抑制作用分为竞争性抑制作用、非竞争性抑制作用和反竞争性抑制作用 3 种基本类型。

1. 竞争性抑制作用　有些抑制剂分子结构与底物分子结构非常相似，能与底物分子竞争酶的结合位点，并能形成酶与抑制剂复合物（EI），形成酶与抑制剂复合物的酶不能再催化底物转变为产物，反应速度会降低。这种抑制剂能与底物分子竞争结合于酶的活性中心而造成反应速度降低的作用称为竞争性抑制作用（competitive inhibition）（图 5-10）。

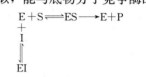

图 5-10　竞争性抑制作用示意

由于抑制剂与酶的结合是可逆的，可提高底物浓度使整个反应的平衡点向生成产物的方向移动，从而减弱或消除抑制剂对反应速度的影响。如丙二酸与琥珀酸的分子结构很相似，丙二酸能够竞争性地结合于琥珀酸脱氢酶的活性中心，降低其催化琥珀酸脱氢反应的速度。但如果在反应体系中提高琥珀酸的浓度，则可降低或消除丙二酸的影响。用推导米氏方程类似方法推导出的在竞争性抑制剂存在下的动力学方程为

$$v=\frac{v_{\max}[S]}{K_m\left(1+\dfrac{[I]}{K_I}\right)+[S]}$$

式中：[I]——抑制剂浓度；

K_I——酶抑制剂复合物的解离常数。

由方程可知，抑制剂使 K_m 增加到 $\left(1+\dfrac{[I]}{K_I}\right)$ 倍，降低酶和底物的亲和力，对 $v_{\max}$ 无影响。

2. 非竞争性抑制作用　有一些抑制剂的分子结构与底物不同，可结合于酶活性中心以外的部位。因此它既可形成酶与抑制剂复合物（EI），又可形成酶与底物及抑制剂三元复合物（ESI），如图 5-11 所示。这种抑制剂结合于活性中心以外，使得酶的活性中心失去催化作用而导致反应速度降低的作用称为非竞争性抑制作用（noncompetitive inhibition）。非竞争性抑制不能用提高底物浓度的方法消除抑制。Ag^+、Hg^{2+}、Pb^{2+}、EDTA、二氮杂菲等均为此种类型的抑制剂。其动力学方程为

$$v=\frac{\left[v_{\max}/\left(1+\dfrac{[I]}{K_I}\right)\right][S]}{K_m+[S]}$$

由方程可知，非竞争性抑制剂使 $v_{\max}$ 降低为原来的 $1/\left(1+\dfrac{[I]}{K_I}\right)$，对 K_m 无影响。

3. 反竞争性抑制作用　有些抑制剂不能与游离酶结合，只能和酶与底物复合物（ES）结合形成酶与底物及抑制剂三元复合物（ESI），但酶与底物及抑制剂三元复合物不能转变为产物，其作用可用图 5-12 表示。

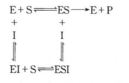　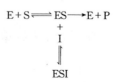

图 5-11　非竞争性抑制作用示意　　图 5-12　反竞争性抑制作用示意

当反应体系加入这类抑制剂时,反应平衡促进了酶与底物结合形成酶与底物复合物。这种现象与竞争性抑制作用相反,故称为反竞争性抑制作用(uncompetitive inhibition)。其动力学方程为

$$v = \frac{v_{max}/\left(1+\frac{[I]}{K_I}\right)}{K_m/\left(1+\frac{[I]}{K_I}\right)+[S]}$$

从方程可知,该抑制剂使 v_{max} 和 K_m 均降低为原来的 $1/\left(1+\frac{[I]}{K_I}\right)$。氧化物对芳香硫酸酯酶的抑制作用属反竞争性抑制类型。

(二)不可逆抑制作用

有些抑制剂能与酶活性中心的功能基团以共价键结合,从而抑制酶活性,此种作用称为不可逆抑制作用(irreversible inhibition)。这种抑制作用不能用透析、超滤等物理方法消除。如二异丙基氟磷酸(DIFP),能与乙酰胆碱酯酶的丝氨酸羟基形成共价键,从而抑制酶活性,如图 5-13 所示。

乙酰胆碱酯酶活性抑制后,能造成动物体内乙酰胆碱的积累,而不能使之分解为胆碱和乙酸,引起神经过度兴奋,功能失调而死亡。其他有机磷农药(如一六〇五、敌百虫等)的抑制机制与 DIFP 相同。有机汞化合物、有机砷化合物、碘乙酸、氰化物等剧毒物质也都是酶的不可逆抑制剂。

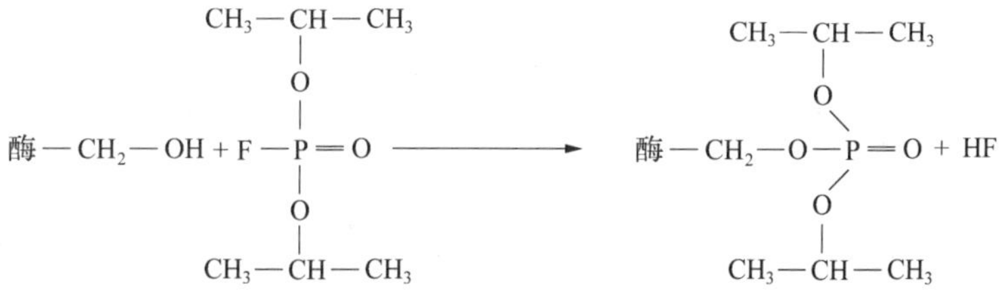

图 5-13 DIFP 对乙酰胆碱酯酶的不可逆抑制作用

第四节 调 节 酶

别构酶(allosteric enzyme)和同工酶(isozyme)是两类分别有其结构特点和不同活性调节方式的酶。

一、别构酶

别构酶(或变构酶)一般为寡聚酶。酶分子上有两个结合部位,一个是结合和催化底物的部位(即活性中心),另一个是结合调节物(又称为配体)的调节部位。这两个部位可位于不同亚基。

别构酶的活性调节是通过配体(ligand)或称为变构效应物(allosteric effector)的结合来实现的。当配体结合于别构酶的调节部位后,引起酶分子构象发生改变从而改变酶的催化活性,这种效应称为别构效应。能使酶活性增强的效应物称为别构激活剂,反之则称为别构抑制剂。别构酶催化反应的初速度与底物浓度关系的动力学曲线不呈现双曲线,而是呈 S 形曲线,如图 5-14 所示。曲线显示,在某一狭窄的底物浓度

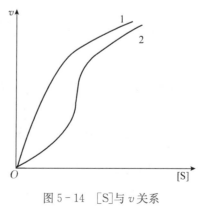

图 5-14 [S]与 v 关系
1. 米氏酶 2. 别构酶

范围内,酶反应速度对底物浓度的变化特别敏感,有利于增强代谢调控功能。

二、同工酶

能够催化同一反应,但其分子结构和某些理化性质不同的一类酶称为同工酶。

乳酸脱氢酶(lactate dehydrogenase,LDH)是1959年发现的第一个同工酶,其由4个亚基组成,有M型和H型两种不同类型的亚基,M亚基和H亚基均有底物结合和催化部位,它们装配成乳酸脱氢酶时有5种不同的形式:$H_4(LDH_1)$、$H_3M(LDH_2)$、$H_2M_2(LDH_3)$、$HM_3(LDH_4)$和$M_4(LDH_5)$,如图5-15所示。其中,H_4在心脏中含量较多,M_4则在肌肉组织中含量较多。它们都能催化丙酮酸转化为乳酸,但其K_m、催化底物转化的转化率和对抑制剂的敏感性等性质均有差异,以适应不同组织中糖代谢的特点和需要。

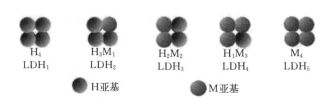

图5-15 乳酸脱氢酶的同工酶

三、共价调节酶

共价调节酶(covalent regulatory enzyme)是一类由其他酶对其结构进行可逆共价修饰,使其处于活性和非活性的互变状态,从而调节酶活性。共价调节酶一般都存在相对无活性和有活性两种形式,两种形式之间互变的正、逆向反应由不同的酶催化。磷酸化是可逆共价修饰中最常见的类型。因为信号激酶能作用于很多靶分子,通过磷酸化作用信号能被大幅度地放大。蛋白激酶的调节作用能被催化水解磷酸基团的蛋白质磷酸酶逆转。通过磷酸化和脱磷酸化作用,使酶在活性形式和非活性形式之间互变。

例如,骨骼肌中的糖原磷酸化酶有两种形式:活性较高形式——磷酸化酶a,是由4个亚基组成的寡聚酶,每一个亚基含有一个被磷酸化的Ser残基;活性较低形式——磷酸化酶b,由两个亚基组成。两分子的磷酸化酶b在磷酸化酶b激酶的催化下,每个亚基上的Ser_{14}残基接受ATP提供的磷酸基团,形成四聚体的磷酸化酶a。磷酸化酶a在磷酸化酶磷酸酶的作用下脱去磷酸基又转变为磷酸化酶b。磷酸化酶的活性形式和非活性形式之间的平衡,使磷酸基共价地结合到酶分子上或从酶分子上脱下,从而调节控制此酶的活性。

共价调节酶主要有磷酸化/脱磷酸化和腺苷酸化/脱腺苷酸化两种形式,此外还有甲基化/脱甲基化,乙酰基化/脱乙酰基化等形式。

第五节 维生素构成的辅因子

维生素(vitamin)是维持机体正常生命活动不可缺少的一类小分子有机化合物。维生素可分为脂溶性维生素和水溶性维生素两类。脂溶性维生素有维生素A、维生素D、维生素E、维生素K等;水溶性维生素有维生素B_1、维生素B_2、维生素B_6、维生素B_{12}、维生素PP、泛酸、生物素、叶酸、硫辛酸、维生素C等。维生素分子,特别是水溶性维生素,是构成酶的辅助因子的重要成分。下面举一些有关的例子。

一、维生素 PP 与 NAD^+、$NADP^+$

维生素 PP 包括烟酸(又称为尼克酸)和烟酰胺(又称为尼克酰胺)两种物质,在体内主要以尼克酰胺的形式存在。它可组成两种重要的辅酶:尼克酰胺腺嘌呤二核苷酸(nicotinamide adenine dinucleotide,NAD^+),又称为辅酶Ⅰ(CoⅠ);尼克酰胺腺嘌呤二核苷酸磷酸(nicotinamide adenine dinucleotide phosphate,$NADP^+$),又称为辅酶Ⅱ(CoⅡ),其结构如图 5-16 所示。

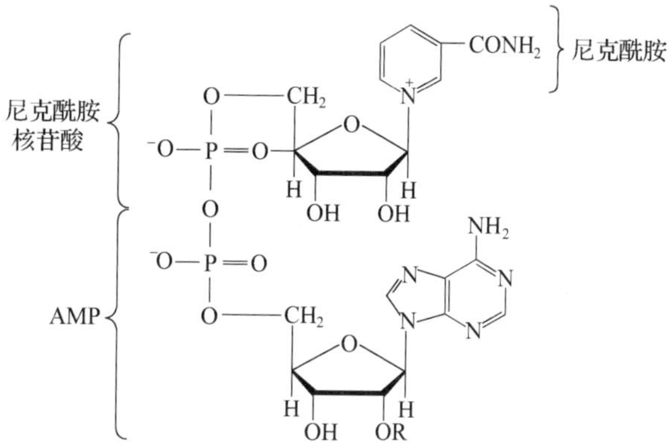

图 5-16 NAD^+ 和 $NADP^+$ 的结构
NAD^+:R=H $NADP^+$:R=PO_3H_2

NAD^+ 和 $NADP^+$ 都是脱氢酶的辅酶,如乳酸脱氢酶和乙醇脱氢酶以 NAD^+ 为辅酶,6-磷酸葡萄糖脱氢酶和 6-磷酸葡萄糖酸脱氢酶以 $NADP^+$ 为辅酶。这些脱氢酶催化脱氢反应时,NAD^+ 或 $NADP^+$ 中尼克酰胺的吡啶环是接受氢和电子的部位,在还原反应中也是脱氢和电子的部位(图 5-17)。

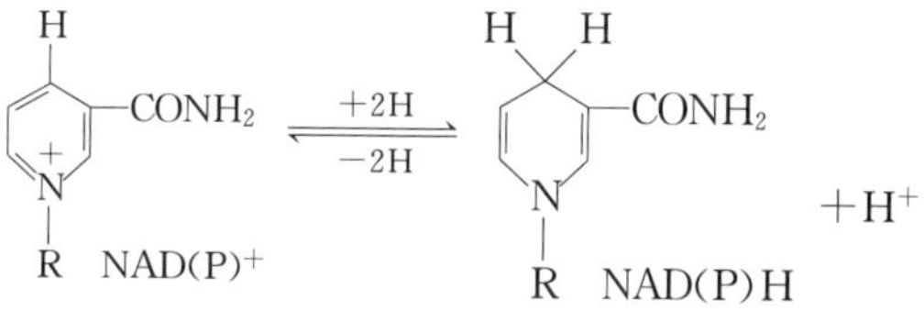

从底物脱下的 2 个氢原子,其中一个 H^+ 和 2 个电子转给 NAD(P)$^+$ 的吡啶环上,使氮原子由五价变成三价,同时环上第 4 位碳原子上接受一个氢原子,成为还原型的 NAD(P)H,另一个 H^+ 则释放于环境中。

图 5-17 NAD(P)$^+$ 在参与催化脱氢反应时的变化

二、维生素 B_1 与焦磷酸硫胺素

维生素 B_1 又称为硫胺素,在生物体内经硫胺素激酶催化,可与 ATP 作用转变为焦磷酸硫胺素(thiamine pyrophosphate,TPP)(图 5-18)。

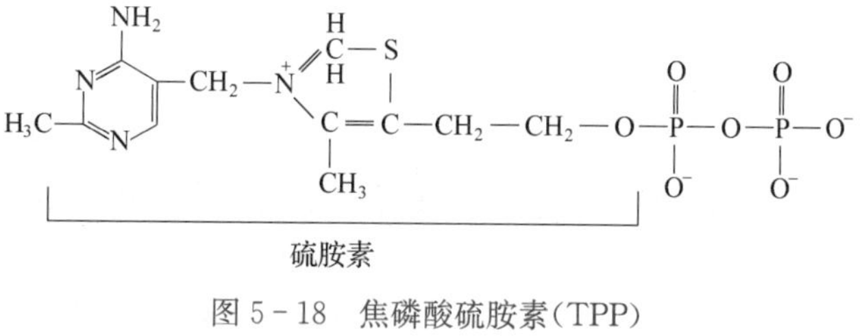

图 5-18 焦磷酸硫胺素(TPP)

焦磷酸硫胺素才是辅酶形式,可作为丙酮酸或 α-酮戊二酸脱羧反应酶的辅酶。催化反应时,硫胺素分子中噻唑环 C_2 上的氢原子易解离出一个质子以形成负碳离子(carbanion),负碳离子是一个有效的亲核试剂,能与 α-酮酸的 α 碳原子结合形成中间复合物后进一步脱去 CO_2 而生成醛。

三、维生素 B_2 与 FMN、FAD

维生素 B_2 又称为核黄素,是核醇与 6,7-二甲基异咯嗪的缩合物。作为辅酶时,以黄素单核苷酸(flavin mononucleotide,FMN)和黄素腺嘌呤二核苷酸(flavin adenine dinucleotide,FAD)的形式存在(图 5-19),它们是多种氧化还原酶的辅基。

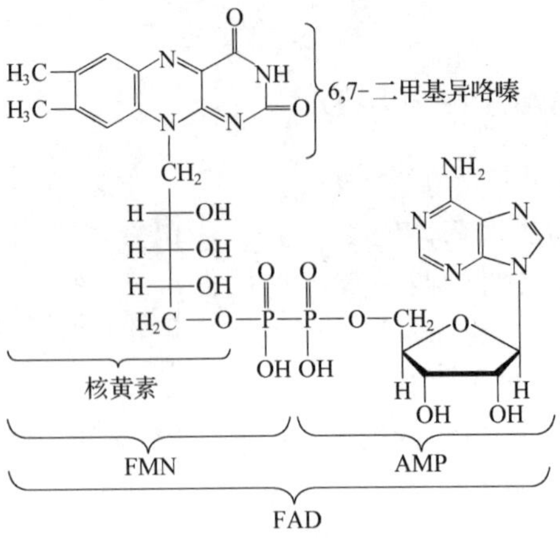

图 5-19 FAD 和 FMN 的结构式

FMN 和 FAD 在酶催化反应中以分子中异咯嗪环上的 N_1 与 N_{10} 上加氢和脱氢参与氧化还原反应(图 5-20)。

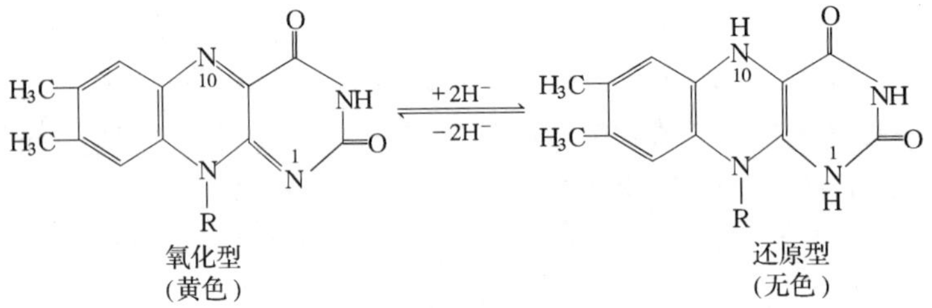

图 5-20 FMN 和 FAD 的氧化还原反应

四、维生素 B_6 与磷酸吡哆醛

维生素 B_6 是一类吡啶的衍生物，包括 3 种物质：吡哆醇、吡哆醛和吡哆胺(图 5-21)，在生物体内可相互转化。

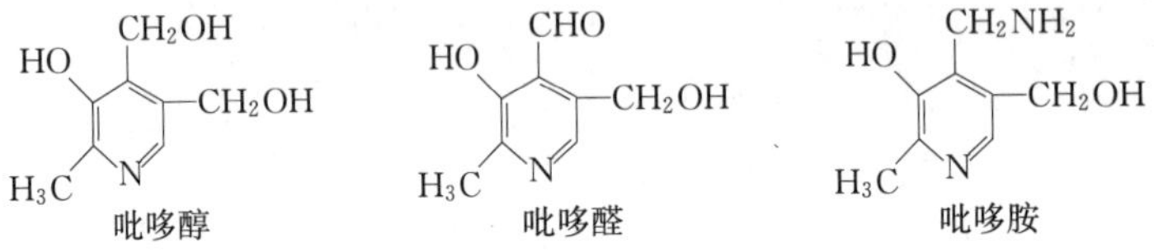

图 5-21 维生素 B_6 的 3 种物质

作为辅酶起作用时，以磷酸酯的形式存在，在氨基酸代谢中发挥重要作用，是氨基酸转氨酶、脱羧酶和消旋酶的辅酶。

磷酸吡哆醛作为辅酶参与氨基酸的反应时，形成 Schiff 碱(—N=CH—)，然后通过不同酶蛋白的作用而进行转氨、脱羧和消旋等不同的反应(图 5-22)。

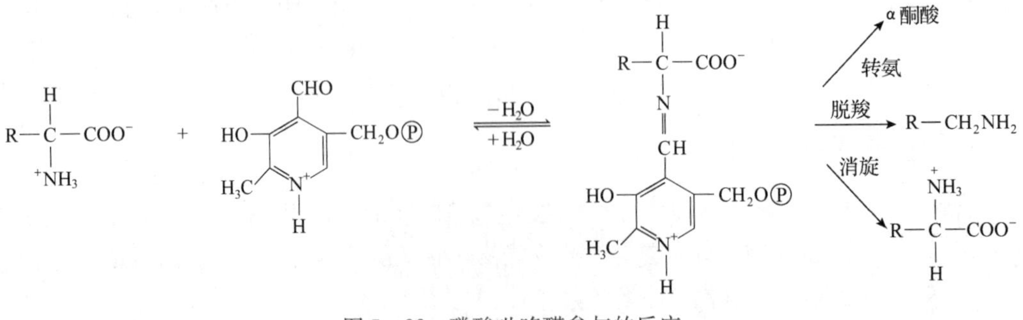

图 5-22 磷酸吡哆醛参与的反应

五、泛酸与辅酶 A

泛酸是 α,γ-二羟基-β,β-二甲基丁酸与 β-丙氨酸通过肽键缩合而成的酸性物质，在自然界中分布十分广泛，故又名遍多酸（又称维生素 B_3）（图 5-23）。

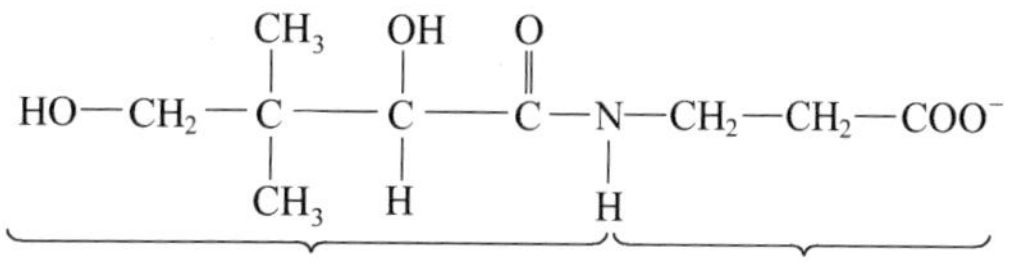

泛酸是辅酶 A 的组成成分。在辅酶 A（coenzyme A，CoA 或 CoA-SH）中，泛酸以肽键和巯基乙胺结合，同时又以酯键结合一分子 ADP，在 ADP 中核糖第 3 位碳原子上以酯键联结一分子磷酸基团，其结构如图 5-24 所示。

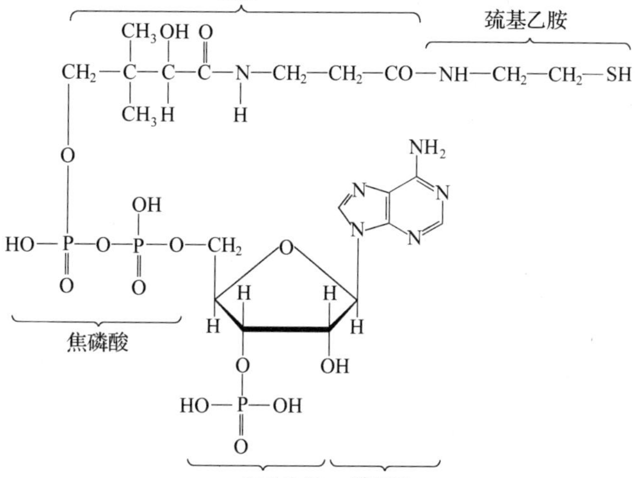

图 5-23 泛酸的结构

图 5-24 辅酶 A（CoA-SH）

CoA 是许多酰基转移酶的辅酶，作为酰基转移的载体，与酰基的联结键是由 CoA 分子中的巯基与酰基形成的硫酯键。

六、生物素

生物素（biotin）属水溶性维生素，由带戊酸侧链的噻吩与尿素结合而成（图 5-25）。

生物素是多种羧化酶的辅酶，通过其上的羧基与酶蛋白中赖氨酸的 ε 氨基形成酰胺键而相联结。催化反应时，CO_2（以 HCO_3^- 形式）首先结合于尿素环上的一个氮原子，形成酶-生物素-CO_2 复合物。然后再将生物素结合的 CO_2 转给羧化的底物分子，发生羧化反应。

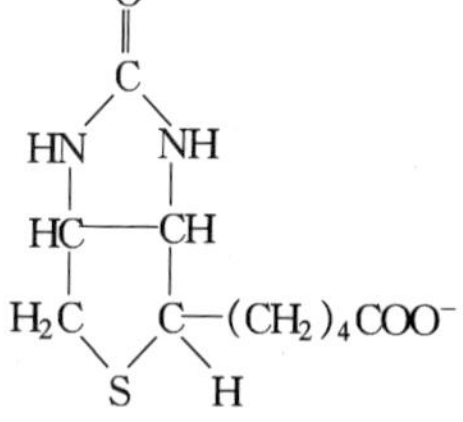

图 5-25 生物素的结构

七、叶酸及其辅酶形式

叶酸（folic acid）是绿叶中含量丰富的维生素，故而得名。它由蝶呤、对氨基苯甲酸与 L-谷氨酸连接而成（图 5-26）。

叶酸作为辅酶的形式是其还原后的衍生物四氢叶酸（tetrahydrofolate，TH 或 FH_4）（图 5-27）。

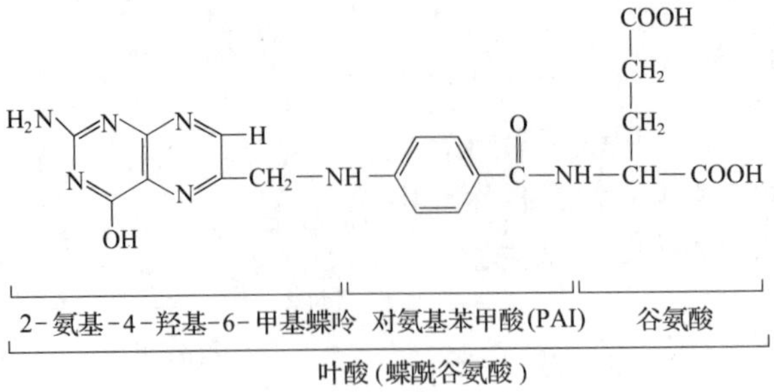

图 5-26 叶酸的结构

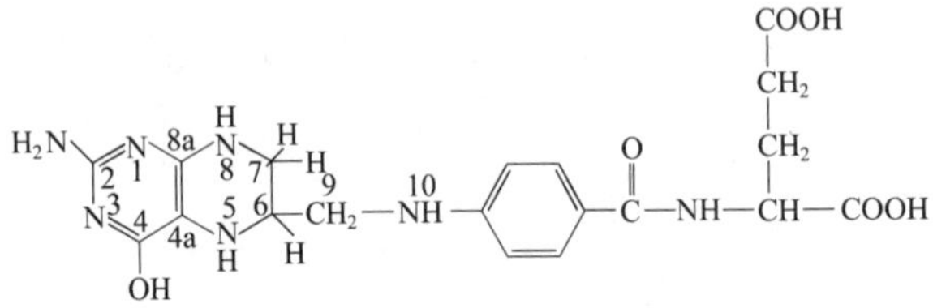

图 5-27 四氢叶酸的结构

八、维生素 B_{12} 与辅酶 B_{12}

维生素 B_{12} 分子结构较复杂，含有咕啉环系统、5,6-二甲基苯咪唑、氰基（—CN）和金属离子钴，故又称为氰钴胺素。其辅酶结构形式是氰基被 $5'$-脱氧腺苷取代后的产物，亦称辅酶 B_{12}，结构如图 5-28 所示。

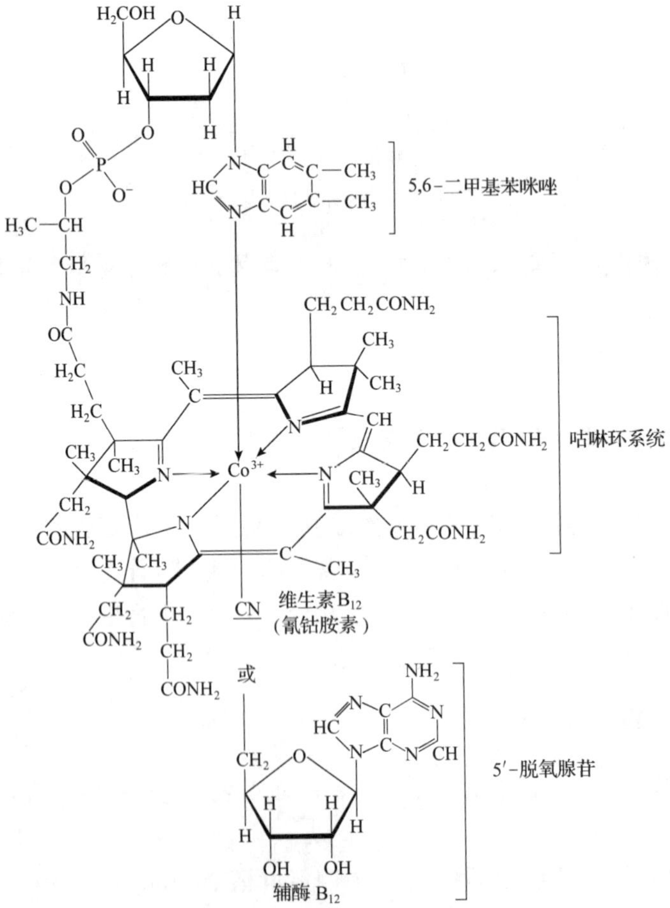

图 5-28 氰钴胺素和辅酶 B_{12} 的结构

辅酶 B_{12} 是某些变位酶、甲基转移酶（通常为分子内转移）的辅酶。如动物体内的甲基丙二酸单酰 CoA 变位酶催化的反应需辅酶 B_{12} 参与（图 5-29）。

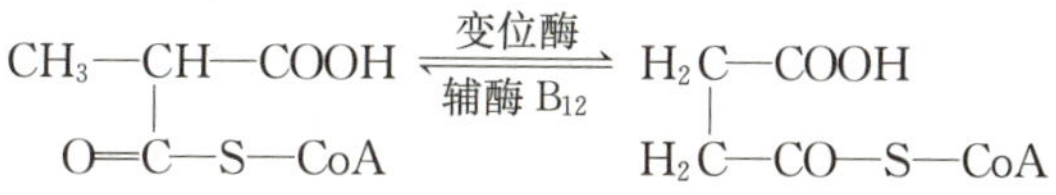

$$CH_3—CH—COOH \underset{\text{辅酶 } B_{12}}{\overset{\text{变位酶}}{\rightleftharpoons}} H_2C—COOH$$
$$O=C—S—CoA \qquad\qquad H_2C—CO—S—CoA$$

图 5-29 辅酶 B_{12} 作为甲基丙二酸单酰 CoA 变位酶的辅酶催化的反应

九、硫辛酸

硫辛酸（lipoic acid）是一种含硫脂肪酸，有氧化型和还原型两种形式，二者能可逆转变（图 5-30）。

硫辛酸可直接作为丙酮酸和 α-酮戊二酸脱氢酶复合体中的辅酶，在氧化脱羧过程中起转移酰基和氢原子的作用。

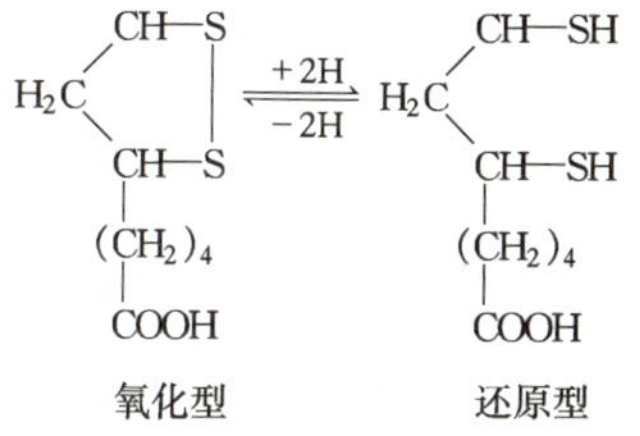

图 5-30 硫辛酸的氧化型与还原型

十、维生素 C

维生素 C（vitamin C）能防治维生素 C 缺乏症，又称为抗坏血酸。维生素 C 可在分子内形成酯键，有氧化型和还原型两种形式，能可逆转变（图 5-31）。

抗坏血酸是脯氨酸羟化酶的辅酶。胶原蛋白中含量较多的羟脯氨酸，由该酶催化形成，故维生素 C 可促进胶原蛋白的合成。维生素 C 是一种强还原剂，可使巯基酶的巯基处于还原状态而显示活性。

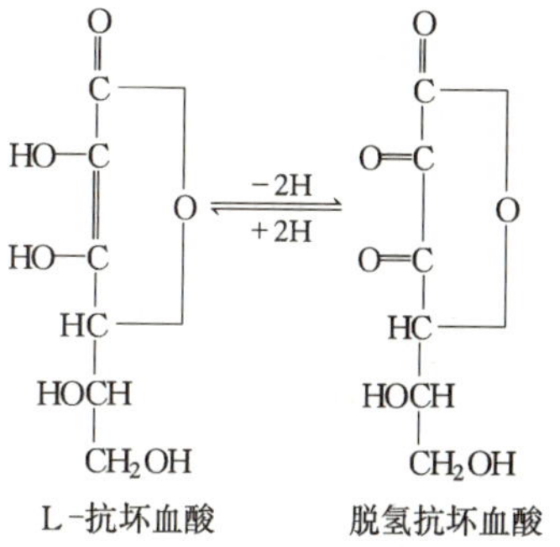

图 5-31 维生素 C 的氧化型与还原型

第六节　食品加工中的常用酶

酶在食品工业中的应用越来越广泛，涉及葡萄糖、饴糖、果葡糖浆、蛋白质制品加工，果蔬加工，食品保鲜，肉类的加工及改善食品品质与风味方面，取得很好的效益。下面介绍几种食品工程中的常用酶。

一、食品工程中的常用酶

（一）淀粉酶类

淀粉酶类是指能够催化淀粉水解的一类酶，其作用部位是 α-1,4 糖苷键，有几种应用较广的酶。

1. α-淀粉酶　α-淀粉酶（α-amylase）可随机地水解淀粉分子内部的 α-1,4 糖苷键，淀粉经此酶作用后，水解成短链的糊精分子，溶液的黏度迅速降低，故此酶又称为液化淀粉酶。在结合 Ca^{2+} 离子后，酶的稳定性和酶活力可以提高。不同来源的 α-淀粉酶，有某些性质上的差异，如来源于某些细菌的 α-淀粉酶耐热性强，能在 80 ℃的条件下有效进行催化反应；Cl^- 对来源于唾液的 α-淀粉酶有激活作用，但对细菌来源的 α-淀粉酶则无激活作用。新米的 α-淀粉酶活性较陈米高，故质量要好，煮的饭风味好。陈年面粉 α-淀粉酶活力下降，制作面包时发酵产气能力差，面团结构弹性小，通过添加 α-淀粉酶可提高面包加工质量。

2. β-淀粉酶　β-淀粉酶（β-amylase）主要存于高等植物的种子中，大麦芽中含量较丰富。某些细菌和霉菌亦含此酶。β-淀粉酶水解淀粉中的α-1,4糖苷键，但与α-淀粉酶的作用方式不同，是一种外切酶，它从淀粉的非还原末端开始，每次切下一个麦芽糖分子，并使麦芽糖分子的构型从α型变成β型，故名β-淀粉酶。β-淀粉酶常用于饴糖、高麦芽糖浆、烤面包、发酵馒头、啤酒等方面的生产。

3. 葡萄糖淀粉酶 葡萄糖淀粉酶(glucoamylase)为外切酶，从淀粉的非还原端开始，依次切一个葡萄糖分子成β-葡萄糖。它主要作用于淀粉分子中的α-1,4糖苷键，也能缓慢作用于α-1,6糖苷键。因此理论上它可使淀粉分子最终全部转变为葡萄糖。该酶最适pH为4～5，最适温度为50～60℃。可从根霉、黑曲霉、红曲霉中得到该酶。

4. 脱支酶 脱支酶(pullulanase)，又称为异淀粉酶，能专一性切开支链淀粉和糖原分支点的α-1,6糖苷键，从而剪下整个侧支，形成长短不一的直链淀粉。植物来源的脱支酶称为R酶。将产气杆菌等来源的能分解茁霉多糖的α-1,6糖苷键的酶又称为茁霉多糖酶。茁霉多糖是由麦芽三糖重复地以α-1,6糖苷键构成的一种黏多糖。不同来源的脱支酶的作用专一性有差别。将脱支酶应用于饴糖、酒精和啤酒工业生产，对提高淀粉的利用率和产量有一定效果。

(二)蛋白酶类

能作用于蛋白质或多肽的肽键，使之发生水解反应的酶称为蛋白酶。根据蛋白酶作用于蛋白质肽键位置的不同可分为内肽酶和外肽酶两类。内肽酶作用于多肽链内部的肽键，生成较短的肽段；外肽酶作用于肽链两端的肽键，每次切一分子氨基酸或一个二肽。从氨基末端开始水解的外肽酶又称为氨肽酶，从羧基末端开始水解的外肽酶又称为羧肽酶。蛋白酶按来源分为植物蛋白酶、动物蛋白酶和微生物蛋白酶。

1. 植物蛋白酶 植物体内存在多种蛋白酶，在食品工业中应用较多的有菠萝汁中的菠萝蛋白酶、无花果乳汁中的无花果蛋白酶、番木瓜胶乳中的木瓜蛋白酶，它们都属于内切酶，这些酶被用于肉类嫩化、啤酒沉淀物消除等方面。

2. 动物蛋白酶 在动物中存在多种蛋白酶，如胃蛋白酶、胰蛋白酶、凝乳酶、氨肽酶、羧肽酶等。动物蛋白酶是蛋白制品常用的酶类。

胃蛋白酶最适pH为1～4，在pH 1～1.5中有较高的活力，它水解蛋白质分子芳香氨基酸形成的肽键。

胰蛋白酶在胰内合成，在小肠内激活，它水解由赖氨酸和精氨酸羧基形成的肽键，最适pH为7～9。

凝乳酶的结构和专一性与胃蛋白酶相似，存在于幼年动物胃液中。凝乳酶能分解乳中酪蛋白分子中特定的肽键而使之变性沉淀，因而应用凝乳酶生产干酪时，产率和质量都很高，是干酪生产的最佳酶种。食品生产上的凝乳酶是以小牛第四胃黏膜做原料，用食盐提取而得，因而来源有限。采用微生物或转基因工程菌生产是大量得到凝乳酶的有效途径。

3. 微生物蛋白酶 微生物是获得蛋白酶最有效的途径，不会破坏动物资源和植物资源，可常年生产，可从细菌、酵母菌和霉菌中制取。用于生产食品用酶的菌种必须是非致病和不分泌毒素的。我国有用枯草芽孢杆菌1398和栖土曲霉3952生产的中性蛋白酶、用地衣芽孢杆菌2709生产的碱性蛋白酶等。微生物来源的蛋白酶可降低生产成本。

蛋白酶已应用于肉类加工、啤酒生产、面包与糕点的制作等方面，可以改善工艺条件和食品风味，提高产品质量。

(三)脂肪酶

脂肪酶的系统名称是三酰基甘油酰基水解酶，其存在于动物的消化液、植物种子和多种微生物体内。脂肪酶能逐步水解脂肪分子中的酯键而生成脂肪酸和甘油。脂肪酶的最适反应温度为30～40℃，最适pH一般偏碱性，人胰脂肪酶的最适pH为8.6～9.0。脂肪酶催化处于乳化状态的脂肪分子发生水解反应，采用乳化剂(如胆汁盐)以增加脂肪与水界面的接触面，均能提高催化反应速度。粮油变质，酸度上升，常是脂肪酶参与了作用。在原料中，脂肪酶与脂质位于不同部位，但经加工，破碎细胞后，酶与底物相接触，易发生脂肪水解反应，因此成品不如原料耐贮存。但来源于酵母或霉菌的脂肪酶可用于大豆的脱腥以及干酪、奶油等方面的加工生产。

(四)葡萄糖氧化酶

葡萄糖氧化酶是一种需氧脱氢酶，每一酶分子中含有两个FAD。催化反应时，可将葡萄糖第一位碳原子氧化脱氢，生成葡萄糖醛酸-δ-内酯，反应分两步进行(图5-32)。

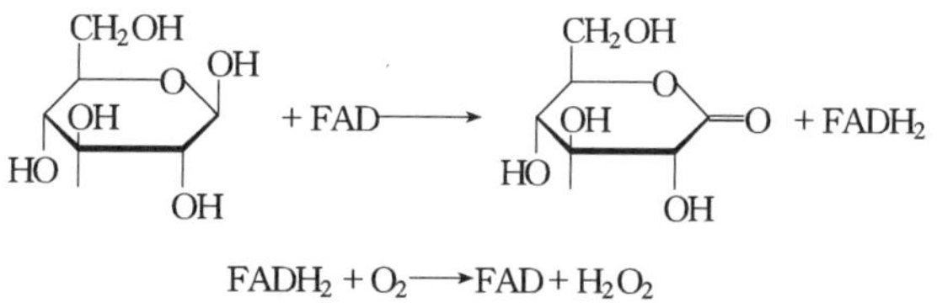

图5-32 葡萄糖氧化酶催化的分步反应

葡萄糖氧化酶催化的总反应如图5-33所示。

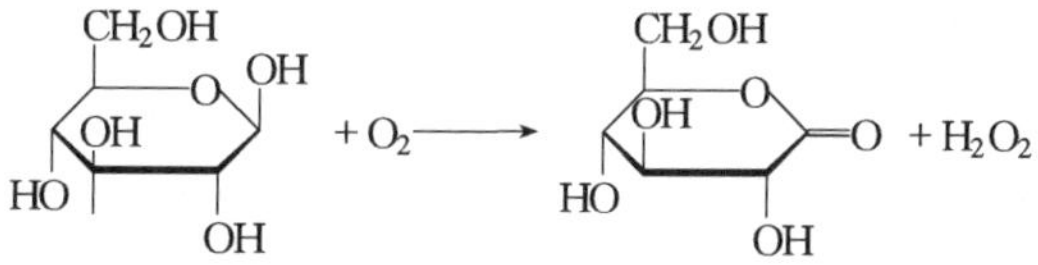

图5-33 葡萄糖氧化酶催化的总反应

葡萄糖氧化酶对β-D-葡萄糖具有很高的专一性，可以选择性地氧化混合物中的β-D-葡萄糖。食品加工中除去葡萄糖可采用该酶进行氧化除糖；在罐装食品中，亦可采用此法除去食品和容器中的氧，防止食品的变质。工业上应用的葡萄糖氧化酶来自点青霉和金黄色青霉，最适温度为30~50℃，最适pH为4.8~6.2。

(五)纤维素酶

纤维素酶是降解纤维素生成葡萄糖的一组酶的总称，它不是单一酶，而是起协同作用的多组分酶系，采用不同的层析和电泳技术可将纤维素酶至少分成3类酶：C_1酶、C_x酶和纤维二糖酶。

(1) C_1酶被认为是纤维素酶系的主要成分，在天然纤维素降解中起主导作用，能作用于结晶纤维素。

(2) C_x酶则不能作用于结晶纤维素，能水解溶解的纤维素衍生物或膨胀和部分降解的纤维素，并有内切和外切两种类型的酶。

(3)纤维二糖酶水解纤维二糖和短链的纤维寡糖生成葡萄糖，它还能作用于所有由葡萄糖组成以β-糖苷键联结而成的二糖，如槐糖(β-1,2糖苷键)、龙胆二糖(β-1,6糖苷键)等。

纤维素的水解需以上3类酶共同协调的作用，方可提高纤维素生成葡萄糖的转化率。

产生纤维素酶的微生物主要有绿色木霉、康氏木霉、粉红侧孢、腐皮镰孢、绳状青霉等。

植物性农副产品是食品工业的主要原料，原料细胞壁含较多的纤维素，恰当地利用纤维素酶处理，可改善食品质量，简化食品加工工艺，因而在果汁生产、香料生产、果蔬生产、种子蛋白利用、速溶茶生产、可发酵糖的生产、琼脂生产、酱油生产、制酒工业等方面得到应用。

除上述几类酶外，葡萄糖异构酶、果胶酶、柚苷酶、橙皮苷酶、花色素酶、蔗糖酶、乳糖酶、蜜二糖酶等在食品工业中也取得了很好的应用效果。

二、酶的改造与模拟

目前为止，已发现和鉴定的酶有4 000多种，但能大规模生产和应用的酶种并不多，主要原因是酶易失活,不稳定,且分离纯化工艺复杂而使制备成本高。因此酶的开发、改造和模拟合成成为一个新的研究领域。

(一)酶的改造

对酶分子结构进行改造与修饰,以改变酶的催化特性,可以拓宽酶作用的范围和用途。

1. 酶的固定化 酶的固定化是将酶固定于不溶性的载体上。经固定化后的酶既具有催化性质,又具有能回收和反复使用的优点。酶的回收可消除酶蛋白对加工产品的污染。对一些耐高温的酶,可通过高温处理菌体,消除其他酶和蛋白质的活性以后,直接做成固定化细胞,细胞内耐高温的酶活保留下来,这种固定化细胞同样可起催化作用。高果糖浆的生产所需的葡萄糖异构酶就是按此法固定的。

2. 酶分子的修饰 通过化学修饰或酶法修饰改造酶分子的某些基团,可以增强酶的稳定性,提高酶活性,甚至改变专一性。例如,用右旋糖酐、肝素等修饰胰凝乳蛋白酶、枯草芽孢杆菌蛋白酶可增强其稳定性;用乙基马来酰亚胺修饰苹果酸酶的巯基,其原有的脱羧活性与还原性发生变化。

现在,人们通过计算机技术、X射线衍射技术、蛋白质溶液构象研究技术与基因工程技术结合在一起进行酶特定部位的定向修饰(site directed mutagenesis),进行酶的预见性修饰与改造。例如,将来自枯草芽孢杆菌的酪氨酸 tRNA 合成酶的 35 位半胱氨酸换成甘氨酸后,该酶结合 ATP 的能力大大增强。又如,枯草芽孢杆菌的蛋白酶,具有氧化不稳定性,有一个易被氧化的甲硫氨酸残基处于活性中心的 222 位,当用另外 19 种氨基酸分别取代这个 222 位的甲硫氨酸残基后,大部分突变后酶的氧化稳定性得到明显提高,但活性有不同程度的下降,说明了特定部位的氨基酸能影响整个酶的性质。因此,定向修饰有可能得到优良特性的酶。

3. 酶分子的定向进化 酶分子的定向进化是在实验室中模拟几十亿年来发生于自然界中生物的漫长进化过程。可利用基因工程的原理,建立酶分子的定向进化方法,用于构建新的非天然酶或改造天然酶分子。这种方法不需要事先了解酶的空间结构和催化机制,采用随机突变、基因重组和自然选择技术,在体外改造酶的基因,并定向筛选出所需性质的突变酶。例如,对某一酶分子进行定向进化,可将该酶的基因分离后,进行 PCR 扩增,利用 Taq DNA 聚合酶不具 $3'{\rightarrow}5'$ 校对功能的特性,控制扩增条件,以较低的突变率向目的基因随机引入突变,凭借定向筛选法,选出正向突变子,然后进行正向突变子间 DNA 的随机组合以构建突变库,通过定向选择方法,选出性质优化的酶。该法能够加速酶向人们所需要的方向进化。

(二)酶的模拟

人们对酶作用机制和原理了解后,就可以模拟酶的活性中心结构和催化机制,用化学合成法制备生产高效、结构简单、性质稳定的新型催化剂。

酶特定的构象使得有关氨基酸侧链基团组织在一起,形成具有高度选择性、有利于降低反应系统负熵、降低反应活化能的活性结构,酶因此也表现出高效、专一的催化性质。所以酶的模拟一般是以高分子聚合物为母体,然后在适当的部位引入相应的功能基团后,能够表现出高效的催化特性和专一性,甚至超过天然酶许多倍的催化活性。例如,以聚乙烯亚胺为母体,引入相应基团后,能够催化脱羧、氧化还原、水解等反应。

现在,对酶的模拟已不仅限于化学手段,基因工程、蛋白质工程等分子生物学手段正发挥越来越大的作用。按照模拟酶的母体或模拟酶的属性,Kirby 将人工合成酶分为:主客体酶、胶束酶、肽酶、抗体酶、分子印迹酶、半合成酶、杂化酶、进化酶等。通过人工合成各种自然界不存在的模拟酶的研究,一些具有实用价值的酶种将会不断问世,用于食品工业的酶也会越来越多,食品工艺技术的面貌也会随之出现极大的改观。

知识窗

服用头孢后能喝酒吗?

感冒、发烧时经常会服用头孢类抗生素来对抗病菌,这类抗生素的副作用比较小,在临床上应用广泛。但如果头孢类抗生素遇到酒,则会发生反应,轻者出现中毒现象,严重时甚至会致人死亡。

人在喝酒后,酒精在体内代谢时会利用乙醇脱氢酶将乙醇转化为乙醛,正常情况下,乙醛会在乙醛脱氢酶催化下转变为乙酸,之后则转化成水和二氧化碳,排出体外。不过,头孢类药物会抑制乙醛脱氢酶的活性。当酒进入体内经过乙醇脱氢酶的转化变成乙醛后,由于头孢类药物的抑制作用,导致乙醛无法继续降解,造成乙醛在人体内大量堆积,使人体受到伤害。这在医学上称为"双硫仑样反应"。

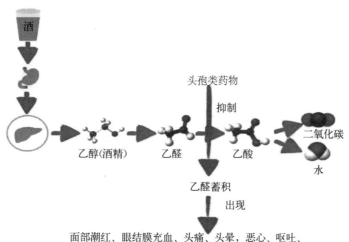

图 5-34 双硫仑样反应

"双硫仑样反应"于1948年被发现,主要症状为面部潮红、头痛、头晕、心悸、胸闷、恶心、呕吐、出汗等,严重的会导致心动过速、心衰、急性心梗等,危及生命。所以,在服用或注射头孢类药物后,短期内应尽量避免饮酒,最好也不要食用含有乙醇的食品或者其他药物,如米酒、蜂王浆、豆腐乳、藿香正气水等,一周后再饮酒会比较安全。

复习题

1. 酶与无机催化剂相比,有何异同点?
2. 在酶催化过程中,酶蛋白和辅因子各起什么作用?
3. 酶的命名有哪些方法?
4. 影响酶催化反应的因素有哪些?
5. 如何区分酶的可逆抑制与不可逆抑制?
6. 竞争性抑制和非竞争性抑制有何区别?
7. 水溶性维生素中参与构成酶的辅因子有哪些?在酶催化反应中有何功能?

8. 新采摘的鲜玉米的甜味是由于籽粒中蔗糖的含量高。由于采摘后一天内大约50%的游离蔗糖被转化成淀粉，所以采摘后几天的玉米便失去了甜味。为了保持鲜玉米的甜味，可以将带皮的玉米穗浸泡在沸水中几分钟然后在凉水中冷却，玉米经过这样的加工并低温贮存可以维持其甜味。请问这个过程的生化基础是什么？

02

第二篇　代谢篇

　　构成生物体的物质处于不断运动和转化之中，从而表现出生命的基本特征——新陈代谢。生物体一方面从外界环境中吸取营养物质，经过代谢转化、自我更新，成为生物体的组成成分；另一方面又分解体内的物质，吐故纳新，满足代谢的需要，保持旺盛的生命活力。生物体内物质的合成与分解过程伴随着多种形式的能量转化，即物质的代谢总是伴随着能量的代谢。不同类型物质的代谢之间存在着广泛的联系。各代谢途径通过相同的代谢中间物作为节点，构成一个物质代谢网络。食物成分进入该网络的流向由体内精细的调节系统控制，使各种物质代谢维持在一种均衡状态，成为一个统一的整体。本篇所介绍的生物氧化、糖类代谢、脂类代谢、氨基酸和核苷酸代谢、核酸及蛋白质的生物合成、物质代谢途径的相互关系与调控不仅揭示了生物体内各物质的合成和分解途径，还可了解各物质之间的相互转化，有助于理解食品中不同营养物质的功能。

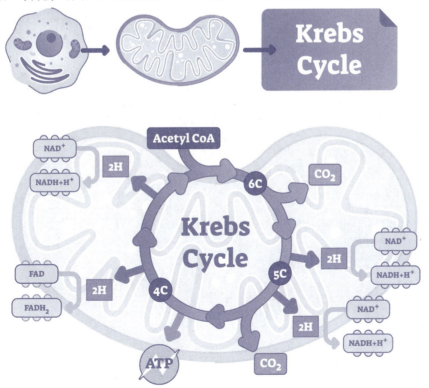

CHAPTER 6 第六章 生物氧化

生物体在其生长、发育、繁殖、运动等所有生命活动中都需要能量，能量是生命赖以存在的基础。生物不仅从环境中获得其生长和发育所需的营养物质，同时也从这些营养物质中获得所需的能量。动物和大多数微生物，通过生物氧化作用，将糖、蛋白质、脂肪等有机物质贮存的化学能释放出来，并转化为生物能，满足生命活动所需。

第一节 生物氧化概述

一、生物氧化的定义和特点

(一)生物氧化的定义

生物氧化(biological oxidation)就是指有机物质在生物体内氧化分解，产生 CO_2 和 H_2O，并放出供给生物一切活动所需能量的过程。因此生物氧化又称为呼吸作用。由于生物氧化是在活细胞中进行的，所以又称为细胞呼吸。

(二)生物氧化的特点

有机物质的生物氧化与其体外燃烧的终产物完全一样，都是 CO_2 和 H_2O，释放出的能量值也相等，但二者的表现形式和氧化条件却有很大的差别。生物氧化释放出的能量主要转交给 ATP 分子或以磷酸肌酸形式贮存起来，供生命体活动时使用。

生物氧化的基本特点表现为以下几个方面：

① 生物氧化的反应条件温和。生物氧化是在生物细胞内进行的酶促氧化过程，是在体温、常压、近于中性 pH 及有水环境介质中进行的；而燃烧是在剧烈的条件下进行的。

② 生物氧化为酶促反应。生物氧化是在一系列酶、辅酶和中间传递体的作用下逐步进行的。

③ 生物氧化的主要方式是脱氢和电子转移，脱下的氢最后与氧形成水。CO_2 是通过有机酸脱羧反应生成的。

④ 生物氧化分阶段进行，能量逐步释放，并受到调节控制。这样不会因为氧化过程中能量骤然释放而损害机体，同时使释放的能量得到有效的利用。

⑤ 生物氧化过程中释放的能量，除以热的形式散失(用来维持体温)外，相当一部分能量通过与 ATP 合成相偶联，转换成生物体能够利用的生物能形式 ATP，用于满足机体各种生理活动的需要。

二、生物氧化的方式与 CO_2 的生成

(一)生物体内物质氧化的方式

生物体内物质氧化的方式以脱氢、加氧和脱电子反应几种方式为主。其中，脱氢是最为常见的

氧化方式。

1. 脱氢反应 许多有机物质生物氧化的重要步骤，是从作用物分子中脱下一对质子和一对电子，常由各种类型的脱氢酶催化。例如，

$$\underset{\text{琥珀酸}}{HOOC—CH_2—CH_2—COOH} \xrightarrow{\text{琥珀酸脱氢酶}} \underset{\text{延胡索酸}}{HOOC—CH═CH—COOH} + 2H^+ + 2e^-$$

2. 加氧反应 加氧酶能够催化氧分子直接加入有机分子中。例如，

$$CH_4 + NADH + O_2 \xrightarrow{\text{甲烷单加氧酶}} CH_3OH + NAD^+ + H_2O$$

这种氧化方式主要存在于微粒体中，与体内的某些代谢物、外来毒物、药物的生物转化有关。

3. 脱电子反应 脱电子反应是从底物分子中脱去电子，使化合价改变的一种氧化方式。

在生物体内，不存在游离的电子或氢原子，脱下的电子或氢原子必须由另一物质所接受。接受电子或氢原子的反应为还原反应，所以生物体内的氧化反应是与还原反应偶联进行的。被氧化的物质失去电子或氢原子，必然有物质得到电子或氢原子而被还原。在这种反应中，失去电子或氢原子的物质称为供电子体或供氢体；接受电子或氢原子的物质称为受电子体或受氢体；既能接受氢（或电子）又能供给氢（或电子）的物质起传递氢（或电子）的作用，称为递氢体（或递电子体）（图 6－1）。

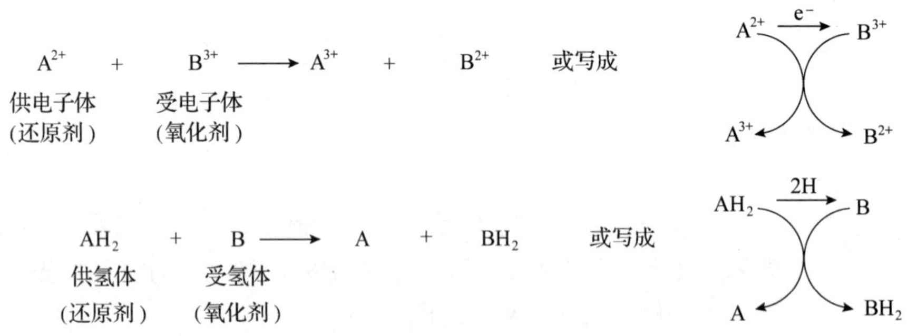

A^{2+} + B^{3+} → A^{3+} + B^{2+} 或写成
供电子体（还原剂）
受电子体（氧化剂）
A^{2+} e^- B^{3+}
A^{3+} B^{2+}
AH_2 + B → A + BH_2 或写成
供氢体（还原剂）
受氢体（氧化剂）
AH_2 2H B
A BH_2

图 6－1 脱电子反应通式

（二）CO_2 的生成

生物氧化所产生的 CO_2 并不是由有机物质中的碳与氧直接结合产生的，而是来源于氧化代谢的中间产物羧酸的脱羧作用。有机酸的脱羧包括直接脱羧和氧化脱羧。

1. 直接脱羧作用 直接脱羧作用是羧酸在脱羧酶的催化作用下，直接从分子中脱去羧基。例如，丙酮酸的脱羧作用为

$$\underset{\text{丙酮酸}}{CH_3COCOOH} \xrightarrow[Mg^{2+}、TPP]{\alpha\text{-酮酸脱羧酶}} \underset{\text{乙醛}}{CH_3CHO} + CO_2$$

2. 氧化脱羧作用 氧化脱羧作用是指有机酸在氧化脱羧酶系的催化作用下，在脱羧的同时，也发生氧化（脱氢）作用。例如，苹果酸的氧化脱羧作用为

$$\underset{\text{苹果酸}}{HOOC—CHOH—CH_2—COOH} + NADP^+ \xrightarrow{\text{苹果酸酶}} \underset{\text{丙酮酸}}{HOOC—\overset{\overset{\displaystyle O}{\|}}{C}—CH_3} + CO_2 + NADPH + H^+$$

三、生物氧化的酶类

(一)氧化酶类

氧化酶类的辅基常含有铁、铜等金属离子，它们的作用特点是在催化代谢脱氢的同时激活氧原子，活化的氧(O^{2-})与从代谢物脱下来的氢离子结合成水。细胞色素氧化酶、抗坏血酸氧化酶、酚氧化酶等都属于此类酶。其催化方式如图6-2所示。

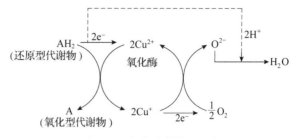

图6-2 氧化酶催化的反应

(二)脱氢酶类

在有适宜的受氢体存在时，脱氢酶能催化代谢物脱氢。根据受氢体的不同，脱氢酶又可分成需氧脱氢酶和不需氧脱氢酶两类。

1. 需氧脱氢酶 需氧脱氢酶的辅基为FMN，属于黄素酶类。其作用特点是催化代谢物脱氢，也是以氧为受氢体，但生成物是过氧化氢而不是水。其作用方式如图6-3所示。

需氧脱氢酶催化的反应过程中，生成的过氧化氢(H_2O_2)除在某些组织中具有某些生理作用外，对大多数组织来说，是一种毒性物质。但是动植物体内含有丰富的过氧化氢酶和过氧化物酶，可将H_2O_2迅速分解。常见的需氧脱氢酶有氨基酸氧化酶、黄嘌呤氧化酶、醛氧化酶等。

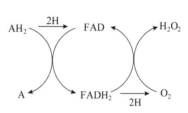

图6-3 需氧脱氢酶催化的反应

2. 不需氧脱氢酶 不需氧脱氢酶催化的氧化反应不是以氧作为直接受氢体，而是以该酶的辅酶或辅基作为受氢体，然后再经过一系列递氢体和递电子体，最后将氢传递给氧而生成水。

不需氧脱氢酶是体内最重要的脱氢酶。根据直接受氢体的不同，不需氧脱氢酶可分为以吡啶核苷酸(NAD^+、$NADP^+$)为辅酶和以黄素核苷酸(FMN、FAD)为辅基的不需氧脱氢酶(表6-1)。

表6-1 不需氧脱氢酶

不需氧脱氢酶	辅酶(辅基)	催化的反应
乳酸脱氢酶	NAD	乳酸⇌丙酮酸
6-磷酸葡萄糖脱氢酶	NADP	6-磷酸葡萄糖→6-磷酸葡萄糖酸
异柠檬酸脱氢酶	NAD、NADP	异柠檬酸→α-酮戊二酸
琥珀酸脱氢酶	FAD	琥珀酸⇌延胡索酸
脂肪酰辅酶A脱氢酶	FAD	脂肪酰辅酶A⇌不饱和脂肪酰辅酶A
谷氨酸脱氢酶	NAD	谷氨酸⇌α-酮戊二酸+NH_3

第二节 呼 吸 链

氧化磷酸化是在线粒体内进行的，在线粒体内膜上存在着由一系列递氢体和递电子体按照特定顺序排列的反应体系。底物脱下的氢经过该体系的传递，最终传递给氧生成水，并放出大量能量。这一体系称为呼吸链(respiratory chain)(图6-4)。呼吸链中传递氢的酶和辅酶称为递氢体，传递电子的酶和辅酶称为递电子体。

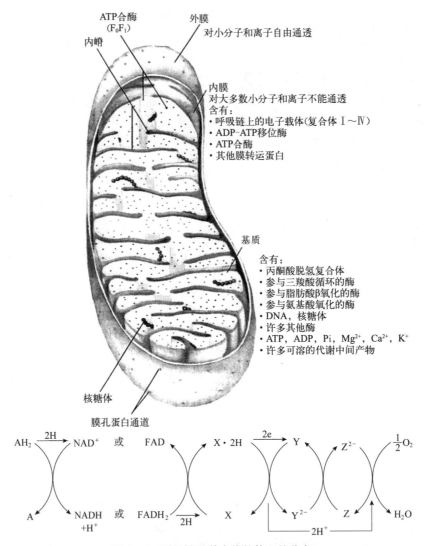

图 6-4 呼吸链及其在线粒体上的分布

(线粒体内膜上的皱褶提供了一个非常大的表面,单个肝线粒体的内膜可能具有 10 000 套以上的电子传递系统(呼吸链)和 ATP 合酶分子,分布在膜的表面。心线粒体因为含有更丰富的皱褶,所以有更大的内膜表面,含有 3 倍于肝线粒体的电子传递系统数量。线粒体中的辅酶和中间体库在功能上与胞质溶胶的辅酶和中间体库是分开的)

用去垢剂处理线粒体内膜可分离出 4 种有电子传递活性的复合体。实际上,呼吸链的存在形式是镶嵌于线粒体内膜上的 4 种电子传递蛋白复合体及 2 种游离的组分,都含有有氧化还原活性的酶和辅酶(表 6-2)。

表 6-2 人线粒体呼吸链复合体

复合体	酶名称	相对分子质量	亚基数	辅酶或辅基
I	NADH-UQ 还原酶①	850 000	26	FMN、Fe-S
II	琥珀酸-UQ 还原酶②	127 000	5	FAD、Fe-S
III	UQ-Cyt c 还原酶③	280 000	10	Cyt b、Cyt c_1、Fe-S
IV	Cyt c 氧化酶④	200 000	13	Cyt a、Cyt a_3、Cu

注:① 含有以 FMN 为辅基的黄素蛋白(FP)和铁硫蛋白(Fe-S),其作用是将 NADH 脱下的氢经 FMN、Fe-S 等传递给泛醌(UQ)。
② 含有以 FAD 为辅基的 FP、Fe-S、Cyt b_{560},其作用是将电子从琥珀酸传递给 UQ。
③ 含有 Cyt b、Cyt c_1 和 Fe-S,其作用是将电子从 UQ 传递给 Cyt c。
④ 含有 Cyt a 和 Cyt a_3,虽然它们的结构和功能不同,但因两者结合紧密,很难分离,故亦称为 Cyt aa_3。Cyt aa_3 的功能是将电子从 Cyt c 传递给 O_2,又称细胞色素氧化酶。

一、呼吸链的组成

目前，已经发现20多种组成呼吸链的成分，可将它们分成5大类。

(一)辅酶Ⅰ(CoⅠ)

辅酶Ⅰ为烟酰胺腺嘌呤二核苷酸(NAD^+)，在加氢反应时可接受1个氢原子和1个电子，NAD^+的主要功能是作为递氢体接受代谢物脱下的2H，由氧化型(NAD^+或$NADP^+$)变为还原型($NADH+H^+$或$NADPH+H^+$)，然后传递给邻近的黄素蛋白。

NAD^+或$NADP^+$ 氧化型　　　　$NADH$或$NADPH$ 还原型

(二)黄素蛋白

黄素蛋白(flavoprotein，FP)种类很多，其辅基有2种：黄素单核苷酸(FMN)和黄素腺嘌呤二核苷酸(FAD)。两者均含维生素B_2。FP可作为递氢体催化代谢物脱氢，脱下的氢被其辅基FMN或FAD接受，转变为还原型$FMNH_2$或$FADH_2$，此过程可逆。

氧化型FMN或FAD　　　　还原型FMN或FAD

(三)铁硫蛋白

铁硫蛋白(iron-sulfur proteins，Fe-S)又称为铁硫中心，其特点是含等量的非血红素铁原子和对酸不稳定的硫原子。Fe-S作为单电子传递体，分子中的铁原子可通过可逆的反应($Fe^{2+} \rightleftharpoons Fe^{3+} + e^-$)每次传递1个电子。

在呼吸链中，铁硫蛋白多与黄素蛋白(FP)或细胞色素b结合成复合物存在。

(四)辅酶Q

辅酶Q(coenzyme Q，CoQ)又称为泛醌(ubiquinone，UQ或Q)。作为递氢体，辅酶Q分子中的苯醌结构接受$FMNH_2$或$FADH_2$释放的2个H，还原成二氢泛醌(UQH_2)。

泛醌（醌型或氧化型）　　　泛醌H（半醌型）　　　二氢泛醌（氢醌型或还原型）

(五)细胞色素体系

细胞色素(cytochrome，Cyt)体系是位于线粒体内膜的电子传递体系，是以传递电子为其主要功能的色素蛋白，其辅基为铁卟啉。细胞色素通过辅基的可逆反应($Fe^{2+} \rightleftharpoons Fe^{3+} + e^-$)来传递电子。细胞色素在组织中分布极广，呼吸链中有a、a_3、b、c和c_1共5种。细胞色素aa_3以复合物形式存在，又称为细胞色素氧化酶，是呼吸链的末端成分，含有铜原子。细胞色素的辅基为血红素，但细胞色素aa_3的辅基为血红素A。血红素A不同于血红素之处在铁原卟啉辅基上，其第8位上以甲酰基代替了甲基，第 2 位上以长达 17 个碳的疏水侧链代替了乙烯基(图 6－5)。

铁原卟啉Ⅸ
(在b型细胞色素中)

血红素C
(在c型细胞色素中)

血红素A
(在a型细胞色素中)

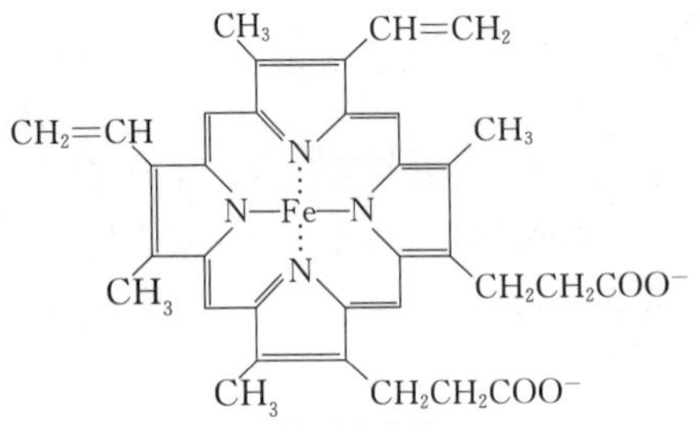

图 6－5　细胞色素的辅基

［每一种细胞色素辅基都由 4 个含氮五元环组成，这些五元环连接在一起形成一种叫作卟啉的环状结构。其中的 4 个氮原子与一个中心 Fe 离子(Fe^{2+}或Fe^{3+})形成配位键。铁原卟啉Ⅸ存在于 b 型细胞色素、血红蛋白和肌红蛋白中。血红素 C 通过与两个半胱氨酸残基形成硫醚键而共价连接在细胞色素 c 的蛋白质上。血红素 A 在 a 型细胞色素中发现，它含有一个连接在五元环上的类异戊二烯长尾巴。卟啉环上的共轭双键系统是这些血红素能够吸收可见光的原因］

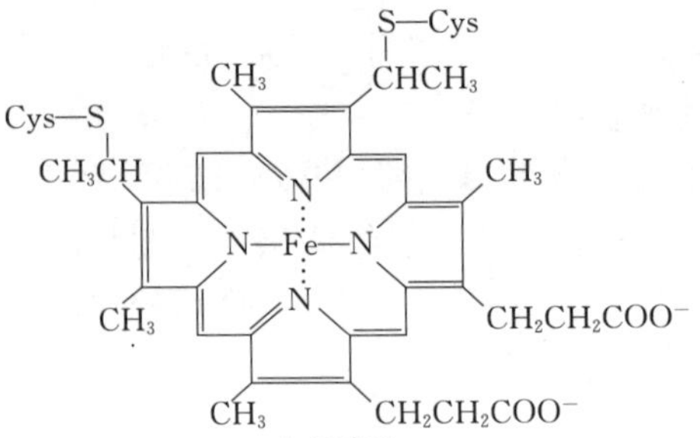

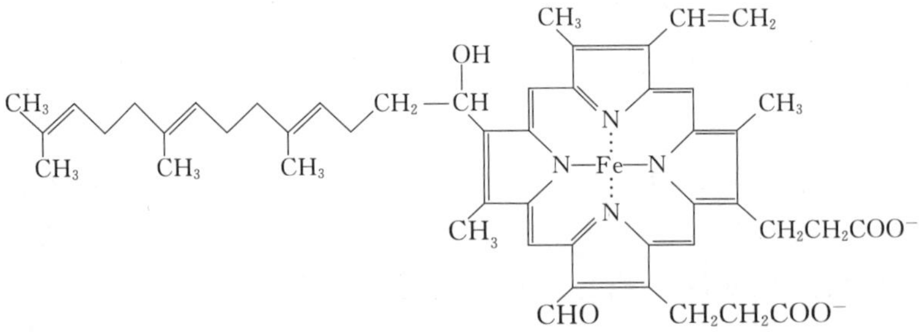

二、线粒体内两条重要的呼吸链

线粒体呼吸链的电子传递酶系及相关的蛋白，都分布在内膜上，这些酶和蛋白以超分子形式存在，组成具有相对独立功能的复合体。现在已经分离出了 4 种复合体，它们组成一个完整的线粒体呼吸链体系。在线粒体内，主要的呼吸链有 2 条：NADH 氧化呼吸链和琥珀酸氧化呼吸链。各种电子传递体的排列顺序如图 6－6 所示。

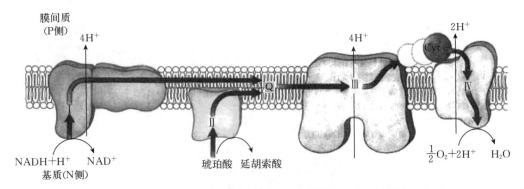

图 6－6　呼吸链的 4 种复合物和电子载体的组成及其顺序

(电子经过复合体Ⅰ和Ⅱ到达 Q。QH_2 作为一种可移动的电子和质子载体，它将电子传递给复合体Ⅲ，复合体Ⅲ将电子传递给另一种可移动的联结分子细胞色素 c。然后复合体Ⅳ将电子从还原型细胞色素 c 传递到分子氧。电子流经复合体Ⅰ、Ⅲ和Ⅳ的时候还伴随着从基质到膜间质的质子流动)

(一)NADH 氧化呼吸链

NADH 氧化呼吸链为细胞内最常见的一条重要的呼吸链。代谢过程中多种代谢物(如苹果酸、乳酸等)脱氢时,辅酶 NAD^+ 接受氢生成 $NADH+H^+$,通过复合体Ⅰ传递给 UQ 并生成 UQH_2,后者把 $2H^+$ 释放于介质中,而将 2 个电子经复合体Ⅲ(Cyt b、Fe-S、Cyt c_1)、Cyt c 和复合体Ⅳ,最终交给氧,生成 O^{2-},再与介质中的 $2H^+$ 结合生成水,如图 6-7 所示。

(二)琥珀酸氧化呼吸链

琥珀酸氧化呼吸链又称为 $FADH_2$ 氧化呼吸链,其中琥珀酸、脂酰 CoA 和 α-磷酸甘油等脱下的氢直接经复合体Ⅱ(FAD、Fe-S、Cyt b_{560})传递给 UQ,生成 UQH_2,此后的传递与 NADH 氧化呼吸链相同,最终将 2 个电子传递给氧,生成 H_2O,如图 6-7 所示。这条呼吸链不如 NADH 氧化呼吸链作用普遍。

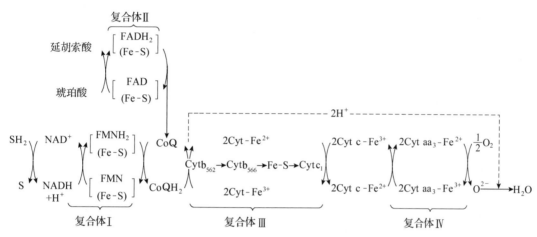

图 6-7 2 条重要的呼吸链及水的生成

(图中复合体Ⅰ、复合体Ⅲ和复合体Ⅳ为 NADH 氧化呼吸链;复合体Ⅱ、复合体Ⅲ和复合体Ⅳ为琥珀酸氧化呼吸链)

第三节 生物氧化中能量的转变

糖、脂肪和蛋白质等代谢物的分子结构中蕴藏有大量的能量,在细胞代谢过程中,这些物质逐渐分解,经生物氧化逐步释放能量,一部分能量用于形成高能磷酸键,贮存于高能磷酸化合物中,供机体直接利用,一部分以热的形式维持体温或散失于环境中。

化学键水解时,能量释放出来,不同的化学键水解时所释放的能量不同。细胞代谢过程中,有许多代谢中间产物是磷酸化合物,如 6-磷酸葡萄糖、α-磷酸甘油等,它们中都含有磷酸酯键。在生物化学上,一般将磷酸酯键水解时,释放出的能量小于 20 kJ/mol 者称为低能键,而把水解时释放出的能量高于 20 kJ/mol 者称为高能键。高能磷酸键常用~P 表示。如 ATP 分子中有 3 个磷酸基,当末端的磷酸基被水解时,产生 ADP 和一个无机磷酸,释放出 30.5 kJ/mol 的标准自由能。除了 ATP 含有高能键外,细胞内还有许多其他代谢物也含有高能键,如磷酸肌酸、磷酸烯醇式丙酮酸、乙酸辅酶 A 等。含高能键的化合物称为高能化合物。体内最重要的高能化合物是三磷酸腺苷(ATP)。生命活动中,能量的释放、贮存和利用都和 ATP 的合成与水解有关,所以 ATP 是能量的载体。

ATP 是由腺嘌呤、核糖和 3 个磷酸组成的游离的单核苷酸。在生理条件下,ATP 分子内的 3 个相邻磷酸基团均可解离为带负电荷的基团,互相排斥,这种高张力分子状态可贮存较大的化学能。当末端 2 个磷酸酯键水解时,有大量的自由能释放出来。

糖酵解与运动供能

一、磷酸肌酸和磷酸精氨酸的贮能作用

ATP 虽然在提供能量方面起重要作用，但是它并不是能量的贮存库，严格来说，ATP 只是一个能量的携带者或者传递者。脊椎动物的能量贮存分子为磷酸肌酸。当 ATP 浓度高时，肌酸即通过酶的作用，直接接受 ATP 高能磷酸基团形成磷酸肌酸贮存于体内。当 ATP 浓度低而机体又需要能量时，磷酸肌酸又将高能磷酸基团转移给 ADP 形成 ATP。因此它是 ATP 高能磷酸基团的贮存库。

$$肌酸 + ATP \rightleftharpoons 磷酸肌酸 + ADP$$

无脊椎动物则以磷酸精氨酸作为能量贮存分子。

二、ATP 的生成

细胞内的 ATP 是由 ADP 磷酸化生成的，在这个过程中需要消耗化学能。体内 ATP 的生成方式有 2 种：底物水平磷酸化和氧化磷酸化。

(一)底物水平磷酸化

在物质代谢过程中，一些代谢中间产物含有高能键(高能磷酸键或高能硫酯键)。这些化合物可把高能键的能量直接转给 ADP，生成 ATP，此过程称为底物水平磷酸化(substrate level phosphorylation)。以下为体内底物水平磷酸化反应的 3 个例子。

$$1,3-二磷酸甘油酸 + ADP \xrightleftharpoons{3-磷酸甘油酸激酶} 3-磷酸甘油酸 + ATP$$

$$磷酸烯醇式丙酮酸 + ADP \xrightarrow{丙酮酸激酶} 丙酮酸 + ATP$$

$$琥珀酸单酰 CoA + H_3PO_4 + GDP \xrightleftharpoons{琥珀酸单酰 CoA 合成酶} 琥珀酸 + CoASH + GTP$$

(二)氧化磷酸化

代谢物脱下的氢经呼吸链传递给氧生成水，氧化释出的能量驱动 ADP 磷酸化生成 ATP，这种呼吸链的氧化反应与 ADP 的磷酸化反应相偶联的过程，称为氧化磷酸化(oxidative phosphorylation)，为体内生成 ATP 的主要方式。

1. P/O 比值 P/O 比值指物质经呼吸链氧化时，每消耗 1 个氧原子与所消耗无机磷酸分子的个数。以前认为无机磷酸的消耗量可反映出物质经氧化磷酸化过程中 ATP 的生成数。但许多物质的测定结果常不是整数。P. C. Hinkl 等根据化学渗透学说理论进了实际测定，因 ATP 的生成是由线粒体膜两边的质子梯度形成的膜电位差来推动的，而经呼吸链每传递 1 对电子到氧时，有 10 个质子从线粒体基质被泵到膜外(至 CoQ 时泵出 4 个质子，至 Cyt c 时泵出 2 个，到 Cyt a_3 时又泵出 4 个)，而质子经过 ATP 合酶通道返回线粒体基质时，每通过 3 个质子则合成 1 分子 ATP。而生成的 ATP 被膜上的腺苷转移酶转移到胞质中去又要消耗 1 个质子。因此每合成 1 分子 ATP 共消耗 4 个质子。结果 1 对氢原子经 NAD 氧化呼吸链生成水产生 ATP 分子数 = 10/4 = 2.5；经琥珀酸氧化呼吸链生成水则产生 ATP 分子数 = 6/4 = 1.5。本书亦采用此数值。

2. 氧化磷酸化偶联机制

(1)化学渗透学说。Peter Mitchell 于 1961 年提出的化学渗透学说(chemiosmotic theory)(图 6-8)。

对氧化磷酸化偶联机制的解释已得到普遍接受，他因此获得 1978 年诺贝尔化学奖。其基本要点如下：

① 当电子通过电子传递链进行转移时，组成呼吸链的复合体具有质子泵的作用，氢质子被从线粒体基质中转运到内膜外侧，结果在内膜外侧和基质间形成了电势梯度和质子浓度梯度，即电化学梯度，这里既有质子浓度梯度，又有跨膜电位差，这种电化学梯度中蕴含着能量，就是质子驱动力。

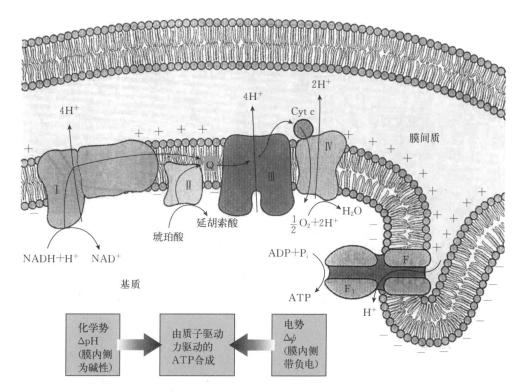

化学渗透学说示意

图 6-8　化学渗透学说示意

[来自 NADH 和其他可氧化底物的电子将穿过不对称地排列在内膜上的一个电子载体链。电子流动伴随质子的跨膜转移,既产生一种化学梯度(ΔpH),也产生一种电梯度($\Delta \psi$)。线粒体内膜对于质子是不可透过的;质子只能通过质子专用通道(F_0)重新进入基质。驱动质子回流进入基质的质子驱动力给 ATP 合成提供了能量,这种合成反应由与 F_0 结合在一起的 F_1 复合体催化]

② 内膜外侧大量的质子可以通过线粒体内膜上特殊的通道穿过内膜返回线粒体基质,从而降低内膜两侧的质子浓度梯度。

③ 质子穿过的通道具有 ATP 合酶活性,当质子穿过时可以利用 ATP 合酶产生 ATP。即形成 ATP 的能量来源于质子顺梯度回流时的质子驱动力。

(2)ATP 合酶。线粒体内膜和嵴的基质面上有许多排列规则的带柄的球状小体,称为基本颗粒,简称基粒。基粒由头部、柄部和基部组成,也称为三联体或 ATP 合酶(ATP synthase)。ATP 合酶(图 6-9),由嵌入内膜中疏水的 F_0 部分和突出于线粒体基质中亲水的 F_1 部分组成,因此又称为 F_0F_1 复合体。形态为线粒体内膜基质侧的许多球状颗粒突起。F_1 的主要亚基是 α_3、β_3、γ、δ、ε,其功能是催化 ATP 生成。当质子顺梯度经 F_0 回流时,F_1 催化 ADP 和 Pi 生成 ATP。此外,在 F_0 和 F_1 之间的柄部还有寡霉素敏感蛋白(oligomycin sensitivity conferring protein, OSCP)。寡霉素敏感蛋白与寡霉素结合后可抑制 ATP 合酶活性。

(3)ATP 合成的旋转催化机制模型。ATP 合成的旋转催化机制模型(图 6-10)是由 P. Boyer 提出的,该模型的基本要点如下:

① 在 F_1 上有 3 个活性位点,这 3 个活性位点轮流催化 ATP 的合成。

② 当一个 β 亚基处于 β-ADP 构象状态时,这个亚基可以从环境中结合 ADP 和无机磷酸,之后 β-ADP 改变构象状态为 β-ATP 构象状态,β-ATP 构象状态可以紧密结合并稳定住 ATP。

③ 当最后亚基变为和 ATP 亲和力较低的 β 空间构象状态时,新合成的 ATP 就离开酶分子表面,而这个亚基又转变为 β-ADP 构象状态,此时又开始第二轮 ATP 合成的循环。这种构象变化是由质子通过 ATP 合酶的 F_0 质子通道时驱动的。

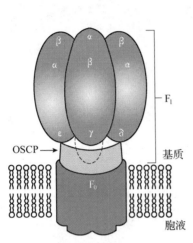

图 6-9 ATP 合酶结构示意

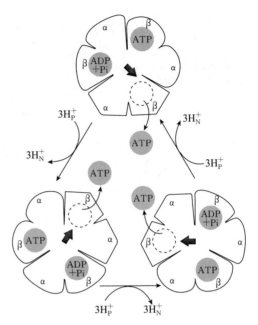

图 6-10 ATP 生成的机制

3. 影响氧化磷酸化的因素

(1) 抑制剂。抑制剂以其作用部位的不同,可分为 4 类:电子传递抑制剂、氧化磷酸化抑制剂、解偶联剂及离子载体抑制剂。

① 电子传递抑制剂:电子传递抑制剂可在特异部位阻断呼吸链的电子传递,故也称为呼吸链抑制剂,因此都是毒性物质。目前已知的电子传递链抑制剂包括下述几种:

a. 鱼藤酮、异戊巴比妥、粉蝶霉素 A 等,可与复合体 I 中的 Fe-S 结合,阻断电子传递到 UQ。

b. 抗霉素 A(antimycin A)、二巯基丙醇(BAL)等,抑制复合体 Ⅲ 中 Cyt b 到 Cyt c_1 的电子传递。

c. CO、—CN、—N_3、H_2S 等,抑制 Cyt c 氧化酶,阻断电子由 Cyt aa_3 到 O_2 的传递。这些抑制剂均为毒性物质,可使细胞内呼吸停止,严重时导致细胞活动停止,机体死亡。苦杏仁、桃仁、白果(银杏)等含有一定量的氰化物,可引起中毒。冬天取暖时,要警惕发生煤气中毒。

② 氧化磷酸化抑制剂:氧化磷酸化抑制剂可同时抑制电子传递和 ADP 磷酸化。如寡霉素(oligomycin)可与 ATP 合酶柄部寡霉素敏感蛋白(OSCP)结合,阻断质子通道回流,抑制 ATP 生成;H^+ 在线粒体内膜外积累,影响呼吸链质子泵的功能,从而抑制电子传递。

③ 解偶联剂:该类抑制剂(uncoupler)的作用实质是破坏内膜两侧的电化学梯度而使氧化与磷酸化偶联脱离。最常见的解偶联剂是二硝基苯酚(dinitrophenol,DNP)。二硝基苯酚为脂溶性分子,通过在线粒体内膜中自由移动,由胞液向内膜基质侧转移 H^+,从而破坏质子电化学梯度,使 ATP 不能生成,氧化磷酸化解偶联。

④ 离子载体抑制剂:离子载体(ionophore)抑制剂具脂溶性且又能结合阳离子,因而它可以结合于线粒体内膜的脂双层,形成如 Na^+、K^+ 及其他一价阳离子通道,从而破坏膜两侧的电位梯度,使 ATP 不能生成。缬氨霉素可结合 K^+、短杆菌肽可结合 Na^+ 和 K^+,属此类抑制剂。而解偶联剂二硝基苯酚只能结合质子。

(2) ADP。ADP 为氧化磷酸化的底物,当机体利用 ATP 增多时,ADP 浓度增高,转运入线粒体后,使氧化磷酸化速度加快;反之,ADP 不足时,氧化磷酸化速度减慢,这种调节作用使 ATP 的生成速度适应生理需要,防止能源浪费。

(3)甲状腺激素。甲状腺激素是调节机体能量代谢的重要激素,它可诱导细胞膜上 Na^+-K^+-ATP 酶的生成,使 ATP 加速分解为 ADP 和 Pi,ADP 进入线粒体数量增多,促进氧化磷酸化反应。因 ATP 合成和分解速度均增加,引起机体耗氧量和产热量增加,基础代谢率升高。所以甲状腺功能亢进患者基础代谢率增高,产热量也增加。

(4)线粒体 DNA 突变。线粒体 DNA(mitochondrial DNA,mtDNA)为裸露的环状双螺旋结构,缺乏蛋白质保护和损伤修复系统,易受多种因素的影响发生突变,突变率为核 DNA 突变率的 10~20 倍。线粒体 DNA 编码呼吸链复合体中 13 条多肽链及线粒体蛋白质生物合成所需的 22 个 tRNA 和 2 个 rRNA,因此线粒体 DNA 突变可影响氧化磷酸化,使 ATP 生成减少而引起线粒体 DNA 病。线粒体 DNA 病的症状取决于线粒体 DNA 突变的严重程度和各组织器官对 ATP 的需求情况,耗能较多的组织首先出现功能障碍,包括线粒体脑病、线粒体肌病,常见的症状有盲、聋、痴呆、肌无力等。

三、ATP 的循环

ATP 循环(ATP cycle)也称为 ATP-ADP 循环,是指体内 ATP 生成和利用形成的循环(图 6-11)。糖、脂肪等物质分解代谢中产生的能量很大部分用来合成 ATP,ATP 是机体所需能量的直接供给者。ATP 分解时释放出的能量,可与体内各种吸能反应相偶联,从而完成各种生理活动,如生物合成反应、肌肉收缩、信息传递、离子转运等。

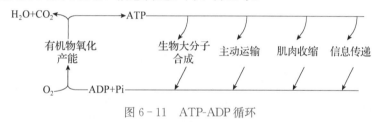

图 6-11 ATP-ADP 循环

四、线粒体外 NADH 的氧化

线粒体内三羧酸循环等氧化途径大量产生的 NADH 和 $FADH_2$,可直接产生 ATP。而线粒体外胞液中如糖酵解中 3-磷酸甘油醛脱氢等反应生成的 NADH,不能自由通过线粒体膜而进入线粒体内的呼吸链进行氧化,必须将 2H 交给能自由通过线粒体内膜的中间物,中间物将 $2H^+$ 带入线粒体内,交给线粒体内的 NAD^+ 或 FAD^+,中间物又穿出线粒体重新携带线粒体外 NADH 的 H^+。这一转运机制称为穿梭作用。穿梭作用主要有两种方式:α-磷酸甘油穿梭作用和苹果酸-天冬氨酸穿梭作用。

(一)α-磷酸甘油穿梭作用

α-磷酸甘油穿梭作用(glycerol-α-phosphate shuttle)主要发生在脑、骨骼肌、肝等组织器官。在胞液中生成的 NADH 可在胞液的 α-磷酸甘油脱氢酶(辅酶为 NAD^+)的催化下,使磷酸二羟丙酮还原成 α-磷酸甘油。后者进入线粒体,在线粒体内的 α-磷酸甘油脱氢酶(辅酶为 FAD)作用下,生成磷酸二羟丙酮和 $FADH_2$。磷酸二羟丙酮可穿出内膜到胞液继续作用。通过这种穿梭作用将线粒体外的 NADH 变为线粒体内的 $FADH_2$ 进入呼吸链氧化,1 分子 $FADH_2$ 氧化产生 1.5 分子 ATP(图 6-12)。

(二)苹果酸-天冬氨酸穿梭作用

苹果酸-天冬氨酸穿梭作用(malate-aspartate shuttle)存在于心肌中。胞液中的 NADH 在苹果酸脱氢酶催化下,使草酰乙酸还原为苹果酸,后者进入线粒体。进入线粒体的苹果酸又在苹果酸脱氢酶作用下,重新生成草酰乙酸和 NADH。在这两个可逆反应中,苹果酸起到将胞液中 NADH+H^+ 的两个氢带入线粒体的作用。而线粒体内生成的草酰乙酸则经谷草转氨酶作用生成天冬氨酸,

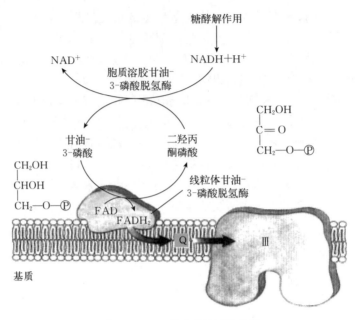

图 6-12 α-磷酸甘油穿梭作用

然后穿出线粒体，再转变为草酰乙酸继续穿梭作用。经此种穿梭作用，1 分子 NADH+H$^+$ 氧化可产生 2.5 分子 ATP(图 6-13)。

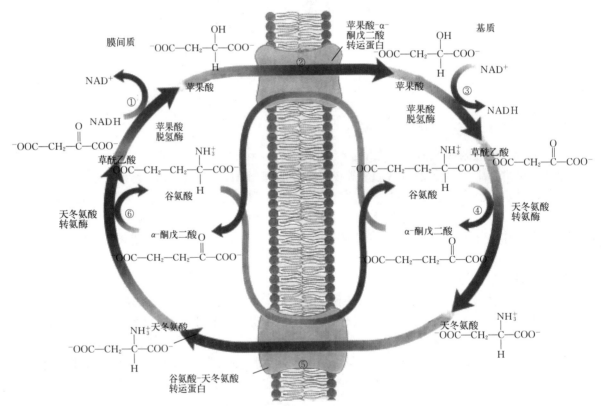

图 6-13 苹果酸-天冬氨酸穿梭系统

(这种将胞质溶胶中 NADH 的还原摩尔浓度运输进入线粒体基质内的穿梭系统存在于肝脏、肾脏和心脏中。①胞质溶胶中的 NADH 将 2 个 H$^+$ 传递给草酰乙酸，生成苹果酸。②苹果酸被苹果酸-α-酮戊二酸转运蛋白转运跨过内膜。③在基质中，苹果酸再将 2 个还原摩尔浓度传递给 NAD$^+$，生成的 NADH 通过呼吸链被氧化。从苹果酸生成的草酰乙酸不能直接进入胞质溶胶。它首先经转氨形成天冬氨酸。④后者能通过谷氨酸-天冬氨酸转运蛋白离开基质。⑤草酰乙酸在胞质溶胶中被重新产生。⑥完成整个循环)

五、超氧负离子的生成

在线粒体呼吸链的电子传递系统中，存在多种单电子传递体，如 Fe^{2+} 等。当单电子传递体将一个电子传递到 O_2 时，则产生单电子还原产物——具有强破坏性的超氧负离子，这个过程为

$$O_2 + e^- \longrightarrow O_2^-$$
$$\text{超氧负离子}$$

超氧负离子是一个高活性自由基，具有很强的反应性。细胞色素 c 氧化酶催化的分子氧还原反应一般不产生超氧负离子。但是，在 O_2 存在条件下，血红蛋白的亚铁血红素(Fe^{2+})氧化成铁血红素(Fe^{3+})过程中，不可避免产生少量的超氧负离子。由于超氧负离子的高反应活性，能够进一步产生其他类型的自由基或其他对机体有害物质，如过氧化氢自由基($HO_2\cdot$)、羟基自由基($HO\cdot$)、脂类过氧化物自由基($LOO\cdot$)及过氧化氢等。

$$O_2^- + H^+ \longrightarrow HO_2\cdot$$
$$\text{过氧化氢自由基}$$

$$HO_2\cdot + HO_2\cdot \longrightarrow O_2 + H_2O_2$$
$$\text{过氧化氢}$$

$$H_2O_2 + e^- \longrightarrow OH^- + OH\cdot$$
$$\text{羟基自由基}$$

羟基自由基具有更高的反应活性，它能够与多种化合物反应，产生有害的自由基，例如

$$OH\cdot + LH \longrightarrow H_2O + L\cdot$$
$$\text{磷脂}$$

$$L\cdot + O_2 \longrightarrow LOO\cdot$$
$$\text{脂类过氧化物自由基}$$

生物体内存在着能够分解过氧化物自由基的酶系以及多种生物抗氧化剂，它们组成了一个自由基防御体系以保护机体正常细胞组织免受自由基的攻击和破坏。主要包括以下几种：

(1) 超氧化物歧化酶。超氧化物歧化酶(SOD)存在于所有需氧组织中，它能催化超氧负离子转变成 H_2O_2 和 O_2。

$$HO_2\cdot + HO_2\cdot \longrightarrow O_2 + H_2O_2$$

H_2O_2 可以进一步在过氧化氢酶催化下，生成 H_2O 和 O_2。

$$H_2O_2 + H_2O_2 \xrightarrow{\text{过氧化氢酶}} 2H_2O + O_2$$

(2) 过氧化物酶。过氧化物酶可以催化 H_2O_2 与还原剂(AH_2)作用，生成 H_2O。

$$H_2O_2 + AH_2 \xrightarrow{\text{过氧化物酶}} 2H_2O + A$$

(3) 维生素 C 和维生素 E。维生素 C 和维生素 E 是目前研究得最多的天然小分子抗氧化剂。由于维生素 C 和维生素 E 都是优良的还原剂，能够直接分解超氧负离子或其他过氧化物，因而具有良好的抗氧化性能。

大量的研究结果表明，自由基与许多重要的生理现象、病变以及药物治疗作用有关。其中，有些自由基的存在是某些生理过程所必需的。但是，由于自由基的高反应活性和破坏性，对生物体产生的副作用是不容忽视的，如细胞老化、炎症、癌变等都与自由基有关。因此对于生物体内自由基，特别是超氧负离子的产生和对生物机体影响的研究是一个重要课题。

> 知识窗

你知道棕色脂肪吗?

当ATP供应量适当时,呼吸速度降低这一普遍规则却存在一个不寻常的和颇富启发性的例外。包括人类在内的大多数新生动物都有一种叫作棕色脂肪(brown fat)的脂肪组织,其中燃料氧化并不用于产生ATP,而是用于产生热量以保持新生动物的温度。这种特殊组织呈棕色,因为它们含有大量线粒体,从而含有大量细胞色素,其血红素基团可强烈地吸收可见光。

棕色脂肪的线粒体在所有方面均与哺乳动物的其他细胞中的线粒体相似,例外的是,它们的内膜中含有一种特殊的蛋白质——产热蛋白(thermogenin),亦称解偶联蛋白(uncoupling protein),它为质子返回基质提供了一条不需经过F_0F_1复合体的通道(图6-14)。质子通过该通道返回基质的结果是,氧化释放的能量并没有通过ATP分子的形成而得到保存,而是以热的形式散发了。散发出来的热可以使新生儿的体温得以维持。冬眠动物在它们的长时间睡眠阶段也是依靠棕色脂肪中解偶联的线粒体来产生热量。

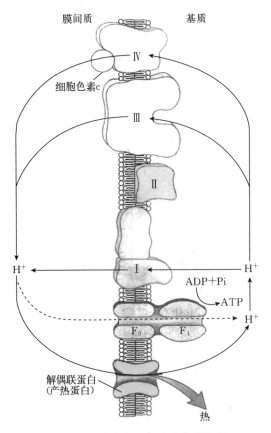

图6-14 棕色脂肪细胞的产热机制

复习题

1. 为什么说ATP是生物能的主要表现形式?ATP结构有何特点?
2. 生物体内存在哪些重要的高能磷酸物质?它们的主要功能是什么?
3. 说明电子从NADH传递到O_2过程中,有关的酶和电子载体的作用。

4. 阐述线粒体内两条重要的呼吸链。
5. 阐述磷氧比(P/O)的概念及其意义。
6. 阐述化学渗透学说的要点。
7. 解释电子传递过程中超氧负离子产生的原因。
8. 成年人每日所消耗的 ATP。

(1) 一个体重为 68 kg 的成年人每日(24 h)需要摄入 8 372 kJ(2 000 kcal)热量的食物。食物代谢的同时自由能被用于合成 ATP，用来完成身体每天所需的化学能和机械功。假定食物转换成 ATP 的效率是 50%，请计算在 24 h 内一个成年人耗用 ATP 的量。

(2) 尽管成年人每天要合成大量的 ATP，但在这期间他们的体重、结构和组成并没有发生很大的变化。试解释这一现象的原因。

CHAPTER 7 第七章 糖类代谢

糖类是多羟基醛或多羟基酮及其聚合物、衍生物的总称。人类摄入体内的糖类主要有植物性的淀粉(starch)和动物性的糖原(glycogen)，它们的组成单位均是葡萄糖(glucose)。在机体的糖代谢中，葡萄糖可转变成非糖物质，有些非糖物质也可转变成葡萄糖，葡萄糖处于中心地位。其他单糖如果糖(fructose)、半乳糖(galactose)、甘露糖(mannose)等所占比例很小，且主要是进入葡萄糖代谢途径中进行代谢。

糖类代谢就是糖在体内的一系列连续的化学反应，包括分解和合成两个方面。糖类的主要生理功能是提供能量，通常人体所需能量的 50%～70% 来自糖类。糖分解产生能量以满足生命活动的需要，葡萄糖经彻底氧化分解可释放的能量为 2 840 kJ/mol。糖代谢的最终产物是 CO_2 和 H_2O，其代谢中间物质又可转变成其他含碳化合物，因此糖类是生物机体重要的能源与碳源。动物体内可以利用简单物质合成糖，但是糖的主要来源还是绿色植物和某些微生物的光合作用。

第一节 糖类的消化吸收

一、糖类的消化

食物中的糖类大多数是淀粉、糖原等多糖，当然也有简单的二糖，如麦芽糖(maltose)、蔗糖(sucrose)、乳糖(lactose)等，这些较复杂的多糖分子，必须经过水解变成小分子的单糖，才能透过细胞膜而被吸收。

对人和其他哺乳动物而言，食物中的淀粉进入口腔后，唾液内 α-淀粉酶可水解淀粉分子中的 α-1,4 糖苷键。由于食物在口腔中停留时间短，所以水解程度不大。当食团进入胃中后，这种酶很易受胃酸及胃蛋白酶水解而失活，因而其消化作用也就停止了。

当食糜由胃进入十二指肠后，酸度被胰液和胆汁中和，此时活力很强的胰 α-淀粉酶与胰 β-淀粉酶起作用，将其水解为麦芽糖、麦芽低聚糖、α-糊精和少量的葡萄糖。最后，小肠黏膜上皮细胞表面有麦芽糖酶和 α-糊精酶，可将麦芽糖和麦芽低聚糖进一步水解成为葡萄糖。另外，肠黏膜上皮细胞表面还有蔗糖酶和乳糖酶，分别将食物中的蔗糖和乳糖水解为葡萄糖和果糖及半乳糖和葡萄糖。因此食物进入小肠后，其中的淀粉及二糖绝大多数水解为单糖而被吸收。

食物中除淀粉、糖原之外的其他多糖不能被胃肠道消化酶水解，如纤维素等只被胃酸轻微地水解，它们进入大肠时基本没有变化。这些多糖能产生许多有益的作用，具有刺激肠道蠕动和通便的功能。由于提高了肠的运动速度，因此能较快地将肠道不吸收的分解产物、代谢毒物和大量有害微生物排出体外，否则可能引发炎症或导致癌症。此外，这些多糖还能降低血中胆固醇含量，防止动脉粥样硬化。

二、糖类的吸收

食物中的糖被消化为单糖后,在小肠被其黏膜细胞吸收,再经门静脉进入肝,其中一部分转变为肝糖原,其余则经肝静脉进入血液循环,运输至全身各组织器官进行代谢。糖在人及其他哺乳动物体内主要是以葡萄糖的形式运输,并以糖原的形式贮存。小肠黏膜细胞对葡萄糖的摄入是一个依赖于特定载体转运的、主动耗能的过程,在吸收过程中伴随有 Na^+ 一同运输进入细胞,这种运输称为协同运输(co-transport)。即葡萄糖和 Na^+ 都是由细胞外向细胞内转运,葡萄糖跨膜运输所需要的能量来自细胞膜两侧 Na^+ 浓度梯度。这类葡萄糖转运体(glucose transporter)称为 Na^+ 依赖型葡萄糖转运体,它存在于小肠黏膜和肾小管上皮细胞。其同向协同运输过程如图 7-1 所示。

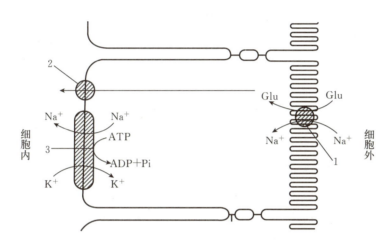

图 7-1 小肠上皮细胞吸收葡萄糖示意
1. 通过同向协同运输方式进入上皮细胞
2. 葡萄糖分子再经协助扩散进入上皮细胞内　3. Na^+-K^+ 泵

各种单糖在体内吸收的速度不同,半乳糖和葡萄糖较易吸收,而果糖吸收的速度较慢。二糖一般不能被吸收,若肠中浓度过高,亦可不经水解而被吸收。但通常不能被身体利用而由尿中排出。

在人和动物的肝中,糖原是葡萄糖非常有效的贮藏形式。糖原在细胞内的降解称为磷酸解(详见本章后文的糖原的分解代谢的相关内容),胞内糖原的降解需要脱支酶和糖原磷酸化酶的催化,从糖链的非还原端依次切下葡萄糖残基,产物为 1-磷酸葡萄糖和少一个葡萄糖残基的糖原。

$$\text{糖原} + Pi \xrightleftharpoons{\text{糖原磷酸化酶}} \text{糖原} + 1\text{-磷酸葡萄糖}$$
(n 残基)　　　　　　　　(n−1 残基)

三、糖的转运——血糖的来源与去路

葡萄糖等单糖被人和动物吸收进入血液,血液中的糖称为血糖(blood sugar)。血糖含量是表示体内代谢的一项重要指标。正常人血糖浓度为 4.4~6.7 mmol/L,高于 8.8 mmol/L 称为高血糖,低于 3.8 mmol/L 称为低血糖。正常机体可通过肝糖原或肌糖原的合成或降解来维持血糖恒定。血糖的来源与去路见图 7-2。

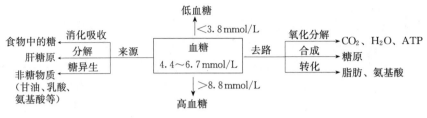

图 7-2　血糖的来源与去路

第二节　糖的无氧分解

糖酵解供能与高原反应

在缺氧的情况下，葡萄糖降解为丙酮酸并伴随 ATP 生成的一系列化学反应称为糖酵解（glycolysis）。它是葡萄糖在生物体中的主要降解途径，是生物从有机化合物中获得化学能的最原始的途径。为纪念 3 位生物化学家对阐明糖酵解途径的贡献，该途径也称为 Embden - Meyerhof - Parnas 途径，简称 EMP 途径。

一、糖酵解的反应过程

癌细胞吃什么？

糖酵解途径包含多步反应，都是在胞液中进行的。其反应过程如下：

1. 葡萄糖的磷酸化　葡萄糖被 ATP 磷酸化为 6 - 磷酸葡萄糖（glucose-6-phosphate），该反应是在己糖激酶（hexokinase）催化下进行的不可逆过程，并需要 Mg^{2+} 作为辅助因子。己糖激酶也可以催化其他己糖磷酸化。肝内含有另一个只能催化葡萄糖磷酸化的同工酶，称葡萄糖激酶（glucokinase），或己糖激酶 D。

葡萄糖 + ATP $\xrightarrow[Mg^{2+}]{己糖激酶 D}$ 6-磷酸葡萄糖 + ADP

2. 6 - 磷酸果糖的生成　6 - 磷酸果糖（fructose-6-phosphate）的生成是由磷酸己糖异构酶（phosphohexose isomerase）催化的醛糖变为酮糖的异构化反应，反应可逆。

6-磷酸葡萄糖 $\xrightleftharpoons{磷酸己糖异构酶}$ 6-磷酸果糖

3. 6 - 磷酸果糖的磷酸化　在磷酸果糖激酶（phosphofructokinase，PFK）的催化下，6 - 磷酸果糖磷酸化生成 1,6 - 二磷酸果糖（fructose-1,6-bisphosphate），需 ATP 和 Mg^{2+} 参与。

[6-磷酸果糖] + ATP →(磷酸果糖激酶, Mg²⁺) [1,6-二磷酸果糖] + ADP

4. 1,6-二磷酸果糖的裂解 此反应由醛缩酶(aldolase)催化裂解 1,6-二磷酸果糖生成 2 分子三碳糖：磷酸二羟丙酮(dihydroxyacetone phosphate)和 3-磷酸甘油醛(glyceraldehyde-3-phosphate)。该反应在热力学上不利于向右进行，但由于产物在下一阶段的反应中不断被消耗，从而驱动反应向裂解方向进行。

1,6-二磷酸果糖 ⇌(醛缩酶) 磷酸二羟丙酮 + 3-磷酸甘油醛

5. 磷酸丙糖的异构化 磷酸丙糖异构化的反应由磷酸丙糖异构酶(triose phosphate isomerase)催化，是一个吸收能量的反应，反应的平衡偏向左，但由于在后面的反应中 3-磷酸甘油醛被不断利用，使之浓度降低，反应仍向右进行，趋向生成醛糖。

磷酸二羟丙酮 ⇌(磷酸丙糖异构酶) 3-磷酸甘油醛

6. 3-磷酸甘油醛氧化为 1,3-二磷酸甘油酸 3-磷酸甘油醛氧化为 1,3-二磷酸甘油酸(glycerate-1,3-bisphosphate)的反应由 3-磷酸甘油醛脱氢酶(glyceraldehyde-3-phosphate dehydrogenase)催化，以 NAD^+ 为辅酶接受氢和电子，生成 NADH。参加反应的还有磷酸(Pi)，产生的高能磷酸键的能量来自 3-磷酸甘油醛的醛基氧化。

3-磷酸甘油醛 + NAD^+ + Pi ⇌(3-磷酸甘油醛脱氢酶) 1,3-二磷酸甘油酸 + NADH + H^+

7. 3-磷酸甘油酸和 ATP 的生成 3-磷酸甘油酸(glycerate-3-phosphate)和 ATP 生成的反应由磷酸甘油酸激酶(phosphoglycerate kinase)催化，使 1,3-二磷酸甘油酸中 C_1 上具有高能键的磷酸基转移到 ADP 上而生成 3-磷酸甘油酸和 ATP。这是糖酵解过程中第一次利用底物磷酸化产生 ATP 的反应，反应需要 Mg^{2+} 参与。这种代谢中间物通过氧化形成的高能磷酸化合物，并直接将磷酸基团转移给 ADP，使之磷酸化生产 ATP 的产能方式叫底物水平磷酸化(substrate level phosphorylation)。

1,3-二磷酸甘油酸 + ADP ⇌(磷酸甘油酸激酶, Mg²⁺) 3-磷酸甘油酸 + ATP

8. 3-磷酸甘油酸变为 2-磷酸甘油酸　3-磷酸甘油酸变为 2-磷酸甘油酸（glycerate-2-phosphate）的反应由磷酸甘油酸变位酶（phosphoglycerate mutase）催化，使磷酸根在 C_2 与 C_3 之间可逆转变，在反应中 Mg^{2+} 是必需的。

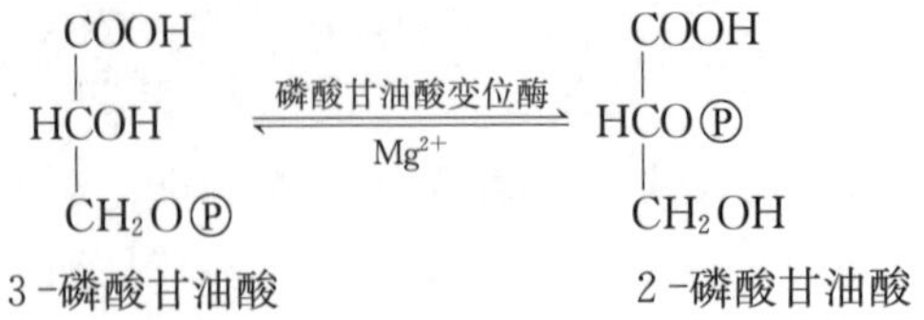

$$\text{3-磷酸甘油酸} \xrightleftharpoons[Mg^{2+}]{\text{磷酸甘油酸变位酶}} \text{2-磷酸甘油酸}$$

9. 磷酸烯醇式丙酮酸的生成　磷酸烯醇式丙酮酸（phosphoenolpyruvate，PEP）反应在烯醇化酶（enolase）的作用下，使 2-磷酸甘油酸脱去一分子水而生成磷酸烯醇式丙酮酸，反应需要 Mg^{2+} 或 Mn^{2+} 的参与。反应形成一个高能键，为下一步反应做好准备。

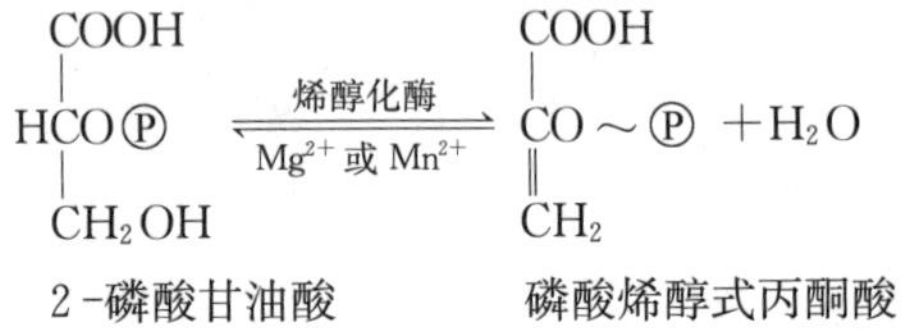

$$\text{2-磷酸甘油酸} \xrightleftharpoons[Mg^{2+} \text{或} Mn^{2+}]{\text{烯醇化酶}} \text{磷酸烯醇式丙酮酸} + H_2O$$

10. 丙酮酸的生成　此反应在丙酮酸激酶（pyruvate kinase）的催化下，需要 Mg^{2+}、K^+ 或 Mn^{2+} 的参与，生成烯醇式丙酮酸，它极不稳定，很容易自发地转变为丙酮酸（pyruvate）。在细胞内这个反应是不可逆的，且是糖酵解的第三步不可逆反应。

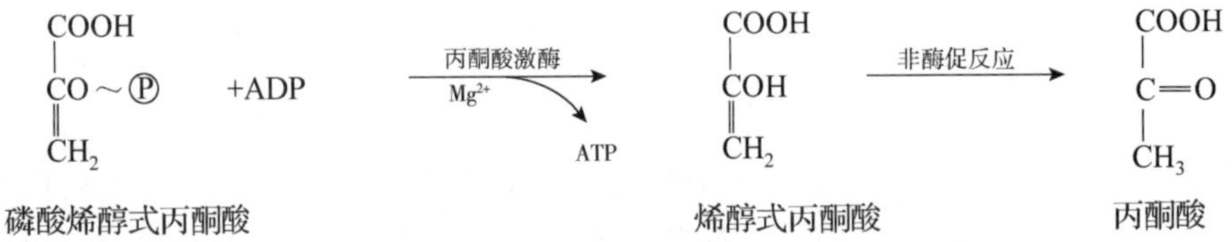

$$\text{磷酸烯醇式丙酮酸} + ADP \xrightarrow[Mg^{2+}]{\text{丙酮酸激酶}} \text{烯醇式丙酮酸} + ATP \xrightarrow{\text{非酶促反应}} \text{丙酮酸}$$

综上所述，葡萄糖经酵解途径的步骤如图 7-3 所示。

二、丙酮酸的去路

从葡萄糖到丙酮酸的酵解过程，在生物界都是极其相似的，而丙酮酸以后的途径随生物所处的条件及其种类而不同。这里先讨论在无氧条件下丙酮酸的去路。

（一）转化为乳酸

乳酸杆菌厌氧酵解，或人体肌肉由于激烈运动而暂时缺氧时，产生的 NADH 无法经电子呼吸链再生为 NAD^+，此时利用乳酸脱氢酶（lactate dehydrogenase）将丙酮酸还原为乳酸，同时使 NADH 氧化为 NAD^+。在食品中乳酸发酵可用于生产奶酪、酸奶及食用泡菜。

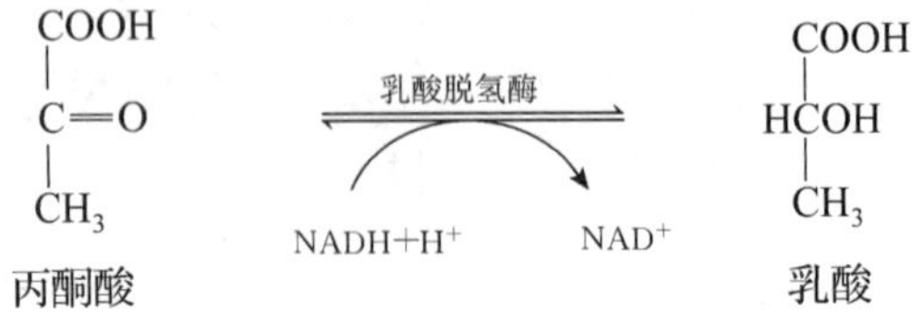

$$\text{丙酮酸} \xrightleftharpoons[NADH+H^+ \quad NAD^+]{\text{乳酸脱氢酶}} \text{乳酸}$$

（二）转化为乙醇

在酵母及一些微生物的作用下，丙酮酸被丙酮酸脱羧酶（pyruvate decarboxylase）转化为乙醛，后者被醇脱氢酶（alcohol dehydrogenase）转化为乙醇，后一个反应使 NAD^+ 再生。乙醇发酵可用于

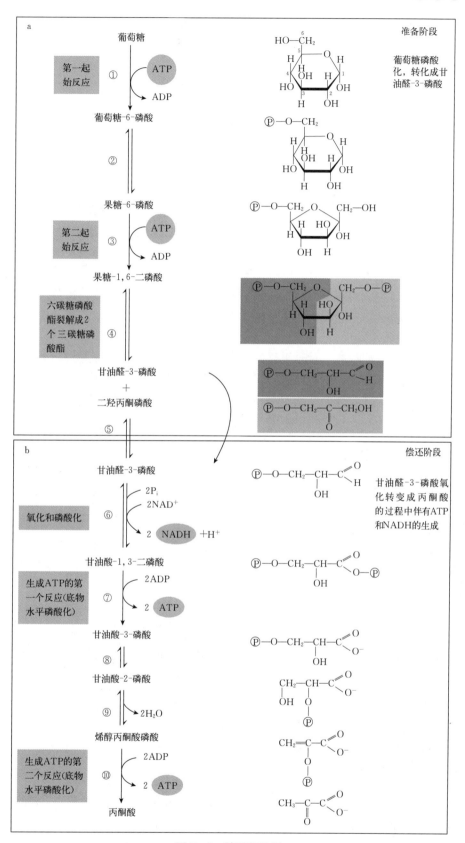

图 7-3 糖酵解途径

(经过准备阶段 a，每一个葡萄糖分子形成了 2 分子的甘油醛-3-磷酸，进入偿还阶段 b。丙酮酸是糖酵解第二阶段的最终产物。糖酵解过程中，准备阶段消耗 2 个 ATP 分子，偿还阶段形成 4 个 ATP 分子，因此对于每一个葡萄糖分子转化成 2 分子的丙酮酸，净生成 2 分子的 ATP)

酿酒、面包制作等工业，在有氧的条件下，乙醛被氧化生成乙酸。

$$\underset{\text{丙酮酸}}{\underset{|}{\overset{|}{\underset{\text{COOH}}{\overset{CH_3}{C=O}}}}} \xrightarrow[\text{TPP}]{\text{丙酮酸脱羧酶}} \underset{\text{乙醛}}{\underset{\text{HC=O}}{\overset{CH_3}{|}}} \xrightarrow[NAD^+]{\text{醇脱氢酶} \atop NADH+H^+} \underset{\text{乙醇}}{CH_3CH_2OH}$$

三、糖酵解的能量核算及生理意义

糖酵解的初期，消耗2分子ATP使1分子葡萄糖转变为1,6-二磷酸果糖，在以后步骤，每个3碳单位产生2个ATP，即每个葡萄糖分子净生成2个ATP，同时生成2分子NADH。总的反应是

$$C_6H_{12}O_6 + 2ADP + 2Pi + 2NAD^+ \longrightarrow 2CH_3COCOOH + 2ATP + 2NADH + 2H^+ + 2H_2O$$

在有氧的条件下，生成的NADH可通过不同的穿梭方式进入线粒体，每分子产生1.5分子或2.5分子的ATP。而在无氧的情况下，生成的NADH通过转变为乳酸或乙醇，使NAD^+再生，从而使酵解反应不断进行。

糖酵解在生物体内普遍存在，对于厌氧生物或供氧不足的组织来说，糖酵解是糖分解的主要形式，也是获取能量的主要方式。虽然糖酵解仅利用葡萄糖贮存能量的一小部分，但这种产能方式很迅速，对于肌肉收缩和无线粒体的红细胞来说尤为重要。此外，糖酵解途径形成的许多中间产物，可作为合成其他物质的原料，这就将糖酵解与其他代谢联系起来了。

四、其他单糖的酵解

食物经消化吸收得到的葡萄糖以外的单糖（如果糖、半乳糖）也可以生成磷酸化衍生物进入酵解途径代谢。

(一)果糖的分解代谢

果糖的代谢有两条途径，一条存在于肌肉和脂肪，另一条存在于肝中。

1. 肌肉和脂肪中果糖的分解代谢 在肌肉和脂肪组织中，果糖被己糖激酶磷酸化生成6-磷酸果糖，然后进入糖酵解。

$$\text{果糖} + ATP \xrightarrow{\text{己糖激酶}} \text{6-磷酸果糖} + ADP$$

2. 肝中果糖的分解代谢 在肝中，果糖利用1-磷酸果糖途径(fructose-1-phosphate pathway)代谢，在果糖激酶(fructokinase)的作用下，使C_1位磷酸化，生成1-磷酸果糖。1-磷酸果糖被醛缩酶裂解为磷酸二羟丙酮和甘油醛，磷酸二羟丙酮经磷酸丙糖异构酶作用转化为3-磷酸甘油醛后进入糖酵解。甘油醛被丙糖激酶磷酸化为3-磷酸甘油醛，也进入糖酵解途径(图7-4)。

(二)乳糖的分解代谢

乳糖经乳糖酶水解为半乳糖和葡萄糖后，半乳糖在半乳糖激酶(galactokinase)的作用下，使C_1位磷酸化，生成1-磷酸半乳糖。后者在1-磷酸半乳糖尿苷转移酶(galactose-1-phosphate uridylyl transferase)催化下，与UDP-葡萄糖(UDPG)作用，形成UDP-半乳糖。

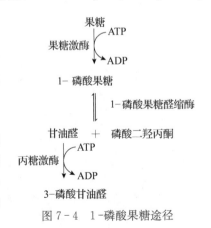

图7-4 1-磷酸果糖途径

$$\text{半乳糖} + \text{ATP} \xrightarrow{\text{半乳糖激酶}} \text{1-磷酸半乳糖} + \text{ADP}$$

$$\text{1-磷酸半乳糖} + \text{UDPG} \xrightarrow{\text{1-磷酸半乳糖尿苷转移酶}} \text{1-磷酸葡萄糖} + \text{UDP-半乳糖}$$

在生长阶段，UDP-半乳糖也可由 1-磷酸半乳糖在 UDP-半乳糖焦磷酸化酶催化下，消耗 UTP 而生成。

$$\text{1-磷酸半乳糖} + \text{UTP} \xrightarrow{\text{UDP-半乳糖焦磷酸化酶}} \text{UDP-半乳糖} + \text{PPi}$$

UDP-半乳糖在差向异构酶的作用下生成 UDP-葡萄糖（UDPG），并用于糖原合成。

$$\text{UDP-半乳糖} \xrightarrow{\text{UDP-半乳糖差向异构酶}} \text{UDPG}$$

UDP-葡萄糖经焦磷酸化酶作用生成 1-磷酸葡萄糖，再异构为 6-磷酸葡萄糖进入糖酵解途径。

$$\text{UDP-葡萄糖} + \text{PPi} \xrightarrow{\text{UDP-葡萄糖焦磷酸化酶}} \text{1-磷酸葡萄糖} + \text{UTP}$$

(三) 甘露糖的分解代谢

由食物得到的甘露糖，在己糖激酶的催化下生成 6-磷酸甘露糖，并进一步转变为 6-磷酸果糖而进入糖酵解途径。

$$\text{甘露糖} \xrightarrow[\text{ATP \quad ADP}]{\text{己糖激酶}} \text{6-磷酸甘露糖} \xleftarrow{\text{6-磷酸甘露糖异构酶}} \text{6-磷酸果糖}$$

五、糖酵解的调节

糖酵解中大多数反应是可逆的，而由己糖激酶、磷酸果糖激酶（PFK）和丙酮酸激酶催化的 3 步反应是不可逆的，它们调节着糖酵解的速度，以满足细胞对 ATP 和合成原料的需要。

(一) 磷酸果糖激酶的调节

磷酸果糖激酶是糖酵解过程中最重要的调节酶，酵解速度主要取决于该酶的活性。磷酸果糖激酶的活性受多种因素调节，主要有以下几种。

1. ATP/AMP 的调节　ATP 是磷酸果糖激酶的别构抑制剂，该酶对 ATP 有两种结合位点，具有高亲和力的底物结合部位，低亲和力的抑制剂结合部位。当 ATP 浓度高时结合到酶的别构部位而降低酶活性；当 ATP 浓度低时与酶的活性部位结合，酶起正常的催化作用，同时，高浓度的 AMP 与酶的别构部位结合，解除 ATP 的抑制作用。

2. 柠檬酸的调节　磷酸果糖激酶受柠檬酸的别构抑制，后者是糖有氧分解的中间产物。糖酵解的作用不只是在无氧的情况下提供能量，也为生物合成提供碳骨架。柠檬酸对磷酸果糖激酶的抑制作用具有这种意义。高浓度的柠檬酸意味着有丰富的生物合成前体存在，葡萄糖无须为提供合成前体而分解。

3. 2,6-二磷酸果糖的调节　2,6-二磷酸果糖（fructose-2,6-biphosphate）是磷酸果糖激酶的别构激活剂，它是由磷酸果糖激酶 2（phosphofructokinase 2，PFK2）催化 6-磷酸果糖，使其 C_2 位磷酸化而形成的，又被 2,6-二磷酸果糖酯酶（FBPase）水解生成 6-磷酸果糖（图 7-5），这两种催化活性相反的酶集中在同一条肽链上，是一种双功能酶。6-磷酸果糖激发 2,6-二磷酸果糖的合成并抑制其降解，因此当 6-磷酸果糖水平高时，激活 PFK2 促进糖酵解的进行。

4. H^+ 的调节　磷酸果糖激酶被 H^+ 抑制，因此当 pH 明显下降时糖酵解速度降低，这可以防止在缺氧条件下形成过量乳酸而导致酸中毒。

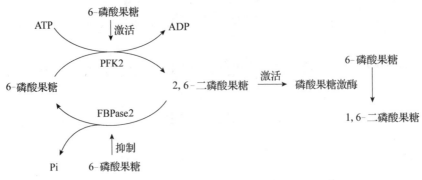

图 7-5 2,6-二磷酸果糖对磷酸果糖激酶的调节

(二)己糖激酶的调节

己糖激酶催化糖酵解的第一步不可逆反应,它受 6-磷酸葡萄糖的别构抑制。当磷酸果糖激酶被抑制时,6-磷酸果糖增加,使 6-磷酸葡萄糖的浓度也增加,从而引起己糖激酶活性下降。通常代谢途径的第一个不可逆步骤是主要的调控步骤,在此基础上,似乎己糖激酶应该是主要的调控酶,而不是磷酸果糖激酶。然而己糖激酶催化反应的产物 6-磷酸葡萄糖也能进入糖代谢的其他途径,而糖酵解由磷酸果糖激酶催化的步骤是主要的也是独特的不可逆步骤,因此它是主要的调控步骤。

(三)丙酮酸激酶的调节

1,6-二磷酸果糖是丙酮酸激酶的别构激活剂,而 ATP 和丙氨酸别构抑制此酶。所以当 ATP 和丙氨酸的供给量足够多时,糖酵解速度通过丙酮酸激酶的别构抑制而减慢。依赖 cAMP 的蛋白激酶也可使丙酮酸激酶磷酸化而失活。

第三节 糖的有氧氧化

葡萄糖在有氧条件下彻底氧化成水和二氧化碳的过程称为有氧氧化(aerobic oxidation)。糖的有氧氧化实质上是丙酮酸在有氧条件下的彻底氧化分解,因此无氧酵解和有氧氧化在丙酮酸生成以后分开,丙酮酸以后的氧化在线粒体中进行。有氧氧化是糖氧化的主要方式,绝大多数细胞都是通过它获取能量。糖的有氧氧化概况如图 7-6 所示。

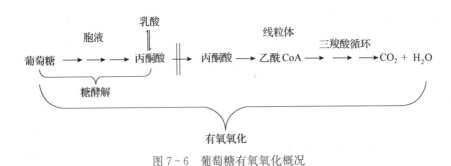

图 7-6 葡萄糖有氧氧化概况

一、糖有氧氧化的反应过程

糖有氧氧化可分为 3 个阶段。第一阶段,葡萄糖经糖酵解途径生成丙酮酸;第二阶段,丙酮酸

进入线粒体，氧化脱羧生成乙酰辅酶A；第三阶段，乙酰辅酶A进入三羧酸循环彻底氧化为CO_2和H_2O，同时产生能量。第一阶段的反应上文已介绍，这里主要介绍第二阶段和第三阶段的反应过程。

(一)丙酮酸氧化脱羧

丙酮酸进入线粒体后，在丙酮酸脱氢酶系的作用下转变为乙酰CoA。

$$\begin{array}{c}CH_3\\|\\C=O\\|\\COOH\end{array} + CoASH + NAD^+ \xrightarrow[\text{TPP、硫辛酸、FAD、Mg}^{2+}]{\text{丙酮酸脱氢酶系}} \begin{array}{c}CH_3\\|\\CO \sim SCoA\end{array} + CO_2 + NADH + H^+$$

丙酮酸　　　　　　　　　　　　　　　　　　乙酰CoA

丙酮酸脱氢酶系是一个多酶复合体，位于线粒体内膜上。组成酶系的有丙酮酸脱羧酶、硫辛酸乙酰转移酶和二氢硫辛酸脱氢酶。参与反应的辅因子有焦磷酸硫胺素（TPP）、硫辛酸、FAD、NAD^+、CoA及Mg^{2+}。丙酮酸脱氢酶系的反应机理如图7-7所示。

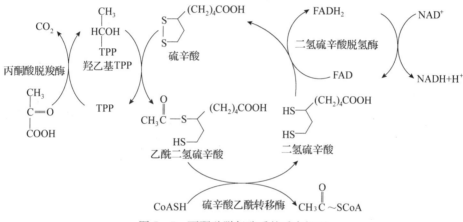

图7-7　丙酮酸脱氢酶系的反应机理

丙酮酸脱氢酶磷酸化酶（pyruvate dehydrogenase complex phosphatase，PDHP）可将丙酮酸脱羧酶磷酸化来调节丙酮酸脱氢酶系的活性。丙酮酸抑制PDHP激酶活性，PDH被激活，丙酮酸生成乙酰CoA；线粒体光呼吸过程中产生NH_4^+激活PDHP活性，PDH被抑制，丙酮酸不能生成乙酰CoA。

(二)三羧酸循环反应过程

三羧酸循环（tricarboxylic acid cycle），简称TCA循环，亦称柠檬酸循环（citric acid cycle），由于反应的第一个中间产物柠檬酸（citrate）有3个羧基而得名。它是由德国科学家Krebs于1937年提出来的，因此又称为Krebs循环。三羧酸循环是由一系列反应组成的，经过循环将葡萄糖酵解产生的丙酮酸氧化为CO_2和H_2O。这一循环是产生ATP的主要途径，也为许多生物合成途径提供前体。其反应过程如下：

1. 柠檬酸的形成　在柠檬酸合酶（citrate synthase）催化下，乙酰CoA与草酰乙酸首先缩合成柠檬酰CoA，后者迅速水解释放出柠檬酸和CoA，由于高能硫酯键的水解可释放大量的能量，使该反应为单向、不可逆的过程。

$$\begin{array}{c}CH_3\\|\\CO\sim SCoA\end{array} + \begin{array}{c}COOH\\|\\C=O\\|\\CH_2\\|\\COOH\end{array} + H_2O \xrightarrow{\text{柠檬酸合酶}} \begin{array}{c}CH_2COOH\\|\\HOCCOOH\\|\\CH_2COOH\end{array} + CoASH$$

乙酰CoA　　　草酰乙酸　　　　　　　　　柠檬酸

2. 异柠檬酸的形成 柠檬酸由顺乌头酸酶(eisaconitase)催化可逆转变为异柠檬酸(isocitrate)，反应实际分两步进行，其间形成顺乌头酸为中间产物。

$$\begin{matrix}CH_2COOH\\|\\HOCCOOH\\|\\CH_2COOH\end{matrix} \xrightleftharpoons[]{\text{顺乌头酸酶}\ \ H_2O} \begin{bmatrix}CHCOOH\\||\\C\text{—}COOH\\|\\CH_2COOH\end{bmatrix} \xrightleftharpoons[]{H_2O\ \ \text{顺乌头酸酶}} \begin{matrix}HOCHCOOH\\|\\CHCOOH\\|\\CH_2COOH\end{matrix}$$

柠檬酸　　　　　　　　　　　　　顺乌头酸　　　　　　　　　　　　异柠檬酸

3. 异柠檬酸氧化脱羧 异柠檬酸在异柠檬酸脱氢酶(isocitrate dehydrogenase)的催化下脱氢氧化形成中间产物草酰琥珀酸，后者脱羧转化为 α-酮戊二酸(α-ketoglutarate)和 CO_2。脱下的氢由 NAD^+ 接受，生成 $NADH+H^+$。

$$\begin{matrix}HOCHCOOH\\|\\CHCOOH\\|\\CH_2COOH\end{matrix} \xrightarrow[NAD^+\ \ NADH+H^+]{\text{异柠檬酸脱氢酶}\ \ Mg^{2+}} \begin{bmatrix}COCOOH\\|\\CHCOOH\\|\\CH_2COOH\end{bmatrix} \xrightarrow[CO_2]{\text{异柠檬酸脱氢酶}\ \ Mg^{2+}} \begin{matrix}COCOOH\\|\\CH_2\\|\\CH_2COOH\end{matrix}$$

异柠檬酸　　　　　　　　　　　　草酰琥珀酸　　　　　　　　　　　α-酮戊二酸

4. α-酮戊二酸氧化脱羧 此反应由 α-酮戊二酸脱氢酶系(α-ketoglutarate dehydrogenase complex)催化，合成琥珀酰 CoA(succinyl-CoA)。该酶系与丙酮酸脱氢酶系的结构和催化机理相似，也是由 3 种酶组成的，即 α-酮戊二酸脱羧酶、硫辛酸琥珀酰转移酶和二氢硫辛酸脱氢酶。参与反应的辅因子有焦磷酸硫胺素(TPP)、硫辛酸、FAD、NAD^+、CoA 及 Mg^{2+}。

$$\begin{matrix}COCOOH\\|\\CH_2\\|\\CH_2COOH\end{matrix} +NAD^+ +CoASH \xrightarrow{\text{α-酮戊二酸脱氢酶系、TPP、硫辛酸、FAD, }Mg^{2+}} \begin{matrix}CH_2CO\sim SCoA\\|\\CH_2COOH\end{matrix} +CO_2 +NADH+H^+$$

α-酮戊二酸　　　　　　　　　　　　　　　　　　　　　　　琥珀酰 CoA

5. 琥珀酸的形成 此反应是在琥珀酰 CoA 合成酶(succinyl-CoA synthetase)催化下形成琥珀酸(succinate)。琥珀酰 CoA 含有一个高能硫酯键，水解释放的能量使 GDP 磷酸化生成 GTP，同时生成琥珀酸。GTP 可将磷酰基转移给 ADP 形成 ATP。这是三羧酸循环中唯一的底物水平磷酸化直接产生高能化合物的过程。在植物中琥珀酰 CoA 直接生成的是 ATP 而不是 GTP。

$$\begin{matrix}CH_2CO\sim SCoA\\|\\CH_2COOH\end{matrix} +H_3PO_4+GDP \xrightleftharpoons[Mg^{2+}]{\text{琥珀酰 CoA 合成酶}} \begin{matrix}CH_2COOH\\|\\CH_2COOH\end{matrix} +GTP+CoASH$$

琥珀酰 CoA　　　　　　　　　　　　　　　　琥珀酸

6. 延胡索酸的形成 此反应在琥珀酸脱氢酶(succinate dehydrogenase)催化下生成延胡索酸(fumarate)，即反丁烯二酸。琥珀酸脱氢酶是三羧酸循环中唯一与线粒体内膜结合的酶，而三羧酸循环的其他酶都存在于线粒体基质中。其辅酶是 FAD，还含有铁硫中心。丙二酸是琥珀酸脱氢酶的竞争性抑制物，可以阻断三羧酸循环。

$$\begin{matrix}COOH\\|\\CH_2\\|\\CH_2\\|\\COOH\end{matrix} +FAD \xrightarrow{\text{琥珀酸脱氢酶}} \begin{matrix}COOH\\|\\CH\\||\\HC\\|\\COOH\end{matrix} +FADH_2$$

琥珀酸　　　　　　　　　　延胡索酸

7. 苹果酸的生成　在延胡索酸酶(fumarase)催化下延胡索酸水合生成苹果酸(malate)，反应需要水的参与。延胡索酸酶对顺丁烯二酸(富马酸)无催化作用，具有高度的立体特异性。

$$\begin{matrix}COOH\\ \|\\ CH\\ \|\\ HC\\ \|\\ COOH\end{matrix} + H_2O \xrightleftharpoons{延胡索酸酶} \begin{matrix}COOH\\ \|\\ CH_2\\ \|\\ CHOH\\ \|\\ COOH\end{matrix}$$

延胡索酸　　　　　　　　苹果酸

8. 草酰乙酸的再生　此反应在苹果酸脱氢酶(malate dehydrogenase)催化下生成草酰乙酸，使之再生，该酶需要 NAD^+ 为辅酶。

$$\begin{matrix}CH_2COOH\\ \|\\ CHOHCOOH\end{matrix} + NAD^+ \xrightleftharpoons{苹果酸脱氢酶} \begin{matrix}CH_2COOH\\ \|\\ COCOOH\end{matrix} + NADH + H^+$$

苹果酸　　　　　　　　　草酰乙酸

三羧酸循环的反应过程见图7-8。三羧酸循环每循环一次，以二碳的乙酰CoA和四碳的草酰

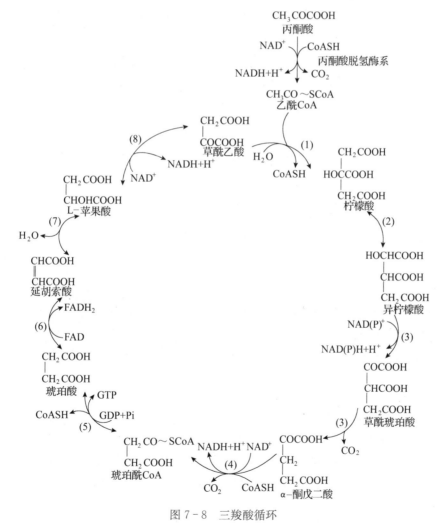

图7-8　三羧酸循环
(1)柠檬酸合酶　(2)顺乌头酸酶　(3)异柠檬酸脱氢酶　(4)α-酮戊二酸脱氢酶系
(5)琥珀酰CoA合成酶　(6)琥珀酸脱氢酶　(7)延胡索酸酶　(8)苹果酸脱氢酶

乙酸合成六碳的柠檬酸开始，经过 2 次脱羧，生成 2 分子的 CO_2，产生 3 分子 NADH 及 1 分子 $FADH_2$，每个 NADH 分子通过氧化磷酸化途径生成 2.5 个分子 ATP，而 1 分子 $FADH_2$ 则生成 1.5 个 ATP 分子。当琥珀酰 CoA 转变为琥珀酸时，经底物水平磷酸化直接生成 1 分子 GTP。因此，1 分子乙酰 CoA 通过三羧酸循环氧化产生 10 分子 ATP。其总反应为

$$CH_3CO\sim CoA + 3NAD^+ + FAD + GDP + Pi + 2H_2O \longrightarrow 2CO_2 + 3NADH + 3H^+ + FADH_2 + GTP + CoASH$$

二、糖有氧氧化产生的 ATP

葡萄糖经有氧氧化的 3 个阶段，最终被分解成 CO_2 和 H_2O，并产生 ATP。前已述及葡萄糖经酵解产生 2 分子丙酮酸，同时产生 2 分子 ATP 及 2 分子 NADH。1 分子 NADH 经苹果酸穿梭途径产生 2.5 分子 ATP，而经磷酸甘油穿梭途径可产生 1.5 分子 ATP。1 分子的丙酮酸在其脱氢酶系作用下产生 1 分子乙酰 CoA 和 1 分子 NADH，后者进入呼吸链产生 2.5 分子 ATP。1 分子乙酰 CoA 经过三羧酸循环产生 10 分子 ATP。因此，1 分子葡萄糖彻底氧化生成 CO_2 和 H_2O，可净生成 32 或 30 分子 ATP(表 7-1)。

表 7-1 葡萄糖有氧氧化产生 ATP 统计

	反 应	还原辅酶	ATP 数
第一阶段	葡萄糖→6-磷酸葡萄糖		-1
	6-磷酸果糖→1,6-二磷酸果糖		-1
	2×3-磷酸甘油醛→2×1,3-二磷酸甘油酸	NADH	2×2.5(1.5)
	2×1,3-二磷酸甘油酸→3-磷酸甘油酸		2×1
	2×磷酸烯醇式丙酮酸→2×丙酮酸		2×1
第二阶段	2×丙酮酸→2×乙酰辅酶	NADH	2×2.5
第三阶段	2×异柠檬酸→2×α-酮戊二酸	NADH	2×2.5
	2×α-酮戊二酸→2×琥珀酰 CoA	NADH	2×2.5
	2×琥珀酰 CoA→2×琥珀酸		2×1
	2×琥珀酸→2×延胡索酸	$FADH_2$	2×1.5
	2×苹果酸→2×草酰乙酸	NADH	2×2.5
净生成			32(30)

1 mol 葡萄糖完全氧化释放出的能量为 2 840 kJ，贮存的能量为 32 mol ATP，所贮存能量为 32×30.5=976 kJ，因此糖有氧氧化的利用率高达 34.4%(976 kJ/2 840 kJ)，远超过一般机械的效率。

三羧酸循环的意义不仅在于它是机体利用糖或其他物质氧化获取能量的最有效的方式，而且是糖、脂和蛋白质等物质代谢和转换的枢纽。一方面，糖、脂、氨基酸要进入三羧酸循环中彻底氧化分解，如天冬氨酸和谷氨酸分别转变为草酰乙酸和 α-酮戊二酸进入循环中代谢；另一方面，循环中的物质(如草酰乙酸、α-酮戊二酸、柠檬酸、延胡索酸和琥珀酰 CoA)可被抽出作为合成其他物质的前体。因此三羧酸循环具有分解代谢和合成代谢双重性，是一个两用代谢途径，是沟通物质代谢的枢纽。

当中间产物从三羧酸循环中被抽出时，它们的浓度下降，会影响循环的进行，必须不断补充才能维持循环的正常进行。草酰乙酸的回补反应可由丙酮酸的直接羧化及磷酸烯醇式丙酮酸的羧化而得，也可通过苹果酸酶使丙酮酸羧化为苹果酸后再脱氢而得到(图 7-9)。

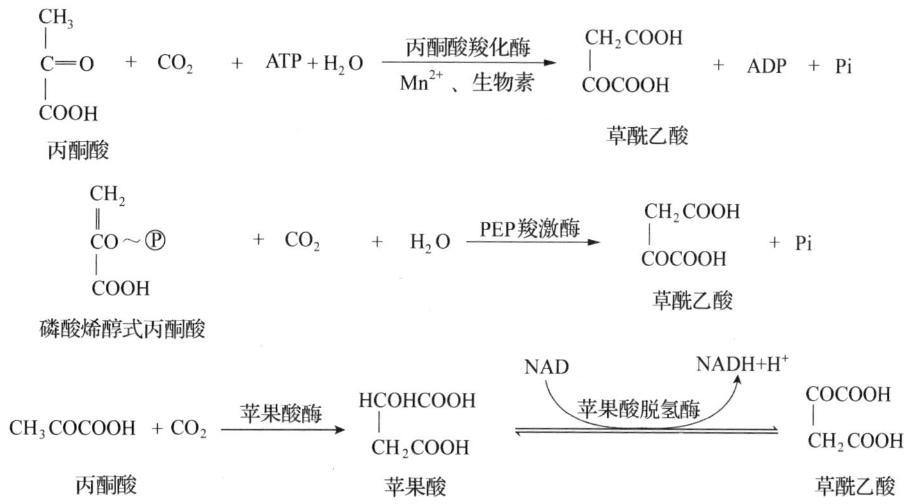

CH_3
C=O
COOH
丙酮酸
+ CO_2 + ATP + H_2O
丙酮酸羧化酶
Mn^{2+}、生物素
CH_2COOH
COCOOH
草酰乙酸
+ ADP + Pi
CH_2
CO～Ⓟ
COOH
磷酸烯醇式丙酮酸
+ CO_2 + H_2O
PEP羧激酶
CH_2COOH
COCOOH
草酰乙酸
+ Pi
$CH_3COCOOH$ + CO_2
丙酮酸
苹果酸酶
HCOHCOOH
CH_2COOH
苹果酸
NAD
$NADH+H^+$
苹果酸脱氢酶
COCOOH
CH_2COOH
草酰乙酸

图 7-9 三羧酸循环草酰乙酸的回补反应

直接利用三羧酸循环中间产物的生物合成途径有：葡萄糖异生作用、脂肪酸和胆固醇的生物合成、氨基酸的生物合成等，将在以后的章节中详细讨论。三羧酸循环中间产物的消耗与回补，可概括于图 7-10。

PEP
CO_2
丙酮酸
CO_2
天冬氨酸
乙酰CoA
草酰乙酸
脂肪酸
苹果酸
柠檬酸
苯丙氨酸
酪氨酸
延胡索酸
异柠檬酸
琥珀酸
α-酮戊二酸
谷氨酸
甲硫氨酸
缬氨酸
异亮氨酸
琥珀酰CoA
卟啉

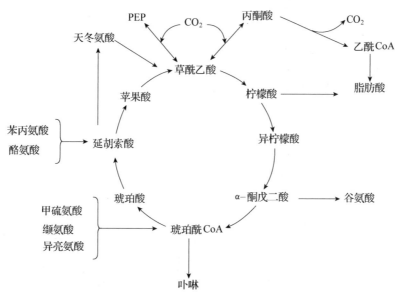

图 7-10 三羧酸循环中间产物的消耗与回补

目前在发酵工业上就是利用微生物的三羧酸循环代谢途径，生产有关的有机酸如柠檬酸及谷氨酸等。

三、糖有氧氧化的调节

糖有氧氧化是指来源于葡萄糖的丙酮酸氧化脱羧生成乙酰 CoA，并进入三羧酸循环的一系列反应，丙酮酸脱氢酶系、柠檬酸合酶、异柠檬酸脱氢酶、α-酮戊二酸脱氢酶是关键的调节酶，它们由底物效应、产物积累的抑制作用以及循环中间产物的别构、反馈抑制作用所控制。有氧氧化的控制点如图 7-11 所示。

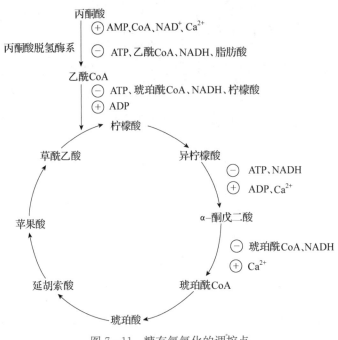

图 7-11　糖有氧氧化的调控点

丙酮酸脱氢酶系受别构效应及共价修饰两种方式的调节，该酶系的反应产物乙酰 CoA、NADH 和 ATP 对酶有反馈抑制作用，且这种抑制可被长链脂肪酸所加强。当进入三羧酸循环的乙酰 CoA 减少，使 AMP、CoA、NAD^+ 堆积，酶系被别构激活。Ca^{2+} 对丙酮酸脱氢酶有激活作用。丙酮酸脱氢酶系可被丙酮酸脱氢酶激酶磷酸化，这种共价修饰使酶蛋白变构而失活。丙酮酸脱氢磷酸酶使其去磷酸而恢复活性。乙酰 CoA、NADH 和 ATP 除对酶系有直接的抑制作用外，还可通过增强丙酮酸脱氢酶激酶的活性而使其失活。

柠檬酸合酶、异柠檬酸脱氢酶及 α-酮戊二酸脱氢酶系催化的反应是三羧酸循环中最强的产能步骤，这 3 个酶是三羧酸循环调节的关键。柠檬酸是柠檬酸合酶底物之一的草酰乙酸的竞争性抑制剂。ATP 通过提高柠檬酸合酶对乙酰 CoA 的米氏常数（K_m）而起抑制作用，且这种抑制可被 ADP 别构激活。柠檬酸合酶还受 NADH 的抑制，但对其浓度变化的敏感程度不如异柠檬酸脱氢酶。琥珀酰 CoA 和乙酰 CoA 的结构相似，对柠檬酸合酶有竞争性抑制作用。异柠檬酸脱氢酶受其脱氢产物 NADH 的强烈抑制，ATP 也抑制其活性，而 ADP 和 Ca^{2+} 对其有激活作用。α-酮戊二酸脱氢酶系也受其脱氢产物 NADH 和琥珀酰 CoA 的抑制，同时 Ca^{2+} 对其有激活作用。Ca^{2+} 对异柠檬酸脱氢酶和 α-酮戊二酸脱氢酶系的激活作用是由于 Ca^{2+} 与酶的结合，降低酶对底物的 K_m 而使酶激活。

总之，当细胞能量处于低水平，即高的 ADP 浓度、低的 ATP 浓度和 NADH 水平，三羧酸循环加速进行，而当 ATP、NADH、琥珀酰 CoA 和柠檬酸积累时，循环就减速进行。

第四节　磷酸戊糖途径

磷酸戊糖途径（pentose phosphate pathway）又称为己糖单磷酸旁路（hexose monophosphate shunt）。它是糖代谢的又一重要途径，发生在胞质溶胶中，且在脂肪组织中特别重要。该途径产生磷酸戊糖和 NADPH。

一、磷酸戊糖途径的反应过程

磷酸戊糖途径的反应分为两个阶段：氧化阶段和非氧化阶段。氧化阶段包括六碳糖脱羧生成五碳糖，并使 $NADP^+$ 还原形成 $NADPH+H^+$（下述的前3步反应）。非氧化阶段包括5-磷酸核酮糖通过差向和异构形成5-磷酸木酮糖和5-磷酸核糖，再通过转酮基反应和转醛基反应，将磷酸戊糖途径与糖酵解联系起来，并使6-磷酸葡萄糖再生。

1. 6-磷酸葡萄糖脱氢 6-磷酸葡萄糖脱氢酶（glucose-6-phosphate dehydrogenase）以 $NADP^+$ 为辅酶，催化6-磷酸葡萄糖脱氢生成6-磷酸葡萄糖酸-δ-内酯。

2. 6-磷酸葡萄糖酸的生成 6-磷酸葡萄糖酸-δ-内酯在内酯酶（lactonase）的水解作用下，生成6-磷酸葡萄糖酸。

3. 5-磷酸核酮糖的生成 此反应由6-磷酸葡萄糖酸脱氢酶（6-phosphogluconate dehydrogenase）催化脱氢并脱羧生成5-磷酸核酮糖，再以 $NADP^+$ 作为氢的受体。

4. 5-磷酸核酮糖的异构化 5-磷酸核酮糖经磷酸戊糖异构酶作用（phosphopentose isomerase）形成5-磷酸核糖；经磷酸戊糖差向异构酶（phosphopentose epimerase）形成5-磷酸木酮糖。

5. 转酮基反应　5-磷酸木酮糖经转酮酶(transketolase)的作用，将二碳单位转移到5-磷酸核糖上，形成3-磷酸甘油醛和7-磷酸景天庚酮糖。

$$\begin{matrix} CH_2OH \\ C=O \\ HO-C-H \\ H-C-OH \\ CH_2O\text{℗} \end{matrix} + \begin{matrix} CHO \\ H-C-OH \\ H-C-OH \\ H-C-OH \\ CH_2O\text{℗} \end{matrix} \xrightleftharpoons{\text{转酮酶}} \begin{matrix} CHO \\ CHOH \\ CH_2O\text{℗} \end{matrix} + \begin{matrix} CH_2OH \\ C=O \\ HO-C-H \\ H-C-OH \\ H-C-OH \\ CH_2O\text{℗} \end{matrix}$$

5-磷酸木酮糖　　　　　5-磷酸核糖　　　　　　3-磷酸甘油醛　　　7-磷酸景天庚酮糖

6. 转醛基反应　7-磷酸景天庚酮糖经转醛酶(transaldolase)的作用，将三碳单位转移到3-磷酸甘油醛上，形成4-磷酸赤藓糖和6-磷酸果糖。

$$\begin{matrix} CH_2OH \\ C=O \\ HO-C-H \\ H-C-OH \\ H-C-OH \\ H-C-OH \\ CH_2O\text{℗} \end{matrix} + \begin{matrix} CHO \\ CHOH \\ CH_2O\text{℗} \end{matrix} \xrightleftharpoons{\text{转醛酶}} \begin{matrix} CHO \\ H-C-OH \\ H-C-OH \\ CH_2O\text{℗} \end{matrix} + \begin{matrix} CH_2OH \\ C=O \\ HO-C-H \\ H-C-OH \\ CH_2O\text{℗} \end{matrix}$$

7-磷酸景天庚酮糖　　　3-磷酸甘油醛　　　　　4-磷酸赤藓糖　　　　6-磷酸果糖

7. 转酮基反应　4-磷酸赤藓糖和5-磷酸木酮糖经转酮酶的作用，转移二碳单位，形成3-磷酸甘油醛和6-磷酸果糖。

$$\begin{matrix} CH_2OH \\ C=O \\ HO-C-H \\ H-C-OH \\ CH_2O\text{℗} \end{matrix} + \begin{matrix} CHO \\ H-C-OH \\ H-C-OH \\ CH_2O\text{℗} \end{matrix} \xrightleftharpoons{\text{转酮酶}} \begin{matrix} CHO \\ CHOH \\ CH_2O\text{℗} \end{matrix} + \begin{matrix} CH_2OH \\ C=O \\ HO-C-H \\ H-C-OH \\ H-C-OH \\ CH_2O\text{℗} \end{matrix}$$

5-磷酸木酮糖　　　　　4-磷酸赤藓糖　　　　　3-磷酸甘油醛　　　　6-磷酸果糖

8. 异构化反应　6-磷酸果糖经异构化形成6-磷酸葡萄糖。

$$\begin{matrix} CH_2OH \\ C=O \\ HO-C-H \\ H-C-OH \\ H-C-OH \\ CH_2O\text{℗} \end{matrix} \xrightleftharpoons{\text{磷酸己糖异构酶}} \begin{matrix} CHO \\ H-C-OH \\ HO-C-H \\ H-C-OH \\ H-C-OH \\ CH_2O\text{℗} \end{matrix}$$

6-磷酸果糖　　　　6-磷酸葡萄糖

磷酸戊糖途径如以6分子6-磷酸葡萄糖开始，在氧化阶段经2次脱氢氧化和1次脱羧，生成6

分子 CO_2 和 12 分子 NADPH，并生成 6 分子 5-磷酸核酮糖。在非氧化阶段，6 分子 5-磷酸核酮糖经醛基、酮基在分子间的转移，最后使 5 分子 6-磷酸葡萄糖再生。

氧化阶段的总反应为

$$6\times 6\text{-磷酸葡萄糖} + 12NADP^+ + 6H_2O \longrightarrow 6\times 5\text{-磷酸核酮糖} + 6CO_2 + 12NADPH + 12H^+$$

非氧化阶段的总反应为

$$6\times 5\text{-磷酸核酮糖} + H_2O \longrightarrow 5\times 6\text{-磷酸葡萄糖} + H_3PO_4$$

磷酸戊糖途径的总反应为

$$6\text{-磷酸葡萄糖} + 12NADP^+ + 7H_2O \longrightarrow 6CO_2 + 12NADPH + 12H^+ + H_3PO_4$$

磷酸戊糖途径可总结于图 7-12。

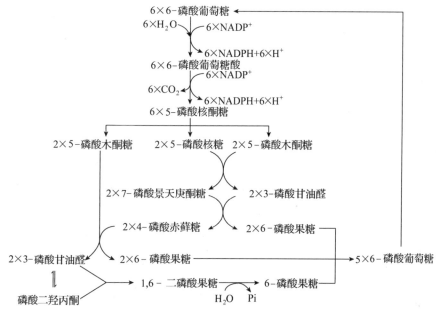

图 7-12 磷酸戊糖途径

二、磷酸戊糖途径的意义

磷酸戊糖途径的意义可概括为下述两个方面。

1. 产生 NADPH NADPH 的作用不同于 NADH，不是进入呼吸链产生 ATP，而是为物质合成提供还原力。生物体中许多物质（如脂肪酸、固醇、四氢叶酸等）的合成需要以 NADPH 为供氢体，同时，氨的同化、丙酮酸羧化还原成苹果酸等反应也需要 NADPH。此外，NADPH 还能维持谷胱甘肽的还原状态，对巯基酶起保护作用。

2. 为物质合成提供原料 磷酸戊糖途径不同碳原子数的中间产物为许多有机化合物的合成提供原料，如 5-磷酸核糖是合成核苷酸的原料，也是 NAD^+、$NADP^+$、FAD 等的组成成分。另一方面，磷酸戊糖途径对五碳糖和六碳糖的代谢和转变起纽带作用。

第五节 乙醛酸循环

乙醛酸循环（glyoxylate）只存在于植物和微生物体中，它们把乙酸作为唯一的碳源构建自己的机体。结果是 2 分子的乙酰 CoA 转变为琥珀酸。乙醛酸循环是三羧酸循环的辅助途径，它包括两种特殊的酶类，第一种是异柠檬酸裂解酶(isocitrate lyase)，催化异柠檬酸裂解生成琥珀酸和乙醛酸。反应如下：

$$\begin{matrix} \text{HOCH COOH} \\ | \\ \text{CHCOOH} \\ | \\ \text{CH}_2\text{COOH} \end{matrix} \xrightleftharpoons{\text{异柠檬酸裂解酶}} \begin{matrix} \text{CH}_2\text{COOH} \\ | \\ \text{CH}_2\text{COOH} \end{matrix} + \begin{matrix} \text{CHO} \\ | \\ \text{COOH} \end{matrix}$$

异柠檬酸　　　　　　　　琥珀酸　　　乙醛酸

乙醛酸循环中第二种特殊酶是苹果酸合酶(malate synthase)，使乙醛酸与乙酰 CoA 缩合成苹果酸。反应如下：

$$\begin{matrix} \text{CH}_3 \\ | \\ \text{CO} \sim \text{SCoA} \end{matrix} + \begin{matrix} \text{CHO} \\ | \\ \text{COOH} \end{matrix} + \text{H}_2\text{O} \xrightarrow{\text{苹果酸合酶}} \begin{matrix} \text{CH}_2\text{COOH} \\ | \\ \text{CHOHCOOH} \end{matrix}$$

乙酰 CoA　　　　乙醛酸　　　　　　　　苹果酸

乙醛酸循环的总反应为：

$$2\text{CH}_3\text{CO}\sim\text{SCoA}+\text{NAD}^+ +2\text{H}_2\text{O} \longrightarrow \begin{matrix} \text{CH}_2\text{COOH} \\ | \\ \text{CH}_2\text{COOH} \end{matrix} +2\text{CoASH}+\text{NADH}+\text{H}^+$$

乙酰 CoA　　　　　　　　　　　　　琥珀酸

乙醛酸循环的全过程及其与三羧酸循环的关系如图 7-13 所示。

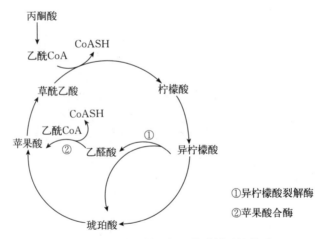

图 7-13　乙醛酸循环与三羧酸循环的关系

第六节　糖醛酸途径

糖醛酸途径由 6-磷酸葡萄糖或 1-磷酸葡萄糖开始，经 UDP-葡萄糖醛酸脱掉 UDP 形成葡萄糖醛酸，此后逐步代谢形成 L-木酮糖，再经木糖醇形成 D-木酮糖，进入磷酸戊糖途径生成核糖或进入三羧酸循环进一步代谢。

糖醛酸途径产生的葡萄糖醛酸是重要的黏多糖(如透明质酸、硫酸软骨素和肝素)的构成成分，也是肝中进行解毒的重要物质，进入肝的毒物或药物与之结合随尿排出而起到解毒的作用。糖醛酸途径的全过程如图7-14所示。

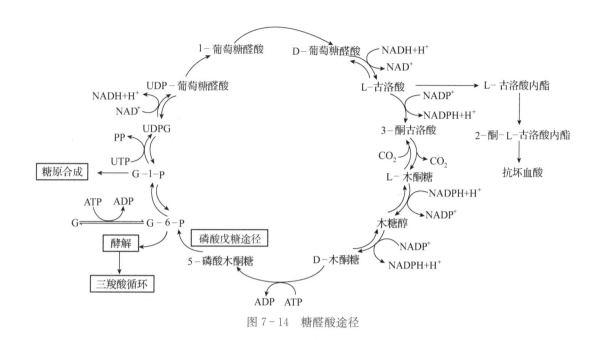

糖代谢调控
新机制

图7-14 糖醛酸途径

第七节 糖异生作用

糖异生(gluconeogenesis)作用是由非糖物质合成葡萄糖的过程，这些非糖物质包括乳酸、丙酮酸、三羧酸循环中间体、大部分氨基酸的碳骨架、甘油等。糖异生作用对人体尤为重要，因为脑和红细胞几乎唯一地依赖葡萄糖作为能量来源。在饥饿期间，葡萄糖的形成主要是通过糖异生作用，特别是利用蛋白质降解的氨基酸和脂肪分解的甘油。在运动期间，脑和骨骼肌所要求的血糖水平由肝利用肌肉产生的乳酸经糖异生来维持。肝是糖异生的重要器官。高等植物糖异生过程主要发生在油料种子萌发时，它将脂肪酸氧化产物和甘油转化为糖。

一、糖异生途径

糖异生作用大部分利用糖酵解的逆反应进行，但在糖酵解中，由己糖激酶、磷酸果糖激酶和丙酮酸激酶催化的反应是不可逆的，这3个步骤必须用其他酶使其逆转，因此糖异生并不是糖酵解的简单逆转。实现糖酵解3步不可逆步骤的逆转反应过程如下。

1. 丙酮酸转变为磷酸烯醇式丙酮酸 此反应分下述两步完成。

(1)第一步反应。丙酮酸由丙酮酸羧化酶(pyruvate carboxylase)催化转化为草酰乙酸，其辅酶为生物素，消耗ATP。

$$\begin{array}{c} COOH \\ | \\ C=O \\ | \\ CH_3 \end{array} + CO_2 + ATP + H_2O \xrightarrow[\text{生物素、}Mg^{2+}]{\text{丙酮酸羧化酶}} \begin{array}{c} COOH \\ | \\ C=O \\ | \\ CH_2 \\ | \\ COOH \end{array} + ADP + Pi$$

丙酮酸　　　　　　　　　　　　　草酰乙酸

丙酮酸羧化酶是一种线粒体酶,而糖异生作用的其他酶位于线粒体外部。因而由丙酮酸羧化形成的草酰乙酸,必须穿过线粒体膜才能作为磷酸烯醇式丙酮酸羧激酶的底物。然而线粒体内膜不存在使草酰乙酸穿膜的运载蛋白。因而草酰乙酸在线粒体内被苹果酸脱氢酶还原为苹果酸,苹果酸被特殊的运送蛋白运出线粒体,又由细胞溶胶中的苹果酸脱氢酶转回草酰乙酸(图7-15)。

(2)第二步反应。由磷酸烯醇式丙酮酸羧激酶(phosphoenolpyruvate carboxykinase)催化草酰乙酸转变为磷酸烯醇式丙酮酸(PEP),反应消耗1分子GTP。

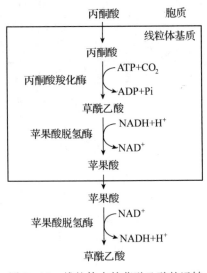

图7-15 线粒体内外草酰乙酸的运转

$$\begin{array}{c}COOH\\|\\C=O\\|\\CH_2\\|\\COOH\end{array} + GTP \xrightarrow[Mg^{2+}]{PEP羧激酶} \begin{array}{c}CH_2\\\|\\CO\sim\textcircled{P}\\|\\COOH\end{array} + GDP + CO_2$$

草酰乙酸　　　　　　　　　磷酸烯醇式丙酮酸

2. 1,6-二磷酸果糖转变成6-磷酸果糖　在1,6-二磷酸果糖酯酶(fructose-1,6-bisphosphatase)的催化下,1,6-二磷酸果糖脱磷酸形成6-磷酸果糖。反应是放能过程,易于发生。

$$1,6-二磷酸果糖 + H_2O \xrightarrow{1,6-二磷酸果糖酯酶} 6-磷酸果糖 + Pi$$

3. 6-磷酸葡萄糖转变为葡萄糖　在6-磷酸葡萄糖酯酶(glucose-6-phosphatase)催化下,6-磷酸葡萄糖转变为葡萄糖。

$$6-磷酸葡萄糖 + H_2O \xrightarrow{6-磷酸葡萄糖酯酶} 葡萄糖 + Pi$$

以丙酮酸为起始物的糖异生与糖酵解全过程的比较总结见图7-16。2分子丙酮酸合成1分子葡萄糖需要4分子ATP和2分子GTP。

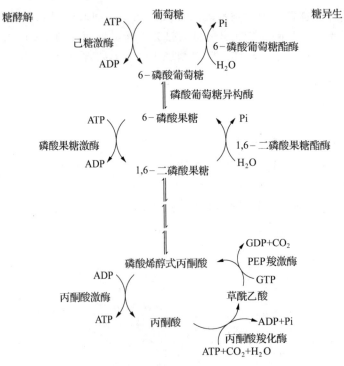

图7-16 糖异生与糖酵解的比较

二、糖异生的调节

糖异生作用与糖酵解途径有密切的相互协调关系,如果糖酵解作用活跃,则糖异生作用必受一定限制。而如果糖酵解途径的主要酶受到抑制,则糖异生作用中酶的活性就被激活。如果两种过程同时进行,1分子葡萄糖经糖酵解仅产生2分子ATP,而每个葡萄糖异生须利用4个ATP和2个GTP。因此对于机体来说净消耗2个ATP和2个GTP,称为无效循环(futile cycle)。这被糖酵解和糖异生作用的紧密相互调节作用所阻止。两个途径有许多共同步骤,每个途径中的独特步骤才是这些调节作用的位点,特别是6-磷酸果糖与1,6-二磷酸果糖之间以及磷酸烯醇式丙酮酸与丙酮酸之间的相互转换。糖酵解与糖异生的相互调节总结见图7-17。

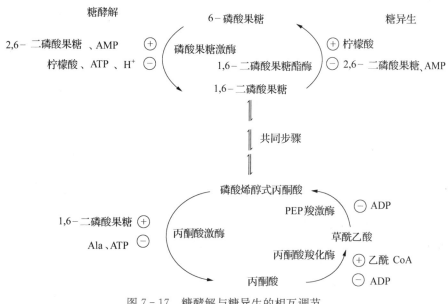

图 7-17　糖酵解与糖异生的相互调节

1. 磷酸果糖激酶(PFK)和1,6-二磷酸果糖酯酶的调节　AMP对磷酸果糖激酶有激活作用,当AMP浓度高时,表明机体需要合成更多的ATP,加速糖酵解过程,同时抑制1,6-二磷酸果糖酯酶,不再催化糖异生作用。ATP和柠檬酸对磷酸果糖激酶起抑制作用,当二者浓度高时,表示不需要制造更多的ATP,降低糖酵解速度,同时,柠檬酸激活1,6-二磷酸果糖酯酶加速糖异生作用的进行。

当饥饿时,机体血糖含量下降,血液中胰高血糖素水平升高,从而引起cAMP级联反应,最后使得磷酸果糖激酶2和2,6-二磷酸果糖酯酶都发生磷酸化,由此活化2,6-二磷酸果糖酯酶而抑制磷酸果糖激酶2,降低2,6-二磷酸果糖的浓度,使葡萄糖异生作用处于优势。在饱食状态下,血糖浓度升高,血液中胰岛素的水平升高并引起相反的效果,造成2,6-二磷酸果糖浓度升高。由于2,6-二磷酸果糖对磷酸果糖激酶的激活作用及对果糖二磷酸酯酶的抑制作用,从而加速糖酵解而使糖异生受到抑制。

2. 丙酮酸激酶、丙酮酸羧化酶和磷酸烯醇式丙酮酸羧激酶的调节　在肝中,丙酮酸激酶被高浓度的ATP抑制,因此当ATP和丙酮酸等生物合成的中间产物很多时,糖酵解受到抑制。丙酮酸羧化酶受乙酰CoA的激活和ADP的抑制,当乙酰CoA充足时丙酮酸羧化酶受到激活从而促进糖异生作用。相反,当细胞的供能状态低时,ADP浓度高,这就抑制了丙酮酸羧化酶和磷酸烯醇式丙酮酸羧激酶,从而使糖异生作用停止进行。此时,ATP浓度很低以至丙酮酸激酶不被抑制,于是糖酵解又发挥其作用。丙酮酸激酶也受1,6-二磷酸果糖的正反馈激活作用,加速糖酵解作用的进行。

在饥饿期间，首先为了保证脑和肌肉的血糖供应，肝中的丙酮酸激酶受到抑制，限制了糖酵解的进行，因胰高血糖素分泌到血液并激活 cAMP 的级联效应导致丙酮酸激酶磷酸化而失活。

第八节 糖原的分解与合成

糖原(glycogen)是动物体内糖的贮存形式，摄入体内的糖大部分转变为脂肪，只有小部分以糖原的形式贮存。糖原作为葡萄糖贮存的生物学意义在于当机体需要葡萄糖时，它可以迅速被利用以供急需，而脂肪则不能。肝和肌肉是贮存糖原的主要地方。在肌肉中贮存糖原的功能是提供肌肉本身收缩所需要的能量，而贮存于肝中的糖原用于维持血糖浓度。

一、糖原的分解代谢

糖原分解首先在糖原磷酸化酶(glycogen phosphorylase)作用下，从糖原分子的非还原端断裂 α-1,4 糖苷键，生成 1-磷酸葡萄糖和比原来少一个葡萄糖残基的糖原。

$$\text{糖原} + \text{Pi} \xrightleftharpoons{\text{糖原磷酸化酶}} \text{糖原} + \text{1-磷酸葡萄糖}$$
$$(n\text{ 个残基}) \qquad\qquad (n-1\text{ 个残基})$$

磷酸化酶只分解 α-1,4 糖苷键，且在离分支点 4 个葡萄糖残基处停止反应。在糖原脱支酶 (glycogen debranching enzyme)的参与下，才能将糖原彻底分解(图 7-18)。糖原脱支酶具有两种功能：一是葡聚糖转移酶的功能，将分支链上的 3 个葡萄糖残基转移到邻近糖链的末端，仍以 α-1,4 糖苷键相连接，分支处只留下 1 个葡萄糖以 α-1,6 糖苷键相连。二是在 α-1,6 葡萄糖苷酶活性作用下，水解形成游离葡萄糖。产生的 1-磷酸葡萄糖被磷酸葡萄糖变位酶(phosphoglucomutase)催化转化为 6-磷酸葡萄糖。

$$\text{1-磷酸葡萄糖} \xrightleftharpoons{\text{磷酸葡萄糖变位酶}} \text{6-磷酸葡萄糖}$$

6-磷酸葡萄糖的转变取决于机体组织器官，肝中含有 6-磷酸葡萄糖酯酶，它将 6-磷酸葡萄糖转变为葡萄糖，后者扩散到血液以维持血糖的浓度。

$$\text{6-磷酸葡萄糖} + H_2O \xrightleftharpoons{\text{6-磷酸葡萄糖酯酶}} \text{葡萄糖} + \text{Pi}$$

而肌肉中不含有 6-磷酸葡萄糖酯酶，生成的 6-磷酸葡萄糖只能进入糖酵解产生能量。糖原分解过程总结于图 7-19。

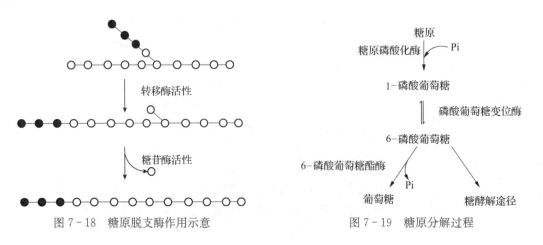

图 7-18 糖原脱支酶作用示意　　图 7-19 糖原分解过程

二、糖原的合成代谢

进入肝中的葡萄糖首先磷酸化为 6-磷酸葡萄糖。后者再转变为 1-磷酸葡萄糖，然后在尿苷二磷酸葡萄糖（UDPG）焦磷酸化酶作用下，与尿苷三磷酸（UTP）反应生成 UDPG 和焦磷酸（图 7-20），为糖原的合成做好准备。焦磷酸的水解推动糖原可逆反应单向进行到底。尿苷二磷酸葡萄糖是葡萄糖的活性形式，在糖原合酶（glycogen synthase）作用下，将葡萄糖基转移给糖原引物的非还原末端，形成 α-1,4 糖苷键（图 7-21）。糖原引物是细胞内较小的糖原分子，游离的葡萄糖不能作为尿苷二磷酸葡萄糖的葡萄糖基的受体。糖原合酶只能形成 α-1,4 糖苷键，不能形成 α-1,6 糖苷键。在糖原合酶作用下，糖链只能延长，不能形成分支。

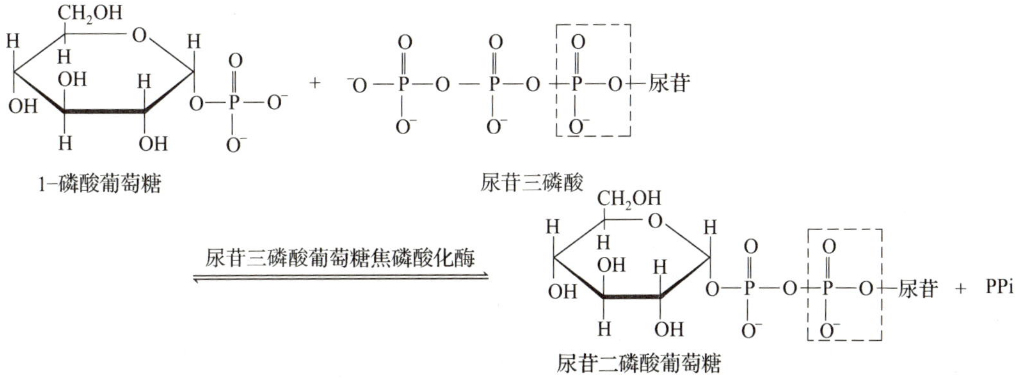

图 7-20 尿苷二磷酸葡萄糖的生成

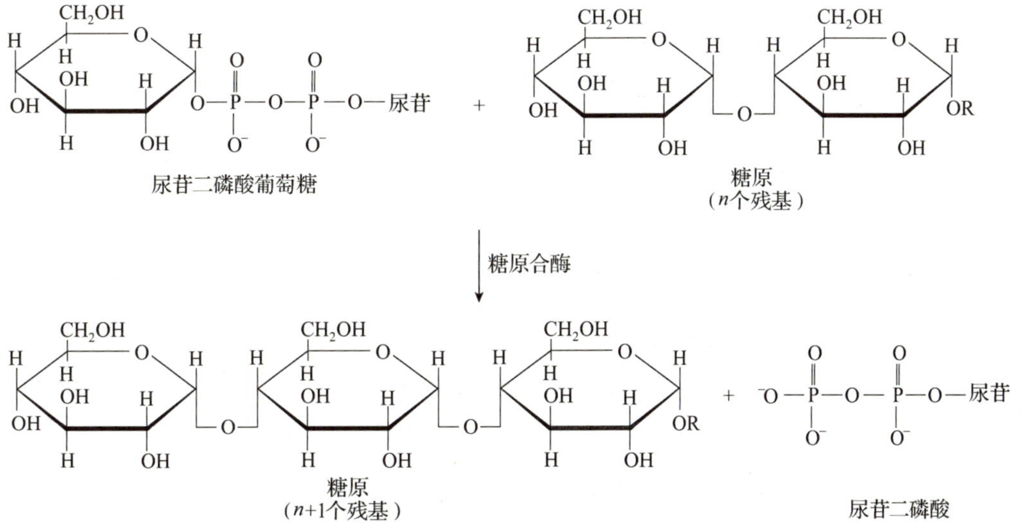

图 7-21 α-1,4 糖苷键的形成

当糖链延长到超过 11 个葡萄糖残基后，糖原分支酶（branching enzyme）可将约 7 个葡萄糖残基的一段糖链转移至邻近糖链上，以 α-1,6 糖苷键相连，形成分支。糖原的分解与合成均在分支的非还原末端进行，多分支的形成可以提高糖原合成与分解的速度，同时，增加糖原的水溶性。分支酶的作用如图 7-22 所示。

糖原合成过程总结于图 7-23。

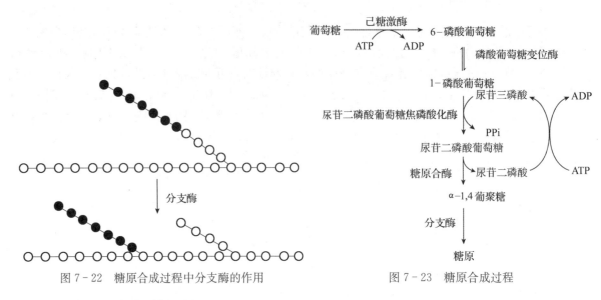

图 7-22 糖原合成过程中分支酶的作用　　　　图 7-23 糖原合成过程

三、糖原的代谢调控

糖原的分解与合成利用是两条不同的途径，这样有利于精细调节。糖原分解代谢中的糖原磷酸化酶和糖原合成代谢的糖原合酶是两条代谢途径的调节酶，其活性决定不同代谢途径的速率，进而影响糖原代谢的方向。糖原磷酸化酶与糖原合酶有共价修饰和别构调节两种调节方式。

(一)糖原磷酸化酶的调控

糖原磷酸化酶有磷酸化的活性 a 型和去磷酸化的无活性 b 型，通过糖原磷酸化酶激酶的作用，使糖原磷酸化酶 b 上的丝氨酸残基磷酸化而转变为糖原磷酸化酶 a。活性的糖原磷酸化酶 a 通过磷蛋白磷酸酶 I 的作用去磷酸而转变为无活性的糖原磷酸化酶 b。

糖原磷酸化酶激酶也有磷酸化的糖原磷酸化酶激酶(有活性)和去磷酸的糖原磷酸化酶激酶(无活性)，其磷酸化由蛋白激酶 A 催化。而蛋白激酶 A 的激酶又依靠被称为第二信使的 cAMP，故蛋白激酶 A 亦称为依赖 cAMP 的蛋白激酶。

$$\text{蛋白激酶 A} \underset{}{\overset{cAMP}{\rightleftharpoons}} \text{蛋白激酶 A}$$
（无活性）　　　　（有活性）

活化的蛋白激酶 A 利用 ATP，使糖原磷酸化酶激酶磷酸化，从而使之转变为活性形式。

$$\text{去磷酸的糖原磷酸化酶激酶} \underset{}{\overset{ATP \;\; 蛋白激酶A \;\; ADP}{\rightleftharpoons}} \text{磷酸化的糖原磷酸化酶激酶}$$
（无活性）　　　　　　　　　　　　　　　　（有活性）

最终，活化的糖原磷酸化酶激酶将无活性的糖原磷酸化酶 b 转化为有活性的糖原磷酸化酶 a。糖原磷酸化酶的活性调节过程见图 7-24a。其逆反应由磷蛋白磷酸酶 I 催化。

此外，糖原磷酸化酶还受别构调节作用，葡萄糖和 ATP 是其别构抑制剂，AMP 则为别构激活剂。较高的血糖浓度，抑制糖原的分解。

(二)糖原合酶的调控

糖原合酶也有活性 a 型和无活性 b 型。然而与糖原磷酸化酶相反，糖原合酶的活性形式是去磷酸化的，而无活性的糖原合酶 b 则是磷酸化的。催化二者相互转化的酶是蛋白激酶 A 和磷蛋白磷酸酶Ⅰ，糖原合酶的共价调节见图 7-24b。高浓度的 6-磷酸葡萄糖激活糖原合酶，使糖原的合成作用加强。

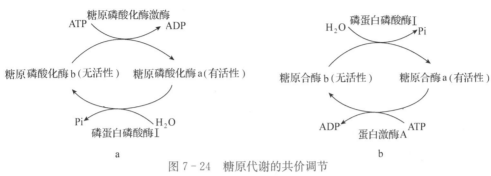

图 7-24　糖原代谢的共价调节
a. 糖原磷酸化酶的调控　b. 糖原合酶的调控

由上可知，糖原磷酸化酶和糖原合酶的活性受磷酸化和去磷酸化的共价修饰，二者作用方式相似，但效果不同。糖原磷酸化酶通过磷酸化增强活性，而糖原合酶磷酸化后活性降低。因此当糖原分解时，糖原合成即受到抑制，这可以防止两条途径同时发生造成的 ATP 的浪费，避免耗能性的无效循环的发生。

第九节　其他糖类的合成

一、淀粉的合成

淀粉是植物体内的贮存多糖，谷类、豆类、薯类等作物中含有大量的淀粉。淀粉的生物合成过程与糖原合成基本相似，先合成直链的 α-1,4 葡聚糖，再形成带分支的物质。

（一）直链淀粉的合成

催化淀粉中 α-1,4 糖苷键形成的酶为淀粉合成酶，葡萄糖的供体是腺苷二磷酸葡萄糖（ADPG）和尿苷二磷酸葡萄糖（UDPG），近年来认为高等植物合成淀粉的主要途径是以 ADPG 为葡萄糖的供体。ADPG（UDPG）可将葡萄糖转移到受体引物上，引物可以是小分子的葡聚糖，也可以是淀粉分子。

我国糖的合成化学研究跻身国际先进水平

$$\text{ADPG(UDPG)} + \text{引物}(n\text{G}) \xrightarrow{\text{淀粉合成酶}} \text{引物}[(n+1)\text{G}] + \text{ADP(UDP)}$$

（二）支链淀粉的合成

支链淀粉除含有 α-1,4 糖苷键外，还有 α-1,6 糖苷键，需要另外的酶来完成。在植物中有 α-1,4 葡聚糖分支酶（原称 Q 酶），可以从直链淀粉的非还原端裂解出一个葡聚糖的片段，再以 α-1,6 糖苷键连接到邻近的直链片段的非还原末端形成分支（图 7-25），使直链淀粉转化为支链淀粉。

淀粉合成的全过程可总结于图 7-26。

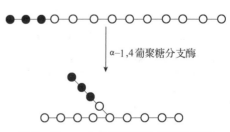

图 7-25　α-1,4 葡聚糖分支酶的作用

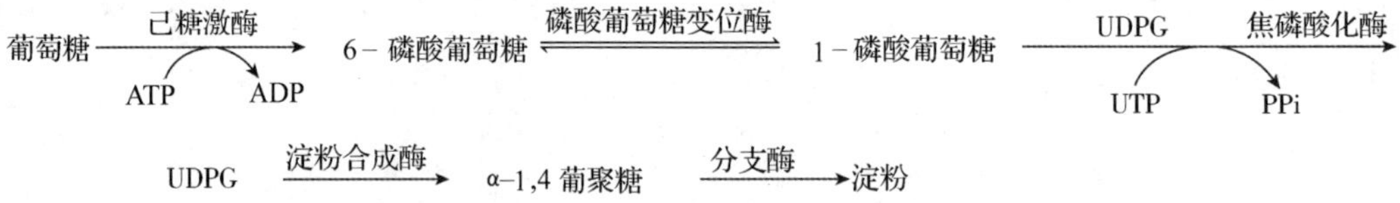

葡萄糖 $\xrightarrow[\text{ATP} \quad \text{ADP}]{\text{己糖激酶}}$ 6-磷酸葡萄糖 $\xrightleftharpoons{\text{磷酸葡萄糖变位酶}}$ 1-磷酸葡萄糖 $\xrightarrow[\text{UTP} \quad \text{PPi}]{\text{UDPG 焦磷酸化酶}}$

UDPG $\xrightarrow{\text{淀粉合成酶}}$ α-1,4 葡聚糖 $\xrightarrow{\text{分支酶}}$ 淀粉

图 7-26 淀粉的合成过程

二、蔗糖的合成

蔗糖是高等植物光合作用的主要产物，也是植物体中糖类的主要运输形式，蔗糖更是重要的食品原料。蔗糖的合成可通过蔗糖合成酶途径和磷酸蔗糖合成酶途径。

(一)蔗糖合成酶途径

蔗糖合成酶能利用 UDPG 作为葡萄糖供体与果糖合成蔗糖，其反应为

$$\text{UDPG}+\text{果糖} \xrightarrow{\text{蔗糖合成酶}} \text{UDP}+\text{蔗糖}$$

(二)磷酸蔗糖合成酶途径

磷酸蔗糖合成酶也是以 UDPG 作为葡萄糖的供体，与 6-磷酸果糖反应形成磷酸蔗糖，再经专一的磷酸蔗糖酯酶作用脱磷酸形成蔗糖。

$$\text{UDPG}+6\text{-磷酸果糖} \xrightarrow{\text{磷酸蔗糖合成酶}} \text{磷酸蔗糖}+\text{UDP}$$

$$\text{磷酸蔗糖}+\text{H}_2\text{O} \xrightarrow{\text{磷酸蔗糖酯酶}} \text{蔗糖}+\text{Pi}$$

由于磷酸蔗糖合成酶的活性较高，平衡常数又有利于蔗糖的合成，且植物体中磷酸蔗糖合成酶的含量丰富。因此一般认为该途径是蔗糖合成的主要途径，而蔗糖合成酶途径起蔗糖分解的作用，特别是在贮存淀粉的组织器官中把蔗糖转化为淀粉的过程中起作用。蔗糖合成的可能途径见图 7-27。

图 7-27 蔗糖合成的可能途径

三、乳糖的合成

乳糖是哺乳动物乳汁中的糖分，由半乳糖和葡萄糖以 β-糖苷键相连。乳糖的合成要利用活化的半乳糖，即尿苷二磷酸半乳糖的形式。尿苷二磷酸半乳糖的来源与半乳糖分解代谢途径中相同。生成的尿苷二磷酸半乳糖在乳糖合酶的催化下，将半乳糖基转移给葡萄糖生成乳糖。

$$\text{尿苷二磷酸半乳糖}+\text{葡萄糖} \xrightarrow{\text{乳糖合酶}} \text{尿苷二磷酸}+\text{乳糖}$$

乳糖合成的全过程见图 7-28。

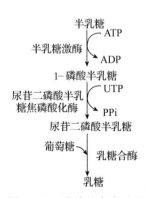

图 7-28 乳糖的合成过程

第十节　糖代谢各途径之间的关系

糖在生物体内的代谢途径主要有：糖酵解、糖的有氧氧化、磷酸戊糖途径、糖异生、糖原的分解与合成等，这些代谢途径的生理功能不同，有的是释放能量的分解过程，有的是消耗能量的合成过程。它们通过共同的代谢中间产物相互联系和沟通，形成一个整体。现将糖代谢各途径的关系总结于图7-29。

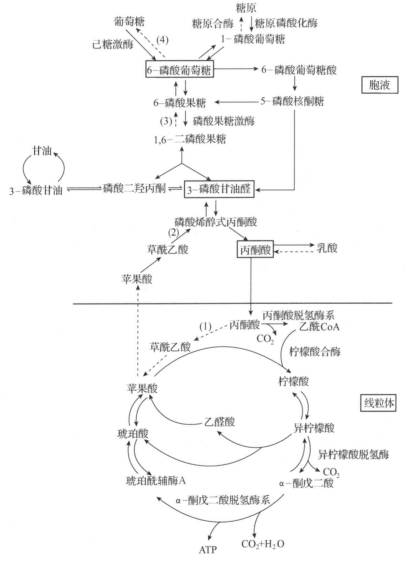

图7-29　糖代谢各途径的关系
[(1)、(2)、(3)、(4)是糖异生作用的关键反应]

糖代谢各途径的第一个交汇点是6-磷酸葡萄糖，它沟通了所有糖代谢途径。通过6-磷酸葡萄糖实现了葡萄糖与糖原之间的相互转变，而且各种非糖物质(乳酸、甘油)都要经过它异生为葡萄糖。在糖的分解代谢中，葡萄糖或糖原要先转变为6-磷酸葡萄糖，再进入糖酵解、有氧氧化或磷酸戊糖途径。

糖代谢各途径的第二个交汇点是3-磷酸甘油醛,它是糖酵解和有氧氧化的中间物质,也是磷酸戊糖途径的中间产物。

糖代谢各途径的第三个交汇点是丙酮酸,它是糖有氧氧化与无氧分解的分界点。在无氧的条件下,葡萄糖经酵解转变为丙酮酸,在不同生物体内进一步转变为乳酸或乙醇。在有氧的条件下,丙酮酸转变为乙酰CoA,再进入三羧酸循环彻底氧化为CO_2和H_2O。另外,丙酮酸还经草酰乙酸异生为葡萄糖,它也是其他许多非糖物质异生的必经之路。

此外,磷酸戊糖途径沟通了五碳糖与六碳糖之间的代谢,为其他单糖进入葡萄糖酵解代谢提供沟通途径。

总之,糖代谢的各条途径虽然是分别叙述的,但它们是相互联系、紧密制约的关系。并且不仅糖代谢要利用这些途径,蛋白质、脂肪等的代谢也要通过丙酮酸、乙酰CoA及三羧酸循环中间产物与之沟通。因此,糖代谢途径是物质代谢的基础与纽带,通过对糖代谢的调节,可以实现对生物整体的代谢调控。

知识窗

沙拉三明治与葡萄糖-6-磷酸脱氢酶缺乏症

蚕豆是沙拉三明治的一种传统成分,自古以来就是地中海和中东地区一种重要的食物来源。希腊哲学家、数学家毕达哥拉斯严禁他的信徒吃蚕豆,也许就是因为蚕豆可以使许多人患上一种称之为"蚕豆病"的致命疾病。

食用蚕豆24~48 h,患者的红细胞开始溶解,释放血红蛋白进入血液;有时还可能导致黄疸或者肾功能障碍。食用抗疟药首喹或者磺胺类抗生素或者长期与某种除草剂接触也可能引发相似的症状。这些症状具有共同的基础:葡萄糖-6-磷酸脱氢酶(G6PD)缺乏,它大约影响了4亿人。多数葡萄糖-6-磷酸脱氢酶缺乏的人是无症状的,只有结合了某些环境因素之后才会表现出临床症状。

G6PD催化戊糖磷酸途径中的第一步反应产生NADPH。这个还原剂在许多生物合成途径中都是必需的,它也可以保护细胞免受过氧化氢(H_2O_2)和超氧自由基的氧化损伤,这些具有高度活性的氧化剂作为代谢副产物产生,并且通过药物(如首喹)和天然产物(诸如香豌豆嘧啶——蚕豆中的有毒成分)发挥作用时产生。在正常的解毒过程中,H_2O_2被还原型谷胱甘肽和谷胱甘肽过氧化物酶还原成水,氧化型谷胱甘肽被谷胱甘肽还原酶和NADPH还原成谷胱甘肽的还原形式(图7-30)。H_2O_2也可以被过氧化氢酶分解成H_2O和O_2,这个过程也需要NADPH。在葡萄糖-6-磷酸脱氢酶缺乏的人中,NADPH产量减少,并且H_2O_2的解毒过程被抑制。细胞被破坏的结果是脂质发生过氧化,导致红细胞膜破裂,蛋白质和DNA被氧化。

G6PD缺乏症的地理分布是很明显的。在非洲的热带地区、中东和南亚的部分地区,发病率高达25%,在这些地区,疟疾是最流行的。除了诸如此类的流行病学的研究之外,体外研究也表明,一种疟疾的寄生虫——*Plasmodium falciparum*在G6PD缺乏患者的红细胞中生长受到抑制。这种寄生虫对氧化破坏非常敏感,可以被一定的氧胁迫杀死,这也就是为什么G6PD缺乏的宿主可以忍受疟疾。由于抗疟疾的特性补偿了对氧化破坏抗性差的不足,天然选择维持了疟疾盛行地区人口G6PD缺乏的基因型。只有在药物或者除草剂或者单宁酸导致的无法抗拒的氧化胁迫下,G6PD缺乏症才会引起严重的疾病。

据说,抗疟药(如首喹)可以通过造成对寄生虫的氧胁迫来发挥作用。这是具有戏剧性的,抗疟药通过相同的生化机制,即产生对疟疾的抗性来引起疟疾。单宁酸也可以作为抗疟药,食用蚕豆也许可以抵抗疟疾。拒吃沙拉三明治，也许无意中增加了患疟疾的风险！

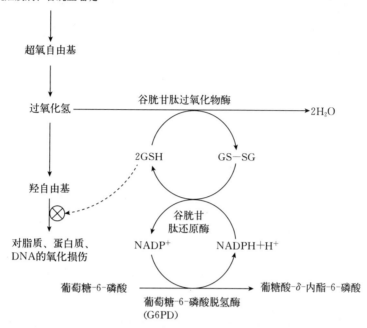

图 7-30 NADPH 和谷胱甘肽在保护细胞免受高活性的氧化剂破坏中的作用

复习题

1. 葡萄糖是如何在缺氧的条件下转变为乳酸的？有什么意义？
2. 三羧酸循环中有几个调节酶？它们受什么物质调节？它们催化哪些反应？
3. 何谓磷酸戊糖途径？如何反应？有何生理意义？
4. 非糖物质如何转变为糖？有哪些酶是糖异生过程特有的？
5. 多糖（以淀粉、糖原为例）合成的共性是什么？
6. 试述 ATP、AMP、NAD^+ 对糖代谢的影响。

CHAPTER 8 第八章 脂类代谢

三脂酰甘油(脂肪)在动物的脂肪组织、植物种子或果实中大量贮存。脂肪是非极性分子，因其疏水作用，故贮存占用体积较小。脂肪的热值即体内氧化 1 g 脂肪所产生的热量为 39 kJ，是蛋白质或糖的 2.3 倍，故生物进化中选择了脂肪作为能量贮存的主要形式。脂肪酸还是人体内炎症反应调节的重要物质。

磷脂和糖脂是生物膜的基本骨架成分。磷脂是兼性分子，两层磷脂通过疏水作用而结合，亲水基团位于膜的内外表面，以维持细胞内环境相对稳定。许多类脂及其衍生物具有重要的生理作用。例如，胆固醇可转化为固醇类激素、维生素 D、胆汁酸等；三磷酸肌醇是细胞内一种重要的第二信使分子；糖脂与信息识别、传递和免疫功能有着密切的关系。

第一节 脂类的消化吸收与运输

一、脂类的消化

消化指食物中的脂类，经过消化系统消化后，变为简单分子形式的过程。在口腔中，经过牙的咬切和研磨等咀嚼活动，进行物理消化，由大块变为小块，仅改变其物理性状，而消化过程的实质是酶水解的过程。食物中的脂类与人类生命活动最密切的主要是三脂酰甘油(又称为甘油三酯)、磷脂、胆固醇酯等。食物中脂类物质经口腔和胃作用后能形成脂肪乳糜，脂肪乳糜进入十二指肠，胰腺分泌入十二指肠中的消化酶有胰脂肪酶(pancreatic lipase)、胆固醇酯酶(cholesterol esterase)、磷脂酶 A_2(phospholipase A_2)及辅脂酶(colipase)。胰脂肪酶特异性催化三脂酰甘油中的 1 位及 3 位酯键水解，生成 2-单脂酰甘油和 2 分子游离脂肪酸。其酶促反应如图 8-1 所示。

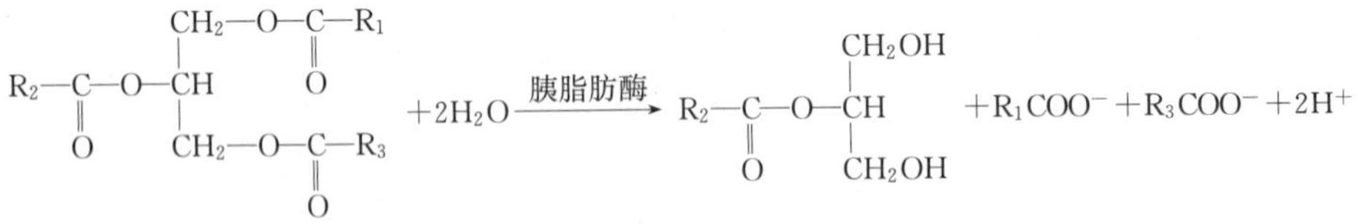

图 8-1 胰脂肪酶催化的反应

辅脂酶是胰脂肪酶消化三脂酰甘油时不可缺少的辅助因子。辅脂酶本身无脂肪酶活性，但其可通过氢键与胰脂肪酶结合，并通过疏水键与细小微团中的脂肪结合，从而使胰脂肪酶被"锚"于水油界面上，解除胆汁酸盐对胰脂肪酶的抑制，并可防止胰脂肪酶在水油界面的变性失活，从而增强胰脂肪酶的活性，促进三脂酰甘油的分解。此外，胰胆固醇酯酶催化食物中的胆固醇酯水解生成游离胆固醇和脂肪酸。

$$胆固醇酯 + H_2O \xrightarrow{\text{胰胆固醇酯酶}} 胆固醇 + 脂肪酸$$

胰磷脂酶 A_2 催化磷脂 2 位酯键水解，生成溶血磷脂和脂肪酸。

$$磷脂 + H_2O \xrightarrow{胰磷脂酶 A_2} 溶血磷脂 + 脂肪酸$$

二、脂类的吸收

脂类的吸收部位主要在十二指肠下段和空肠上部。脂类物质经小肠脂肪酶酶解后，其分解产物脂肪酸、单脂酰甘油、胆固醇、溶血磷脂等可与胆汁酸盐、磷脂等组成微团而被吸收。吸收进来的消化产物，绝大部分在小肠黏膜细胞内再合成三脂酰甘油、磷脂和胆固醇酯，又与吸收的小部分游离胆固醇以及肠黏膜细胞合成的载脂蛋白（apolipoprotein，apo）apoB48、apoC、apoAⅠ、apoAⅡ、apoAⅣ等组装成乳糜微粒（chylomicron，CM）（图 8-2）。乳糜微粒进入小肠淋巴管，经胸导管进入血循环。被吸收的大部分磷脂、甘油和少量短链和中链的脂肪酸，可以直接由肠黏膜经肠毛细血管进入门静脉至肝中。摄入脂肪的生理过程见图 8-3。

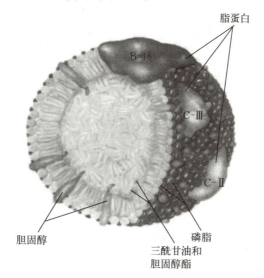

图 8-2 乳糜微粒的分子结构

[表面是一层磷脂，磷脂的头部朝向水相。三酰甘油包裹在内部，占总重量的 80% 以上。突出在表面的几种载脂蛋白（B-48、C-Ⅲ和C-Ⅱ）作为乳糜微粒组分被摄取和进行代谢的信号。乳糜微粒的直径从 100 nm 到 500 nm]

三、脂类的转运

进入血液中的脂类物质（如三脂酰甘油、胆固醇酯等），在血液中由脂蛋白协助转运。血浆脂蛋白除乳糜微粒（CM）、极低密度脂蛋白（VLDL）、低密度脂蛋白（LDL）、高密度脂蛋白（HDL）和极高密度脂蛋白（VHDL）5 类外，血浆中还存在中密度脂蛋白（intermediate density lipoprotein，IDL），它是极低密度脂蛋白在血浆中的代谢产物，其组成和密度介于极低密度脂蛋白与低密度脂蛋白之间，不同的脂蛋白其化学组成和生理功能不同。载脂蛋白不仅在结合和转运脂质及稳定脂蛋白的结构上发挥重要作用，而且还具有调节脂蛋白代谢关键酶的活性，参与对脂蛋白受体的识别等功能，在脂蛋白代谢中发挥极为重要的作用。

乳糜微粒是转运外源性三脂酰甘油及胆固醇酯的主要形式。肠黏膜细胞中形成的乳糜微粒，经淋巴进入血液后，在肌肉、脂肪等组织毛细血管内皮细胞表面的脂蛋白脂肪酶（lipoprotein lipase，LPL）作用下，其所含的三脂酰甘油逐步水解，释放出的脂肪酸及甘油为心肌、骨骼肌、脂肪组织、肝等摄取利用，同时其表面的 apoAⅠ、apoAⅡ、apoAⅣ等连同磷脂及胆固醇离开乳糜微粒，形成新生的高密度脂蛋白，乳糜微粒逐步变小，最后转变为富含胆固醇酯的乳糜微粒残体，被肝细胞摄取代谢。

乳糜微粒的分子结构

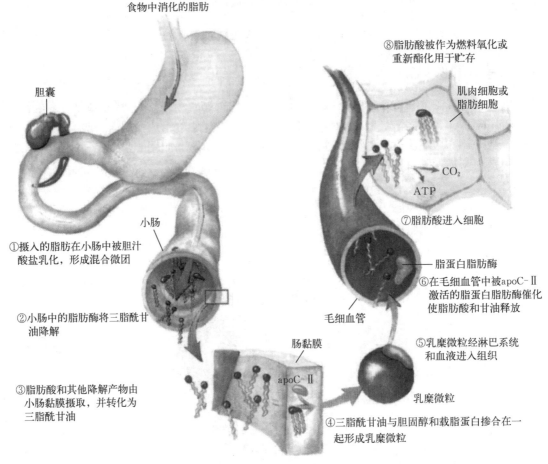

图 8-3 脊椎动物从饮食中摄取脂肪的生理过程

细胞内合成的脂肪由极低密度脂蛋白携带，可由毛细血管内皮细胞表面的脂蛋白脂肪酶水解。三脂酰甘油逐步水解，极低密度脂蛋白颗粒逐步变小，其密度逐渐增加，转变为含有丰富胆固醇酯的中密度脂蛋白。其中一部分中密度脂蛋白被肝细胞受体接受，未被肝细胞摄取的中密度脂蛋白中三脂酰甘油进一步水解，其密度进一步增加，即转变为低密度脂蛋白。低密度脂蛋白是血浆中胆固醇的主要携带者。低密度脂蛋白可以先与肝细胞表面特殊受体结合，然后以内吞的方式进入细胞并与溶酶体融合，于溶酶体中在蛋白水解酶作用下，低密度脂蛋白中的载脂蛋白被水解为氨基酸，胆固醇酯被胆固醇酯酶水解为游离胆固醇及脂肪酸。游离胆固醇被细胞膜摄取，在肾上腺、性腺等细胞中则用于合成类固醇激素。

外周组织细胞更新过量的胆固醇和磷脂是在卵磷脂-胆固醇脂酰转移酶（LCAT）的催化下进行的，生成胆固醇酯和溶血磷脂。胆固醇酯形成一个核心，与肝细胞分泌的载脂蛋白结合成为高密度脂蛋白，通过血液循环送入肝细胞中。胆固醇可用于合成胆酸，脂肪酸可用于合成磷脂，部分脂肪则转运至皮下脂肪组织、肠系膜等处贮存待用。

第二节　脂肪的分解代谢

脂肪（三脂酰甘油）的降解需要 3 种脂肪酶（lipase）的参与，逐步水解脂肪分子内的 3 个酯键，最后生成甘油和脂肪酸（图 8-4）。

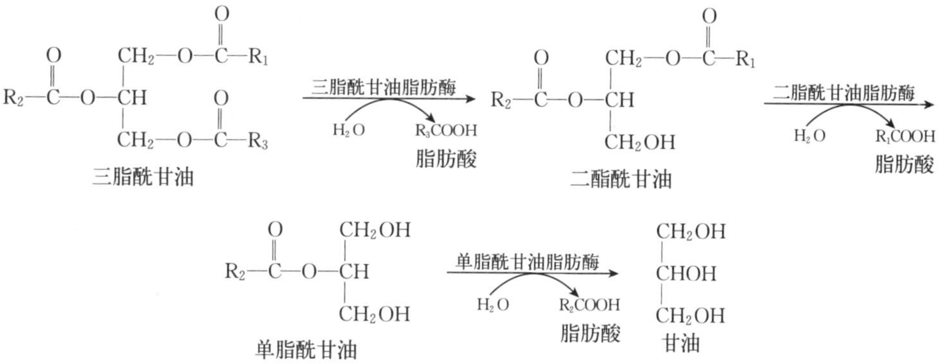

图 8-4 脂肪酶促水解反应

在动物的组织中，三脂酰甘油首先由三脂酰甘油脂肪酶和二脂酰甘油脂肪酶经两次水解作用释放出 2 分子脂肪酸，先后生成 α,β-二脂酰甘油和 β-单脂酰甘油，最终由单脂酰甘油脂肪酶水解并释放出第三个脂肪酸生成甘油。在植物油料种子萌发时，贮藏在种子内的脂肪也有类似的水解作用。

脂肪水解的第一步反应为限速反应，催化这步反应的脂肪酶受激素调节，所以也称为激素敏感性脂肪酶。摄入体内的三脂酰甘油的分解受多种激素的调控，肾上腺素、胰高血糖素、肾上腺皮质激素可以激活腺苷酸环化酶，使胞内 cAMP 浓度升高，cAMP 又进一步激活蛋白激酶 A（依赖于 cAMP 的蛋白激酶），使脂肪酶磷酸化并被激活，从而促使无活性的脂肪酶磷酸化转变成有活性的脂肪酶，加速脂肪分解作用。与之相反，胰岛素的作用是抑制脂肪水解。

一、甘油的转化

人体脂肪细胞中缺乏甘油激酶，不能利用脂肪降解产生的甘油，三脂酰甘油经酶分解生成的甘油通过血液运至肝中，于肝细胞中在甘油激酶的催化下，经磷酸化生成 3-磷酸甘油，反应需要消耗 ATP；然后氧化脱氢生成磷酸二羟丙酮和还原性辅酶 I（图 8-5）。

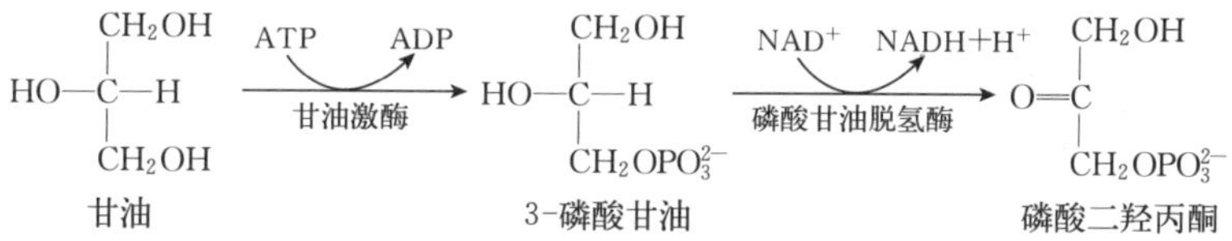

图 8-5 甘油的转化

磷酸二羟丙酮是糖酵解途径的中间产物，可经糖酵解途径生成丙酮酸，进入三羧酸循环彻底氧化成 CO_2 和 H_2O，或者经糖异生途径生成葡萄糖，乃至合成多糖。因此，甘油代谢与糖代谢是密切相关的。

二、脂肪酸的分解

生物体内脂肪酸的氧化分解有 3 条途径：即 α 氧化、β 氧化和 ω 氧化。其中，β 氧化作用分布最广，也最为重要，而 α 氧化和 ω 氧化过程对脂肪酸的分解和选择利用也起一定的作用。

（一）饱和脂肪酸的 β 氧化

早在 1904 年 F. Knoop 巧妙地设计出利用在体内不容易降解的苯基作为标记物连接在脂肪酸分子的末端，然后将其饲喂犬，分析犬排出的尿液。结果发现，苯基示踪的偶数碳原子脂肪酸在犬的尿液中的代谢物都是苯乙酸（实为苯乙酰甘氨酸，苯乙尿酸），而苯基示踪的奇数碳原子脂肪酸都是苯甲酸（实为苯甲酰甘氨酸，马尿酸），见图 8-6。

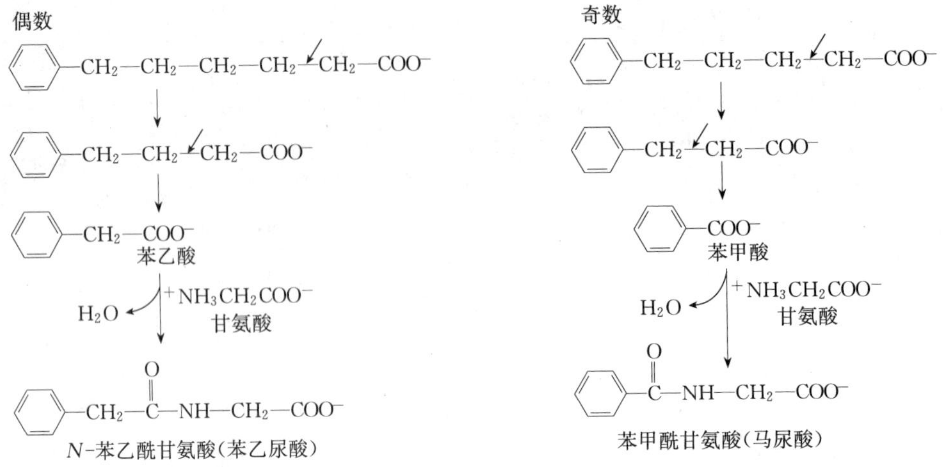

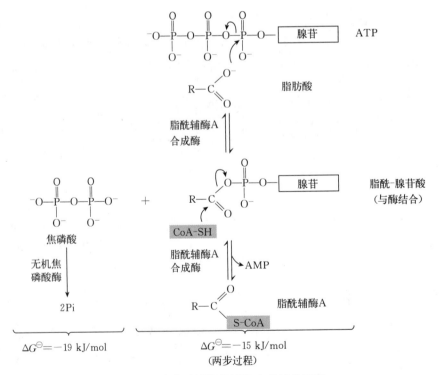

图8-6 苯标记的脂肪酸氧化实验

他由此推论：脂肪酸氧化每次断裂一个二碳片段，而且发生在β位碳原子上。这种长链脂肪酸在β碳原子上进行氧化，每次断裂下一个二碳单位(乙酰CoA)的过程，称为β氧化。后来的同位素和酶学实验也都证明脂肪酸的β氧化学说是正确的。脂肪酸的β氧化途径如下。

1. 脂肪酸的活化和转运

(1)脂肪酸的活化。长链脂肪酸在进入线粒体基质前需要活化形成脂酰CoA。脂肪酸在脂酰CoA合成酶(acyl-CoA synthetase)催化下将脂肪酸转变为脂酰CoA，生成的PPi立即被磷酸酶水解，使反应不可逆。该反应需消耗ATP的2个高能磷酸键，分两步进行(图8-7)。

图8-7 脂肪酸到脂酰辅酶A的转化过程

(转化是由脂酰辅酶A合成酶和无机焦磷酸酶催化的。脂肪酶两步反应通过形成脂酰辅酶A衍生物而活化)

脂肪酸活化后不仅含有高能硫酯键，而且水溶性增强，从而提高脂肪酸的代谢活性。

(2)脂肪酸的转运。脂肪酸的β氧化作用通常是在线粒体基质中进行。中短链脂肪酸可直接穿过线粒体内膜,而在细胞液中形成的长链脂酰 CoA 不能透过线粒体内膜,需依靠内膜上的载体携带进入基质。该载体是肉毒碱(carnitine),可将脂肪酸以脂酰基形式从线粒体膜外转运到膜内。肉毒碱即 L-β-羟基-γ-三甲基氨基丁酸,是一个由赖氨酸衍生而成的化合物。

催化脂酰 CoA 与肉毒碱反应的酶为肉毒碱脂酰转移酶Ⅰ和肉毒碱脂酰转移酶Ⅱ。线粒体膜的外侧面存在肉毒碱脂酰转移酶Ⅰ(carnitine acyl-transferase Ⅰ),它能催化长链脂酰 CoA 与肉毒碱合成脂酰肉毒碱(acyl carnitine),后者即可在线粒体膜内侧面的肉毒碱-脂酰肉毒碱转位酶(carnitine-acylcarnitine translocase)的作用下,通过内膜进入线粒体基质内。转位酶在转运 1 分子脂酰肉毒碱进入线粒体基质的同时,将 1 分子基质中的肉毒碱转运至线粒体膜外。进入线粒体内的脂酰肉毒碱,则在位于线粒体膜内侧面的肉毒碱脂酰转移酶Ⅱ的作用下,转变为脂酰 CoA 并释出肉毒碱(图 8-8)。最后肉毒碱经转位酶(translocase)协助,又回到线粒体外细胞液中,循环使用。生成的脂酰 CoA 进入 β 氧化。

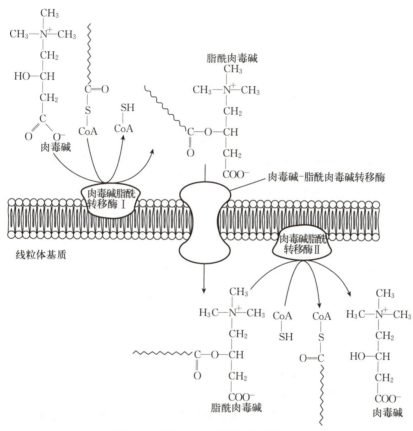

图 8-8　脂酰 CoA 运至线粒体的机制

2. 脂肪酸 β 氧化　　脂酰 CoA 进入线粒体基质后,在线粒体基质中一系列酶的催化下,从脂肪酰基的 β 碳原子开始,进行脱氢、水化、再脱氢和硫解 4 步连续反应,脂酰基断裂生成 1 分子乙酰 CoA 和比原来少 2 个碳原子的脂酰 CoA。

(1)脱氢。脂酰 CoA 在脂酰 CoA 脱氢酶(acyl-CoA dehydrogenase)的催化下,以 FAD 为辅酶,在 α 位和 β 位碳原子之间脱氢,生成 Δ^2-反-烯脂酰 CoA 和 $FADH_2$。

$$R-CH_2-CH_2-CH_2-\overset{O}{\underset{}{C}}-S-CoA \xrightarrow{FAD \quad FADH_2} R-CH_2-\overset{H}{\underset{H}{C}}=C-\overset{O}{\underset{}{C}}\sim SCoA$$

脂酰 CoA　　　　　　　　　　　　　　　　　　　Δ^2-反-烯脂酰 CoA

(2) 水化。Δ^2-反-烯脂酰 CoA 在烯脂酰 CoA 水化酶(enoyl-CoA hydrolase)催化下，在双键上加水生成 L-β-羟脂酰 CoA(L-β-hydroxyacyl-CoA)。

$$R-CH_2-\underset{H}{\overset{H}{C}}=\underset{}{\overset{O}{C}}-\overset{O}{C}\sim S-CoA \; \underset{H_2O}{\overset{H_2O}{\rightleftharpoons}} \; R-CH_2-\underset{H}{\overset{HO}{C}}-\underset{H}{\overset{H}{C}}-\overset{O}{C}-SCoA$$

Δ^2-反-烯脂酰 CoA　　　　　　　　　　L(+)-β-羟脂酰 CoA

(3) 再脱氢。L-β-羟脂酰 CoA (L-β-hydroxyacyl-CoA) 在 L-β-羟脂酰 CoA 脱氢酶(L-β-hydroxyacyl-CoA dehydrogenase)催化下，L-β-羟脂酰 CoA 的 β 位上的羟基脱氢氧化生成 L-β-酮脂酰 CoA，NAD^+ 接受氢被还原成 $NADH+H^+$。

$$R-CH_2-\underset{H}{\overset{OH}{C}}-\underset{H}{\overset{H}{C}}-\overset{O}{C}-SCoA \; \underset{}{\overset{NAD^+ \; NADH+H^+}{\rightleftharpoons}} \; R-CH_2-\overset{O}{C}-CH_2-CO-SCoA$$

L-β-羟脂酰 CoA　　　　　　　　　　　　L-β-酮脂酰 CoA

(4) 硫解。β-酮脂酰 CoA 在 β-酮脂酰 CoA 硫解酶(β-ketoacyl-CoA thiolase)催化下，β-酮脂酰 CoA 被另一个 CoASH 分子硫解，断裂为乙酰 CoA 和一个缩短了 2 个碳原子的脂酰 CoA。

$$R-CH_2-\overset{O}{\underset{}{C}}-CH_2-\overset{}{\underset{O}{C}}-SCoA + HS-CoA \rightleftharpoons RCH_2-\overset{}{\underset{O}{C}}-SCoA + CH_3-\overset{}{\underset{O}{C}}-SCoA$$

上述的 4 步反应组成了一轮 β 氧化作用，即脱氢、水化、再脱氢、硫解，产生乙酰 CoA 和缩短了 2 个碳原子的脂酰 CoA。β 氧化过程如图 8-9 所示。

对于长链脂肪酸，需要经过多轮 β 氧化作用，每次降解下一个二碳单位，直至剩下二碳的脂酰 CoA(含偶数碳脂肪酸)或三碳的脂酰 CoA(含奇数碳脂肪酸)。脂肪酸 β 氧化作用中 4 个步骤都是可逆反应，由于 β-酮脂酰 CoA 硫解酶催化的硫解作用是放能反应，整个反应平衡点偏向于裂解方向，难以进行逆向反应。所以使脂肪酸氧化得以继续进行。

3. β 氧化的能量计算　脂肪酸 β 氧化过程每一轮反应可产生 1 分子乙酰 CoA、1 分子 $NADH+H^+$ 和 1 分子 $FADH_2$。以 16 个碳原子的脂肪酸(软脂酸)为例，经过 7 次 β 氧化循环的总反应为：

软脂酰 CoA + 7HSCoA + 7FAD + 7NAD^+ + 7$H_2O \longrightarrow$ 8 乙酰 CoA + 7$FADH_2$ + 7NADH + 7H^+

乙酰 CoA 通过柠檬酸循环进一步氧化分解，1 分子乙酰 CoA 彻底氧化可产生 10 分子 ATP；1 分子 $NADH+H^+$ 进入呼吸链，生成 2.5 分子 ATP；1 分子 $FADH_2$ 进入呼吸链，产生 1.5 分子 ATP。因此 1 分子 16 个碳原子的软脂酸彻底氧化可产生 ATP 的分子数为 $8\times10+7\times2.5+7\times1.5=108$。又因软脂酸活化为软脂酰 CoA 要消耗 1 个 ATP 的 2 个高能磷酸键，所以净生成 ATP 的分子数为 $108-2=106$。与 1 分子葡萄糖彻底氧化能产生 30 分子 ATP 或 32 分子 ATP 相比，脂肪产生的 ATP 要多得多，这也是生物体选择脂肪作为主要贮能物质的原因。

软脂酸氧化时，其自由能变化为 $\Delta G^{\ominus}=-9\,790.56$ kJ/mol；ATP 水解为 ADP 和 Pi 时，其自由能变化为 $\Delta G^{\ominus}=-30.5$ kJ/mol。每摩尔软脂酸生物氧化净产生 106 mol ATP，可形成的能量为 106 mol × (-30.5) kJ/mol $=-3\,237.24$ kJ/mol。因此，软脂酸氧化时约有 33% $\left(\dfrac{3\,237.24}{9\,790.56}\times100\%=33\%\right)$ 的能量

转换成磷酸键能。

(二)奇数碳原子脂肪酸的β氧化

奇数碳原子脂肪酸在哺乳动物组织中较少见，主要存在于植物和海洋生物中。奇数碳原子脂肪酸经β氧化后除生成乙酰CoA外，最终还要产生1分子丙酰CoA。丙酰CoA可以通过羧化等步骤生成琥珀酰CoA(图8-10)，进入三羧酸循环；也可以通过脱羧等反应生成乙酰CoA。丙酰CoA还是缬氨酸和异亮氨酸的降解产物。

(三)不饱和脂肪酸的氧化

生物体内的脂肪酸有一半以上是不饱和脂肪酸。不饱和脂肪酸的氧化也在线粒体中进行，而且也经β氧化途径降解。但由于自然界不饱和脂肪酸大多在第9位存在顺式双键，而烯脂酰CoA水化酶和羟脂酰CoA脱氢酶又具有高度立体异构特异性，所以对于单不饱和脂肪酸(如棕榈油酸)的氧化，除β氧化的全部酶外，还需要烯脂酰CoA异构酶(enoyl-CoA isomerase)的参加。如图8-11所示，棕榈油酸(十六碳-Δ^9-顺-单烯脂酸)经3次β氧化后，9位顺式双键转变为3位顺式双键，由于3位顺式双键

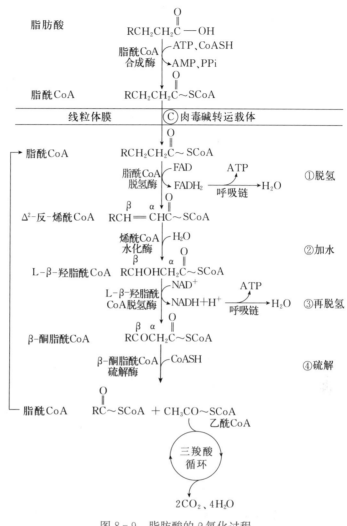

图8-9 脂肪酸的β氧化过程

不是水化酶的正常底物，所以必须在异构酶的作用下再次被转变为2位反式双键后才能继续进行β氧化。

对于多不饱和脂肪酸的氧化，如亚油酸(十八碳-Δ^9-顺-Δ^{12}-顺二烯酸)经过3次β氧化后形成十二碳-Δ^3-顺,Δ^6-顺二烯脂酰CoA。在脂酰CoA异构酶的催化下，3位顺式双键转变为2位反式双键，当继续进行β氧化释放出1分子乙酰CoA后，6位双键转变为4位顺式双键，并且在烯脂酰CoA脱氢酶的作用下形成2,4-二烯脂酰CoA后，在2,4-二烯脂酰CoA还原酶的作用下转变为3位顺式双键，然后再被异构酶催化生成Δ^2-反-烯脂酰CoA，才能继续进行β氧化。所以，对于含1个双键的不饱和脂肪酸只需异构酶的作用，而含2个以上双键的不饱和脂肪酸则需要还原酶和异构酶联合作用才能彻底氧化。

(四)脂肪酸的α氧化

脂肪酸在一些酶的催化下，其α碳原子发生氧化，结果生成一分子CO_2和比原来少一个碳原子的脂肪酸，这种氧化作用称为脂肪酸α氧化作用。

α氧化首先在植物种子和叶片中发现，后来也在动物的脑和肝组织中发现。植物叶绿素的成分叶绿醇在动物体内产生植烷酸，动物脂肪、牛奶及奶制品中也含有植烷酸。植烷酸是一种带有4个甲基支链的二十碳脂肪酸，由于其分子的C_3位上有一个甲基取代基，因此它不能直接被脂酰CoA

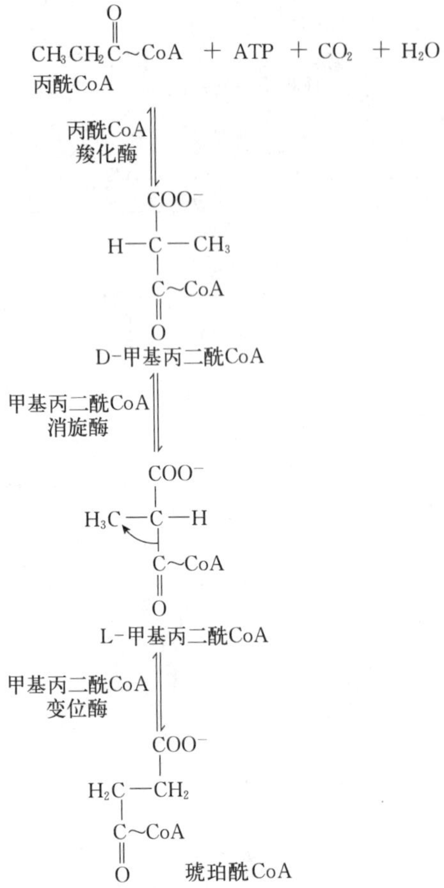

图 8-10 丙酰 CoA 的转化途径

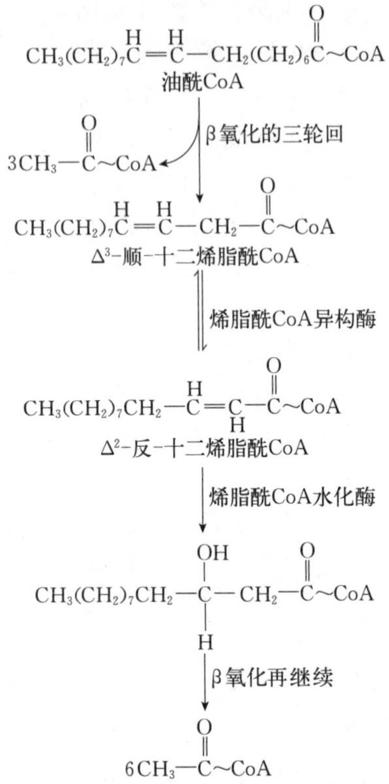

图 8-11 棕榈油酸的氧化过程

脱氢酶作用。植烷酸降解的第一步是由存在于线粒体中的脂肪酸 α-羟化酶(fatty acid α-hydroxylase)催化实现的，即反应是在植烷酸的 α 碳上发生羟化反应，羟基化的中间化合物进行脱羧，生成 CO_2 和降植烷酸(pristanic acid)(图 8-12)。后者经硫激酶活化形成降植烷酰 CoA。由于 C_3 位已无甲基，可进行正常的 β 氧化。这种 α 氧化方式对含甲基的支链脂肪酸的降解或过长的脂肪酸(如 C_{22}、C_{24})的降解起着重要的作用。

有一种名为 Refsum 病的遗传性疾病，患者由于先天性的 α-氧化酶缺陷，不能氧化降解植烷酸，导致植烷酸在血浆和组织中大量堆积，从而引起神经系统功能的损害。

(五)脂肪酸的 ω 氧化

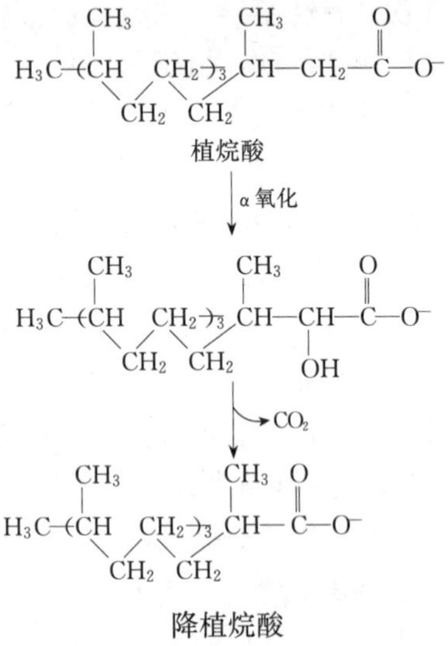

ω 氧化是动物体内 12 个碳原子以下的脂肪酸的氧化降解方式，氧化降解时从甲基末端的碳原子开始，形成 α,ω-二羧酸，故称为 ω 氧化。催化此反应的酶为存在于内质网微粒体中的单加氧酶(monooxygenase)，反应中 ω 碳原子首先被羟基化，然后再氧化为羧基。氧化过程需要细胞色素 p_{450}、NADPH 和 O_2 参与。经 ω 氧化后的脂肪酸，两端的羧基都可与 CoA 结合，并可同时进行 β 氧化，从而加速了脂肪酸降解的速度。ω 氧化在脂肪酸分解代谢中不占主要地位。

图 8-12 植烷酸的 α 氧化

$$CH_3-(CH_2)_3-\overset{O}{\underset{}{C}}-O^- \xrightarrow{\omega \text{氧化}} {}^-O-\overset{O}{\underset{}{C}}-(CH_2)_3-\overset{O}{\underset{}{C}}-O^-$$

(六)脂肪酸分解的调控

在脂肪酸氧化代谢中，长链脂肪酸必须活化成脂酰 CoA，再通过肉毒碱脂酰转移酶Ⅰ转运，才能进入线粒体内进行氧化，细胞在供能物质含量高时丙二酸单酰 CoA 含量丰富，它对肉毒碱脂酰转移酶Ⅰ有抑制作用，脂酰 CoA 不能穿过线粒体膜进入基质氧化，因此肉毒碱脂酰转移酶Ⅰ是限速酶。同时，$NADH+H^+$ 可抑制 L-β-羟脂酰 CoA 脱氢酶，乙酰 CoA 可抑制 β-酮脂酰 CoA 硫解酶，酶活性受抑制，则脂肪酸分解速度降低。

肾上腺素、胰高血糖素都使脂肪组织的 cAMP 含量升高。cAMP 激活 cAMP 依赖性蛋白激酶 A，后者增加三脂酰甘油脂肪酶磷酸化水平，从而加速脂肪组织中的脂肪降解(lipolysis)作用，提高血液中脂肪酸的水平。cAMP 依赖性蛋白激酶 A 也抑制乙酰 CoA 羧化酶(acetyl-CoA carboxylase)，它是脂肪酸合成中的一个限速酶，因此 cAMP 依赖性磷酸化作用既刺激脂肪酸的氧化，又抑制脂肪酸的合成。

三、酮体的代谢

酮体(ketone body)是乙酰乙酸(acetoacetate)、D-β-羟基丁酸(D-β-hydroxybutyrate)和丙酮(acetone)3 种物质的总称。在一般的细胞中，通过脂肪酸 β 氧化及其他代谢所产生的乙酰 CoA，可进入三羧酸循环进行氧化分解。人体不能将乙酰 CoA 转变为糖，但肝中具有活性较强的合成酮体的酶系，因此在肝中仅少部分乙酰 CoA 通过柠檬酸循环分解，大部分乙酰 CoA 则作为酮体合成的原料，在线粒体内相应的酶催化下转变为酮体。

(一)酮体的生成

肝中酮体的生成包括硫解、合成、裂解等反应步骤(图 8-13)。

(1)两分子乙酰 CoA 缩合成乙酰乙酰 CoA，并释放 1 分子 CoA。反应由硫解酶催化。

(2)又一分子乙酰 CoA 与乙酰乙酰 CoA 缩合，生成 β-羟基-β-甲基戊二酸单酰 CoA(HMG-CoA)，反应由 HMG-CoA 合酶催化。

(3) β-羟基-β-甲基戊二酸单酰 CoA(HMG-CoA)分解成乙酰乙酸和乙酰 CoA，反应由 HMG-CoA 裂解酶催化。

(4)部分乙酰乙酸由 β-羟基丁酸脱氢酶催化，由 $NADH+H^+$ 提供氢，还原生成 β-羟基丁酸。

(5)极少一部分乙酰乙酸可脱羧形成丙酮，反应可自发进行或由乙酰乙酸脱羧酶催化。

肝线粒体内含有合成酮体的酶，尤其是 HMG-CoA 合酶，因此生成酮体是肝特有的功能。由于肝氧化酮体的酶活性很弱，故不能氧化酮体。酮体在肝中生成后，并不能在肝中分解，必须由血液运送到肝外组织中进一步氧化分解。

(二)酮体的氧化

大多数肝外组织(如心、肾、脑及骨骼肌)的线粒体均具有活性很强的利用酮体的酶，酮体的分解代谢途径如图 8-14 所示。

(1)β-羟基丁酸在 β-羟基丁酸脱氢酶催化下，脱氢生成乙酰乙酸。

(2)乙酰乙酸主要在 β-酮脂酰 CoA 转移酶(β-ketoacyl-CoA transferase)作用下，激活成乙酰乙酰 CoA。

(3)乙酰乙酰 CoA 在乙酰乙酰 CoA 硫解酶作用下硫解，生成 2 分子乙酰 CoA，后者即可进入三羧酸循环彻底氧化。

丙酮可通过呼吸或随尿排出，部分丙酮可在一系列酶的作用下转变为丙酮酸或乳酸，再进一步氧化分解或异生为葡萄糖。

(三)酮体生成的生理意义

从酮体的代谢可以看出，肝组织能将乙酰 CoA 转变为酮体，而肝外组织则再将酮体转变为乙酰 CoA。这并不是一种无效的循环，而是乙酰 CoA 在体内的运输方式，是肝输出能源的一种形式。

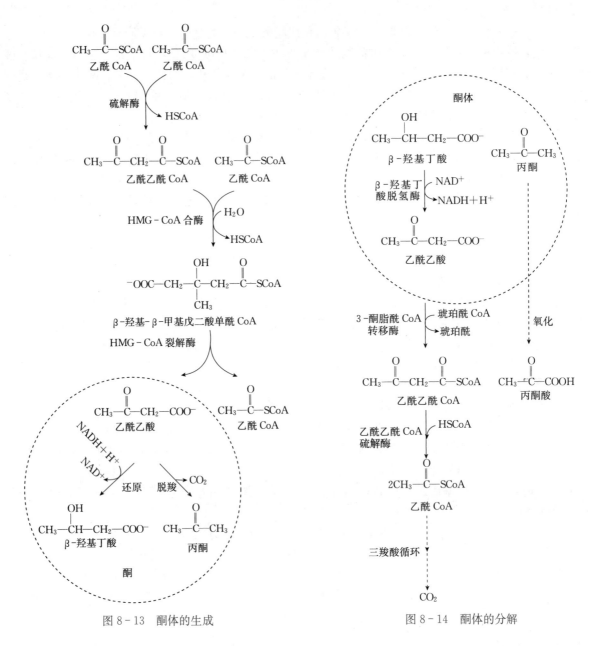

图 8-13　酮体的生成　　　　　图 8-14　酮体的分解

酮体为小分子水溶性物质，易通过血液运输及透过血-脑屏障和肌肉毛细血管壁。脑组织不能氧化脂肪酸，却能利用酮体。长期饥饿、禁食等糖供应不足产生低血糖时，或糖尿病患者对糖利用障碍时，酮体生成量增加，成为肌肉尤其是脑组织的主要能源。

四、乙醛酸循环

在某些细菌、藻类和高等植物萌发的种子（尤其是油料作物种子）中，存在另一种乙酰 CoA 的代谢途径，即乙醛酸循环（glyoxylate cycle）。该循环能将脂肪转变为糖。催化乙醛酸循环的酶存在于一种称为乙醛酸体（glyoxysome）的特有亚细胞结构中，也存在于线粒体中。它们把乙酸作为唯一的碳源构建自己的机体。结果是 2 分子的乙酰 CoA 转变为琥珀酸。乙醛酸循环是三羧酸循环的辅助途径，它包括异柠檬酸裂解酶和苹果酸合酶两种重要的酶。

异柠檬酸裂解酶(isocitrate lyase)催化异柠檬酸裂解生成琥珀酸和乙醛酸。

$$\begin{matrix} HOCHCOOH \\ | \\ CHCOOH \\ | \\ CH_2COOH \end{matrix} \xrightleftharpoons{\text{异柠檬酸裂解酶}} \begin{matrix} CH_2COOH \\ | \\ CH_2COOH \end{matrix} + \begin{matrix} CHO \\ | \\ COOH \end{matrix}$$

异柠檬酸　　　　　　　　　　琥珀酸　　乙醛酸

苹果酸合酶(malate synthase)催化乙醛酸与乙酰CoA缩合成苹果酸。

$$\begin{matrix} CH_3 \\ | \\ CO\sim SCoA \end{matrix} + \begin{matrix} CHO \\ | \\ COOH \end{matrix} + H_2O \xrightarrow{\text{苹果酸合酶}} \begin{matrix} CH_2COOH \\ | \\ CHOHCOOH \end{matrix}$$

乙酰CoA　　　乙醛酸　　　　　　　　苹果酸

乙醛酸循环的全过程如图8-15所示。

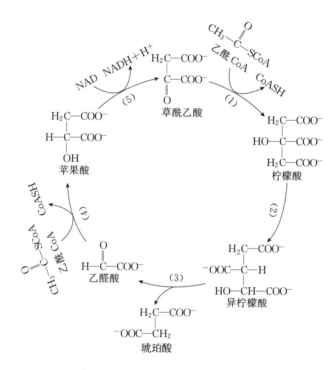

图8-15　乙醛酸循环
(1)柠檬酸合酶　(2)顺乌头酸酶　(3)异柠檬酸裂解酶
(4)苹果酸合酶　(5)苹果酸脱氢酶

乙醛酸循环的总反应为：

$$2CH_3CO\sim SCoA + NAD + 2H_2O \longrightarrow \begin{matrix} CH_2COOH \\ | \\ CH_2COOH \end{matrix} + 2CoASH + NADH + H^+$$

乙酰CoA　　　　　　　　　　琥珀酸

动物及高等植物的营养器官中不存在乙醛酸循环途径，但乙醛酸循环对于正在萌发的油料作物种子具有特别重要的意义，因为油料作物种子以脂肪作为主要贮存物质。种子萌发时，乙醛酸体大量出现，脂肪水解产生的脂肪酸经β氧化途径分解成乙酰CoA，通过乙醛酸循环和糖异生作用，乙酰CoA可转变为葡萄糖供幼苗生长需要。当种子萌发终止、贮存的脂肪耗尽，同时叶片能进行光合作用时，植物的能源和碳源就可以由太阳光和 CO_2 供给，乙醛酸体数量迅速下降至消失。

对于一些细菌和藻类，乙醛酸循环使它们能够仅以乙酸盐作为能源和碳源进行生长。可以看出，乙醛酸循环对于这些生物而言也是相当重要的。

第三节 脂肪的合成代谢

脂肪是由甘油和脂肪酸的酶促合成产物，但二者不能作为直接的底物参加反应，须转变为脂酰 CoA 和 3-磷酸甘油。脂肪酸合成的碳源主要来自糖酵解产生的乙酰 CoA。脂肪酸合成步骤与氧化降解步骤完全不同。大部分脂肪酸合成定位于细胞液中，需 CO_2 和柠檬酸参加，而脂肪酸 β 氧化作用仅在线粒体中发生。脂肪酸合成酶系、酰基载体、供氢体等也与脂肪酸氧化不相同。

一、3-磷酸甘油的生物合成

3-磷酸甘油的生物合成有两条途径：一是由糖酵解的中间产物磷酸二羟丙酮还原产生，该反应由磷酸甘油脱氢酶催化(图 8-16)；二是由甘油激酶催化 ATP 将磷酸基直接转移到甘油分子上形成(图 8-17)。

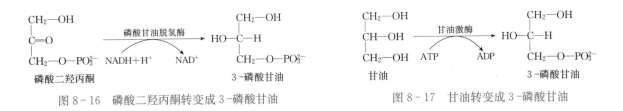

图 8-16 磷酸二羟丙酮转变成 3-磷酸甘油　　　　图 8-17 甘油转变成 3-磷酸甘油

二、脂肪酸的生物合成

脂肪酸合成过程比其分解过程要复杂，合成过程包括饱和脂肪酸的从头合成(de novo synthesis)、脂肪酸碳链的延长(elongation)及脂肪酸链中不饱和键的形成 3 个部分。从头合成途径主要在细胞液中进行，产物为软脂酸。延长途径在线粒体或微粒体中进行，产物是含 18 个碳以上的高级脂肪酸。此外，肝细胞内质网也具有使脂肪酸碳链延长的酶系。

(一)饱和脂肪酸的从头合成

饱和脂肪酸的从头合成主要在细胞液中进行，所需的碳源或引物是乙酰 CoA，而乙酰 CoA 主要来自线粒体基质中丙酮酸的脱羧，少量来自氨基酸碳骨架的转变，并且乙酰 CoA 不能直接穿过线粒体膜，所以需要一个穿梭系统转运乙酰 CoA。

1. 乙酰 CoA 的转运　线粒体基质内乙酰 CoA 从线粒体转运到细胞液中去时，先与草酰乙酸结合形成柠檬酸，然后通过三羧酸载体透过膜，再由膜外柠檬酸裂解酶裂解成草酰乙酸和乙酰 CoA。草酰乙酸又被 $NADH+H^+$ 还原成苹果酸，再经氧化脱羧产生 CO_2、$NADPH+H^+$ 和丙酮酸。丙酮酸进入线粒体，然后在羧化酶催化下形成草酰乙酸，又可参加乙酰 CoA 转运循环(图 8-18)。

2. 丙二酸单酰 CoA 的生成　在脂肪酸的从头合成过程中，参与脂肪酸链合成的二碳单位的直接供体并不是乙酰 CoA，而是乙酰 CoA 的羧化产物丙二酸单酰 CoA(malonyl CoA)。后者是由乙酰 CoA 和 HCO_3^- 在乙酰 CoA 羧化酶(acetyl-CoA carboxylase，ACC)的催化下形成的，该酶的辅基为生物素，反应需消耗 ATP。

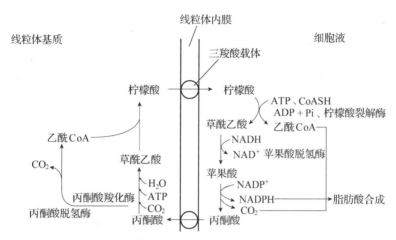

图 8-18 乙酰 CoA 在线粒体与细胞液间的运输过程（柠檬酸穿梭系统）

$$CH_3-\overset{O}{\underset{}{C}}-S-CoA + ATP + HCO_3^- \longrightarrow \boxed{O^--\overset{O}{\underset{}{C}}}-CH_2-\overset{O}{\underset{}{C}}-S-CoA + ADP + Pi + H^+$$

催化该反应的乙酰 CoA 羧化酶为别构酶，又是脂肪酸合成的限速调节酶。乙酰 CoA 羧化酶包括无活性的单体和有活性的聚合体两种形式。无活性的单体有一个 HCO_3^- 结合部位（即含有一个生物素辅基），有一个乙酰 CoA 结合部位，还有一个柠檬酸结合部位。柠檬酸在无活性单体和有活性聚合体之间起调节作用，柠檬酸有利于酶向有活性的形式转变。当缺乏正调节物柠檬酸时，真核细胞乙酰 CoA 羧化酶即呈无活性的单体形式。

3. 脂肪酸合酶系统 脂肪酸合酶系统（fatty acid synthase system，FAS）是一个多酶复合体，它包含 6 种酶和 1 种载体蛋白。

尽管不同生物体内脂肪酸的合成过程相似，但脂肪酸合酶系统（FAS）的组成并不完全相同（图 8-19）。在大肠杆菌和植物中，脂肪酸合酶系统由 6 种酶和 1 种辅助蛋白组成，它们分别是：①乙酰 CoA 酰基载体蛋白（ACP）转移酶（acetyl CoA-ACP transacetylase，AT）；②丙二酸单酰 CoA 酰基载体蛋白转移酶（malonyl CoA-ACP transferase，MT）；③β-酮脂酰酰基载体蛋白合酶（β-ketoacyl-ACP synthase，KS）；④β-酮脂酰酰基载体蛋白还原酶（β-ketoacyl-ACP reductase，KR）；⑤β-羟脂酰酰基载体蛋白脱水酶（β-hydroxyacyl-ACP dehydratase，HD）；⑥烯脂酰酰基载体蛋白还原酶（enoyl-ACP reductase，ER）；⑦酰基载体蛋白（acyl carrier protein，ACP）。

图 8-19 不同生物中脂肪酸合酶系统模式

在许多真核生物中，脂肪酸合酶中的每个单体却有多种酶的催化活性，即一条多肽链上有多个不同催化功能的结构域。例如，酵母的脂肪酸合酶系统中含有 6 条 α 链和 β 链（$\alpha_6\beta_6$），其中 α 链具有 β-酮脂酰酰基载体蛋白合酶、β-酮脂酰酰基载体蛋白还原酶及酰基载体蛋白的活性，而 β 链具有其余几种酶的活性；又如脊椎动物的脂肪酸合酶系统为含两个相同亚基的二聚体，每个亚基均有上述 7 种蛋白质及 1 种硫酯酶（thioesterase），只不过当它们聚合成二聚体时才有活性。二聚体的每个亚基均有酰基载体蛋白结构域，通过丝氨酸残基连接一分子 4′-磷酸泛酰巯基乙胺作为脂肪酸合成过程中脂酰基载体。此二聚体解聚则活性丧失。

大肠杆菌中的酰基载体蛋白(acyl carrier protein，ACP)是一个由77个氨基酸残基组成的热稳定蛋白质，在它的36位丝氨酸残基的侧链上，连有4'-磷酸泛酰巯基乙胺(图8-20)，不同生物的酰基载体蛋白十分相似。酰基载体蛋白的功能就像一个转动臂，把脂肪酸合成的中间产物逐次转移到各酶的活动中心(图8-21)。

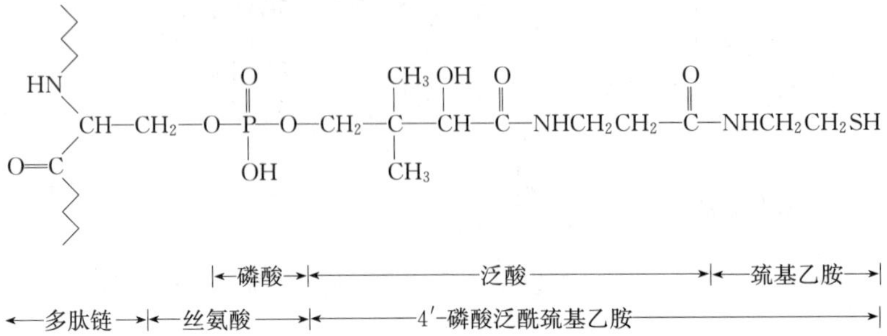

图8-20 酰基载体蛋白的结构

除酰基载体蛋白(ACP)上有一活性巯基外，β-酮脂酰酰基载体蛋白合酶上也有一个活性巯基(图8-22)，由此酶多肽链上的半胱氨酸残基提供。β-酮脂酰酰基载体蛋白合酶为脂肪酸合成过程中脂酰基的另一个载体。因此脂肪酸合酶系统上有两种活性巯基用于运载脂肪酸，通常把酰基载体蛋白上的巯基称为中央巯基，β-酮脂酰酰基载体蛋白合酶上的巯基称为外围巯基。

4. 脂肪酸的生物合成历程 这里以软脂酸的合成为例，其过程包括缩合、还原、脱水、再还原等反应。

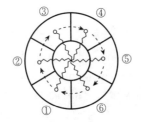

图8-21 酰基载体蛋白作用的模式
(中央的圆为酰基载体蛋白，①～⑥为脂肪酸合酶系统的6种酶)

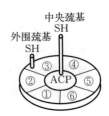

图8-22 脂肪酸合酶系统中的活性巯基

(1)乙酰(脂酰)基转移反应。在乙酰CoA酰基载体蛋白转移酶(AT)的催化下，乙酰CoA的乙酰基先转移到脂肪酸合酶复合体酰基载体蛋白的—SH上，然后再由脂肪酸合酶复合体酰基载体蛋白转移到β-酮脂酰酰基载体蛋白合酶的—SH上。

乙酰CoA＋酰基载体蛋白—SH ⇌ 乙酰—S—酰基载体蛋白＋CoA—SH

乙酰—S—酰基载体蛋白＋合酶—SH ⇌ 酰基载体蛋白—SH＋乙酰—S—合酶

(2)丙二酸单酰基的转移反应。在丙二酸单酰CoA酰基载体蛋白转移酶(MT)催化下，将丙二酸单酰CoA的丙二酸单酰基转移到酰基载体蛋白的—SH上，形成丙二酸单酰—S—酰基载体蛋白。

丙二酸单酰—S—CoA＋酰基载体蛋白—SH ⇌ 丙二酸单酰—S—酰基载体蛋白＋CoA—SH

这时一个丙二酸单酰基与酰基载体蛋白以酯键相接，另一个乙酰(脂酰)基又与β-酮脂酰酰基载体蛋白合酶中半胱氨酸的—SH相接。

(3)缩合反应。由 β-酮脂酰酰基载体蛋白合酶(KS)催化，将该酶上结合的乙酰基(脂酰基)转移到酰基载体蛋白上丙二酸单酰 CoA 的第二个碳原子上，形成乙酰乙酰—S—酰基载体蛋白，同时使丙二酸单酰基上的自由羧基脱羧产生 CO_2。

乙酰—S—合酶+丙二酸单酰—S—酰基载体蛋白 $\rightleftharpoons$ 乙酰乙酰—S—酰基载体蛋白+合酶—SH+CO_2

实验证明，释放的 CO_2 的碳原子来自形成丙二酸单酰 CoA 时所羧化的 HCO_3^-，说明羧化的碳原子并未掺入脂肪酸中去，HCO_3^- 在脂肪酸合成中只起催化作用。

(4)还原反应。在 β-酮脂酰酰基载体蛋白还原酶(KR)催化下，乙酰乙酰—S—酰基载体蛋白被 $NADPH+H^+$ 还原，形成 D-β-羟基丁酰—S—酰基载体蛋白。

$$CH_3-\underset{O}{\overset{}{C}}-CH_2-\underset{O}{\overset{}{C}}-S-ACP + NADPH + H^+ \rightleftharpoons CH_3-\underset{OH}{\overset{H}{C}}-CH_2-\underset{O}{\overset{}{C}}-S-ACP + NADP^+$$

乙酰乙酰—S—酰基载体蛋白 　　　　　　　　　D-β-羟基丁酰—S—酰基载体蛋白

(5)脱水反应。在 β-羟脂酰酰基载体蛋白脱水酶(HD)催化下，D-β-羟基丁酰—S—酰基载体蛋白脱水，生成 α，β 或 Δ^2-反-丁烯酰—S—酰基载体蛋白。

$$CH_3CHCH_2\underset{OH}{\overset{O}{C}}-S-ACP \rightleftharpoons CH_3-\underset{H}{\overset{H}{C}}=\overset{O}{C}-\overset{}{C}-S-ACP + H_2O$$

D-β-羟基丁酰—S—酰基载体蛋白　　　　　Δ^2-反-丁烯酰—S—酰基载体蛋白

(6)再还原反应。在烯脂酰酰基载体蛋白还原酶(ER)催化下，Δ^2-反-丁烯酰—S—酰基载体蛋白被 $NADPH+H^+$ 还原为丁酰酰基载体蛋白。

$$CH_3-\underset{H}{\overset{H}{C}}=\overset{}{C}-\overset{O}{C}-S-ACP + NADPH + H^+ \rightleftharpoons CH_3CH_2CH_2\overset{O}{C}-S-ACP + NADP^+$$

Δ^2-反-丁烯酰—S—酰基载体蛋白　　　　　　丁酰—S—酰基载体蛋白

丁酰—S—酰基载体蛋白的形成完成了软脂酰—S—酰基载体蛋白合成的第一轮循环。丁酰基由酰基载体蛋白转移到 β-酮脂酰酰基载体蛋白合酶分子的—SH 上，酰基载体蛋白又可再接受丙二酸单酰基，进行第二轮循环。经过 7 轮循环后，合成的最终产物软脂酰—S—酰基载体蛋白经硫酯酶水解，产生游离的软脂酸。由乙酰—S—CoA 合成软脂酸的总反应式为

8乙酰—S—CoA+14NADPH+14H^++7ATP+H_2O ⟶ 软脂酸+8HSCoA+14$NADP^+$+7ADP+7Pi

这样，由乙酰 CoA 作为原料，经缩合、还原、脱水、还原几个反应步骤，便生成含 4 个碳原子的丁酰基(丁酰酰基载体蛋白)，如图 8-23 所示。按照上述反应过程，每重复一次，便可增加两个碳原子，直到生成软脂酰酰基载体蛋白为止。

5. 脂肪酸从头合成途径的特点

(1)脂肪链经缩合、还原、脱水、还原，延长了两个碳原子。
(2)CO_2 参加了起初的羧化反应，但在缩合反应中又释放出来，并没有消耗，仅起活化作用。
(3)脂肪酸延伸循环一次，消耗 1 分子 ATP 和 2 分子 NADPH 及 2 个 H^+。

由上可见，脂肪酸的合成与分解显然是两条不同的代谢途径，两者之间存在许多重要的区别。关于软脂酸的氧化与合成途径的区别，见表 8-1。

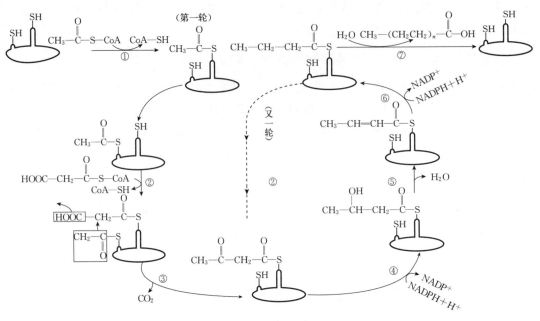

图 8-23 脂肪酸的从头合成途径

①乙酰 CoA 酰基载体蛋白转移酶　②丙二酸单酰 CoA 酰基载体蛋白转移酶　③β-酮脂酰酰基载体蛋白合酶
④β-酮脂酰酰基载体蛋白还原酶　⑤β-羟脂酰酰基载体蛋白脱水酶　⑥烯脂酰酰基载体蛋白还原酶　⑦硫酯酶

表 8-1 软脂酸从头合成途径与 β 氧化途径的比较

差 异 点	脂肪酸从头合成	脂肪酸 β 氧化
细胞内进行部位	细胞液	线粒体
脂酰基载体	酰基载体蛋白（ACP）	CoA
底物的转运	柠檬酸穿梭系统	肉毒碱转运
参加或断裂二碳单位	丙二酸单酰 CoA	乙酰 CoA
辅因子	NADPH+H$^+$	NAD$^+$ 和 FAD
反应方向	从 ω 位到羧基端	从羧基端开始
β-羟脂酰基构型	D 型	L 型
重复反应步骤	缩合→还原→脱水→再还原	脱氢→水化→脱氢→硫解
生成或氧化 1 mol 软脂酸的能量变化	消耗 7 mol ATP、14 mol NADPH 和 14 mol H$^+$	产生 106 mol ATP
循环次数	7 次	7 次

6. 脂肪酸链的延长　脂肪酸合酶系统中的 β-酮脂酰酰基载体蛋白合酶对软脂酰酰基载体蛋白无活性，因此只能合成 16 个碳原子以下的脂肪酸（含 16 个碳原子），大于 16 碳脂肪酸的合成，则需另外的延长系统。在动物体中有线粒体延伸和内质网延伸两套系统。

线粒体延伸系统可视为 β 氧化的逆反应，核心反应仍为缩合、还原、脱水、再还原，但脂肪酸延长的还原反应中，电子供体是 NADPH+H$^+$ 而非 FADH$_2$。内质网延伸系统与细胞液中的从头合成途径类似，只是用 CoA—SH 代替酰基载体蛋白作为酰基的载体，该系统相对活跃。

(二) 不饱和脂肪酸的合成

1. 单烯脂肪酸的合成　不饱和脂肪酸的合成，分厌氧途径和需氧途径。厌氧途径主要发生在微生物组织中，动物是利用氧化机制形成不饱和脂肪酸。单不饱和脂肪酸（$C_{16:1}$，$C_{18:1}$）的前体为相应的饱和脂肪酸（$C_{16:0}$，$C_{18:0}$）。反应中直接引入 Δ^9 顺式双键，需要氧分子参加，故称为需氧途径。这里着重介绍发生在人体及其他高等脊椎动物中的需氧途径。

动物的肝和脂肪组织中都有一个复杂的去饱和酶系，该复合体由3个与微粒体结合的蛋白质组成，即 NADH 细胞色素 b_5 还原酶(cytochrome b_5 reductase)、细胞色素 b_5 及去饱和酶(desaturase)。首先由 NADH 细胞色素 b_5 还原酶的辅酶 FAD 接受 $NADH+H^+$ 提供的两个质子和1对电子，然后将电子转移给细胞色素 b_5，使细胞色素 b_5 中铁卟啉中的 Fe^{3+} 还原成 Fe^{2+}，再使去饱和酶中非血红素铁离子还原成 Fe^{2+}，最后分子氧分别接受来自 NADH 及去饱和酶的2对电子，形成2分子水及1分子不饱和脂肪酸，其电子传递途径见图 8-24。

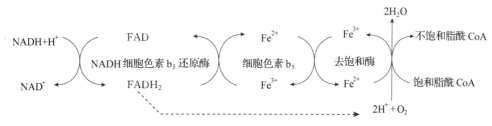

图 8-24　动物组织细胞脂肪酸去饱和电子传递途径

2. 多烯脂肪酸的形成　哺乳动物的不饱和脂肪酸主要有4类：棕榈油酸(palmitoleic acid，16：$1\Delta^9$)、油酸(oleic acid，18：$1\Delta^9$)、亚油酸(linoleic acid，18：$2\Delta^{9,12}$)和亚麻酸(linolenic acid，18：$3\Delta^{9,12,15}$)。哺乳动物由于只有 Δ^4 去饱和酶、Δ^5 去饱和酶、Δ^6 去饱和酶及 Δ^9 去饱和酶，缺乏 Δ^9 以上的去饱和酶，所以自身不能合成亚油酸和亚麻酸，这两种脂肪酸必须从食物中获得，故称为必需脂肪酸(essential fatty acid)。

哺乳动物以软脂酸为底物，通过延长、去饱和可形成多种多烯脂肪酸，其形成过程如图 8-25 所示。

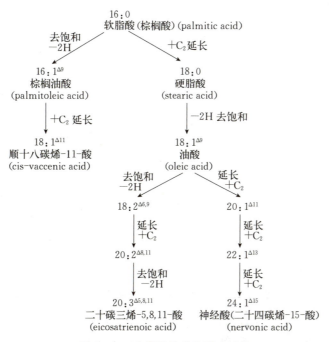

图 8-25　多烯脂肪酸的形成过程

(三)脂肪酸合成的调控

1. 化合物的调节　对脂肪酸的合成起调控作用最明显的化合物是糖，体内糖含量高而脂肪酸含量低时,脂肪酸合成速度最高。当糖较高时,其代谢中间产物柠檬酸就可能积累较多,而柠檬酸可刺激乙酰 CoA 羧化酶的活性,加速丙二酸单酰 CoA 的形成。乙酰 CoA 羧化酶是脂肪酸合成的限速酶。乙酰 CoA 和 ATP 含量丰富时,可抑制异柠檬酸脱氢酶的活性,使柠檬酸浓度升高,加速脂肪酸的合成。

2. 哺乳动物中的脂肪酸代谢受激素调控 胰岛素能诱导乙酰 CoA 羧化酶、脂肪酸合成酶和柠檬酸裂解酶的合成,促进 cAMP 的水解,抑制脂肪水解成游离脂肪酸,从而促进脂肪酸的合成。

3. 通过改变环境来进行调节 生物个体长期给予高糖低脂肪膳食时,"诱导性"地刺激脂肪酸合成酶含量的增加,从而加速体内脂肪的合成,这是典型的适应性调控。因此,长期食用高糖食品可能会导致肥胖症的发生。

三、三脂酰甘油的生物合成

三脂酰甘油(脂肪)是由 3-磷酸甘油和脂酰 CoA 逐步缩合生成的。3-磷酸甘油来源于糖酵解或甘油的分解代谢途径,脂酰 CoA 来自脂肪酸的活化。三脂酰甘油的生物合成是由磷酸甘油脂酰转移酶、磷酸酶和二脂酰甘油脂酰转移酶催化的。两个脂酰 CoA 首先在磷酸甘油脂酰转移酶催化下,相继与 3-磷酸甘油酯化生成溶血磷脂酸和磷脂酸(phosphatidic acid)。然后由磷酸酶催化的水解反应脱去磷酸生成二脂酰甘油,二脂酰甘油脂酰转移酶催化 1 分子脂酰 CoA 转移到二脂酰甘油的羟基上形成三脂酰甘油,如图 8-26 所示。

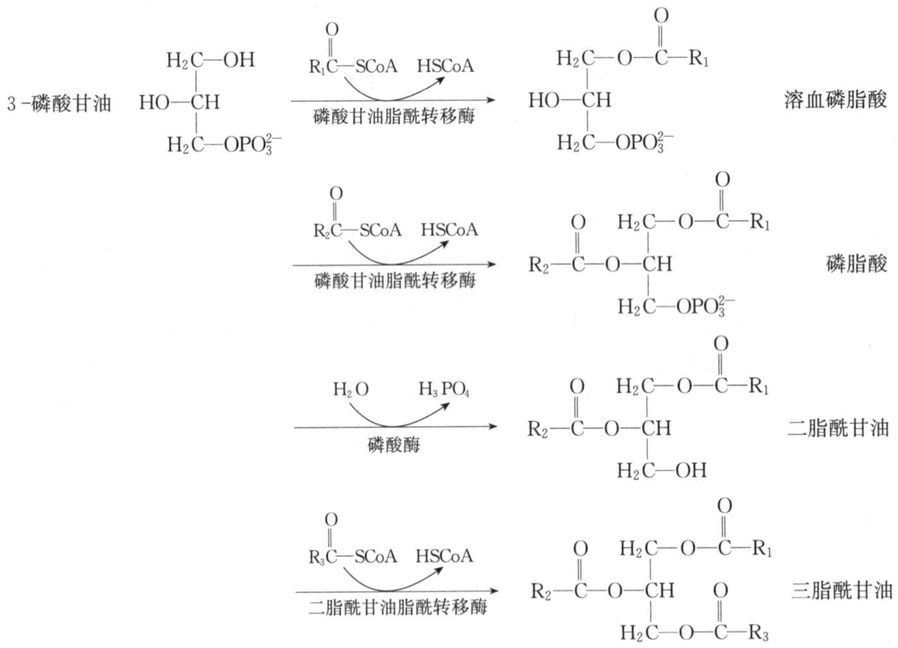

图 8-26 三脂酰甘油(脂肪)的生物合成

第四节 磷脂的代谢

甘油磷脂主要有磷脂酰胆碱、磷脂酰乙醇胺、磷脂酰丝氨酸、磷脂酰肌醇等。这里以磷脂酰胆碱(卵磷脂)的代谢过程为例进行介绍。

一、磷脂的降解

磷脂的降解是先水解生成甘油、脂肪酸、磷酸及氨基醇，然后水解产物各自按不同的途径进一步分解或转化。现在以卵磷脂为例介绍水解过程。

降解卵磷脂的磷脂酶有磷脂酶 A_1、磷脂酶 A_2、磷脂酶 C 和磷脂酶 D。它们分别作用于磷脂分子中不同部位的酯键（图 8-27）。

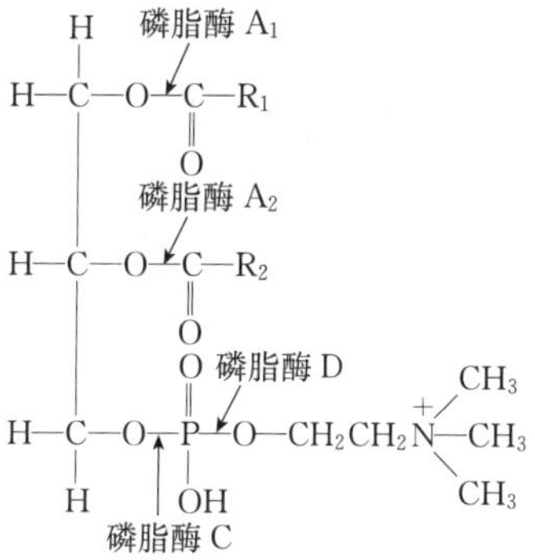

磷脂酶 A_1 广泛分布于动物细胞内，磷脂酶 A_2 存在于蛇毒、蝎毒和蜂毒中，磷脂酶 C 存在于动物脑、蛇毒和细菌毒素中，磷脂酶 D 主要存在于高等植物中。

磷脂酶 A_1 专一地水解磷脂分子内 C_1 位的酯键，水解产物是溶血磷脂 2（又称为溶血甘油磷脂）。

图 8-27 磷脂酶的作用位点

磷脂酶 A_2 水解 C_2 位的酯键，生成溶血磷脂 1，催化反应需 Ca^{2+} 参加。

磷脂酶 C 主要作用于磷脂酸甘油 C_3 位的磷酯键，反应产物为 1,2-二脂酰甘油和磷酸胆碱。

磷脂酶 D 作用于磷酸与胆碱之间的磷酸酯键，水解产物是磷脂酸和胆碱。

溶血磷脂在磷脂酶的作用下，水解掉 1 个脂肪酸，生成 3-磷酸胆碱甘油。以上水解酶催化生成的 3-磷酸胆碱甘油、磷脂酸、二脂酰甘油等物质，在磷酸酯酶（phosphatase）、脂肪酶等的作用下进一步水解，最终生成脂肪酸、甘油、磷酸及胆碱。

二、磷脂酰胆碱（卵磷脂）的生物合成

甘油磷脂的生物合成与三脂酰甘油的合成相似，甘油磷脂的合成首先是由磷酸甘油与两分子脂肪酸缩合成磷脂酸，然后在前体基础上加上各种基团而形成磷脂。

磷脂酰胆碱可经两个不同途径合成：补救合成途径和从头合成途径。

1. 补救合成途径　补救合成途径（salvage pathway）是人体及其他动物细胞中的主要合成途径，以二脂酰甘油和磷酸胆碱为直接原料（图 8-28）。胆碱可直接来源于食物或由磷脂酶促降解产生，

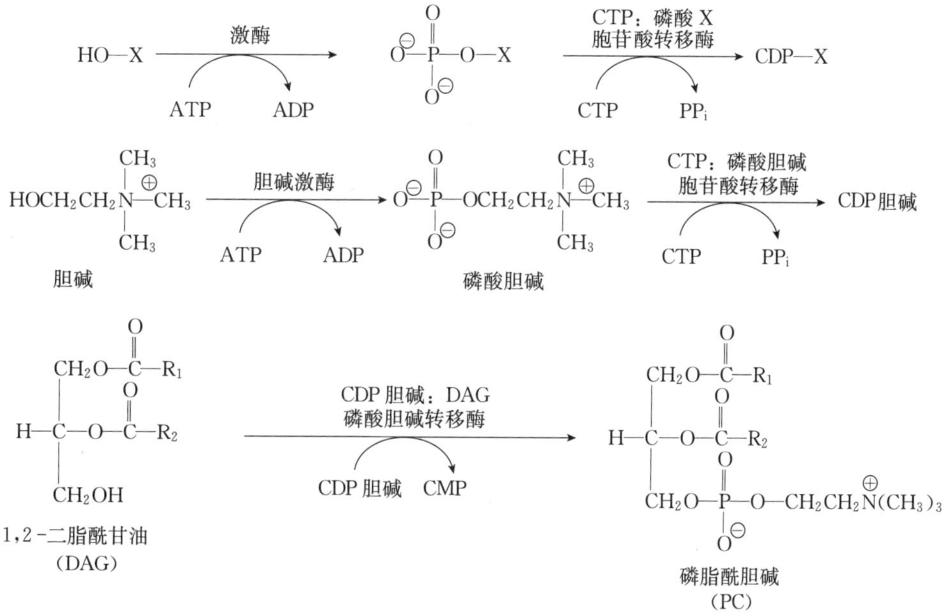

图 8-28　磷脂酰胆碱的补救合成途径

二脂酰甘油可由卵磷脂分解代谢产生，也可由磷酸甘油和脂酰 CoA 反应生成。

2. 从头合成途径 从头合成途径（de novo pathway）是由磷脂酰乙醇胺的氨基直接甲基化，甲基的供体是 S-腺苷甲硫氨酸（S-adenosyl methionine），该途径主要发生在植物和微生物等生物体内，如图 8-29 所示。

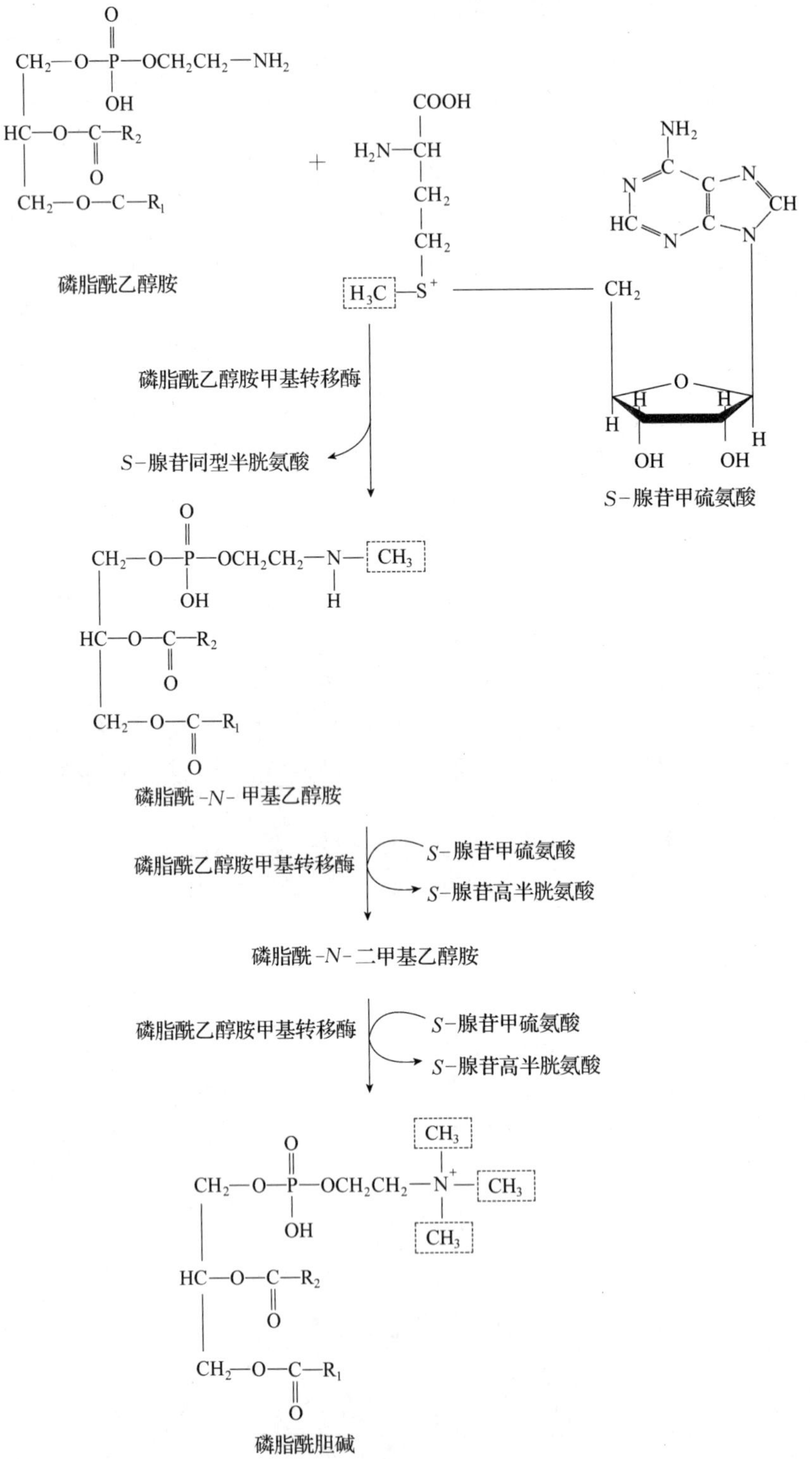

图 8-29 磷脂酰胆碱的从头合成途径

第五节 胆固醇的转化

胆固醇含量的高低与人体健康有着密切的关系。人体血液中胆固醇含量如果过高，会造成动脉粥样硬化，而动脉粥样硬化又是导致冠心病、心肌梗死和脑中风的主要因素。但血液中的胆固醇含量如果过低，对身体也会造成损害。胆固醇含量过低易衰老，易患癌症、抑郁症等疾病。人体胆固醇含量必须保持在一定水平，以使生理过程正常进行。

胆固醇的"两面性"

胆固醇的母核环戊烷多氢菲在体内不能被降解，但它的侧链可被氧化而转变为活性物质（如胆汁酸、类固醇激素、维生素 D 等）参与代谢。

1. 胆固醇转化为胆汁酸及其衍生物 胆固醇在肝中转化成胆汁酸（bile acid）是胆固醇在体内代谢的主要去路。人体中的胆汁酸主要有胆酸、脱氧胆酸、鹅脱氧胆酸和少量的石胆酸等，以及它们与牛磺酸或甘氨酸结合形成的牛磺胆酸盐和甘氨胆酸盐。正常人每天合成 1~1.5 g 胆固醇，其中 2/5 在肝中被转变为胆汁酸排入肠道，促进脂肪的消化和脂溶性维生素的吸收。

2. 胆固醇转化为类固醇激素 胆固醇是转化类固醇激素的原料，肾上腺皮质球状带、束状带及网状带细胞可以胆固醇为原料分别合成睾酮、皮质醇及雄激素，睾丸间质细胞可以胆固醇为原料合成睾酮，卵巢的卵泡内膜细胞及黄体可以胆固醇为原料合成并分泌雌二醇及孕酮，它们均为类固醇激素。

3. 胆固醇转化为脱氢胆固醇 胆固醇在脱氢酶作用下先转变为 7-脱氢胆固醇，后者在紫外线的照射下，B 环的 C_9 和 C_{10} 之间发生开环，再进一步转变为维生素 D_3。在肝中维生素 D_3 可发生羟化反应，形成高活性的 25-羟基维生素 D_3，此活性维生素 D_3 进入肾后可进一步转化为 1,25-二羟基维生素 D_3（图 8-30）。

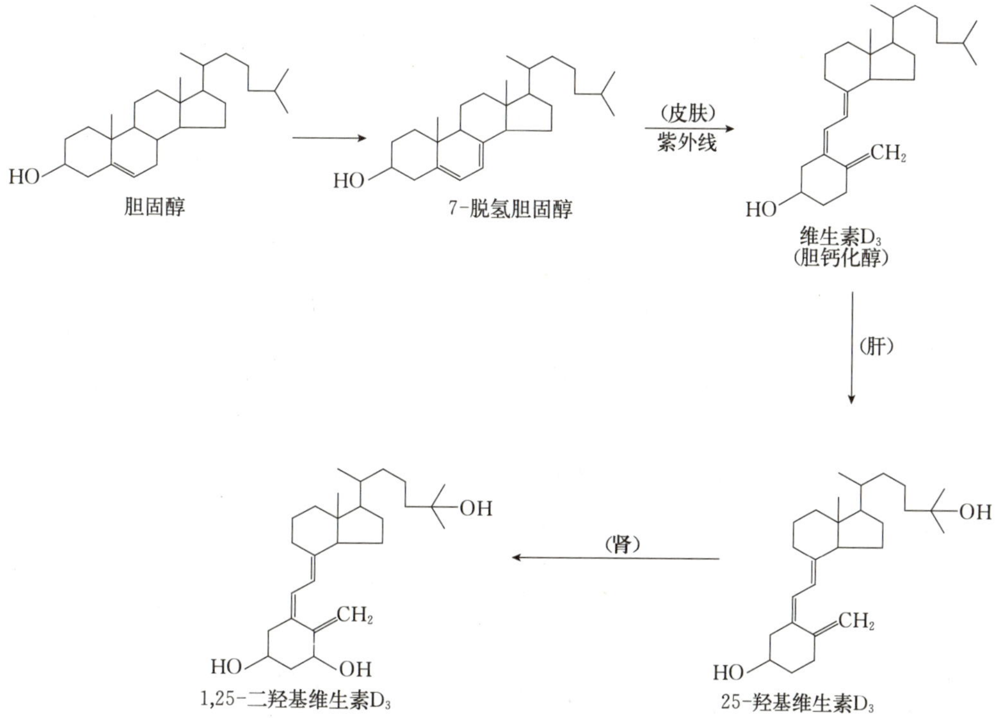

图 8-30 由胆固醇转化为活性维生素 D_3

> **知识窗**

谨 防 酸 中 毒

酮体可以见于饥饿、剧烈运动或孕妇妊娠期间剧烈呕吐者体内，酮体在肝中的产生和输出使得脂肪酸氧化能够在只有很少乙酰CoA被氧化的条件下继续进行（图8-31），而且肝所含CoA分子的量是有限的，当大多数被用于形成乙酰CoA之后，β氧化就会因为缺少游离的CoA而变慢。酮体的产生和输出释放了游离的CoA，使得脂肪酸氧化能够持续进行。

糖尿病人的血糖如果控制不平稳或由感染等因素诱发，容易刺激醛固醇系统，从而产生酮体，酮体排泄分泌不畅易导致酮症酸中毒。其中，Ⅰ型糖尿病患者胰岛细胞受损胰岛素分泌缺陷，更易刺激醛固醇系统产生酮体，引发酮症酸中毒。而长期饥饿会使血糖下降，葡萄糖供能不足，脂肪分解增多，造成丙酮等酮体增加。由于这些物质都是酸性的，所以会造成酸中毒（acidosis）。严重的酸中毒可以引起昏迷甚至死亡。未受治疗的糖尿病患者的血液和尿液中的酮体可以达到异常高的水平，这种症状被称为"酮症"（ketosis）。在依赖低能量饮食、利用脂肪组织中所贮存的脂肪作为主要能量供应来源的个体中，其血液和尿液中的酮体水平必须要监控，以避免酸中毒。

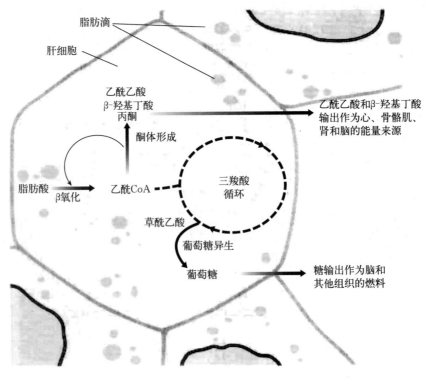

图8-31 酮体的形成和从肝的外运

[促进糖异生的条件（未治疗的糖尿病、恶劣的饮食条件、禁食），会减慢三羧酸循环（通过移去草酰乙酸）和促进乙酰CoA到乙酰乙酸的转化]

> **复习题**

1. 食品原料中有哪些重要的脂类物质？

2. 简述 Knoop 对脂肪酸氧化的经典的实验和结果。
3. 计算 1 mol 硬脂酸彻底氧化成 CO_2 和 H_2O 时产生的 ATP 量。
4. 阐述脂肪酸 β 氧化的生化历程。
5. 酮体生成有何生理意义？酮体的生成与氧化过程有何不同？
6. 简述油料种子是如何对脂肪进行转化和利用的。
7. 简述脂肪酸合酶系统的结构及功能特点。
8. 合成脂肪需要哪些原料和能源物质？它们分别来自哪些代谢途径？
9. 试比较脂肪酸合成与 β 氧化的异同点。
10. 请从糖代谢和脂代谢的相关性解释为什么摄入糖量过多容易导致肥胖。
11. 胆固醇可转变为哪些化合物？
12. 假设人类只依靠很少或不含糖类的鲸或者海豹的油脂生存。
(1) 那么，这种糖类的缺少对于使用脂肪获取能量将产生什么影响？
(2) 如果饮食中完全去除了糖类，是摄取奇数碳原子的脂肪酸还是偶数碳原子的脂肪酸更好？请解释理由。

CHAPTER 9 第九章 氨基酸和核苷酸代谢

蛋白质降解产生的氨基酸能通过氧化产生能量供机体需要。例如，食肉动物所需能量的90%来自氨基酸氧化供给；食草动物依赖氨基酸氧化供能所占比例很小；大多数微生物可以利用氨基酸氧化供能；光合植物则很少利用氨基酸供能，却能合成氨基酸以满足蛋白质、核酸和其他含氮化合物的合成原料需求。

大多数生物的氨基酸分解代谢方式非常相似，而氨基酸合成代谢途径则有所不同。例如，成年人体不能合成苏氨酸、赖氨酸、甲硫氨酸、色氨酸、苯丙氨酸、缬氨酸、亮氨酸和异亮氨酸等8种必需氨基酸；婴幼儿时期能合成组氨酸和精氨酸，但合成数量不能满足要求，仍需由食物提供；昆虫不能合成甘氨酸。人和动物，当食物缺少蛋白质或处于饥饿状态或患消耗性疾病时，体内组织蛋白质的分解即刻增强。这说明人和动物要不断地从食物中摄取蛋白质，才能使体内原有蛋白质得到不断更新，但食物中的蛋白质首先要分解成氨基酸才能被机体组织利用。

核酸是生命机体基本组分之一。它在个体生长、发育及繁殖过程中起着重要的作用，它也是遗传的物质基础。其基本单位是核苷酸，它也具有多种生物功能。

核蛋白是在胃中受到胃酸作用分解的。核酸及核苷酸消化是在小肠中进行的，那里有胰液核酸酶和小肠黏膜细胞分泌的核酸酶，两者协同作用，使进入小肠腔的核酸水解成核苷酸，可被吸收。核苷酸经肠黏膜细胞核苷酸酶水解成核苷及无机磷酸。核苷酸无须再经消化，可直接被吸收。

细胞内有多种核酸酶参与核酸解聚。根据底物分为DNA酶和RNA酶，根据作用部位分为内切酶和外切酶。各有作用部位，特异性各有差异。核苷酸酶也有特异性强弱之分，特异性强的核苷酸酶中，3′-核苷酸酶存在于植物中，而5′-核苷酸酶则存在于脑、网膜、土豆和蛇毒中。不同磷酸含量的核苷酸亦可相互转换。核苷酶则有水解型和磷酸解型之分，前者主要存在于植物、微生物体内，只作用于核糖核苷，产物是核糖和碱基，催化反应不可逆。后者广泛存在于生命机体中，产物为戊糖-1-磷酸和碱基，催化反应可逆。

人、灵长类、鸟类、排尿酸爬行类和昆虫嘌呤类代谢的终末产物是尿酸，其他类动物或以尿囊素、尿囊酸、脲和乙醛酸，或以NH_3和CO_2为代谢终末产物。多种植物中都有大量尿囊素和尿囊酸。微生物嘌呤类代谢产物是N_2、CO_2和某些有机酸。

嘧啶类分解代谢主要在肝中进行。胞嘧啶、尿嘧啶主要分解产物为β-丙氨酸，而胸腺嘧啶的主要分解产物则是β-氨基异丁酸。二者随尿排除，亦可进一步分解成NH_3和CO_2。

核酸及其衍生物分解代谢紊乱更多地反映在尿酸代谢异常上，痛风（次黄嘌呤磷酸核糖基转移酶严重缺乏，尿酸盐结晶在关节、软骨中沉积）就是一例。

嘌呤类碱基、核苷和核苷酸合成通过次黄嘌呤核苷酸合成有机地、密切地关联在一起。然后，按一定程序转变为其他核苷酸。它以磷酸核糖焦磷酸为构件分子，其他分子，如谷氨酰胺、甘氨酸等有秩序地进入结构，它是耗能、酶促反应，其间存在某些反馈抑制作用。

嘧啶类碱基、核苷和核苷酸合成，则以天冬氨酸和氨甲酰基磷酸为原料，首先合成乳清酸；磷酸核糖焦磷酸掺入结构，生成尿苷酸。由此再转化为其他嘧啶类核苷酸。

通常核糖核苷酸在核苷二磷酸水平上经由硫氧还蛋白、硫氧还蛋白还原酶以及蛋白质 B_1 和蛋白质 B_2 参与还原下转化为脱氧核糖核苷酸的。

第一节　蛋白质的降解

一、蛋白质消化吸收

动物的消化道(包括胃、小肠)中含有胃蛋白酶、胰蛋白酶、胰凝乳蛋白酶、羧肽酶、氨肽酶、弹性蛋白酶。经上述酶的作用，蛋白质水解成游离氨基酸，在小肠被吸收。被吸收的氨基酸(与糖、脂一样)需经历各种代谢途径。

二、胞内蛋白的降解

人及动物体内蛋白质处于不断降解和合成的动态平衡。成人每天降解、更新的蛋白质占总蛋白质的 1‰~2‰。不同蛋白质在细胞中的半衰期差异很大，人血浆蛋白约 10 d，许多关键性的调节酶则更短，而结缔组织蛋白可达 180 d。这些被细胞淘汰的蛋白质均需被降解以发挥新的作用。

目前，人们认为真核细胞中蛋白质的降解有两条途径：一条是溶酶体降解途径，此途径不依赖 ATP，通过溶酶体内的蛋白水解酶主要降解外源蛋白、膜蛋白及长寿命的细胞内蛋白，降解时对蛋白质没有选择性。另一条是依赖 ATP 和泛素的途径，在胞质中进行，主要降解异常蛋白和短寿命蛋白，此途径在不含溶酶体的红细胞中尤为重要。泛素普遍存在于真核细胞内，是一种 8.5ku(76 个氨基酸残基)的小分子蛋白质，其一级结构高度保守，酵母与人只相差 3 个氨基酸残基。它能与被降解的蛋白质共价结合，使后者活化，然后被蛋白酶降解。

第一节　氨基酸的分解代谢

细胞内的氨基酸可以通过继续降解为机体提供能量，但是不同物种对氨基酸降解功能的依赖程度差异很大。肉食性动物所需能量的 90% 均来自氨基酸的氧化分解，草食性动物则较少依赖氨基酸氧化供能，大部分微生物也可以利用氨基酸来获得能量，植物则很少利用氨基酸供能。

动物体内氨基酸的分解主要在肝中进行。一般是先脱去氨基，再被彻底氧化成 CO_2 和 H_2O，同时释放出 ATP。当然，形成的碳骨架也可以为糖、脂肪酸的合成提供碳架。脱氨基作用在体内大多数组织中均可进行，是氨基酸分解代谢最主要的反应。除了对氨基进行作用外，氨基酸均含有活泼的羧基，因此，分解代谢也可以首先针对羧基进行。下面学习氨基酸的两条主要的共同代谢途径，即脱氨基作用与脱羧基作用。

一、氨基酸的脱氨基作用

(一)氧化脱氨基作用

氨基酸在酶的催化下脱去氨基生成相应的 α-酮酸的过程称为氧化脱氨基作用。主要有以下两种类型：

1. L-谷氨酸氧化脱氨　L-谷氨酸在 L-谷氨酸脱氢酶的催化下，氧化脱氨生成 α-酮戊二酸与

NH_3，辅酶为 NAD^+ 或 $NADP^+$，主要发生在肝、脑、肾中。反应过程如下：

$$\underset{\text{L-谷氨酸}}{\begin{array}{c}COOH\\|\\CH_2\\|\\CH_2\\|\\CH-NH_2\\|\\COOH\end{array}} + H_2O \xrightarrow[NAD(P)^+ \quad NAD(P)H+H^+]{\text{L-谷氨酸脱氢酶}} \underset{\alpha\text{-酮戊二酸}}{\begin{array}{c}COOH\\|\\CH_2\\|\\CH_2\\|\\C=O\\|\\COOH\end{array}} + NH_3$$

研究发现，L-谷氨酸脱氢酶所催化的反应平衡常数偏向于逆反应，即其主要是催化 L-谷氨酸的生成。只有在正反应产生的 NH_3 被迅速处理的条件下，才可以保持脱氨基的持续发生。

2. L-氨基酸氧化脱氨 氨基酸在 L-氨基酸氧化酶的作用下，生成对应的 α-酮酸与 NH_3，辅酶为 FAD 或者 FMN，主要发生在肝、肾中。但 L-氨基酸氧化酶在体内不是普遍分布，且最适 pH 在 10 左右，可见在生理条件下，该酶的活性不高。因此，其在体内氨基酸的脱氨基反应中并不起主要作用。反应过程如下：

$$\underset{NH_2}{\underset{|}{R-CH-COOH}} \xrightarrow[O_2]{\text{L-氨基酸氧化酶}} \underset{O}{\underset{\|}{R-C-COOH}} + NH_3$$

(二) 转氨基作用

在转氨酶的催化下，α-氨基酸的氨基转移到 α-酮酸的酮基碳原子上，使原来的 α-氨基酸生成相应的 α-酮酸，而原来的 α-酮酸则形成了相应的 α-氨基酸，这种作用称为转氨基作用。通过转氨酶可以进行 α-氨基酸与 α-酮酸的相互转化，因此转氨基反应既是氨基酸代谢的重要组成部分，也是非必需氨基酸合成的重要步骤，同时它也沟通了糖与蛋白质的代谢。反应过程如图 9-1 所示。

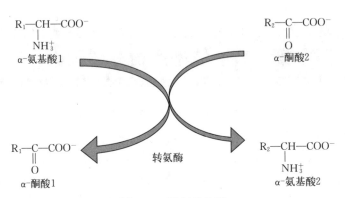

图 9-1 转氨基作用

转氨基作用普遍存在于动、植物及微生物细胞中。转氨酶酶活性强，专一性高，所催化的反应可逆，平衡常数接近 1.0。转氨酶种类很多，但辅酶只有一种，即磷酸吡哆醛。大部分氨基酸均可以发生转氨基作用（Lys、Thr、Pro 等除外），并均有对应的特异性转氨酶，其中谷草转氨酶与谷丙转氨酶最为重要，前者催化谷氨酸与丙酮酸，后者催化谷氨酸与草酰乙酸的转氨作用。由于在血清中两种酶的含量处于较恒定水平，因此可以通过检测血清中两种酶的含量来作为肝脏和心脏疾病的初步诊断。

(三) 联合脱氨基作用

由前述可知，转氨基作用不能最终脱掉氨基，而是进行着 α-酮酸与氨基酸之间的转移。单靠氧化脱氨基作用也不能满足机体脱氨基的需要，因为 L-氨基酸氧化酶的活力很低。但在氨气能及时处理的条件下，L-谷氨酸脱氢酶催化正反应的活力很高，机体发挥转氨基与 L-谷氨酸脱氢酶催化的氧化脱氨基各自优点则可以高效脱去氨基。一般认为，L-氨基酸往往不是直接氧化脱去氨基，而是先与 α-酮戊二酸经转氨作用变为相应的酮酸与谷氨酸，谷氨酸再经谷氨酸脱氢酶作用重新变成 α-酮戊二酸，同时放出氨。这种脱氨基作用是转氨基作用与氧化脱氨基作用配合进行的，所以叫联合脱氨基作用，反应过程如图 9-2 所示。

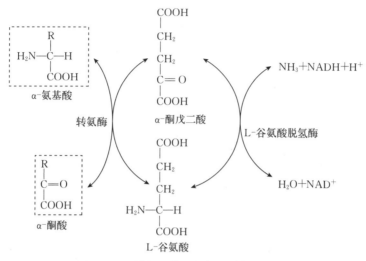

图 9-2 转氨基作用与氧化脱氧基联合

以 L-谷氨酸脱氢酶为中心的联合脱氨基作用，不是所有组织细胞的主要脱氨基方式。研究证明，在哺乳动物的骨骼肌等细胞中 L-谷氨酸脱氢酶的含量很少，且如前所述 L-谷氨酸脱氢酶主要是催化谷氨酸的合成。另外，人们发现在骨骼肌等细胞中富含腺苷酸脱氨酶、腺苷酸琥珀酸合成酶、腺苷酸琥珀酸裂解酶，而这些酶正是嘌呤核苷酸循环的重要酶类，因此，20 世纪 70 年代初提出另一种形式的联合脱氨基作用，即转氨基与嘌呤核苷酸循环脱氨基的联合。具体过程如图 9-3

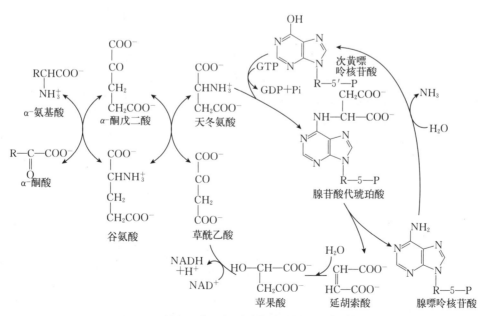

图 9-3 转氨基作用与嘌呤核苷酸循环联合脱氨基

所示，氨基酸通过转氨基作用将其氨基转移到草酰乙酸上形成天冬氨酸，天冬氨酸可与次黄嘌呤核苷酸(IMP)作用，生成腺苷酸代琥珀酸，后者经酶催化裂解生成腺嘌呤核苷酸(AMP)及延胡索酸。肌组织中富含的腺苷酸脱氢酶可催化 AMP 脱下来自氨基酸的氨基，生成的 IMP 可再参加循环。

(四)非氧化脱氨基作用

某些氨基酸除了发生上述几种脱氨基作用外，还可以进行非氧化脱氨基作用，这种非氧化脱氨基作用主要发生在微生物体内，动物体内也有但较少见。主要有脱水脱氨基、脱硫脱氨基、直接脱氨基以及水解脱氨基 4 种形式。

(五)酰胺脱氨基作用

酰胺(包括谷氨酰胺与天冬酰胺)可以在脱酰胺酶(deamidase)作用下脱去氨基，反应如图 9-4 所示。

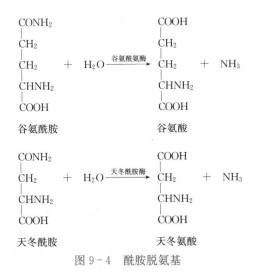

图 9-4　酰胺脱氨基

(六)脱氨基作用产物的去向

氨基酸经过脱氨作用所生成的氨、α-酮酸将进一步参加代谢或排出体外。

1. 氨的去向　氨是有毒物质，不能在细胞中大量累积。研究表明，兔体内血液中氨的含量达到 5 mg/mL 时即会死亡。高等动物中，血液中氨浓度达到 1% 就会引起中枢神经系统的中毒，甚至昏迷或死亡。一般认为氨的中毒机制是因为高浓度的氨会结合大量的 α-酮戊二酸以生成 L-谷氨酸，反应消耗掉大量的 α-酮戊二酸和 NADPH，导致细胞中三羧酸循环合成 ATP 以及需要还原力的反应均受阻，最后引起脑中枢受损。因此，体内脱氨基作用产生的氨不能大量积累，必须进行转化或者排出体外，具体有以下 3 种形式：

(1)重新生成氨基酸及其他含氮化合物。反应过程如下：

$$\alpha\text{-酮戊二酸} + NH_3 \xrightleftharpoons[NAD(P)H \quad NAD(P)^+]{L\text{-谷氨酸脱氢酶}} \text{谷氨酸} + H_2O$$

(2)生成谷氨酰胺和天冬酰氨。氨在血液中主要是以谷氨酰胺及丙氨酸两种形式运输的。

谷氨酰胺是另一种转运氨的形式，它主要从脑、肌肉等组织向肝或肾运氨。氨与谷氨酸在谷氨酰胺合成酶(glutamine synthetase)的催化下生成谷氨酰胺，并由血液输送到肝或肾，再经谷氨酰胺酶(glutaminase)水解成谷氨酸及氨。谷氨酰胺的合成与分解是由不同酶催化的不可逆反应，其合成需要 ATP 参与，并消耗能量。

$$\text{谷氨酸} \begin{array}{c}\text{COOH}\\|\\(\text{CH}_2)_2\\|\\\text{HC—NH}_2\\|\\\text{COOH}\end{array} \quad \underset{\underset{\text{谷氨酰胺酶}}{\xleftarrow{\text{NH}_3 \quad\quad H_2O}}}{\overset{\overset{\text{谷氨酰胺合成酶}}{\xrightarrow{\text{NH}_3 + \text{ATP} \quad\quad \text{ADP} + \text{Pi}}}}{}} \quad \text{谷氨酰胺} \begin{array}{c}\text{CONH}_2\\|\\(\text{CH}_2)_2\\|\\\text{HC—NH}_2\\|\\\text{COOH}\end{array}$$

可以认为，谷氨酰胺既是氨的解毒产物，也是氨的贮存及运输形式。谷氨酰胺在脑中固定和转运氨的过程中起着重要作用。临床上对氨中毒病人可服用或输入谷氨酸盐，以降低氨的浓度。

肌肉中的氨基酸经转氨基作用将氨基转给丙酮酸生成丙氨酸；丙氨酸经血液运到肝。在肝中，丙氨酸通过联合脱氨基作用，释放出氨，用于合成尿素。转氨基后生成的丙酮酸可经糖异生途径生成葡萄糖。葡萄糖由血液输送到肌组织，沿糖分解途径转变成丙酮酸，后者再接受氨基而生成丙氨酸。丙氨酸和葡萄糖反复地在肌肉和肝之间进行氨的转运，故将这一途径称为丙氨酸-葡萄糖循环（alanine-glucose cycle）（图9-5）。通过这个循环，既使肌肉中的氨以无毒的丙氨酸形式运输到肝，同时，肝又为肌肉提供了生成丙酮酸的葡萄糖。

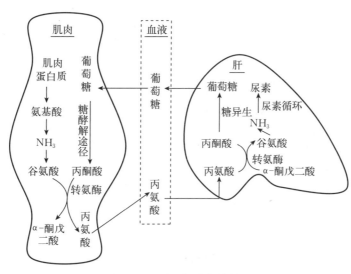

图9-5 丙氨酸-葡萄糖循环

(3) 形成尿素等物质排出体外。处于不同进化等级的动物，生活环境不同，氨的排泄方式也不同。如水生动物容易获得足量的水分，主要是直接通过水的溶解来排氨；鸟类由于不能在体内携带大量的水，因此把氨转变为溶解度较小的尿酸排出；哺乳动物（包括人）体内的水供应较为充足，因此把氨转变为溶解度较大的尿素，以尿的形式排出。

肝是合成尿素的最主要器官，肾及脑等其他组织虽然也能合成尿素，但合成量甚微。早在1932年，德国学者Hans krebs和Kurt Henseleit根据一系列实验，首次提出了鸟氨酸循环（ornithine cycle）学说（图9-6），又称尿素循环（urea cycle）或Krebs-Henseleit循环。鸟氨酸循环详细过程可分为以下4步：

① 氨基甲酰磷酸的合成。在Mg^{2+}、ATP及N-乙酰谷氨酸（N-acetylglutamatic acid，AGA）存在时，氨与CO_2可在氨基甲酰磷酸合成酶Ⅰ（carbamoyl phosphate synthetase Ⅰ，CPS-Ⅰ）的催化下，合成氨基甲酰磷酸。反应过程如下：

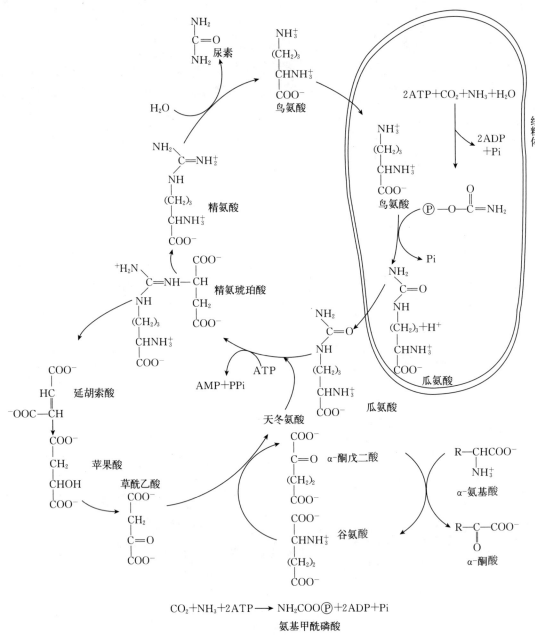

$$CO_2 + NH_3 + 2ATP \longrightarrow NH_2COO\text{\textcircled{P}} + 2ADP + Pi$$
氨基甲酰磷酸

图 9-6　鸟氨酸循环

$$CO_2 + NH_3 + H_2O + 2ATP \xrightarrow[N\text{-乙酰谷氨酸、}Mg^{2+}]{\text{氨基甲酰磷酸合成酶 I}} H_2N-\overset{\overset{O}{\|}}{C}-O\sim PO_3^{2-} + 2ADP + Pi$$

氨基甲酰磷酸

N-乙酰谷氨酸（AGA）

此反应不可逆，消耗 2 分子 ATP。CPS-Ⅰ是一种变构酶，AGA 是此酶的变构激活剂。AGA

的作用可能是使酶的构象发生改变，暴露了酶分子中的某些巯基，从而增加了酶与ATP的亲和力。CPS-Ⅰ和AGA都存在于肝细胞线粒体中。氨基甲酰磷酸是高能化合物，性质活泼，在酶的催化下易与鸟氨酸反应生成瓜氨酸。

② 瓜氨酸的合成。氨基甲酰磷酸在鸟氨酸氨甲酰移换酶催化下，将氨甲酰基转移给鸟氨酸形成瓜氨酸。反应过程如下：

$$氨基甲酰磷酸 + 鸟氨酸 \xrightarrow[Pi]{鸟氨酸氨甲酰转移酶} 瓜氨酸$$

③ 精氨酸的合成。瓜氨酸在ATP与Mg^{2+}的存在下，在精氨酸代琥珀酸合成酶的催化下与天冬氨酸缩合为精氨酸代琥珀酸，同时产生AMP及焦磷酸。天冬氨酸在此作为氨基的供体。反应过程如下：

$$瓜氨酸 \rightleftharpoons 瓜氨酸(烯醇式)$$

$$瓜氨酸 + 天冬氨酸 + ATP \xrightarrow{精氨酸代琥珀酸合成酶} 精氨酸代琥珀酸 + AMP + PPi$$

精氨酸代琥珀酸在精氨酸代琥珀酸裂解酶的催化下形成精氨酸和延胡索酸。反应过程如下：

$$精氨酸代琥珀酸 \xrightarrow{精氨酸代琥珀酸裂解酶} 精氨酸 + 延胡索酸$$

延胡索酸经三羧酸循环变为草酰乙酸。草酰乙酸与谷氨酸进行转氨作用又可变回天冬氨酸。

④ 尿素的生成。精氨酸在精氨酸酶的催化下水解产生鸟氨酸和尿素。此酶的专一性很高，只对L-精氨酸有作用，存在于排尿素动物的肝中。反应过程如下：

$$\text{精氨酸} \xrightarrow[H_2O]{\text{精氨酸酶}} \text{鸟氨酸} + \text{尿素(烯醇式)}$$

精氨酸　　　　　鸟氨酸　　　尿素(烯醇式)

尿素(烯醇式) ⇌ 尿素

尿素作为代谢终产物排出体外，目前尚未发现它在体内有什么其他的生理功能。综上所述，可将尿素合成的总反应归纳为：

$$2NH_3 + CO_2 + 3ATP + 3H_2O \longrightarrow \underset{NH_2}{\underset{|}{C}}=O + 2ADP + AMP + 4Pi$$
（上式中C连接两个NH_2）

尿素分子中的 2 个氮原子，1 个来自氨，另外 1 个则来自天冬氨酸，而天冬氨酸又可由其他氨基酸通过转氨基作用生成。由此，尿素分子中 2 个氮原子的来源虽然不同，但都直接或间接来自各种氨基酸。还可看到，尿素合成是一个耗能的过程，合成 1 分子尿素需要消耗 4 个高能磷酸键。

2. α-酮酸的代谢　氨基酸脱氨基后生成的 α-酮酸主要有以下 3 方面的代谢途径：

(1) 经氨基化生成非必需氨基酸。

(2) 转变成糖及脂类。在体内，α-酮酸可以转变成糖及脂类。实验发现，用各种不同的氨基酸饲养人工造成糖尿病的犬时，大多数氨基酸可使尿中排出的葡萄糖增加，少数几种则可使葡萄糖及酮体排出同时增加，而亮氨酸和赖氨酸只能使酮体排出量增加。由此，将在体内可以转变成糖的氨基酸称为生糖氨基酸(glucogenic amino acid)，包括甘氨酸、丙氨酸、丝氨酸、精氨酸、脯氨酸、谷氨酸、谷氨酰胺、缬氨酸、组氨酸、甲硫氨酸、半胱氨酸、天冬氨酸、天冬酰胺；能转变成酮体者称为生酮氨基酸(ketogenic amino acid)，包括亮氨酸、赖氨酸；二者兼有者称为生糖兼生酮氨基酸(glucogenic and ketogenic amino acid)，包括苯丙氨酸、酪氨酸、苏氨酸、色氨酸、异亮氨酸。

各种氨基酸脱氨基后产生的 α-酮酸结构差异很大，其代谢途径也不尽相同。但它们转变过程的中间产物不外乎是乙酸 CoA(二碳化合物)、丙酮酸(三碳化合物)以及三羧酸循环的中间物，如琥珀酸单酰 CoA、延胡索酸、草酰乙酸(四碳化合物)及 α-酮戊二酸(五碳化合物)等。以丙氨酸为例，丙氨酸脱去氨基生成丙酮酸，丙酮酸可以转变成葡萄糖，所以丙氨酸是生糖氨基酸；又如，亮氨酸经过一系列代谢转变生成乙酰 CoA 或乙酰乙酰 CoA，它们可以进一步转变成酮体或脂肪，所以亮氨酸是生酮氨基酸；再如，苯丙氨酸与酪氨酸经代谢转变既可生成延胡索酸，又可生成乙酰乙酸，所以这两种氨基酸是生糖兼生酮氨基酸。

(3) 氧化供能。α-酮酸在体内可以通过三羧酸循环与生物氧化体系彻底氧化成 CO_2 和水，同时释放能量(图 9-7)。

综上，氨基酸的代谢与糖和脂肪的代谢密切相关，氨基酸可转变成糖与脂肪；糖也可以转变成脂肪及多数非必需氨基酸的碳架部分。可见，三羧酸循环是物质代谢的总枢纽，通过它可使糖、脂肪酸及氨基酸完全氧化，也可使其彼此相互转变，构成一个完整的代谢体系。

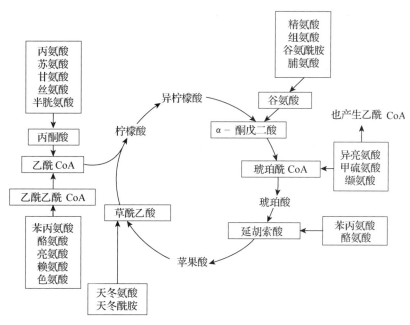

图 9-7 氨基酸碳骨架进入三羧酸循环的途径

二、氨基酸的脱羧基作用

氨基酸在脱羧酶的作用下脱掉羧基生成相应的一级胺类化合物称为氨基酸的脱羧基作用。氨基酸脱羧基作用普遍存在微生物体内，在高等动物与植物的组织中也存在但不是主要形式，其辅酶为磷酸吡哆醛。氨基酸脱羧酶具有较高的专一性，除个别脱羧酶外，一种氨基酸脱羧酶只对特定的氨基酸具有催化效应。脱羧酶的作用机制如下，式中 PCHO 代表磷酸吡哆醛：

$$\underset{\underset{COO^-}{|}}{\overset{\overset{R}{|}}{H-C-\overset{+}{N}H_3}} + \underset{}{\overset{\overset{P}{|}}{O=CH}} \xrightarrow{-H_2O} \underset{\underset{COO^-}{|}}{\overset{\overset{R}{|}}{H-C-N=CH}} \xrightarrow{-CO_2} \underset{\underset{H}{|}}{\overset{\overset{R}{|}}{H-C-N=CH}} \xrightarrow{+H_2O} \underset{}{\overset{\overset{R}{|}}{CH_2NH_2}} + \underset{}{\overset{\overset{P}{|}}{O=CH}}$$

(一) 直接脱羧基作用

氨基酸在脱羧酶（decarboxylase）催化下脱去羧基生成胺，通式如下：

$$\underset{\underset{NH_2}{|}}{R-CH-COOH} \longrightarrow \underset{\underset{NH_2}{|}}{R-CH_2} + CO_2$$

需要指出的是，二羧基氨基酸（天冬氨酸和谷氨酸）所生成的产物不是胺，而是另一种新的非蛋白氨基酸。天冬氨酸脱羧后生成 β-丙氨酸，谷氨酸脱羧后生成 γ-氨基丁酸。

$$\underset{\underset{NH_2}{|}}{HOOC-CH-CH_2-COOH} \xrightarrow{CO_2} \underset{\underset{NH_2}{|}}{CH_2-CH_2-COOH}$$

天冬氨酸 β-丙氨酸

$$\underset{\underset{NH_2}{|}}{HOOC-CH-CH_2-CH_2-COOH} \xrightarrow{CO_2} \underset{\underset{NH_2}{|}}{CH_2-CH_2-CH_2-COOH}$$

谷氨酸 γ-氨基丁酸

(二)羟化脱羧基作用

某一些氨基酸在脱羧前在羟化酶等作用下发生氧化形成羟基，之后再在脱羧酶的作用下脱去α-羧基，生成对应的羟胺。如酪氨酸在酪氨酸酶催化下发生羟化生成3,4-二羟基苯丙氨酸(简称多巴)，后者脱羧生成3,4-二羟基苯乙胺(简称多巴胺)。过程如下：

酪氨酸 —酪氨酸酶/O_2→ 多巴 —多巴脱羧酶/CO_2→ 多巴胺

(三)脱羧基产物的去向

1. CO_2的去向 生成的CO_2通过循环系统运送至肺部呼出。

2. 胺的去向 胺在体内会被氧化生成对应的氨以及醛，氨则参与其他物质合成或者排出体外，醛则可以继续氧化生成脂肪酸，再分解形成CO_2和水以及大量能量。

三、个别氨基酸的特殊代谢途径

由于每一个氨基酸的碳链部分的结构不同，因此除上述一般代谢途径外，尚有其特殊的代谢途径。一般来讲，非必需氨基酸代谢较简单；而必需氨基酸较复杂，可分4类加以讨论，即一碳单位、含硫氨基酸、支链氨基酸、芳香族氨基酸。

(一)一碳单位的代谢

机体在合成嘌呤、嘧啶、肌酸、胆碱等化合物时，需要某些氨基酸的参与，这些氨基酸可提供含一个碳原子的有机基团，称为一碳单位(one carbon group)或一碳基团。体内的一碳单位有5种，分别为甲基(—CH_3)、甲烯基(—CH_2—)、甲炔基(—C≡)、甲酰基(—CHO)和亚氨甲基(—CH=NH)。一碳单位来自丝氨酸、甘氨酸、甲硫氨酸、色氨酸和组氨酸的分解代谢。

凡是这种涉及一个碳原子有机基团的转移和代谢的反应，统称为一碳单位代谢。一碳单位不能以游离形式存在，常与四氢叶酸(tetrahydrofolic acid，FH_4)结合在一起转运，参与代谢。因此，FH_4是一碳单位的载体，也可以看作是一碳单位代谢的辅酶。一碳单位与FH_4结合后成为活性一碳单位，参与代谢，尤其在核酸的生物合成中占重要地位。一碳单位与FH_4结合的位点在FH_4的N^5和N^{10}位上。

一碳单位不仅是甲硫氨酸合成时甲基的供给者，更重要的是合成嘌呤的原料之一。故一碳单位在核酸生物合成中占有重要地位。正如乙酰CoA在联系糖、脂和蛋白质代谢中所起的枢纽作用一样，一碳单位在氨基酸和核酸代谢方面起重要的联结作用。

(二)含硫氨基酸的代谢

1. 甲硫氨酸和转甲基作用 甲硫氨酸是体内重要的甲基供体，但必须先转变成它的活性形式S-腺苷甲硫氨酸(S-adenosyl methionine，SAM)，才能供给甲基。已知体内约有50多种物质需要SAM提供甲基，生成甲基化合物，例如，SAM在体内参与合成许多重要的甲基化合物如肌酸、肾上腺素、胆碱等。核酸或蛋白质通过甲基化进行修饰，可以影响它们的功能。此外，一些活性物质经甲基化后，又可消除其活性或毒性，是生物转化的一种重要反应。因此，甲基化作用不仅是重要的代谢反应，还具有广泛的生理意义，而SAM则是体内最重要的甲基直接供体。

甲硫氨酸是必需氨基酸，虽然在体内同型半胱氨酸得到从N^5-甲基四氢叶酸所携带的甲基后可以生成甲硫氨酸,但体内并不能合成同型半胱氨酸,它只能由甲硫氨酸转变而来,故甲硫氨酸必须由食物供给。不过通过甲硫氨酸循环可以使甲硫氨酸在供给甲基时得以重复利用,起到节约一部分甲硫氨酸的作用。从甲硫氨酸循环可见,N^5-甲基四氢叶酸可看成是体内甲基的间接供体。

甲硫氨酸循环的生理意义是甲硫氨酸的再利用。在此反应中,因 N^5-甲基四氢叶酸同型半胱氨酸转甲基酶的辅酶是甲基维生素 B_{12},故维生素 B_{12} 缺乏时,N^5-甲基四氢叶酸的甲基不能转移,不仅影响了甲硫氨酸的合成,同时由于已结合了甲基的四氢叶酸不能游离出来,无法重新利用以转运一碳单位,可导致 DNA 合成障碍,影响细胞分裂,最终可能引起巨幼红细胞贫血。

在体内,甲硫氨酸还参与了肌酸的合成,后者和 ATP 反应生成的磷酸肌酸是体内 ATP 的贮存形式。

2. 半胱氨酸及胱氨酸的代谢

(1)半胱氨酸含巯基(—SH),胱氨酸含二硫键(—S—S—)。两分子半胱氨酸可氧化生成胱氨酸,胱氨酸亦可还原成半胱氨酸。两个半胱氨酸分子间所形成的二硫键在维持蛋白质构象中起着很重要的作用。体内许多重要的酶,如乳酸脱氢酶、琥珀酸脱氢酶等都有赖于分子中半胱氨酸残基上的巯基以表现其活性,故有巯基酶之称,某些有毒物质,如重金属离子 Pb^{2+}、Hg^{2+} 等均能和酶分子上的巯基结合而抑制酶活性,从而发挥其毒性作用。二硫基丙醇可使已被毒物结合的巯基恢复原状,因而具有解毒功能。

(2)半胱氨酸可经氧化、脱羧生成牛磺酸,是结合胆汁酸的组成成分。

(3)谷胱甘肽(glutathione,GSH)是由谷氨酸分子中的 γ-羧基与半胱氨酸及甘氨酸在体内合成的三肽,它的活性基团是半胱氨酸残基上的巯基。GSH 有还原型和氧化型,两种形式可以互变。

GSH 在维持细胞内巯基酶的活性和使某些物质处于还原状态(如使高铁血红蛋白还原成血红蛋白)时本身被氧化成 GS-SG,后者可由细胞内存在的谷胱甘肽还原酶将其还原成 GSH,NADPH 为其辅酶。此外,红细胞中的 GSH 还和维持红细胞膜结构的完整性有关,若 GSH 显著降低,则红细胞易破裂。在细胞内,GSH 与 GS-SG 的比例一般维持在 100:1 左右。

(4)半胱氨酸在体内进行分解代谢可以直接脱去巯基和氨基,产生丙酮酸、氨和硫化氢,硫化氢被迅速氧化成硫酸根。体内生成的硫酸根,一部分以无机硫酸盐形式随尿排出,另一小部分则可经活化转变成"活性硫酸根",即 3'-磷酸腺苷-5'-磷酰硫酸(3'-phosphoadenosine-5'-phosphosulfate,PAPS),这一过程需要 ATP 的参与。

PAPS 性质活泼,可以提供硫酸根与某些物质合成硫酸酯,例如,类固醇激素可形成硫酸酯形式而被灭活。PAPS 还可参与硫酸软骨素的合成。

(三)支链氨基酸的代谢

支链氨基酸包括缬氨酸、亮氨酸和异亮氨酸,它们都是必需氨基酸,主要在肌肉、脂肪、肾、脑等组织中降解。因为在这些肝外组织中有一种作用于此支链氨基酸的转氨酶,而肝中却缺乏。在摄入富含蛋白质的食物后,肌肉组织大量摄取氨基酸,最明显的就是摄取支链氨基酸。支链氨基酸在氮的代谢中起着特殊的作用,如在禁食状态下,它们可给大脑提供能源。支链氨基酸降解的第一步是转氨基,α-酮戊二酸是氨基的受体。缬氨酸、亮氨酸、异亮氨酸转氨后生成相应的 α-酮酸,此后,在支链 α-酮酸脱氢酶系的催化下氧化脱羧生成各自相应的酰基 CoA 的衍生物,反应类似于丙酮酸和 α-酮戊二酸的氧化脱羧。

肌肉组织中的 α-酮戊二酸在接受支链氨基酸的氨基后转变成谷氨酸,然后谷氨酸可与肌肉中的丙酮酸经转氨作用又生成 α-酮戊二酸和丙氨酸,丙氨酸经血液运送至肝中参与尿素合成和糖异生作用,即参加葡萄糖-丙氨酸循环。

(四)芳香族氨基酸的代谢

芳香族氨基酸包括苯丙氨酸、酪氨酸和色氨酸。

1. 苯丙氨酸的代谢　苯丙氨酸和酪氨酸的结构相似。苯丙氨酸在体内经苯丙氨酸羟化酶(phenylalanine hydroxylase，PAH)催化生成酪氨酸，然后再生成一系列代谢产物。

苯丙氨酸羟化酶存在于肝中，是一种混合功能氧化酶，该酶催化苯丙氨酸氧化生成酪氨酸，反应不可逆，亦即酪氨酸不能还原生成苯丙氨酸，因此，苯丙氨酸是必需氨基酸，而酪氨酸是非必需氨基酸。

若苯丙氨酸羟化酶先天性缺失，则苯丙氨酸羟化生成酪氨酸这一主要代谢途径受阻，于是大量的苯丙氨酸走次要代谢途径，即转氨生成苯丙酮酸，导致血中苯丙酮酸含量增高，并从尿中大量排出，这就是苯丙酮酸尿症(phenylketonuria，PKU)，苯丙酮酸的堆积对中枢神经系统有毒性，使患儿智力发育受阻碍，这是氨基酸代谢中最常见的一种遗传疾病，其发病率为每10万人8～10人，患儿应及早用低苯丙氨酸膳食治疗。现在PKU已可在产前进行基因诊断。

2. 酪氨酸的代谢　酪氨酸的进一步代谢涉及某些神经递质、激素及黑色素的合成。如酪氨酸是合成儿茶酚胺类激素(去甲肾上腺素和肾上腺素)及甲状腺素的原料。

酪氨酸在体内可以合成黑色素，若合成过程中的酶系先天性缺失，则不能合成黑色素，致使皮肤、毛发等发白，称为白化病(albinism)，其发病率约为每10万人3人。

酪氨酸还可转氨生成对羟基苯丙酮酸，再转变成尿黑酸，最后氧化分解生成乙酰乙酸和延胡索酸，所以酪氨酸和苯丙氨酸都是生糖兼生酮氨基酸。若有关尿黑酸氧化的酶系先天性缺失，则尿黑酸堆积，排出的尿迅速变黑，为尿黑酸症(alkaptonuria)，此遗传疾病较罕见，发病率约为每10万人0.4人。

3. 色氨酸的代谢　色氨酸的降解途径是所有氨基酸中最复杂的。此外，它的某些降解中间产物又是合成一些重要生理物质的前身，如尼克酸(这是合成维生素的特例)、5-羟色胺等。

上述芳香族氨基酸降解的两种主要酶——苯丙氨酸羟化酶和色氨酸吡咯酶，都主要存在于肝中，所以当患有肝严重疾病时，芳香族氨基酸的分解代谢受阻，使之在血液中的含量升高，此时应严格限制食物或补液中的芳香族氨基酸含量且多补充支链氨基酸。

血液中支链氨基酸与芳香族氨基酸浓度之比的正常值应为3.0～3.5，肝严重疾病如肝昏迷时常可降至1.5～2.0，临床上此比值可作为衡量肝功能是否衰竭的一个重要指标。

第三节　氨基酸的合成代谢

氨基酸的生产方法

各种氨基酸的生物合成途径各异，但氨基酸碳架的形成却具有共性，主要来源于以下几条代谢的中间产物，如柠檬酸循环、糖酵解途径、磷酸戊糖途径等。根据它们合成途径的相似性，将氨基酸的生物合成归为六大族，分别是：

(1)谷氨酸族，包括Glu、Gln、Pro、Arg。
(2)天冬氨酸族，包括Asp、Asn、Met、Thr、Lys。
(3)丝氨酸族，包括Ser、Cys、Cys-Cys。
(4)丙酮酸族：包括Ala、Val、Leu。
(5)芳香族：包括Phe、Tyr、Trp。
(6)组氨酸族：包括His。

20种蛋白氨基酸的合成概况如图9-8所示。

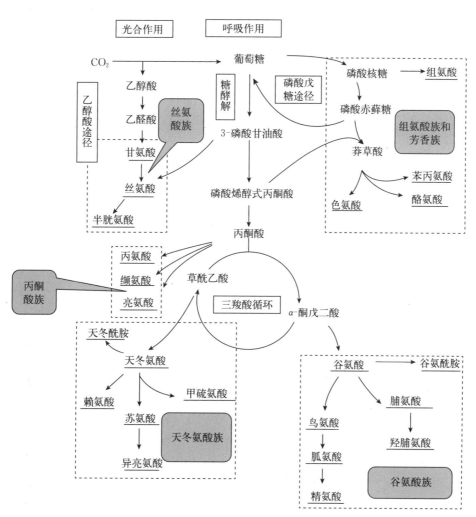

图 9-8 20 种氨基酸的生物合成概况

非天然氨基酸细胞工厂的构建

第四节 核苷酸的代谢

一、核酸的降解

在生物体内,核酸经过一系列酶的作用,最终降解成 CO_2、水、氨、磷酸等小分子的过程称为核酸的降解代谢。所有生物的细胞都含有与核酸代谢有关的酶类,它们可以分解细胞内的各种核酸,促进核酸的分解更新。核酸分解代谢的中间产物在某些情况下可被再度利用。例如,在戊糖代谢过程中,含氮碱或核苷可用来"补救"合成核苷酸等。核酸的分解可简单表示为图 9-9 所示。

核酸是由许多核苷酸以 3′,5′-磷酸二酯键连接而成的大分子。核酸降解的第一步是由多种降解核酸的酶协同作用,水解连接核苷酸之间的磷酸二酯键,形成分子质量较小的寡核苷酸和单核苷酸。生物体内降解核酸的酶很多,其作用、专一性各不相同。作用于核酸磷酸二酯键的酶称为核酸酶(nuclease)。水解核糖核酸的酶称为核糖核酸酶(RNase),而水解脱氧核糖核酸的酶称为脱氧核糖核酸酶(DNase)。

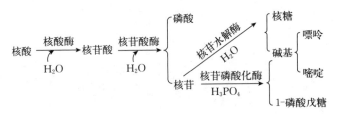

图 9-9 核酸的分解

(一)核酸外切酶

核酸外切酶(endonuclease)作用于核酸链的末端,将核苷酸逐个地水解下来。只作用于 DNA 的核酸外切酶称为脱氧核糖核酸外切酶;只作用于 RNA 的称为核糖核酸外切酶;有些核酸外切酶既可作用于 RNA,又可作用于 DNA,如蛇毒磷酸二酯酶(VPDase)是从多核苷酸链的游离 3′羟基端开始,逐个水解下 5′-核苷酸;而牛脾磷酸二酯酶(SPDase)则相反,是从游离的 5′羟基端开始,逐个水解下 3′-核苷酸。

(二)核酸内切酶

能催化核酸分子内部磷酸二酯键水解的酶称为核酸内切酶(exonuclease)。核酸内切酶的专一性也不同,有的只作用于 DNA,有的只作用于 RNA,有的可同时作用于 DNA 和 RNA。有的核酸内切酶只对碱基是专一的,如牛胰核酸酶只水解嘧啶核苷酸的磷酸二酯键(图 9-10a 处),生成嘧啶核苷-3′-磷酸或末端为嘧啶核苷-3′-磷酸的寡核苷酸(图 9-10)。有些核酸内切酶要求专一的碱基顺序,如限制性内切酶。

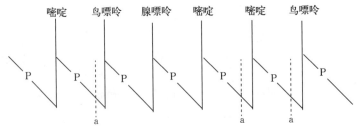

图 9-10 牛胰核酸酶的水解位置

二、核苷酸的降解

(一)核苷酸的降解

在生物体内,核苷酸在核苷酸酶(nucleotidase)的催化下,水解生成核苷和磷酸。

$$核苷酸 + H_2O \xrightarrow{核苷酸酶} 核苷 + 磷酸$$

核苷经核苷酶(nucleosidase)作用分解为含氮碱和戊糖。分解核苷的酶有两类:一类是核苷水解酶(nucleoside hydrolase),另一类是核苷磷酸化酶(nucleoside phosphorylase)。前者使核苷生成含氮碱和戊糖;后者使核苷生成含氮碱和戊糖的磷酸酯。

$$核苷 + H_2O \xrightarrow{核苷水解酶} 嘌呤或嘧啶碱 + 戊糖$$
$$核苷 + H_3PO_4 \xrightarrow{核苷磷酸化酶} 嘌呤或嘧啶碱 + 戊糖-1-磷酸$$

核苷酶主要存在于植物和微生物体内,只作用于核糖核苷,对脱氧核糖核苷无作用,反应是不可逆的。

核苷磷酸化酶存在比较广泛，其所催化的反应是可逆的。不同来源的酶对底物要求不一，有的能作用于核苷和脱氧核苷，有的则对戊糖要求严格。这类酶还有嘌呤核苷磷酸解酶与嘧啶核苷磷酸解酶之分。

核苷的降解产物嘌呤碱和嘧啶碱还可进一步分解。

(二)嘌呤碱的降解

在生物体内嘌呤碱可进一步分解。嘌呤碱的降解代谢过程如图 9-11 所示。

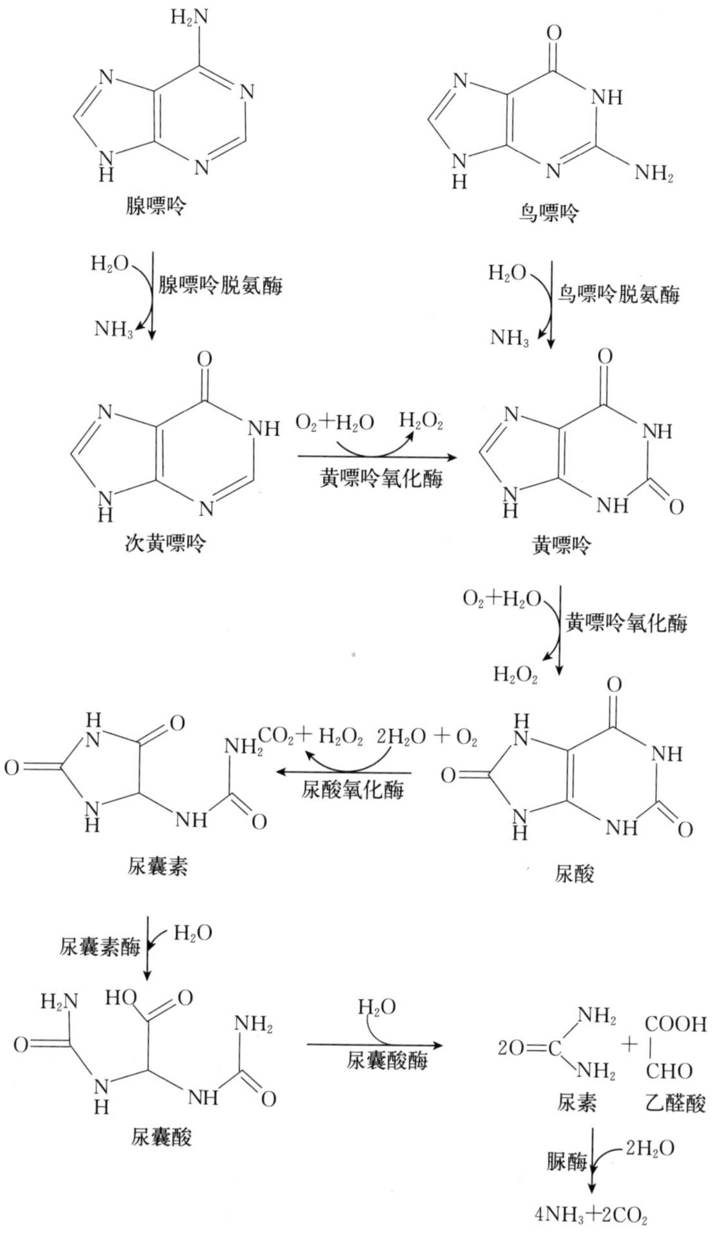

图 9-11 嘌呤碱的降解代谢过程

不同生物嘌呤碱分解的最终产物不同。人类和其他灵长类动物的嘌呤代谢一般止于尿酸，灵长类以外的哺乳动物可生成尿囊素，大多数鱼类则生成尿素，一些海洋无脊椎动物可生成氨；微生物能将嘌呤分解成氨、CO_2 及一些有机酸，如甲酸、乙酸、乳酸等；植物的嘌呤代谢与动物相似。植物组织中存在着与嘌呤代谢有关的酶及其代谢产物，如尿囊素和尿囊酸等。嘌呤的分解主要是在衰老的叶子及贮藏性的胚乳组织内。在胚和幼苗中不发生嘌呤的分解。当叶子进入衰老期，核酸就发生分解，生成的嘌呤碱也进一步分解成尿囊酸，从叶子中运出并贮藏起来，供翌年生长之用。植物与动物不同，植物有保存并再度利用同化氮的能力。

(三)嘧啶碱的降解

嘧啶碱的降解也是先脱氨基。由尿嘧啶分解生成的 β-丙氨酸可用于合成 CoA，也可经转氨反应生成甲酰乙酸，再转化成乙酸进入三羧酸循环或转化为脂肪酸。嘧啶碱的降解代谢过程如图 9-12 所示。

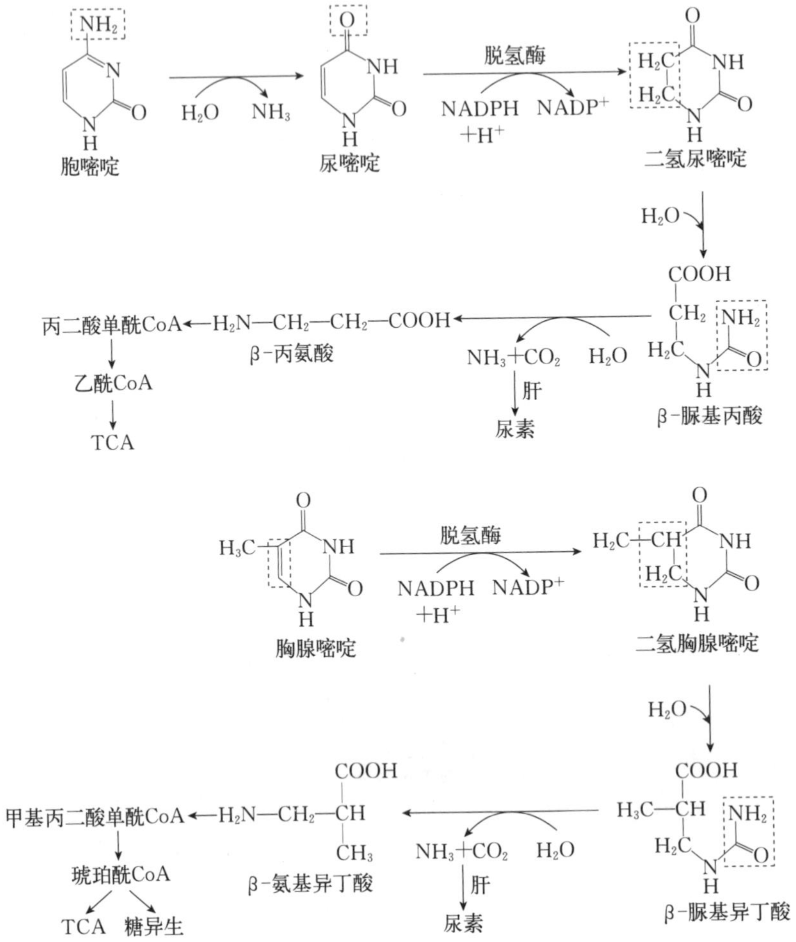

图 9-12 嘧啶碱的降解代谢过程

第五节 核苷酸的生物合成

核苷酸是合成核酸的组分。核酸存在于每一个细胞中，是遗传信息的携带者和传递者。关于核酸的生物合成将在第十章讨论，本节扼要介绍核苷酸的合成和分解。

一、嘌呤核苷酸的合成

生物体可以利用 CO_2、甲酸盐、甘氨酸、天冬氨酸、谷氨酰胺以合成嘌呤。用同位素标记示踪证明，嘌呤的 9 个原子来源如图 9-13 所示。

关于嘌呤的合成过程，目前已比较清楚。整个合成过程如图9-14所示。在此不详细叙述这个过程的每一个反应步骤，只概括地指出其中的一些要点：

① 嘌呤核苷酸的合成并不是先形成游离的嘌呤，然后生成核苷酸，而是直接形成次黄嘌呤核苷酸（inosinic acid，IMP，也叫肌苷酸），然后才转变为其他嘌呤核苷酸。

② IMP的合成是从5-磷酸核糖开始的。由5-磷酸核糖与ATP反应，生成5-磷酸核糖-1-焦磷酸（5-phosphoribosyl-1-pyrophosphate, PRPP）（图9-14中反应①）。

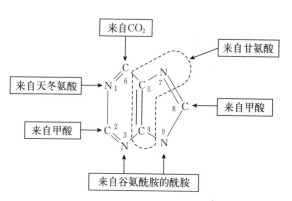

图9-13 嘌呤环组分的来源

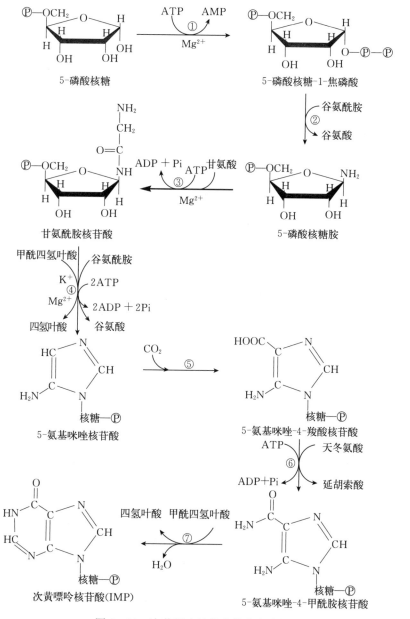

图9-14 次黄嘌呤核苷酸的合成途径

③ 嘌呤的各个原子是在PRPP的C_1位置上逐渐加上去的。先由谷氨酰胺提供N元素，生成5-磷酸核糖胺(图9-10中反应②)。

注意：在此反应中，核糖的C_1发生构型变化，由PRPP的α构型变为5-磷酸核糖胺的β构型。

④ 然后，由甘氨酸和甲酰四氢叶酸先后提供C和N原子，并闭合成咪唑环(图9-14中反应③、④)。

⑤ 再后，由CO_2、天冬氨酸、甲酰四氢叶酸先后提供其他原子，最后形成次黄嘌呤核苷酸(图9-14中反应⑤、⑥、⑦)。

上述一系列反应的总反应式如下：

$$2NH_3 + 2\text{甲酸} + CO_2 + \text{甘氨酸} + \text{天冬氨酸} + 5\text{-磷酸核糖} \longrightarrow IMP + \text{延胡索酸} + 9H_2O$$

嘌呤核苷酸的生物合成过程是在多种酶的催化下进行的，这个过程的阐明有重要意义。在癌细胞内，核酸的合成比正常细胞进行得强烈，如果能抑制核苷酸的合成，即可抑制癌细胞的生长。例如，氨基蝶呤(aminopterin)与四氢叶酸结构相似，对图9-14中反应④和⑦起竞争性抑制作用，因而有治疗癌病(如白血病)的效用。

由IMP可进一步转变为腺苷酸(AMP)和鸟苷酸(GMP)，如图9-15所示。

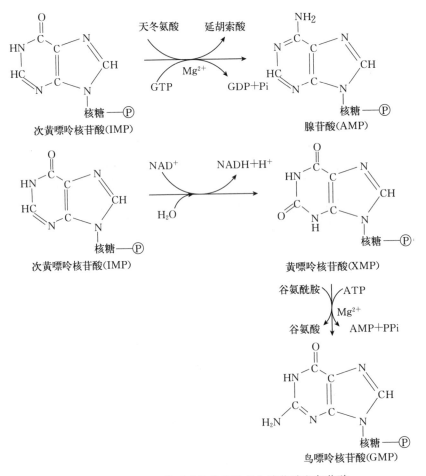

图9-15 由次黄嘌呤核苷酸转变为腺苷酸和鸟苷酸

二、嘧啶核苷酸的合成

同位素示踪证明，嘧啶环的各个原子是从CO_2、NH_3、天冬氨酸来的(图9-16)。

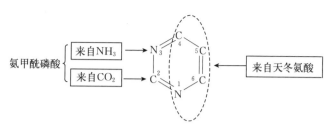

图 9-16 嘧啶环组分的来源

嘧啶核苷酸的合成途径见图 9-17。这个过程的要点是：

① 嘧啶核苷酸的合成过程与嘌呤核苷酸的合成过程不同，它是先形成嘧啶环，然后与磷酸核糖结合，生成尿苷酸（UMP）。

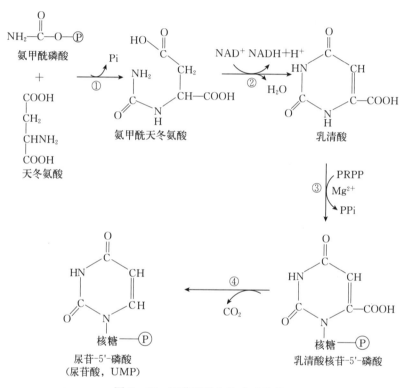

图 9-17 尿苷酸的生物合成途径

② 由氨甲酰磷酸与天冬氨酸反应，再脱氢，便生成乳清酸（orotic acid）（图 9-17 中反应①、②）。

③ 乳清酸与 5-磷酸核糖-1-焦磷酸（PRPP）结合，经脱羧后便生成尿苷酸（图 9-17 中反应③、④）。

由尿苷酸可转变为胞苷酸，这是在尿苷三磷酸（UTP）的水平上进行的。尿苷酸先磷酸化为尿苷三磷酸（UTP）：

$$UMP \xrightarrow{ATP \quad ADP} UDP \xrightarrow{ATP \quad ADP} UTP$$

$$UTP + NH_3 + ATP \xrightarrow{Mg^{2+}} CTP$$

在细菌体内可由氨直接与 UTP 反应生成 CTP；但在动物体内，则用谷氨酰胺代替氨，因为动物体内的尿素循环将氨转变为尿素而排出体外。

三、脱氧核糖核苷酸的合成

脱氧核糖核苷酸是由相应的核糖核苷酸还原生成的。还原是在核苷二磷酸的水平上进行的，即还原的底物为 ADP、GDP、CDP、UDP，它们是由相应的核苷-磷酸在激酶催化下生成的。反应式如下：

$$NMP + ATP \xrightarrow{\text{激酶}} NDP + ADP$$

上式中的 N 代表不同的核糖核苷。

脱氧核苷酸的形成过程如图 9-18 所示。

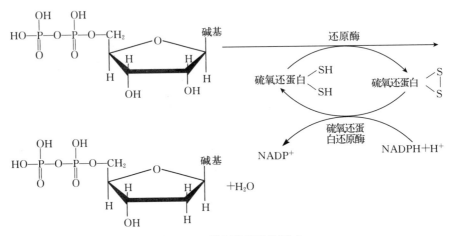

图 9-18 脱氧核苷酸的形成

核糖核苷二磷酸还原酶含二个亚基 B_1 和 B_2，相对分子质量为 245 000，催化在核糖的 2′位碳上的—OH 基被 H 原子取代，生成相应的脱氧核糖。

作为还原剂的是一种小分子蛋白硫氧还蛋白(thioredoxin)，相对分子质量为 12 000，含两个—SH 基，氧化后生成二硫桥。它又可在硫氧还蛋白还原酶(thioredoxin reductase)催化下被 NADPH 还原。此还原酶为一黄素蛋白，含 2FAD，相对分子质量为 68 000。

在动物内也发现类似的还原系统，但在其他生物内的还原系统略有不同。例如，在乳杆菌(*Lactobacillus* spp.)和裸藻(*Euglena*)内的还原系统用核苷三磷酸作为被还原底物，需要钴酰胺辅酶(维生素 B_{12})，二氢硫辛酸可作为还原剂。

在 DNA 分子中还有一种脱氧核苷酸，即胸腺嘧啶脱氧核苷酸(dTMP)，它是由尿嘧啶脱氧核苷酸(dUMP)经甲基化生成的。dUDP 先经水解生成 dUMP：

$$dUDP + H_2O \longrightarrow dUMP + Pi$$

由胞嘧啶脱氧核苷酸(dCMP)脱氨也可生成 dUMP：

$$dCMP + H_2O \longrightarrow dUMP + NH_3$$

然后，dUMP 在胸腺嘧啶核苷酸合酶催化下，以 N^5, N^{10}-亚甲基四氢叶酸为一碳供体，生成 dTMP：

各种核苷酸合成的相互关系如图9-19所示。

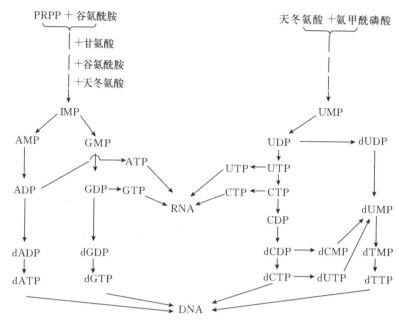

图9-19 核苷酸生物合成与核酸生物合成的关系

> 知识窗

"不食人间烟火的孩子"

苯丙酮尿症(PKU)是一种遗传性代谢疾病，得了这种病的孩子不能像普通孩子一样吃鸡蛋、喝牛奶或母乳，所以患儿又被称为"不食人间烟火的孩子"。PKU患者体内缺少一种酶，无法和正常人一样代谢蛋白质中的苯丙氨酸，苯丙氨酸及其酮酸在体内不断积累会造成大脑损伤及神经系统发育，严重影响智力发育。

PKU患者体内的苯丙氨酸羟化酶缺乏活性，导致必需氨基酸——苯丙氨酸不能顺利转化为酪氨酸(图9-20)。在普通人眼里营养丰富的食物，如米饭、牛奶、鸡蛋、鱼等，由于含有较高的苯丙氨酸，却是损害PKU孩子大脑的'毒药'。

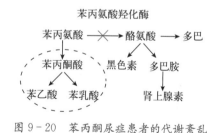

图9-20 苯丙酮尿症患者的代谢紊乱

自20世纪60年代起便已开始针对PKU实行新生儿筛查，继而在出生后即采取低苯丙氨酸饮食，因此在世界范围内大约50 000名PKU患儿拥有正常的认知功能。实验显示，中断低苯丙氨酸饮食者与那些持续饮食者相比，儿童期的行为表现、智力以及成年后的神经机能有显著差异。同时，PKU控制较差的妇女所生的婴儿存在先天畸形的风险。因而，对于PKU患儿来说，终生需要严格限制苯丙氨酸的摄入。

第一种可以固氮的真核生物

复习题

1. 为什么说 TCA 循环是糖、脂和氨基酸代谢的共同通路？
2. 哪些氨基酸可转变为丙酮酸？哪些氨基酸可转变为乙酰 CoA？
3. 简述鸟氨酸循环的主要过程及生理意义。
4. 简述生物体内产生的氨气都有哪些去向。
5. 简述蛋白质代谢与糖代谢之间的联系。
6. 简述蛋白质代谢的主要生理意义。
7. 核酸、核苷酸有哪些生物学功能？
8. 在消化道不同部位，核酸是怎样被消化的？它又是怎样被吸收的？
9. 解聚核酸的酶有哪几类？就底物、作用部位和产物列表对比这些酶。
10. 核苷酸、核苷分解代谢各有什么特点？不同生物代谢的终末产物有何不同？已知嘌呤能降解成脲，试问人服用高核酸含量食物能导致脲排泄量增长吗？
11. 痛风发病的生化机理是什么？
12. 简述嘌呤分解代谢的一般途径。它在生物进化上有何意义？
13. 简述嘧啶分解代谢的一般途径。其终末产物是什么？
14. 碱基组成为 $A_2C_4G_2U$ 的寡核苷酸与下列酶进行处理：

以胰 RNA 酶处理得：2 mol/L Cp，1 mol/L 含 A 和 U 的二核苷酸，1 mol/L 含 G 和 C 的二核苷酸和 1 mol/L 含 A、C 和 G 的三核苷酸。

以高峰淀粉酶处理得：1 mol/L 游离 C、Ap 和 pGp，1 mol/L 含 C、G 和 U 的三核苷酸和一个其他产物。

以蛇毒磷酸二酯酶处理原来的寡核苷酸段，在有限时间时产生一些 pC。

试推导出与这些数据相一致的寡核苷酸序列。

CHAPTER 10 第十章 核酸及蛋白质的生物合成

第一节 DNA 的生物合成

DNA 是生物体遗传的物质基础，DNA 通过复制使其遗传信息从亲代传递到子代，从而保证物种的稳定性。在后代的个体发育中，DNA 上的遗传信息通过转录为 RNA，再从 RNA 翻译为蛋白质行使功能，结构不同的蛋白质执行不同的生物功能，表现出与亲代相似的特征。1958 年，F. Crick 提出"中心法则"(central dogma)，中心法则认为遗传信息可以从核酸分子传向蛋白质，蛋白质中的信息却不能传向核酸(图 10-1)。

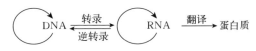

图 10-1 中心法则

生物体亲代 DNA 双链的每一条链按碱基配对方式，准确地形成一条互补链，生成两个与亲代链完全相同的子代 DNA 双链，称为复制(replication)。生物体按碱基配对的方式合成与 DNA 核苷酸顺序相对应的 RNA 的过程则称为转录(transcription)。生物体中主要的 RNA 分子都是通过转录过程合成的。其中，信使 RNA(mRNA)可以指导蛋白质的合成，即以 mRNA 为模板(template)，将 mRNA 的密码解读，使氨基酸按照 mRNA 所编码的次序依次掺入，形成蛋白质。此过程称为翻译或转译(translation)。

在某些情况下，RNA 也可以是遗传信息的基本携带者，例如，RNA 病毒能以自身核酸分子为模板进行复制，致癌 RNA 病毒还能通过逆转录(reverse transcription)的方式将遗传信息传递给 DNA。但遗传信息从 DNA 直接流向蛋白质尚未有实验证明。

一、DNA 的半保留复制

自 1953 年 J. D. Watson 和 F. Crick 提出 DNA 的双螺旋结构后，就考虑到 DNA 分子可以直接复制。复制时 DNA 的两条链分开，然后用碱基配对的方式按照单链 DNA 的核苷酸顺序合成新链，以组成新的 DNA 分子。这样，从亲代 DNA 的一个双螺旋便形成两个双螺旋，在每一个新形成的双螺旋 DNA 中，一条链来自亲代 DNA，另一链是新合成的。这种复制方式称为半保留复制(semi-conservative replication)(图 10-2)。

1958 年 Meselson 和 Stahl 第一次用实验直接证明了 DNA 的半保留复制。该方法是让大肠杆菌长期在以 $^{15}NH_4Cl$ 为唯一氮源的培养基内生长，使细菌内 DNA 分子上的 N 原子全部标记上 ^{15}N。然后将细菌转移到含 $^{14}NH_4Cl$ 为氮源的培养基中继续培养，在不同时间提取细菌中的 DNA，进行氯化铯密度梯度离心(CsCl density gradient centrifugation)。

由于 ^{15}N-DNA 密度大，^{14}N-DNA 和 ^{15}N-DNA 便分开成为两个区带，可用紫外光吸收照相进行观察。实验结果表明，经一代之后，DNA 只出现一条区带，位于 ^{15}N-DNA 和 ^{14}N-DNA 之间，这条区带的 DNA 是由 ^{14}N-DNA 和 ^{15}N-DNA 组成的。经二代之后，出现两条区带，一条为 ^{14}N-DNA，另一条为 ^{14}N-DNA 和 ^{15}N-DNA 的杂交分子。第三代以后，^{14}N-DNA 成比例地增加，整个变化与半保留复制预期的完全一样（图 10-3）。此后，又对细菌、动物、植物、细胞及病毒等进行实验，也证明了 DNA 复制的半保留方式。

半保留复制具有重要的生物学意义：①使亲代 DNA 所含的信息以极高的准确度传递给子代 DNA 分子；② DNA 通过复制和基因表达这两种主要功能，决定了生物的特性和类型并体现了遗传过程的相对保守性（遗传的保守性是物种稳定性的分子基础，但不是绝对的）。

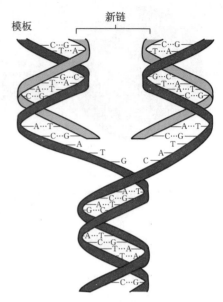

图 10-2 DNA 双螺旋的半保留复制模型

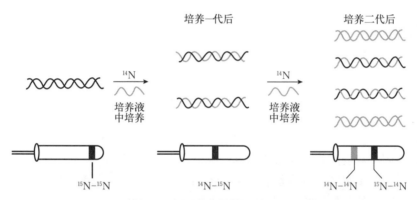

图 10-3 氯化铯密度梯度离心

（达到平衡时，^{15}N-DNA 区带的位置比 ^{14}N-DNA 区带的位置更接近离心管底部，^{14}N-^{15}N-DNA 的区带位置在两者之间）

二、DNA 复制的起点和方式

基因组能独立进行复制的单位称为复制子（replicon）。每个复制子都含有控制复制起始的起点（origin），可能还有终止复制的终点（terminus）。复制是在起始阶段进行控制的，一旦复制开始，它即继续下去，直到整个复制子完成复制。

原核生物的染色体和质粒，真核生物的细胞器 DNA 都是环状双链分子。实验表明，它们都在一个固定的起点开始复制，复制方向大多是双向的（bidirectional），即形成两个复制叉（replication fork）或生长点（growing point），分别向两侧进行复制；也有一些是单向的（unidirectional），只形成一个复制叉或生长点。通常复制是对称的，两条链同时进行复制；有些则是不对称的，一条链复制后再进行另一条链的复制。DNA 在复制叉处两条链解开，各自合成其互补链，在电子显微镜下可以看到形成如眼的结构，环状 DNA 的复制眼形成希腊字母"θ"形结构（图 10-4）。真核生物染色体 DNA 是线性双链分子，含有许多复制起点，因此是多复制子（multireplicon）。病毒 DNA 多种多样，或是环状分子，或是线性分子，或是双链，或是单链。每一个病毒基因组 DNA 分子是一个复制子，它们的复制方式也是多种多样的，有双向的，也有单向的；有对称的，也有不对称的。有些病毒线性 DNA 分子在侵入细胞后可以转变成环状分子，而有些线性 DNA 分子的复制点在末端。

用遗传学和生物化学的方法可以确定大肠杆菌染色体 DNA 的复制起点 ori C 在基因组图谱上的位置。在一个生长的群体中几乎所有的染色体都在复制过程中，因此离复制起点越近的基因出现的频率越高，越远的基因出现的频率越低。将大肠杆菌提取出来的 DNA 切成约 1‰ 染色体长度的片段，通过分子杂交的方法测定各基因片段的频率，结果表明，ori C 位于基因图谱的 *ilv* 位点处。

图 10-4 环状 DNA 的复制眼形成"θ"形结构

通过放射自显影的实验可以判断 DNA 复制是双向的还是单向的。在复制叉开始时，先用低放射性的 ^{3}H-脱氧胸苷标记大肠杆菌。经数分钟后，再转移到含有高放射性的 ^{3}H-脱氧胸苷培养基中继续进行标记。这样，在放射自显影图像上，复制起始区的放射性标记的密度比较低，感光还原的银粒密度就较低；继续合成区标记密度较高，银粒密度也就较高。若是单向复制，银粒的密度分布应是一端高，一端低。若是双向复制，则是中间密度低，两端密度高。由大肠杆菌所获得的放射自显影图像都是两端密，中间稀，这就清楚地证明了大肠杆菌染色体 DNA 是双向进行复制的。大肠杆菌和其他几种革兰氏阴性细菌以及酵母的 DNA 复制起始区已经被克隆并测定了它们的核苷酸序列。

利用放射自显影的方式测定，可知细菌 DNA 的复制叉移动速度大约每分钟 50 000 bp。大肠杆菌染色体完成复制需要 40 min。但是在丰富培养基中，大肠杆菌每 20 min 即可分裂 1 次。实验分析结果表明，复制叉的前进速度是比较恒定的，复制速度实际取决于起始频率。在丰富培养基中，大肠杆菌染色体一轮复制尚未完成，起点已开始第二轮的复制，因此一个染色体可以不只 2 个生长点。

真核生物染色体 DNA 的复制叉移动速度比原核生物慢得多，这是由于真核生物的染色体具有复杂的高级结构，复制时需要解开核小体（nucleosome），复制后需要重新形成核小体。它们的复制叉移动速度为 1 000～3 000 bp/min。高等真核生物一般复制单位长度是 100～200 kb；低等真核生物复制单位要小一些，每个复制单位在 30～60 min 内复制完毕。由于各复制子发动复制的时间不同，就整个细胞而言，通常完成染色体复制的时间为 6～8 h。

三、DNA 复制有关的酶和蛋白质

DNA 由脱氧核糖核苷酸聚合而成，其合成的总反应可用下式表示。

$$N_1 dATP + N_2 dTTP + N_3 dGTP + N_4 dCTP \xrightarrow[\text{Mg}^{2+}]{\text{DNA 聚合酶、DNA 模板、引物}} DNA + (N_1+N_2+N_3+N_4)PPi$$

上式表明，在有模板 DNA 和 Mg^{2+} 存在时，在 DNA 聚合酶的催化下，在 4 种脱氧核糖三磷酸核苷之间形成 $3',5'$-磷酸二酯键，生成多脱氧核糖核苷酸长链（DNA），同时释放焦磷酸。引物提供 $3'$-OH 末端，使 dNTP 依次聚合。现将 DNA 合成有关的酶和蛋白质因子进行介绍。

（一）引物酶

大肠杆菌的引物酶由 *dnaG* 基因编码，为一条肽链组成的单体酶，引物酶只有与多种蛋白质结合在一起形成一种称为引发体（primosome）的复合物后才有活性。引发体上比较重要的几种辅助蛋白为 DnaB、DnaC、DnaT、PriA、PriB 和 PriC 等。引发体像火车头一样在后随链上分叉的方向前行，并在模板上断断续续地合成后随链上的 RNA 引物。

（二）原核生物 DNA 聚合酶

1. DNA 聚合酶 I 1956 年 Kornberg 首先从大肠杆菌中分离和纯化了 DNA 聚合酶 I。纯化的

DNA聚合酶Ⅰ是一条单链多肽，由约1 000个氨基酸残基组成，相对分子质量为102 000，通常呈球形，直径约6.5 nm，每分子含有一个锌原子。DNA聚合酶Ⅰ是一种多功能酶，它的主要功能有以下3种：

(1)DNA聚合酶Ⅰ催化DNA链沿$5'→3'$方向延长，将脱氧核糖核苷酸逐个加到具有$3'$-OH末端的多核苷酸链(RNA引物或DNA)上，形成$3',5'$-磷酸二酯键。在37 ℃条件下，每分子DNA聚合酶Ⅰ每分钟约催化1 000个核苷酸聚合。

(2)DNA聚合酶Ⅰ具有$3'→5'$外切酶活性，能识别和切除错配的核苷酸末端，而对双链DNA则不起作用。在正常聚合条件下，$3'→5'$外切酶活性很低，一旦出现碱基错配，聚合反应立即停止，由$3'→5'$外切酶将错配的核苷酸切除，然后继续进行正常的聚合反应。

(3)DNA聚合酶Ⅰ具有$5'→3'$外切酶活性，它只作用于双链DNA，从$5'$末端切下单个核苷酸或一段寡核苷酸，因此能切除由紫外线照射而形成的胸腺嘧啶二聚体，在DNA损伤的修复中起作用。此外，它能切除RNA引物并填补其留下的空隙而在DNA合成中起作用。

2. DNA聚合酶Ⅱ 20世纪70年代初从大肠杆菌变异株中分离纯化出DNA聚合酶Ⅱ，其相对分子质量为88 000。它的性质和功能与聚合酶Ⅰ有相同之处：具有催化沿着$5'→3'$方向合成DNA和$3'→5'$外切酶活性，但无$5'→3'$外切酶活性。DNA聚合酶Ⅱ主要参与DNA的损伤修复。

3. DNA聚合酶Ⅲ DNA聚合酶Ⅲ也是20世纪70年代初从大肠杆菌中发现的，其相对分子质量为830 000。它和DNA聚合酶Ⅰ一样，催化DNA的聚合反应，也具有$3'→5'$外切酶的活性。大肠杆菌DNA聚合酶Ⅲ的活性很强，约为DNA聚合酶Ⅰ的15倍，DNA聚合酶Ⅱ的300倍(表10-1)。

表10-1 大肠杆菌中3种DNA聚合酶的性质比较

性　　质	DNA聚合酶Ⅰ	DNA聚合酶Ⅱ	DNA聚合酶Ⅲ
每个细胞的分子数(估计值)	400	100	10
$5'→3'$聚合作用	+	+	+
$3'→5'$核酸外切酶	+	+	+
$5'→3'$核酸外切酶	+	-	-
聚合速率(每秒钟聚合的核苷酸数目)	16～20	5～10	250～1 000

DNA聚合酶Ⅲ有核心酶和全酶两种形式(图10-5)。全酶由核心酶(core enzyme)、滑动钳(sliding clamp)和钳载复合物(clamp-loading complex)组成。现认为DNA聚合酶Ⅲ的全酶由α、β、γ、δ、δ'、ε、θ、τ、χ和ψ共10种亚基组成。已知其聚合酶活性位于α亚基，$3'→5'$外切酶活性位于ε亚基，θ亚基可能起组建的作用。由α、ε和θ三种亚基形成全酶的核心酶。DNA聚合酶Ⅲ为异二聚体，τ亚基起着促进核心酶二聚化的作用。滑动钳是由两个β亚基组成的环状结构。在DNA复制的时候，这种钳状结构能松散地夹住DNA模板，并自由地向前滑动，从而大大提高了DNA聚合酶Ⅲ的持续合成能力。钳载复合物由γ亚基和其他4种亚基构成(γδδ'χψ)，其中γ亚基具有依赖DNA的ATP酶活性，其主要功能是以ATP水解为动力，帮助β亚基夹住

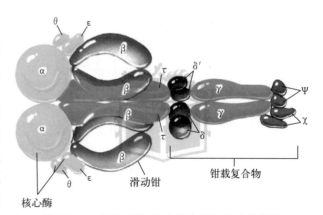

图10-5 大肠杆菌DNA聚合酶Ⅲ的结构模型

DNA以及其后从DNA上卸下。

4. DNA 聚合酶Ⅳ和Ⅴ　大肠杆菌DNA聚合酶Ⅳ和Ⅴ直到1999年才被发现，它们参与DNA的易错修复(error-prone repair)。当DNA受到严重损伤时，即可诱导产生这两种酶，它们在遇到DNA损伤部位时并不像其他的DNA聚合酶那样因为无法产生正确配对的碱基而停止聚合反应，只是这种跨越DNA损伤部位的合成缺乏准确性，因而出现高突变率。高突变率虽会使许多细胞出现变异或死亡，但至少可以使得某些突变的细胞存活下来。

(三) DNA连接酶

DNA连接酶(ligase)的作用是催化DNA双链中的一条单链缺口处游离的3′-OH末端和相邻的5′-磷酸基末端形成3′,5′-磷酸二酯键，把两条链连接起来。反应需要ATP或NAD$^+$供能。

大肠杆菌连接酶是一条相对分子质量为75 000的多肽链。每个细胞含有约300个DNA连接酶分子。DNA连接酶不仅在DNA复制、损伤修复中起重要作用，而且在DNA重组中也起同样的连接作用。

(四) 拓扑异构酶

拓扑异构酶(topoisomerase)兼有内切酶和连接酶的活力。拓扑异构酶有Ⅰ型和Ⅱ型两种类型，Ⅰ型拓扑异构酶只作用于DNA双链中的一条链，而Ⅱ型拓扑异构酶可作用于两条链，都可改变DNA的拓扑结构，放出超螺旋应力。因此，拓扑异构酶能迅速使DNA螺旋的紧张状态变为松弛状态，便于DNA解链。

(五) DNA解链酶

能使DNA双链中的氢键断开的酶称为解链酶(helicase)。它可利用ATP的能量解开DNA螺旋的双链。大肠杆菌已发现10多种有解链活性的蛋白质。解链酶沿模板链5′→3′方向随着复制叉向前移动；而大肠杆菌的rep蛋白则在另一条模板链上沿3′→5′方向移动。它们共同作用，将DNA双链解开。

(六) 单链结合蛋白

由DNA解链酶解开的DNA单链，立即被单链结合蛋白(single strand binding protein，SSB)所结合，防止解开的单链DNA重新形成双链，保护其免遭核酸酶降解。每个细胞约含800个单链结合蛋白，单链结合蛋白由4个相同的亚基组成。每个单链结合蛋白可覆盖32个核苷酸残基长的单链。在DNA复制过程中，新合成的DNA链从模板上置换下来的单链结合蛋白可重新结合到新的单链区。

四、DNA生物合成的过程

DNA的复制按照一定的程序进行，双螺旋的DNA边解链边合成新链。由于DNA双链的合成延伸均为5′→3′的方向，因此复制是以半不连续(semidiscontinuous)的方式进行，即其中一条链相对地连续合成，称为前导链(leading strand)，另一条链的合成则是不连续的，称为后随链(lagging strand)。DNA复制是一个复杂的过程，对大肠杆菌的复制过程研究得较为清楚，简述如下。

(一) DNA复制的起始

已知DNA复制是从一个固定的起始点开始，通常是从起始点向两个相反方向延伸复制，即双向复制。DNA复制的起始包括模板DNA的解链形成复制叉、引物RNA的合成过程。

1. DNA解链与复制叉形成　dnaA蛋白识别起始位点，在ATP供能及HU蛋白催化下结合于模板DNA起始部位；DNA解链酶rep蛋白与拓扑异构酶共同作用于此部位，使模板链局部解开，暴露出起始位点的碱基，同时单链结合蛋白(SSB)立即与解开的DNA链结合以防止它们重新结合成双链。此时在电子显微镜下观察犹如眼睛形状，故称为复制眼。随着解链的进行，则在它的两端，两股DNA链呈Y状，称为复制叉。一个复制眼形成两个复制叉。

2. 引物 RNA 的合成 已知的 DNA 聚合酶不能启动新链的合成,只能催化已有链的延长反应,合成时需要 RNA 作为引物。dnaA 识别和结合于起点 ori C 后,HU、dnaB、dnaC 和 dnaG 蛋白加入形成复制引发体。其中,dnaB 发挥解链功能,引物酶(dnaG)催化以 DNA 为模板合成一小段 RNA。在引物的 5′端含有 3 个磷酸,3′端为游离的羟基。

(二)DNA 链的合成与延长

1. 前导链的合成与延长 所有已知的 DNA 聚合酶都只能催化 DNA 链沿 5′→3′方向合成,而不能催化 3′→5′方向的合成。因此合成引物之后,DNA 聚合酶Ⅲ可按照 3′→5′模板链上的碱基顺序,按碱基配对原则,在引物 3′- OH 末端按 5′→3′方向催化 dNTP 发生聚合反应,连续地合成一条 5′→3′方向的 DNA 新链,此连续链称为前导链。

2. 后随链的合成与延长 以 5′→3′模板链合成新链时,由于 DNA 聚合酶不能催化 3′→5′新链的合成,那么这条链如何形成呢?1986 年日本人冈崎(Okazaki)发现,这条链是不连续合成的,称为后随链。它是以 DNA 5′→3′链为模板,RNA 引物酶沿着与复制叉前进的反方向,催化合成 RNA 引物,提供 3′- OH 末端,而后 DNA 聚合酶Ⅲ在其后沿 5′→3′方向分别合成 1 000~2 000 个核苷酸的 DNA 片段,称为冈崎片段(Okazaki fragment)。此后,DNA 聚合酶Ⅰ行使 5′→3′外切酶的功能切去引物,再催化冈崎片段延长,以填补切去引物之缺口。最后由 DNA 连接酶将各延长后的冈崎片段连接成完整的新链。

大肠杆菌 DNA 在一个复制叉内的合成过程见图 10 - 6。由图 10 - 6 可见,新合成的 DNA 中一条是连续合成(前导链),另一条是不连续合成(后随链),因此 DNA 分子的复制是半不连续复制。

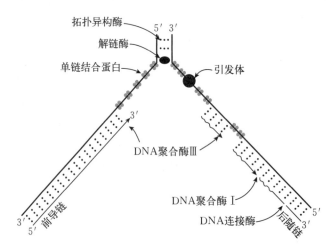

图 10 - 6 大肠杆菌染色体 DNA 半不连续复制示意

(三)DNA 链的终止

两个复制叉在大肠杆菌的环状染色体上进行双向复制,最后相遇于终止区,该区域含多个终止位点(terminator,Ter),分别与多个被称为 Tus 的蛋白质结合,形成 Ter - Tus 结构后,阻止复制叉通过,当两个复制叉都到达终止区域后复制终止,其间还有 50~100 bp 的 DNA 未复制。最后,亲代链解链,DNA 聚合酶填补空隙,DNA 连接酶连接断点,形成两个连在一起的环状双链 DNA 分子后,由拓扑异构酶解连锁,形成两个独立的分子。两条新链与各自的 DNA 模板链组成两个双股螺旋分子。每个分子含有一条新链和一条亲代 DNA 链,这就是 DNA 的半保留半不连续复制。

五、真核生物 DNA 的复制

(一)复制一般特点

真核生物 DNA 分子比原核生物 DNA 分子大得多,生物体内能独立进行复制的单位称为复制子

(replicon)。细菌 DNA 由 1 个复制子组成,而真核生物 DNA 则由 1 000 个以上的复制子组成,能同时进行多点复制。真核生物的复制叉移动速度比原核生物慢。真核生物冈崎片段长度为 100~200 nt,小于细菌的 1 000~2 000 nt。每个细胞周期中各复制子只发动 1 次 DNA 复制。复制的同时还要与组蛋白组装成新的核小体。

真核细胞中 DNA 复制系统包括 DNA 聚合酶 α、β、γ、δ、ε、拓扑异构酶、解螺旋酶、连接酶、单链结合蛋白和许多蛋白质因子等。复制方式也是半保留复制,有前导链、后随链、冈崎片段等,与原核生物类似。

(二)端粒复制

真核生物染色体 DNA 为线性分子,其末端具有被称为端粒(telomere)的特殊结构,是由特定的 DNA 重复序列及相关蛋白质组成的复合体,以此维持染色体完整性。

按照 DNA 复制机制,当线状 DNA 复制中后随链 5′端的 RNA 引物被切除后,留下的单链区域不能被 DNA 聚合酶复制,使新合成的新链缩短,复制多次后,会引起遗传信息丢失。但多数生物可通过一种称为端粒酶(telomerase)的蛋白质专司端粒的复制,它可恢复 DNA 末端的长度。端粒由富含 G 的序列串联重复组成。例如,四膜虫(*Tetrahymena*)的端粒的重复序列是 GGGTTG。端粒酶是由 1 个 RNA 和多种蛋白质构成的核糖核蛋白体,其蛋白质部分具有反转录酶活性,RNA 成分可与端粒 DNA 配对,并以 RNA 为模板进行反转录延长端粒的 DNA。完成 1 次反应后,端粒酶从 DNA 解离下来,再与新合成的端粒 DNA 末端重新结合,重复延伸达数百次。最后以延长的 DNA 为模板,合成富含 C 的另一链,完成端粒的合成(图 10-7)。端粒酶在生殖细胞和受精卵中活性较高。

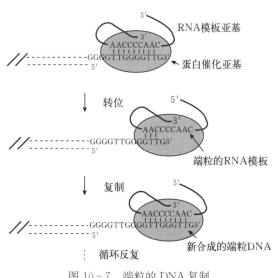

图 10-7 端粒的 DNA 复制

六、DNA 复制的忠实性

大肠杆菌 DNA 复制 $10^9 \sim 10^{10}$ 个碱基对仅出现 1 个误差,真核细胞精确度更高。DNA 复制的总差错率为 $10^{-12} \sim 10^{-8}$。这样高的准确性除了新生链与模板链碱基配对的严格性之外,还有其他的校正机制。

对大肠杆菌 DNA 聚合酶性质的深入研究发现,该酶对 DNA 复制的忠实性起着非常重要的作用。这是因为:①DNA 聚合酶与模板结合后引起构象变化,使得该酶选择正常的脱氧核苷酸为底物;②DNA 聚合酶可对酶-模板-dNMP 复合物进行校正,检查参入的碱基是否正确;③当发现插入一错配的核苷酸时,DNA 聚合酶通过其核酸 3′→5′外切酶活性,将 3′末端的错配核苷酸除去,然后再按 5′→3′方向和正常复制的过程在新生 DNA 链的 3′端加上正确的核苷酸。DNA 聚合酶的校正功能十分有效,其准确率达到每聚合 10^4 个核苷酸单位,最多出现一个错配核苷酸。

复制开始时,形成的核苷酸链越短出现错配的频率越高,因而开始形成一小段 RNA 引物,合成较长链的 DNA 后,切除 RNA 引物再补上 DNA 可保证准确率。此外,细胞内的修复系统也能修复错误碱基序列,保证序列的正确性。

七、DNA 的突变及修复

(一)DNA 突变

一个有机体的发展潜力，取决于它的基因，基因必须稳定。但有机体在进化时，DNA 又须发生改变，甚至产生突变(mutation)。所谓突变，是指 DNA 的碱基序列发生突然而稳定的变化。DNA 的碱基序列发生了变化，转录出的 RNA 以及翻译出的蛋白质跟着变化，形成表面异常的遗传特征。

1. DNA 突变的形式　DNA 的突变有以下 3 种形式。

(1)一个或几个碱基对被置换(replacement)，置换包括转换和颠换。转换(transition)是使一个嘌呤碱基变成另外一个嘌呤碱基，或一个嘧啶碱基变成另外一个嘧啶碱基。颠换(transversion)是从嘌呤变成嘧啶，或从嘧啶变成嘌呤。

(2)插入(insertion)一个或几个碱基对。

(3)缺失一个或多个碱基对。

碱基对的转换和插入是可逆的，而碱基对缺失则是不可逆的，碱基对的转换是常见的突变形式。突变可以是自发的，也可以是由物理因素或化学因素诱变，但自发突变的概率很低。在 DNA 的合成过程中，大约每 10^9 个碱基对发生 1 次突变。

2. DNA 突变的成因　除了 DNA 碱基的自发突变以外，一些物理因素和化学因素(如紫外线、电离辐射、化学诱变剂等)都能使 DNA 受到损伤。例如，紫外线照射可使 DNA 分子中同一条链上邻近的核苷酸碱基之间形成共价键，连接成一个环丁烷生成二聚体，最常见的是由两个胸腺嘧啶碱基形成的二聚体(TT)。不过，生物在演化过程中形成了一套修复机制，能够修复一定程度的损伤。

(二)DNA 的修复

细胞内具有一系列起修复作用的酶系统，可以恢复 DNA 的正常双螺旋结构。常见的修复作用有光复活(photoreactivation)、切除修复(excision repair)、重组修复(recombination repair)和 SOS 修复。

1. 光复活　细菌在受紫外线照射损伤后，如果用强的可见光(最有效波长为 400 nm)照射，则大部分受伤的细胞可以恢复，这个过程称为光复活。这是由于光激活了光裂合酶(photolyase)，它能分解嘧啶二聚体(TT)而恢复原来状态。光复活是一种高度专一的直接修复形式，它只作用于紫外线引起的 DNA 损伤所形成的碱基二聚体。研究表明，光裂合酶在生物界分布很广，从单细胞生物到鸟类都有，但尚未在高等哺乳动物中发现。

2. 切除修复　切除修复又称为暗修复，即在一系列酶的作用下，将被损伤的部位切除，然后重新合成一段 DNA 链以填补这个缺口。大肠杆菌切除修复过程由 DNA 聚合酶 I 和担当切除功能的多亚基酶(UvrA、UvrB、UvrC)完成，切除修复过程见图 10-8。真核生物的修复与大肠杆菌有相似之处，只是修复酶系统更复杂些，如人体细胞修复酶就有 8~10 种蛋白质。

上述切除修复是比较普遍的一种修复机制，它对多种损伤均能起修复作用。由于切除修复过程发生在 DNA 复制之前，因此又称为复制前修复。

3. 重组修复　在二聚体或其他结构损伤段修复前，DNA 仍可进行复制，但在两条模板链复制过程中，DNA 聚合酶跳过损伤段，继续向前，复制出有缺口的子链，这里以 a′ 表示；同时也复制出另一完整的子代 DNA(bb′)。此后从 b′ 链上转移一段互补序列，补上空缺(图 10-9)。由图 10-9 可见，子代 aa′DNA 分子中组合有另一子代 bb′ 分子中的一段序列，这种修复 DNA 双链的过程称为重组修复。大肠杆菌中参与重组修复的酶有 RecA、RecBDC、DNA 聚合酶和连接酶。由于是先复制后修复，因此也称为复制后修复。

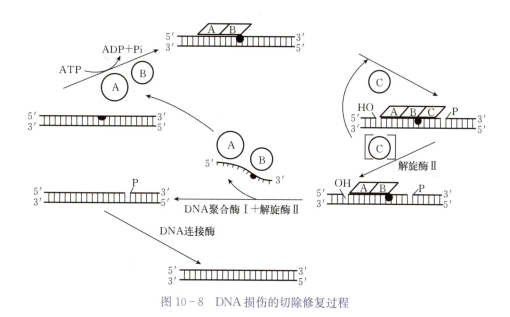

图 10-8 DNA 损伤的切除修复过程

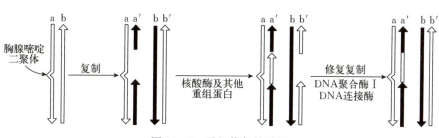

图 10-9 重组修复的过程

4. SOS 修复　上述光修复、切除修复及重组修复对 DNA 损伤的修复都不导致基因突变,这类修复统称避免差错修复(error free repair)。此外,还有一种倾向差错修复(error prone repair),即在 DNA 损伤后,DNA 复制过程中由于核苷酸的聚合发生了差错,虽然导致子代产生这样或那样的突变,但免于死亡。SOS 修复系统便属于这种类型。

SOS 修复是紧急恢复,利用国际上通用的紧急呼救信号"SOS"来表示。SOS 修复是一种旁路系统(bypass system)。它允许 DNA 链延伸时越过损伤片段,但复制是不忠实的,即使形成了完整的 DNA 链,这种链也是有缺陷的。它虽然失去了某些信息,却使细胞能够存活下来,但突变率大大提高了。

八、逆转录作用

以 RNA 为模板合成 DNA,这与通常转录过程中遗传信息从 DNA 到 RNA 的方向相反,故称为逆转录(reverse transcription)。催化逆转录反应的酶称为逆转录酶(reverse transcriptase),此酶广泛存在于致癌 RNA 病毒中,也存在于正常动物的胚胎细胞中。

(一)逆转录酶的催化特性

逆转录酶是一种多功能酶,它兼有 3 种酶的活力:①依赖 RNA 的 DNA 聚合酶活力,即以 RNA 为模板,合成 DNA,形成 RNA-DNA 杂交分子。②具有核糖核酸酶 H 的活力,专门水解 RNA-DNA 杂交分子中 RNA,起着 $3'\to 5'$ 外切酶和 $5'\to 3'$ 外切酶的作用。③依赖 DNA 指导的

DNA 聚合酶活力，即以新合成的 DNA 链为模板，合成互补的 DNA 链，形成 DNA 双螺旋。

(二)逆转录过程

所有已知的致癌 RNA 病毒都含有逆转录酶，因此被称为逆转录病毒(retrovirus)。其逆转录酶催化作用是以病毒 RNA 为模板，以 4 种脱氧三磷酸核苷酸(dNTP)为底物合成一条与模板 RNA 互补的 DNA 链(cDNA)。反应方式与其他 DNA 聚合酶相同，也是 $5'\to 3'$ 方向聚合，并需引物。

当致癌病毒 RNA 进入宿主细胞后，首先在逆转录酶催化下，以病毒 RNA 为模板合成一条 cDNA 链，从而形成 RNA-DNA 杂交分子。逆转录酶继而行使核酸酶 H 的活力，将杂交分子中的 RNA 水解掉；最后再以 cDNA 为模板合成 cDNA 的互补链，从而形成双链 DNA 分子(前病毒)。此双链 DNA 可进入宿主细胞核，并整合(integration)到宿主细胞的 DNA 分子(不表达)，随宿主细胞 DNA 一起传给子代细胞，在一定条件下，此插入的 DNA 经转录生成病毒的 RNA 而使病毒增殖。艾滋病病毒就是一种逆转录病毒。

第二节　RNA 的生物合成

在 DNA 的指导下 RNA 合成称为转录。RNA 的转录从 DNA 模板的一个特定位点开始，到另一个位点处终止，此转录区域称为转录单位。一个转录单位可以是一个基因，也可以是多个基因。DNA 的启动子(promotor)控制转录的起始，而终止子(terminator)控制转录的终止。转录是通过 DNA 指导下 RNA 聚合酶催化下进行的，现已分离纯化了该酶。RNA 合成的反应为

$$n_1\text{ATP}+n_2\text{GTP}+n_3\text{CTP}+n_4\text{UTP} \xrightarrow[\text{DNA 模板}]{\text{RNA 聚合酶、Mg}^{2+}} \text{RNA}+(n_1+n_2+n_3+n_4)\text{PPi}$$

一、原核生物中的基因转录

已从大肠杆菌中高度提纯了 DNA 指导下的 RNA 聚合酶，对它进行了比较深入的研究。大肠杆菌聚合酶全酶(holoenzyme)相对分子质量约为 46 万。2 个 α 亚基、1 个 β 亚基和 1 个 β′ 亚基组成核心酶(core enzyme)。核心酶有催化聚合反应的活性。σ 亚基有识别起始位点的功能，称为起始因子。在全酶中还存在一种分子质量较小的 ω 亚基和两个 Zn^{2+}，因此全酶可用 $(\alpha_2\beta\beta'\omega\sigma)$ 表示。各亚基的大小和功能列于表 10-2。

表 10-2　大肠杆菌 RNA 聚合酶各亚基的大小和功能

亚基	相对分子质量	基因	功能
β	150 616	rpoB	聚合酶活性、催化起始和延伸
β′	155 159	rpoC	结合 DNA 模板
σ	10 237	rpoD	识别启动子
α	36 511	rpoA	识别调节因子、结合启动子与聚合酶
ω	10 237	rpoZ	参与各亚基组装

由 RNA 聚合酶催化的转录过程分为 4 个步骤，见图 10-10。

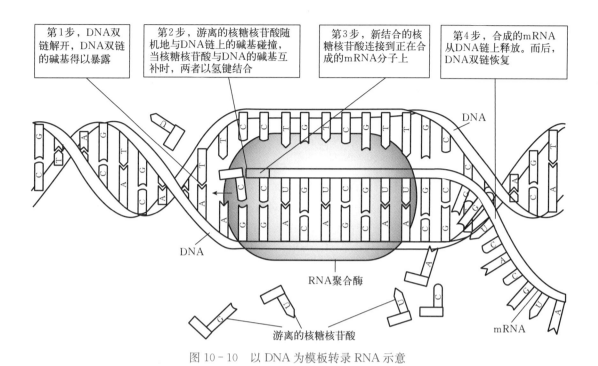

图 10-10　以 DNA 为模板转录 RNA 示意

(一) RNA 聚合酶与 DNA 模板的结合

RNA 合成时，DNA 双链中只有一条链作为模板进行 RNA 的合成，故称为不对称转录 (asymmetrical transcription)。转录的模板 DNA 链称为模板链或反义链 (antisense strand)，或负 (−) 链；另一条与模板互补的链称有义链 (sense strand) 或正 (+) 链，又称为编码链。通常用编码链 DNA 的碱基序列代表基因序列。合成开始时，RNA 聚合酶结合在模板链的启动子 (promotor) 部位。启动子是指 RNA 聚合酶识别、结合和开始转录的一段 DNA 序列，定位于转录起点上游一段序列，在 −10 区域，富含 AT，双链容易打开，常称为 TATA 框；−35 区域与转录起始辨认有关。在 σ 因子协作下，RNA 聚合酶对启动子的亲和力大大提高，能够迅速结合到启动子的特殊部位，并局部打开 DNA 双螺旋，然后开始转录。

(二) 转录的起始

在 σ 因子的协作下，全酶结合于启动子，覆盖从下游 +20 区域到上游 −55 区域，在 −10 区域开始解链，形成转录泡，由全酶中引入 RNA 的第一个核苷酸（一般是 ATP 或 GTP），启动 RNA 合成。

(三) 链的延长

链的延长由核心酶催化。形成第一个磷酸二酯键后，σ 因子便脱离下来，核心酶沿着 DNA 模板链 3′→5′ 方向滑动，同时根据模板链的核苷酸顺序，将相应的核苷酸加到不断延长的 RNA 链的 3′-OH 末端并释放出焦磷酸 (PPi)，使 RNA 链从 5′→3′ 不断延长。在转录的区域，已被转录完的 DNA 链则重新形成双螺旋。大肠杆菌 RNA 聚合酶约以每秒 45 个核苷酸的速度合成 mRNA。RNA 聚合酶无校对功能，出现碱基配对错误程度高于 DNA 聚合酶。

(四) 转录的终止

当 RNA 聚合酶沿着 DNA 链移动到基因的末端时，在基因末端的特殊碱基序列便起着终止转录的作用，称为终止子。大肠杆菌存在两类终止子：一类终止子需要 ρ 因子帮助才能终止 RNA 的合成，ρ 因子以六聚体形式存在，亚基的相对分子质量为 46 000，具有 ATP 酶和解旋酶的功能，ρ 因子可结合于新合成的 RNA 上，利用水解 ATP 获得能量滑到 RNA 的 3′端，使 DNA-RNA 解链，引起转录产物从模板 DNA 上释放，RNA 聚合酶也随着脱落，转录终止。另一类终止子则不需要ρ因子协助终止。而是在新合成的RNA末端形成富含G-C对的发夹结构和一段连续为U的碱基序列紧随其后，从而终止聚合酶的作用，使新合成的RNA很容易从模板DNA上脱落下来，完成终止步骤。

二、真核生物中的基因转录

(一)真核生物RNA转录

真核生物的转录比原核生物复杂很多。它有3类RNA聚合酶(A、B、C)。RNA聚合酶A合成rRNA，RNA聚合酶B合成mRNA，RNA聚合酶C合成5S RNA和tRNA等小分子RNA。RNA聚合酶A、RNA聚合酶B和RNA聚合酶C(又分别称为RNA聚合酶Ⅰ、RNA聚合酶Ⅱ和RNA聚合酶Ⅲ)均为含12~15个亚基的寡聚酶，相对分子质量约为500 000。其中，RNA聚合酶A(或Ⅰ)位于细胞核的核仁，其转录产物是45S rRNA前体，经过剪接修饰后生成5.8S、18S和28S rRNA，对α-鹅膏蕈碱(α-amanitine)不敏感；RNA聚合酶B(或Ⅱ)存在于核质，主要合成mRNA的前体，还合成miRNA、snoRNA以及具有帽子结构的snRNA等，对α-鹅膏蕈碱高度敏感，即能够被低浓度α-鹅膏蕈碱(10^{-9}~10^{-8} mol/L)所抑制；RNA聚合酶C(或Ⅲ)也位于核质，催化细胞内各种较稳定的小RNA的合成，对α-鹅膏蕈碱中度敏感，即被高浓度α-鹅膏蕈碱(10^{-5}~10^{-4} mol/L)所抑制。α-鹅膏蕈碱是一种毒菇(鬼笔鹅膏 *Amanita phalloides*)产生的八肽化合物，它对细菌RNA聚合酶的作用很小。

真核生物的转录发生在细胞核内，翻译在细胞质中进行。转录合成的RNA必须转运到细胞质发挥作用。

真核生物的启动子与原核生物有很大差异。真核生物的3种RNA聚合酶分别具有自己的启动子。许多RNA聚合酶B的启动子在-25区域有一个TATA框的保守序列，但在其上游100~200 bp内，不同的启动子含有许多种类、数量和位置不同的保守序列，如CAAT框、GC框、OCT框等。

(二)真核生物的RNA转录后加工

RNA聚合酶合成的原初转录物(primary transcript)往往需经历一系列的变化，包括链的裂解、5′端与3′端的切除和特殊结构的形成、碱基的修饰和糖苷键的改变、拼接等过程，才能变为成熟的RNA分子，这个过程称为转录后加工(post-transcription processing)。

1. rRNA前体的加工　原核生物与真核生物的rRNA都是从较长的前体(precursor)生成的。在大肠杆菌中，首先转录出一个大的前体30S rRNA，经过RNase作用，先裂解为17S rRNA和25S rRNA两个片段以及一些小碎片5S rRNA及几个tRNA，而后17S rRNA和25S rRNA分别再加工成16S rRNA和23S rRNA。上述加工过程可归纳为

$$30S\ rRNA \begin{cases} 17S\ rRNA \rightarrow 16S\ rRNA \\ 25S\ rRNA \rightarrow 23S\ rRNA \\ 小碎片 \rightarrow 5S\ rRNA、tRNA \end{cases}$$

16S rRNA与核糖体蛋白质组成核糖体中的30S小亚基；23S rRNA和5S rRNA共同与核糖体蛋白质组成50S大亚基。大亚基和小亚基组成的核糖体是细胞合成蛋白质的场所。

在真核生物中，rRNA的转录后加工与原核生物类似，但更复杂。rRNA在核仁中合成后，先形成45S rRNA，甲基化后内切转变为28S rRNA、18S rRNA和5.8S rRNA。18S rRNA与蛋白质结合成核糖体的40S小亚基，28S rRNA、5.8S rRNA和其他途径产生的5S rRNA共同与蛋白质构成核糖体中的60S大亚基。

2. tRNA前体的加工　tRNA也从较长的前体产生，大肠杆菌中约有60种tRNA基因。各种tRNA的前体结构和加工方式不尽相同，但大致如下：①在RNA链5′端和3′端切去多余的核苷酸片段；②核苷的修饰，如碱基甲基化和尿嘧啶移位形成假嘧啶核苷等；③tRNA分子的3′端接上

CCA-OH 核苷酸序列。

3. 真核生物的 mRNA 的加工 原核生物的 mRNA 不需要加工，一经转录，即可翻译，甚至在转录未完成之前，即可以开始翻译。由于真核细胞的结构基因是不连续的。其中的表达序列称为外显子(exon)；位于各外显子之间的插入序列不表达，称为内含子(intron)。所以在细胞核转录得到的 mRNA 前体是包括内含子和外显子在内的转录产物，相对分子质量很大(为 $1\times10^7\sim2\times10^7$)，而且很不均一，故称为不均一核 RNA(heterogeneous nuclear RNA，hnRNA)，它比有功能的 mRNA 大得多，必须经过核内加工。

加工由核内小分子 RNA(snRNA)和多种蛋白质组成的核蛋白完成，它们与 hnRNA 组成剪接体。加工内容有：①进行剪接，由相应的酶剪去内含子部分，再将外显子连接起来；②在 5′末端接上一个帽子结构，如 $m^7G(5')ppp(5')NmpNp$；③在 3′端连入一段约 200 个腺苷酸的多聚腺苷酸[poly(A)]尾巴，增强 mRNA 的稳定性；④有些部位还要经过甲基化等修饰过程，才能变为成熟的 mRNA 分子。如鸡卵清蛋白的基因开始转录产物含有 7 700 个核苷酸，包含 8 个外显子和 7 个内含子，经加工后，成熟的 mRNA 除帽子和 poly(A)尾巴外，只有 1 872 个核苷酸残基。

第三节 蛋白质的生物合成

以 mRNA 上的氨基酸密码子指导合成蛋白质的过程称为翻译(translation)。翻译是在核糖体上进行的，mRNA 作为翻译的模板，核糖体沿着 mRNA 由 5′→3′移动，同时，氨基酸按相应的密码子逐个地加到生长肽链的末端羟基上，使新生的肽链从 N 端→C 端延伸。整个蛋白质的生物合成过程可分为 5 个阶段：氨基酸的活化、肽链合成的起始、肽链的延长、肽链合成的终止及释放、肽链合成后的折叠与加工。由于 mRNA 的核苷酸序列与蛋白质的氨基酸序列之间存在着对应关系，因此在讨论蛋白质的生物合成过程之前，首先讨论这种对应关系，即遗传密码的问题。

一、遗传密码

在细胞中，编码蛋白质的基因是通过它的 DNA 中脱氧核苷酸序列，或它的转录产物 mRNA 的核苷酸序列来决定蛋白质中的氨基酸序列。DNA(或 mRNA)中的核苷酸序列与蛋白质中氨基酸序列之间的对应关系称为遗传密码(genetic code)。

(一)遗传密码单位——密码子

既然遗传信息从 DNA 通过 mRNA 传递给蛋白质，那么 mRNA 分子中必定以确定的核苷酸序列来代表蛋白质中的各种氨基酸。在 mRNA 中只有 4 种碱基，显然每一种碱基决定一种氨基酸是不够的。如果 2 个碱基编码一种氨基酸，那么 mRNA(或 DNA)也只能决定 $16(4^2)$种不同的氨基酸。因此为了决定蛋白质中的 20 种氨基酸，必须由 3 个或 3 个以上的碱基来编码一种氨基酸。如果采用 3 个相邻碱基来编码一种氨基酸，那么就能编制出$64(4^3)$种不同的三联体，这样编码 20 种氨基酸便足够了。已经证明，3 个碱基编码一种氨基酸是正确的。这种核苷酸的三联体称为密码子(codon)。

(二)编码氨基酸的密码子的确定

遗传密码的破译是 20 世纪 60 年代最伟大的科学发现之一。Marshall Nirenberg 等人在破译遗传密码的研究工作中做出了重大贡献。由此，他们两人共同获得 1968 年的诺贝尔奖。破译密码的工作主要包括 3 个方面：一是体外翻译系统的建立；二是核酸的人工合成；三是核糖体的结合技术。破译遗传密码子的试验方法可参阅有关书籍。

至1966年，每种氨基酸的密码子已全部确定，64个密码子中用于编码氨基酸的有61个密码子。UAA、UGA和UAG 3个密码子被确定为终止密码子，而合成的多肽链总是从甲硫氨酸开始，故其密码子AUG被称为起始密码子。氨基酸的遗传密码字典见表10-3。

表10-3 遗传密码字典

第一位 (5'端)	第二位				第三位碱基 (3'端)
	U	C	A	G	
U	Phe	Ser	Tyr	Cys	U
	Phe	Ser	Tyr	Cys	C
	Leu	Ser	终止密码子	终止密码子	A
	Leu	Ser	终止密码子	Trp	G
C	Leu	Pro	His	Arg	U
	Leu	Pro	His	Arg	C
	Leu	Pro	Gln	Arg	A
	Leu	Pro	Gln	Arg	G
A	Ile	Thr	Asn	Ser	U
	Ile	Thr	Asn	Ser	C
	Ile	Thr	Lys	Arg	A
	Met	Thr	Lys	Arg	G
G	Val	Ala	Asp	Gly	U
	Val	Ala	Asp	Gly	C
	Val	Ala	Glu	Gly	A
	Val	Ala	Glu	Gly	G

注：密码子的阅读方向为5'→3'。

(三)遗传密码的基本特点

1. 通用性 原核和真核生物都使用同样的密码子编码氨基酸。到目前为止，只发现极个别的例外。例如，纤毛原生动物(ciliated protozoan)使用AGA和AGG作为终止密码子，而不是作为精氨酸的密码子；又如线粒体的遗传密码中，终止密码子是AGA和AGG；而通用密码中的终止密码子UGA和异亮氨酸密码AUA，在线粒体中则分别是色氨酸和甲硫氨酸的密码子。

2. 简并性(degeneracy) 即一种氨基酸可以被一个以上的密码子编码(表10-3)。例如，UUU和UUC编码苯丙氨酸，UCU、UCC、UCA、UCG、AGU和AGC都编码丝氨酸。编码同一种氨基酸的密码子称为同义密码子。事实上，当密码子的头两个碱基相同时，第三个碱基无论是C还是U，它都编码相同的氨基酸，因而密码子的第三个位置称为摆动位置(wobble position)。密码子的这种简并性可以解释各种生物的DNA中AT/GC比有可能相差很大，但它们相应的蛋白质的氨基酸的相对比例却没有相应大的变化。当然，并不是所有的密码子都是简并的，如甲硫氨酸和色氨酸只有一个密码子。

3. 摆动性 密码子与反密码子配对，有时会出现不遵从碱基配对规律的情况，称为遗传密码的摆动现象。这一现象常见于密码子的第三位碱基对反密码子的第一位碱基，二者虽不严格互补，但也能相互辨认。tRNA分子组成的特点是有较多稀有碱基，其中次黄嘌呤(inosine, I)常出现于反密码子第一位，也是最常见的摆动现象。

4. 不重叠性 在一个基因中，密码是不重叠的，即相邻的密码子互不重叠。

5. 译读连续性 密码是无标点符号的，即密码子之间没有任何信号隔开。因此要正确地译读密码，必须从起始密码子开始，一个密码子接一个密码子连续地往下读，直至终止密码子为止。如果在密码子中插入或删去一个碱基，就会使这一位点以后的读码发生错误，称为移码。

6. 终止密码子 在64个密码子中，有61个用于编码氨基酸，其余的3个密码子UAA、UAG

和 UGA 不编码任何已知的氨基酸,它们是多肽链合成的终止信号,称为终止密码子(或称为无义密码子)。

7. 起始密码子 AUG 不仅是甲硫氨酸的密码子,也是多肽链合成的起始信号,即起始密码子。

另外,新发现了两种蛋白质氨基酸及其密码子,即 UGA 编码的硒代半胱氨酸和 UAG 编码的吡咯赖氨酸。

二、蛋白质合成体系及其组成

细胞内的蛋白质合成需要 200 多种生物大分子来协同完成,其中包括 mRNA、tRNA、核糖体以及许多酶和辅助因子。大肠杆菌在合成蛋白质的各个阶段所需要的组分见表 10-4。下面对蛋白质合成体系的一些主要组分进行介绍。

表 10-4 大肠杆菌蛋白质生物合成体系的主要组分

合成阶段	所需组分
氨基酸的活化	L-氨基酸、tRNA、氨酰 tRNA 合成酶、ATP、Mg^{2+}
肽链合成的起始	30S 及 50S 核糖体亚基、具有起始密码子的 mRNA 和 fMet-tRNA$_i^{Met}$、起始因子(IF_1、IF_2 和 IF_3)、GTP、Mg^{2+}
肽链的延长	有功能的 70S 核糖体(起始复合物)GTP、Mg^{2+}、氨酰 tRNA、延长因子(EF-Tu、EF-Ts 和 EF-G)
肽链合成的终止与释放	70S 核糖体、终止因子(RF_1、RF_2 和 RF_3)、ATP
肽链合成后的折叠与加工	各种反应特定的酶和辅因子

(一)mRNA

mRNA 占细胞中总 RNA 的 2%~5%,它将 DNA 上的遗传信息携带到核糖体,在那里通过遗传密码翻译出蛋白质。在原核生物中,一条 mRNA 分子可编码不同数目的多肽链。有的 mRNA 只编码一条多肽链,这种 mRNA 称为单顺反子 mRNA(monocistronic mRNA);大多数 mRNA 能够编码几条不同的多肽链,它们称为多顺反子 mRNA(polycistronic mRNA)。在多顺反子 mRNA 中,具有多个翻译的起始和终止信号,核糖体能独立地结合到 mRNA 上的各个起始部位起始蛋白质的合成。原核生物的 mRNA 寿命较短,一个典型的细菌 mRNA 半衰期大约为 2 min。

真核生物 mRNA 的合成和翻译分别在细胞核和细胞质中进行。这与细菌 mRNA 不同,细菌 mRNA 的合成和翻译是在细胞的同一区室中进行,而且 mRNA 合成后无须加工便可被翻译。真核生物 mRNA 比细菌 mRNA 要稳定,其半衰期可达数小时甚至 24 h 以上。

(二)tRNA

tRNA 是氨基酸的运载工具。每个细菌细胞内含有大约 60 种不同的 tRNA,而真核细胞内多达 100~120 种。由于合成蛋白质的氨基酸只有 20 种,同一种氨基酸能够连到几种 tRNA 上。一组能运载同一种氨基酸的 tRNA 称为同工 tRNA(isoacceptor tRNA)。tRNA 的氨基酸臂携带特定的氨基酸,氨基酸的羧基与 tRNA 3′端的腺苷的核糖上 2′-OH 或 3′-OH 形成酯键;反密码子臂含有反密码子,能与 mRNA 上的密码子通过碱基配对以识别密码子。

tRNA 在蛋白质生物合成中具有下列 3 方面的功能:①被特定的氨酰 tRNA 合成酶识别,使 tRNA 接受正确的活化氨基酸;②识别 mRNA 链上的密码子,保证不同的氨基酸按照 mRNA 链上密码子的排列顺序掺入多肽链中;③在蛋白质合成过程中,tRNA 起着联结生长的多肽链与核糖体的作用。

(三)核糖体

核糖体是由 rRNA 和多种蛋白质结合而成的一种核糖核蛋白颗粒,蛋白质合成就是在核糖体上进行的(图 10-11)。原核细胞的核糖体含有大约 65% 的 rRNA 和大约 35% 的蛋白质，其沉降系数为 70S，故称为 70S 核糖体。它由大小不同的两个亚基组成，即一个小亚基(30S)和一个大亚基(50S)，小亚基头部和大亚基凸出部之间形成一个裂隙，蛋白合成中 mRNA 从中通过。每个 70S 核糖体含有两个结合 tRNA 分子的部位：一个是氨酰基位点(aminoacyl site)，称为 A 位点，它是氨酰 tRNA 结合的部位；另一个是肽基位点(peptidyl site)，称为 P 位点，它是正在延长的多肽基 tRNA 结合的部位。此外，核糖体上还有其他活性部位，如 30S 亚基的 16S rRNA 可以识别 mRNA 上的 SD 序列，使 mRNA 与核糖体结合于准确位置；50S 亚基上具有催化肽键形成的部位，有肽基转移酶(peptidyl transferase)功能；在 50S 亚基上还有一个部位，它在核糖体移位期间将 GTP 水解成 GDP 和磷酸。

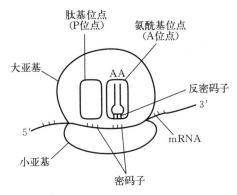

图 10-11 核糖体的结构示意

真核细胞的核糖体(不包括线粒体和叶绿体的核糖体)比原核细胞的大而且更为复杂，其沉降系数大约为 80S。它也是由一个小亚基(40S)和一个大亚基(60S)组成的。

(四)辅助因子

在蛋白质合成体系中，还有一些蛋白质因子，在蛋白质合成的不同阶段起作用，它们有起始因子(initiation factor)、延长因子(elongation factor)和终止因子(termination factor)[又称为释放因子(release factor)]等，其功能见表 10-5。除上述蛋白质因子外，蛋白质的生物合成还需要 ATP、GTP、Mg^{2+} 等参与。

表 10-5 真核生物和原核生物参与翻译的蛋白质因子的比较

阶 段	原核因子	真核因子	功 能
起 始	IF_1	eIF_1、eIF_{4D}	
	IF_2	eIF_2、eIF_{2A}	参与起始复合物的形成
	IF_3	eIF_3、eIF_{4C}	
		CB-PI	与 mRNA 5′帽子结合
		eIF_{4A}、eIF_{4B}、eIF_{4F}	参与寻找第一个 AUG
		eIF_5	协助 eIF_2、eIF_3、eIF_{4C} 的释放
		eIF_6	协助 60S 亚基从无活性的核糖体上解离
延 长	EF-Tu	$eEF_{1\alpha}$	协助氨酰 tRNA 进入核糖体
	EF-Ts	$eEF_{1\beta}$、eEF_γ	帮助 EF-Tu、$eEF_{1\alpha}$ 周转
	EF-G	eEF_2	移位因子
终 止	RF_1 RF_2 RF_3	eRF	释放完整的肽链

三、氨基酸的活化

一个氨基酸的羧基与另一个氨基酸的氨基之间不能直接形成肽键，这在热力学上是不允许的。这一能障可以通过活化氨基酸的羧基，形成活化中间体氨酰 tRNA 加以克服。在蛋白质合成时，氨基酸掺入肽链以前都必须经过活化方能形成肽键。

已知，蛋白质合成是从特定的氨基酸开始的。在真核细胞中，起始的氨基酸是甲硫氨酸，而在大肠杆菌及其他细菌中则是 N-甲酰甲硫氨酸，它们均以氨酰 tRNA 形式进入核糖体，参与蛋白质合成的起始。

(一)氨基酸的活化

氨基酸的活化反应分下述两步进行。

1. 氨基酸的激活 在这一步中，氨基酸与ATP反应生成氨酰腺苷酸中间物（氨酰AMP），释放出无机焦磷酸，该氨酰AMP结合在酶分子上，形成氨酰AMP-酶复合物。

$$氨基酸 + ATP + 酶 \longrightarrow 氨酰AMP-酶 + PPi$$

在该复合物中，氨基酸的羧基通过酸酐键与AMP的5′磷酸基团相连，形成高能酸酐键，从而使氨基酸的羧基得到活化。氨酰AMP本身很不稳定，但与酶结合后变得较稳定。

2. 氨酰tRNA的生成 氨酰AMP-酶复合物上的氨酰基转移到相应的tRNA上，便生成氨酰tRNA，释放出AMP，同时，氨酰tRNA也与酶分开。

$$氨酰AMP-酶 + tRNA \xrightleftharpoons{Mg^{2+}} 氨酰tRNA + AMP + 酶$$

在该反应中，氨酰基可以转移到tRNA的3′末端腺苷酸残基中核糖的3′-OH上，生成氨酰tRNA。氨酰tRNA合成酶最显著的特点是它对氨基酸以及tRNA两者均有极高的识别能力，每一种氨酰tRNA合成酶只识别一种氨基酸并将它转移到一种tRNA或几种同工tRNA上。这就保证了氨基酸与它特定的tRNA之间的正确匹配，使以后翻译过程中mRNA上的密码子对应于正确的氨基酸。

(二)起始氨酰tRNA的形成

在所有的生物中，甲硫氨酸的密码子只有一个，即AUG，但携带该氨基酸的tRNA有两种：一种tRNA用于蛋白质合成的起始，识别tRNA上AUG起始密码子；另一种用于肽链延长时识别内部的AUG密码子。

1. 原核生物起始氨酰tRNA的形成 在细菌中，负责识别AUG起始密码子的tRNA用符号$tRNA_f^{Met}$表示，它携带N-甲酰甲硫氨酸(fMet)后，形成$fMet\text{-}tRNA_f^{Met}$；负责识别内部AUG密码子的tRNA用符号$tRNA_m^{Met}$表示，它携带甲硫氨酸后，形成$Met\text{-}tRNA_m^{Met}$。N-甲酰甲硫氨酰$tRNA_f^{Met}$的形成分下述两步进行。

(1)在甲硫氨酰tRNA合成酶催化下，甲硫氨酸连接到$tRNA_f^{Met}$上，生成$Met\text{-}tRNA_f^{Met}$。

$$甲硫氨酸 + tRNA_f^{Met} + ATP \longrightarrow Met\text{-}tRNA_f^{Met} + AMP + PPi$$

(2)在转甲酰酶(transformylase)的催化下，将N^{10}-甲酰四氢叶酸中的甲酰基转移到甲硫氨酸残基的氨基上，生成$fMet\text{-}tRNA_f^{Met}$。

$$N^{10}\text{-}甲酰四氢叶酸 + Met\text{-}tRNA_f^{Met} \longrightarrow 四氢叶酸 + fMet\text{-}tRNA_f^{Met}$$

2. 真核生物起始氨酰tRNA的形成 在真核生物中，识别AUG起始密码子的tRNA与识别内部的AUG密码子的tRNA也不一样，分别用符号$tRNA_i^{Met}$和$tRNA_m^{Met}$表示。这样，在肽链合成时这两种tRNA各自携带的甲硫氨酸掺入多肽链的不同位置，$tRNA_i^{Met}$携带的甲硫氨酸只能在N端，$tRNA_m^{Met}$携带的甲硫氨酸只能在肽链的内部。

四、原核生物多肽链的合成

多肽链的合成分为3个阶段：肽链合成的起始、肽链的延长、肽链合成的终止及释放。

(一)肽链合成的起始

多肽链合成的起始是形成一个包含mRNA、起始$fMet\text{-}tRNA_f^{Met}$的70S核糖体复合物的过程。参与的组分共有7种：①30S核糖体亚基；②50S核糖体亚基；③编码多肽链的mRNA；④起始

fMet-tRNA$_f^{Met}$；⑤3种可溶性的胞液蛋白质，称为起始因子（IF$_1$、IF$_2$和IF$_3$）；⑥GTP；⑦Mg^{2+}。整个过程分下述3个步骤完成。

1. 30S-mRNA复合物的形成　在IF$_1$协作下，当IF$_3$与30S亚基结合后便形成稳定的游离亚基，它便不能再与50S亚基结合。这种游离的30S亚基结合到mRNA上，使AUG起始密码子正确定位于该亚基的部分P位点，形成30S-mRNA复合物（图10-12）。

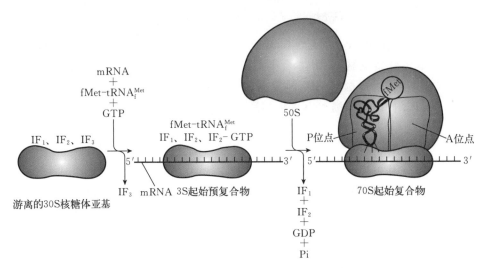

图10-12　30S预起始复合物和70S起始复合物的形成

那么，30S亚基是如何识别mRNA上的特定结合部位并与之结合的呢？研究发现，在所有原核mRNA中，距离起始AUG密码上游约10个碱基处的SD序列（AGGAGGU）能够与30S亚基中的16S rRNA 3′末端附近的一段富含嘧啶的序列互补配对。这种mRNA与rRNA的相互作用，使得核糖体能结合于起始位的AUG密码子，而不至于结合到mRNA中部其他甲硫氨酸的密码子位置。这样，30S亚基便正确定位在mRNA上，保证多肽链的合成在正确的位点起始。

2. 30S预起始复合物的形成　N-甲酰甲硫氨酰tRNA$_f^{Met}$（fMet-tRNA$_f^{Met}$）以及结合有一分子GTP的起始因子2（IF$_2$-GTP）结合到30S-mRNA复合物上，形成30S预起始复合物。该起始tRNA上的反密码子与mRNA上AUG起始密码子碱基配对。IF$_2$具GTP酶活性。

3. 70S起始复合物的形成　50S核糖体亚基结合到30S预起始复合物上，同时，结合在IF$_2$上的GTP水解成GDP和Pi，并被释放出来，随之IF$_1$、IF$_3$和IF$_2$也离开核糖体。结果便形成了一个包含mRNA和起始fMet-tRNA$_f^{Met}$在内有功能的70S核糖体，称为70S起始复合物（图10-12）。

这时，核糖体P位点已被fMet-tRNA$_f^{Met}$占据，其反密码子恰与起始密码子配对。而A位点空着，准备接受下一个氨酰tRNA的进位，使肽链合成进入延长阶段。

（二）肽链的延长

肽链的延长是核糖体沿着mRNA移动，以一种循环的方式逐个地将氨基酸单位加到正在合成的肽链羧基末端使其从N端向C端不断伸长，见图10-13。参与肽链延长的组分有4种：①70S核糖体；②氨酰tRNA；③3种延长因子（EF-Tu、EF-Ts和EF-G）；④GTP。每轮延长循环由下述3个步骤组成。

1. 进位　由核糖体A位点中mRNA上的密码子所决定的氨酰tRNA并不能直接进入这个部位，而要先与结合有一分子GTP的EF-Tu二元复合物（EF-Tu·GTP）相结合，生成氨酰tRNA·EF-Tu·GTP三元复合物，然后进入核糖体A位点，氨酰tRNA的反密码子正好与mRNA上处于A位点的密码子进行碱基配对。当氨酰tRNA进入核糖体A位点后，GTP水解成GDP和

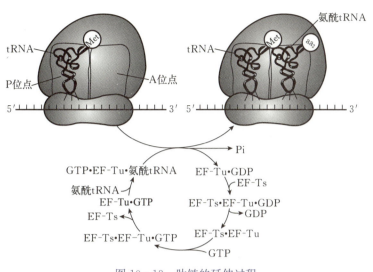

图 10-13 肽链的延伸过程

Pi，同时，EF-Tu·GDP 二元复合物从核糖体上释放出来。此时，核糖体的 P 位点和 A 位点均被氨酰tRNA占据，准备下一步形成肽键。

从核糖体上释放出来的 EF-Tu·GDP 复合物必须再生为 EF-Tu·GTP 后，才能再与另一个氨酰 tRNA 结合。这一再生过程需要另一种延长因子 EF-Ts 的参与。EF-Ts 首先将 GDP 从 EF-Tu 上置换下来，生成 EF-Ts·EF-Tu 复合物，然后结合 GTP 生成 EF-Tu·GTP 复合物（图 10-13）。这样，该复合物又可去协助另一个氨酰 tRNA 进入核糖体的 A 位点。起始的 fMet-tRNA$_f^{Met}$ 不能与 EF-Tu·GTP 复合物结合，因而它不能进入核糖体的 A 位点，N-甲酰甲硫氨酰也就不能掺入多肽链的内部。

由上可见，氨酰 tRNA 进入核糖体的 A 位点需要消耗能量，这种能量是通过 GTP 水解为 GDP 和 Pi 提供的，每个氨酰 tRNA 分子的进位需要消耗一分子 GTP。

2. 成肽 在氨酰 tRNA 进入核糖体 A 位点以后，P 位点上由 tRNA$_f^{Met}$ 携带的 N-甲酰甲硫氨酰基在肽基转移酶的催化下转移到 A 位点中氨酰基的氨基上，从而形成肽键。结果，在 A 位点上形成了一个二肽基 tRNA，在 P 位点上结合着空载（脱去氨酰基后）的 tRNA$_f^{Met}$。1992 年，Harry Noller 及其同事们发现，具有这种催化活性的是 50S 亚基中的 23S rRNA，它具有核酶（ribozyme）的功能。

3. 移位 肽键形成后，核糖体朝 mRNA 的 3′方向移动一个密码子的距离，使原来处于核糖体 A 位点中的二肽基 tRNA 移至 P 位点，而原来在 P 位点中空载的 tRNA$_f^{Met}$ 离开 P 位点移至胞液中。此时，mRNA 上的下一个密码子恰好处于核糖体的 A 位点，供下一个氨酰 tRNA 进位。核糖体移位需要第三种延长因子 EF-G（也称为移位酶，translocase）以及 GTP 参与。EF-G 也结合着一个 GTP 分子，当它与核糖体结合后，水解 GTP 推动核糖体的移位。移位要消耗一分子 GTP。

至此，一轮肽链的延长循环便完成。每进行一轮循环，便有一个新的氨酰 tRNA 进入核糖体 A 位点，形成一个新的肽键并使肽链延长一个氨基酸残基，核糖体向 mRNA 3′端方向移动一个密码子的距离。这样的循环重复进行，直到移动至 mRNA 上的终止密码子为止。

（三）肽链合成的终止及释放

当核糖体沿 mRNA 移动至终止密码子（UAA、UAG 或 UGA）位时，肽链进入合成的终止阶段，合成的终止需要终止因子（RF）的参与。在细菌中有 3 种终止因子：RF_1、RF_2 和 RF_3。RF_1 和 RF_2 负责识别终止密码子，它们的识别具有专一性，RF_1 识别 UAA 和 UAG，而 RF_2 识别

UAA 和 UGA。释放因子 RF_3 具有 GTP 酶活性，负责激活 RF_1 和 RF_2。多肽链合成的终止过程见图 10-14。

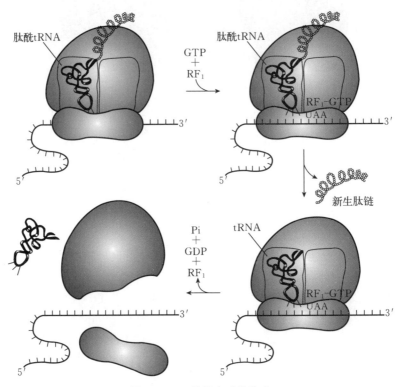

图 10-14 肽链合成的终止

当核糖体 A 位点被一个终止密码子占据时，RF_1 或 RF_2 就进入 A 位点与该终止密码子结合。位于核糖体 A 位点的 RF_1 或 RF_2 可以诱导肽基转移酶变为水解酶，将位于 P 位点 tRNA 上的肽基水解释放多肽，终止因子及空载的 tRNA 也随之离开核糖体。结合在 mRNA 上的 70S 核糖体发生解离并脱离 mRNA，在 IF_3 的作用下，70S 核糖体离解成 30S 亚基和 50S 两个亚基。

(四)多肽链合成的能量消耗

多肽链的合成是一个能量消耗的过程，其能量主要由 ATP 和 GTP 提供。每个氨基酸分子的活化要消耗 2 个高能键；氨酰 tRNA 进入核糖体 A 位点时水解 GTP 消耗 1 个高能键；核糖体移位时消耗 GTP 的 1 个高能键。因此每形成 1 个肽键要消耗 4 个高能键。此外，70S 起始复合物形成时要消耗 1 个 GTP 分子。若合成含 n 个氨基酸残基的多肽，则要形成 $n-1$ 个肽键，需消耗 $4n-1$ 个高能键。

(五)多肽链合成的速度

实验证明，在 37℃时，大肠杆菌的 1 个核糖体在 20 s 内能够合成 1 条由 300 个氨基酸残基组成的多肽链。也就是说，每个核糖体在每秒钟内大约翻译 15 个密码子，即沿 mRNA 移动 45 个核苷酸残基。mRNA 高效率被翻译，还表现在以下两个方面：

(1)转录和翻译偶联进行，即 mRNA 以 $5'\to 3'$ 方向被合成时，就有核糖体结合到尚未合成完毕的 mRNA 上，也以 $5'\to 3'$ 的方向将 mRNA 翻译，合成多肽链。

(2)许多核糖体同时翻译同一条 mRNA 链，即在每个 mRNA 分子上，常常结合有多个核糖体，如大肠杆菌的一条 mRNA 上有时结合有 50 个核糖体，它们各自独立地合成完整的多肽链。这种结合在一个 mRNA 分子上的一"串"核糖体称为多核糖体(polyribosome)。在多核糖体单位中，越靠近 mRNA 和 3′端的核糖体，其新生肽链就越长。多核糖体的这种结构大大加快了蛋白质的合成速度。

五、真核生物多肽链的合成

真核生物多肽链的合成过程与原核生物的基本相似，但它需要更多的蛋白质组分参加，而且更为复杂。与原核生物的差别主要有：①真核生物的 mRNA 一般是单顺反子（只编码一条多肽链），5′端有帽子结构，无 SD 序列，它的起始位点是 mRNA 5′端的起始密码子；②真核生物以 Met-tRNA^{Met} 起始多肽链的合成；③真核生物多肽链合成的起始因子（eIF），目前已知的就有 12 种，但只有 4 种延长因子和 1 种释放因子；④真核生物细胞中的线粒体和叶绿体中多肽的合成与原核生物类似。

六、翻译后的加工

新生肽链多数是无生物活性的，必须经过折叠与加工方能成为有生物活性的蛋白质。

（一）肽链折叠

肽链折叠指具一级结构的蛋白质分子形成正确的三级结构的过程。参与其折叠过程的因子和蛋白质较多，目前已知有下述两类助折叠蛋白（folding helper）。

1. 酶　如蛋白质二硫键异构酶（protein disulfide isomerase）可加速二硫键的正确形成；肽酰脯氨酰顺反异构酶（peptidyl prolyl cis/trans isomerase）可催化肽酰脯氨酰之间肽键的旋转反应，从而加速折叠过程。

2. 分子伴侣　分子伴侣（molecular chaperone）是一类能帮助新生肽链运输、折叠、正确组装和成熟，但自身又不是新合成蛋白质组成成分的蛋白质分子。分子伴侣对新生蛋白的作用没有专一性，只识别靶蛋白部分折叠的非天然状态并诱导其正确折叠。

某些有四级结构的蛋白质，在新生肽链仍结合在核糖体上时就能与游离亚基结合，它的四级结构便被部分地确立了。已经证明，大肠杆菌的 β-半乳糖苷酶（β-galactosidase）四聚体就是这种情况。

（二）蛋白质的加工修饰

在原核和真核生物中，翻译后的修饰方式大致有下列几种。

1. 肽链末端的修饰　所有新生肽链的 N 端，在细菌中都是 N-甲酰甲硫氨酸残基，在真核生物中都是甲硫氨酸残基。这些甲酰基、甲硫氨酸残基能够分别被去甲酰基酶（deformylase）和甲硫氨酸氨肽酶（methionine aminopeptidase）去除。

2. 信号序列的切除　在有些蛋白质中，N 端有由 15～30 个氨基酸残基组成的一个序列负责引导该蛋白质到达它的最后作用部位，这个序列称为信号序列，又称为信号肽。它最后要被特殊的肽酶切除掉。

3. 二硫键的形成　真核生物细胞中，一些输送到胞外的蛋白质在它们自发折叠成天然构象以后，位于同一肽链或不同肽链的两个半胱氨酸残基之间可以形成链内或链间二硫键。

4. 部分肽段的切除　许多蛋白质，如胰岛素、一些蛋白水解酶（胰蛋白酶、胰凝乳蛋白酶等），它们最初被合成出来的是较大的无生物活性的前体。这些前体必须经过蛋白水解作用进行修剪，才能变成有生物活性的形式。例如，胰蛋白酶原的活化就是切除部分肽段而激活。

5. 个别氨基酸的修饰　在蛋白质分子中，由于各自生物功能的需要，常常对它们的个别氨基酸的侧链进行修饰，如磷酸化、羧化、甲基化、乙酰化、羟化等。

6. 糖基化修饰　糖蛋白的糖基侧链是在多肽链合成期间或合成以后共价连接上的。在有些糖蛋白中，糖链通过酶的作用与天冬酰胺残基侧链上氮原子连接，有的与丝氨酸或苏氨酸残基侧链的氧原子连接。

7. 辅基的加入　许多原核生物和真核生物的蛋白质必须共价连接辅基以后，才能发挥其功能。这些辅基是在多肽链从核糖体释放出来之后被连接上去的。例如，乙酰 CoA 羧化酶含有共价连接的生物素，细胞色素 c 连接有血红素基团。

知识窗

冈崎片段的发现者

冈崎片段(Okazaki fragment)的名称源自于其发现者——日本名古屋大学的冈崎令治与冈崎恒子夫妇的姓氏。

冈崎令治(Okazaki Reiji)出生于日本广岛市中区白岛。1960年,他前往美国华盛顿大学求学,师从Strominger、Arthur Kornberg等学者。之后在斯坦福大学求学,并于1963年回到日本,担任名古屋大学理学部化学教授铃木旺的助理教授,是日本分子生物学的先驱者之一。

1966年,冈崎令治及其夫人冈崎恒子在研究大肠杆菌中噬菌体DNA复制情形时发现了DNA合成中后随链上形成的短片段——冈崎片段(okazaki fragment),并且在美国科学院院报(Proceedings of the National Academy of Sciences of the United States of America)以及冷泉港(Cold Spring Harbour)实验室的研讨会上发表。1972年,进一步发现了与冈崎片段相关的RNA,成功构建起DNA半不连续复制模型。1975年,由于早年在广岛核爆中遭遇核辐射引起骨髓性白血病发作,44岁的冈崎令治在前往美国的旅游期间病逝。在此之后,他的夫人,同是名古屋大学教授的冈崎恒子将他的研究继续了下去。为纪念冈崎令治夫妇的功绩,名古屋大学设立有冈崎令治·恒子奖(Tsuneko & Reiji Okazaki Award)。

冈崎令治(左)和冈崎恒子(右)

复习题

1. 生物的遗传信息如何由亲代传递给子代?
2. 比较DNA聚合酶Ⅰ、DNA聚合酶Ⅱ和DNA聚合酶Ⅲ性质的异同。
3. 何谓DNA的半不连续复制?何谓冈崎片段?试述冈崎片段合成的过程。
4. DNA的复制过程可分为哪几个阶段?其主要特点是什么?复制的起始是怎样控制的?
5. DNA损伤后修复有哪些方式?
6. 原核生物RNA聚合酶是如何找到启动子的?真核生物RNA聚合酶与之相比有何异同?
7. 何谓终止子和终止因子?依赖于ρ的转录终止信号是如何传递给RNA聚合酶的?
8. 氨基酸密码子有何特点?
9. 核糖体的基本结构与功能有哪些?氨酰tRNA合成酶有何功能?tRNA有何功能?
10. 蛋白质合成后的修饰有哪些方式?

CHAPTER 11 第十一章 物质代谢途径的相互关系与调控

前述生物机体内各种物质代谢途径，实际上生物体内的各物质代谢并不是孤立进行的，而是通过共同中间产物相互联系，相互转化，又相互制约，构成了一个完整统一的代谢网络。这个代谢网络受多种因素的调节控制，从而保证各种物质代谢有条不紊地协调进行，以保证生命活动的正常进行。

中国科学家在合成生物学领域的新突破

第一节　物质代谢的相互关系

一、糖类代谢与脂类代谢的相互关系

糖类代谢与脂类代谢途径的相互联系和物质的相互转化，都是通过共同的中间代谢物而得以实现的。如乙酰 CoA 和磷酸二羟丙酮就是糖类代谢与脂类代谢都存在的共同中间产物。

糖类通过分解代谢途径而生成乙酰 CoA，乙酰 CoA 可以作为胆固醇与脂肪酸合成的原料。脂肪酸和胆固醇合成所需的 NADPH 作为供氢体，也是通过糖类的磷酸戊糖途径提供的。糖类代谢生成的磷酸二羟丙酮，经还原生成的 3-磷酸甘油，是合成脂肪和甘油磷脂的原料。反之，脂肪分解代谢时，生成 3-磷酸甘油和脂肪酸，3-磷酸甘油又可进一步转变为磷酸二羟丙酮，再逆酵解途径而生成糖；脂肪酸经 β 氧化生成乙酰 CoA，在某些微生物体内和油料作物种子萌发时，可经乙醛酸途径生成琥珀酸，然后进一步通过三羧酸循环、糖异生途径转变为糖。

二、糖类代谢与蛋白质代谢的相互关系

糖类能为有机物的合成提供碳源和能源，蛋白质中 20 种氨基酸的碳架都可由糖类代谢中间产物转化而来。如糖类分解代谢生成的丙酮酸、草酰乙酸和 α-酮戊二酸可经氨基移换作用而分别生成丙氨酸、天冬氨酸和谷氨酸。其他氨基酸虽不能由糖类代谢的中间产物直接转氨基生成，但可作为合成的原料经多步酶促反应后生成。生成的氨基酸可进一步合成蛋白质。

反过来，蛋白质的水解可生成氨基酸。其中，丙氨酸、谷氨酸、谷氨酰胺、天冬氨酸和天冬酰胺经脱氨基作用后可直接转变为丙酮酸、α-酮戊二酸和草酰乙酸，它们可看成联结糖类代谢和蛋白质代谢的共同中间产物。还有多种氨基酸脱氨后可生成酮酸，再经糖异生转变为糖，这些氨基酸为生糖氨基酸，如甘氨酸、丝氨酸、丙氨酸、苏氨酸等都是生糖氨基酸。

三、脂类代谢与蛋白质代谢的相互关系

脂肪经酶促水解可转变为甘油和脂肪酸，甘油经代谢可进一步转变为丙酮酸，丙酮酸进一步代谢可转变为草酰乙酸、α-酮戊二酸，它们通过接受氨基而转变为相应的氨基酸。脂肪酸经 β 氧化作用生成乙酰 CoA，在某些微生物和油料作物中，存在乙醛酸循环，通过乙醛酸循环，乙酰 CoA 可转变为琥珀酸，并可进一步生成草酰乙酸，从而促进脂肪酸合成氨基酸的反应。在动物体内不存在

乙醛酸循环，因此不能利用脂肪酸合成氨基酸。在油料种子萌发时，由脂肪酸和铵盐形成氨基酸的过程进行得极为活跃。

蛋白质可以转变为脂类，在动物体内的生酮氨基酸(如亮氨酸)、生酮兼生糖氨基酸(如异亮氨酸、苯丙氨酸、色氨酸、酪氨酸)能经代谢生成乙酰CoA，并进一步合成脂肪酸。甘油可以由生糖氨基酸生成。丝氨酸经脱羧可转变为胆胺，胆胺可作为脑磷脂合成的原料；胆胺在接受来自S-腺苷甲硫氨酸的甲基后形成胆碱，胆碱是合成卵磷脂的原料。

四、核酸代谢与糖类代谢、脂类代谢及蛋白质代谢的相互关系

核酸是细胞内的遗传物质，通过它可以控制蛋白质的合成，并进而影响细胞的组成成分和各物质的代谢速度。同样，核酸的生物合成亦受蛋白质因子和所需原料浓度的影响。嘌呤或嘧啶合成需甘氨酸、天冬氨酸、谷氨酰胺、磷酸戊糖等为原料。核苷酸在代谢中亦起重要的作用，如ATP可作为能量和磷酸基的供体；尿苷三磷酸(UTP)参与多糖的合成；胞苷三磷酸(CTP)参与磷脂的生物合成；鸟苷三磷酸(GTP)参与蛋白质的合成和糖异生作用等。有些参与代谢反应的辅酶或辅基均含有核苷酸成分，如CoA、NAD^+、$NADP^+$及FAD含有AMP的成分。

从上面分析可知，各类物质的代谢途径不是孤立的，而是通过共同中间物相互联系的，其中糖酵解途径和三羧酸循环在联系各物质代谢途径中居于中心地位，故被称为中心物质代谢途径(central metabolic pathway)。不同的代谢途径可以通过交叉点上关键的中间代谢物相互联系在一起，其中最关键的三个中间代谢物是：6-磷酸葡萄糖、丙酮酸和乙酰CoA。这些共同的代谢途径和关键中间代谢物将各种代谢途径联系起来，形成经济有效、运转良好的代谢网络通路(图11-1)。

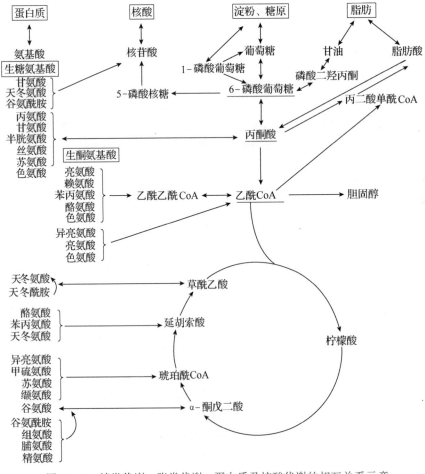

图11-1 糖类代谢、脂类代谢、蛋白质及核酸代谢的相互关系示意

第二节 代谢调节控制

在生物的进化过程中，为适应自然环境的变化，机体的结构、代谢和生理功能越来越复杂，体内的代谢调节机制亦趋于复杂。如高等动物就有 4 个水平上的调节方式：酶水平、细胞水平、激素水平和神经水平。简单的单细胞生物只能通过酶水平和细胞水平来调节细胞内的代谢。在动物和植物体内，则出现激素调节机制，能使不同组织细胞内的代谢彼此协调。在高等动物体内则有完善的神经系统和传感器官，能感知周围环境的变化，并通过神经传递至大脑，大脑对得到的信息进行分析处理后发出指令至相应的细胞或激素分泌系统，从而进一步控制细胞内的代谢反应。神经水平的调节被认为是最高水平的调节。

一、酶水平的调控

酶水平的调控是生物体内最基本、最普遍的调控方式，主要通过改变细胞中酶的含量和/或酶的活性对代谢途径进行调控，也是目前研究得较多的代谢调控。主要包括以下两个方面：一方面是酶含量的调节。酶含量的改变主要是通过调节其合成速度或降解速度来实现的。酶的合成调控主要在酶基因的转录水平上进行。另一方面是酶活性的调节。酶活性调节主要通过改变酶分子的活性来实现，调节机制主要包括共价修饰（包括酶原激活）和别构效应两种方式，同时还包括同工酶、酶分子的聚合和解聚、诱导物和辅因子等对酶活性的影响等。

(一)酶基因表达调控

在活细胞中某种物质分子的浓度与该分子合成及降解的动态平衡有关。对于基因编码产物蛋白质分子来说，至少有以下几个环节可调节蛋白质在细胞内的浓度：基因激活、转录起始、转录后加工、mRNA 降解、蛋白质翻译、翻译后加工修饰、蛋白质降解等，任何一个环节的异常均会影响基因的表达水平。因此，基因表达调控是在多级水平上进行的复杂事件，其中转录起始是最基本的基因表达控制点。

1. 原核生物的基因表达调控 20 世纪初，有人将大肠杆菌培养在以乳糖作为唯一碳源的培养基时，几分钟内，β-半乳糖苷酶增至原来的 1 000 倍，占菌体总蛋白的 3%，如从培养基上除去乳糖，则该酶合成在几分钟内停止。同时发现，伴随 β-半乳糖苷酶生成，还有半乳糖苷透过酶和半乳糖苷转乙酰基酶也一起被合成。此现象说明这 3 种酶的基因平时是关闭的，只有当乳糖存在时才被打开而合成。这种由于底物存在而导致作用于该底物的酶合成的现象称为酶的诱导。经诱导作用产生的酶称为诱导酶(induced enzyme)。

在研究细菌的色氨酸生物合成有关酶的合成时，发现与酶的诱导合成相反的现象，即酶合成的阻遏(repression)。如将大肠杆菌培养在只含 NH_4^+ 和单一碳源(如葡萄糖)的培养基中，在大肠杆菌细胞内可以测出有色氨酸合成的酶系存在。但如果在培养基中加入色氨酸，则大肠杆菌中色氨酸合成的酶系含量水平就明显降低。显然，色氨酸可阻止色氨酸合成酶的合成。这种产物阻遏酶合成的现象称为阻遏作用，这种酶称为阻遏酶(repressed enzyme)。

1961 年，Monod 和 Jacob 根据上述事实提出操纵子模型(operon model)，成功解释了酶的诱导与阻遏，并于 1965 年获得诺贝尔奖。操纵子即为 DNA 上控制蛋白质合成的一个功能单位，它包括结构基因(structural gene)和一个蛋白质合成控制部位，后者由操纵基因(operator, O)和启动子(promoter, P)组成。结构基因表达一种或功能相关的几种蛋白质，控制部位一般位于结构基因上游，操纵子中的控制部位可接受调节基因产物的调节。下面以乳糖操纵子和色氨酸操纵子为例说明其调节机理。

(1)乳糖操纵子。大肠杆菌乳糖操纵子由启动子、操纵基因和3个结构基因Z、Y、A组成。Z基因编码β-半乳糖苷酶，Y基因编码半乳糖苷透过酶，A基因编码β-硫代半乳糖苷转乙酰基酶，如图11-2所示。

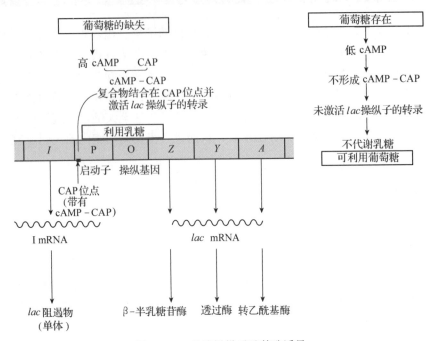

图11-2　乳糖操纵子及其酶诱导

在乳糖操纵子中，无诱导物时，调节基因合成有活性的阻遏蛋白与操纵基因结合，结构基因几乎不转录，处于关闭状态。当细胞中有诱导物存在时，诱导物与阻遏蛋白结合使阻遏蛋白发生构象改变，成为失活状态，不能再结合于操纵基因，结构基因被转录。乳糖即为结构基因转录的诱导物。其结构类似物如异丙基硫代半乳糖苷(IPTG)也可起乳糖相同的诱导作用。诱导物一般为结构基因编码酶催化反应的底物或底物类似物。当细胞中不存在诱导物时，阻遏蛋白结合于操纵基因上，阻止启动子与RNA聚合酶的结合，称为操纵子的负调控或酶的阻遏。

乳糖操纵子还有一种正调控机制，大肠杆菌内可表达一种调节蛋白，称为降解物基因活化蛋白(catabolite gene activation protein, CAP)。当降解物基因活化蛋白(CAP)与cAMP结合形成cAMP-CAP时，能结合于启动部位特定位点，引起RNA聚合酶结合位点的DNA片段构象变化，从而促进RNA聚合酶与启动子部位结合，促进转录的起始，使结构基因编码的3种酶表达加快。这种调节蛋白复合物cAMP-CAP结合于启动部位后促进酶合成的调节称为正调控。

乳糖操纵子的负调控与降解物基因活化蛋白正调控两种机制协调合作：当阻遏蛋白封闭转录时，降解物基因活化蛋白对该系统不能发挥作用，但如没有降解物基因活化蛋白加强转录活性，即使阻遏蛋白从操纵部位上解离也几乎无转录活性。特别是野生型的乳糖操纵子启动子能力较弱，降解物基因活化蛋白是转录必不可少的。

(2)色氨酸操纵子。色氨酸操纵子属于酶合成阻遏型操纵子，它包含5个结构基因，编码邻氨基苯甲酸合酶、邻氨基苯甲酸磷酸核糖转移酶、吲哚-3-甘油磷酸合成酶、色氨酸合成酶的β亚基和α亚基，这5个基因分别以E、D、C、B和A表示，在结构基因与操纵基因之间，有一个编码前导肽的L序列(trp L)和衰减基因(attenuator)(trp R)，如图11-3所示。

在色氨酸操纵子中，调节基因产生的阻遏蛋白无活性，不能影响结构基因的表达，合成色氨酸的酶不断生成，催化合成色氨酸。当色氨酸的量超过一定浓度时，即能与阻遏蛋白结合并使其激

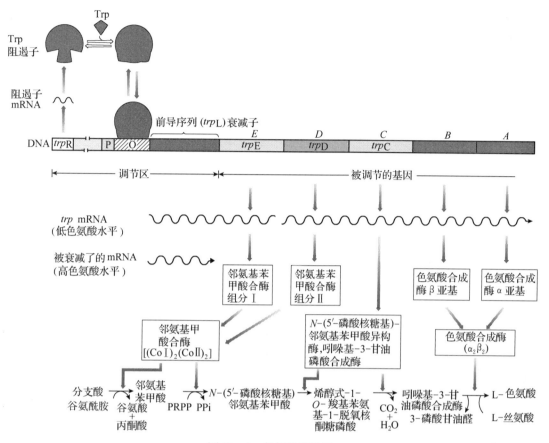

图 11-3 色氨酸操纵子

(这个操纵子由两种机制调节：当细胞中色氨酸浓度高时，阻遏子和操纵基因结合；
trp mRNA 还进行衰减调节。图下部为色氨酸合成过程)

活，随即与操纵基因结合而关闭基因，酶的转录停止。色氨酸通过与阻遏蛋白结合而使无活性状态转为有活性状态，故称为辅阻遏物。操纵子中的辅阻遏物一般是结构基因产生的酶合成反应的终产物或其结构类似物。

色氨酸操纵子在转录开始并同时进行翻译的过程中，还有一种更为精细的调节方式，即衰减调节。色氨酸操纵子从前导序列开始转录，前导序列包含 162 个核苷酸，可编码一个包含 14 个氨基酸残基的前导肽，其中第 10 位和第 11 位均为色氨酸。转录出的包含 162 个核苷酸的 mRNA 前导序列可分为 4 个区域，区域 2 与区域 3 及区域 3

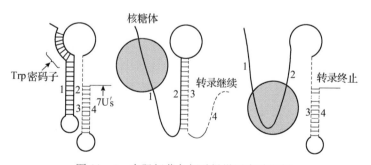

图 11-4 大肠杆菌色氨酸操纵子衰减机制

与区域 4 可互补配对形成特定的茎环结构 (图 11-4)。

当色氨酸量较多时，前导肽能正常合成，核糖体能顺利通过区域 1 的色氨酸密码子而进入区域 2，使区域 2 不能与区域 3 配对，只能是后转录出现的区域 3 和区域 4 能配对形成具凸环的终止子，使转录终止于前导序列的 140 个核苷酸。当色氨酸的量不足时，核糖体较难通过区域 1 的色氨酸密码子，这样就使得区域 2 和区域 3 配对形成凸环，不能使区域 3 和区域 4 形成终止子配对，转录可继续进行并完成结构基因的转录。除色氨酸外，苯丙氨酸、苏氨酸、亮氨酸、异亮氨酸、缬氨酸和组氨酸合成的有关基因中均存在衰减子调节位点。

2. 真核生物的基因表达调控 真核生物由多细胞组成，在高等生物中还分化出不同的组织与器官，且在不同的发育生长阶段，有各自特异的代谢。因此真核生物的基因表达调控要比原核生物复杂得多。这里仅对真核生物基因的调控特点及 mRNA 转录激活调节做简要介绍。

(1)真核生物基因组结构特点。

① 真核生物基因组结构庞大。哺乳类动物基因组 DNA 由约 3×10^9 bp 的核苷酸组成，采用核酸杂交测定，细胞内含 5 000~10 000 种 mRNA，推算至少含 40 000 种以上的基因。此外，还有 5%~10% 的核苷酸为 rRNA 等的重复基因，真核 DNA 与组蛋白等结合形成染色体结构，因此其调节机制更加复杂。

② 真核生物基因为单顺反子。细菌的基因按功能相关性串联在一起，转录出的一个 mRNA 分子常包含几个基因的转录产物，是多顺反子(polycistron)。但真核生物的一个 mRNA 分子只是一个基因的转录产物，属单顺反子(monocistron)。

③ 真核生物基因具有重复序列。由于真核生物基因组大，在 DNA 中出现的核苷酸重复序列较原核生物更普遍。重复序列核苷酸长短不一，短的 10 个核苷酸以下，长的可达数百至数千个核苷酸。重复程度达 10^6 次以上的称为高度重复序列，重复次数达 10^3~10^4 的称为中度重复序列，它们均称为多拷贝序列。在基因组中只出现 1 次或少数几次的称为单拷贝序列。重复序列发生在基因的不同区域，与生物进化有关，对 DNA 复制、转录调控可能有作用。

④ 真核生物基因具不连续性。真核生物基因的两侧存在有不转录的非编码序列，往往是基因表达调控区域。在编码基因内部亦有一些不编码的序列，称为内含子，而编码的序列称为外显子。外显子被内含子分隔开来。因此真核生物的基因是不连续的。真核生物基因转录后经剪接修饰去除内含子，连接外显子，成为成熟的 mRNA。不同的连接方式可形成不同的 mRNA，翻译出不同的多肽链，因此转录后的剪接可看作基因表达调控的又一环节。

⑤ 真核生物基因组存在多基因家族和假基因。多基因家族(multi gene family)是指由某一祖先基因经过重复和变异所产生的一组基因。多基因家族大致可分为两类：一类是基因家族成簇地分布在某一条染色体上，它们可同时发挥作用，合成某些蛋白质，如组蛋白基因家族；另一类是一个基因家族的不同成员成簇地分布在不同染色体上，这些不同成员编码一组功能上紧密相关的蛋白质，如珠蛋白基因家族。假基因(pseudogene)是基因组中与编码基因序列非常相似的非功能性基因组 DNA 拷贝，一般情况都不被转录，且没有明确的生理意义。假基因往往存在于真核生物的多基因家族中，常用 ψ 表示。

(2)真核生物基因表达调控的特点。转录的起始亦是真核生物基因表达调控的最基本环节，某些调节机制与原核生物是相同的，但比原核生物的调节复杂，下面介绍几个特点。

① 活化的基因对核酸酶敏感，易被 DNase Ⅰ 作用。

② 基因活化时出现 DNA 拓扑结构变化，RNA 聚合酶前方的转录区 DNA 拓扑结构为正超螺旋，可促进组蛋白的释放；在 RNA 聚合酶后方的 DNA 则为负超螺旋，有利于核小体结构的再形成。

③ 处于转录活化状态的基因甲基化程度降低。

④ 组蛋白出现变化，如某些组蛋白含量和性质出现变化，还有组蛋白被乙酰化、泛素化的修饰现象存在。

⑤ 正调节起主导作用。真核生物 RNA 聚合酶对启动子基本没有实质性的亲和力，必须依赖一种或多种激活蛋白的作用，方可结合于特定的基因的启动部位，此种调节方式为正调节，正调节可提高基因表达调节的特异性和精确性。阻遏蛋白封闭基因的调节方式为负调节，负调节是不经济的，如果一个基因组有 10 万个基因，则每个细胞必须合成 10 万个以上的阻遏蛋白，对细胞来说是

个负担。正调节不结合调节蛋白,基因无活性,需要激活基因时,只需表达一组相关的激活蛋白就可实现。

⑥ 转录与翻译分隔于不同区间进行。转录过程在核内进行,翻译则在核外进行。

⑦ 转录后须进行剪接及修饰等加工过程。

(3)真核生物基因转录的激活调节。

① 顺式作用元件。真核生物基因中具有特定功能的一些保守的核苷酸序列称为顺式作用元件,如启动子、增强子及沉默子。

启动子:真核生物基因启动子是 RNA 聚合酶结合位点周围的一组转录控制组件(module)。启动子包括至少一个转录起始点和一个以上的功能组件。如 TATA 盒就是典型的功能组件,共有序列是 TATAAAA,位于转录起点上游－25～－30 bp 部位,它控制转录起始的准确性及频率,是基本转录因子 TFⅡD 的结合位点。由 TATA 盒与转录起始点可构成最简单的启动子(promoter)。

增强子:增强子(enhancer)就是远离转录起始点 1～30 kb,能决定基因的时间、空间特异性表达、增强启动子转录活性的 DNA 序列。其发挥作用的方式通常与方向、距离无关。增强子也是由若干功能组件即增强体(enhanson)构成,这些功能组件是特异转录因子结合 DNA 的核心序列。从功能上讲,没有增强子存在,启动子通常不表现活性;而无启动子存在,则增强子也无从发挥作用。

沉默子:某些基因所包含的有负调节功能的序列称为沉默子(silencer)。当其结合特异蛋白因子时,对基因转录起阻遏作用。有些 DNA 序列根据其结合因子的不同,既可作为正调节元件又可作为负调节元件起顺式调节作用。

② 反式作用因子。反式作用因子亦可称为调控蛋白,能够结合于 DNA,对基因表达起调控作用。编码反式作用因子的基因可位于不同的染色体上,往往与被调节基因相距较远。转录调控蛋白(又称为转录调节因子)按功能可分为基本转录因子和特异转录因子两类。基本转录因子是 RNA 聚合酶结合启动子所必需的一组蛋白因子,它决定转录 RNA 的类型(即 mRNA、tRNA 或 rRNA)。特异转录因子则决定个别基因转录的时间和空间特异性表达,通过结合于增强子或者沉默子发挥调控作用。

转录调节因子通常有两个与调控有关的结构域:与 DNA 结合的结构域和与其他蛋白质结合的结构域。下面分别介绍几种较常见的、典型的结构形式(图 11-5)。

a. 与 DNA 结合的亚结构形式:

锌指(zinc finger)结构。这是最早发现于结合 GC 盒的 SPI 转录因子,由 23 个氨基酸残基组成,其中有 2 个半胱氨酸残基(Cys)和 2 个组氨酸残基(His),4 个氨

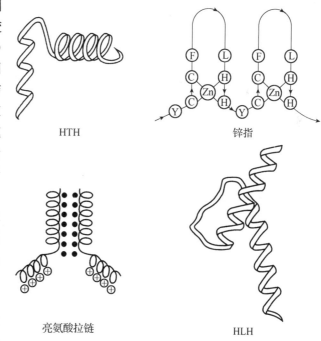

图 11-5 锌指结构、HTH、亮氨酸拉链和 HLH

基酸残基分别位于正四面体的顶角,与四面体中心的锌离子配价结合,稳定锌指结构。在半胱氨酸残基和组氨酸残基之间有 12 个氨基酸残基,其中有几个较为保守的碱性氨基酸残基。锌指在蛋白中常成串重复排列,锌指之间由 7～8 个氨基酸连接。

含锌指的调控蛋白与 DNA 结合时,锌指的尖端直接进入大沟或小沟,与特异的 DNA 序列结合。

螺旋-转角-螺旋(HTH)结构。噬菌体阻遏蛋白结合 DNA 的结构域属于该结构。后来发现该结构(HTH)存在很广,许多蛋白均含有。其结构为两个 α 螺旋之间被 β 转角隔开。本身通常不稳定,但它是较大的结合 DNA 的结构域的活性部分,其中一个 α 螺旋起识别作用,其含有多个与 DNA 相互作用的氨基酸残基,可进入大沟中。

亮氨酸拉链(leucine zipper)结构。大多数识别 DNA 序列的调节蛋白都以二聚体形式起作用,亮氨酸拉链结构有利于蛋白质的二聚化。它由约 35 个氨基酸残基形成两性的卷曲螺旋形 α 螺旋。疏水基团位于一侧,解离基团位于另一侧,呈直线排列,每圈螺旋 3.5 个氨基酸残基,每两圈有一个亮氨酸残基。当二聚体形成时,单体通过疏水氨基酸残基侧链和亮氨酸残基肩并肩排列而二聚体化,状如拉链,故称为亮氨酸拉链。在亮氨酸拉链区的氨基端有约 30 个残基的碱性区(富含赖氨酸和精氨酸),是与 DNA 结合的部位,结合时碱性区形成的 α 螺旋缠绕于 DNA 的大沟中。亮氨酸拉链蛋白质在真核生物中广泛存在。

螺旋-突环-螺旋(helix-loop-helix,HLH),其含两个两性的 α 螺旋,螺旋之间以一段突环连接,突环含 40~50 个氨基酸残基,由于突环的柔性,使两螺旋可回折并叠加在一起。含有 HLH 结构的蛋白通过螺旋疏水侧链的相互作用而结合在一起,以二聚体形式发挥作用。螺旋的 N 端与一段碱性氨基酸残基相连,并以此与 DNA 结合。

b. 与其他蛋白结合的结构域:结合 DNA 的反式作用因子,除特异结合 DNA 的结构域外,通常还有一个或多个结构域,用于结合 RNA 聚合酶或其他调节蛋白。常见的这类结构域有 3 类:酸性活化结构域、富含谷氨酰胺结构域和富含脯氨酸结构域。例如,酵母转录因子 GAL$_4$ 在氨基端附近有一个类似锌指结构,借此结合于 DNA 上游控制序列,并通过卷曲螺旋形成二聚体;它还有一个酸性活化区,含许多酸性氨基酸,可作用于转录起始复合物调节转录。

③ 转录因子的相互作用。真核生物 RNA 聚合酶不能单独识别、结合启动子,其典型的基因表达调节通过几个反式作用因子结合到各自的顺式元件上,也有的转录因子直接结合于反式作用因子上,形成转录起始复合物。也就是说,RNA 聚合酶结合 DNA 并启动转录是通过转录因子与 DNA、转录因子与转录因子之间的相互作用而促进的,如图 11-6 所示。

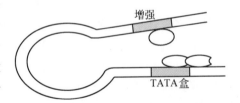

图 11-6 典型的真核生物编码蛋白基因的转录调节区

增强子是距启动子距离较远的调控序列,当与反式作用因子结合后往往促进转录,使基因转录频率增加 10~200 倍。增强子无基因特异性。

(二)酶活性的调节

酶活性调节主要包括酶原激活、共价修饰、变构调节及酶的聚合与解聚调节等。

1. 酶原激活 酶原激活的机理在第五章已述及。酶原是对机体自身保护的一种酶形式,又是一种酶的贮存形式,多见于动物进行食物消化的酶类,当机体代谢需要时,酶原被运输分泌至适当的部位激活后发挥催化活性。

2. 酶的反馈调节 反馈(feed back)引自电子工程学的一个名词,指输出信号对输入信号的控制作用。生物体内的反馈调节是指反应系统中的产物或终产物对反应系列前面的酶的影响作用。反馈调节包括反馈抑制和前馈激活,前者多存在于合成代谢反应中,后者主要存在于分解代谢反应中。

(1)反馈抑制。反馈抑制是指在序列反应中终产物对反应序列前面的酶的抑制作用,从而使整个代谢反应速度降低,降低或抑制终产物生成速度。受反馈抑制的酶一般为别构酶。如大肠杆菌以天冬氨酸和氨甲酰磷酸为原料合成三磷酸胞苷酸(CTP)的序列反应中，当三磷酸胞苷酸的浓度升高后，就会抑制反应序列的第一个酶，即天冬氨酸转氨甲酰酶。该酶含有催化亚基和调节亚基两个亚基，三磷酸胞苷酸浓度高时结合于调节亚基抑制酶活，三磷酸胞苷酸浓度降低时，抑制减弱，酶活性上升(图11-7)。

图11-7　三磷酸胞苷酸(CTP)合成及其反馈抑制

图11-7所示三磷酸胞苷酸(CTP)的合成是不分支的线性代谢途径，末端三磷酸胞苷酸一种产物就能起到反馈抑制作用，称为单价反馈抑制(monovalent feedback inhibition)。但在分支代谢途径中，会出现几个末端产物，限速酶活性可受两种或两种以上末端产物的抑制，这种情况称为二价或多价反馈抑制(divalent or multivalent feedback inhibition)。主要有4种抑制机理，如图11-8所示。

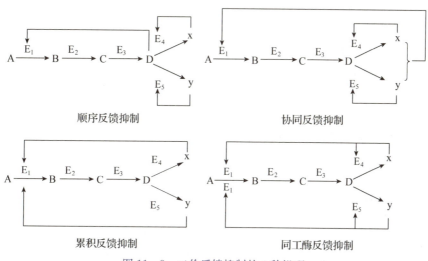

图11-8　二价反馈抑制的4种机理

① 顺序反馈抑制。顺序反馈抑制(sequential feedback inhibition)中，x和y分别反馈抑制E_4和E_5，只有当x和y同时积累过多时，才会使得D积聚，当D超过一定浓度时，才会对E_1产生抑制作用，从而对整个代谢途径产生抑制。枯草芽孢杆菌中芳香族氨基酸的合成，就是通过这种方式调节控制的。

② 协同反馈抑制。协同反馈抑制(concerted feedback inhibition)的特点是产物x和y任何一种都不能单独对E_1产生反馈抑制作用，只有当x和y同时过剩累积时，共同作用于E_1方可产生抑制作用，从而使整个代谢速度下降或抑制。苏氨酸和赖氨酸抑制天冬氨酸激酶的反馈调节属此种情况。

③ 累积反馈抑制。累积反馈抑制(cumulative feedback inhibition)的特点是任何一种终产物都可对E_1起部分抑制作用，不同终产物都过量时，它们对E_1的抑制作用累积在一起可以完全抑制E_1的酶活性从而抑制整个代谢反应。如大肠杆菌中谷氨酰胺是合成AMP、CTP、GMP、组氨酸、丙氨酸、磷酸氨基葡萄糖、氨甲酰磷酸等多种物质的前体，谷氨酰胺合成酶是上述物质合成途径中的第一个酶，当这些物质单独过量时，都可部分抑制谷氨酰胺合成酶的活性，当它们同时都过量时，谷氨酰胺合成酶的活性几乎全部被抑制。

④ 同工酶反馈抑制。同工酶反馈抑制（isoenzyme feedback inhibition）的特点是几个终产物能抑制分支点之前某一由同工酶催化的反应步骤，但每一种终产物只抑制同工酶中的一种酶。如果所有终产物均过量，则同工酶活性全部被抑制，其效果与协同反馈抑制相同。由天冬氨酸出发合成赖氨酸、甲硫氨酸、苏氨酸、异亮氨酸的序列反应即是同工酶反馈抑制的例子。其第一步反应是由天冬氨酸转变为天冬酰胺磷酸，催化该反应的天冬氨酸激酶是一组同工酶，能分别受过量产物的抑制。

（2）前馈激活。前馈激活（feedforward activation）是指在一个序列反应中，前面的代谢物对后面的酶的激活作用，促进了代谢反应的进行。如在糖酵解途径中，前面的中间产物1,6-二磷酸果糖可促进后面反应丙酮酸激酶的活性，从而加快酵解反应的进行。又如在糖原合成中，6-磷酸葡萄糖是糖原合成酶的变构激活剂，可以促进糖原的合成（图11-9）。

图11-9　6-磷酸葡萄糖对糖原合成的前馈激活

3. 酶分子解离与聚合调节　一些寡聚酶通过亚基的聚合与解聚而表现出催化活性的不同，从而起到调节代谢的作用。如碱性磷酸酶的两个亚基聚合时表现催化活性，而亚基离解时则发生构象变化而不表现活性。又如乙酰CoA羧化酶在有柠檬酸盐存在时，其20个单体聚集，表现出催化活性，当去除柠檬酸盐或加入丙二酰CoA和软脂酰CoA时则引起单体解聚，表现出活力的下降。还有一些酶，单体聚集时不表现活力，而解聚时则表现活力，如cAMP与蛋白激酶的调节亚基结合后，使构象改变而解离出催化亚基表现催化活性，当催化亚基与调节亚基聚集时，则无催化活性。

4. 共价修饰与级联放大　有些酶分子肽链上的某些基团，通过共价联结或脱去一个基团从而改变酶的活性，基团的联结或脱去是通过另外的酶的催化而实现的，酶活性的这种调节方式称为共价修饰（covalent modification）。常见的修饰方式有以下几种：磷酸化/去磷酸化、乙酰化/去乙酰化、腺苷酰化/去腺苷酰化、尿苷酰化/去尿苷酰化、甲基化/去甲基化。如催化糖原磷酸解的糖原磷酸化酶，是一种共价修饰调节酶。该酶在肌肉中有两种形式：磷酸化的四聚体和脱磷酸的二聚体，四聚体活性高称为糖原磷酸化酶a，二聚体活性低称为糖原磷酸化酶b；磷酸化酶b激酶催化磷酸化酶b的磷酸化，磷酸化酶a磷酸酶催化磷酸化酶a的脱磷酸基反应，修饰反应如图11-10所示。一些可共价修饰的调节酶列于表11-1。

图11-10　糖原磷酸化酶的磷酸化与去磷酸化

通过酶分子的可逆修饰反应调节酶活性，只需消耗很少的能量（ATP）便可进行有效的调控，此外，对酶进行共价修饰的酶（磷酸化酶b激酶和磷酸化酶a磷酸酶）自身的活性也是受调节的，而且可能是连续几级的调节。图11-11所示肾上腺素促进肝糖原降解的反应过程中，只要有极微量的肾上腺素或胰高血糖素到达靶细胞，就会使细胞内cAMP含量升高，经过连续几级的酶促反应，前一反应产物催化后一反应的进行，且每进行一次修饰反应，就产生一次放大效应，如果每一级反应放大100倍，经过4级反应，就可使调节效应放大10^8倍。这种调节代谢反应的连锁反应系统称为级联系统（cascade system）。级联放大调节的速度快，效率高。

表 11-1 可共价修饰调节酶举例

酶	酶来源	修饰机制	对应活性变化
糖原磷酸化酶	真核生物	磷酸化/去磷酸化	增强/减弱
磷酸化酶激酶	哺乳动物	磷酸化/去磷酸化	增强/减弱
糖原合成酶	真核生物	磷酸化/去磷酸化	减弱/增强
丙酮酸脱氢酶	真核生物	磷酸化/去磷酸化	减弱/增强
乙酰 CoA 羧化酶	哺乳动物	磷酸化/去磷酸化	增强/减弱
谷氨酰胺合成酶	大肠杆菌	腺苷酰化/去腺苷酰化	减弱/增强

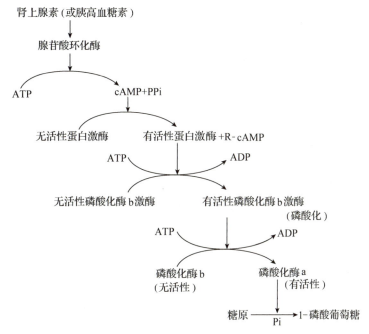

图 11-11 肾上腺素调节糖原分解

5. 辅因子的调节 细胞内许多的代谢反应都需要辅因子和提供能量的 ATP 分子参与，因此辅因子和能荷也会影响酶促反应的进行，从而起代谢调节作用。

(1) 能荷的调节。能荷是指细胞内 ATP、ADP、AMP 的相对浓度关系，它们的相对含量影响糖酵解和三羧循环中关键酶的活性，如 ATP 浓度高时抑制磷酸果糖激酶活性，而 ADP 和 AMP 浓度高时则激活磷酸果糖激酶的活性。能荷同样可以调节能量代谢反应氧化磷酸化的强度。当细胞生长旺盛时，消耗大量 ATP，生成 ADP 增加，氧化磷酸化作用加速；反之，如 ATP 浓度增加到一定的值，则会抑制氧化磷酸化的强度，这样，能始终维持细胞内能荷处于一定范围。

(2) NAD^+/NADH 对代谢的调节。NAD^+ 和 NADH 在细胞内参与能量代谢和氧化还原反应。NAD^+/NADH 的比值变化可影响代谢速度，如糖的有氧氧化过快时，NAD^+/NADH 的比值降低，即 NADH 含量上升，对磷酸果糖激酶、异柠檬酸脱氢酶和 α-酮戊二酸脱氢酶均有抑制作用，可起到降低糖消耗速度的作用。

又如酒类中的乙醇进入人体后，在肝中可进行图 11-12 所示的转化。当饮酒过量时，NAD^+ 大量转变为 NADH，使 NAD^+ 含量降低，大量的 NADH 能抑制三羧酸循环，使过多的乙酰 CoA 和 NADH 合成脂肪酸，导致高血脂和脂肪肝。同时，大量的 NADH 可使 α 酮酸还原，不能进行糖异生反应而导致低血糖。

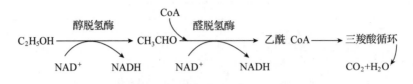

图 11-12　乙醇进入人体后的转化

二、酶的区域化定位

催化不同代谢途径的酶类，分别定位于细胞的不同区域中，并使各类代谢在空间上彼此隔开，互不干扰，保证代谢反应按一定的方向进行(表 11-2)。

表 11-2　真核细胞内各代谢途径的酶定位

定位	主要代谢途径及其相关酶系
细胞核	DNA 复制、RNA 生物合成与加工相关的酶
细胞质基质	糖酵解途径；磷酸戊糖途径；糖原合成、分解时的酶；糖异生途径；脂肪酸合成途径；氨基酸、核苷酸的合成；核糖体上蛋白质的生物合成
线粒体	氧化磷酸化、丙酮酸氧化脱羧、三羧酸循环、脂肪酸 β 氧化、尿素循环、转氨基作用等途径；谷氨酸脱氢酶；少量 DNA、RNA、蛋白质的合成；脂肪酸碳链延长、单胺氧化酶等
叶绿体	光合作用；少量 DNA、RNA、蛋白质的合成
内质网	蛋白质的合成与加工；糖胺聚糖、磷脂、糖脂、糖蛋白、胆固醇、胆汁等的合成；脂肪酸碳链延长；药物解毒等
高尔基体	蛋白质的加工、修饰、糖化与浓缩等
溶酶体	酸性水解酶类(酸性磷酸酶、蛋白酶、脂肪酶、核酸酶、糖苷酶等)
过氧化物酶体	氧化酶、过氧化氢酶
质膜	ATP 酶、腺苷酸环化酶等

各亚细胞器内代谢反应的速度还可通过控制膜上运输系统对代谢物的转运速度而调节。如质膜上的 $Na^+-K^+-ATPase$、葡萄糖透性酶；线粒体内膜上的二羧酸载体、肉毒碱等转运相应代谢物的速度可以调节。

三、激素对代谢的调控

激素是由动物、植物的特定细胞或组织细胞合成，经体液运送至特定的部位调控各种物质代谢和显示生理活性的一类微量化学物质。激素对代谢的调控是通过对酶和其他活性物质合成的控制来实现的。

(一)激素的种类及功能

根据产生激素的生物体种类可将激素分为动物激素和植物激素。动物激素按分子结构可分为 4 类：氨基酸衍生物类激素、肽和蛋白质激素、甾醇类激素、脂肪族激素。例如，肾上腺素及甲状腺素属氨基酸衍生物类激素；生长素及胰岛素属肽和蛋白质类激素；肾上腺皮质激素及性激素属甾醇类激素；前列腺素(PG)属脂肪族激素。传统的植物激素主要包括植物生长素(auxin)、细胞分裂素(cytokinin，CTK)、脱落酸(abscisic acid，ABA)、乙烯(ethylene，ET)和赤霉素(gibberellin，GA)等五大类，新近发现的植物激素还包括寡糖素(oligosaccharin)、油菜固醇内酯(brassinolide，BR)、水杨酸(salicylic acid，SA)、茉莉酸(jasmonic acid，JA)、多胺(polyamines，PA)以及独脚金内酯(strigolactone，SL)等。它们的主要功能如表 11-3 和表 11-4 所示。

表 11-3　重要的动物激素及其功能

名　称	化学本质	分泌器官	代谢功能
甲状腺素	酪氨酸衍生物	甲状腺	促进糖、蛋白质、脂类、盐代谢及基础代谢
肾上腺素	酪氨酸衍生物	肾上腺髓质	促进糖原分解、血糖升高、毛细管收缩
生长激素	含191个氨基酸残基的肽	脑垂体	促进RNA和蛋白质合成，使器官生长发育正常
抗利尿素	九肽	神经垂体	促进水分保留
甲状旁腺素	八十四肽	甲状旁腺	调节钙、磷代谢，使血钙升高
胰高血糖素	二十九肽	胰岛α细胞	促糖原分解，使血糖升高
胰岛素	五十一肽	胰岛β细胞	促进糖利用、糖原合成、氨基酸转移
皮质酮	类固醇	肾上腺皮质	促进脂肪组织降解，促进肌肉蛋白分解
皮质醇	类固醇	肾上腺皮质	促肝糖原异生和蛋白质合成
睾酮	类固醇	睾丸	促男性器官发育及第二性征，促蛋白质合成
雌酮	类固醇	卵巢	促蛋白质合成，减少糖利用，促胆固醇降解，水钠保留

表 11-4　高等植物激素及其生理作用

名　称	化学本质	主要生理作用
生长素	吲哚乙酸	促进细胞伸长
赤霉素	多环状化合物	促进细胞生长
细胞分裂素	嘌呤衍生物	促进细胞分裂
脱落酸	环状萜类衍生物	促进植物离层细胞成熟，促进器官脱落
乙烯	$CH_2=CH_2$	促器官的成熟
茉莉酸	脂肪酸衍生物	是植物对病原性微生物和虫害防御反应的关键激素，能调节高等植物的发育、应答外界刺激、调节基因表达
独脚金内酯	萜类衍生物	刺激种子萌发，促进丛枝菌根真菌菌丝产生分枝，抑制植物分枝和侧芽萌发，调控植株分枝

(二)激素对代谢的调控

细胞间或组织间代谢的调节是通过激素的作用来实现的。激素作用于靶细胞或靶器官后，可引起一系列复杂的生化反应。现仅对肽和蛋白质激素与类固醇激素的作用机制予以说明。

1. 肽和蛋白质激素　此类激素从内分泌腺分泌后，经体液循环运送至靶细胞，但一般不进入靶细胞内部，而是通过作用于细胞膜上的受体来激活一系列的反应。激素与膜上受体结合后，激活膜上的腺苷酸环化酶，催化ATP分解生成cAMP，cAMP继而激活蛋白激酶，催化细胞内蛋白质和酶的磷酸化，经共价修饰和级联放大在代谢调节中起作用。因此常将激素称为第一信使，而将cAMP称为第二信使。肾上腺素、胰高血糖素、甲状旁腺素等均为此作用机制。

2. 类固醇激素　此类激素可进入靶细胞的胞内，并与胞浆内的特异性受体结合而变构，形成活性复合物，复合物进入细胞核调控转录和蛋白质合成过程，从而影响某种酶的活性，进而调控代谢。此类激素调节中，激素为第一信使，而细胞内的激素受体蛋白复合物相当于第二信使。

有些激素(如胰岛素)兼具上述两种类似作用机制，除能作用于膜上受体发挥作用外，还能进入细胞和细胞核结合起作用。

四、神经系统对代谢的调控

高等动物有着高度复杂和完善的神经系统，其通过神经系统对各种刺激做出应答性反应的过程叫作反射，反射是神经调节的基本方式。高等动物利用自身的感觉器官感知周围环境的变化，通过神经迅速传递至大脑，由大脑对这些信息进行综合处理与分析，再发出相应的指令从而采取适当的应对措施。因此神经调节是一个接受信息→传导信息→处理信息→传导信息→做出反应的连续过程，是许多器官协同作用的结果，也是最高水平的代谢调节。动物如果感觉到所处的环境具有危险性，它的大脑立刻通过神经系统直接给肌肉系统发出逃逸指令。即神经冲动传递至肌细胞，改变膜电位，释放 Ca^{2+}，Ca^{2+}通过与肌钙蛋白结合引起原肌球蛋白构象发生改变，促使肌动蛋白呈启动状态，肌动蛋白从而与肌球蛋白结合，水解 ATP，产生肌肉收缩，使动物迅速逃离。

知识窗

绿茶中的儿茶素与代谢综合征

代谢综合征(metabolic syndrome，MS)是指某个体集合了糖代谢异常(糖尿病或糖调节受损)、高血压、血脂异常、中心性肥胖等多种主要疾病或危险因素的症状。大约三成的成年人患有代谢综合征。有许多因素可能引起代谢综合征的发展，包括年龄、种族和腹部脂肪堆积等。早期诊断代谢综合征很重要，这样可以采取必要的干预措施。

绿茶是大众喜爱的饮品。日本科学家研究显示，绿茶中的儿茶素对改善氧化应激、糖尿病和动脉粥样硬化有一定的效果。在这项研究中，研究人员希望确定儿茶素是否对减少腹部脂肪和改善代谢综合征有益。为此，他们对 6 项涉及肥胖和超重个体的试验数据进行了事后分析。本研究总共包括 921 名参与者。研究结果表明，喝了 540~588 mg 绿茶儿茶素的饮料的参与者在与代谢有关的参数方面有显著的改善。这些参数包括腹部脂肪堆积、体重、体重指数和腰围。研究人员还发现，摄入儿茶素可以改善与代谢综合征相关的症状。儿茶素摄入量低的人中约有 30% 表现出代谢综合征状态的变化。同时，有 41.5% 的儿茶素高摄入量参与者表现出改善。然而，儿茶素摄入对代谢综合征的影响仍不清楚。

复习题

1. 联系不同物质代谢的关键产物有哪些？
2. 物质代谢调节的层次有哪些？
3. 什么是操纵子？其调节过程是如何进行的？
4. 什么是反馈抑制？有哪几种类型？
5. 举例说明共价修饰调节过程。
6. 真核生物基因表达调控有何特点？
7. 何谓顺式作用元件与反式作用因子？

第三篇 应用篇

植物产品采摘后到加工、动物屠宰后至加工成食品这段时间内,食品原料的各物质成分在不断地发生着变化。一些风味物质也在形成和转化,这些变化对原料的质量和加工后食品的风味有较大的影响。因此,了解原料贮藏期间物质变化规律及其控制,对指导食品的开发、生产和贮藏保鲜有重要的参考意义。

食物不仅提供人体所需的营养成分,而且还能通过肠道受体启动体内细胞因子的表达,调节细胞因子网络的功能,与人体的免疫功能提高有密切关系。探索和弄清食物中不同成分与细胞因子表达的关系,对科学运用食品保健有重要的指导意义。

第十二章 食品加工贮藏中的生物化学

第一节 植物性生鲜原料的主要成分

植物性生鲜原料中的化学成分不仅决定着其内在质量、营养价值和风味特点，也与贮藏、运输和加工处理密切相关。同时，其化学组成会因种类、品种、栽培条件、产地气候、成熟度、个体差异、采后的处理等因素而有很大差异。

一、水分

水果和蔬菜中含有大量的水分，一般鲜菜中含有 65%～95% 的水分，鲜果中含水量 73%～90%，尤其是新鲜果品中(因水分含量高而得名水果)，谷物类水分含量一般较水果、蔬菜少。水分是影响水果和蔬菜的嫩度、鲜度和味道的重要成分，与水果和蔬菜的风味也有密切关系。新鲜水果、蔬菜，只有当含水量充足时，才具有鲜嫩多汁的特点。水果和蔬菜失去水分变得萎蔫会降低品质。对含水量较低的水果和蔬菜原料，在制汁时，则须加水以提取其中的可溶性固形物。但是，水果和蔬菜含水量高，易变质和腐烂，会给贮运工作带来较大的困难。

二、糖类

食品中的糖类主要有葡萄糖、果糖、蔗糖等可溶性糖和淀粉、纤维素、果胶等多糖，是固形物的主要成分。

(一)可溶性糖

多数水果和蔬菜中含有的糖主要是葡萄糖、果糖、蔗糖等可溶性糖，这是水果和蔬菜甜味的主要来源。不同种类和品种的水果和蔬菜含糖量有很大差别。一般果品中的可溶性糖含量高于蔬菜。果品中含可溶性糖较多，可达 20% 以上，蔬菜中含可溶性糖较多的有胡萝卜(3.3%～6%)、洋葱(3.5%～7%)、南瓜(2.5%～9%)等，而一般的蔬菜其可溶性糖含量为 1.5%～4.5%。水果和蔬菜中糖的含量与其成熟度有密切联系，一般随着其成熟而增加，故成熟度高的水果和蔬菜较甜。但是块根、块茎类蔬菜和子仁类果品恰恰相反，成熟度愈高含糖量愈低。不同水果和蔬菜中糖的数量、种类和比例是不相同的，一般仁果类以果糖为主，核果类以蔗糖为主，浆果类主要是葡萄糖和果糖，柑橘类含蔗糖较多。在贮藏过程中，水果和蔬菜中的糖，会因其呼吸作用的消耗而逐渐降低含量。因此久贮后，某些水果和蔬菜的甜味及滋味会变淡，但有些种类的水果和蔬菜，因其中淀粉水解，含糖量有所增加。此外，水果和蔬菜中的还原糖(如葡萄糖、果糖)能与含有羰基的物质(如氨基酸)发生美拉德反应，从而使其色泽发生变化，这是在加工时必须解决的问题。

(二)淀粉

淀粉是多糖类，是高等植物体内糖类的主要贮藏形式，在植物界分布很广，其含量可因品种、气候、土质及其他生长条件而不同。淀粉在成熟度低的果品中含量大于成熟度高的，例如香蕉的绿果中淀粉含量为20%~25%，成熟后下降到1%以下。市场上销售的水果一般是完全成熟之前采摘的，这样一方面果实有一定的硬度利于运输和贮藏，另一方面在贮藏和销售的过程中，淀粉会在酶的作用下生成蔗糖或其他甜味糖，这种现象也称为后熟现象。并且在磷酸化酶和磷酸酯酶的作用下，此转变是可逆的。例如，马铃薯在0℃以下贮藏时块茎还原糖含量可达6%以上，而处于5℃以上时还原糖含量往往不足2.5%。与后熟现象相反，块根、块茎类蔬菜中的淀粉则与成熟度呈正相关，因为在成熟的过程中，其中的糖会转变为淀粉。水果和蔬菜中淀粉含量的多少会影响食用及加工产品的品质。

(三)纤维素和半纤维素

纤维素和半纤维素是水果和蔬菜中普遍存在的成分，蔬菜中的含量为0.2%~2.8%，果品中为0.5%~2.0%。纤维素和半纤维素共同构成植物细胞壁的主要成分，在水果和蔬菜的皮层、输导组织和茎中含量较多，对果蔬的品质与贮运有重要意义。纤维素含量少的水果和蔬菜，肉质柔嫩，食用品质高；反之，则肉质粗，皮厚多筋，食用品质低。此外纤维素在水果和蔬菜成熟衰老过程中含量的变化，也会影响食用品质。例如，芹菜、菜豆老化时，纤维素含量增加，使组织坚硬粗糙，品质变劣，影响食用口感。半纤维素既可以起到支撑组织的作用，又可发挥贮存功能，是一些果蔬呼吸作用的贮备基质。在制造水果汁和蔬菜汁时，纤维素和半纤维素常常作为渣弃去。虽然纤维素不能被人体消化吸收，但能刺激肠的蠕动和分泌消化液，具有帮助消化的功能。

纤维素具有高度的稳定性，可保护水果和蔬菜的组织免受机械损伤和微生物的侵害。因此，皮厚致密的水果和蔬菜较耐贮。

(四)果胶物质

果胶物质(含有甲氧基的半乳糖醛酸的缩合物)沉积在细胞初生壁和中胶层中，起着黏结细胞个体的作用，是水果和蔬菜中普遍存在的一种高分子物质。果胶物质以原果胶、果胶和果胶酸3种不同的形态存在于果蔬中，其中果胶存在于植物的汁液中，常见水果和蔬菜中果胶含量在1%左右，如苹果中约为0.47%，胡萝卜中约为1%。双子叶植物的细胞壁约含果胶35%。

果胶在一定条件下具有形成凝胶的特性，且具有一定的膨胀能力，可以严格控制水分的扩散，有助于食品的长期保藏，在加工果冻、果酱、果泥等产品过程中，得以广泛应用。需要注意的是，大多数蔬菜和一些果品中果胶即使含量高，但由于甲氧基含量低也缺乏凝胶能力。而果胶酸与钙盐结合可改善水果和蔬菜的脆硬性，有利于提高水果和蔬菜加工制品的脆度。值得注意的是，在制造澄清的水果汁和蔬菜汁时，果胶的存在会使汁液混浊，应予以除去。果胶物质在水果和蔬菜中的含量有区别，果品中果胶的凝胶作用强于蔬菜中的果胶。

三、有机酸

有机酸是影响水果和蔬菜滋味的主要成分之一。水果和蔬菜中的有机酸一部分以自由态存在，一部分则以结合态存在。

水果和蔬菜中的有机酸主要有苹果酸、柠檬酸、酒石酸及草酸，还有少量的苯甲酸、水杨酸、延胡索酸等。仁果类和大多数核果类水果中的有机酸主要是苹果酸，浆果类和柑橘类水果中的有机酸主要是柠檬酸，葡萄中的有机酸主要是酒石酸。蔬菜中的总酸量较低，有些蔬菜中的有机酸主要是草酸，但大多数蔬菜是以苹果酸和柠檬酸为主。分析水果和蔬菜中的酸含量时，多以其所含的主要有机酸为计算标准，以柠檬酸表示柑橘类的酸含量；仁果类、核果类则以苹果酸表示；大多数叶用蔬菜以草酸表示。

水果中的有机酸多以自由态存在，而蔬菜(番茄除外)中的有机酸多以有机酸盐的形态存在，所以蔬菜的pH(pH 5.5~6.5)比水果(pH 2.2~5.0)要高。

水果和蔬菜在热处理中，酸度会增加，其原因之一是温度升高，促进酸的电离；另一原因是蛋白质等一些具有缓冲作用的物质,受热后丧失活性,从而失去了缓冲能力。

提高食品的酸度,能减弱微生物的抗热性及抑制其生长,所以果蔬的 pH 是制定罐头杀菌条件的主要依据之一。水果和蔬菜热处理时,其中的有机酸会促进一些物质的酸水解,也会对金属器皿和设备有腐蚀作用,还与色素物质的变化和抗坏血酸的稳定性有关系。这是加工时应注意的问题。

四、色素物质

水果和蔬菜的色泽是其在生长过程中由各种色素物质变化而形成的,色素随水果和蔬菜的成熟过程而不断变化。因此色素的种类和特性关系着水果和蔬菜的新鲜度与成熟度的感官鉴定。色素的种类很多,按其溶解性及在植物体中存在状态可分为两类:一类是脂溶性色素(质体色素),常见的有叶绿素和类胡萝卜素;另一类是水溶性色素(液泡色素),常见的有花青素和黄酮类色素。

(一)叶绿素

叶绿素是形成水果和蔬菜绿色的色素。叶绿素是两种结构很相似的物质即叶绿素 a($C_{55}H_{72}O_5N_4Mg$)和叶绿素 b($C_{55}H_{80}O_6N_4Mg$)的混合物,通常叶绿素 a:叶绿素 b=3:1。叶绿素 a 呈蓝黑色,叶绿素 b 呈深绿色。在绿叶中,叶绿素 a 与叶绿素 b 的比例不同,叶色深浅也不同,叶色浅的叶绿素 b 的含量较高,叶色深的则叶绿素 a 含量较高。

叶绿素从绿色植物中提取后,可作食品天然的绿色着色剂。叶绿素在活体细胞中与蛋白质结合成叶绿体,细胞死后叶绿素释出。游离的叶绿素很不稳定,对光和热敏感;在稀碱中可水解为鲜绿色的叶绿素盐;而在酸性条件下分子中的镁原子被氢取代,生成暗绿至褐绿色的脱镁叶绿素,加热可使反应加快。当对水果和蔬菜进行热加工或罐藏杀菌时,热的作用可使叶绿体释放出叶绿素,会使制品颜色变化。一些绿色水果和蔬菜在加工前可用石灰水或氢氧化镁处理以提高 pH,从而保持其天然的色泽。

(二)类胡萝卜素

类胡萝卜素是由多个异戊二烯组成的一类色素,呈浅黄至深红色。类胡萝卜素广泛存在于水果和蔬菜中,果品中含量较多,绿色蔬菜中也含有,但被叶绿素掩盖而不显色。类胡萝卜素主要由胡萝卜素类和叶黄素两类组成。

胡萝卜素类($C_{40}H_{56}$)又称为叶红素类,包括番茄红素及 α-胡萝卜素、β-胡萝卜素、γ-胡萝卜素。它们是水果和蔬菜中主要的类胡萝卜素,呈现红色、红黄色和橙红色。胡萝卜素比较稳定,通常在碱性介质中比酸性介质中更稳定。胡萝卜素在胡萝卜、南瓜、番茄、绿色蔬菜中含量较多,果品中的杏、黄色桃等黄色的果实也含有。番茄红素是胡萝卜素的同分异构体,呈橙红色,是番茄中的主要色素,西瓜、柿子、柑橘、辣椒、南瓜等水果和蔬菜中也含有,但无维生素 A 的功效。

各种水果和蔬菜均含有叶黄素类($C_{40}H_{56}O_2$),其与胡萝卜素、叶绿素共同存在于水果和蔬菜的绿色部分,只有叶绿素被破坏才显现出叶黄素的色泽——黄色。叶黄素是绿色水果和蔬菜发生黄化的主要色素。

类胡萝卜素对热、酸、碱等都具有稳定性,因而含有这类色素的水果和蔬菜,经热加工后仍能保持其原有色泽。但光和氧能引起其分解,使水果和蔬菜褪色。因此,在加工和贮运时应采取避光和隔氧的措施。

(三)花青素

花青素(又称为花色素)多以花色苷的形式存在于水果和蔬菜中,它是形成水果和蔬菜的红色、紫红色、紫蓝色、蓝色等颜色的色素,主要存在于果皮和果肉细胞中。花青素是可溶性色素,在水果和蔬菜加工时(如水洗、烫漂)会大量流失。因此,处理水果和蔬菜特别是果类时要尽量避免揉捻操作。

花青素性质极不稳定,随着溶液 pH 的变化而不断地改变着颜色。在酸性介质中为红色,在碱性介质中呈现蓝色,而在中性介质中为紫色。花青素的这种变化,常使水果和蔬菜的加工制品失去原有的颜色。另外,花青素与铁、锡、铜等金属离子化合则呈现蓝色、蓝紫色或黑色,并能发生色素盐的沉淀,在加热时又能分解而褪色,从而使制品色泽暗淡;日晒也能促使其色素沉淀。因此,在加工水果和蔬菜时应避免与铁、锡等金属器具和设备接触,控制加热温度,注意 pH 的变化,防止日光辐射,以减少花青素的变色,从而保证制品的外观色泽。

(四)黄酮类色素

黄酮类色素又称为花黄素,多呈白色至浅黄色,是广泛存在于水果和蔬菜中的另一种水溶性色素,多以糖苷形式存在。黄酮类色素化合物的基本结构是苯基苯并吡喃酮,主要包括黄酮、黄酮醇、黄烷酮和黄烷酮醇,前两者为黄色,后两者为无色。最重要的是黄酮和黄酮醇的衍生物,它们具有维生素 P 的生理功效,是目前食品研究的热点之一。黄酮类色素,由于结构不同,遇铁离子可呈现蓝色、蓝黑色、紫色、棕色等颜色。在碱性介质中可呈现深黄色、橙色或褐色;在酸性条件下无色。当用碱处理某些含黄酮类色素的水果和蔬菜(如洋葱、马铃薯)时,往往会发生黄变现象,影响产品质量,而加入少量酒石酸氢钾即可消除。黄酮类色素对氧气敏感,在空气中久置会产生褐色沉淀。因此一些富含黄酮类色素的水果和蔬菜加工制品贮存过久会产生褐色沉淀。黄酮类色素的水溶液呈涩味或苦味。

五、维生素

维生素一般分为脂溶性维生素和水溶性维生素两类,脂溶性维生素包括维生素 A、维生素 D、维生素 E、维生素 K 等,水溶性维生素主要包括维生素 C 和 B 族维生素。水果和蔬菜是食品中维生素的重要来源,对维持人体的正常生理机能起着重要作用,保存和强化维生素含量,是食品加工中的一个重要课题,现介绍两种重要维生素在加工中的稳定性。

(一)维生素 C

维生素 C 又名抗坏血酸,有 L 型和 D 型两种异构体,其中只有 L 型具有生理功能。维生素 C 广泛存在于水果和蔬菜中,果品中的果实类含量较高,而仁果类和核果类含量较低。蔬菜中,维生素 C 含量最高的是辣椒,而叶菜类和根菜类含量较低。果皮中维生素 C 的含量高于果肉,因此应重视果皮的利用。

维生素 C 溶于水,在酸性溶液或浓度高的糖液中比在碱液中稳定,在有空气或其他氧化剂存在时则非常不稳定,分解速度受温度、pH、金属离子(特别是 Cu^{2+} 和 Fe^{3+})及紫外线的影响,因此在加工过程中会造成较大损失。但是如果在加工果品蔬菜过程中,使用 SO_2 处理,可以减少维生素 C 的损失。使用糖和糖醇也可保护维生素 C 免受氧化降解。此外,维生素 C 以其具有营养上的重要性和强还原性,常作食品加工中的营养强化剂、抗氧化剂、护色剂等。例如,利用维生素 C 的还原性有效抑制酶促褐变而作为面包的改良剂。由于维生素 C 的抗氧化活性,常用于保护叶酸等易被氧化的物质。

(二)维生素 A

维生素 A 又称为抗干眼病维生素,包括维生素 A_1 和维生素 A_2 两种。在植物体中并不存在游离的维生素 A,而是以具有维生素 A 活性的类胡萝卜素形式存在。水果和蔬菜中的类胡萝卜素可在动物体内转变成维生素 A。维生素 A 和类胡萝卜素溶于脂肪,不溶于水,对碱稳定,易被空气、氧化剂、紫外线等氧化,在无氧条件下对热稳定,即使加热至 120～130 ℃,也不会被破坏。所以加工过程中维生素 A 损失较少。此外可能是由于天然抗氧化剂的存在,自然状态下的维生素 A 要比纯粹制剂稳定得多。

为了减少水果和蔬菜中维生素 A 的损失,在贮运和加工中可采取控温、排气、添加保护剂等办法。不适当的加工和贮藏会对维生素 A 的活性产生负面的影响。例如,水果和蔬菜的罐装会显著引起类胡萝卜素的异构化，使以全反式构象为主的类胡萝卜素部分转变为顺式构象，从而引起维生素 A 前体活性的损失。大部分使维生素 A 失活的方式都是基于构象的改变。

六、矿物质

水果和蔬菜中的矿物质是人体所需矿物质的重要来源，一般含量（以灰分计）为 0.2%～3.4%，它们是以无机盐的形式或与有机物结合的方式存在的，其中大部分与有机酸结合，少量与果胶物质结合。水果和蔬菜中的矿物质大部分是钾、钠、钙等金属成分，少数为非金属成分。此外，水果和蔬菜中还含多种微量矿物质元素，如锰、锌、钼、硼等。水果类虽然呈现酸味，但是其灰分在体内呈碱性，因此属于碱性食品。

七、含氮物质

水果和蔬菜中存在的含氮物质种类很多，其中主要是蛋白质和氨基酸，此外还有酰胺、硝酸盐和亚硝酸盐。水果中含氮物质的含量一般为 0.2%～1.2%，以核果类、柑橘类最多，仁果类和浆果类含量较低。蔬菜中的含氮物质高于水果，一般含量为 0.6%～9%，豆类含量最多，叶菜类次之，根菜类和果菜类最低。

水果和蔬菜中所含的氨基酸与制品的色泽有关，会与还原糖发生美拉德反应产生黑色素。含硫氨基酸及蛋白质还会在高温杀菌时受热降解形成硫化物，引起变色。果实在生长和成熟过程中，游离氨基酸的变化与生理代谢变化密切相关。果实成熟时氨基酸中的蛋氨酸是乙烯生物合成中的前体。蛋白质与单宁可发生聚合作用，能使溶液中的悬浮物质随同沉淀，这一特性在果汁、果酒澄清处理中常采用。但蛋白质的存在常使水果和蔬菜的汁液发生泡沫、凝固等现象，从而影响产品质量。

八、单宁物质

单宁（鞣质）属于多酚类化合物，与水果和蔬菜的风味、色泽有密切关系。水果和蔬菜中水溶性单宁物质过多时会降低甜味，并有涩味。单宁物质在果蔬加工过程中，会引起酶促褐变，从而影响制品的色泽。此外单宁物质遇到某些金属时也会发生变色。

单宁物质在果品中普遍存在，在蔬菜中含量较少，未成熟果品的单宁含量高于成熟度高的，这就是未熟柿子口味特别涩，不堪食用的缘故。

九、糖苷类

植物性原料中存在各种糖苷，大多具有强烈的苦味或特殊的香气，有些还有毒性，应予以注意。水果和蔬菜中主要的糖苷有杏仁苷、茄碱苷、黑芥子苷和橘皮苷。

（一）杏仁苷

杏仁苷（$C_{20}H_{27}NO_{11}$）存在于多种果品的种子中，以核果类含量最多。杏仁苷在酶、酸或热的作用下水解，会有一种剧毒物氢氰酸（成人服用量在 0.05 g 左右即可致命）生成。故在利用含有杏仁苷的种子时，应注意除去氢氰酸。

（二）茄碱苷

茄碱苷又称为龙葵苷，其在酶或酸作用下发生水解。茄碱苷有毒且有苦味，主要存在于茄科的蔬菜中，而在茄科的马铃薯块茎中含量最多，未成熟的茄子和番茄中也含有，但当茄子和番茄成熟时含量降低，对人体不构成威胁。当马铃薯块茎发芽，或贮藏时受到光照射时，茄碱苷含量会增加，特别是绿色皮层和芽眼处含量更高，食用后会引起中毒，应特别注意。

（三）黑芥子苷

黑芥子苷普遍存在于十字花科蔬菜中，芥菜、辣根、萝卜中含量较高，具有苦味或辛辣味，在酶或酸作用下水解成具有特殊风味的芥子油。这一特性在蔬菜腌渍中很重要。

(四)橘皮苷

橘皮苷广泛存在于柑橘类果品中,以果皮中含量最高,是柑橘类苦味的来源。其含量随品种和成熟度而异。橘皮苷在稀酸中加热或随着果实的成熟而逐渐水解,可溶于碱性溶液且呈现黄色,但在酸性溶液中会生成白色沉淀。因此,柑橘类水果加工中常会出现白色混浊沉淀。

十、芳香物质

芳香物质(挥发油)是形成水果和蔬菜的香气和风味的主要成分,组成复杂,种类繁多,但含量甚微,多呈现油状,主要是由醇、醛、酮、烃、萜、烯等有机物组成。也有一些植物(如蒜、葱)的芳香物质是以糖苷或氨基醇状态存在,必须在酶作用下才产生芳香物质。

水果和蔬菜的种类不同,所含芳香物质的种类也不同;同一水果和蔬菜中,因部位不同,亦有所不同。除核果类外,果品的果皮中含芳香物质较多,其中以柑橘类果皮中最多(1.5%~2%),故柑橘类水果的香精油往往从果皮中提取。在果汁的生产过程中,香精油会从果皮中转移到果汁中,改变其风味,但是在果汁贮藏时,醛类和酮类含量有所增加,特别是微生物活动产生的丁二酮和乙酰甲基甲醇,使果汁变质。蔬菜中芳香物质的种类和含量因蔬菜种类的不同而异,分别存在于根(萝卜)、茎(大蒜)、叶(香菜)和种子(芥菜)中。蔬菜的香气远不如水果的香气丰富,多数蔬菜的香气比较清淡,如新鲜黄瓜的黄瓜醇和黄瓜醛。蔬菜中的香气成分容易挥发、氧化、聚合,因此烹调时不宜长时间加热。

十一、油脂类

油料作物中油脂含量较高,水果和蔬菜中所含的油脂类主要是不挥发的油脂和蜡质。水果和蔬菜种子多含有油脂,如南瓜子含34%~35%,西瓜子含19%,其他器官则较少。仁果类果品大多富含油脂,在贮存过程应注意防止油脂氧化。蜡存在于蔬菜的茎、叶和果品的表面,有保护作用,可防止水分和微生物的侵入,减少水果和蔬菜本身水分的散失。因此水果和蔬菜在采收贮运时必须保护蜡层。

十二、酶

水果和蔬菜中的酶种类多样,主要有两大类在果蔬采后物质变化中发挥作用。其一是氧化酶,包括酚酶、过氧化氢酶、维生素C氧化酶、过氧化物酶等。例如,维生素C氧化酶广泛分布在香蕉、胡萝卜和莴苣中,与维生素C的消长有很大关系。过氧化氢酶存在于水果和蔬菜的铁蛋白内,可防止组织中的过氧化氢积累到有毒的程度,并且在成熟过程中,随着水果和蔬菜氧化活性的增强,过氧化氢酶的含量增加。其二是水解酶,包括果胶酶、淀粉酶等,许多水果在成熟时淀粉逐渐减少或消失就是由淀粉酶和磷酸化酶引起的。

在水果和蔬菜的加工中有时要抑制酶的作用。例如,为防止水果和蔬菜的酶促褐变,要对相关酶进行活性钝化;有时要利用酶的活性,如利用淀粉酶就可将果蔬汁中少量淀粉去除。

第二节 植物性原料采后代谢活动

新鲜的水果、蔬菜等植物性原料,在生物学上虽然都已经离开母体,但仍然具有活跃的生物化学活性。但这种生物活性的方向、途径、强度则与整体生物有所不同。生长发育中的植株,主要的生理过程有光合作用、吸收作用(水分及矿物盐的吸收等)和呼吸作用。采收后的新鲜水果和蔬菜仍然具有活跃的生理活动,并且很大程度上是在母株上发生过程的继续,但是采收后的水果和蔬菜与整株植物的新陈代谢具有显著不同的特点。生长中的整株植物同时存在着两种过程,一方面是同化(合成)作用,另一方面是异化(分解)作用;而在采收后的水果和蔬菜中,由于切断了养料供应来源,组织细胞只能利用内部贮存的营养来进行生命活动,也就是主要存在异化(分解)作用。

一、水果、蔬菜等植物性原料采后的呼吸活动

(一)呼吸代谢的化学途径

在植物组织中,呼吸作用的基本途径包括糖酵解、三羧酸循环、磷酸戊糖途径等。在未发育成熟的植物组织中,几乎整个呼吸作用都通过糖酵解-三羧酸循环这一代谢主流途径进行;在组织器官发育成熟以后,则整个呼吸作用中有相当大的部分(一般是25%左右)为磷酸戊糖途径所代替,如在辣椒中为28%~36%,在番茄中为16%。

(二)新鲜水果、蔬菜组织的呼吸强度

不同种类植物的呼吸强度不同,同一植物不同器官的呼吸强度也不同。各器官具有的构造特征,也在它们的呼吸特征中反映出来。叶片组织的特征表现在其结构有很发达的细胞间隙,气孔极多,表面积巨大,因而呼吸强度大,不易在普通条件下保存。

各种水果和蔬菜组织的疏密程度不等,因而组织间隙中气体的含量也不相同。肉质的植物组织,由于不易透过气体,所以呼吸强度也较叶片组织低。组织间隙气体组成中,CO_2含量比大气中多,而O_2则比大气稀少得多。组织间隙中的CO_2是呼吸作用产生的,由于气体交换不畅而滞留在组织中。有人测定苹果及柠檬果肉中的气体组成,结果为:苹果中平均含CO_2 7.5%、O_2 13.9%,成熟柠檬中平均含CO_2 8.5%、O_2 11.5%。由表层向果心,CO_2的含量逐渐增高,而O_2则逐渐减少。例如,在苹果表层组织中,CO_2含量为10.1%,O_2含量为11.9%;在果心附近,CO_2含量为27.4%,而O_2含量仅为1.4%。

(三)影响水果、蔬菜等植物性原料呼吸代谢的因素

1. 温度的影响 水果和蔬菜组织呼吸作用的温度系数(Q_{10})一般为2~4,依种类、品种、生理时期、环境温度不同而异。

环境中温度高时,组织呼吸旺盛的蔬菜,在室温下放置24 h可损失其所含糖分的1/3~1/2。一般说来,降温冷藏可以降低呼吸强度,减少水果和蔬菜的贮藏损失。但呼吸强度并非都是随温度降低而降低,例如,马铃薯的最低呼吸率在3~5 ℃而不是在0 ℃。各种水果和蔬菜保持正常生理状态的最低适宜温度不同,因为不同植物的代谢体系是在不同温度条件下建立的,所以对温度降低的反应也不同。例如,香蕉不能贮存在低于12 ℃的温度下,否则就会发黑腐烂;柠檬以3~5 ℃为宜;苹果、梨、葡萄等只要细胞不结冰,仍能维持正常的生理活动。

除了温度的高低以外,温度的波动也影响呼吸强度。在变温条件下,胡萝卜的糖分呼吸损耗增加43%,菠菜增加30%,葱增加15%。

温度不同,植物组织呼吸对不同底物的利用程度也不同。对柑橘类水果的研究表明,在3 ℃下经5个月的贮藏,含酸量降低2/3,而在6 ℃下仅降低1/2。在甜菜中也发现类似情况。由此可见,植物组织处于不至于冻伤的低温下,可以降低呼吸作用的强度,减少物质的损失。

2. 湿度的影响 生长中的植株一方面不断由其表面蒸发水分,一方面由根部吸收水分从而使水分得到补充。收获后的水果和蔬菜已经离开了母株,水分蒸发后组织干枯、凋萎,破坏细胞原生质的正常状态,游离态的酶比例增加,细胞内分解过程加强,呼吸作用大大增强,少量失水就可使呼吸消耗成倍增加。

为了防止水果和蔬菜组织水分蒸发,贮存水果和蔬菜环境中的相对湿度以保持在80%~90%为宜。湿度过大以至饱和时,水蒸气及呼吸产生的水分会凝结在水果和蔬菜的表面,形成"发汗"现象,为微生物的滋生创造条件,因此必须避免。湿度过低,则会导致原料失水萎蔫,严重失水后则

会造成原料组织细胞内代谢紊乱，加速营养成分的分解代谢。

3. 气体成分的影响 改变环境的气体组成可以有效地控制植物组织的呼吸强度。空气中含 O_2 过多会刺激呼吸作用，降低 O_2 含量可降低呼吸强度。例如，苹果在 2.3 ℃下贮存，在含 O_2 1.5%～3%的空气中，其呼吸强度仅为同温下正常大气中的 39%～63%。CO_2 一般可强化减少 O_2 对降低呼吸强度的效应，在含 O_2 1.5%～1.6%、含 CO_2 5%的空气中于 3.3 ℃下贮存的苹果的呼吸强度仅为对照组的 50%～64%。减少 O_2 与增加 CO_2 对植物组织呼吸的抑制效应是可叠加的。根据这一原理制定的以控制空气中 O_2 和 CO_2 浓度为基础的贮藏方法称为气调贮藏法（controlled atmosphere）、调气贮藏法（modified atmosphere）。每种水果和蔬菜都有其特定的临界需氧量，低于临界量，组织就会因缺氧呼吸而受到损害。在温度为 20 ℃时，几种水果蔬菜的临界需氧量为：菠菜和菜豆约 1%，石刁柏约 2.5%，豌豆和胡萝卜约 4%，苹果约 2.5%，柠檬约 5%。

4. 机械损伤及微生物感染的影响 植物组织受到机械损伤（压、碰、刺伤）和虫咬，以及受微生物感染后都可促使呼吸强度增高，即使一些看来并不明显的损伤都会引起很强的呼吸增强现象。

5. 龄期与呼吸强度的关系 水果和蔬菜的呼吸强度不仅依种类而异，而且因龄期而不同。幼嫩组织和器官具有较高的呼吸强度，接近成熟的水果和蔬菜的呼吸强度则逐渐降低。

二、水果、蔬菜等植物性原料成熟和衰老过程的生物化学变化

从植物学角度讲，成熟是指植物种子的胚发育完全、具有萌发成新植株能力时的状态。在胚发育的同时，种子内聚积了保证植物开始生长所必需的营养物质。种子由开始成熟（初熟）到完全成熟（完熟）是一个过程，在此过程中，干物质迅速增加，水分迅速减少。

多汁果实的成熟和种子的成熟一样，也伴随着营养物质的积累，但这些物质并不用作种胚的营养。种子的成熟与果肉的成熟是一致的，当种子尚未成熟时，果肉有不可口的涩味或酸味，组织生硬；种子成熟以后，水果果肉的食用质量达到最佳状态。

(一)色素物质及单宁的变化

1. 色素物质的变化 成熟过程伴随着一系列的生物化学变化，就色素而言，其构成了水果和蔬菜的色泽，而水果和蔬菜的色泽在一定程度上也反映了其新鲜度、成熟度、品质变化等，是水果和蔬菜质量感官评价的重要指标，也是检验水果和蔬菜成熟和衰老的依据。从结构上可将植物色素分为吡咯色素、多烯色素、酚类色素、醌酮色素等。

(1)吡咯色素。吡咯色素中最主要的是叶绿素，在正常发育的水果和蔬菜中，叶绿素的合成作用大于分解作用，外表看不出绿色的变化。植物原料采收后，叶绿体蛋白与其辅基叶绿素分离，游离的叶绿素在叶绿素酶作用下极易水解为脱叶醇基叶绿素和叶绿醇，并进一步降解成无色产物。因此对于大多数果实来讲，最早的成熟象征就是绿色的消失，即叶绿素含量的减少。

(2)多烯色素。多烯色素主要是指类胡萝卜素，是一类相对稳定的色素，使水果呈现红色、红黄色或者橙红色。在未成熟果实和叶片中，叶绿素的颜色掩盖了类胡萝卜素，所以外观上仍显绿色。随着水果和蔬菜的成熟，叶绿素分解，类胡萝卜素的含量迅速增加使它们的颜色开始逐渐显现出来。多烯色素在采后贮藏运输过程中的损失相对其他几类色素而言较少。

(3)酚类色素。酚类色素是植物中水溶性色素的主要成分，花青素即属于这一类，它使果实和花呈现红色、紫色、蓝色等颜色。花青素极不稳定，在不同的 pH 条件下呈现不同的颜色，在贮藏加工中极易氧化损失。此外花青素是一种感光性色素，它的形成需要日光，一般在果实成熟时才合成，往往含糖量高时，花青素含量也高。

(4)醌酮色素。姜黄色素、红曲色素和紫草色素属于这一类。姜黄色素在中性和酸性溶液中呈黄色，在碱性溶液中呈褐红色，对光和热稳定性差，对蛋白质着色力强。红曲色素较耐光和热，对酸和碱稳定，不易被氧化或还原。紫草色素对光稳定，可溶于热水、稀酸溶液和稀碱溶液，在碱性

溶液中呈蓝色，在中性溶液中呈紫色，在酸性溶液中呈红紫色。

2. 单宁的变化 嫩果实常含多量单宁而具强烈涩味，在成熟过程中涩味逐渐消失，其原因可能有3种：单宁与呼吸中间产物乙醛生成不溶性缩合产物；单宁单体在成熟过程中聚合为不溶性大分子；单宁氧化并聚合成大分子聚合物。

(二)果胶物质的变化

多汁果实的果肉在成熟过程中变软是由于果胶酶活力增强而将果肉组织细胞间的不溶性果胶物质分解，果肉细胞失去相互间的联系。各种形态的果胶物质具有不同的特性，在不同酶的作用下，会使其形态发生变化，变化过程如图12-1所示。

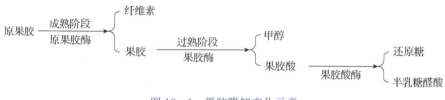

图12-1 果胶降解变化示意

未熟水果和蔬菜的组织中，果胶物质是原果胶形式。由于原果胶不溶于水且有很强的黏着力，使各个细胞相连紧密，因而表现出坚硬的状态。随着水果和蔬菜的成熟，在原果胶酶的作用下，原果胶变为果胶，细胞间的结合力减弱，细胞分离，从而使水果和蔬菜组织变软。因此，果胶的溶解是最根本和最重要的果实成熟特性。成熟的水果和蔬菜向过熟期变化时，果胶在果胶酶的作用下，变为不具黏性的果胶酸与甲醇，从而使组织的肉质变成软烂的状态。

(三)芳香物质的变化

形成水果和蔬菜的香味是极为复杂的化学变化的结果，人们对其机制多数还不甚了解。芳香物质主要是指一些醛、酮、醇、酸、酯类物质，其形成过程常与大量O_2的吸收有关，可以认为是成熟过程中呼吸作用的产物。各种水果和蔬菜都含有特有的芳香物质，例如梨、桃和李的芳香成分主要是有机酸和醇产生的酯类，芹菜的芳香是其茎叶中含有芹菜油丙酯和芹菜油酸酐。水果和蔬菜在采后贮藏过程中也会形成一些芳香物质。同时，所含的挥发性风味物质由于挥发和分解作用而含量降低，但是低温贮藏的果蔬，其风味物质含量的降低可以得到有效抑制。

(四)维生素C的变化

果实通常在成熟期间大量积累维生素C。维生素C是己糖的衍生物，它的形成也与成熟过程中的呼吸作用有关。表12-1所示为番茄成熟过程中维生素C及类胡萝卜素等的变化，过熟以后，这些物质都显著减少。

表12-1 番茄成熟过程中维生素C及类胡萝卜素的变化（μg/kg）

成熟程度	维生素C含量	胡萝卜素含量	叶黄素含量	番茄红素含量
绿色	15	0.248	1.544	0
绿而发白	17	0.320	1.220	痕量
肉红色	22	1.265	0.093	1.92
成熟	20	2.703	0.040	2.82
过熟	10	1.124	0.010	2.65

维生素C是一种不稳定的维生素，且水果和蔬菜本身具有促使维生素C氧化的酶，一般在低温低氧的条件下贮藏果蔬，可以降低或延缓维生素C的损失。

(五)糖酸比的变化

多汁果实在发育初期由于其叶片流入果实或种子中的糖分在果肉组织细胞内转化为淀粉贮存，因而缺乏甜味，有机酸的含量较高。随着果实的成熟，淀粉又转变为糖，而有机酸则优先作为呼吸底物被消耗掉，糖分与有机酸的比例上升。糖酸比是衡量水果风味的一个重要指标，表12-2列出了橘子成熟过程中糖、酸含量变化。

表12-2 橘子成熟过程中糖、酸含量变化

日 期	果皮色泽	果实直径 mm	%	果实质量 g	%	含糖量/% 转化糖	蔗糖	总糖量	含酸量/%	糖/酸
10月4日	绿色	40	100	35	100	0.84	1.78	2.78	2.96	0.9
10月12日	初变黄	42	105	38	110	1.23	2.59	3.82	2.42	1.6
11月12日	半变黄	46	112	43	125	1.84	3.25	5.09	1.26	4.0
11月16日	变黄	48	120	46	133	1.97	4.36	6.33	1.24	5.1
12月2日	黄色	49	123	49	141	2.18	5.23	7.41	1.17	6.3
12月10日	黄色	49	123	51	146	2.56	5.74	8.30	1.18	7.0

三、水果、蔬菜等植物性原料成熟和衰老过程中的呼吸作用特征

(一)呼吸跃变现象

果实的呼吸趋势是指果实在不同的生长发育阶段呼吸强度起伏的模式。呼吸强度一般是果实幼小时高，随着果实成熟而下降。许多种类水果在成熟过程中呼吸强度有一特征性的上升现象，称为呼吸跃变现象(climacteric phenomenon)。呼吸跃变的顶点是果实完全成熟的标志，过了顶点，果实进入衰老阶段。根据跃变的有无，可将水果分为跃变型果实和非跃变型果实两类(表12-3)。跃变型果实(又称为高峰型果实)和非跃变型果实(又称为无高峰型果实)在对乙烯的反应上存在明显区别。乙烯对非跃变型果实只引起一瞬间的呼吸增强反应，并且这种反应可以出现多次，不管在未熟期、成熟期或衰老期都可以出现。而跃变型果实只能在未出现呼吸跃变之前施用乙烯(不管是0.1 μL/L还是1 000 μL/L)才出现呼吸跃变和促进成熟，如果在出现呼吸跃变之后施用乙烯，就没有增强呼吸和促进成熟的作用(图12-2)。果实的跃变型与非跃变型的根本生理区别，在于后熟过程中是否产生内源乙烯。有呼吸跃变的水果，一般在呼吸跃变之前收获，在受控制条件下贮存，到食用前再令其成熟。无呼吸跃变现象的水果则不需要提前采收。

表12-3 可食用果实呼吸类型的分类

跃变型果实		非跃变型果实	
苹果	桃	可可	荔枝
杏	梨	樱桃	甜瓜
鳄梨	李子	黄瓜	橄榄
香蕉	番茄	无花果	柑橘
芒果	西瓜	葡萄	菠萝
木瓜		草莓	柠檬

绿叶蔬菜没有明显的呼吸跃变现象，因此在成熟与衰老之间没有明显的区别。

(二)呼吸方向的变化

果实在成熟过程中，呼吸方向发生明显的质的变化，由有氧呼吸转向无氧呼吸，随着氧浓度增加，呼吸加强；当氧浓度降低时，呼吸减弱。但贮藏蔬菜应控制环境条件，使氧浓度保持在最低水平，即使有氧呼吸量达最低点，却不发生无氧呼吸或无氧呼吸作用甚微。因为无氧呼吸要消耗大量贮藏物质，同时在果肉中积累乙醇等化合物，有碍正常生理进行。在果实成熟前，乙烯的生成量最大，而乙烯是加速果实成熟的调节物质，是一种植物激素。

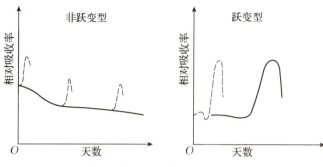

图 12-2 跃变型果实和非跃变型果实对乙烯的反应
(实线代表空气,虚线代表空气加乙烯)

第三节 采后贮藏期间乙烯的影响

植物激素在调节植物性原料,特别在水果和蔬菜成熟与衰老中起重要作用,这些植物激素主要包括乙烯、脱落酸、生长素、赤霉素和细胞分裂素。其中主要是乙烯,乙烯是植物内源激素中结构最简单的一种,但对水果和蔬菜的成熟衰老影响最大,微量的乙烯(0.1 mg/L)就可诱导水果和蔬菜的成熟。本节重点介绍乙烯的生物合成及其与植物性原料采后成熟的关系等方面的基本知识。20世纪70年代,美籍华人杨祥发在乙烯生物合成途径及其调节作用的研究中取得了重大进展,使乙烯的研究工作向前迈进了一大步。通过抑制或促进乙烯的产生,可调节水果和蔬菜的成熟进程,影响贮藏寿命。

一、乙烯的分布和生物合成

(一)乙烯的分布

乙烯(ethylene)是简单的不饱和碳氢化合物。在生理环境的温度和压力下,是一种比空气轻的气体。高等植物各器官都能产生乙烯,不同组织、器官和发育时期,乙烯的生成量是不同的。成熟组织释放乙烯较少,一般为 0.01~10 nL/(g·h)(按鲜物质计),分生组织、种子萌发、进入凋谢期的花和果实成熟时产生的乙烯最多,某些真菌和细菌也有产生乙烯的能力。

(二)乙烯的生物合成

许多试验表明,甲硫氨酸(methionine)是乙烯的前身。用 ^{14}C 标记的甲硫氨酸的 C_3 和 C_4,发现新形成的乙烯就标记上 ^{14}C,说明 C_3 和 C_4 转变为乙烯。Adams 和杨祥发在 1977 年证实,甲硫氨酸转变为 S-腺苷甲硫氨酸(S-adenosylmethionine,SAM),催化 S-腺苷甲硫氨基酸在 1-氨基环丙烷-1-羧酸(1-aminocyclopropane-1-carboxylic acid,ACC)合酶的催化下合成 ACC,ACC 在有氧条件下和乙烯形成酶(ethylene forming enzyme,EFE)催化下形成乙烯。

植物组织的甲硫氨酸水平太低,要维持正常的乙烯产率,硫一定要再循环。试验证明,甲硫氨酸的甲硫基(—SCH_3)是保留在植物组织内的。在产生 ACC 的同时,也形成 $5'$-甲硫基腺苷($5'$-methylthioadenosine,MTA),接着水解为 $5'$-甲硫基核糖($5'$-methylthioribose,MTR),MTR 的甲硫基(—SCH_3)再转变回甲硫氨酸。ACC 除了形成乙烯以外,也会转变为结合物 N-丙二酰 ACC (N-malonyl-ACC,MACC),是不可逆反应,因此 MACC 是失活的最终产物,它有调节乙烯生物合成的作用。乙烯生物合成途径如图 12-3 所示。

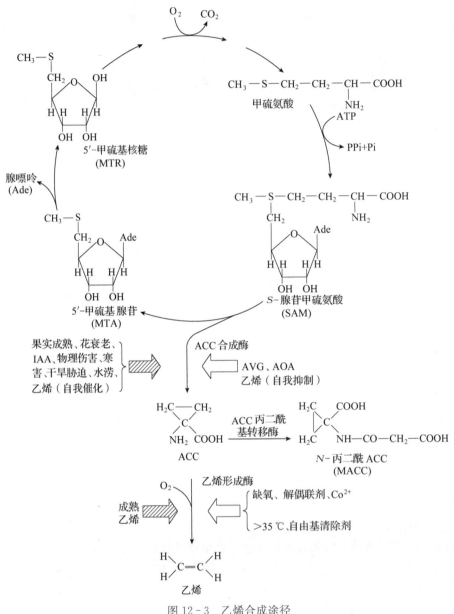

图12-3 乙烯合成途径

二、乙烯与水果和蔬菜成熟衰老的关系

(一)乙烯促进成熟与衰老

我国劳动人民早就知道点香熏烟可以促进香蕉的成熟，Cousin 在 1910 年发现，甜橙与香蕉混放运输，甜橙放出的气体能使香蕉提前成熟。后来发现，诱发因素不在甜橙本身，而是腐烂甜橙上的真菌所释放的乙烯引起的催熟作用。在果实发育和成熟阶段均有乙烯产生，跃变型果实在呼吸跃变开始到呼吸跃变高峰时内源乙烯的含量比非跃变型果实高得多，而且在此期间内源乙烯浓度的变化幅度也比非跃变型果实要大。

一般认为乙烯浓度的阈值为 0.1 μg/g，不同果实的乙烯阈值是不同的，而且果实在不同的发育期和成熟期对乙烯的敏感度也不一样。一般来说，随果龄的增大和成熟度的提高，果实对乙烯的敏感性提高。幼果对乙烯的敏感度很低，即使施加高浓度外源乙烯也难以诱导呼吸跃变。但对于即将进入呼吸跃变的果实，只需用很低浓度的乙烯处理，就可诱导呼吸跃变出现。在同样的温度下，用

300 mg/L 的乙烯催熟温州蜜柑，对于采收时已经开始转黄的果实，处理后 4~5 d 就可完全转黄；而完全青绿时采收的果实，处理后 8~10 d 果实还不能正常转黄。

乙烯是成熟激素，可诱导和促进跃变型果实成熟，对于某些果实，乙烯是后熟软化速度的决定因子。陈昆松等(1999)研究表明，猕猴桃在 20 ℃后熟过程的软化启动阶段(贮藏前 6 d)，乙烯释放量很低，仅为 0.05~0.71 μg/(g·h)，随着果实进入快速软化阶段，乙烯开始了自身催化，大量合成乙烯，当果实完熟时，乙烯跃变峰出现；外源乙烯处理加速猕猴桃的后熟软化进程，使乙烯生成高峰期提前到来，并增加高峰期的乙烯生成量。

(二)乙烯作用的机理

乙烯是一种小分子气体，它在植物性原料中有很大的流动性。关于乙烯促进成熟的机理，目前尚未完全清楚，主要有以下几种观点。

1. 提高细胞膜的透性 这种观点认为乙烯的生理作用是通过影响膜的透性而实现的。乙烯在油脂中的溶解度比在水中高 14 倍，而细胞膜是由蛋白质、脂类、糖类等组成，乙烯作用于膜的结果会引起膜性质的变化，膜透性增大，底物与酶的接触增加，从而加速水果和蔬菜的成熟。有人发现乙烯促进香蕉切片呼吸上升的同时，从细胞中渗出的氨基酸量也增加，表明膜透性增大。用乙烯处理甜瓜果肉也发现类似现象。但这是否为乙烯直接作用的结果，仍未能确定。

2. 促进 RNA 和蛋白质的合成 乙烯能促进跃变型果实中的 RNA 合成，这一现象在无花果和苹果中都曾观察到。表明乙烯可能在蛋白质合成系统的转录水平上起调节作用，导致与成熟有关的特殊酶的合成，促进果实成熟。

3. 乙烯-受体复合物 根据激素作用受体概念，一般认为，在乙烯起生理作用之前，首先要与某种活化的受体分子结合，形成激素-受体复合物，然后由这种复合物去触发初始生物化学反应，后者最终被转化为各种生理效应。目前未发现乙烯参与植物体内的生物化学反应或作为辅酶因子，但它可与金属离子结合。所以 Burg 等(1976)认为，乙烯在活体内与一个含金属的受体部位结合，从而激发成熟与衰老过程。

(三)乙烯与果实的人工催熟

果实的人工催熟就是利用人工方法加速后熟过程，也就是采取各种措施来加强酶的活力，促进果实的后熟过程中各种复杂的生理、生化作用。加速后熟过程的因素包括适宜的温度、一定的氧气含量及促进酶活力的物质。试验证明，乙烯是很好的催化剂，能提高氧对果实组织原生质的渗透性，促进果实的呼吸作用和有氧参与的其他生物化学过程。同时乙烯能改变果实的酶的催化方向，使水解酶类从吸附状态转变为游离状态，从而增强果实成熟过程的水解作用。

人工催熟有重要的经济意义，例如番茄可以提前采收，然后用乙烯催熟。某些水果如巴梨(Bartlet pear)、香蕉等，如到自然成熟后再采收，很快就会变得过熟而无法保存，必须在果实变为淡绿色尚未转黄，质地尚硬时采收，然后在消费前催熟。乙烯的同系物和一氧化碳也有催熟的作用，其催熟效果顺序为乙烯＞丙烯＞一氧化碳＞乙炔，实践中广泛采用的为乙烯。20 世纪 60 年代末合成了一种能逐渐释放乙烯的合成生长调节剂氯乙基磷酸，通常用其 0.05%~0.1%(以纯品计)溶液，3~5 d 即可使柿、西瓜、杏、苹果、柑橘、梨、桃等成熟。随着科技的发展，越来越多的乙烯同系物或同工物被研制出来，在生产中产生了明显的效益。

第四节　动物屠宰后组织中的生物化学

一、动物屠宰后组织代谢的一般特征

动物在屠宰后，机体组织中由于许多酶活性的存在，所以在一定时间内仍具有相当水平的代谢

活动。但屠宰前的正常生物化学过程被改变，发生许多死亡后特有的生物化学过程。特别是在物理特征方面出现死亡僵直或称尸僵的现象。死亡动物组织中的生物化学活动一直要延续到组织中的酶因自溶作用而完全失活为止。动物死亡后的生物化学与物理化学变化过程可以划分为尸僵前期、尸僵期和尸僵后期3个阶段。

(一)尸僵前期

在尸僵前期，肌肉组织柔软、松弛，生物化学特征是ATP及磷酸肌酸含量下降，无氧的酵解作用活跃。

(二)尸僵期

在尸僵期，尸体僵硬。哺乳动物死亡后，僵化开始于死亡后8～12 h，经15～20 h后终止。鱼类死后僵化开始于死后1～7 h，持续时间为5～20 h。尸僵期的生物化学特征是磷酸肌酸消失，ATP含量下降，肌肉中的肌动蛋白及肌球蛋白逐渐结合，形成没有延伸性的肌动球蛋白，结果形成僵硬状态，即尸僵。

在食品加工中将处于尸僵期的肉称为僵直肉，此肉特征为肉质粗硬、缺乏风味，其主要原因是持水性能降低。所以在煮制加工时，因肌肉失去大量的水分，肉的嫩度与多汁性差，口感粗硬。

(三)尸僵后期

在尸僵后期，尸僵缓解。在此期间肌肉中的pH下降至最终pH，糖酵解系统和ATP酶已经被钝化。即使还有少量的肌糖原和ATP也不再分解。肌肉中的生物化学特征主要是组织蛋白酶的释出并活化，肌肉蛋白质发生部分水解，水溶性肽及氨基酸等非蛋白氮含量增加。此作用一方面使肉变软，持水性能提高；另一方面，产生一些肉香母体物质，是构成肉香气和鲜味的重要成分。在此阶段，肉的食用质量随着尸僵缓解达到最佳适口度。

将解僵(即尸僵后期肉质变软时)的肉类放置在适当的低温下贮藏，可使其增加风味，此过程称为肉的成熟。肉在成熟过程中发生的各种变化实际上在解僵期就已经发生了。因此从过程上来看，肉的解僵和成熟之间没有严格的界限。但是若肉成熟过度，就会发生自溶，反而会降低肉的质量，甚至不能食用。如果伴随有微生物的污染，还可导致肉的腐败。

动物死后体内组织发生的主要变化归纳于图12-4。

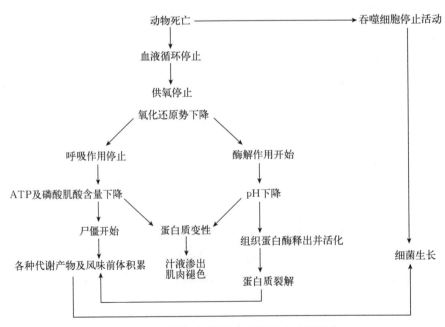

图12-4 动物死后体内组织发生的主要变化

二、动物屠宰后组织呼吸途径的转变

正常生活的动物体内,虽然并存着有氧呼吸和无氧呼吸,但主要的呼吸过程是有氧呼吸。动物宰杀后,血液循环停止而供氧也停止,组织呼吸转变为无氧的糖酵解途径,最终产物为乳酸。死亡动物组织中糖原降解有水解和磷酸解两条途径。

1. 水解途径　糖原水解的基本过程是:糖原→糊精→麦芽糖→葡萄糖→6-磷酸葡萄糖→乳酸。在鱼类肌肉中,糖原降解途径主要是水解途径。

2. 磷酸解途径　糖原磷酸解的基本过程是:糖原→1-磷酸葡萄糖→6-磷酸葡萄糖→乳酸。在哺乳动物肌肉中,磷酸解途径为糖原降解的主要途径。

无氧呼吸产物乳酸在肌肉中的积累导致肌肉 pH 下降,使糖酵解活动逐渐减弱至停止。

三、动物屠宰后组织中 ATP 含量的变化

(一)肌肉中 ATP 含量变化对肉风味的影响

动物屠宰后,肌肉中的糖原不能被氧化为 CO_2 和 H_2O,因而失去了供给肌肉 ATP 的主要来源。在正常有氧条件下,糖原上的每个葡萄糖残基经生物氧化可净生成 32 分子的 ATP;但在无氧酵解中,每一个葡萄糖残基只能净生成 2 分子 ATP,使 ATP 的产生大大减少。此外在肌肉中 ATP 酶的作用下,可使 ATP 不断地分解,含量也不断减少。但是在动物刚死后的短时间内,肌肉中的 ATP 还能保持一定水平。其原因是肌肉中的磷酸肌酸激酶的作用,使肌肉的磷酸肌酸将高能磷酸基转交给 ADP 生成 ATP。一旦磷酸肌酸耗尽,ATP 含量就会显著降低。

ATP 在 ATP 酶催化下分解为 ADP、AMP 后还可进一步降解为次黄嘌呤核苷酸(IMP)、肌苷、次黄嘌呤和戊糖,其中产生的次黄嘌呤核苷酸(肌苷酸)是动物肉香及鲜味的重要成分。由此可见,动物宰杀后,肌肉中 ATP 的分解,次黄嘌呤核苷酸的产生可使肉的风味增强,这也是肉成熟的一个标志。但次黄嘌呤核苷酸继续分解为肌苷及碱基是无味的,所以肉存放太久后肉香味会消失。

(二)ATP 含量减少与尸僵的关系

肌肉纤维由许多肌原纤维组成,是肌肉收缩的基本单元。在电子显微镜下观察,肌原纤维之间由小管状的肌质网隔开。每条肌原纤维由两组纤维状部分组成,较粗的部分是肌球蛋白,较细的部分是肌动蛋白。在生理状态下,肌原纤维的收缩是肌动蛋白细丝沿着肌球蛋白粗丝滑动的结果。收缩的能量来自 ATP 的水解,并由 Ca^{2+} 浓度进行调控,而 Ca^{2+} 浓度又由肌质网调控。

肌球蛋白的头部具有 ATP 酶活性。实验证明,单独肌球蛋白水解 ATP 的速度很快,但释放其产物 ADP 和 Pi 的速度很慢。当肌动蛋白与肌球蛋白-ADP-Pi 复合体结合时,可加快 ADP 和 Pi 的释放,并形成收缩状态的肌动球蛋白(肌动蛋白-肌球蛋白复合体)。肌动球蛋白再与 ATP 结合,此结合使之解离为肌动蛋白和肌球蛋白-ATP,后者再转变成肌球蛋白-ADP-Pi 复合体。此为 ATP 水解推动的肌动蛋白和肌球蛋白结合与解离的一次循环过程,即肌肉的收缩过程。此过程还需 Ca^{2+} 及 Mg^{2+} 离子的作用。肌肉纤维接受中枢神经传来的信息冲动后,肌质网就放出 Ca^{2+},促进肌动蛋白与肌球蛋白的接触,形成肌动球蛋白。而肌浆中的 Mg^{2+} 具有促使肌动球蛋白解离的作用。当 Ca^{2+} 作用后,即收缩完成后,在钙泵的作用下可使 Ca^{2+} 重新回到肌质网中去。

动物死亡后,中枢神经冲动完全消失,肌肉出现松弛状态,使肌肉柔软并具有弹性。但随着 ATP 浓度的逐渐下降,再加之肌质网破坏,大量 Ca^{2+} 释放,使肌动蛋白与肌球蛋白结合形成的没有弹性的肌动球蛋白不能解离,其结果是形成僵直状态,即尸僵现象。

四、动物屠宰后组织中 pH 的变化

宰后肌肉组织的呼吸途径,由有氧呼吸转变为无氧糖酵解,组织中乳酸逐渐积累,组织 pH 下

降。温血动物宰杀后 24 h 内肌肉组织的 pH 由正常生活时的 7.2~7.4 降至 5.3~5.5，但一般也很少低于 5.3。鱼类死后肌肉组织的 pH 大都比温血动物高，在完全尸僵时甚至可达 6.2~6.6。根据尸僵时肌肉 pH 的不同，常将尸僵分为酸性尸僵、碱性尸僵和中性尸僵 3 种类型。在任一温度下发生僵硬的类型完全取决于最初的磷酸肌酸、ATP 和糖原的含量，特别是受屠宰前动物体内糖原贮量的影响。如宰前的动物曾强烈挣扎或运动，则体内糖原含量减少，宰后 pH 也因之较高，在牲畜中可达 6.0~6.6，在鱼类甚至可达 7.0，出现碱性尸僵。

动物放血后 pH 下降的速度和 pH 下降的程度的变动范围是很大的。pH 下降速度和最终 pH 对肉的质量具有十分重要的影响。pH 下降太快，则产生失色、质软、流汁（PSE 肉）现象。宰后肌肉 pH 变化可分为下述 6 种不同类型（图 12-5）。

(1) 宰后 1 h 左右 pH 降低零点几个单位，最终 pH 为 6.5~6.8（深色的肌肉）。

(2) 宰后 pH 逐渐缓慢下降，最终 pH 为 5.7~6.0（色稍深的肌肉）。

(3) 宰后 8 h pH 从 7.0 左右逐渐降低到 5.6~5.7。宰后 24 h 降低到最终 pH 5.3~5.7（正常肌肉）。

(4) 宰后 3 h，pH 比较快地降低到约 5.5，最终 pH 为 5.3~5.6（轻度 PSE 肉，肉色正常到浅灰）。

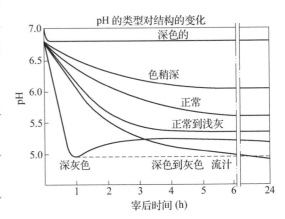

图 12-5　宰后肌肉 pH 变化的类型

(5) 宰后 1 h，pH 即迅速降到 4.8~5.0，最终 pH 为 5.3~5.6（高度 PSE 肉，肉色深灰）。

(6) pH 逐渐地降低到 5.0 附近（流汁严重，稍带灰色）。

五、动物屠宰后肌肉中蛋白质的变化

蛋白质对于温度和 pH 都很敏感，由于宰后动物肌肉组织中的糖酵解作用，在短时间内，肌肉组织中的温度升高（牛胴体中的温度可由生活时的 37.6 ℃ 上升到 39.4 ℃），pH 降低，肌肉蛋白质很容易因此而变性。对于一些肉糜制品（如午餐肉等），这将带来不良的影响。因此大型屠宰场中要将肉胴体在清洗干净后立即放在冷却室中冷却。

(一) 肌肉蛋白质变性

肌动蛋白及肌球蛋白是动物肌肉中主要的两种蛋白质，在尸僵前期两者是分离的，随着 ATP 浓度降低，肌动蛋白及肌球蛋白逐渐结合成没有弹性的肌动球蛋白，这是尸僵发生的一个重要标志，在这时煮食，肉的口感特别粗糙。

肌肉纤维里还有一种液态基质，称为肌浆，肌浆中的蛋白质不稳定，在屠宰后很容易变性而牢牢贴在肌原纤维上，使肌肉上呈现一种浅淡的色泽。

(二) 肌肉蛋白质持水力的变化

肌肉蛋白质在尸僵前具有高度的持水力，随着尸僵的发生，在组织 pH 降到最低点（pH 5.3~5.5）时，持水力也降到最低。尸僵以后，肌肉的持水力又有所回升，其原因是尸僵缓解过程中，肌肉蛋白质的自溶和 pH 的回升以及肌肉中的钠、钾、钙、镁等阳离子的移动等造成蛋白质分子电荷增加，从而有助于水合离子的形成。

(三) 尸僵的缓解与肌肉蛋白质的自溶

尸僵缓解的机制尚无最后的定论。尸僵缓解后，肉的持水力及 pH 较尸僵期有所回升。触感柔软，煮食时风味好，嫩度提高。

肌肉中的组织蛋白酶类的活性在不同动物之间差异很大。如鱼肉中组织蛋白酶的活性比哺乳动物的肌肉高 10 倍左右，因而鱼类容易发生自溶腐败，特别是当鱼内脏中天然的蛋白质水解消化酶类进入肌肉中时,极易出现"破肚子"的现象。

肌内残留血液中的多晶型核白细胞含有多种水解酶类,对肌肉蛋白质的水解也具有重要作用。所以放血不良的肌肉的嫩化程度要高于放血完全的肌肉,牛、兔和狗的红色肌肉的蛋白水解酶活性高于禽类的白色肌肉。已经证实,即使是很有效的放血,也只能大约放掉总血量的50%。

一般认为,肌肉中的肌浆蛋白是体内蛋白水解酶类的主要基质,如用蛋白酶组分处理过的肌肉可以看到肌肉纤维的伸长率低,还可看到肌动球蛋白、肌动蛋白、肌钙蛋白和原肌球蛋白的降解。大多数组织蛋白酶的最适pH为5.5,在适当的温度(37 ℃)下作用。但即使在-18 ℃下,宰后禽类肌肉中蛋白质的分解作用也可持续90 d之久。

组织蛋白酶和钙激活酶的分解作用产生的游离氨基酸是形成肉香、肉味的物质基础之一。一般情况下,宰后肌肉中蛋白质的水解是有限的。

第五节 食品的变色作用

食品在加工和贮存过程中,经常会发生变色的现象。这不仅影响食品的外观,而且也使食品的风味与营养成分发生变化。因此了解食品变色的机制,寻找抑制或控制食品变色的方法,在食品工业中有重要的意义。

一、褐变作用

一些食品在加工和贮存过程中,或受到机械损伤时,颜色变褐,有的还出现红色、蓝色、绿色、黄色等色泽,这种颜色变化统称为褐变,它是一种普遍的食品变色现象。日常生活中,削皮的苹果和桃子、去皮的香蕉等暴露在空气中都会变成褐色。茄子、藕和马铃薯切片也会发生褐变现象。有些食品褐变是人们所希望的,如酿造酱油时的棕褐色、红茶和啤酒的红褐色、熏制食品的棕褐色、面包焙烤后出现的金黄色等。但就一般食品而言,褐变是不受人们欢迎的,因褐变不仅有损食品的外形而且影响风味,还使营养价值降低。

根据食品褐变反应的机理,褐变分为酶促褐变和非酶促褐变两大类。非酶促褐变又可分为美拉德(Maillard)反应(羰氨反应)、焦糖化作用和抗坏血酸的氧化作用3类。

(一)酶促褐变

酶促褐变一般发生于水果、蔬菜等新鲜植物性食物。如上述的削皮的苹果和桃、去皮的香蕉、马铃薯片等,以及这些食品受机械损伤(如压伤、虫咬、磨浆)或处于异常环境(如受冻、受热等)时,在有氧情况下,经酶的催化,氧化而呈褐色,这种褐变称为酶促褐变。

1. 酶促褐变机理　催化产生褐变的酶类主要是酚酶,其次是抗坏血酸氧化酶和过氧化物酶等氧化酶类。

(1)酚酶及其作用。酚酶的系统命名是邻二酚:氧-氧化还原酶(EC1.10.3.1)。从植物来源分离得到的酚酶是寡聚体,每个亚基含有一个铜离子作为辅基,以氧为受氢体,是一种末端氧化酶。酚酶催化两类反应:一类是羟基化作用,产生酚的邻羟基化(图12-6,反应①);第二类是氧化作用,使邻二酚氧化为邻醌(图12-6,反应②)。所以酚酶可能是一种复合体酶,一种是酚羟化酶(又称为甲酚酶),另一种是多酚氧化酶(PPO,又称为儿茶酚酶),因而称为酪氨酸酶的酚酶同时催化两类反应,故酚酶也可能是含有两种以上不同的亚基,分别催化酚的羟基化作用和氧化作用。

植物组织中含有酚类物质,在完整的细胞中作为呼吸作用中质子H^+的传递物质,在酚与醌之间保持着动态平衡,因此褐变不会发生。但当组织、细胞受损时,氧气进入,酚类在酚酶作用下氧化为邻醌,转而又快速地通过聚合作用形成褐色素或黑色素。醌的形成需要酶促和氧气,当醌形成

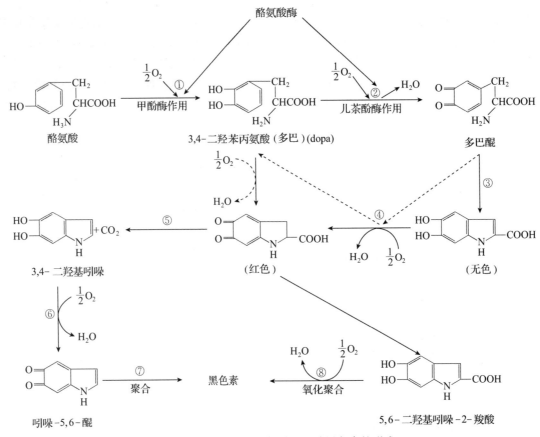

图 12-6 酚酶氧化酪氨酸而导致黑色素的形成

后，以后的反应就能自动地进行了。

在水果和蔬菜中，酚酶最丰富的底物是邻二酚类和一元酚类。在酚酶作用下，反应最快的是邻羟基结构的酚类，对位二酚类也可氧化，但间位二酚则不能被氧化，且间位二酚对酚酶还有抑制作用。邻二酚的取代衍生物也不能为酚酶所催化，如愈疮木酚(邻甲氧基苯酚)、阿魏酸等。

绿原酸是许多水果，特别是桃、苹果等褐变的关键物质。马铃薯褐变的主要底物是酪氨酸。在香蕉中，主要的褐变底物是一种含氮的酚衍生物(3,4-二羟基苯乙胺)。在水果中存在的咖啡酸也能作为酚酶的底物。

可作为酚酶底物的还有其他一些结构比较复杂的酚类衍生物，如花青素、黄酮类、单宁物质等。红茶加工过程中鲜叶中的儿茶素经过酶促氧化，缩合生成茶黄素和茶红素等有色物质，它们是构成红茶色泽的主要成分。

氨基酸及类似的含氮化合物与邻二酚作用可产生颜色很深的复合物，其机理是酚类物质先经酶促氧化形成相应的醌，然后醌和氨基发生非酶促的羰氨缩合反应。白洋葱、大蒜、大葱等在加工中出现的粉红色就属于这种类型的变化。

(2)其他褐变酶类及其作用。广泛存在于水果、蔬菜细胞中的抗坏血酸氧化酶和过氧化物酶亦可引起酶促褐变。

抗坏血酸氧化酶催化抗坏血酸的氧化，其作用产物脱氢抗坏血酸经脱羧形成羟基糠醛后可聚合形成黑色物质。

过氧化物酶可催化酚类化合物的氧化，引起褐变，也可将抗坏血酸间接氧化。

2. 酶促褐变的控制 食品发生酶促褐变，必须具备 3 个条件：有酚类物质、氧和氧化酶类。这 3 个条件缺一不可。有些水果和蔬菜中，如柠檬、柑橘、西瓜等，由于不含多酚氧化酶，所以不会发生酶促褐变。但酶促褐变的程度主要取决于酚类的含量。除去食品中的酚类不仅困难，而且不现实。比较有效的是抑制氧化酶类的活性，其次是防止与氧接触。抑制酶活性的方法很多，但不少方法会造成变味、变臭、毒性等不容易解决的问题，因而真正可用于食品工业的却不多。常用的控制酶促褐变的方法如下：

(1) 热处理法。短时高温处理可使食物中所有的酶都失去活性，因而是最广泛使用的控制酶促褐变的方法。热烫、巴氏消毒、微波加热等处理都属这类方法。加热处理的关键是要在最短时间内达到钝化酶的目的，否则易因加热过度而影响食品质量；相反，如果热处理不彻底，热烫虽破坏了细胞结构，但未钝化酶，则反而会有利于酶和底物接触而促进褐变。虽然来源不同的氧化酶类对热的敏感性不同，但在90～95 ℃加热7 s可使大部分氧化酶类失活。

(2) 酸处理法。多数酚酶的最适pH为6～7，在pH 3.0以下，酚酶几乎完全失去活性。用降低pH的方法抑制褐变，是水果和蔬菜加工中最常用的方法。一般多采用柠檬酸、苹果酸、抗坏血酸以及其他有机酸的混合液降低pH。

柠檬酸除可降低pH外，还能和酚酶的铜辅基进行螯合，但作为褐变抑制剂单独使用时效果不佳，通常与抗坏血酸或亚硫酸合用。0.5%柠檬酸与0.3%抗坏血酸合用效果较好。在果汁中，抗坏血酸在酶的催化下能消耗掉溶解氧，从而具有抗褐变作用。

(3) SO_2及亚硫酸盐处理。SO_2及亚硫酸盐是酚酶的强抑制剂，广泛应用于食品工业中，如在蘑菇、马铃薯、桃、苹果等加工过程中作护色剂。

SO_2及亚硫酸盐溶液在偏酸性(pH<3.5)的条件下对酚酶抑制的效果最好，只有游离的SO_2才能起作用。10 mg/kg SO_2即可完全抑制酚酶，但因挥发损失及与醛、酮类物质生成加成物等原因，SO_2的规定使用量为小于300 mg/kg，成品中最大允许残留量为20 mg/kg。

SO_2防止褐变的机理可能是抑制了酚酶的活性，并把醌还原为酚，与羰基加成而防止了羰基化合物的聚合作用。

SO_2处理法的优点是使用方便，效果可靠，成本低，有利于保存维生素C，残存的SO_2可用抽真空、烹煮或使用H_2O_2等方法驱除。不足之处是使食品失去原色而被漂白(花青素等被破坏)、易腐蚀铁罐内壁、有不愉快的味感，并破坏维生素B_1。

氯化钠也有一定的防褐效果，一般多与柠檬酸和抗坏血酸混合使用。单独使用时，浓度高达20%时才能抑制酚酶活性。

(4) 驱氧法。将去皮切开的水果、蔬菜用清水、糖水或盐水浸渍，阻止其与空气接触；或抽真空将糖水、盐水渗入组织内部的包括氧气在内的气体驱除；也可用浓度较高的抗坏血酸浸泡，以达到除氧目的。

(5) 底物改性。利用甲基转移酶，将邻二羟基化合物进行甲基化，生成甲基取代衍生物，可有效防止褐变。如以S-腺苷甲硫氨酸为甲基供体，在甲基转移酶作用下，可将儿茶酚、咖啡酸、绿原酸分别甲基化为愈疮木酚、阿魏酸和3-阿魏酰金鸡纳酸。

(6) 添加底物类似物竞争性地抑制酶活性。在食品加工过程中，可用酚酶底物类似物如肉桂酸、对位香豆酸、阿魏酸等酚酸竞争性地抑制酚酶活性，从而控制酶促褐变。

因食品中一般酚类物质含量均较高，而酶促褐变的程度又主要取决于酚类的含量，加入底物类似物后酚酶活性的降低对褐变程度影响不大，所以底物改性及添加酚酶底物类似物防止酶促褐变的方法在实际应用方面有一定的局限性。

(二) 非酶促褐变

非酶促褐变主要有羰氨反应、焦糖化作用和抗坏血酸的氧化作用。

1. 羰氨反应　法国化学家Maillard于1912年提出，葡萄糖与甘氨酸溶液共热时，即形成褐色色素，称为类黑精，后来就把胺、氨基酸、蛋白质与糖、醛、酮之间的这类反应统称为美拉德(Maillard)反应，又称为羰(基)氨(基)反应。这是食品在加热或长期贮存后发生褐变的主要原因。

羰氨反应比较复杂,其过程可大体区分为初始阶段、中间阶段和终了阶段。

(1)初始阶段。羰氨反应的初始阶段包括羰氨缩合和分子重排两种作用。

① 羰氨缩合:羰氨反应的第一步是氨基酸等含氨基化合物中的氨基和糖等含羰基化合物中的羰基之间的缩合,形成希夫(Schiff)碱并随即环化为N-葡萄糖基胺(图12-7)。

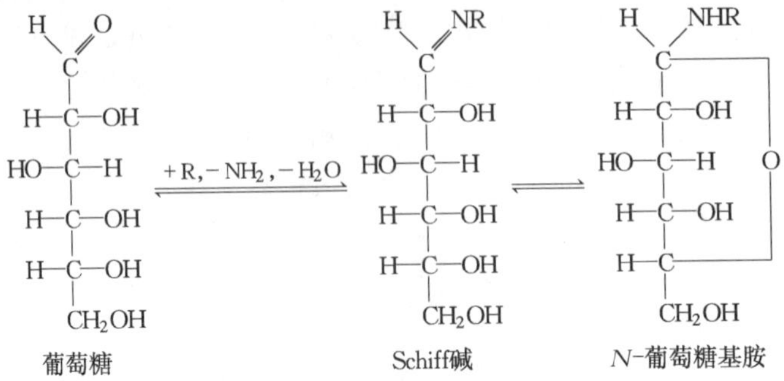

图12-7 羰氨缩合反应

羰氨缩合反应是可逆的,在稀酸条件下,羰氨缩合产物极易水解。羰氨缩合过程中封闭了游离的氨基,反应体系的pH下降,所以在碱性条件下有利于羰氨缩合反应。

② 分子重排:羰氨反应的第二步是N-葡萄糖基胺在酸催化下,引起Amadori分子重排作用,生成1-氨基-1-脱氧-2-己酮糖(果糖胺)(图12-8)。

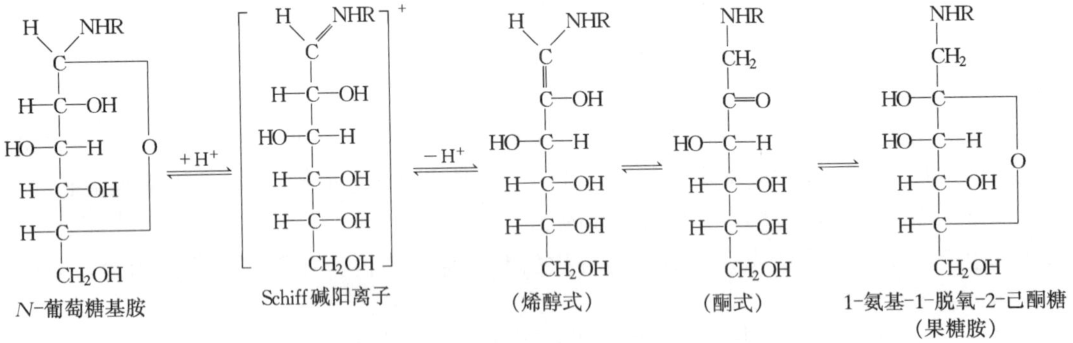

图12-8 分子重排生成果糖胺

果糖胺还可再与一分子葡萄糖进行羰氨缩合、重排生成双果糖胺(图12-9)。

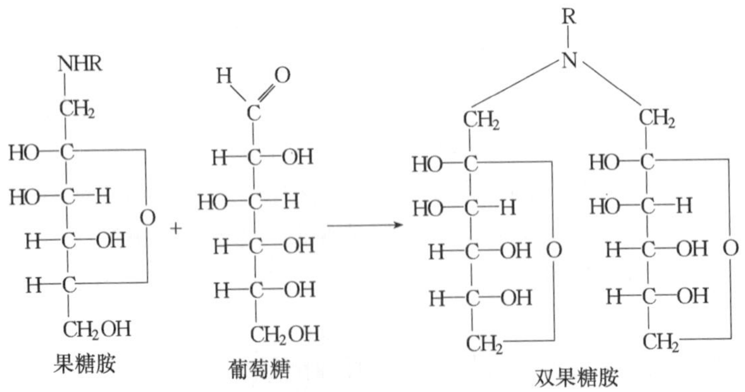

图12-9 生成双果糖胺

(2)中间阶段。双果糖胺不稳定,容易分解形成果糖胺和3-脱氧葡萄糖醛酮(图12-10)。

果糖胺　双果糖胺　3-脱氧葡萄糖醛酮

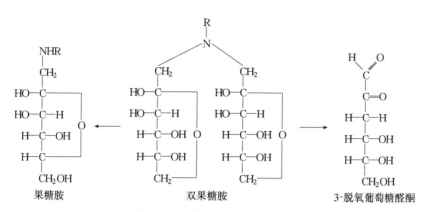

图 12-10　双果糖胺分解成果糖胺和 3-脱氧葡萄糖醛酮

3-脱氧葡萄糖醛酮结构中，醛基与酮基相邻，不稳定，易脱水生成不饱和 3,4-二脱氧葡萄糖醛酮，进一步脱水生成羟甲基糠醛(图 12-11)。

3-脱氧葡萄糖醛酮　3,4-二脱氧葡萄糖醛酮　羟甲基糠醛

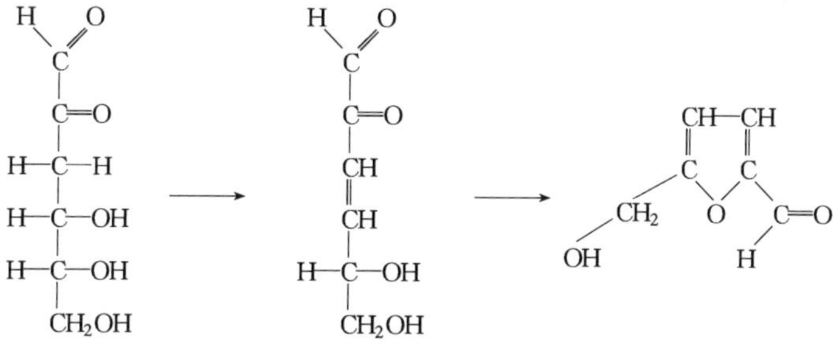

图 12-11　3-脱氧葡萄糖醛酮的脱水反应

3-脱氧葡萄糖醛酮属二羰基化合物，与氨基酸发生反应，氨基酸变成少一个碳的醛，氨基则转移到二羰基化合物上(图 12-12)。这一反应称为斯特勒克(Strecker)反应，二羰基化合物接受了氨基，进一步形成褐色色素。

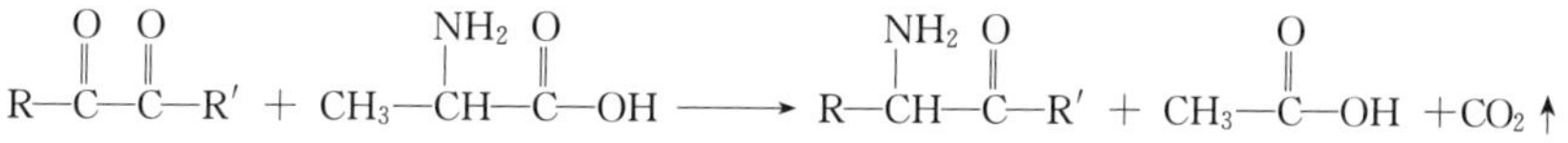

图 12-12　斯特勒克反应

美拉德在 1912 年就发现在褐变反应中有 CO_2 放出。食品在贮藏过程中会自发放出 CO_2 的现象也早有报道。用同位素所做的研究已经证明，在羰氨反应中产生的 CO_2，有 90%～100%来自氨基酸残基而不是来自糖残基部分。所以在褐变反应体系中，斯特勒克反应即使不是唯一的也是主要的 CO_2 来源。

(3)终了阶段。羰氨反应的终了阶段包括下述两类反应。

① 两分子醛经缩合脱水生成更不稳定的不饱和醛的醇醛缩合反应(图 12-13)。

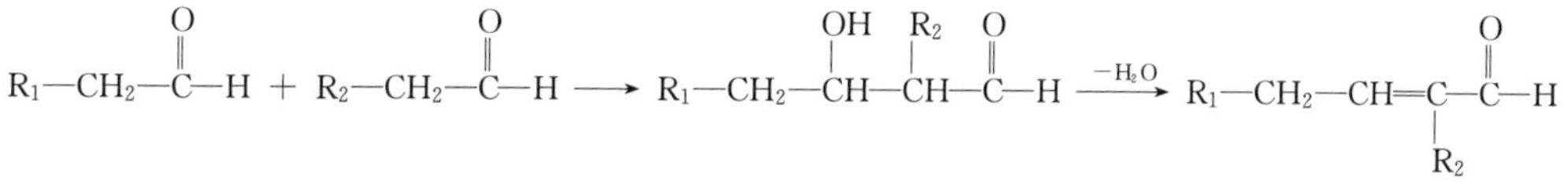

图 12-13　醇醛缩合反应

② 经过中期反应后，产物中有糠醛及其衍生物、二羰基化合物、还原酮类、由斯特勒克反应和糖裂解所产生的醛类等，这些产物进一步随机缩合、聚合形成复杂的高分子有色物质，称为类黑精或黑色素等，其组成与结构还有待于研究。所以褐变反应是终止阶段。

2. 焦糖化作用　糖类在没有含氨基化合物存在的情况下加热到其熔点以上时，也会变为黑褐色的物质，这种作用称为焦糖化作用。在受强热的情况下，糖类生成两类物质：一类是糖的脱水产物，即焦糖或称为酱色；另一类是裂解产物，是一些挥发性的醛、酮类物质，可进一步缩合、聚合形成黏稠状的黑褐色物质。

蔗糖形成焦糖(酱色)的过程可分为3个阶段。第一阶段，由蔗糖熔融开始，经一段时间起泡，蔗糖脱去一分子水生成异蔗糖酐，起泡暂时停止。异蔗糖酐无甜味而具温和的苦味。继续加热，随后发生第二次起泡现象，这是形成焦糖的第二阶段，持续时间较第一次长，在此期间失水量达9%，形成产物为焦糖酐，是一种平均分子式为 $C_{24}H_{36}O_{18}$ 的色素，熔点为138℃，可溶于水及乙醇，味苦。第二次起泡结束后进入第三阶段，进一步脱水形成焦糖烯，平均分子式为 $C_{36}H_{50}O_{25}$，熔点为154℃，可溶于水。若再继续加热，则生成高分子的难溶性深色物质，称为焦糖素，分子式为 $C_{125}H_{188}O_{80}$，其结构还不清楚，但具有羰基、羧基、羟基、酚羟基等官能团。

焦糖是一种胶态物质，等电点为pH 3.0~6.9，甚至可低于pH 3.0，随制造方法不同而异。焦糖的等电点在食品制造中有重要意义。例如，在一种pH为4~5的饮料中，若使用了等电点为pH 4.6的焦糖，就会发生絮凝、混浊以至出现沉淀。糖在强热下的裂解脱水作用可形成一些醛类物质，经过复杂的缩合、聚合反应或发生羰氨反应生成黑褐色的物质。

3. 抗坏血酸的氧化作用　抗坏血酸的氧化作用也会引起食品褐变，尤其表现在果汁的褐变反应中。抗坏血酸属于还原酮类化合物，易与氨类化合物产生羰氨反应，其自动氧化产物中的醛基、酮基等可随机缩合、聚合形成褐色物质。

抗坏血酸的褐变主要取决于pH和抗坏血酸的浓度。在中性或碱性溶液中脱氢抗坏血酸的生成速度较快，反应也不易可逆进行；在pH<5.0时，抗坏血酸氧化速度较慢，而且反应可逆，但在pH 2.0~3.5范围内，褐变作用与pH呈负相关。

4. 非酶促褐变对食品质量的影响　非酶促褐变不仅改变食品的色泽，而且对食品营养和风味也有一定的影响，所以非酶促褐变与食品质量密切相关。

非酶促褐变对食品营养的主要影响：氨基酸因形成色素和在Strecker降解反应中被破坏而损失；色素以及与糖结合的蛋白质不易被酶分解，故氮的利用率低，尤其是赖氨酸在非酶促褐变中最易损失，从而降低蛋白质的营养效价；水果加工品中维生素C也因氧化褐变而减少，乳粉和脱脂大豆粉中加糖贮存时，蛋白质的溶解度也随着褐变而降低。食品褐变反应会生成醛、酮等还原性物质，可防止食品氧化，尤其对防止食品中油脂的氧化较为显著。

非酶促褐变的产物中有一些是呈味物质，它们能赋予食品以优或劣的气味和风味。由于非酶促褐变过程中伴随有 CO_2 的产生，会造成罐装食品出现不正常的现象，如粉末酱油、奶等装罐密封，发生非酶促褐变后会出现"胖听"现象。

5. 非酶促褐变的控制　由于食品的种类繁多，褐变的原因不尽相同，控制食品褐变的方法也多种多样。以下仅从影响非酶促褐变的一些物理因素和化学因素方面提出一些可能的控制途径。

(1)降温。褐变反应受温度影响比较大，温度每差10℃，其褐变速度相差3~5倍。一般在30℃以上褐变较快，而20℃以下则进行较慢。例如，酿造酱油时，提高发酵温度可使酱油色泽加深，温度每提高5℃，着色度提高35.6%。这是由于发酵中氨基酸与糖产生羰氨反应，随着温度升高而加速。

在室温下，氧能促进褐变。当温度在80℃时，不论有无氧存在，其褐变速度相同，因此容易褐变的食品，于10℃以下真空包装或充氮包装时，可以减缓褐变发生。降低温度可以减缓所有的化学反应速度，因而低温冷藏下的食品可以延缓非酶促褐变的进程。

(2)控制水分含量。水是褐变反应的介质，水分含量为10%~15%时最易发生褐变反应。当完全干燥时，褐变难以进行。所以易发生褐变的乳粉、冰激凌粉的水分应控制在3%以下才能抑制其褐变。而液体食品，由于水分含量较高，基质浓度低，其褐变反应也较慢。适当降低产品浓度，有时也可降低褐变速率。干制猪肉制品虽然水分较低，但能加速油脂氧化，所以能促进褐变（俗称"油烧"）的发生。

（3）改变 pH。羰氨缩合作用是可逆的，在稀酸条件下，羰氨缩合产物很易水解。羰氨缩合过程中封闭了游离的氨基，反应体系的 pH 下降，所以碱性条件利于羰氨反应，降低 pH 则是控制褐变的有效方法之一。例如，蛋粉脱水干燥前先加酸降低 pH，在复水时加 Na_2CO_3 恢复 pH。在酸性条件下，维生素 C 的氧化速度也较慢。

（4）使用不易发生褐变的食品原料。糖类与氨基化合物发生褐变的反应速度与糖和氨基化合物的结构有关。还原糖是参与这类反应的主要成分，它提供了与氨基相作用的羰基。一般来说，五碳糖的反应较快，约为六碳糖的 10 倍。各种糖的褐变反应速度顺序，五碳糖为：核糖＞阿拉伯糖＞木糖；六碳糖为：半乳糖＞甘露糖＞葡萄糖＞果糖；双糖为：乳糖＞蔗糖＞麦芽糖＞海藻二糖。还原性双糖类，其分子比较大，故反应比较缓慢，在羰基化合物中，以 α-己烯醛褐变最快，其次是 ε 双羰基化合物，酮褐变的速度最慢。至于氨基化合物的反应速度，一般是胺类较氨基酸易于褐变，在氨基酸中则以碱性氨基酸褐变较迅速。氨基在 ε 位或在末端者，比在 α 位较易褐变，所以不同氨基酸引起褐变的程度也不同。赖氨酸的褐变损失率最高。蛋白质能与羰基化合物发生羰氨反应，但其反应速度要比肽和氨基酸缓慢，主要涉及的是末端氨基和侧链残基 R 上的氨基。

脂类通过氧化和热裂解，可产生不饱和醛、酮及二羰基化合物。因此，不饱和度高、易氧化的脂类也易与氨基化合物发生褐变反应。

（5）亚硫酸处理。羰基可以和亚硫酸根形成加成化合物，其加成物能与氨基化合物缩合。但缩合产物不再进一步生成 Schiff 碱和 N-葡萄糖基胺，因此可用 SO_2 和亚硫酸盐来抑制羰氨反应褐变。

（6）形成钙盐。钙可同氨基酸结合成为不溶性化合物，因此钙盐有协同 SO_2 控制褐变的作用。这个原理在马铃薯等多种食品加工中已经成功地应用，这类食品在单独使用亚硫酸盐时有迅速褐变的倾向，但在结合使用 $CaCl_2$ 后可有效抑制褐变。

（7）生物化学方法。在糖含量甚微的食品中，可加入酵母发酵除糖，如蛋粉和脱水肉末的生产中就采用此法。另外，也可用葡萄糖氧化酶及过氧化氢酶混合酶制剂除去食品中的微量葡萄糖和氧。氧化酶把葡萄糖氧化为不与氨基化合物结合的葡萄糖酸。此法也用于除去罐（瓶）装食品容器顶隙中的残氧。

二、其他变色作用

食品在加工和贮藏过程中，除因褐变引起变色外，还有其他变色作用。肉制品、水产品及植物性食品的其他变色作用、机理各不相同。

（一）肉的变色

动物肌肉呈红色，这是由肌肉细胞中的肌红蛋白（70%～80%）和微血管中的血红蛋白（20%～30%）构成的。当动物屠宰放血后，肌肉的颜色稍呈暗红色，这是由于机体对肌肉组织的供氧停止，肌肉中的肌红蛋白处于还原状态。新鲜肉存放在空气中时，由鲜红色逐渐变成褐色，这是由于肌红蛋白和血红蛋白与氧结合形成了鲜红色的氧合肌红蛋白和氧合血红蛋白，并进一步形成棕褐色的高铁肌红蛋白和高铁血红蛋白。

氧合肌红蛋白和氧合血红蛋白是血红素中的亚铁离子和一分子氧以配位键络合而形成的。氧合肌红蛋白和氧合血红蛋白在氧或氧化剂存在下，其亚铁血红素被氧化成高铁血红素而变成棕褐色。肉从鲜红色到褐色经历了上述结合氧和氧化两个阶段。氧合肌红蛋白、肌红蛋白和变肌红蛋白（含高铁血红素）（图 12-14）这 3 种蛋白处于动态平衡中，处于何种状态取决于氧分压。

亚铁血红素还可与一氧化氮（NO）结合，生成鲜

氧合肌红蛋白
（鲜红色）

肌红蛋白
（紫红色）

变肌红蛋白
（棕褐色）

图 12-14　血红素的 3 种形式

红色的亚硝基铁血红素，一氧化氮也是以配位键结合在 Fe^{2+} 上。在肉品加工中利用这一原理可保持肉制品的鲜红色。

另外当肉久存后，偶尔出现绿色。这是由于久存的肉中，过氧化氢酶活性丧失，过氧化氢积累，使血红素强烈氧化而变成了绿色。

(二)甲壳类变红

虾、蟹等甲壳类动物受热后即变成红色。这是因为甲壳类色素属虾黄素，虾黄素属于类胡萝卜素中的叶黄素类色素，在鱼体和甲壳类中，有的以游离型存在，如有些鱼的鱼皮呈黄色或红色，主要是由游离型虾黄素或虾红素组成。但在甲壳类(如虾、蟹)中，虾黄素主要与蛋白质结合以结合型存在，由于结合方式和结构的不同，故呈现出青褐色、灰绿色、蓝绿色等不同的颜色。甲壳类在加工和贮藏过程中，因蛋白质变性，形成红黄色游离型的虾黄素，虾黄素不稳定，被进一步氧化成红色的虾红素，呈现出红色。虾红素分子结构中含有许多双键，还可以进一步氧化而褪色。

(三)绿色蔬菜的变化

植物细胞里的叶绿素与蛋白质形成复合体而存在于叶绿体中。叶绿素本身是不稳定的化合物，在酸性介质中，分子中的镁可被氢置换形成脱镁叶绿素，由本来的绿色转变成黄色。此反应可因加热而加剧。例如炒菠菜时，加盖则易使之变黄，开盖可保持绿色，这是因为开盖菠菜中的挥发性酸挥发出去而不能置换叶绿素中的镁。若在碱性中加热，叶绿素则分解成叶绿醇、叶绿酸和甲醇，绿色较稳定，其钠盐也为绿色。如果镁被铜或钾取代，则生成更稳定的绿色盐。此法常用于蔬菜加工中的染色。另外在腌菜时，可先浸以石灰水以保持其绿色。烹煮绿色蔬菜时，先将菜用弱碱液处理可保持绿色。再则，绿叶中含有叶绿素分解酶，能把叶绿素分解成甲基叶绿酸，使绿色消失，所以通常在蔬菜加工中，采用热烫法杀酶，同时也可使与叶绿素结合的蛋白质凝固而达到保持绿色的目的。

第六节　蛋白质的功能性质及其在食品工业中的应用

蛋白质的功能性质(functional property of protein)是指除营养价值外的那些对食品特性有利的蛋白质的物理化学性质，如蛋白质的胶凝、溶解、泡沫、乳化、黏度等。蛋白质不仅是食品重要的营养成分，它所具有的功能性质也是其他食品成分所不能比拟和替代的。蛋白质的功能性质大多数影响食品的感官质量，尤其是在质地方面，同时也对食品成分的制备、食品加工和贮存过程中的物理特性起重要作用。常见食品中蛋白质的功能性质见表12-4。

表12-4　常见食品中蛋白质的功能性质

食品	饮料	汤、调味汁	香肠、蛋糕	肉、奶酪	肉、香肠、面条	肉、面包	香肠、蛋糕	冰激凌、蛋糕	油炸面圈
蛋白质	乳清蛋白	明胶	肌肉蛋白、鸡蛋蛋白	肌肉蛋白、乳蛋白	肌肉蛋白、鸡蛋蛋白	肌肉蛋白、谷物蛋白	鸡蛋蛋白、肌肉蛋白	鸡蛋蛋白、乳清蛋白	谷物蛋白
功能性质	溶解性	黏度	持水性	胶凝作用	黏结-黏合	弹性	乳化	泡沫	脂肪和风味物质结合

一、蛋白质的水合性和持水力

蛋白质的许多功能性质都取决于蛋白质与水的作用，而蛋白质与水的作用主要表现为蛋白质的水合性和持水力。

蛋白质的水合性（hydration）是指蛋白质分子中的亲水基团（如—NH_3^+、—COO^-、—OH、—SH等）与水分子间的相互作用产生的结合水的性质。因为蛋白质分子表面上有许多极性基团和带电基团，它们能通过氢键和静电作用将水分子结合在蛋白质分子上，从而使蛋白质成为高度水化的分子。一般来讲，约有0.3 g/g的水与蛋白质的结合比较牢固，还有0.3 g/g的水与蛋白质结合得较松散。由于氨基酸组成的不同，不同蛋白质的水结合能力也不同。含极性氨基酸和离子化氨基酸越多的蛋白质，其水合性也越强。该类蛋白质往往在水中有较高的溶解性。

蛋白质溶液的浓度、pH、离子强度、温度、其他成分的存在等，均能影响蛋白质-蛋白质和蛋白质-水的相互作用。例如，蛋白质总的水合量随蛋白质浓度的增加而增加，而在等电点时蛋白质表现出最小的水合作用。动物屠宰后，尸僵期内肌肉组织的持水性最差，就是由于肌肉的pH降至肌肉蛋白的等电点附近，导致肉的嫩度下降，肉的品质不佳。蛋白质结合水的能力一般随温度的升高而降低，这是因为温度升高破坏蛋白质-水之间形成的氢键，降低蛋白质与水之间的作用，并且加热时蛋白质产生变性和凝集作用，导致蛋白质表面积减小，使蛋白质结合水的能力降低。但有时适当的加热也能提高蛋白质结合水的能力。蛋白质体系中存在的离子对蛋白质的水合能力也有影响，这是水、盐、蛋白质之间发生了竞争作用的结果，如盐析作用和盐溶作用。

蛋白质的持水力（water holding capacity）是指蛋白质将水截留（或保留）在其组织中的能力。蛋白质的持水力与其结合水能力有关，可影响食品的嫩度、柔软性、多汁性，所以持水性对食品品质有着重要的实际意义。

二、蛋白质的溶解度

蛋白质的溶解度（solubility）是指蛋白质在水中的分散量或分散水平。蛋白质溶解度常用蛋白质的分散指数（protein dispersibility index，PDI）、氮溶解指数（nitrogen solubility index，NSI）、水可溶性氮（water solubility nitrogen，WSN）等来衡量。

$$PDI=水分散蛋白质/总蛋白质\times 100\%$$
$$NSI=水溶解氮/总氮\times 100\%$$
$$WSN=可溶性氮质量/样品的质量\times 100\%。$$

蛋白质的溶解度受到溶液离子强度、pH、温度、溶剂类型等条件的影响。蛋白质的溶解度通常在其等电点最低，pH高于或低于等电点时，其所带净电荷不为零，溶解度均增大。但乳清蛋白在等电点的溶解性仍然很好。一些有机溶剂（如乙醇、丙酮等），因其能降低蛋白质溶液中溶剂的介电常数而减弱蛋白质分子之间的静电斥力，可增加蛋白质分子之间的相互作用，从而使蛋白质发生聚集甚至沉淀，降低蛋白质的溶解度。通常，在其他条件不变时，蛋白质的溶解度在0~40 ℃范围内随温度的升高而升高；当温度进一步升高，蛋白质分子发生伸展、变性，溶解度会降低。

三、蛋白质的膨润

蛋白质的膨润（swelling）是指蛋白质干凝胶（往往含水量较低）吸水后不溶解，在保持水分的同时赋予制品以强度和黏度的一种功能特性。食品加工中，毛肚、鱿鱼、海参、蹄筋等的发制都涉及蛋白质的膨润。

蛋白质干凝胶的膨润主要经历2个阶段。在第一个阶段，干蛋白质吸收的水量不大，1 g蛋白质只能吸收0.2~0.3 g水，这部分水是蛋白质分子中的亲水基团（如—OH、—SH等）吸附的结合水。这个阶段蛋白质吸水量较少，蛋白质体积变化不大。第二个阶段，水通过渗透作用进入凝胶内部，这些水被凝胶中的细胞物理截留。这个阶段，蛋白质吸附了大量的水膨胀使凝胶体积变大。

在干制脱水过程中，蛋白质的变性程度越低，发制时的膨润速度越快，膨润过程中的复水性越好，越接近食品新鲜时的状态。pH对干制品的膨润及膨化度有很大影响。一般蛋白质在远离等电点时水化作用最大。基于这一原理，许多干制品采用碱发制。但由于碱能造成大量的氢键断裂，过度的碱发制会造成制品黏弹性和咀嚼性的丧失。同时，碱发制过程容易产生有毒物质（如赖丙氨酸等），所以须控制好碱发制过程的品质。还有一些干货原料，因为它们的蛋白质干凝胶大多是以蛋白质的二级结构为主的纤维状蛋白（如角蛋白、弹性蛋白、胶原蛋白）组成，其结构坚硬、不易膨润，用水或碱液浸泡不易发胀，这就需要先进行油法处理。用120℃左右的热油处理，蛋白质受热后部分氢键断裂，水分蒸发使制品膨大多孔，有利于蛋白质与水发生相互作用而膨润。

四、面团的形成

小麦、大麦等胚乳中的面筋蛋白在水存在时，通过在室温下混合、揉捏等处理，能够形成强内聚力和黏弹性糊状物或面团（dough）。面筋蛋白在形成面团以后，其他成分（如淀粉、糖、极性脂肪、非极性脂肪、可溶蛋白等）都有利于面筋蛋白形成面团的三维网状结构，以及构成面包的最终质地，并被容纳在这个三维网状结构中。

面筋蛋白主要是由麦谷蛋白（glutenin）和麦醇溶蛋白（gliadin）组成，它们占面粉中蛋白质含量的80%以上，其性质对面团性质有重要影响，它们有如下典型特性：①这些蛋白质因其可解离氨基酸含量低而在中性水中不溶解；②它们含有大量的谷氨酰胺和羟基氨基酸，易形成分子间氢键，使面筋具有很强的吸水能力和黏聚性质；③这些蛋白质因含有的巯基能形成二硫键而紧密连接在一起，具有较大的韧性。

麦谷蛋白含有大量的链内与链间的二硫键，决定着面团的弹性、黏合性以及强度。麦醇溶蛋白只含有链内的二硫键，决定着面团的流动性、伸展性和膨胀性。因此麦谷蛋白和麦醇溶蛋白的适当平衡对面团的质地很重要。面团在焙烤时，面筋蛋白所释放出的水分能被糊化的淀粉所吸收，但面筋蛋白仍可保持近一半的水分。面筋蛋白在面团的揉捏过程中已经呈充分伸展状态，在焙烤时不会进一步伸展。

五、蛋白质的界面性质

蛋白质的界面性质（interface property）是指蛋白质能自发地迁移至汽水界面（起泡）或油水界面（乳化）并使界面得到稳定的能力。具有良好界面性质的蛋白质需要具备以下3个条件：①能快速地吸附至界面；②能快速地展开并在界面上定向；③一旦到达界面，能与邻近分子相互作用，形成具有强的黏合和黏弹性质且能忍受热和机械能动的膜。

（一）蛋白质的乳化性质

生活中的许多食品（如牛乳、冰激凌、蛋黄酱、人造奶油、肉馅等）是蛋白质稳定的乳状液，它们所形成的分散系有油包水型（W/O）和水包油型（O/W）。一般认为蛋白质的疏水性越大，界面上吸附的蛋白质浓度越大，界面张力越小，乳状液体系越稳定。

蛋白质的溶解度与其乳化性质（emulsifying property）之间存在着正相关。一般来说，不溶解的蛋白质其乳化性质往往很差。所以提高蛋白质溶解度有助于提高其乳化能力。在肉制品加工中，肉糜中的NaCl（0.5～1.0 mol/L）可通过盐溶作用增强蛋白质的乳化性。但是，一旦乳状液形成，不溶蛋白在油水界面膜上的吸附，对脂肪球的稳定性有促进作用。

溶液的pH对乳化作用也有影响。大多数蛋白质在非等电点时的乳化性能更好，如大豆蛋白、花生蛋白、乳清蛋白、酪蛋白和肌原纤维蛋白等。而明胶、卵清蛋白等在等电点时具有良好的乳化性。加热通常会降低吸附于界面上的蛋白质膜的黏度，因而会降低乳状液的稳定性。但如果加热时蛋白质产生了凝胶作用，就能提高其黏度和硬度，阻碍油滴相互聚集，提高乳状液的稳定性。如肌原纤维蛋白的凝胶作用有益于灌肠等食品的乳化体系的稳定性。

蛋白质乳化性一般使用乳化活性指数（emulsifying activity index，EAI）、乳化容量（emulsion capacity，EC）和乳化稳定性（emulsion stability，ES）表示，它们可以反映蛋白质形成乳化体系及稳定乳化体系的能力大小。

(二)蛋白质的起泡作用

1. 蛋白质的起泡作用 泡沫通常是指气体在连续相或半固体相中分散所形成的分散体系，典型的泡沫食品有啤酒、冰激凌、搅打的奶油等。在稳定的泡沫体系中，各个气泡被弹性的薄层连续相分开，气泡的直径从 1 μm 到几厘米不等。食品泡沫具有如下特性：①含有大量的气体；②在气相和连续相之间有较大的表面积；③溶质在界面有较高浓度；④要有能膨胀、具有刚性或半刚性和弹性的膜；⑤可反射光，不透明。

产生泡沫的方法有 3 种：①让气体经多孔分散器通入蛋白质溶液；②在大量气体存在时用旋转机械搅拌或振摇蛋白质溶液；③将预先加压的气体溶于溶液，突然解除压力，气体因膨胀而形成泡沫。

蛋白质的起泡能力是指在气液界面形成坚韧的薄膜，使大量气泡并入和稳定存在的能力。评价蛋白质的起泡性质，一个是评价蛋白质对气体的包封能力，即起泡力（foaming capacity，FC）；另一个是泡沫的寿命，即泡沫稳定性（foaming stability，FS）。

$$起泡力=产生的泡沫中气体的体积/起泡前液体的体积\times 100\%$$
$$泡沫稳定性=静置\ t\ 时间后泡沫的体积/原有泡沫的体积\times 100\%$$

不同的蛋白质溶液起泡力是不同的，常见蛋白质溶液的起泡力见表 12-5。

表 12-5 常见蛋白质溶液的起泡力

蛋白质	卵清蛋白	鸡蛋蛋白	牛血清蛋白	β-乳球蛋白	大豆蛋白	乳清蛋白	明胶
起泡力	40	240	280	480	500	600	760

2. 蛋白质起泡性质的影响因素 影响蛋白质起泡性质的因素主要有以下几个方面。

(1)蛋白质的理化性质。具有良好起泡性质的蛋白质应是其分子能快速扩散到气液界面，易于在界面吸附、展开和重排，并且形成黏弹性的膜，如具有疏松结构的 β-酪蛋白。而结构紧密缠绕的溶菌酶具有多个分子内二硫键，起泡性质差。通常卵清蛋白是最好的蛋白质起泡剂，血清蛋白、酪蛋白、谷蛋白等也具有不错的起泡性。

(2)pH。蛋白质溶液的 pH 在接近等电点时，有利于蛋白质的起泡和稳定。在等电点时，溶解度大的蛋白质起泡能力强，泡沫稳定性较好，如球蛋白、面筋蛋白、乳清蛋白等。溶解度很低的蛋白质起泡能力差，但稳定性很高。在等电点以外的环境中，起泡能力好，但稳定性差。

(3)盐类。盐类不仅可以影响蛋白质的溶解度、黏度、展开和聚集，而且还能改变发泡性质。例如 NaCl 能促进大豆蛋白的起泡能力，降低泡沫的稳定性。二价阳离子（Ca^{2+}、Mg^{2+}）能与蛋白质的羧基之间形成盐桥作用，进而提高泡沫的稳定性。

(4)糖类。糖类通常会抑制蛋白质的泡沫膨胀，但是它们又可提高泡沫的稳定性。糖类物质能够增加蛋白质溶液的黏度，所以在制作蛋白酥皮和其他泡沫胶体时，应在膨胀时加入糖类。

(5)脂类。蛋白质溶液中存在低浓度脂类时，会严重损害蛋白质的发泡性能，特别是极性脂类可在气液界面吸附，干扰蛋白质在界面的吸附，从而影响蛋白质的泡沫稳定性。例如，磷脂具有比蛋白质更好的表面活性，它以竞争的方式在界面上取代蛋白质，从而降低膜的厚度和黏结性，使泡沫的稳定性下降。因此大豆蛋白制备液中不应含有磷脂，卵清蛋白中不应含有蛋黄脂。

(6)机械处理。为形成泡沫需要适当的搅拌，使蛋白质伸展。而过度的强烈搅拌则会降低膨胀度和稳定性。例如，卵清蛋白或鸡蛋清搅打时间超过 8 min 时，则会使蛋白质在空气与水界面上发生聚集、凝结。

(7)蛋白质的浓度。蛋白质浓度为 2%～8% 时，即可到达最大膨胀度，产生具有适宜厚度和稳定性的膜。但当蛋白质浓度超过 10% 时，溶液的黏度过大，会使气泡变小，泡沫变硬。

(8)加热处理。加热使气体膨胀、黏度降低，导致气泡破裂，不利于泡沫的形成。但发泡前适当的热处理能使一些结构紧密的蛋白质分子伸展，有利于其在气液界面的吸附。若加热使蛋白质发生胶凝作用则可提高泡沫的稳定性。

在某些食品后加工过程中，会产生不需要的泡沫，如在浓缩果汁、玉米糖浆、植物油或发酵过程中产生的泡沫，可能会造成产物的损失及加工效率的降低。此时，可在食品中加入 10~100 mg/kg 的消泡剂（anti-foaming agent）。消泡剂可降低表面张力，在泡沫中消泡剂可分散成一单层，取代稳定的泡沫薄层，引起泡破裂。

六、蛋白质的黏度

蛋白质溶液的黏度（viscosity）反映其流动能力的高低，是流体分子间相互吸引而产生阻碍分子间相对运动能力的动量。蛋白质是高分子化合物，其溶液具有一定的黏度。

影响蛋白质溶液黏度特性的因素主要有两个方面，一是分散的蛋白质分子或颗粒的表观直径，二是蛋白质溶液的流速。同大多数亲水性分子的溶液、悬浮液、乳浊液一样，蛋白质溶液的黏度系数会随流速的增加而降低，出现"剪切稀释"现象。另外，溶液的 pH 和温度对蛋白质溶液黏度也有一定的影响。例如，温度在 60 ℃，pH 为 5.0 时，12% 的酪蛋白酸钠溶液的黏度最小，随着 pH 的提高，黏度逐渐增大，在 pH 为 11.0 时达到最大值。继续提高 pH，其溶液黏度会下降。温度则通常与黏度呈负相关，即黏度随温度的上升而下降。

蛋白质溶液的黏度是饮料、肉汤、稀奶油等液态、酱状食品的主要功能性质，对于蛋白质食品的输送、混合、加热、喷雾干燥等工艺环节也有影响。

七、蛋白质与风味物质的结合

蛋白质本身没有气味，但它们能结合醛、酮、氧化脂肪等物质，产生豆腥味、哈喇味、酮苦味、涩味等，影响食品的品质。所以蛋白质制剂的生产往往需要脱臭步骤。蛋白质结合风味物质的性质也有利于生产的一方面。蛋白质可以作风味物质的载体或改良剂，如在植物蛋白仿真肉制品生产中使植物蛋白产生肉的风味。风味物质主要是通过疏水作用和物理吸附与蛋白质相互作用产生。影响风味物质结合的因素有温度、热变性、盐溶、盐析、pH 等。其中，温度对风味物质的结合影响很小，热变性蛋白质具有较高的结合风味物质的能力，盐溶可降低风味结合，而盐析可提高风味结合，pH 对风味结合的影响表现在碱性比酸性更能促进蛋白质与风味物质的结合。

第七节 食品加工和贮藏对蛋白质的影响

食品的加工处理不可避免地会给食品带来一些物理化学的变化。在食品加工和贮藏中，蛋白质的功能性质和营养价值的变化会对食品的质量与安全产生一定的影响。

一、热处理对蛋白质的影响

在食品加工中，热处理对蛋白质的影响较大，其影响程度取决于加热时间、温度、湿度、有无还原性物质等因素。热处理涉及的化学反应有变性、分解、氨基酸氧化、氨基酸链之间的交换及新键的形成等。从有利方面来看，绝大多数蛋白质加热后的营养价值得到提高。适当的热处理会使蛋白质分子发生伸展，从而暴露出被掩埋的一些氨基酸残基，这有益于蛋白酶的催化水解，提高蛋白质的消化吸收。热烫和蒸煮可以使酶失活，避免酶促褐变影响食物的品质。同时，加热可以使植物组织中存在的大多数抗营养因子或蛋白质毒素（如大豆中的胰蛋白酶抑制剂）受到破坏或钝化。但是，过度加热会导致氨基酸的氧化、键交换、形成新酰胺键等，使蛋白质难以被消化酶水解，造成消化迟滞，食品的风味也会受到不良影响。例如，谷物在加工中经膨化或焙烤能使蛋白质中的赖氨酸因形成新的肽键而受到损失或者变得难以消化，从而影响蛋白质的营养价值。

二、低温处理对蛋白质的影响

采用低温对食品进行贮存，能延缓或抑制微生物的繁殖、抑制酶的活性和降低化学反应速度，从而延缓或防止蛋白质的腐败。冷冻和冷藏对食品的风味影响较小，一般对食品营养无影响，但对蛋白质的品质有严重影响。冰冻肉类时，肉组织会受到一定程度的破坏。解冻的时间过长，组织及细胞被破坏，并且蛋白质产生不可逆的结合替代蛋白质和水之间的结合，因而肉类食品的质地变硬，保水性降低。

三、脱水与干燥对蛋白质的影响

食品经脱水干燥后便于贮存和运输。但干燥时，如温度过高，时间过长，蛋白质结构受到破坏，而使食品的复水性降低，硬度增加，风味变差。目前最好的干燥方法是真空冷冻干燥，使蛋白质的外层水化膜和蛋白质颗粒间的自由水在低温下结成冰，然后在高真空下升华除去水分而达到干燥保存的目的。使用真空冷冻干燥不仅蛋白质不易变性，还能保持食品原来的色、香、味。

四、碱处理对蛋白质的影响

食品加工中若应用碱处理并同时配合热处理，会使蛋白质发生一系列反应，蛋白质营养价值下降。蛋白质经碱处理后，能发生很多变化，生成各种新的氨基酸。其中，常发生此类变化的氨基酸有丝氨酸、赖氨酸、胱氨酸和精氨酸等。例如，大豆蛋白在 pH 12.2、40 ℃条件下加热 4 h 后，胱氨酸、赖氨酸逐渐减少，并有赖氨基丙氨酸的生成。首先胱氨酸转变为脱氢丙氨酸、硫化氢和硫。脱氢丙氨酸非常活泼，容易与赖氨酸的 $\varepsilon\text{-}NH_2$ 结合生成赖氨基丙氨酸。另外，温度超过 200 ℃的碱处理会导致蛋白质氨基酸残基发生异构反应，天然氨基酸的 L 型结构有部分转化为 D 型结构，从而使氨基酸的营养价值降低。

五、辐照对蛋白质的影响

辐照技术是一种利用放射线对食品进行杀菌、抑制酶活性、减少营养损失的加工保藏方法。辐照可以使水分子解离成游离基和水合电子，再与蛋白质作用，如发生脱氢反应或脱氨反应、脱二氧化碳反应。但蛋白质的二级结构、三级结构和四级结构一般不被辐照破坏。在强辐照下，水分子可以被裂解为羟游离基，羟游离基与蛋白质分子作用产生蛋白质游离基，它的聚合导致蛋白质分子间的交联，引起蛋白质功能性质的改变。

> **知识窗**
>
> ### 微生物与食物保存
>
> 无论是灾难，还是战争，当人类面对重大危机，哪些食物对幸存者而言是安全的？这些食物又能保存多久？要回答这些问题，就要从导致食物变质的原因入手。
>
> 大多数食物（并不是所有）的变质是因为微生物生长。生活中人们会通过干燥、腌制、冷藏或者密封容器保存食物。这些都是限制微生物生长的方法，并以不同的形式成功地使用了数千年。
>
> 干燥是最有效的方法，其次是腌制，而单独贮存在密封容器中并不足以抑制微生物生长。实际上，在不破坏食物的情况下，完全消除食物中的病原体几乎是不可能的。因此，保存技术

的重点是限制微生物生长。干燥方法就非常有效，因为微生物需要水将自己所需食物送至细胞中，并将毒素排出体外。如果在低水环境中微生物没有这种细胞运输能力，那它们的生长就会受到抑制，并且无法繁殖后代。同时，低浓度的水也可以抑制氧化，而氧化是食物变质的另一种方式。

贮存食物在密封容器中的保存效率低是因为：在食物被放入密封容器之前，上面可能已经有很多微生物了，并且其中一些微生物在低氧环境下可以很好生长，例如一些厌氧的微生物，它们不需要氧气就能呼吸，密封容器的作业可能适得其反。

另外，腌制也是有效的，因为同样能够去除水分，创造一个微生物无法生存的环境。高盐环境会阻止细菌细胞在"渗透休克(osmotic shock)"过程中的正常工作。盐将液体和其他物质从微生物细胞中吸出，能够破坏离子穿过细胞膜的路径。

同理，糖衣作用也会形成渗透休克。一般而言，含糖量较高的食物可以维持很长时间，在干燥的状态下，精制糖不会支持任何微生物生长。太妃糖、高温熬制的糖果（通常80%成分是蔗糖和葡萄糖）和其他硬糖果几乎不存在微生物，因此通常能够保存几年。然而一旦人们在糖果中添加其他成分，如乳制品、淀粉、明胶或者鸡蛋等，它们的保存时间就会大幅减少。比如，将焦糖和巧克力混合在一起，很容易产生酵母和霉菌，并且在制造生产过程中引入的微生物也会在该食品中逐渐繁殖。

复习题

1. 简述植物性生鲜原料中的主要化学成分及其与贮藏加工的关系。
2. 简述植物性原料采后呼吸代谢的化学途径和影响呼吸代谢的因素。
3. 简述乙烯与果品、蔬菜等植物性原料成熟衰老的关系。
4. 动物屠宰后肌肉中ATP含量变化对肉风味有何影响？
5. 动物屠宰后组织中pH变化对肉的品质的影响如何？
6. 什么叫食品的褐变反应？从反应机理看，食品的褐变分为哪几种类型？简述褐变对食品的影响。
7. 什么叫酶促褐变？酶促褐变应具备的条件是什么？
8. 什么叫羰氨反应？其机理如何？如何防止非酶促褐变？
9. 影响蛋白质乳化性的因素有哪些？

CHAPTER 13 第十三章 风味物质形成的生物化学

第一节 风 味

一、风味的概念与分类

(一)风味的概念

风味(flavour)概念是在 1986 年 Hall 提出的,是指摄入的食物使人的感觉器官对味觉、嗅觉、痛觉、触觉、温觉等所产生的感觉印象,即将食物客观性使人产生的感觉印象的总和称为风味。也就是说一个食品的风味是该食品给摄食者产生的味觉、嗅觉、痛觉、运动感觉、视觉和听觉的综合体现(图 13-1)。在食品风味包含的众多感觉中最为重要的是食品产生的味觉感觉(taste)和嗅觉感觉(olfactory sense),也就是味感(gustation)与气味(smell)。风味的好坏也是衡量食品质量高低的一个重要指标。

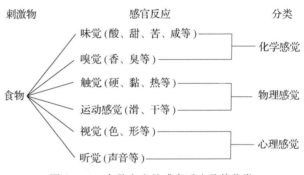

图 13-1 食品产生的感官反应及其分类

(二)风味的分类

食品种类众多,风味各异。虽然不同食品的风味有明显的差异,但要对食品风味进行分类却非常困难,这也是食品风味化学家长期奋斗的目标。1972 年,Ohloff 提出一个食品风味分类法(表 13-1),但该分类法至今没有得到广泛承认,主要原因是分类体系缺乏依据,且不够全面和严谨。我国目前也无食品风味的系统分类法,有待相关学者的努力。

表 13-1 Ohloff 食品风味的分类

风味种类	细分项目	典型例子	风味种类	细分项目	典型例子
水果风味	柑橘型(萜烯类) 浆果型(非萜烯类)	橙、柑、橘、柚 苹果、香蕉、草莓	肉食风味	哺乳动物型 海产动物型	牛肉、猪肉 鱼、虾、蛤
蔬菜风味		莴苣、芹菜	脂肪风味		奶油、花生油
调味品风味	芳香型 辣味型 催泪型	姜、肉桂 辣椒、胡椒、花椒 大蒜、葱、韭菜	烹调风味	肉汤型 蔬菜型 水果型	牛肉汤、鸡汤 青菜、豆类 柑橘酱

(续)

风味种类	细分项目	典型例子	风味种类	细分项目	典型例子
饮料风味	非发酵型 发酵型 复合型	果汁、牛奶 白酒、啤酒 软饮料	烘烤风味	烟熏型 油炸型 焙烤型	火腿、熏鱼 油条、炸鸡 面包、咖啡
恶臭型		臭豆腐、干酪			

二、味感与气味

(一)味感

味感是指食物在人的口腔内对味觉器官化学感受系统刺激并产生的一种感觉。由于味感是一种感觉现象,所以对味感的理解和定义往往会带有强烈的个人、地区或民族特殊性,这也就不难理解同一地区或民族的人群往往具有趋同的食品味感喜好性,而不同地区和国家对食品味感的分类不一致。例如,日本为酸、甜、苦、辣、咸,欧美一些国家和地区则为酸、甜、苦、辣、咸、金属味,印度为酸、甜、苦、辣、咸、涩味、淡味、不正常味,而我国为酸、甜、苦、辣、咸、鲜、涩。但从味感的生理角度来分类,只有4种基本味觉:酸(sour)、甜(sweet)、苦(bitter)和咸(salt),它们是食物直接刺激味觉器官化学感受系统产生的。

味感产生的生理过程是呈味物质刺激口腔内的味觉感受体(taste receptor)产生某种信号,然后通过特定的神经感觉系统收集并将此信号传递到大脑的味觉中枢,最后通过大脑的综合神经中枢系统的分析,从而产生不同的味感。不同的味感产生有不同的味觉感受体,不同味觉感受体与呈味物质之间的作用力也不相同。口腔内的味觉感受体主要是味蕾(taste bud),其次是自由神经末梢。婴儿大约有10 000个味蕾,成年人约9 000个,味蕾数量随年龄的增大而减少,人对呈味物质的敏感性也随年龄的增大而降低。味蕾大部分分布在舌头表面的乳状突起中,尤其是舌黏膜皱褶处的乳状突起中最为密集。味蕾由40~150个味觉细胞构成,10~14 d更换一次,并通过味孔与口腔相通。味觉细胞表面由蛋白质、脂质及少量的糖类、核酸和无机离子组成。味觉细胞有许多味觉感受分子,不同物质能与不同的味觉细胞的受体结合从而呈现不同的味感。例如,甜味物质的受体是蛋白质,苦味和咸味物质的受体则是脂质,也有人认为苦味物的受体可能与蛋白质相关。研究表明,不同的呈味物质在味蕾上有不同的结合部位,尤其是甜味、苦味和鲜味物质,其分子结构有严格的空间专一性要求。这反映在舌头上不同的部位会有不同的敏感性。如一般人的舌尖和边缘对咸味比较敏感,舌的前部对甜味比较敏感,舌靠腮的两侧对酸味比较敏感,而舌根对苦、辣味比较敏感。

(二)气味

气味是食品中的挥发性物质刺激鼻腔内的嗅觉神经细胞而在中枢神经中引起的一种感觉。其中将令人愉快的嗅觉称为香味(fragrance),令人厌恶的嗅觉称为臭味(stink)。气味是一种比味感更复杂、更敏感的感觉现象。一般一种食物的气味是由很多种挥发性物质共同作用的结果,例如,经过调配的咖啡的香气成分中,已鉴定出的组分达468种以上。但是某种食品的气味往往由主要的少数几种香气成分决定,把这些成分称为主香成分。判断一种挥发性物质在某种食品香气形成中作用的大小,常用该物质的香气值的大小来衡量。香气值是指挥发性物质的浓度与其阈值的比值。阈值是指能够感受到的该物质的最低浓度。如果某种挥发性物质的香气值小于1,说明该物质对食物香气的形成没有贡献;某种挥发性物质香气值越大,说明它在食物香气形成中的贡献越大。一个食物的主香成分比该食物中其他挥发性成分具有更高的香气值。与形成食物味感的物质不同,食品的气味物质一般种类繁多、含量极微、稳定性差且大多数为非营养性成分。

三、风味物质产生的途径

由于食物的味感比较稳定,在加工和贮藏过程中变化不大,所以在论述食物风味物质形成的时候更多的是介绍食物香气成分的形成途径。综合起来,食品中风味物质形成的途径大致有以下5个方面:生物合成作用、酶的作用、发酵作用、高温作用和食物调味。

(一)生物合成作用

食物中的风味物质大多数是食物原料在生长、成熟和贮藏过程中通过生物合成作用形成的,这是食品原料或鲜食食品风味物质的主要来源。如苹果、梨、香蕉等水果特有的香气,苹果、香蕉中的甜味物质,柑橘、柠檬、葡萄中的酸味物质,葡萄、柿子中的涩味物质,葱、蒜等辛辣物质,以及香瓜、番茄等蔬菜中香气的形成都是通过这种方式形成的。不同食物风味物质生物合成的途径是不相同的,合成的风味物质的类型也不同。在论述风味物质生物合成的作用时,主要集中在对食物香气的形成上,食物中的香气成分主要是以氨基酸、脂肪酸、羟基酸、单糖、糖苷和色素为前体通过进一步生物合成而形成的。

(二)酶的作用

酶对食品风味的作用主要指食物原料在收获后的加工或贮藏过程中经一系列酶的催化形成风味物质的过程。酶对食品风味的作用包括酶的直接作用和酶的间接作用。所谓酶的直接作用是指酶催化某一风味前体物质直接形成风味物质,酶的间接作用主要是指氧化酶催化形成的氧化产物对风味物质前体进行氧化而形成风味物质的作用。葱、蒜、卷心菜、芥菜的风味形成属于酶的直接作用,而红茶的香气形成则是典型的酶间接作用的例子。

脂氧合酶(lipoxygenase,LOX)是一种氧合酶,它专门催化具有顺,顺-1,4-戊二烯结构的不饱和脂肪酸的加氧反应,在植物中其底物主要是亚油酸和亚麻酸,加氧位置是C_9和C_{13},脂氧合酶途径简称 LOX 途径,是脂肪酸氧化的途径之一。脂氧合酶已在60多种园艺作物中发现,它与食物中芳香物质的形成关系密切。Guoping Chen 等对 Tomlox C(脂氧合酶同分异构体 C)在C_6醛类和醇类等芳香物质产生过程中所起的作用进行了研究,在减少 Tomlox C 的转基因番茄中,一些常见芳香物质(如己醛、己烯醛、己烯醇等)明显减少。

(三)发酵作用

发酵食品及其调味品的风味成分主要是由微生物作用于发酵基质中的蛋白质、糖类、脂肪和其他物质而产生的,其成分主要有醇、醛、酮、酸、酯类等物质。由于微生物代谢的产物种类繁多,各种成分比例各异,使发酵食品的风味也各有特色。

发酵食品风味形成是一系列复杂的生物化学反应过程,研究代谢过程中氨基酸、有机酸、糖的变化有利于发酵食品风味组分的调控,发酵过程代谢产物分析已深入代谢组学研究。Hee 等使用超高效液相色谱结合高分辨率质谱联用(UPLC-QTOF-MS)技术对韩国豆酱发酵过程中水溶物代谢组学进行分析,结果发现,随着发酵周期的延长,与发酵豆制品独特风味密切相关的各种代谢物(如氨基酸、小肽、核苷酸、尿素循环中间体和有机酸)都发生明显改变。发酵过程会积累尿素循环中间体(精氨酸和瓜氨酸),为发酵微生物提供氮源。发酵过程中蛋白质降解大多发生在 10~40 d,随着发酵时间增加,总肽含量增加。谷氨酸代谢对风味影响较大,发酵 60 d 的豆酱谷氨酸含量比未发酵大豆可提高 52 倍。

(四)高温作用

高温烹调、焙烤、油炸香味的形成,主要发生的反应有 Maillard 反应,糖、氨基酸、脂肪热氧化,维生素B_1、维生素 C、胡萝卜素降解。其中,Maillard 反应是高温加热时食品风味物质形成的主要途径。Maillard 反应中形成香气物质的主要途径如图 13-2 所示。

(五)食物调味

食物调味主要是通过使用一些风味增强剂或异味掩蔽剂来显著增加原有食品的风味强度或掩蔽原有食品的不愉快的风味。风味增强剂的种类很多,但广泛使用的主要是L-谷氨酸钠、5'-肌苷酸、5'-鸟苷酸、麦芽酚和乙基麦芽酚。风味增强剂本身也可以用作异味掩蔽剂,除此之外使用的风味掩蔽剂还很多,如在烹调鱼时,添加适量食醋可以使鱼腥味明显减弱,而在肉的烹调中为了特定目的加入的一些天然香辛料就有去腥提香效果。能用于肉制品提香的香辛料种类很多,有起去腥臭的白芷、桂皮、良姜,有起芳香味的月桂、丁香、肉豆蔻、众香果,有香甜味的香叶、茴香,有辛辣味的大蒜、葱、姜、辣椒、胡椒,有甘香味的百里香、甘草等。

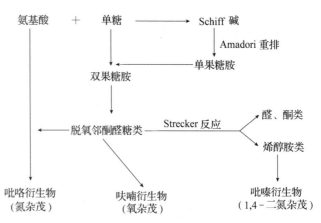

图13-2　Maillard反应中形成香气物质的主要途径

第二节　风味物质形成的生物化学过程

一、风味物质前体的生物转化

生物合成是生鲜食物中风味物质的主要来源,由于生物合成的前体物质不同,反应途径也不一样,这里主要介绍水果和蔬菜中香气的形成,表13-2给出了几种水果中主要的风味物质。以下将按风味物质形成前体物质的分类来介绍生物转化在食物风味形成中的作用。

表13-2　几种水果中主要的风味物质

水果名称	风味物质种类	主要风味物质
苹果	250	2-甲基丁酸乙酯、2-己烯醛、丁酸乙酯、乙酸丁酯
桃	70	$C_6 \sim C_{11}$内酯和其他酯类,如γ-十一烷酸内酯
香蕉	350	乙酸异戊酯、异戊酸异戊酯、丁酸异戊酯
葡萄	280	邻氨基苯甲酸甲酯、2-甲基-3-丁烯-2-醇、芳樟醇、香叶醇
香瓜	80	烯醇、烯醛、酯类
菠萝	120	己酸甲酯、乙酸乙酯、3-甲硫基丙酸甲酯

(一)以氨基酸为前体的生物合成

氨基酸是水果和蔬菜中生物合成风味物质的主要前体物质,其中尤以亮氨酸、含硫氨基酸和芳香族氨基酸最为重要。以氨基酸为前体生物合成的风味物质主要是一些低碳数的醇、醛、酸、酯类等。例如,香蕉、苹果、马铃薯和豌豆荚的特征性风味物质乙酸异戊酯、3-甲基丁酸乙酯、2-甲氧基-3-异丁基吡嗪就是以亮氨酸为前体形成的,其途径如图13-3、图13-4所示。而植物中丁香酚类物质的形成是由生物体内的酪氨酸、苯丙氨酸等前体物在酶的作用下,通过莽草酸途径产生各类酚醚类化合物,其途径如图13-5所示。该途径还为木质素聚合物提供苯丙基骨架,木质素聚合物是植物结构的基本单元。从图13-5中可以看出,木质素在热降解过程时产生很多酚类化合物,食品中的烟熏芳香在很大程度上是以莽草酸途径中的化合物为前体的。

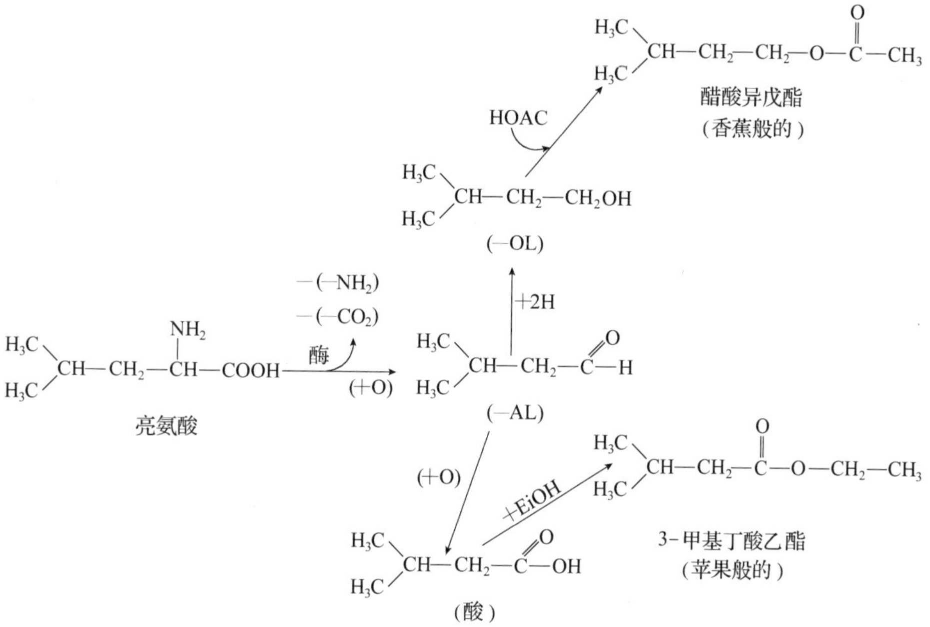

图 13-3 以亮氨酸为前体形成香蕉和苹果特征性风味物质的过程

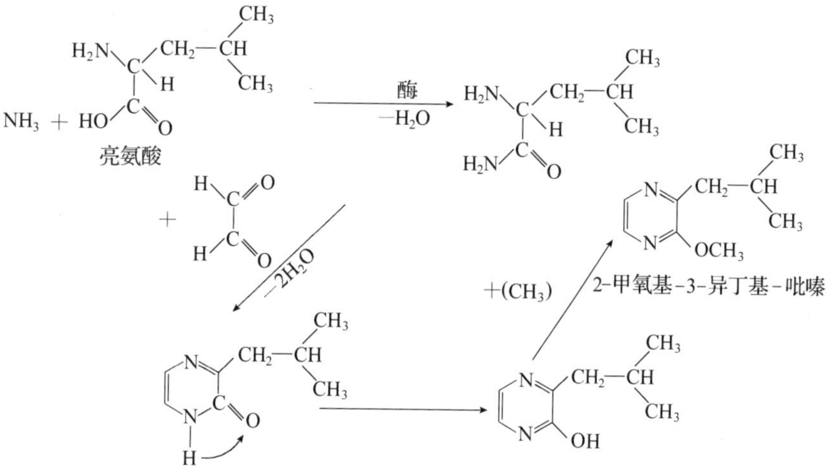

图 13-4 生马铃薯、豌豆和豌豆荚特征性风味成分形成途径

葱属植物以其强烈而有穿透性的芳香为特征。洋葱、大蒜、香菇和海藻的主要特征性风味物质分别是 S-氧化硫代丙醛、二烯丙基硫代亚磺酸酯(蒜素)、香菇酸和甲硫醚。研究表明,这些含硫的风味化合物都是以半胱氨酸、甲硫氨酸及它们的衍生物为前体通过生物合成作用形成的。如洋葱风味的形成,是在其组织破裂后,原先被隔离在细胞不同区域内的蒜氨酸酶被激活,水解风味前体物质 S-(1-丙烯基)-L-半胱氨酸亚砜,生成的次磺酸中间体、氨与丙酮酸、次磺酸能进一步重排,产生具有强穿透力的、催人泪下的挥发性硫化合物:丙基烯丙基二硫化物、二烯丙基二硫化物、氧化硫代丙醛($CH_3CH_2CH=S=O$)。另外,还有硫醇、三硫化合物及噻吩等,其形成的途径见图 13-6。葱、蒜经加热后,其辛辣味逐渐消失而产生甜味的原因是加热使酶失去活性,上述反应不能发生,而含硫化合物经加热降解生成的丙硫醇具有很好的甜味。

大蒜(*Allium sativum* L.)和香菇(*Lentinus edodes*)特征性风味物质的前体是 S-(2-丙烯基)-L-半胱氨酸亚砜,其风味形成机制基本与洋葱相同,形成途径见图 13-7。二烯丙基硫代亚磺酸酯(蒜素)产生大蒜风味,但不产生类似于在洋葱中会形成的具有催泪作用的 S 氧化催泪化合物。大蒜

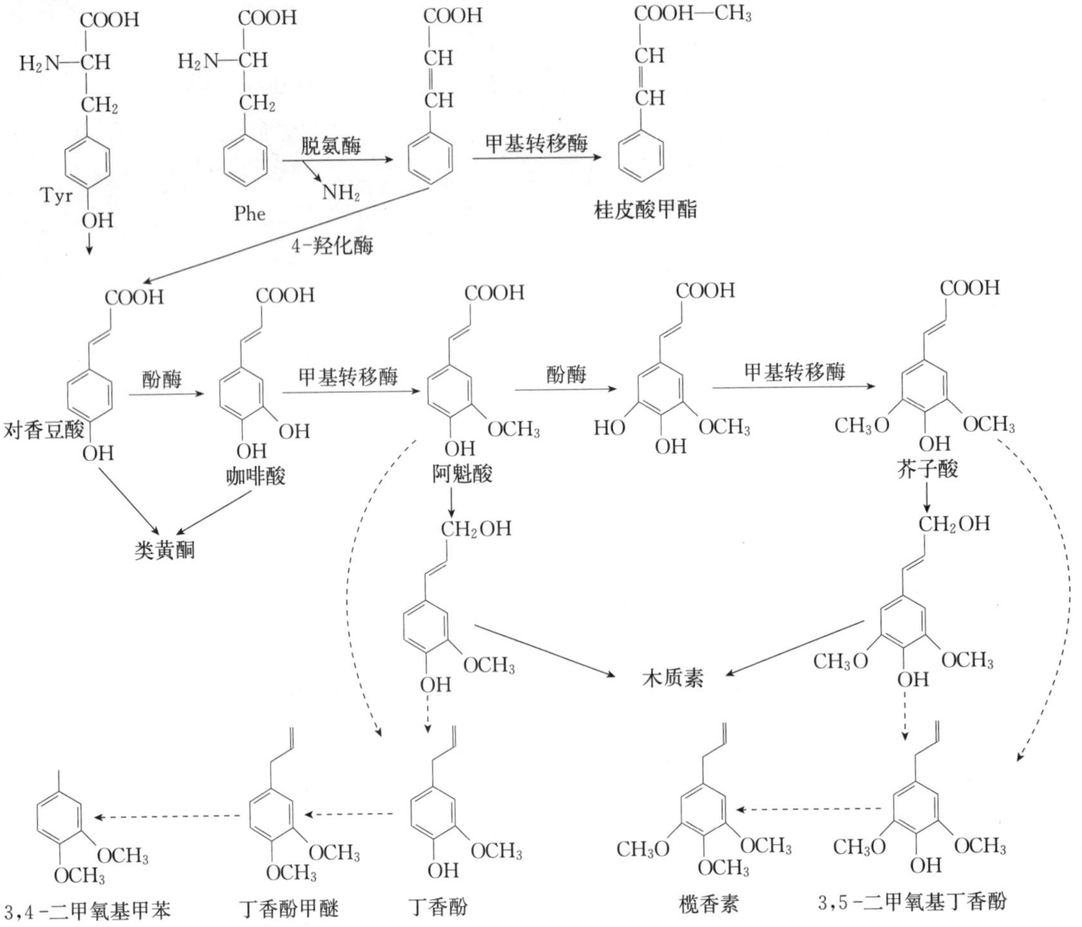

图 13-5 莽草酸途径产生的酚醚类化合物

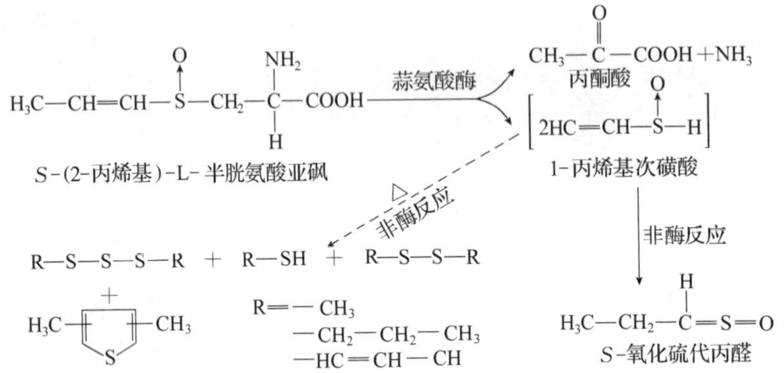

图 13-6 洋葱特征性风味物质形成的途径

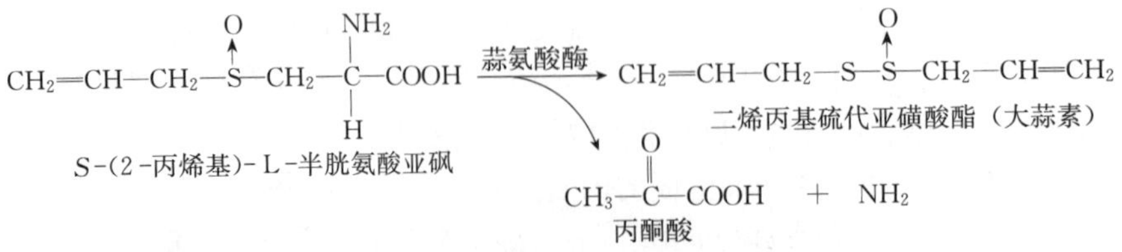

图 13-7 大蒜特征性风味物质形成的途径

的硫代亚磺酸酯以与洋葱次磺酸相同的方式分解和重排,生成甲基烯丙基二硫化物、二烯丙基二硫化物及蒜油和熟大蒜的其他风味化合物。

香菇的主要风味化合物香菇酸(lenthinic acid)的前体是一种 S-烷基-L-半胱氨酸亚砜与 γ-谷氨酰基结合而成的肽。风味形成的初始酶反应涉及 γ-谷氨酰转肽酶,此酶产生半胱氨酸亚砜前体,即香菇酸。香菇酸在 S-烷基-L-半胱氨酸裂解酶的作用下生成风味物质香菇精(lenthionin),形成的途径见图 13-8。这些反应只有在组织破损后才开始,因此只有经干燥和复水或者浸软的组织短时间放置后,反应才能发生。除香菇精外,还生成了其他多硫庚环化合物,但风味主要是由香菇精产生的。

图 13-8 香菇特征性风味物质形成的途径

(二)以脂肪酸为前体的生物合成

许多水果和蔬菜的风味物质中含有六碳醇和九碳醇、醛或者由六碳脂肪酸和九碳脂肪酸形成的酯,如苹果、香蕉、葡萄、菠萝、桃子中的己醛,香瓜、西瓜的特征性风味物质 2-反-壬烯醛和 3-顺-壬烯醇,番茄的特征性风味物质 3-顺-己烯醛和 2-顺-己烯醇以及黄瓜的特征性风味物质 2-反-6-顺-壬二烯醛。这些风味物质是以脂肪酸(亚油酸和亚麻酸)为前体,在脂肪氧合酶、裂解酶、异构酶、氧化酶等的作用下合成的,其具体合成途径见图 13-9。

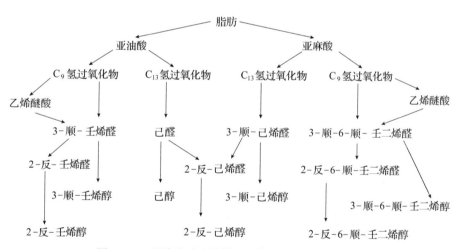

图 13-9 以脂肪酸为前体生物合成风味物质的途径

大豆制品的豆腥味的主要成分是六硫醛醇,该物质也是以不饱和脂肪酸为前体在脂肪氧合酶的作用下形成的,其具体的生物合成途径见图 13-10。

脂肪酸经 β 氧化也能产生一系列呈味物质。如亚油酸通过 β 氧化途径生成的 2-反-4-顺-癸二烯酸乙酯,就是梨的特征香气成分(图 13-11)。

(三)以羟基酸为前体的生物合成

具有明显椰子和桃子特征风味的 $C_8 \sim C_{12}$ 的内酯以及在乳制品风味中扮演主要角色的 δ-辛内酯主要是以脂肪酸 β 氧化的羟基酸产物或脂肪水解产生的羟基酸为前体在酶的催化下发生环化反应形成的(图 13-12)。

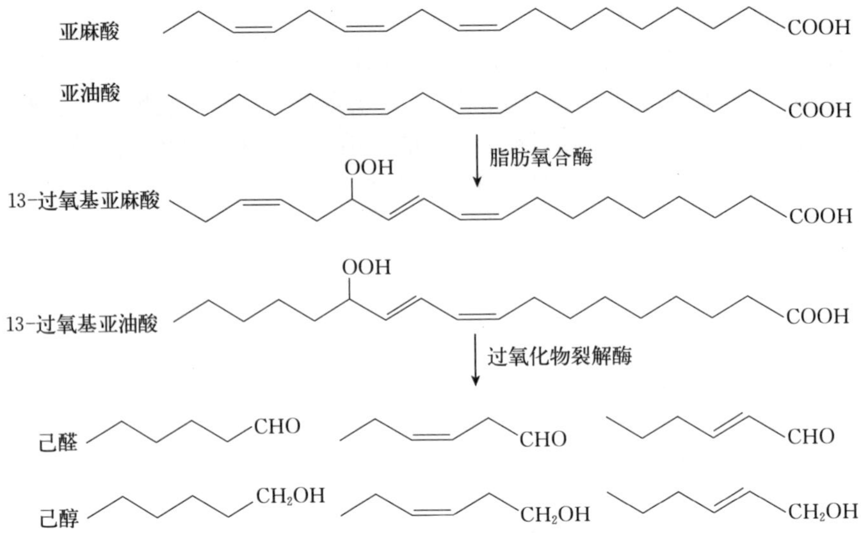

图 13-10 大豆制品豆腥味形成的途径

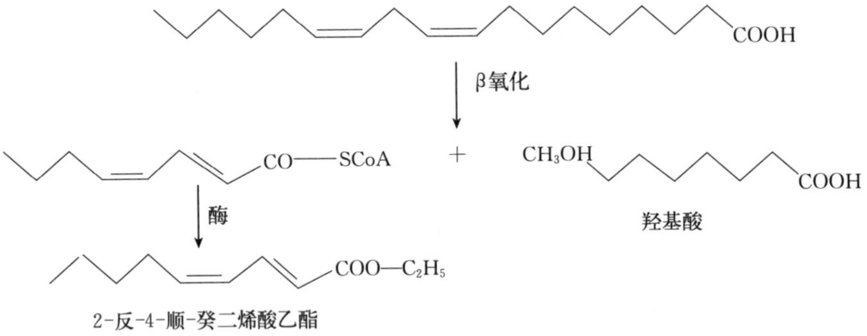

图 13-11 脂肪酸 β 氧化产生风味物质的途径

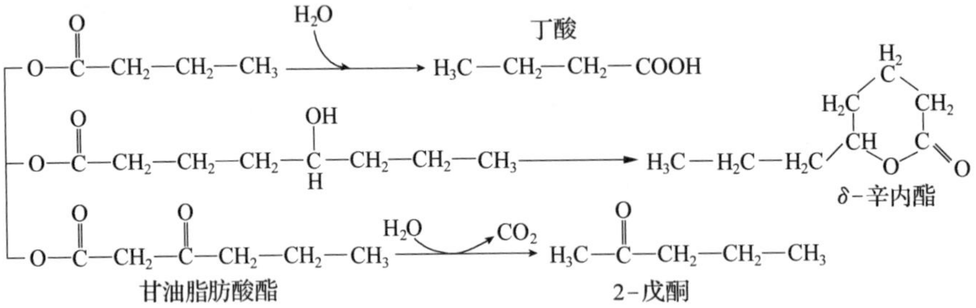

图 13-12 羟基酸环化形成风味物质的途径

萜烯类化合物是柑橘类水果的特征性风味物质，它是以甲羟戊酸（一种含 6 个碳的羟基酸）为前体通过异戊二烯途径合成的，产物包括柠檬的特征性风味物质柠檬醛、橙花醛，酸橙的特征性风味物质苧烯，甜橙的特征性风味物质 β-甜橙醛以及柚子的特征性风味物质诺卡酮等（图 13-13）。

(四)以糖苷为前体的生物合成

十字花科蔬菜，包括山葵（wasabi）、辣根（horseradish）、芥末（mustard）、榨菜（stem mustard）、雪里蕻（potherb mustard）等的特征性风味物质是异硫氰酸酯、硫氰酸酯和一些腈类化合物。一般认为这些辛辣味的物质并不是直接存在于植物中，而是植物细胞遭破坏时，其中的辛辣物质的前体硫代葡萄糖苷（又称为黑芥子苷，sinigrin）在一定外界条件下由酶催化降解形成的。硫代葡萄

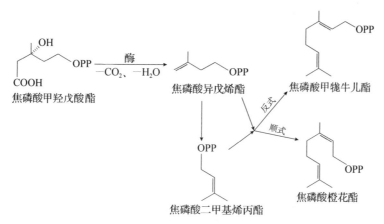

图 13-13 羟基酸形成萜烯类风味化合物的途径

糖苷广泛存在于十字花科植物的种子、叶、根、茎中。十字花科蔬菜辛辣味的形成首先是硫代葡萄糖苷在黑芥子苷酶的作用下降解成为一分子葡萄糖、一分子 HSO_4^- 和一分子不稳定的中间体——非糖配基，非糖配基随即发生非酶水解，根据反应条件的不同可生成异硫氰酸酯和硫氰酸酯，在 pH<4 的情况下易形成腈类化合物和单质硫。十字花科植物以糖苷为前体的特征性风味物质形成的途径见图 13-14。Williams 研究表明，糖同样可以作为番茄挥发性物质的前体，3-甲基丁酸和 β-大马酮均是糖水解后的主要产物。

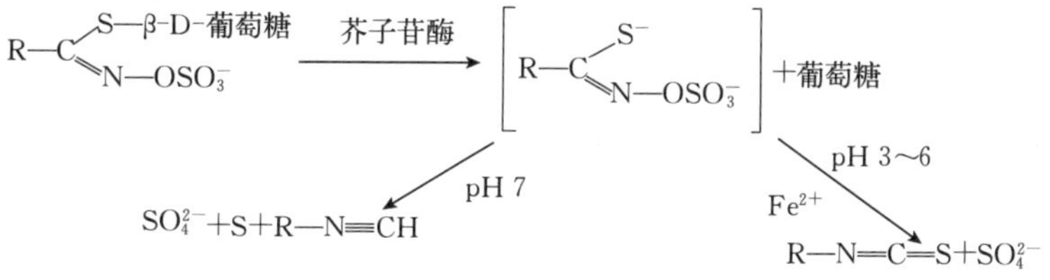

图 13-14 十字花科植物特征性风味物质形成的途径

(五)以色素为前体的生物合成

某些食物的风味物质是以色素为前体形成的，如番茄中的 6-甲基-5-庚烯-2-酮和法尼基丙酮是由番茄红素在酶的催化下生成的(图 13-15)。红茶中的 β-紫罗酮和 β-大马酮可以通过类胡萝

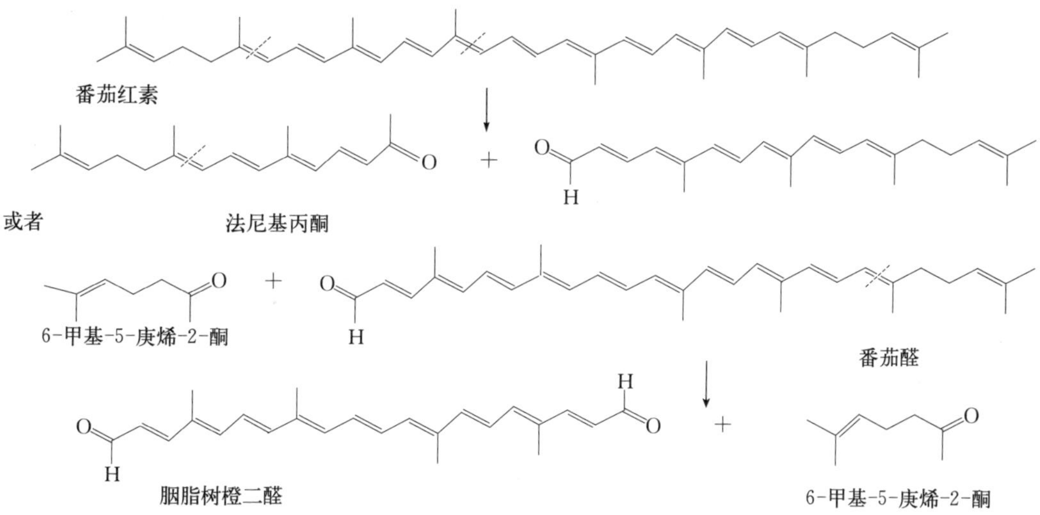

图 13-15 番茄红素降解形成风味物质的途径

卜素氧化得到(图13-16)。Baldwin等研究不同挥发性成分对番茄整体风味的具体贡献时发现，牻牛儿丙酮与番茄的风味和甜味相关，乙醛、乙酮、β-紫罗酮、乙醇以及顺-3-己醇等与酸味相关，顺-3-己烯醛、1-戊烯-3-酮与苦味具有相关性，顺-3-己烯醛和涩味关系较密切，而2,3-二甲基丁醇、6-甲基-5-庚烯-2-酮与番茄风味、整体满意度、腐败味等相关联。同时发现，甜味与己醛的关系很大，顺-3-己烯醛、顺-3-己烯醇、反-2-己烯醛对风味也有影响。

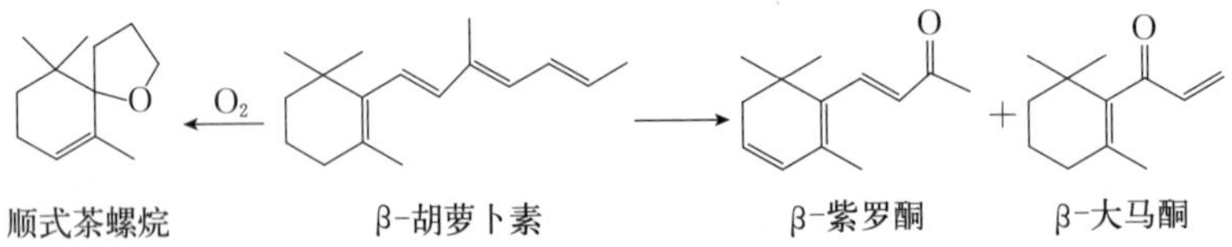

图13-16 类胡萝卜素降解形成风味物质的途径

二、风味物质的发酵形成

发酵食品的种类很多，酒类、酱油、醋、酸奶等都是发酵食品。它们的风味物质非常复杂。除原料本身含有的风味物质外，发酵对食品风味的影响主要体现在两个方面：一方面是原料中的某些物质经微生物发酵代谢形成风味物质，如醋的酸味、酱油的香气；另一方面是微生物发酵代谢形成的一些非风味的物质在产品的熟化和贮藏过程中转化形成风味物质，如白酒的香气。由于酿造选择的原料、菌种不同，发酵条件不同，产生的风味物质千差万别，形成各自独特的风味。发酵食品中已确定的由微生物发酵产生的风味物质种类繁多，但大多数情况下微生物发酵形成的风味物质都不能构成发酵食品的特征性风味物质。发酵形成风味物质比较典型的例子就是乳酸发酵。乳酸、双乙酰和乙醛共同构成了异型乳酸发酵奶油和乳酪的大部分风味，而乳酸、乙醇和乙醛构成了同型乳酸发酵酸奶的风味，其中尤以乙醛最重要。双乙酰是生啤酒和大部分多菌株乳酸发酵食物的特征性风味化合物。图13-17说明了乳酸发酵过程中形成的主要风味化合物。

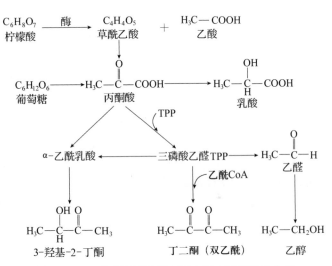

图13-17 乳酸发酵过程中形成的主要风味化合物

三、利用植物细胞培养生产风味物质

植物是食品工业中很多天然风味成分的主要来源，一般通过蒸馏植物组织获得，但挥发性组分在植物组织中含量极微，且受到种植面积、生长期、产量、提取工艺等多方面的影响，产量不高，不能满足人们对天然风味物质的需求。所以，采用植物细胞培养技术来获取高价值的植物天然风味物质就成为食品风味化学研究的重要内容。

(一)植物细胞培养的基本原理

1902年德国植物学家Haberlandt提出植物细胞的"全能性"学说。他预言，人们可以切取植物的一小部分的叶、茎、根，使它在试管中长成一株完整的植株。植物细胞培养是指把高等植物的细胞从植物体内分离出来，在比较简单的培养基中进行培养。由于植物细胞具有全能性，即植物的体细胞具有母体植株全部遗传信息并发育成为完整个体的潜力，因而每一个植物细胞可以像胚胎细胞那样，经离体培养再生成植株。

植物细胞培养为了获得初代培养，植物材料的组织片块应该处于完全无菌状态。普遍用于植物材料灭菌的药物为漂白粉（5%～10%）、次氯酸钠（0.5%～5%）等。由于植物内部组织通常为无菌状态，所以用上述药剂对组织表面灭菌后，切出其内部组织，即可移植于培养基。

植物细胞的培养基，通常以用于藻类培养的培养基成分为基础。一般以硝酸盐为氮源，以蔗糖或葡萄糖为碳源，也可利用果糖和麦芽糖等，甚至利用淀粉。植物的细胞壁中存在着各种水解酶。甘蔗的细胞能够在培养基中释放出淀粉酶以及各种糖化酶，以淀粉为原料，能表现出良好的生长效果。此外，植物细胞还需要生长调节物质和多种盐类。

植物愈伤组织培养在植物细胞培养中得到了广泛应用。愈伤组织的形成是一种创伤反应。由内源生长因子（特别是植物生长素）的释放，激发细胞分裂，从而形成愈伤组织。愈伤组织往往是比较相似的细胞团块，但其中包含着形态和机能各不相同的细胞群。在人工培养条件下，把植物生长素加入培养基，能使器官外植体的切割面发生这种反应。愈伤组织长大后，如果持续移植于固体培养基表面进行次代培养，则称为愈伤组织培养。愈伤组织在一定条件下可以再分化成组织，甚至植株。要获得大量的愈伤组织，可以在液体培养基中进行悬浮培养。获得高产的植物细胞系最常用的方法是先得到单细胞克隆，随后再进行高产株的筛选。另一种方法是在愈伤组织阶段进行筛选。愈伤组织切为小块，进行次级培养和筛选，再从产量较高的次级培养的愈伤组织重复筛选，直至筛选出满意的高产细胞系。

（二）利用植物细胞培养生产香兰素

香兰素又名香草素或香草酚，是香子兰制品中的重要组成成分。由于种植香子兰的过程需要对花朵进行人工授粉，劳动强度大，使之难以大规模栽种，因此，每年实际从香子兰种子中提取的香兰素不多。研究表明在香子兰胚部组织中，香兰素生物合成能力最强。通过建立细胞悬浮培养物及采取吸附剂如极性（亲水性）树脂或木炭，能够提高产量，这样培养 40～47 d 后，产量可达 16～18 mg/L。在这个过程中，激动素能诱导形成香草酸和苯甲醛和香兰素两种典型的芳香醛。

植物香料属于次级代谢物，利用细胞培养技术生产香兰素时，要控制培养液成分，加入引发因子诱发细胞分化成特殊组织。一般在培养基中加入一些植物激素，如 2,4-二氯苯氧乙酸和苄基腺嘌呤，也可用萘乙酸代替 2,4-二氯苯氧乙酸。同时植物细胞培养还受多种因素影响，如培养基中添加的前体物质（肉桂酸、阿魏酸等）的种类和数量、培养的光照条件等对代谢物的组成和产量都有重要影响。

（三）利用植物细胞培养生产薄荷油

目前已经开始采用胡椒薄荷细胞培养技术生产工业薄荷油，但产量很低，这主要是因为萜烯单体的不稳定性及植物毒素的毒性作用而影响薄荷油的生物合成。此外人们在对于薄荷油生产代谢机制的研究中，采用经根癌农杆菌 T37 转化后的薄荷顶芽培养物，发现薄荷油物质的生物合成与萜烯类物质有关，现已检测出萜烯类物质是由叶部的油腺所分泌，色谱分析显示这种萜烯类物质与原植株上所发现的完全一致，但顶芽培养物的萜烯类物质的产率比叶片的要低。当添加薄荷乙酸到薄荷植物组织培养物中时，却能转化成相应的醇，然后再转化成葡萄糖苷；当大部分 L(−)-薄荷醇转化成葡萄糖苷时，只有少量的 D(+)-薄荷醇和 D(+)-新薄荷醇能转化成相应的糖苷。

四、食品香气的控制与增强

（一）食品加工中香气的生成与损失

食品呈香物质形成的基本途径，除了一部分是由生物体直接生物合成之外，其余都是通过在加工和贮存中的酶促反应或非酶反应生成。这些反应的前体物质大多来自食品中的成分，如糖类、蛋白质、脂肪、核酸、维生素等。因此，从营养学的观点来考虑，食品在加工贮存过程中生成香气成分的反应是不利的。这些反应使食品的营养成分受到损失，尤其是那些人体必需而自身不能或不易合成的氨基酸、脂肪酸和维生素。当反应控制不当时，还会产生抗营养的或有毒性的物质，如稠环化合物等。

若从食品工艺的角度看，食品在加工过程中产生风味物质的反应既有有利的一面，也有不利的一面。前者提高了食品的风味，后者降低了食品的营养价值，产生不希望的褐变等。究竟利大于弊还是弊大于利，这很难下一个肯定或否定的结论，要根据食品的种类和工艺条件的不同来具体分析。例如，对于花生、芝麻等食物的烘烤加工，在其营养成分尚未受到较大破坏之前即已获得良好香气，而且这些食物在生鲜状态也不大适于食用，因而这种加工受到消费者欢迎。对咖啡、可可、茶叶、酒类、酱、醋等食物，在发酵与烘焙等加工过程中其营养成分和维生素虽然受到了较大的破坏，但同时也形成了良好的香气特征，而且消费者一般不会对其营养状况感到不安，所以这些变化也是有利的。又如，对粮食、蔬菜、鱼、肉等食物来说，它们必须经过加工才能食用。若在不很高的温度、受热时间不长的情况下，营养物质损失不多而同时又产生了人们喜爱、熟悉的香气，这时发生的反应是人们所认同的。有些烘烤或油炸食品，如面包、饼干、烤猪、烤鸭、炸鱼、炸油条等，其独特香气虽然受到人们的偏爱，但如果是在高温下长时间烘烤油炸，会使其营养价值大为降低，尤其是重要的限制性氨基酸，如赖氨酸明显减少，这也是消费者所关心的。至于乳制品则是另外一种情况，美拉德反应对其香气并无显著影响，但却会引起营养成分的严重破坏，尤其是当婴儿以牛乳作为赖氨酸的主要来源之一时，这种热加工是不利的。经过强烈的美拉德反应之后，牛乳的价值甚至会降低到与大豆油饼或花生油粕粉相似的程度。水果经加工后，其风味、维生素等也受到很大损失，远不如食用鲜果。

(二)食品加工中香气的控制

为了解决或减轻营养成分与风味间可能存在的某些矛盾，世界各国的食品科技工作者都十分重视对食品中香气的控制、稳定、增强等方面的研究。食品中香气的控制、稳定与增强，在食品加工行业中称为食品的调香。

1. 酶的控制 酶对食品尤其是植物性食品香气物质的形成，起着十分重要的作用。在食品的加工和贮存过程中，除了采用加热或冷冻等方法来抑制酶的活性外，如何利用酶的活性来控制香气的形成，正在研究和探索。一般认为，对酶的利用主要有下列两个途径。

(1)食品中加入特定的酶，通过在玻璃容器内将酶液与基质作用生成香气的方法，从中筛选出能生成特定香气成分的酶，这种酶称为"增香酶"。例如，黑芥子硫苷酸酶、蒜氨酸酶等。以甘蓝为代表的许多蔬菜，其香气成分中都有异硫氰酸酯。当蔬菜脱水干燥时，由于黑芥子硫苷酸酶失去了活性，这时即使将干燥蔬菜复水，也难以再现原来的新鲜香气。若将黑芥子硫苷酸酶液加入干燥的甘蓝中，就能得到和新鲜甘蓝大致相同的香气风味。用酶处理过的加工蔬菜，香气不但接近于鲜菜，而且又突出了天然风味中的某些特色，往往很受人们喜爱。又如，为了提高乳制品的香气特征，也有人利用特定的脂酶，以使乳脂肪更多地分解出有特征香气的脂肪酸。

(2)有些食品中往往会含有少量的具有不良气味的成分，从而影响风味。在食品中加入特定的去臭味酶，利用酶反应除掉这种气味不好的成分，以改善食品香气。例如，大豆制品中的豆腥味，用化学或物理方法完全除掉相当困难。而利用醇脱氢酶和醇氧化酶来将这些醛类氧化，便有可能除去它们产生的豆腥味。

目前在食品加工中，采用加酶方法恢复某些新鲜香气或消除某种异味，尚未得到广泛应用，其主要原因：一是从食品中提取酶制剂经济成本较高；二是将酶制剂纯化以除去不希望存在的酶类，技术难度较大；三是将加工后的食品和酶制剂分装在两个容器中出售比较麻烦。

2. 微生物的控制 发酵香气主要来自微生物作用下的代谢产物。发酵乳制品的微生物有三种类型：一是只产生乳酸的细菌；二是产生柠檬酸和发酵香气的细菌；三是产生乳酸和香气成分的细菌。其中第三类菌能将柠檬酸在代谢过程中产生的α-乙酰乳酸转变成具有发酵乳制品特征香气的丁二酮,故有人也将它称为芳香细菌。因此,可以通过选择和纯化菌种来控制香气。此外,严格工艺条件对食品香气也很重要。有时也可以利用微生物的作用来抑制某些气味的生成。

(三)食品香气的增强

目前主要采用两种途径来增强食品香气:一是加入食用香料以达到直接增加香气成分的目的;二是加入香味增效剂。它们具有用量极少、增香效果显著,并能直接加入食品中等优点。香味增效剂本身不一定呈现香气,亦不改变食品中香气物质的结构和组成,它的作用在于加强对嗅感神经的刺激,提高和改善嗅细胞的敏感性,加强香气信息的传递。香味增效剂有各种类型,呈现出不同的增香效果。有的增效作用较为单一,只对某个种类食品有效。有的增香范围广泛,对各类食品都有增香作用。目前在实践中应用较多的主要有麦芽酚、乙基麦芽酚、谷氨酸钠、5'-次黄嘌呤核苷酸、5'-鸟嘌呤核苷酸等。

麦芽酚和乙基麦芽酚属于吡喃酮类衍生物。麦芽酚学名为2-甲基-3-羟基-4-吡喃酮,俗名为2-甲基焦袂康酸,商品名为味酚、巴拉酮、考巴灵等。乙基麦芽酚俗名也称2-乙基焦袂康酸。它们都是白色或微黄色针状结晶,易溶于热水,也可溶于多种有机溶剂中。它们都具有焦糖香气,乙基麦芽酚还有明显的水果香味。其结构如下:

它们的结构中含有酚羟基,遇 Fe^{3+} 会发生结合而显红色,影响食品的洁白度,故应防止食品与铁器长期接触。它们在酸性条件下的增香效果较好,随着 pH 的升高,香气减弱。在碱性条件下由于形成酚盐,效果较差。

五、食品风味的测定

食品的风味是一个复杂的综合印象,受人的生理和对某种风味物质敏感性的影响。当前人们对食品品质和优良等级分类通常是通过气味、外观、质地、滋味、营养等方面使用人工感官评价的方法进行的。而单纯通过感官很难对食品的风味进行科学的评价。随着生命科学和人工智能的发展,人们对仿生生物学领域的研究逐渐深入。通过对人类和动物体的嗅觉和味觉感官的深入研究,人们研发出了可以模仿生物有机体嗅觉和味觉的人工智能识别系统电子鼻和电子舌。电子鼻和电子舌在食品工业中的应用既克服了传统人工评价食品时所表现出来的受主观性影响和可重复性不佳的问题,又免除了使用色谱法进行分析检测时烦琐的样品前处理过程,且不使用任何有机溶剂,不会影响分析检测人员的身体健康,是一种环保、可靠的快速分析检测手段。

(一)电子鼻

1. 电子鼻的结构 1994 年,英国华威大学的 Gardner 和南安普顿大学的 Bartlett 使用了电子鼻这一术语并给出了定义:电子鼻是一种由具有部分选择性的化学传感器阵列和适当的模式识别系统组成,能识别简单或复杂气味的仪器。电子鼻又称为气味扫描仪,在检测中充分发挥了其客观性、可靠性和重现性等方面的优点,主要用来识别、分析、检测一些挥发成分。电子鼻的整个系统主要是由气敏传感器阵列、信号处理单元和模式识别单元 3 大部分组成(图 13-18)。

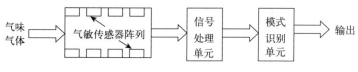

图 13-18 电子鼻的结构

气敏传感器阵列是电子鼻的核心部分，主要类型有导电型传感器、压电式传感器、场效应传感器、光纤传感器等。最常用的气敏传感器的材料有金属氧化物、高分子聚合物材料、压电材料等。由于食品的气味是多种成分的综合反映，所以电子鼻的气味感知部分往往采用多个具有不同选择性的气敏传感器组成阵列，利用其对多种气体的交叉敏感性，将不同的气味分子在其表面的作用转化为方便计算的且与时间相关的可测物理信号组，从而实现混合气体的分析。

气敏传感器是以其周围的环境气氛为敏感因素的敏感器件，环境中的氧分压、温度、湿度都能直接影响气敏传感器的响应。因此在测定过程中所得到的信号实际上是对环境因素的响应值和对待测气体的响应值两部分的叠加。而信号处理单元可以实现以下功能：①滤除模式采集过程中引入的噪声和干扰，提高信噪比；②消除信号的模糊和失真，人为地增强有用信号；③为后级处理方便，对信号进行适当的变换。

由于在信号处理单元和模式识别单元主要采用了可在一定程度上模拟生物神经联系的人工神经网络、统计模式识别等人工智能的方法，对非线性问题有很强的处理能力，在建立数据库的基础上，对每个样品进行数据计算和识别，得到样品的气味指纹图和气味标记，从而辅助检测人员快速地进行系统化的气味监测、鉴别、判断和分析。目前，常用的模式识别方法有统计决策方法、句法结构方法、模糊判决方法、人工智能方法等。

2. 电子鼻的工作原理 电子鼻的检测过程就是人工模拟嗅觉形成的过程，首先由气敏传感器阵列对气味产生信号，信号经处理后进行模式识别判断，最后输出对气体组成成分定性和定量的检测结果。在功能上，气敏传感器阵列相当于人的嗅觉感受细胞，用来感受气体并产生嗅觉信号；信号处理单元和模式识别单元相当于人的大脑，主要是对前面产生的嗅觉信号进行判断分析和智能处理（图13-19）。

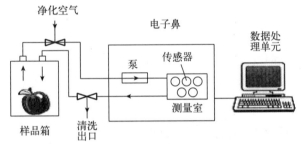

图13-19 电子鼻工作示意

(二)电子舌

电子舌（electronic tongue）技术是20世纪80年代中期发展起来的一种分析、识别液体味道的新型检测手段。它主要由传感器阵列和模式识别系统组成，传感器阵列对液体试样做出响应并输出信号，信号经计算机系统进行数据处理和模式识别后，得到反映样品味觉特征的结果。这种技术也被称为味觉传感器（taste sensor）技术或人工味觉识别（artificial taste recognition）技术。与普通的化学分析方法相比，其不同在于传感器输出的并非样品成分的分析结果，而是一种与试样某些特性有关的信号模式（signal pattern），这些信号通过具有模式识别能力的计算机分析后能得出对样品味觉特征的总体评价。

电子舌类似于电子鼻，是用类脂膜作为味觉物质换能器的味觉传感器，它能够模拟人的味觉感受方式识别检测液体中的各种味觉物质。其构建单元和对于所获数据分析判断处理的人工智能系统与电子鼻的机理相似，都是对传感器得到的信号经过计算机系统采用人工智能方法进行分析处理，最终得到对样品味觉特征的总体评价。电子舌的传感器主要为多通道类脂膜传感器、基于表面等离子体共振、表面光伏电压技术等。它们主要的区别是在综合传感系统灵敏性、选择性、多面性和重复性方面。电子舌的模式识别主要有最初的神经网络模式识别和最新发展的混沌识别。混沌是一种遵循一定非线性规律的随机运动，它对初始条件敏感。混沌识别具有很高的灵敏度，因此得到了越来越广泛的应用。

知识窗

AI 技术引领食品风味趋势?

虽说人工智能(AI)技术在其他领域已经相当普及了,但是在食品风味领域,目前还是依靠传统的消费者调研数据以及市场销售数据进行发展方向预测。这样的数据虽然庞大,但是过于局限。

传统的感官测试是将参与测试者所嗅到的、见到的、尝到的甚至听到的都用不同的词语记录下来,但是依据每个人受教育水平以及认知程度的不同所做出的答案会截然不同。为了应对这样的情况,美国加州大学戴维斯分校推出了咖啡的风味图谱,将复杂的咖啡香气拆解,逐渐衍生出其他产品的风味图谱,如诺桑比亚大学的 Dr. Knight 绘制的番茄风味图谱,但是所有的图谱都无法完全解释别的产品的风味。

针对消费者感官风味预测,美国的一家初创企业 AFS(Analytical Flavor Systems)开发了一套名为 Gastrograph 的人工智能算法平台。

那么 AI 又是怎么做到预测的呢?它通过学习不同市场上已有各种的风味组合,来推荐和预测新品的配方和偏好分布。如果用乐高积木来做比喻的话,当计划搭建一个迪士尼城堡。AI会根据学习到的已有的各种乐高建筑的结构和配色,来推荐最适合目标城市主题的城堡设计,而目标城市中存在的各种建筑风格,甚至是其他城市主题的设计,也会被 AI 用来汲取新设计的灵感,进行自主创新。

AI 可以运用到食品风味预测领域,当将一款中国的草莓味气泡水在伦敦发布前,Gastrograph 则会先分析草莓味在英国的受欢迎程度,以及哪种强度的草莓味更受哪类人群欢迎,同时还能分析类似地区有哪类风味同样也有市场,并且将二者融合,组合出一种新的风味来,并且预测这种风味的受欢迎程度。这些运算在数个小时内即可完成,并且只需要小范围的消费者测试,整个流程都可以通过移动端来完成。这一应用在日本某款酒中得以体现,AI 观测到了全球市场范围内数种具有高偏好值的饮料包含了松香的风味,同时,日本女性对于松木香气也很喜爱,所以大胆地将松木味道加入产品中。

Gastrograph 这套风味预测系统已被宾堡集团(Grupo Bimbo)等全球食品饮料巨头们用来辅助新品的研发。

复习题

1. 试解释风味、味感、气味等概念。
2. 简述食品风味物质的主要形成途径。
3. 论述食品中通过前体物质转化形成风味物质的生物化学途径。
4. 列举几种日常生活中采用异味掩蔽剂和风味增强剂加工食品的例子。
5. 简述电子鼻的结构组成和工作原理。

第十四章 食品与免疫

食品除了能提供维持人体正常生命活动所必需的营养物质和能量外,而且还是一个天然的免疫接种源,能调节细胞因子的表达,影响人体免疫功能的正常发挥。用科学合理的膳食营养调节人体的免疫反应,无疑是今后食品科学研究的重要方向之一。

第一节 免疫系统

免疫通常是指机体识别自身与异己物质,并通过免疫应答排除异物,以维持机体健康的功能。免疫功能是通过免疫应答完成的。免疫应答是指机体免疫系统对抗原刺激所产生的以排除异物为目的的生理过程,包括抗原递呈、淋巴细胞活化、增殖、分化、免疫分子形成及免疫效应发生(抗原破坏和/或清除)等一系列的生理反应。通过有效的免疫应答,机体得以维护内环境的稳定。

人体的免疫应答有下述两种类型:

(1)机体在长期种系发育和进化过程中逐渐形成的不针对某种特定病原体,而是对多种病原体都有防御作用的防卫机制,叫作非特异性免疫(又称为固有免疫、先天性免疫),如皮肤、黏膜的屏障作用及其分泌物和上皮细胞、吞噬细胞、淋巴细胞等的非特异杀除病原体的作用,是机体第一道免疫防线,也是特异性免疫的基础。

(2)个体在生命过程中接受抗原性异物刺激后主动产生或接受免疫球蛋白分子后被动获得的,是只针对某一特定的病原体或异物的免疫作用,称为特异性免疫(又称为适应性免疫、后天性免疫)。特异性免疫包括由 B 细胞(又称为 B 淋巴细胞)介导的体液免疫和 T 细胞(又称为 T 淋巴细胞)介导的细胞免疫,主要由 T 细胞、B 细胞和抗原递呈细胞完成。

完成免疫应答的物质基础是机体的免疫系统,是由具有免疫功能的器官、组织、细胞和分子共同组成的多层次的防御体系。免疫器官包括胸腺、脾、淋巴结、骨髓、扁桃体、小肠集合淋巴结、阑尾等;免疫组织包括机体内消化道、呼吸道黏膜内的无被膜的淋巴组织;免疫细胞包括淋巴细胞、单核-巨噬细胞、中性粒细胞、嗜碱粒细胞、嗜酸粒细胞、肥大细胞、血小板等;免疫分子包括免疫球蛋白、补体、干扰素、白细胞介素、肿瘤坏死因子等。

一、免疫器官

免疫器官(immune organ)是指实现免疫功能的器官或组织。根据发生时间顺序和功能差异,免疫器官分为中枢免疫器官(central immune organ)和外周免疫器官(peripheral immune organ)两部分。

(一)中枢免疫器官

中枢免疫器官包括胸腺、类囊组织(如骨髓)等。中枢免疫器官的作用是负责免疫活性细胞产生、增殖、分化和成熟,调节外周淋巴器官的发育和全身免疫功能。

1. 骨髓 骨髓是骨腔内或松质骨间的软组织,是造血干细胞(hemopoietic stem cell)增殖分化为各类血细胞的场所,即造血器官,也是所有免疫细胞的来源,是B细胞分化和发育的场所。

2. 胸腺 胸腺位于胸骨后,紧靠心脏,呈扁平椭圆形,分左右两叶。胸腺中的细胞有淋巴细胞和非淋巴细胞(如巨噬细胞、树突状细胞等)。胸腺具有很多重要功能,主要有下述几方面。

(1)胸腺是T细胞分化及成熟的场所,骨髓初步发育的骨髓干细胞经血液循环至胸腺皮层外层,是形体较大的双阴性$CD4^-/CD8^-$细胞(CD为T细胞的亚群),然后迅速增殖且向内层迁移,个体逐渐变小,形成大量的形体较小的双阳性$CD4^+/CD8^+$细胞,但它们中90%以上在皮质内凋亡或被巨噬细胞吞噬,可能与对自身抗原进行应答有关。少数胸腺细胞继续发育并迁移至髓质,成为单阳性细胞$CD4^+$或$CD8^+$,即成熟的T细胞,通过髓质小静脉进入血循环。

(2)胸腺分泌胸腺激素。胸腺上皮细胞能产生多种激素,如胸腺素、胸腺生成素和胸腺体液因子等。其作用是诱导活化未成熟的胸腺细胞的末端脱氧核苷酸转移酶,促进T细胞的分化和成熟。

(3)胸腺还可以促进肥大细胞的发育,调节机体的免疫平衡,维持自身的免疫稳定性。

(二)外周免疫器官

外周免疫器官包括淋巴结、脾、扁桃体、黏膜相关淋巴组织等,是成熟T细胞和B细胞通过血液循环到达、聚集和免疫应答发生的场所。

1. 脾 脾含有大量的淋巴细胞和巨噬细胞,是机体最大的免疫器官。脾是贮存血液的场所,能过滤血液,并清除吞噬的病毒和细菌、自身的死亡血细胞和其他细胞残骸;能激活B细胞,使其产生大量的抗体,是机体细胞免疫和体液免疫的中心。

2. 淋巴结 淋巴结是淋巴管运行途径中的淋巴器官,为扁圆形小体,常成群分布。其功能有下述几方面。

(1)过滤和净化作用。淋巴结是淋巴液的有效滤器,通过淋巴窦内吞噬细胞的吞噬作用和抗体等免疫分子的作用,杀伤病原微生物、清除异物,起到净化淋巴液、防止病原体扩散的作用。

(2)免疫应答场所。淋巴结中含有多种免疫细胞(如巨噬细胞),能捕捉和消除抗原成分,传递抗原信息,使免疫细胞活化和增殖,消灭异己成分,还具有免疫监视作用。

(3)淋巴细胞再循环的场所。淋巴细胞有循环再利用系统,其循环途径为:淋巴结中淋巴细胞→输出淋巴管→胸导管→血液→血中的淋巴细胞→毛细血管后高内皮小静脉→淋巴结,完成循环利用。

3. 黏膜相关淋巴组织 黏膜相关淋巴组织(MALT)大量聚集于各种腔道黏膜下,主要包括胃肠道黏膜相关淋巴组织(GALT)和呼吸道黏膜相关淋巴组织(BALT)。胃肠道黏膜相关淋巴组织包括阑尾、肠集合淋巴结和大量的弥散淋巴组织,呼吸道黏膜相关淋巴组织包括咽部的扁桃体和弥散的淋巴组织。乳腺、泪腺、唾液腺以及泌尿生殖道等黏膜也存在弥散的黏膜相关淋巴组织。黏膜相关淋巴组织通过广泛的直接接触和体液因子与外界联系;黏膜相关淋巴组织中的B细胞多为IgA产生细胞,受抗原刺激后直接将sIgA(分泌型)分泌到附近黏膜,发挥局部免疫作用。黏膜依靠某种特殊机制,吸引循环中的淋巴细胞,黏膜中淋巴细胞也可以输入淋巴细胞再循环池,所以某一局部的免疫应答的效果可以普及全身的黏膜。

二、免疫细胞

免疫细胞(immune cell)是指参与免疫应答或与免疫应答相关的细胞,也特指能识别抗原,产生特异性免疫应答的淋巴细胞等。免疫细胞分成3类:免疫应答中起核心作用的淋巴细胞、起辅助作用的单核-巨噬细胞和单纯参与免疫应答的其他免疫细胞。

(一)淋巴细胞

淋巴细胞(lymphocyte)是体内分布广、种类多且功能各异的细胞群体,为免疫细胞的主要类群。根据淋巴细胞的发生部位、形态结构、表面标记和生理功能分为3种：T细胞、B细胞和NK细胞。

1. T细胞 T细胞即为胸腺依赖淋巴细胞(thymus dependent lymphocyte)，是淋巴细胞中种类最多、功能最复杂的一类细胞，表达CD4不表达CD8，寿命较长。按T细胞的功能，目前较为明确的亚群有辅助性T细胞亚群和细胞毒性T细胞亚群。

(1)辅助性T细胞。辅助性T细胞(help T cell，Th)，能识别抗原，分泌多种淋巴因子，辅助B细胞活化产生抗体和辅助T细胞产生细胞免疫应答，调节T细胞、B细胞、单核-巨噬细胞等免疫细胞的活性，具有协助体液免疫和细胞免疫的功能。Th可依据分泌的细胞因子分为Th1、Th2和Th0细胞。Th1产生IL-2(白细胞介素)和IFN-γ(干扰素)，能提高细胞免疫应答，促进B细胞合成IgM和IgG2(免疫球蛋白)，活化巨噬细胞。Th2分泌IL-4和IL-5，增强IgG1和IgE合成，增加嗜酸性粒细胞数量。Th0能分泌IL-2、IL-5、IL-4和IFN-γ等4种细胞因子，兼具Th1和Th2的活性。

(2)细胞毒性T细胞。细胞毒性T细胞(cytotoxic T cell，Tc)是能特异性溶解靶细胞的一类T细胞，表达CD8但不表达CD4。Tc能与靶细胞结合，释放穿孔蛋白(perforin)杀伤靶细胞，是抗病毒感染、抗肿瘤的主要效应细胞，在器官移植中，有排斥异体移植物的作用。细胞毒性T细胞是细胞免疫的主要细胞。

(3)其他T细胞亚群。除了上述两个亚群外，还可能有其他T细胞亚群。例如，抑制性T细胞(suppressor T cell，Ts)分泌抑制因子，抑制细胞免疫和体液免疫的T细胞亚群。迟发性超敏反应T细胞(delayed-type hypersensitivity T cell，Td)，有参与Ⅳ型变态反应的作用。记忆T细胞(Tm)，有记忆特异性抗原刺激的作用。

2. B细胞 B细胞即为骨髓依赖性淋巴细胞(bone marrow dependent lymphocyte)，其由骨髓中的淋巴干细胞分化而来，占血中淋巴细胞总数的10%～15%。B细胞寿命短，仅数天至数周，但其记忆细胞在体内可长期存在。B细胞受到抗原刺激后，增殖分化为大量浆细胞，浆细胞可合成和分泌抗体。抗体与抗原结合，可中和毒素，抑制细菌或靶细胞的代谢，溶解靶细胞，从而起到清除相应抗原的作用，并促进巨噬细胞吞噬抗原，由B细胞产生的免疫应答称为体液免疫(humoral immunity)。B细胞中的B1细胞为T细胞非依赖性细胞。B2细胞为T细胞依赖性细胞。B细胞表面还有多种细胞因子如IL-1、IL-2、IL-4和IFN-γ等的受体，与不同细胞因子结合可激活B细胞相应的生物活性。

3. NK细胞 NK细胞即为自然杀伤性淋巴细胞(natural killer lymphocyte，NK细胞)，其由骨髓中的多能干细胞分化而来。NK细胞较大，占血中淋巴细胞的2%～5%，分布广泛。NK细胞没有T细胞和B细胞的标志，故又称为裸细胞。NK细胞不需要抗原激活，也不需要抗体的协助，可以非特异性直接杀伤肿瘤细胞、病毒感染细胞、较大的病原体(如真菌和寄生虫)、同种异体移植的器官与组织等。有些NK细胞的杀伤活性可被细胞因子(如IL-2)刺激加强。有些NK细胞表面有IgG的受体，靶细胞表面抗原与相应抗体结合后，再结合到NK细胞的受体上，从而触发NK细胞的杀伤作用，故这类NK细胞为杀伤性淋巴细胞(killer lymphocyte，K细胞)或抗体依赖淋巴细胞。其主要攻击比微生物大的靶细胞，如感染了病毒的细胞、癌细胞等，在肿瘤免疫、抗病毒免疫、抗寄生虫免疫、移植排斥反应及自身免疫性疾病中均有重要作用。

(二)抗原递呈细胞

抗原递呈细胞(antigen presenting cell，APC)是指具有捕获、保留抗原并将抗原递呈给淋巴细胞，起传递抗原作用的细胞，也统称免疫辅佐细胞(accessory cell)。抗原递呈细胞广泛分布于人体与外界接触部位和淋巴组织内，是免疫系统的前哨细胞。目前发现下面几类抗原递呈细胞。

1. 单核-巨噬细胞系统 单核-巨噬细胞系统(mononuclear phagocyte system)是体内具有强烈吞噬及防御机能的细胞系统。单核-巨噬细胞系统包括分散在全身各器官组织中的巨噬细胞、单核细胞及幼稚单核细胞，它们共同起源于造血干细胞。单核-巨噬细胞表达 MHC II（主要组织相容性复合体）类分子、FcR 和 CR 受体、趋化因子受体及细胞因子受体等。单核-巨噬细胞具有吞噬清除体内病菌异物和衰老伤亡细胞的功能；向辅助性 T 细胞递呈抗原和提供协同刺激，活化 T 细胞和 B 细胞的免疫反应；还能分泌多种细胞因子，如 IL-1、IL-6、IL-8、IL-10、IL-12、IFN-α 和 IFN-β；在细菌或其他因子刺激下能分泌酸性水解酶、中性蛋白酶、溶菌酶、其他内源性热原等。

2. 树突状细胞 树突状细胞(dendritic cell, DC)是一类形状不规则的非单核-巨噬细胞系统细胞，分散于全身的上皮组织和实质性器官。在不同组织中树突状细胞有不同名称，如血液中的称为树突状细胞、皮肤中的称为朗格汉斯细胞(Langerhans cell, LC)、淋巴结中的称为滤泡树突状细胞(follicular dendritic cell, FDC)等。它们源于骨髓的前体细胞，与单核-巨噬细胞系统有不同的祖细胞。树突状细胞吞噬能力弱，但细胞表面积大，有丰富的 MHC II 类分子，捕获抗原和递呈抗原能力强，具运动能力，能在体内找到罕见的特异性辅助性 T 细胞并递呈抗原，在启动免疫应答方面有重要作用。滤泡树突状细胞(FDC)富含 Fc 受体，与 B 细胞的活化和再次免疫应答相关。

3. 其他抗原递呈细胞

(1)微皱褶细胞。微皱褶细胞(microfold cell)简称 M 细胞，主要分布于回肠集合淋巴小结顶端上皮和扁桃体，可从小肠腔和口腔转运抗原到上皮下的淋巴组织，引起免疫反应。

(2)B 细胞等。B 细胞除了具有体液免疫作用外，还能表达 MHC II 类分子，在一定条件下可以起抗原递呈作用。此外，还有白细胞及组织中的肥大细胞也是参与免疫应答效应细胞，在免疫作用中引起炎症反应或超敏反应。

三、抗原和抗体

(一)抗原

抗原(antigen, Ag)是指能够刺激机体发生免疫应答，产生抗体或免疫效应细胞，且能与应答产物结合并被消除的物质。抗原的基本性质是具有异物性、大分子性和特异性。异物性是指进入机体组织内的抗原物质不同于机体组织细胞拥有的成分的性质，如外来物质（细菌、病毒）、异种间的蛋白质、同种异体间的物质和自体内的某些物质（如晶状体、精细胞）。大分子性是指抗原分子的相对分子质量大于 10^4，分子质量越大，抗原性越强。绝大多数蛋白质都是很好的抗原。特异性是指一种抗原只能与相应的抗体或效应 T 细胞发生特异性结合。抗原分子表面具有的特定化学基团即抗原决定簇(antigen determinant)或表位(epitope)。抗原决定簇与相应淋巴细胞的抗原受体相互识别结合，从而激活淋巴细胞引起免疫应答。抗原决定簇还能与相应抗体发生特异性结合。因此抗原决定簇是免疫应答和免疫反应特异性的物质基础。

抗原具有免疫原性和反应原性。免疫原性指抗原诱导免疫应答（诱导产生抗体及效应 T 细胞）的性能。抗原的反应原性是指抗原分子与免疫应答的产物（抗体或 T 细胞抗原受体）发生特异反应的性能。具备免疫原性和反应原性两种能力的物质称为完全抗原，如病原体、异种动物血清等。只具有反应原性而没有免疫原性的物质称为半抗原，如青霉素、磺胺等。半抗原没有免疫原性，不会引起免疫反应。

(二)抗体

抗体(antibody, Ab)是机体在抗原的刺激下，由 B 细胞分化成的浆细胞产生的可与相应抗原发生特异性结合反应的免疫球蛋白，主要分布在血清和组织液中。抗体由两条重链(heavy chain)和两条轻链(light chain)组成，每条轻链和重链均由一个恒定区(constant region)和一个可变区(variable region)组成，可变区具有与抗原决定簇特异性结合的位点，可变区的氨基酸序列随着抗体不同而不同，构成抗体的特异性。

抗体种类繁多，按作用对象分为抗毒素、抗生素、抗病毒素、亲细胞抗体等；按来源分为天然抗体和免疫抗体；按理化性质和生物学功能分为 IgG、IgA、IgM、IgE 和 IgI 等 5 类；按与抗原结合后是否出现可见反应分为完全抗体和不完全抗体。

抗体的产生过程：当细菌等异物侵入体内时，由抗原递呈细胞收集侵入异物的信息，并传送给 T 细胞，与 T 细胞表面的抗原受体结合，由 T 细胞对是否应产生抗体做出判断。T 细胞活化后，再与 B 细胞作用并活化 B 细胞，B 细胞收到产生抗体的指令后转化成浆细胞，产生抗体。机体初次应答产生抗体时，需经几天到数周的潜伏期，潜伏期抗体产生的量少，抗体在体内维持时间短，初次应答缓慢柔和。再次应答产生抗体（即机体第二次接触相同抗原）时，原有抗体中的一部分与抗原结合，抗体水平略有下降，接着抗体水平很快上升，3～5 d 抗体水平即可达到高峰，抗体产量远远超出初次应答的水平，维持时间也较长，再次应答激烈且迅速。回忆应答产生抗体是指抗原刺激机体产生的抗体经过一定时间后将逐渐消失，此时如果机体再次接触相同的抗原物质，引起已消失的抗体快速回升的免疫应答过程。

抗体具有多种生物学活性，如与抗原的特异性结合作用；与特定细胞结合，参与免疫应答；激发补体的溶菌作用；增强吞噬细胞的吞噬作用等。

四、细胞因子

细胞因子（cytokine）是机体免疫细胞和非免疫细胞合成、分泌的小分子多肽类物质，具有调节细胞生长和分化、调节免疫功能、参与炎症发生和创伤愈合等功能。

（一）产生细胞因子的细胞

产生细胞因子的细胞有下述几类。

1. 淋巴细胞 淋巴细胞产生淋巴因子（lymphokine），如白细胞介素（interleukin，IL）IL-2、IL-3、IL-4、IL-5、IL-6、IL-7、IL-8、IL-9、IL-10、IL-11、IL-12 和 IL-13，干扰素（interferon，INF）IFN-γ，肿瘤坏死因子（tumor necrosis factor，TNF）TNF-β 等。

2. 单核-巨噬细胞 单核-巨噬细胞产生单核因子（monokine），如 IL-1、IL-6、IL-8、TNF-α、IFN-α、粒细胞集落刺激因子（G-CSF）、巨噬细胞集落刺激因子（M-CSF）等。

3. 其他细胞 如骨髓和胸腺中的基质细胞、血管内皮细胞、成纤维细胞等产生红细胞生成素、IL-8、IL-9、IL-11、INF-β、干细胞因子等。

（二）细胞因子类型

根据细胞因子的作用可将其分为下述几种类型。

1. 白细胞介素 白细胞介素（interleukin，IL）因介导白细胞间相互作用得名。其作用包括：促使 T 细胞和 B 细胞增殖和分化；增强 NK 细胞以及单核细胞的杀伤活性；刺激造血细胞参与炎症反应；诱导抗体的产生；促进血小板的生成等。

2. 集落刺激因子 一些细胞因子可刺激不同的造血干细胞在半固体培养基上形成细胞集落，称为集落刺激因子（colony stimulating factor，CSF），如粒细胞集落刺激因子、巨噬细胞集落刺激因子、粒细胞和巨噬细胞集落刺激因子（GM-CSF）和多重集落刺激因子（multi-CSF 或 IL-3）等。集落刺激因子主要起促进造血干细胞增殖分化和血细胞生成的作用。广义上，凡是刺激造血的细胞因子都可称为集落刺激因子，如刺激红细胞的红细胞生成素（erythropoietin，Epo）、刺激造血干细胞的干细胞因子（stem cell factor，SCF）等。

3. 干扰素 干扰素（interferon，IFN）是最先发现的细胞因子，可干扰病毒复制。干扰素可分为 α、β 和 γ 3 种，分别由白细胞、纤维母细胞和活化的 T 细胞产生，具抗病毒、抗肿瘤、免疫调节、控制细胞增殖、导致发热等作用。

4. 肿瘤坏死因子 肿瘤坏死因子（tumor necrosis factor，TNF）是一类能直接造成肿瘤组织坏死的细胞因子，分为 TNF-α 和 TNF-β 两种，前者由单核-巨噬细胞产生，后者由活化的 T 淋巴细胞产生，又称为淋巴毒素。肿瘤坏死因子除了杀伤肿瘤细胞外，还参与免疫调节、发热和炎症的发生。

5. 转化生长因子β家族 转化生长因子β家族(transforming growth factor-β family，TGF-β)由多种细胞产生，主要包括 TGF-β1、TGF-β2、TGF-β3 以及骨形成蛋白(BMP)等。

6. 趋化因子家族 趋化因子家族(chemokine family)包括 CXC-α 和 CXC-β 两个亚家族。CXC-α 亚家族主要有 IL-8、黑素瘤细胞生长刺激活性因子、血小板因子 4、炎症蛋白 10 等。CXC-β 亚家族主要趋化单核细胞，包括巨噬细胞炎症蛋白(MIP)、单核细胞趋化蛋白(MCP)等。

7. 其他细胞因子 其他细胞因子包括表皮生长因子(EGF)、血小板衍生生长因子(PDGF)、成纤维细胞生长因子(FGF)、肝细胞生长因子(HGF)、神经生长因子(NGF)、血管内皮细胞生长因子(VEGF)等。

细胞因子在细胞间相互作用、免疫效能、造血、炎症等过程中起重要的调节作用。食品和药品对上述细胞因子的生成和调节为目前研究的热点，并用于功能食品的认定和指导疾病防治。

第二节 Toll 样受体(TLR)识别模式

一、TLR 家族

固有免疫是生物在长期进化发育过程中，与外界环境接触，逐步建立起来的一种无针对性的防御机制。它有先天存在、无针对性(无特异性)、无记忆性、免疫作用快(但强度弱)、能稳定遗传、同种个体间差别不明显等特点。它通过屏障结构(如皮肤、黏膜)、免疫细胞和体液中的抗微生物物质 3 个层次抵御异己物质的侵入。参与固有免疫的细胞表面或细胞内的受体可识别并结合由多种病原微生物所共有的某种特定分子结构，经特殊的信号转导途径表达效应分子以产生免疫效应。这里的"受体"称为模式识别受体(pattern recognition receptor，PRR)，其识别结合的配体分子，就是病原微生物某些共有的高度保守的分子结构，或凋亡细胞某些共有的特定分子结构，称为病原相关分子模式(pathogen-associated molecular pattern，PAMP)。模式识别受体主要包括 Toll 样受体(Toll-like receptor，TLR)、NOD 样受体(NOD-like receptor，NLR)、RIG-I 样受体(RIG-I-like receptor，RLR)和黑素瘤分化相关基因 5(melanoma differentiation associated gene 5，MDA5)、C型凝集素家族(C type lectin family)等。其中，TLR(膜受体)和 NLR(胞质内)是模式识别受体的两大家族。至 2012 年，TLR 家族已发现 13 个成员，NLR 家族已发现 22 个成员，分别在不同的细胞表达。某些 TLR 和 NLR 的成员与多种疾病密切相关，如感染性疾病、过敏性疾病、自身免疫性疾病、神经退行性疾病、肿瘤等。这里仅对 TLR 的结构、配体、信号通路和特性做一般介绍。

(一)TLR 家族的发现

TLR 是一类单个的跨膜蛋白质，能识别源自微生物的具有保守结构的分子。当微生物突破机体的物理屏障(如皮肤、消化道黏膜)时，TLR 识别病原物的特异结构分子，经特殊的信号转导途径表达效应分子，产生免疫效应并激活机体产生免疫细胞应答。TLR 既是参与固有免疫的一类重要蛋白质分子，也是连接固有免疫和适应性免疫的桥梁。同时，TLR 还能结合机体自身产生的内源性配体，在肿瘤免疫等疾病监视中起作用。

人们推测机体中可能有某种机制，通过识别机体内病原体所共有的特异结构分子存在与否来判定病原微生物是否侵入体内并引起相应的免疫应答。起初人们发现大多数革兰氏阴性细菌产生的脂多糖(LPS)能够激发宿主产生发热等保护性应答，推测机体中存在识别脂多糖的受体，当病原体侵入时，向机体发出预警，产生免疫应答。1980 年 Nusslein-Volhard 等发现有一个基因决定了果蝇发育时背腹极性的分化，命名为 Toll 基因。后来人们证明 Toll 蛋白是一种跨膜蛋白，与 IL-1 具有同源性。1996 年 J. A. Hoffmann 等发现 Toll 在果蝇对真菌感染的免疫应答中起重要作用。1997 年 C. Janeway 和 R. Medzhitov 证明了一种 Toll 样受体(TLR4)能够激活与适应性免疫有关的基因。

B. A. Beutle 随后发现 TLR4 能够探测脂多糖的存在。研究证明 TLR 家族在固有免疫系统识别病原微生物入侵、转导信号、产生免疫应答的过程中扮演重要角色。

(二)TLR 的结构

TLR 蛋白分子结构相似，属于 I 型跨膜蛋白，分为胞外区、跨膜区和胞浆区 3 部分（图 14-1）。胞外区有 17~31 个亮氨酸富集的串联重复序列，称为富含亮氨酸重复区（leucine-rich repeat，LRR）。其间有非富含亮氨酸重复区序列分隔，还有 1~2 个半胱氨酸富集区。富含亮氨酸重复区基序（motif）一般由 24 个氨基酸残基组成，主要是有利于促进蛋白间的相互黏附，负责对病原相关分子模式（PAMP）的识别或与其他辅助受体结合形成受体复合物。跨膜区是一段穿膜的结构域，起固着作用。胞浆区由 Toll 同源结构域（Toll homology domain，THD）和羧基端长短不同的短尾肽组成。Toll 同源结构域至少包括 128 个氨基酸残基，分为 10 个区段，形成螺旋相间的二级结构。序列分析发现，TLR 的 Toll 同源结构域与 IL-1 受体（IL-1R）胞浆结构域有高度同源性，分子构象类似，故称为 Toll/IL-1 受体结构域（Toll/interleukin 1 receptor domain），或称 TIR 结构域

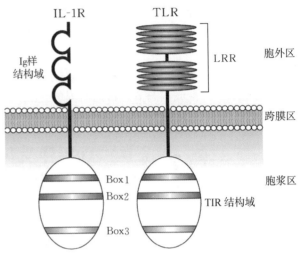

图 14-1 TLR 和 IL-1R 结构对比

[两者都有胞浆区保守序列 TIR(TIR 中有 3 个高度同源区 Box1、Box2 和 Box3)、跨膜区和胞外区。TLR 蛋白中胞外区有数个富含亮氨酸重复区(LRR)，而在 IL-1R 中，与之不同的是 3 个免疫球蛋白样结构域(Ig-like domain)]

(引自 Shizuo Akira 和 Kiyoshi Takeda，2004)

(TIR domain)。该结构域还存在于 TLR 信号转导通路的配体中，是向下游转导信号的核心元件，如该区域关键位点突变或缺失，将阻断信号向下传递。

(三)TLR 家族的种类、分布及其配体

1. TLR 家庭的种类 目前，人的 TLR 家族成员有 11 个（TLR1~TLR11），鼠有 13 个（TLR1~TLR13）（表 14-1）。人 TLR1、TLR2、TLR3、TLR6 和 TLR10 基因定位于第 4 号染色体，TLR4 基因位于第 9 号染色体，TLR5 基因位于第 1 号染色体，TLR9 基因位于第 3 号染色体，TLR7 和 TLR8 基因在 X 染色体上。TLR 在淋巴组织和非淋巴组织均有表达，分布在 20 多种细胞中，但 TLR 在不同的组织和细胞中表达量不同。

表 14-1 TLR 家族来源、种类和配体

受体	物种	配体	配体来源	接头	存在部位	细胞类型
TLR 1	人和鼠	多种三乙酰脂肽	细菌	MyD88/MAL	细胞表面	单核细胞/巨噬细胞 树突状细胞 B 细胞
TLR 2	人和鼠	多种糖脂 多种脂肽 多种脂蛋白 脂磷壁酸 热激蛋白 70 酵母聚糖 其他多种结构物质	细菌 细菌 细菌 G⁺ 细菌 寄主细胞 真菌	MyD88/MAL	细胞表面	单核细胞/巨噬细胞 树突状细胞 肥大细胞 B 细胞、T 细胞

(续)

受体	物种	配体	配体来源	接头	存在部位	细胞类型
TLR 3	人和鼠	双链 RNA 次黄嘌呤和胞嘧啶配对多聚体	病毒	TRIF	细胞内	树突状细胞 B 细胞
TLR 4	人和鼠	脂多糖 几种热激蛋白 纤维蛋白原 硫酸乙酰肝素片段 透明质酸片段 镍 各种阿片类药物	G⁻细菌 细菌和寄主细胞 寄主细胞 寄主细胞 寄主细胞	MyD88/MAL/ TRIF/TRAM	细胞表面	单核细胞/巨噬细胞 髓样树突状细胞 肥大细胞 B 细胞 肠上皮细胞
TLR 5	人和鼠	鞭毛蛋白	细菌	MyD88	细胞表面	单核细胞/巨噬细胞 树突状细胞 肠上皮细胞
TLR 6	人和鼠	多种双乙酰脂肽	支原体	MyD88/MAL	细胞表面	单核细胞/巨噬细胞 肥大细胞 B 细胞
TLR 7	人和鼠	咪唑喹啉 路克奥宾 溴匹立明 单链 RNA	小分子合成化合物	MyD88	细胞内隔室	单核细胞/巨噬细胞 浆细胞样树突状细胞 B 淋巴细胞
TLR 8	人和鼠	小分子合成化合物单链 RNA		MyD88	细胞内隔室	单核细胞/巨噬细胞 树突状细胞 肥大细胞
TLR 9	人和鼠	未甲基化的 CpG 寡聚 DNA	细菌	MyD88	细胞内隔室	单核细胞/巨噬细胞 浆细胞样树突状细胞 肥大细胞
TLR 10	人和鼠	未知		未知	细胞表面	巨噬细胞 B 细胞
TLR 11	鼠	前纤维蛋白	刚地弓形虫	MyD88	细胞内	单核细胞/巨噬细胞 肝细胞 肾 膀胱上皮细胞
TLR 12	鼠	未知		未知	未知	神经元
TLR 13	鼠	未知	病毒	MyD88 TAK-1	细胞内隔室	未知

2. TLR 的分布　根据 TLR 细胞分布特征可将其分为下述 3 种类型。

(1) 普遍存在型(TLR1)。普遍存在型 TLR 广泛分布于多核细胞、单核细胞、巨噬细胞、淋巴细胞、内皮细胞、NK 细胞、成纤维细胞、树突状细胞等多种细胞表面。

(2) 限制存在型(TLR2、TLR4、TLR5)。限制存在型 TLR 主要分布于髓源性单核细胞,其中外周血白细胞的表达最为丰富。

(3) 特异存在型(TLR3)。特异存在型 TLR 仅特异性表达于树突状细胞表面。TLR 通过与配体(如病原相关分子模式 PAMP)特异性结合,激活信号转导,诱发机体固有免疫甚至特异性免疫。

3. TLR 配体　TLR 配体是指与 TLR 家族特异性结合的物质,如抗原、药物、病毒、细菌、寄生虫等结构物质。TLR 不同,识别的配体也不同。如 TLR1 识别细菌的三乙酰肽脂;TLR2 识别革兰氏阳性(G^+)菌的胞壁成分肽聚糖(PGN)、脂磷壁酸(LTA)、脂阿拉伯甘露聚糖、脂蛋白、细菌DNA等菌体成分；TLR4识别革兰氏阴性(G^-)菌释放的脂多糖(LPS)在固有免疫系统对脂多糖的信号转导过程中起重要作用；TLR6能够与TLR2形成复合物来共同识别革兰氏阴性菌成分、酵母多糖、肽聚糖、支原体脂蛋白等；人TLR10可与TLR2和TLR1形成异源二聚体识别未知的病原相关分子模式；TLR5和TLR11识别蛋白性质配体，如鞭毛蛋白和有鞭毛的细菌；TLR3、TLR7、TLR8和TLR9位于细胞内，识别病毒或细菌释放的核酸，其中TLR3能感受双链RNA病毒，TLR7识别双链RNA，TLR9识别CpG DNA。

(四)TLR家族的功能

TLR在固有免疫和适应性免疫系统中都发挥着非常重要的作用。

1. 在固有免疫中的功能 TLR在固有免疫中负责监视与识别各种病原相关分子模式，构成机体防御病原微生物的第一道防线。不同的TLR通过识别和结合不同的配体病原相关分子模式，再通过依赖于MyD88或/和不依赖于MyD88的信号转导途径，诱导相关基因表达，引起炎症反应。

2. 在适应性免疫中的功能 TLR在适应性免疫系统中的主要功能表现在下述两方面。

(1)TLR对病原相关分子模式的识别作用。树突状细胞表达的TLR可识别LPS、dsRNA、未甲基化CpGDNA、肽聚糖、脂蛋白、脂肽、热激蛋白(Hsp)等多种病原相关分子模式，树突状细胞被活化而成熟，提供适应性免疫的共刺激信号。

(2)TLR对适应性免疫应答类型的调控作用。多数活化的TLR能通过信号转导途径，激活核转录因子，进而诱导多种IL(如IL-1β、IL-6、IL-8)、IFN、TNF、趋化型细胞因子等防御性因子产生，从而调节辅助性T细胞分化为Th1或Th2，产生细胞免疫应答或体液免疫应答，TLR4诱导产生的CXC化学激活因子IP-10还可对单核细胞、NK细胞有化学吸附作用。

二、TLR信号转导途径

TLR和配体病原相关分子模式识别后，会激活细胞内含TIR结构域的接头蛋白(adaptor)的募集，这些胞内接头蛋白包括：①MyD88(myeloid differentiation factor 88，髓样分化因子88)；②TIRAP(TIR domain-containing adaptor protein，或称MyD88 adaptor-like protein，MAL)；③TRIF(TIR domain-containing adaptor inducing IFN-β，或称TIR domain containing adaptor molecule 1，TICAM-1)；④TRAM(TRIF-related adaptor molecule，或称TIR domain-containing adaptor molecule 2，TICAM-2)。通过这些分子与TIR结构域的相互作用，引起下游信号事件和转录因子的协调激活，从而诱导抗微生物分子、趋化因子、细胞因子和共刺激分子的表达。依据与TLR相互作用的接头蛋白的不同，TLR介导的信号转导途径至少有两条：依赖MyD88途径和不依赖MyD88途径(图14-2)。

(一)TLR介导的依赖MyD88的信号转导途径

依赖MyD88的信号转导途径是除TLR3外所有TLR都触发的信号转导的共同途径。MyD88分子由296个氨基酸残基组成，N端为死亡结构域，C端为TIR结构域。C端TIR结构域与胞浆内TLR的TIR结构域结合，N端的死亡结构域与下游接头分子IL-1受体相关蛋白激酶(IL-1 receptor-associated kinase，IRAK)N端的死亡结构域相互作用形成受体复合体，进而募集下游信号分子。IL-1受体包含TIR结构域，IRAK是一种与IL-1受体相关的丝氨酸-苏氨酸激酶。IRAK家族有IRAK1、IRAK2、IRAKM和IRAK4 4个成员。

MyD88是TLR信号转导途径中的中心环节，是最主要的接头蛋白。TLR5、TLR7、TLR8和TLR9与配体病原相关分子模式(PAMP)识别后，直接与MyD88相互作用。TLR2先与TLR1或TLR6形成异二聚体，然后结合桥梁接头样蛋白TIRAP(又名MAL)，再与MyD88连接。TLR4不能直接识别脂多糖(LPS)，在锚定分子CD14和TLR4的附属蛋白MD2分子参与下，脂多糖才与细胞表面TLR4结合形成受体复合物，再募集TIRAP，最后与MyD88衔接。

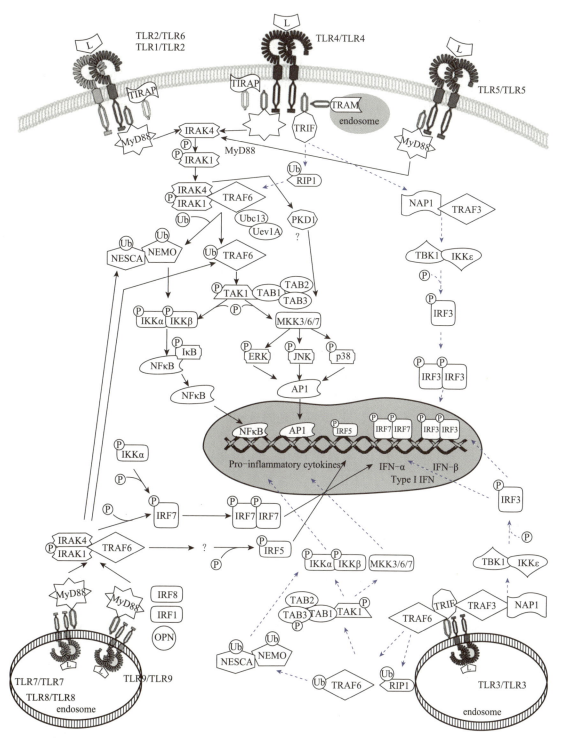

图 14-2 TLR 信号转导途径
(——依赖 MyD88 的转导途径导,----不依赖 MyD88 的转导途径)
(引自 Rosa P. Gomariz 等,2010)

MyD88 被募集到活化的 TLR 后,结合 IRAK(特别是 IRAK4)并使 IRAK1 磷酸化,IRAK1、IRAK4 被释放出复合体与 MyD88 分离,再与肿瘤坏死因子受体相关因子 6(tumor necrosis factor receptor-associated factor 6,TRAF6,一种泛素连接酶)结合并活化 TRAF6;TRAF6 与泛素络合酶(ubiquitin conjugating enzyme,Ubc13)和 Ubc 样蛋白(Ubc-like protein,Uev1A)的异二聚体 E2

形成复合物，再与 K63 泛素链形成 K63 泛素-E2-TRAF6 复合体，该复合体能激活 NFκB 必须调节蛋白 NEMO(NFκB essential modifier)和 TRAF6 自身。被激活的 NEMO 和 NEMO 的互作蛋白(NESCA)形成复合体，共同参与下游的 NFκB 激活途径。被激活的 TRAF6 自我磷酸化后再与 K63 泛素链与 TAK1-TAB1-TAB2/3 复合体结合形成激酶复合物(TAK1 是转化生长因子 β 激活性激酶 1, TGF-β-activated kinase 1；TAB 是 TAK1 结合蛋白, TAK1-binding protein, TAB 包括催化亚基 TAB1 和结构蛋白 TAB2/3)。上述激酶复合物中 TAK1 作为丝裂原活化蛋白激酶(mitogen-activated protein kinase, MAPK)的激酶(KK)，进一步启动两条途径：①活化的 TAK1 磷酸化 IKK(inhibition of κB kinase)复合体，IKK 复合体包括催化亚基 IKKα、IKKβ 和调节亚基 IKKγ/NEMO；IKK 复合体再磷酸化 IκB(inhibitor of κB)，IκB 降解使 NFκB 从 IκB-NFκB 复合体中释放转位至细胞核，诱导前炎症细胞因子的表达。②活化的 TAK1 还能和 JNK 上游激酶 MKK3/6/7 耦合，激活 ERK、p38 和 JNK，激活转录因子 AP1 并使之转至核内启动转录。PKD1 也可以通过依赖 MyD88 途径经 MAKP 激活 AP1 转录，但此途径通过 IRAK4 和 IRAK1 替代 TRAF6 的作用。上述途径是依赖 MyD88 途径的所有 TLR 共同拥有的途径。

TLR7、TLR8、TLR9 介导的依赖 MyD88 的途径具有细胞特异性，只存在于浆细胞样树突状细胞中。MyD88 结合 TRAF6 与 IRAK4-IRAK1-IRF7 形成复合体，IRF7(interferon regulate factor 7, 干扰素调节因子 7)被 IRAK1 和 IKKα 磷酸化。在 TLR9 介导的途径中，OPN(osteopontin)、IRF1 和 IRF8 可能也参与了 IRF7 的磷酸化。磷酸化后的 IRF7 二聚体化转移至核内，诱导 I 型 IFN(IFNα)和 IFN 可诱导基因的表达，起到抗病毒作用。另外，IRF5 也可被招募到复合体 MyD88-IRAK4-TRAF6，磷酸化后转至核启动炎症前细胞因子的表达。

(二)TLR 介导的不依赖 MyD88 的信号转导途径

TLR3、TLR4-TRAM 复合体或 TLR5 都可通过 TRIF 启动不依赖 MyD88 的信号转导途径，激活 NFκB 和 IRF。TRIF 是此途径中的重要接头分子。

TLR3、结合了 TRAM 的 TLR4 先募集 TRIF，TRIF 再募集 TRAF6 和 TRAF3，后两者各自引发一个转导途径。①TRAF6 与 TRIF 结合，在受体互作蛋白 1(receptor-interacting protein 1, RIP1)参与下与 TAK1 或 NEMO 形成复合体，两种情况都进而激活 IKKα 和 IKKβ，最终激活 NFκB 转录活性。TAK1 还通过 MKK3/6/7 激活 JNK、p38 和 ERK 途径，活化 AP1 使之转至核启动转录。②TRAF3 和 TRIF 结合后启动另一途径，TRIF 的 N 末端招募 TBK1(TRAF family member-associated NFκB activator, TANK, binding kinase 1)，或称为 NFκB 活化激酶(NFκB activating kinase, NAK)，并与 NAK 相关蛋白 1(NAK associated protein 1, NAP1)相互作用诱导 TBK1 的寡聚化并激活 TBK1；TRIF 还可与 IKKε 结合，TBK1 和 IKKε 都能使干扰素调节因子 3(interferon regulate factor 3, IRF3)磷酸化后形成二聚体，转至核内诱导 I 型 IFN 表达(IFN-β)，起到抗病毒作用。但是在 TLR7 和 TLR9 介导的途径中，两种激酶对 IFN-α 的诱导作用不是很重要。

内含体(endosome)中的 TLR5 在应答鞭毛蛋白时可直接募集 TRIF，经 TRAF6 活化 NFκB，调节炎症前细胞因子的多效表达(图 14-2 中没有涉及)。

第三节 食品对细胞因子网络的调节作用

对于食物和食品，中医有"医食同源、药食归一"的基本理念。现代食品研究和医学研究揭示，只有合理的饮食才能维持机体代谢的协调和较高的免疫功能，许多慢性病和疑难病通过饮食调节可得到有效缓解。

一、食品中主要成分对细胞因子网络的调节作用

食品中主要营养成分有糖类、蛋白质和氨基酸、脂肪和脂肪酸、核酸和核苷酸、维生素、矿物元素等。这些营养物质除了为生命活动提供营养、能量外,还参与机体与环境之间的信息交流,特别是免疫系统中信息的交流和应答,即营养物质通过调节细胞因子网络来调节免疫网络、信息传递网络和代谢网络,使机体产生应答,以维持正常生命活动。细胞因子是免疫细胞和其他细胞相互作用诱导产生的作用于其他细胞的蛋白质,它们和相应的靶细胞外膜上的受体结合,依赖于细胞因子和靶细胞产生某种反应,且靶细胞在刺激下可产生另外的细胞因子,进一步调节其他细胞功能和免疫反应,这种复杂的关系构成细胞因子网络。如肠黏膜系统是食品调节细胞因子网络的最主要的系统。

(一)糖类对细胞因子网络的调节作用

糖类分单糖、寡糖和多糖。多数多糖、寡糖有促进细胞因子(如 IL、IFN 和 TNF 等)生成的作用。例如,杜氏藻中性多糖、黄芪多糖等刺激小鼠 IL-1 分泌,刺五加多糖对脾细胞诱导产生 IL-2 有双向调节作用。柯海萍等证明壳寡糖能促进巨噬细胞中 IL-18 的表达和分泌,且显著诱导 NO、TNF-α 的生成,提高巨噬细胞杀灭病原菌的作用。IFN 有 α、β 和 γ 3 种类型,具有抗病毒、抗肿瘤、免疫调节、控制细胞增殖等重要作用。Kelly-Quagliana 等发现果寡糖能增强脾中 NK 细胞活性且呈剂量依赖关系;北美人参中提取的寡糖可以促进 NK 细胞产生 IFN-α,提高细胞抗病毒感染能力。TNF 是一种能使肿瘤出血坏死的物质,在抗肿瘤免疫反应有重要作用。马力等证明菊花多糖与绿原酸共培养可提高淋巴细胞上清液中 TNF-α 和 IFN-γ 水平。乳酸菌能利用果寡糖,增加短链脂肪酸与丁酸盐及循环中 IFN-γ、TNF-α 含量,进而增进细胞免疫反应,降低过敏反应。

母乳喂养期间酸性低聚糖的吸收可能在婴儿出生后的免疫成熟过程中发挥直接作用,也可能具有预防食物过敏的功能。Terrazas Li 等证明,人乳是一种抗炎细胞因子的介导者,可以抑制小鼠 Th1 型细胞和炎症反应。Thomas Eiwegger 的实验表明,人乳中的酸性低聚糖在体外培养的 $CD4^+$ 和 $CD8^+$ T 细胞 20 d 后增强了其合成某些细胞因子(如 IFN-γ)的能力,还可以刺激 $CD8^+$ T 细胞产生 IL-13。低聚糖可改善肠道微生态环境,促进有益菌群的生长。低聚糖以及有益菌群可能通过细胞因子网络来调节免疫系统和与之密切相关的代谢网络、信号传递网络,这对细胞因子的产生、免疫细胞的发育与成熟也具有十分重要的意义。

(二)蛋白质及其水解物对细胞因子网络的调节作用

蛋白质及其降解产物对免疫系统具有明显的调节作用。蛋白质降解产物主要以小肽和氨基酸的形式被吸收,以蛋白抗原形式吸收的极少。蛋白质降解产物中的生物活性肽,有抗高血压和血栓、清除自由基、抗氧化、调节免疫系统、抗菌、抗病毒、抗癌等功能。如人乳、牛乳、大豆蛋白等酶解后能产生免疫活性肽,有些可以加强特异性和非特异性的免疫应答反应,有些作为免疫抑制肽则有预防移植排斥反应和治疗自身免疫性疾病的作用。蛋白质-能量营养缺乏(protein-energy malnutrition,PEM;或 protein-calorie malnutrition,PCM)可引起多种免疫反应能力下降,如胸腺萎缩、胸腺素活力降低、T 细胞(特别是辅助性 T 细胞)减少、单核-巨噬细胞及其分泌细胞因子功能降低、分泌型 IgA(sIgA)减少、抗体亲和力下降、补体成分浓度和活力降低等。

蛋白质及其降解物还能对细胞因子网络产生影响。小麦醇溶蛋白、醇溶谷蛋白在少数人中可能引起消化道变态(超敏)反应即乳糜泻(coeliac disease),这是一种小肠慢性炎症。Ulrike Bendix 等系统研究了醇溶蛋白、酪蛋白、β-乳球蛋白和卵清蛋白对与超敏反应相关的细胞因子网络的影响,结果表明,食品中的肽包括小麦醇溶蛋白可以结合到细胞表面,甚至进入细胞膜,影响细胞因子的产生,尤其是强烈影响 IFN-γ 的合成与释放。IFN-γ 是肠黏膜系统淋巴细胞活化期间所释放的细胞因子,也是最重要的发炎细胞因子。此外它们还作用于黏膜和外周血中的 T 细胞,影响 IL-4、IL-5、IL-6、TNF-α 和 TGF-β 的产生。Ulrike Bendix 等认为,食品中肽的结合作用可能代表了人类

对食品蛋白质产生耐受性的重要步骤，这种对细胞膜的结合能力可能对小肠黏膜中的 T 细胞进行抗原递呈具有重要的调节作用。Lenka Jelinková 等的研究发现小麦醇溶蛋白刺激人类单核细胞产生 IL-8 和 TNF-α 是通过 NFκB 控制转录作用介导的，小肠黏膜中醇溶蛋白特异性 $CD4^+$ T 细胞可能是该免疫性疾病的主要因素。机体接受这类食品刺激后，Th1 就会强化合成发炎细胞因子（主要是 IFN-γ）和其他介导因子，进而作用于其他类型的细胞，诱发先天性免疫应答。小肠黏膜中的巨噬细胞和树突状细胞作为抗原递呈细胞起作用，并可能因为各种刺激而活化产生发炎细胞因子[如 TNF-α、IL-1、IL-6、细胞趋化因子（IL-8、单核细胞趋化蛋白 1）]和活性氧、一氧化氮介导因子。Lenka Jelinková 等研究还发现小麦醇溶蛋白及其水解肽段可以刺激老鼠腹膜巨噬细胞产生 TNF-α、IL-8、IL-10、RANTES（诱导 T 细胞表达与分泌蛋白）和一氧化氮合成酶可诱导形式。

20 种氨基酸中，谷氨酰胺（Gln）和精氨酸（Arg）与免疫系统关系较为密切。谷氨酰胺具有免疫增强效应，对肠黏膜细胞、淋巴细胞、成纤维细胞的增殖具有重要作用；谷氨酰胺是单核-巨噬细胞重要能源，以维持单核-巨噬细胞的高代谢活性；谷氨酰胺还可以提高 sIgA 的产量，增强肠道免疫功能；谷氨酰胺能刺激生长激素，通过 IL-2 的同源受体提高免疫功能。精氨酸及其代谢产物 NO 在免疫防御、免疫调节、维持和保护肠道黏膜防御功能、肿瘤免疫等方面有重要作用；NO 既是肿瘤免疫和微生物免疫的效应分子，也是多种免疫细胞的调节因子，可调节 T 细胞分泌细胞因子，促进 NK 细胞活性和抗体应答，介导巨噬细胞凋亡。精氨酸能增加 T 细胞对刀豆蛋白 A 和植物凝集素的反应性，增加 $CD4^+$ 细胞和 NK 细胞的数量，提高淋巴因子激活的杀伤细胞的活性，促进脾单核细胞对 IL-2 的分泌活性以及 IL-2 的受体活性，增强巨噬细胞的吞噬能力和 NK 细胞对肿瘤靶细胞的溶解能力。此外，蛋氨酸、赖氨酸、苏氨酸、亮氨酸等氨基酸也能通过加强免疫细胞和抗体的作用来提高机体免疫功能。

（三）脂肪对细胞因子网络的调节作用

脂肪酸对免疫系统有多种调节作用，其中脂肪酸及其代谢产物通过调节细胞因子在炎症反应发生过程中起重要调节作用。发炎是增加血液通透性，吸引免疫细胞到达炎症部位，清除入侵者或自身损伤的一种生理反应。细胞因子在炎症反应调节中起决定性的作用。前发炎细胞因子引起炎症反应，主要包括 IL-1、IL-6、IL-8、TNF-α 和那些由 Th1 细胞产生的 IL-2 和 IFN-γ。抗炎细胞因子主要是 IgE、激活的嗜酸性粒细胞和肥大细胞合成，包括 IL-1 受体拮抗剂、TGF-β 及由 Th2 细胞合成的 IL-4、IL-5 和 IL-10。发炎和抗炎细胞因子之间一旦失衡就会导致疾病的发生。Darshan S. Kelley 等认为，不同量和类型的脂肪酸对细胞因子和免疫系统具有重要的调节作用，归纳起来有：①对发炎和抗炎细胞因子的作用，如 ω-6 型脂肪酸具有引发炎症的作用，而 ω-3 型脂肪酸则具有抗炎症作用。ω-3 型脂肪酸已经用来作为 ω-6 型脂肪酸的拮抗剂治疗慢性炎症，ω-3 型脂肪酸也被证明对于由发炎细胞因子所产生的厌食症具有一定的疗效。②对氧化应激的调节作用。增加多不饱和脂肪酸（PUFA）摄食量将会增加抗氧化应激，如果不能得到抗氧化营养物的平衡，就可能产生脂肪过氧化反应，氧化了的低密度脂蛋白能调控多种炎症反应基因的表达，如 TNF-α、IL-1α、IL-1β、IL-6 和血小板源性生长因子（PDGF）。因此，抗氧化营养食品在免疫和炎症应答的调节方面具有关键性作用。③对核转录因子的作用。脂肪酸和它们的氧化产物是过氧化物酶体增殖物激活受体（peroxisome proliferator-activated receptors，PPAR）的配基，过氧化物酶体增殖物激活受体除参与脂质和脂蛋白代谢、体内糖平衡外，还涉及脂肪细胞、单核-巨噬细胞等多种细胞的分化，抑制发炎细胞因子产生及炎症反应，调节血管舒缩以及影响动脉粥样硬化形成等。可见，合理的鱼油（ω-3 型脂肪酸）、维生素 E 的摄入水平对于机体营养、机体免疫和代谢平衡都具有重要作用。

有些食用短链脂肪酸（SCFA）也对细胞因子产生具有一定的调节作用。例如，乙酸、丙酸和丁酸在体外都能够抑制 T 细胞增殖。Th1 细胞可以产生细胞因子 IL-2 和 IFN-γ，从而触发炎症反应。而 Th2 细胞主要产生抗炎细胞因子，如 IL-4 对 Th1 细胞因子起拮抗作用。IL-10 由单核细胞和巨噬细胞合成，IL-10 抑制发炎细胞因子的合成。Claudia R. Cavaglieri 等证明丁酸可以显著性地抑制

Th1 细胞的应答，并对慢性肠炎具有一定的治疗作用。乙酸和丙酸的调节作用则不显著，甚至与丁酸的作用相反；将这些短链脂肪酸联合使用，使辅助性 T 细胞（Th）更倾向于分化为抗炎症的表现型。研究还表明细胞因子 IL-6 不仅对免疫调节具有重要的作用，对于脂肪酸代谢也起重要的调节功能，是重要的脂肪分解代谢的调节因子，它可能通过调节激素作用来调节脂肪酸分解代谢。可见细胞因子不仅调控着免疫系统，同时对于代谢网络也起到重要的作用。

(四)核苷酸对细胞因子网络的调节作用

核苷酸对免疫系统的影响有如下几个方面：①促进骨髓和腋窝淋巴结增殖，增加 B 细胞对 T 细胞依赖抗原的抗体生成量和 IFN-γ 生成量；②促进 Th2 细胞向 Th1 细胞转换，抑制抗原特异性的 IgE 应答，增加化学抗原、细菌抗原等引起的迟发型超敏反应强度；③提高巨噬细胞的吞噬功能和 NK 细胞活性；④促进脾淋巴细胞及骨髓细胞 IL-2 生成量和 IL-2 受体及 Thy-1、Thy-2 和 Lyt-1 表面标志的表达；⑤解除营养不良和饥饿诱导的免疫抑制并使其恢复正常状态，而补充蛋白质则起到类似的作用。例如 Jyonouchi 等研究发现，缺乏核苷酸使体内体外 T 细胞依赖抗原的抗体形成量明显下降，使脾中 IgM、IgG 分泌细胞数量明显下降，补充核苷酸有利于恢复受损的 IFN-γ 和 IL-5 的形成以及 Th 细胞功能和 T 细胞依赖的抗体生成。

寡聚脱氧核苷酸 CpG（oligodeoxynucleotide，ODN）能促进机体免疫应答机制。表达人 TLR9 的免疫细胞主要是浆细胞样树突状细胞（pDC）和 B 细胞，其他还有中性粒细胞、单核细胞、单核细胞衍生细胞和 CD4$^+$ 细胞，TLR9 活化是天然免疫和获得性免疫应答的启动环节。TLR9 与 MyD88 连接，触发 CpG 介导的信号转导蛋白，如 IL-1 受体相关激酶 IRAK 家族、丝裂原激活蛋白激酶（MAPK）或者 IFN 调节因子，最终激活核转录因子 NFκB，产生细胞因子或 B 细胞和 pDC 表面表达共刺激分子如 CD80（B7.1）和 CD86（B7.2）。TLR9 信号转导的关键是 MyD88 和 TLR9 介导 pDC 产生的Ⅰ型 IFN（α、β、ω 和 τ）。通过与 MyD88 的衔接，还可以激活 IRAK1、IRAK4、肿瘤坏死因子（TNF）受体相关因子 6（TRAF6）和干扰素调节因子 7（IRF-7）诱导Ⅰ型 IFN 基因的表达。以上是激活免疫应答的启动环节，这一环节包括细胞因子和细胞趋化因子，激活 NK 细胞和 T 细胞的扩增，尤其是 Th1 细胞和 Tc 细胞的扩增。TLR9 的活化也能激活体液免疫，促进 B 细胞分化成为浆细胞，促进抗体依赖的细胞毒作用。目前，CpG ODN 已应用于治疗肿瘤、感染性疾病、哮喘、过敏性疾病等领域中。CpG ODN 作为抗肿瘤药物，主要促进机体产生天然免疫，增加 Th1 型细胞因子和趋化因子，促进肿瘤抗原递呈，从而促进机体产生抗肿瘤免疫应答。

(五)微量元素对细胞因子网络的调节作用

微量元素作为酶的组成成分、激活剂或抑制剂参与人体多种代谢过程，同时，也参与免疫系统调节。

1. 锌的调节作用 锌参与 100 多种金属酶的功能，如 T 细胞特异性酪氨酸激酶与 CD4 细胞作用需锌的参与，白细胞介素（IL）需通过与胞膜上的含锌受体结合才能发挥作用。锌是合成胸腺素的必需成分，缺锌使胸腺、淋巴结萎缩，分泌功能下降，T 细胞和巨噬细胞功能障碍，胸腺素失活，IL-2 发生结构缺陷。缺锌还使胸腺嘧啶核苷酸激酶活性下降，使中枢和外周淋巴组织分泌的淋巴细胞减少，抑制骨髓 B 细胞的生成及其免疫应答，使 NK 细胞和单核细胞活力下降。缺锌可使 IL-1、IL-6、TNF-α 等免疫因子活性下降，使多种细胞中出现增强的自发性病变，最终引起免疫细胞凋亡。儿童补锌可促进生长发育，老年人适量补锌可延年益寿。体内锌过高也会抑制巨噬细胞、中性粒细胞、肥大细胞的流动性，降低吞噬细胞的杀菌能力。

2. 硒的调节作用 硒具有广泛的免疫调节功能。硒是谷胱甘肽过氧化物酶的组成成分，具有清除多种自由基的功能，防止过氧化损伤，可保护胸腺细胞膜结构。硒可促进淋巴细胞增殖，提高巨噬细胞和 NK 细胞吞噬和毒杀能力，提高免疫性和抗肿瘤能力。硒还能增加 IgG 和 IgM 的合成，促进细胞因子分泌。缺硒使胸腺上皮细胞发生颗粒样变性，抗体产生受损，中性白细胞杀菌能力减弱，结果血中 IgG、IgM、IgA 等抗体偏低。但是体内硒过高反而会促进自由基的增殖，使免疫系统受损，人体免疫力下降。

3. 铁的调节作用　铁是人体必需的微量元素，缺铁可使胸腺萎缩，脾发育迟缓；使 T 细胞数量下降，分泌的巨噬细胞合成减少，NK 细胞活性被抑制，中性白细胞趋化性增高、吞噬作用下降、杀菌能力受损；使补体水平降低，分泌的干扰素和白细胞介素减少，降低对细菌、病毒的抵抗力，机体免疫力下降。缺铁主要影响 T 细胞功能，进而降低 IL-4 和 IL-6 活性，影响 B 细胞的抗体形成等，缺铁性贫血的病人易发各种感染。体内的铁过量也会造成自由基增多，引发免疫细胞和组织发生脂质过氧化，降低免疫力，易患多种疾病。

4. 钙的调节作用　钙参与 T 细胞和 B 细胞的激活，亲环素 B 结合蛋白在钙参与下能使 T 细胞具有杀伤病毒的能力。抗原或抗体与 B 细胞膜上的免疫球蛋白交联后，通过使胞浆中钙离子上升，才能引发蛋白激酶 C 的活性，加速蛋白酪氨酸酶的磷酸化，最终使 B 细胞活化。人体缺钙使免疫细胞活性下降、抗体分泌减少。

5. 锗、锂、镁、铜等的调节作用　这几种微量元素可通过增强影响 T 细胞、B 细胞、NK 细胞活性以及细胞因子分泌来调节免疫系统功能。如锗能诱导干扰素(IFN)、IL-2 等细胞因子，还能刺激淋巴细胞产生淋巴因子活化巨噬细胞，激活 NK 细胞、发挥杀伤癌细胞的作用。

氟、砷、硅、铍、铅等元素多对免疫系统有损伤作用。

体内矿物元素缺乏或过多都会降低免疫功能，只有按照体内网络调节平衡要求，全面均衡地供给各种矿物元素，才能使免疫系统发挥正常的功能。

(六)维生素对细胞因子网络的调节作用

维生素与免疫系统关系十分密切，维生素缺乏可使免疫力减弱，降低对感染性疾病的抵抗力，适当补充维生素，可提高机体的免疫力。与免疫功能密切相关的维生素有维生素 A、维生素 D、维生素 E、维生素 C、B 族维生素等。

1. 维生素 A 的调节作用　维生素 A 是人体正常生长发育、骨骼形成、维持正常视觉的必需营养元素。维生素 A 缺乏导致胸腺和淋巴器官萎缩，使淋巴细胞数量减少；维生素 A 缺乏使 NK 细胞和巨噬细胞减少和功能减弱；维生素 A 缺乏可以使 IL-2 生成减少，影响 T 细胞增殖和激活。维生素 A 通过促进和调节 T 细胞产生细胞因子，促进 B 细胞活化产生抗体；维生素 A 与黏膜免疫关系密切，维生素 A 和它的配体是上皮增生和分化的重要调节因子，维生素 A 可维持黏膜的完整性，增加黏膜 sIgA 数量。维生素 A 缺乏的小鼠小肠黏膜分泌 sIgA 的能力降低，而维生素 A 能促进营养不良的小鼠肠道产生 sIgA 和促进正常小鼠肠道产生 sIgA，增强肠道黏膜的免疫作用。维生素 A 对细胞因子表达有调节作用，维生素 A 通过影响 T 细胞亚群的分化及功能，影响 Th1/Th2 免疫平衡，促进免疫球蛋白生成。受维生素 A 调节表达的细胞因子有：能促进 Th2 的细胞因子(如 IL-4、IL-5、IL-6、IL-10等)、能抑制 Th1 的细胞因子(如 IL-12 和 IFN-γ)，这些细胞因子的变化直接或间接促进 Th2 免疫应答。研究表明，维生素 A 能显著抑制 DC 诱导的 Th1 细胞因子产生，促进 Th2 细胞因子表达，使得黏膜免疫应答向 Th2 方向偏移，有助于抗体的产生。维生素 A 缺乏不仅使总 T 淋巴细胞数目减少，还会导致 $CD4^+$ 淋巴细胞数目减少，其辅助刺激 B 淋巴细胞产生免疫球蛋白的能力也相应下降。

2. 维生素 D 的调节作用　维生素 D 是钙代谢中最重要的调节因子。维生素 D 在人体中生成 1,25-二羟基维生素 D，称为活性维生素 D 或激素型维生素 D，它是一种神经内分泌-免疫调节激素，生物效应是由单核细胞、激活的淋巴细胞等免疫细胞上的 1,25-二羟基维生素 D 受体介导的，其对免疫系统的调节功能主要表现为对单核-巨噬细胞、T 细胞、B 细胞和胸腺细胞增殖分化及其功能的影响。研究发现，1,25-二羟基维生素 D 能间接刺激单核细胞增殖，促使单核细胞向巨噬细胞转化，然后将加工处理的病原体传递给辅助性 T 细胞，增强 INF-γ 合成，进而刺激巨噬细胞产生 1-α-羟化酶，生成 1,25-二羟基维生素 D 的正反馈效应。此外，1,25-二羟基维生素 D 还能促进单核-巨噬细胞或调节被激活的 T 细胞产生 IL-1、IL-2、IL-3、IL-6、TNF-α 和 TNF-γ，进而调节免疫应答。

3. 维生素 E 的调节作用 维生素 E 是生育酚类化合物的总称。天然维生素 E 有 α、β、γ 和 δ 型 4 种。维生素 E 具有很强的抗氧化性，可通过降低自由基的损伤和前列腺素的合成来维持免疫系统的正常功能。维生素 E 可在一定程度上促进免疫器官发育，刺激辅助性 T 细胞的增殖，对单核-巨噬细胞的数目、趋化作用和杀伤能力、抗体产生等都有影响。此外，维生素 E 可有效预防逆转录病毒引起的小鼠 IL-2 分泌抑制和 IL-6 生成增加，使小鼠 IL-2 和 IFN-γ 生成增多，也使环磷酰胺诱导而产生的免疫功能低下小鼠血中的 IFN-γ 含量升高。

4. 维生素 C 的调节作用 维生素 C 又称为抗坏血酸，是体内天然的抗氧化剂。维生素 C 对免疫系统的调节作用主要表现在它可以促进淋巴母细胞生成和淋巴细胞增殖，提高白细胞趋化性和吞噬能力，提高机体对外来抗原和恶变细胞的识别杀伤能力，促进抗体和干扰素（IFN）的合成，提高机体的抵抗力。Jeongmmin 等发现，补充复合抗氧化剂可显著预防逆转录病毒引起的鼠 IL-2 分泌抑制和 IL-6 生成增加。IL-2 是重要的 T 细胞生长因子，其分泌可恢复 T 细胞增殖，IL-6 升高可刺激巨噬细胞和 T 淋巴细胞中的 HIV 复制，所以复合抗氧化剂可预防 Th1 和 Th2 细胞因子产生的不平衡，使免疫反应正常化，阻止鼠 AIDS 的进展。

5. B 族维生素的调节作用 B 族维生素包括维生素 B_1（硫胺素）、维生素 B_2（核黄素）、维生素 B_6、维生素 B_{12}（氰钴胺素）、烟酰胺、叶酸、泛酸等，是人体中重要水溶性维生素。B 族维生素中与免疫系统相关的主要是维生素 B_6，维生素 B_6 缺乏时，T 细胞、B 细胞数量减少，增殖功能降低，胸腺素分泌减少，使 T 细胞功能受损，抗原诱导的抗体生成减少，皮肤迟发型超敏反应降低等。其他 B 族维生素缺乏也相应地降低免疫功能。

二、食品中其他成分的调节作用

近年来，随着生活水平的提高，那些具有调节人体代谢、促进康复和预防疾病的功能食品越来越受到关注。这些食品包括增强人体体质（如增强免疫能力、激活淋巴系统等）的食品、预防疾病（心血管疾病、糖尿病和肿瘤等）的食品、恢复健康（控制胆固醇、防止血小板凝集、调节造血功能等）的食品、调节身体节律（神经中枢、神经末梢、摄取与吸收功能等）的食品、延缓衰老的食品等。这些食品促进身体健康、防病治病的机制都直接或间接地与其对人体免疫系统的调节有关。下面介绍几种常见的食品及其对细胞因子的调节作用。

1. 螺旋藻的调节作用 螺旋藻属于蓝藻门螺旋藻属，常见的有钝顶螺旋藻和极大螺旋藻。螺旋藻富含蛋白质（高达 60%～70%）、γ-亚麻酸、β-胡萝卜素、B 族维生素、维生素 C、维生素 E、多种微量元素、肽聚糖等营养物质。这些营养物质跟很多代谢酶相关，具有抗氧化作用，能提高人体免疫力，防止衰老，是常见的保健食品。

研究表明，螺旋藻具有很强的免疫调节作用，可抗炎症、病毒和肿瘤。螺旋藻能激活 NK 细胞、单核-巨噬细胞、T 细胞、B 细胞，刺激 IFN-γ、IL-2、IL-6、TNF-α 等细胞因子，还具抑制多种病毒侵染细胞的增殖和抗肿瘤作用。刘小娟等报道螺旋藻碱性蛋白酶解肽能使家兔炎症细胞因子 IL-1β、IL-6、IL-12 和 TNF-α 含量显著性降低，抗炎细胞因子 IL-1Ra 和 IL-4 含量显著升高。螺旋藻蛋白酶解肽通过肠黏膜系统的肠道上皮细胞、内皮细胞及单核-巨噬细胞、淋巴细胞之间的信号网络来专递信号，进而抑制 NFκB 和 PKC/p38/MAPK 途径来降低炎症反应。螺旋藻还能通过抑制肥大细胞释放组胺来发挥抗炎作用。Hayashi 等报道螺旋藻水提取物硫酸脂多糖抑制体外 I 型单纯疱疹病毒、人巨细胞病毒、麻疹病毒、流行性腮腺炎病毒、流感病毒和 HIV-1 病毒的复制。Hirahashi 等研究表明 *Spirulina platensis* 提取物 spirulina 可提高具肿瘤杀伤作用的 NK 细胞活性，表现在提高 IFN-γ 生成量和细胞溶解作用，且证明 IFN-γ 的生成依赖于 IL-12/IL-18。卡介苗细胞壁骨架（BCG-CWS）和 spirulina 共同作用可提高 IL-12 p40 产量，表明作为配体的 BCG-CWS 参与了 TLR2 和 TLR4 介导的信号转导促进了单核-巨噬细胞成熟。螺旋藻还能通过增强免疫系统功能而抑制肿瘤细胞生长，促进小鼠巨噬细胞分泌 IL-1 和 TNF-α 等细胞因子，从而调节机体的免疫反应性，发挥其抗肿瘤作用。

2. 乳酸的调节作用 乳酸可由乳酸菌发酵乳制品生成。乳酸菌安全无毒，无致病性，已被公认为 GRAS（公认安全）等级的食品微生物。乳酸菌与肠道黏膜淋巴组织相互作用，一方面可以通过增强单核吞噬细胞和白细胞的活力，刺激活性氧、溶酶体酶和单核因子的分泌，从而提高非特异性免疫应答能力；另一方面，通过提高黏膜表面和血清中 IgA、IgM、IgG 水平，促进 T 细胞和 B 细胞的增殖，增强特异性免疫应答作用，特别是能提高 sIgA 的产量，sIgA 与病原体抗原结合，阻止病原体黏附和入侵，防止肠道条件致病微生物造成的感染。

乳酸菌可以通过影响细胞因子来提高机体的免疫功能。细胞因子中 IL-6 和 TNF-α 是被激活的巨噬细胞分泌的两种重要的细胞因子，在炎症反应、防御感染、介导抗肿瘤和调节机体免疫机能中发挥重要作用，IL-6 可以促进淋巴细胞的增殖并参与 T 细胞、Tc 细胞、NK 细胞的活化。乳酸菌可能作为 TNF-α 和 IL-6 的强力诱导剂，有些能刺激 IL-10、IL-1、IL-2、IL-4 和 IL-5 的产生，以增强免疫功能。于立芹等试验证明乳酸可显著提高小鼠血清中 IL-6、IFN-γ、TNF-α、IL-10、IL-4 含量，而使 IL-1β 显著降低，说明乳酸菌发酵产物的免疫调节作用可能是通过其代谢产物乳酸来发挥作用的，乳酸通过对肠黏膜系统细胞因子网络和信号传递系统的调节发挥免疫调节和生理功能。乳酸菌对炎症性肠炎有治疗作用，如 Schultz 用乳杆菌治疗 IL-10 基因敲除的小鼠溃疡性结肠炎模型，发现炎症过程明显和缓，肠黏膜中促炎症因子（IFN-γ、IL-12）的下调和抗炎因子 IL-10 的上调，保证了肠道黏膜的完整和肠屏障功能的发挥。

3. 黄酮的调节作用 黄酮类化合物（flavonoid）是一类具有 2-苯基色原酮（flavone）结构的化合物，其羟基衍生物多为黄色，故称为黄酮。绝大多数植物体内都含有黄酮类化合物，且通常与糖结合成苷类，小部分以游离态的形式存在。

多数研究认为黄酮类化合物具有改善和增强免疫功能效应，如保证免疫器官正常发育、提高 T 细胞数目和活力、促进巨噬细胞吞噬能力和 NK 细胞活性、增加抗体产量等，亦有抑制免疫功能和双向调节作用的报道。研究显示，大豆异黄酮能通过调控特异性细胞信号通路抵抗炎性疾病。NFκB 是细胞内重要的转录因子，它通过调控细胞因子、黏附分子和细胞凋亡抑制剂等关键基因在免疫系统中发挥中心作用。Han 等报道大豆异黄酮能够通过上调磷酸酶 1 的活性来增加 IL-4 的表达量，且呈剂量效应。细胞因子 IL-4 能够促进嗜酸性粒细胞的激活和分化，辅助 B 细胞并提高对应的 IgM、IgE 和不激活补体的 IgG 亚型的生成量，并同超敏反应有关。作为一种重要的免疫激动剂，IL-4 能够刺激同型抗体向 IgE 的转化。TNF-α 是炎症反应的关键调控剂，朱志宁等报道，大豆异黄酮能够增加防御性免疫因子 sIgA 分泌量，同时降低致炎因子 TNF-α 的表达量，从而增强乳牛的乳腺免疫功能。陈正礼等证明大豆异黄酮对脾 IL-2 的表达具有上调作用，并存在剂量和时间依赖性。细胞因子 IL-2 的功能主要是维持 T 细胞在体外的长期生长，促进 B 细胞成熟、分化等。淫羊藿总黄酮具有延缓衰老的作用，可显著上调多种免疫细胞效应及功能的基本调节因子 NFκB、IL-2、IL-2R、CD28 等表达。Xagorari 等研究表明，毛地黄黄酮能够抑制鼠巨噬细胞蛋白质酪氨酸磷酸化及 NFκB 调节基因表达和炎性因子产生。

黄酮类化合物对病原菌、病毒有抑制效应，黄酮类化合物可能影响病毒对宿主的侵染过程和新病毒形成过程，或影响宿主细胞的一系列信号转导途径，其中包括对某些转录因子的诱导表达以及细胞因子的分泌来实现抗病毒作用。一定浓度的黄酮类化合物（如染料木黄酮）能够降低多数病毒（如腺病毒、单纯疱疹病毒、人类免疫缺陷病毒、猪繁殖与呼吸综合征病毒、轮状病毒）对人和动物的感染。

4. 普洱茶的调节作用 普洱茶产于云南西双版纳等地，因在普洱集散而得名。普洱茶是采用绿茶或黑茶经蒸压而成的各种云南紧压茶的总称，包括沱茶、饼茶、方茶、紧茶等。研究表明普洱茶具有降低血脂、减肥、抑菌、助消化、暖胃、生津、止渴、醒酒、解毒等多种功效，故有美容茶、减肥茶、益寿茶等美称。

研究表明普洱茶可通过调节细胞因子来提高机体免疫功能。于立芹等以小鼠为材料研究表明，普洱茶能上调小鼠血清中 IL-6、IFN-γ、IL-10 和 IL-4 含量，下调 TNF-α 和 IL-1β 含量，进而增强小鼠免疫功能。IFN-γ、IL-1β 和 TNF-α 通常称为发炎细胞因子，IL-10 和 IL-4 为抗炎细胞因子，而 IL-6 兼具两者功能。普洱茶促进抗炎性的细胞因子(IL-10 和 IL-4)分泌，并且表现出对抑制食欲的细胞因子(TNF-α 和 IL-1β)表达的抑制。抗炎细胞因子是机体消除炎症主要信号分子，IL-4 作为一种抗炎细胞因子具有抗肿瘤的作用，如抑制慢性淋巴细胞性白血病、肾细胞瘤、结肠癌、乳腺癌等肿瘤细胞的生长。IFN-γ 具有抵抗病毒的感染和抗肿瘤、调节免疫等作用。IFN-γ 的抗肿瘤作用主要是通过抑制肿瘤细胞的增生，改变肿瘤细胞表面的性能，诱发新的抗原而被免疫监视细胞识别，并加以排斥和增强机体抗肿瘤能力来实现的。IFN-γ 的免疫调节作用，包括对 APC、巨噬细胞、NK 细胞、B 细胞膜分子表达的影响，促进或抑制其他细胞因子的分泌。普洱茶可激发免疫系统对 IFN-γ 的表达，而且随着贮存年份的增加，这种作用有增强趋势。

5. 牛乳酪蛋白的调节作用　酪蛋白是牛乳中一组主要蛋白质的总称，占牛乳蛋白的 80%，其余 20% 为乳清蛋白。牛乳源蛋白水解可获得阿片样肽、阿片样拮抗肽、血管紧张素转化酶抑制肽、免疫调节肽、抗菌肽、抗血栓肽、矿物元素结合肽等多种活性肽。其中，乳源免疫活性肽(immunopeptide)具有多方面的生理功能，它不仅能够增强机体的免疫力，在生物体内起到重要的免疫调节作用，而且还能够在体内体外刺激淋巴细胞的增殖、巨噬细胞的吞噬能力以及细胞因子的分泌，从而提高机体对病原物质的抵抗能力。Kitazawa 等证实，β-酪蛋白的 actinase E 酶水解产物 YPVEP 五肽表现出使人及小鼠的巨噬细胞具有趋药性的功能，并且增强人巨噬细胞对百日咳毒素的抑制作用。酪蛋白复合肽对人体细胞通信网络的影响研究结果表明，酪蛋白复合肽使 EGF、GRO、IL-1Ra、IL-5、IL-7、IL-17、sCD40L、MIP-1β 和 TNF-α 共 9 种细胞因子浓度显著降低，从细胞通信网络结果可以看出酪蛋白复合肽具有下调免疫的作用；其作用涉及 NFκB、JNK、JAK/STAT、p38/MAPK、PI-3K/AKT 等多种信号传递途径。

知识窗

Toll 样受体的发现

布鲁斯·博伊特勒(Bruce Beutler)是美国免疫学家和遗传学家，出生于伊利诺伊州芝加哥。因发现如何激活先天免疫而与鲁斯兰·麦哲托夫和朱尔斯·霍夫曼分享 2011 年邵逸夫生命科学与医学奖。同年，布鲁斯·博伊特勒与朱尔斯·霍夫曼获诺贝尔生理学或医学奖一半奖项，以表扬他们关于先天免疫机制激活的发现；另一半奖项由拉尔夫·斯坦曼获得，以奖励他发现树状细胞和它在适应性免疫中的作用。

博伊特勒的主要贡献是发现了 LPS 的受体(Toll 样受体)，LPS 作为来源于病原体(主要是细菌外膜)的抗原会激起剧烈的免疫反应，可以激活免疫系统抵抗"入侵"，但是过于惨烈的"战争"也会伤不起，也就是剧烈的炎症反应，首先累及的是心肺功能。

朱尔斯·霍夫曼(Jules Hoffmann)出生于卢森堡，1970 年取得法国国籍。他主要研究遗传机理和昆虫的先天免疫效应分子。从 1980 年开始，朱尔斯·霍夫曼决定集中主要精力研究一种极微小的飞虫，即果蝇。霍夫曼发现，与人类相反，果蝇不需要疫苗，因为它具有先天性免疫功能。他在研究中发现有一个与发育有关的基因(Toll)跟抵抗真菌感染有关。此后，关于这个基因在哺乳动物中的免疫调节作用逐渐开展。

Toll 样受体的发现在人类健康中的应用前景无限，为预防和治疗传染病、癌症和炎症性疾病开辟了新的途径。

复习题

1. 名词解释

   特异性免疫　免疫应答　抗原　抗体　细胞因子　病原相关分子模式　TLR 家族　MyD88　TRIF　T 细胞　B 细胞　干扰素

2. 简述固有免疫和适应性免疫的区别与联系。
3. 简述免疫系统的组成及其功能。
4. 简述免疫细胞的种类及其功能。
5. 抗原有哪些基本特性?
6. 细胞因子都有哪些? 各有何功能?
7. 人的 TLR 家族有哪些种类? 各识别哪些病原相关分子模式?
8. 简述 TLR 家族的功能。
9. TLR 介导的信号转导途径有哪两类? 简述其转导途径。
10. 论述食品营养物质是如何通过调节细胞因子网络来调节人的免疫系统的。

第四篇 技术篇

在食品的研究、开发和生产中，物质的分离纯化和分析等现代生物技术发挥着越来越重要的作用。本篇介绍的微波辅助萃取技术、超声波辅助萃取技术、离子交换分离技术和膜分离技术是目前科研和生产中应用较为普遍的技术。在检测技术中主要介绍了免疫分析技术、生物传感器分析技术、DNA芯片分析技术、PCR技术和波谱分析技术，这些技术是目前较先进的检测技术，在样品成分分析、分子结构和组成的鉴定中发挥着重要作用。物质的分离技术和分析检测技术是根据物质的理化特点而设计出来的，了解和掌握这些技术的原理和用途，可以开拓思路、扩大视野，有利于实践技能的培养和提高。

CHAPTER 15 第十五章 现代食品生物化学分离技术

现代食品生物化学分离技术是以化工分离技术为基础，依据生物化学分离过程的原理和方法，同时符合食品卫生与营养要求的新型分离技术。现代食品生物化学分离技术对深入研究食品资源的特性、食品原料的安全性、贮藏加工过程中转化规律、食品检测与安全控制等起着重要的作用。本章将简要介绍应用较普遍的微波辅助萃取技术、超声波辅助萃取技术、离子交换技术和膜分离技术。

第一节 微波辅助萃取技术

微波是频率 0.3～300 GHz 的电磁辐射波，以直线方式传播，并具有反射、折射、衍射等光学特性。微波遇到金属会被反射，但遇到非金属物质则能穿透或被吸收。食品物料中的蛋白质、脂肪、糖类、水、香味成分等不同物质对微波的吸收能力存在差异，因而导致溶解性能的差异。利用物质的这种特性，可以通过调节微波辐射频率和功率，达到提高萃取速率和选择性萃取某种组分的目的。

一、微波辅助萃取的原理

微波是高频电磁波，其能穿透萃取介质到达物料的内部维管束和腺胞系统。由于吸收微波能，细胞内部温度迅速上升，使其细胞内部压力增大，当细胞内部压力超过细胞壁膨胀承受能力时，细胞破裂，细胞内有效成分自由流出，在较低的温度下被萃取介质捕获并溶解。同时，微波产生的电磁场，提高了被萃取成分向萃取溶剂界面扩散的速率。如用水作溶剂时，在微波场中，水分子高速转动成为激发态，这是一种高能量不稳定状态，水分子可汽化，加强萃取组分的驱动力；或水分子本身释放能量回到基态，所释放的能量传递给其他物质分子，加速其热运动，缩短萃取组分的分子由物料内部扩散到萃取溶剂界面的时间。

微波可使萃取速率提高数倍。同时萃取温度较低，能有效保证萃取物质的质量。

二、微波辅助萃取的条件

(一)溶剂

微波提取溶剂的选择至关重要。提取物料中不稳定的或挥发性的成分，宜选用对微波射线高度透明的萃取剂作为提取介质，如正己烷。若不需要提取挥发性或不稳定的成分，则选用对微波部分透明的萃取剂。这种萃取剂吸收一部分微波能后转化为热能，可挥发驱除不需要的成分。对水溶性成分和极性大的成分，可用含水溶剂进行提取。用含水溶剂萃取极性化合物时，微波萃取的效果比索氏提取效果要好。如果用水作溶剂，细胞内外同时加热，破壁不会太理想，而且大部分微波能被溶剂消耗。先用微波处理经浸润后的干物料,然后再加水或有机溶剂浸提有效成分,这样既可节省能源,又可进行连续工业化生产,而且可使微波提取装置简化,能在敞开体系中进行。

(二)微波功率和辐照时间

微波功率和辐照时间对提取效率具有明显的影响。功率越高,提取的效率越高。但如果超过一定限度,则会使提取体系压力升高到顶开容器安全阀的程度,溶液溅出,导致误差。辐照时间与被测物样品量、物料中含水量、溶剂体积和加热功率有关。由于水可有效地吸收微波能,较干的物料需要较长的辐照时间。而控制微波功率和辐照时间的主要目的是为了在选定萃取溶剂的前提下,选择最佳萃取温度,这样既能使所需成分保持原来的化合物形态,又能获得最大的萃取效率。

三、微波辅助萃取的试样制备系统

微波的发生和试样的萃取都是在微波试样的制备系统中进行的,故微波萃取装置一般要求为带有功率选择和控温、控压、控时附件的微波制样设备。一般由聚四氟乙烯材料制成专用密闭容器作为萃取罐,它能允许微波自由通过,耐高温高压且不与溶剂反应。

用于微波萃取的设备分两类:一类为分批微波萃取器,另一类为连续微波萃取线。两者主要区别:前者是分批处理物料,类似多功能提取器;后者是以连续方式工作的萃取设备,具体参数一般由生产厂家根据使用厂家要求设计。使用的微波频率一般有两种:2 450 MHz和915 MHz。分批微波萃取罐的基本结构见图15-1。

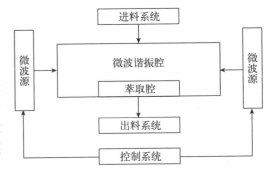

图15-1 分批微波萃取罐的基本结构

(一)封闭容器系统

封闭容器系统通常用于消化作用(digestion)、酸矿化(acid mineralization)和一些强烈条件下的萃取,因为溶剂需要加热到100 ℃,高于它们在大气压下的沸点。萃取速度和效率都在这一过程中得到加强。图15-2展示了某公司一套封闭容器系统。

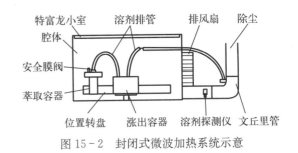

图15-2 封闭式微波加热系统示意

(二)敞开容器系统

敞开容器系统的小室是顶部装有蒸汽冷凝器的石英容器,见图15-3。敞开容器系统在大气压下工作,最高温度由选用的溶剂沸点决定。溶剂被加热并不断回流至样品,微波聚焦于容器中的样品上,提供均匀而有效的加热。被萃取的样品可放在索氏型纤维素圆筒中,省去过滤步骤,或直接浸入溶剂中。与封闭容器系统萃取相比,敞开容器系统萃取在样品处理时更加安全,另外可允许萃取的样品量比较大。一套典型的系统可在功率增量10%~100%的情况下操作,最大功率为250 W。

(三)在线微波萃取系统

Cresswell报道了一种微波在线萃取技术(图15-4)测定沉积物中多环芳烃(PAHs),其中进行了两种流动体的研究:一种是将沉积物样品在水中搅成浆状,通过微波萃取,用C_{18}柱富集萃取物,洗脱成分直接进行高效液相色谱(HPLC)分析;第二种方法是样品在丙酮中被搅成浆状,通过微波萃取,用10 mL正己烷富集从微波炉流出液中待分析成分,然后用气相色谱-质谱(GC-MS)进行定性分析和定量分析。此外，Ericsson 等采用了动态微波辅助萃取(dynamic microwave-assisted extraction，DMAE)，该体系在萃取过程中可以不断地让新的溶剂进入萃取罐，而萃取物可以通过高效液相色谱进行实时监测。

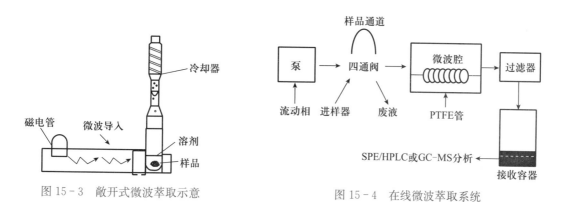

图 15-3　敞开式微波萃取示意　　　　　图 15-4　在线微波萃取系统

四、微波辅助萃取的应用

微波萃取技术可用于植物天然成分的提取和食品添加剂制备工艺中，现已广泛应用到香料、调味品、天然色素、中草药有效成分生产等领域，并在提取薄荷、海藻等有效成分的生产中获得成功应用。

(一)利用微波萃取制备食品添加剂

微波能破坏细胞壁结构，使细胞内物质快速溶出，而短时加热又避免了细胞内物质的损失。B. Sushmita 等以孜然芹果为原料，比较了微波加热与传统加热对孜然芹果挥发性成分的影响。结果表明，微波加热不仅效率高，而且对样品的破坏小，很好地保留了样品中的挥发性成分。

(二)微波萃取食品物料有效成分

微波萃取工艺主要用于天然物料中各种有效成分的分离。微波萃取可用于非挥发性食品有效成分、低挥发性香料的提取处理，用微波提取可大幅度提高以上物质的提取速率，同时各种有效成分，特别是热敏性成分不发生改变。例如，将橘皮用微波加酸液萃取果胶，与传统法相比，工时缩短 1/3 左右，酒精用量节约 2/3，且耗能低，工艺操作容易控制，劳动强度小，产品质量有保证，在色泽、溶解性、黏度等方面更佳。

(三)微波萃取用于样品分析

微波萃取还有一个比较突出的特点是提取时间短、速度快。例如，果品中的总酸度是食品检测分析中重要的参数之一，传统的分析方法不但操作复杂，且每次只能处理数个样品，耗时长，效率低。而利用微波萃取法，样品在很短时间内得以较完全地提取，5 min 内可一次性完成 20 个样品的浸提，提高了分析速度，且分析结果较为可靠。又如，在土壤中农药残留萃取和植物中棉酚或生物碱提取的应用中，仅用常规方法 1/2 的萃取溶剂和几十分钟的时间即可完成微波萃取。

第二节　超声波辅助萃取技术

超声波是一种频率为 0.02～1 MHz、必须在介质中才能传播的弹性机械振动波。弹性介质之所以能够传播振动波是因为相邻介质质点的弹性作用。弹性所产生的恢复力，使物质中每个由于外力作用而离开其平衡位置的质点能返回它原来的位置，这就引起了振动。超声波穿过介质时，形成包括膨胀和压缩的一个振动全过程。

一、超声波辅助萃取的原理及特点

(一)超声波辅助萃取的基本原理

超声波辅助萃取(UAE)的基本原理主要是通过压电换能器产生快速机械振动波——超声波，并利用超声波辐射压强产生的强烈空化效应、机械振动、扰动效应、高加速度、乳化、扩散、击碎、搅拌作用等多级效应，减少目标萃取物与样品基体之间的作用力，增大物质分子运动频率和速度，增加溶剂穿透力，从而加速目标成分进入溶剂，促进萃取的进行。

1. 超声波的主要作用 超声波在传播时可在介质中形成粒子的机械振动，这种含有能量的超声振动引起的与介质的相互作用，主要归纳为热作用、机械作用和空化作用。

(1)热作用。超声波在介质内传播过程中，其振动能量不断地被介质吸收转变为热能而使其自身温度升高，声能被吸收可引起介质中的整体加热、边界处的局部加热和空化形成激波时波前的局部加热。而加热能增强物质在溶剂中的溶解能力。

(2)机械作用。超声波甚至是低强度的超声波作用都可使介质的质点交替压缩伸张，产生线性或非线性交变振动，引起相互作用的柏努利力、黏滞力等，从而增强介质的质点运动，加速质量传递作用。例如，高于20 kHz声波频率的超声波在连续介质(如水)中传播时，根据惠更斯波动原理，在其传播的波阵面上将引起介质质点(包括目标成分的质点)的运动，使介质质点运动获得巨大的加速度和动能。由于介质质点将超声波能量作用于目标成分质点上而使之获得巨大的加速度和动能，目标成分能迅速逸出基体而游离于水中。

(3)空化作用。当超声波穿过介质时，形成包括膨胀和压缩的全过程。在液体中，膨胀过程形成负压，如果超声波能量足够强，膨胀过程就会在液体中生成气泡或将液体撕裂成很小的空穴。这些空穴瞬间即闭合，闭合时产生高达3 000 MPa的瞬间压力，称为空化作用或空化效应。如图15-5所示，整个过程在400 μs内完成。空化效应不断产生无数内部压力，达到上百兆帕压力的微气穴不断"爆破"，产生微观上的强大冲击波作用，使其中的目标成分物质被"轰击"逸出，并使得原材料基体被不断剥蚀，加速了其中有效成分的浸出萃取。

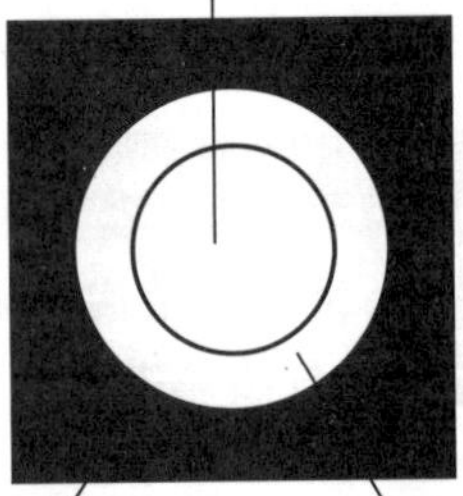

图15-5 超声波的空化现象

2. 超声波的其他效应 通过超声波的作用，还可以产生力学效应、热学效应、光学效应、电学效应和化学效应。

由于超声波的上述效应，使该技术能适用于从不同类型的样品中提取各种目标成分。施加超声波，在有机溶剂(或水)和固体基质接触面上产生的高温(增大溶解度和扩散系数)高压(提高渗透率和传输率)，加之超声波分解产生的游离基的氧化能等，提供了高的萃取能。将超声波运用于传统天然物(如生物碱、萜类化合物、甾体类化合物、黄酮类化合物、糖类化合物、脂质、挥发油等)的提取生产中，是萃取技术一个突破性的进展。

(二)超声波辅助萃取的特点

与常规萃取技术相比，超声波辅助萃取快速、价廉、高效。它在很多方面都显示出极大的优越性，在某些情况下，超声波辅助萃取甚至比超临界萃取和微波辅助萃取还要好，有以下特点：① 超声波辅助萃取无须高温，萃取效率高。② 常压萃取安全性好，操作简单易行，维护保养方便。③ 超声波具有一定的杀菌作用，萃取液不易变质。④ 具有广谱性，超声波萃取效果与溶剂和目标萃取物的性质(如极性)关系不大，可供选择的萃取溶剂种类多，适用于多种天然植物(含中药材)有效成分的萃取，如萃取生物碱、萜类化合物、甾体类化合物、黄酮类化合物、糖类化合物、脂质、挥发油等。⑤ 处理量大，原料可以是萃取剂的数倍，且产品纯度高。

二、超声波辅助萃取工艺及设备

(一)超声波辅助萃取的基本流程

超声波辅助萃取的流程往往根据具体的萃取对象而有不同的设计，超声波辅助萃取基本流程如图15-6所示。

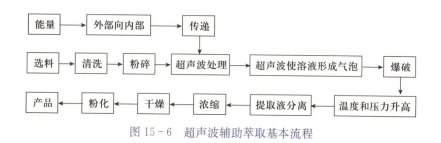

图15-6 超声波辅助萃取基本流程

原料经过前处理后，用粉碎机粉碎到一定的细度，置于萃取容器并加入萃取溶剂，然后在萃取罐中用超声波处理，瞬间破碎生物体及细胞壁，将有效成分萃取出来，最后经过分离、浓缩、干燥后得到所需的目标产品。

(二)超声波辅助萃取的装置

1. 按萃取设备结构不同分类 按萃取设备结构的不同，超声波辅助萃取的装置主要有下述两种。

(1)浴槽式超声波辅助萃取系统。图15-7为浴槽式超声波辅助萃取系统工作原理，在此系统中，换能器(具有使电能转换为机械能的作用)被固定在不锈钢水槽下面，不锈钢水槽是超声波的源头，一些水槽上还配有温度调节装置来调节加热器，超声波能量被水槽传递，水槽所传递的能量可以使安装在水槽内部的萃取容器内产生空化效应。该系统工作效果的好坏与水槽内萃取容器的位置有很大的有关系。如果一个水槽只有一个换能器位于底部，水槽内的萃取容器必须被固定在正好位于换能器上方的位置才能达到最佳的萃取效果。

(2)探针式超声波辅助萃取系统。图15-8为探针式超声波辅助萃取系统工作原理。探针式超声波辅助萃取系统具有近距离声波定位器，能传递巨大的能量，所以工作效果优于浴槽式。其缺点是处理过程中易挥发成分容易丢失。

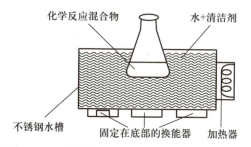

图15-7 浴槽式超声波辅助萃取系统工作原理

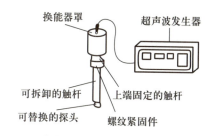

图15-8 探针式超声波辅助萃取系统工作原理

浴槽式超声波辅助萃取系统和探针式超声波辅助萃取系统的区别如表15-1所示。其中浴槽式应用较广，但存在两个主要缺点：一是超声波能量分布不均匀(只有紧靠超声波源附近的一小部分液体有空化作用发生)；二是随时间变化超声波能量要衰减，所以降低了实验的重现性。而探针式可将能量集中在样品某一范围，因而在液体中能提供有效的空化作用。

表 15-1　浴槽式和探针式超声波辅助萃取系统的比较

项　目	浴槽式	探针式
处理时间/min	>30	<5
恒温箱	有	无
能量/(W/cm^2)	1~5	50~100
振幅	恒定	可变
固液萃取产率	低	高
对有机化合物破坏程度	低	高
样品处理量	高	低

2. 按操作方式不同分类　按操作方式的不同，超声波辅助萃取系统可分为间歇式和连续式。超声波辅助萃取目前主要是间歇操作，较少用于连续系统。连续超声辅助萃取的主要优点是样品和试剂耗量少。在连续超声辅助萃取中，萃取剂连续流过样品有敞开和密闭两种模式。

(1)敞开系统。新鲜的萃取剂连续流过样品，因此传质平衡转变为分析物进入液相的溶解平衡。这种模式的缺点是萃取物被稀释。若萃取与其他分析步骤（固相萃取）联用，可克服萃取剂稀释的影响，但目前尚无实际应用。

(2)密闭系统。一定体积的萃取剂连续循环使用。萃取载流的方向在萃取过程中保持一致，或者通过驱动系统的预设程序在一定的时间段进行变换。密闭系统的好处是萃取剂很少被稀释，萃取完成后，或者通过阀的转动把萃取物收集到容器中，或者把它输送到连续管路中用于在线预浓缩、衍生或检测，实现全自动化。连续超声萃取已用于测定植物中的铁、土壤中的硼和六价铬以及空气滤膜中的有机磷酸酯等。测定铁和1,10-二氮杂菲的配合物，用超声波辐射，萃取时间可从40 min缩短到5 min。

三、超声波辅助萃取的应用

(一)油脂的萃取

超声场强化萃取油脂可使萃取效率显著提高，还可以改善油脂品质，节约原料，增加油的萃取量。例如，苦杏仁油的萃取，传统方法采用压榨法和有机溶剂浸取法。若将超声波应用于苦杏仁油的萃取，与传统方法相比，超声波辅助萃取方法简便，出油率高，生产周期短，不用加热，有效成分不被破坏，油味清新纯正，色泽清亮，操作时间缩短至不用超声波的几十分之一。Gorodenrd等人用超声波技术萃取葵花子中的油脂，产量提高27%~28%。用乙醇萃取棉子油，若使用强度为1.39 W/cm^{2}的超声波处理，在1 h内萃取的油量，比不用超声波时提高了8.3倍。超声波辅助萃取技术也可用于动物油的加工提取中。如鳕鱼肝油的提取，传统方法出油率低，而且高温对油脂性质有不良影响，还会破坏油脂内部的维生素。苏联学者分别用300 kHz、600 kHz、800 kHz、1 500 kHz的超声波提取鳕鱼肝油，在2~5 min内将组织内所有油脂几乎全部提取出来，所含维生素未遭破坏，油脂品质好。

(二)蛋白质萃取

有人研究了从脱脂大豆中提取蛋白质过程中超声波的作用，20 kHz、50 W的超声场能改善豆浆连续萃取工艺，它超越了以往任何一种可行性技术，获得了高效提取，并且该技术已扩大到实验工厂。如用常规搅拌法从经过变压或热处理过的脱脂大豆料胚中萃取大豆蛋白质，很少能达到蛋白质总含量30%，又很难提取热不稳定的7S蛋白质成分，但用超声波既能将上述料胚在水中将其蛋白质粉碎，也可将50%的蛋白质液化，且又可提取热不稳定的7S蛋白质成分。

(三)多糖的萃取

多糖是非特异性的免疫调节剂，具有抗肿瘤、抗炎、抗凝血、抗病毒、抗辐射、降血糖、降血脂等生物学活性。多糖提取分离的方法有着不同的报道。张佳等研究了利用超声波萃取枸杞多糖的萃取工艺，结果表明提取率比传统法高30%。Zdena Hromad Kova等用超声波强化萃取玉米芯中的木聚糖，可明显缩短提取时间，降低萃取剂的浓度和萃取温度。

第三节　离子交换分离技术

离子交换法是应用离子交换剂作为吸附剂，通过静电引力将溶液中带相反电荷的物质吸附在离子交换剂上，然后用合适的洗脱剂将吸附物从离子交换剂上洗脱下来，从而达到分离、浓缩、纯化的目的。离子交换技术已由最初的水处理工业发展到当前的化工、分析化学、食品加工、医疗药物等领域中，形成了应用较普遍的单元操作。

离子交换剂有合成高聚物作载体的离子交换树脂（如聚苯乙烯树脂、酚醛树脂等）、以多糖作载体的多糖基离子交换剂（如以纤维素、琼脂糖、葡聚糖等作载体的离子交换剂）。这里将重点以离子交换树脂为例介绍离子交换分离技术的基础理论、操作方法和应用。

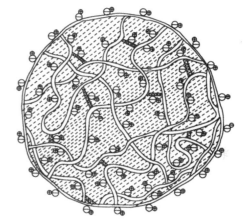

一、离子交换树脂的结构和类型

（一）离子交换树脂的结构及作用机理

离子交换树脂是一种不溶于酸、碱和有机溶剂的固态高分子聚合物。它具有网状立体结构并含有活性基团，能与溶剂中其他带电粒子进行离子交换或吸附带电粒子(图15-9)。

离子交换反应是可逆反应。由于向树脂中不断添加新的交换溶液，反应平衡不断向正方向进行，

$\ominus$　固定阴离子交换基SO_3等　　×××××　二乙烯苯交联
$\oplus$　可交换离子
～～～　苯乙烯链　　　　　　水合水

图15-9　聚苯乙烯型离子交换树脂结构示意

直至反应完全。当一定的溶液通过交换柱时，由于溶液中的离子不断被交换而浓度逐渐下降，因此也可以全部或大部分被交换而吸附到树脂上。例如，用Na^+置换磺酸树脂上的可交换离子H^+，当溶液中的Na^+浓度较大时，就可把磺酸树脂上的H^+交换下来。当全部的H^+被Na^+交换后，这时就称树脂被Na^+饱和。然后，当把溶液变为浓度较高的酸时，溶液中的H^+又能把树脂上的Na^+置换下来，这时树脂就"再生"为H^+型(图15-10)。

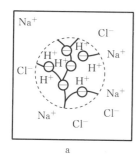 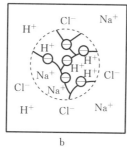 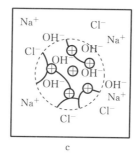 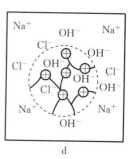

　　　　a　　　　　　　　　　b　　　　　　　　　　c　　　　　　　　　　d

图15-10　离子交换树脂交换过程示意

a. 交换前氢型阳离子交换树脂与Na^+交换　b. 交换后氢型阳离子交换树脂与Na^+交换
c. 交换前羟型阴离子交换树脂与Cl^-交换　d. 交换后羟型阴离子交换树脂与Cl^-交换

(二)离子交换树脂的类型

离子交换树脂有多种分类方法,主要介绍以下3种。

1. 按树脂骨架的主要成分分类 按树脂骨架的主要成分,离子交换树脂可以分成以下几类。

(1)聚苯乙烯型树脂。这是最重要的一类离子交换树脂,由苯乙烯(母体)和二乙烯苯(交联剂)的共聚物作为骨架,再引入所需要的活性基团。

(2)聚苯烯酸型树脂。这类树脂主要由苯烯酸甲酯与二乙烯苯的共聚物作为骨架。

(3)多乙烯多氨环氧氯苯烷树脂。这类树脂由多乙烯氨与环氧氯苯烷的共聚物作为骨架。

(4)酚醛型树脂。这类树脂主要由水杨酸、苯酚和甲醛缩聚而成,水杨酸和甲醛形成线状结构,甲醛作为交联剂。

2. 按树脂骨架的物理结构分类 按树脂骨架的物理结构,离子交换树脂可以分成以下类型。

(1)凝胶树脂。凝胶树脂也称为微孔树脂,是以苯乙烯或丙烯酸与交联剂二乙烯苯聚合得到的具有交联网状结构的聚合体,一般呈透明状态。这种树脂的高分子骨架中,没有毛细孔,而在吸水溶胀后能形成很细小的孔隙,这种孔隙的孔径很小,一般在 2~4 nm,失水后,孔隙闭合消失,由于孔隙是非长久性、不稳定的,所以称为暂时孔。因此,凝胶树脂在干裂或非水介质中没有交换能力,这就限制了其在离子交换技术中的应用。

(2)大网格树脂。大网格树脂也称为大孔树脂,其在制造时先在聚合物原料中加入一些不参加反应的填充剂(致孔剂,常用的致孔剂为高级醇类有机物),聚合物成形后再将其除去,这样在树脂颗粒内部形成了相当大的孔隙。因此大网格树脂有利于吸附大分子有机物,抗有机物污染能力强。

大网格树脂的特征:①载体骨架交联度高,有较好的化学稳定性、物理稳定性和机械强度;②孔径大,且为不受环境条件影响的永久性孔隙,甚至可以在非水溶胀下使用,所以它的动力学性能好,抗污染能力强,交换速度快,尤其是对大分子物质的交换十分有利;③表面积大,表面吸附强,对大分子物质的交换容量大;④孔隙率大,密度小,对小离子的体积交换量比凝胶树脂小。

(3)均孔树脂。均孔树脂也称为等孔树脂,主要是阴离子交换树脂。均孔树脂也是凝胶树脂。与普通凝胶树脂相比,均孔树脂骨架的交联度比较均匀。该类树脂代号为 IP 或 IR。普通凝胶树脂在聚合时因二乙烯苯的聚合反应速率大于苯乙烯,故反应不容易控制,往往造成凝胶不同部位的交联度相差很大,致使凝胶强度不好,抗污染能力差。如果在聚合时采用氯甲基化反应进行交换,用不同的胺进行胺化,可制成各种均孔型阴离子交换树脂,简称 IP 树脂。这样制得的阴离子交换树脂,交联度均匀,孔径大小一致,质量和体积交换容量都较高,膨胀度和相对密度适中,机械强度好,抗污染和再生能力强。Amberlite IRA 树脂即为均孔阴离子交换树脂。

3. 按树脂活性基团分类 按树脂活性基团,离子交换树脂可做如下分类。

(1)阳离子交换树脂。阳离子交换树脂的活性基团为酸性,对阳离子具有交换能力,根据其活性基团酸性的强弱又可分为下述3类。

① 强酸性阳离子交换树脂:这类树脂的活性基团为磺酸基团($-SO_3H$)和次甲基磺酸基团($-CH_2SO_3H$)。它们都是强酸性基团,能在溶液中解离出 H^+,离解度基本不受 pH 影响。反应简式为

$$R-SO_3H \rightleftharpoons R-SO_3^- + H^+$$

树脂中的 H^+ 与溶液中的其他阳离子(如 Na^+)交换,从而使溶液中的离子(Na^+)被树脂中的活性基团 SO_3^- 吸附,反应式为

$$R-SO_3^- H^+ + Na^+ \rightleftharpoons R-SO_3^- Na^+ + H^+$$

由于强酸性树脂的解离能力很强,因此在很宽的 pH 范围内都能保持良好的离子交换能力,使用时对 pH 没有限制,在 pH 为 1~14 范围内均可使用。

② 中等强度酸性的阳离子交换树脂:这类树脂的活性基团为磷酸基[$-PO(OH)_2$]和次磷酸基[$-PHO(OH)$]。

③ 弱酸性阳离子交换树脂：这类树脂的活性基团主要有羧基（—COOH）和酚羟基（—OH），它们都是弱酸性基团，解离度受溶液 pH 的影响很大，在酸性环境中的解离度受到抑制，故交换能力差，在碱性或中性环境中有较好的交换能力。羧基阳离子交换树脂必须在 pH>7 的溶液中才能正常工作，对酸性更弱的酚羟基时，则应在 pH>9 的溶液中才能进行反应。弱酸性阳离子交换树脂反应式为

$$R—COOH + Na^+ \rightleftharpoons R—COONa + H^+$$

（2）阴离子交换树脂。阴离子交换树脂的活性基团为碱性，对阴离子具有交换能力，根据其活性基团碱性的强弱又可分为下述 2 种。

① 强碱性阴离子交换树脂：这类树脂的活性基团多为季铵基团（—NR_3OH），能在水中解离出 OH^- 而呈碱性，且离解度基本不受 pH 影响，反应简式为

$$R—NR_3OH \rightleftharpoons R—NR_3^+ + OH^-$$

树脂中的 OH^- 与溶液中的其他阴离子（如 Cl^-）交换，从而使溶液中的离子（Cl^-）被树脂中的活性基团—NR_3^+ 吸附，反应式为

$$R—NR_3OH + Cl^- \rightleftharpoons R—NR_3^+Cl^- + OH^-$$

由于强碱性树脂的解离能力很强，因此在很宽的 pH 范围内都能保持良好的离子交换能力，使用时的 pH 没有限制，在 pH 为 1~14 范围内均可使用。

② 弱碱性阴离子交换树脂：这类树脂含弱碱性基团，如伯胺基（—NH_2）、仲胺基（—NHR）或叔胺基（—NR_2），它们在水中能解离出 OH^-，但解离能力较弱，受 pH 影响较大，在碱性环境中的解离度受到抑制，故交换能力差，只能在 pH<7 的溶液中使用。

以上几种树脂是树脂的基本类型，在使用时，常将树脂转变为其他离子型。例如，将强酸性阳离子树脂与 NaCl 作用，转变为钠型树脂。在使用时，钠型树脂放出钠离子与溶液中的其他阳离子交换。由于交换反应中没有放出氢离子，避免了溶液 pH 下降和由此产生的副作用，如对设备无腐蚀性。进行再生时，用盐水而不用强酸。弱酸性阳离子交换树脂生成的盐如 RCOONa 很容易水解，呈碱性，所以水洗时不到中性，一般只能洗到 pH 9~10。但是弱酸性阳离子交换树脂和氢离子结合能力很强，再生成氢型较容易，耗酸量少。强碱性阴离子交换树脂可先转变为氯型，工作时用氯离子交换其他阴离子，再生只需用食盐水。但弱碱性阴离子交换树脂生成的盐（如 RNH_3Cl）同样容易水解。这类树脂和 OH^- 结合能力较强，所以再生成 OH^- 型较容易，耗碱量少。

各种树脂的强弱最好用其活性基团的 pK 值来表示。对于酸性树脂，pK 越小，酸性越强；而对于碱性树脂，pK 越小，碱性越强。

上述四类树脂性能的比较见表 15-2。

表 15-2 四类树脂性能的比较

性　能	阳离子交换树脂		阴离子交换树脂	
	强酸性	弱酸性	强碱性	弱碱性
活性基团	磺酸	羧酸	季铵	伯胺、仲胺、叔胺
pH 对交换能力的影响	无	在酸性溶液中交换能力很小	无	在碱性溶液中交换能力很小
盐的稳定性	稳定	洗涤时水解	稳定	洗涤时水解
再生	用 3~5 倍再生剂	用 1.5~2 倍再生剂	用 3~5 倍再生剂	用 1.5~2 倍再生剂，可用碳酸钠或氨水
交换速率	快	慢（除非离子化）	快	慢（除非离子化）

注：再生剂用量指该树脂交换容量的倍数。

二、离子交换过程的理论基础

在实际应用中，溶液中常常同时存在很多离子，离子交换树脂能否将所需离子从溶液中吸附出或将杂质离子全部（或大部分）吸附，具有重要的实际意义。这就要研究离子交换树脂的选择吸附性，即选择性。离子与离子交换树脂的活性基团的亲和力越大，就越容易被该树脂吸附。影响离子交换树脂选择性的因素很多，如离子化合价、离子水化半径、溶液浓度、离子强度、溶液 pH、有机溶剂、树脂物理结构、树脂与离子间的辅助力等。

(一)离子化合价的影响

离子交换树脂总是优先吸附高价离子，而对低价离子吸附较弱。例如，常见的阳离子的被吸附顺序为 $Fe^{3+} > Al^{3+} > Ca^{2+} > Mg^{2+} > Na^+$，阴离子的被吸附顺序为柠檬酸根＞硫酸根＞硝酸根。

(二)离子水化半径的影响

离子在水溶液中都要和水分子发生水合作用形成水化离子，此时的半径才反映了离子在溶液中的大小。对无机离子而言，离子水化半径越小，离子对树脂活性基团的亲和力就越大，也就越容易被吸附。离子的水化半径与原子序数有关，当原子序数增加时，离子半径也随之增加，离子表面电荷密度相对减少，吸附的水分子减少，水化半径也因之减少，离子对树脂活性基团的结合力则增大。按水化半径的大小，各种离子对树脂亲和力的大小次序，一价阳离子为：$Li^+ < Na^+ = NH_4^+ < Rb^+ < Cs^+ < Ag^+ < Ti^+$；二价阳离子为：$Mg^{2+} = Zn^{2+} < Cu^{2+} = Ni^{2+} < Ca^{2+} < Sr^{2+} < Pb^{2+} < Ba^{2+}$；一价阴离子 $F^- < HCO_3^- < Cl^- < HSO_3^- < Br^- < NO_3^- < I^- < ClO_4^-$。

同价离子中水化半径小的能取代水化半径大的。H^+ 和 OH^- 对树脂的亲和力，与树脂的酸碱性有关。对于强酸性树脂，H^+ 和树脂的结合力很弱，其地位相当于 Li^+。对于弱酸性树脂，H^+ 具有很强的置换能力。同样，OH^- 的位置取决于树脂碱性的强弱。对于强碱性树脂，其位置在 F^- 前面；对于弱碱性树脂，其位置在 ClO_4^- 之后。强酸、强碱树脂较弱酸、弱碱树脂再生难，且酸、碱用量大，原因就在于此。

(三)溶液浓度的影响

树脂对离子交换吸附的选择性，在稀溶液中比较大。在较稀的溶液中，树脂选择吸附高价离子。

(四)离子强度的影响

高的离子强度必定与目的物离子进行竞争，减少有效交换容量。另外，离子的存在会增加蛋白质分子以及树脂活性基团的水合作用，降低吸附选择性和交换速率。所以在保证目的物溶解度和溶液缓冲能力的前提下，尽可能采用低离子强度。

(五)溶液 pH 的影响

溶液的酸碱度直接决定树脂活性基团及交换离子的解离程度，不但影响树脂的交换容量，而且对交换的选择性影响也很大。对于强酸、强碱性树脂，溶液 pH 主要是影响交换离子的解离度，决定它带何种电荷以及电荷量，从而可知它能否被树脂吸附及吸附的强弱程度。对于弱酸、弱碱性树脂，溶液的 pH 还是影响树脂活性基团解离程度和吸附能力的重要因素。但过强的交换能力有时会影响交换的选择性，同时增加洗脱的困难。对生物活性分子而言，过强的吸附以及剧烈的洗脱条件会增加变性失活的概率。另外，树脂的解离程度与活性基团的水合程度也有密切关系。水合度高的溶胀度大，选择吸附能力下降。这就是在分离蛋白质或酶时较少选用强酸、强碱树脂的原因。

(六)有机溶剂的影响

当有机溶剂存在时，常会使离子交换树脂对有机离子的选择性降低，而容易吸附无机离子。这是因为有机溶剂使离子溶剂化程度降低，容易水化的无机离子降低程度大于有机离子；有机溶剂会降低离子的电离度，有机离子的降低程度大于无机离子。这两种因素就使得有机溶剂的存在，不利于有机离子的吸附。利用这一特性，常在洗脱剂中加适当有机溶剂来洗脱难以洗脱的有机物质。

(七)树脂物理结构的影响

通常，树脂的交联度增加，其交换选择性增加。但对于大分子的吸附，情况要复杂些，树脂应减小交联度，允许大分子进入树脂内部，否则树脂就不能吸附大分子。由于无机小离子不受空间因素的影响，因此可利用这一原理控制树脂的交联度，将大分子和无机小离子分开，这种方法称为分子筛方法。

(八)树脂与离子间的辅助力的影响

凡能与树脂间形成辅助力(如氢键、范德华力等)的离子，树脂对其吸附力就大。辅助力常存在于被交换离子是有机离子的情况下，有机离子的相对质量越大，形成的辅助力就越大，树脂对其吸附力就越大；反过来，能破坏这些辅助力的溶液就能容易地将离子从树脂上洗脱下来。例如，尿素是一种很容易形成氢键的物质，常用来破坏其他氢键，所以尿素溶液很容易将主要以氢键与树脂结合的青霉素从磺酸树脂上洗脱下来。

三、离子交换操作方法

(一)离子交换树脂和操作条件的选择

1. 离子交换树脂的选择

(1)对阴阳离子交换树脂的选择。一般根据被分离物质所带的电荷来决定选用哪种树脂。如果被分离物质带正电荷，应采用阳离子交换树脂；被分离物质带负电荷，应采用阴离子交换树脂。例如，酸性壳多糖易带负电荷，一般采用阴离子交换树脂来分离。如果被分离物质为两性离子，则一般应根据在它稳定的 pH 范围带有何种电荷来选择树脂，如细胞色素 c，其等电点为 pH=10.2，在酸性溶液中较稳定且带正电荷，故一般采用阳离子交换树脂来分离；核苷酸等物质在碱性溶液中较稳定，则应用阴离子交换树脂。

(2)对离子交换树脂强弱的选择。当目的物具有较强的碱性和酸性时，宜选用弱酸性或弱碱性的树脂，以提高选择性，并便于洗脱。因为强酸性(或强碱性)树脂比弱酸性(或弱碱性)树脂的选择性小，如简单的、复杂的、无机的、有机的阳离子很多都能与强酸性离子树脂交换。如果目的物是弱酸性或弱碱性的小分子物质时，往往选用强碱性或强酸性树脂，以保证有足够的结合力，便于分步洗脱。例如，氨基酸的分离多用强酸树脂。对于大多数蛋白质、酶和其他生物大分子的分离多采用弱碱或弱酸性树脂，以减少生物大分子的变性，有利于洗脱，并提高选择性。

另外，pH 也影响离子交换树脂强弱的选择。一般地说，强酸性(或强碱性)离子交换树脂应用的 pH 范围广，弱酸性(或弱碱性)交换树脂应用的 pH 范围窄。

(3)对离子交换树脂离子型的选择。主要是根据分离的目的选择树脂的离子型。例如，将肝素钠转换成肝素钙时，需要将所用的阳离子交换树脂转换成 Ca^{2+} 型，然后与肝素钠进行交换；又如制备无离子水时，则应用 H^+ 型的阳离子交换树脂和 OH^- 型的阴离子交换树脂。

使用弱酸或弱碱性树脂分离物质时，不能使用 H^+ 或 OH^- 型，因为这两种交换剂分别对这两种离子具有很大的亲和力，不容易被其他物质代替，应采用钠型或氯型。而使用强酸性或强碱性树脂，可以采用任何类型，但如果产物在酸性或碱性条件下容易被破坏，则不宜采用 H^+ 或 OH^- 型。

选择离子交换树脂时，还应考虑树脂的一些主要理化性能，如粒度、交联度、稳定性、交换容量等。

2. 操作条件的选择

(1)pH 的选择。交换时的 pH 应具备 3 个条件：pH 应在产物的稳定范围内；能使产物离子化；能使树脂解离。

(2)溶液中产物浓度的选择。低价离子增加浓度有利于交换上树脂，高价离子在稀释时容易被吸附。

(3)洗脱条件的选择。洗脱条件应尽量使溶液中被洗脱离子的浓度降低。洗脱条件一般应和吸附条件相反。如果吸附在酸性条件下进行，解吸应在碱性下进行；如果吸附在碱性条件下进行，解吸应在酸性下进行。例如，谷氨酸吸附在酸性条件下进行，解吸一般用氢氧化钠作洗脱剂。为使在解吸过程中pH变化不致过大，有时宜选用缓冲液作洗脱剂。如果单凭pH变化洗脱不下来，可以试用有机溶剂。选用有机溶剂的原则：能和水混合，且对产物溶解度大。

洗脱前，树脂的洗涤工作很重要，很多杂质可以用水、稀酸或盐类溶液洗涤除去。

(二)离子交换树脂的处理、转型、再生与保存

一般离子交换树脂在使用前都要用酸碱处理除去杂质，粒度过大时可稍加粉碎。具体方法为：①用水浸泡，使其充分膨胀并除去细小颗粒(倾泻或浮选法)；②用8～10倍量的1 mol/L盐酸或NaOH交替浸泡(或搅拌)。每次换酸、碱前都要用水洗至中性。

例如，732树脂在用作氨基酸分离前先用8～10倍量的1 mol/L盐酸搅拌浸泡4 h，然后用水反复洗至近中性。再以8～10倍量的1 mol/L NaOH搅拌浸泡4 h，用水反复洗至近中性后，又用8～10倍量的1 mol/L盐酸搅拌浸泡4 h。最后用水洗至中性备用。其中最后一步用酸处理使之变为氢型树脂的操作也可称为转型(即树脂去杂后，为了发挥其交换性能，按照使用要求，人为地赋予平衡离子的过程)。对强酸性树脂来说，应用状态还可以是钠型。若把上面的酸→碱→酸处理改为碱→酸→碱处理，便可得到钠型树脂。

所谓再生就是让使用过的树脂重新获得使用性能的处理过程。再生时，首先要用大量水冲洗使用后的树脂，以除去树脂表面和空隙内部吸附的各种杂质，然后用转型的方法处理即可。如转为Na^+型、OH^-型用NaOH，如转为H^+型、Cl^-型则用HCl(表15-3)。

用过的树脂必须经过再生后方能保存。阴离子交换树脂Cl^-型较OH^-型稳定，故用盐酸处理后，水洗至中性，在湿润状态密封保存。阳离子交换树脂Na^+型较稳定，故用NaOH处理后，水洗至中性，在湿润状态密封保存，防止干燥、长霉。短期存放，阴离子树脂可在1 mol/L HCl中保存，阳离子在1 mol/L NaOH中保存。

表15-3 离子交换树脂再生剂

树脂	转化	再生剂	再生剂溶剂/树脂体积比
强酸	$H^+ \longrightarrow Na^+$	1 mol/L NaOH	2
中强酸	$H^+ \longrightarrow Na^+$	0.5 mol/L NaOH	3
弱酸	$H^+ \longrightarrow Na^+$	0.5 mol/L NaOH	10
强碱	$Cl^- \longrightarrow OH^-$	1 mol/L NaOH	9
中强碱	$Cl^- \longrightarrow OH^-$	0.5 mol/L NaOH	2
弱碱	$Cl^- \longrightarrow OH^-$	0.5 mol/L NaOH	2

(三)基本操作方法

1. 离子交换的操作方式 离子交换操作的方式一般分为静态和动态两种。

(1)静态交换。静态交换是将树脂与交换溶液混合于一定的容器中搅拌进行。静态法操作简单、设备要求低，是分批进行的，交换不完全，不适宜用于多种成分的分离，对树脂有一定的损耗。

(2)动态交换。动态交换是先将树脂装柱，交换溶液以平流方式通过柱床进行交换。动态交换不需要搅拌，交换完全，操作连续，而且可以使吸附与洗脱在柱床的不同部位同时进行，适合于多组分分离。

2. 洗脱方式 离子交换完成后将树脂所吸附的物质释放出来重新转入溶液的过程称为洗脱。洗脱方式也分静态与动态两种。一般来说，动态交换采用动态洗脱，静态交换采用静态洗脱，洗脱液分酸、碱、盐、溶剂等类别。酸、碱洗脱液可改变吸附物的电荷或改变树脂活性基团的解离状态，以消除静电结合力，使目的物被释放出来。盐类洗脱液是通过高浓度的带同种电荷的离子与目

的物竞争树脂上的活性基团,并取而代之,使吸附物游离。实际工作中,静态洗脱可进行一次,也可进行多次反复洗脱,旨在提高目的物的收率。

动态洗脱在层析柱上进行。洗脱液的pH和离子强度可以始终不变;也可以按分离的要求人为地分阶段改变其pH或离子强度,被称为阶段洗脱,常用于多组分分离上。洗脱液的变化也可以通过仪器(如梯度混合仪)来完成,使洗脱条件的改变连续化。其洗脱效果优于阶段洗脱。这种连续梯度洗脱特别适用于高分辨率的分析目的。

四、离子交换分离技术的应用

(一)离子交换分离技术在发酵行业中的应用

发酵行业的许多产品常常含量较低,并与许多其他化学成分共存,其提取分离是一项非常烦琐而艰巨的工作。使用离子交换树脂可以从发酵液中富集与纯化产物。

1. 味精的提取分离 氨基酸是一类含有氨基和羧基的两性化合物,在不同的pH条件下能以正离子、负离子或两性离子的形式存在。因此应用阳离子交换树脂和阴离子交换树脂均可富集分离氨基酸。味精是谷氨酸钠盐,为理想的调味品。当pH<3.22时,谷氨酸在酸性介质中,呈阳离子状态,可利用强酸性阳离子交换树脂对谷氨酸阳离子的选择性吸附,以使发酵液中妨碍谷氨酸结晶的残糖及糖的聚合物、蛋白质、色素等非离子性杂质得以分离,后经洗脱达到浓缩提取谷氨酸的目的。

2. 有机酸的提取分离 应用阴离子交换树脂,可从动物、植物和微生物发酵液中提取分离天然有机酸,也可用阳离子交换树脂除去有机酸溶液中的阳离子杂质,达到纯化的目的。例如柠檬酸生产过程中,采用阳离子交换树脂脱除酸液中的金属离子。

(二)离子交换分离技术在食品脱色除杂中的应用

1. 果汁脱苦 某些果汁中含有柚皮苷和柠碱,造成果汁又苦又酸,严重影响其风味和食用品质。采用离子交换树脂吸附柚皮苷和柠碱,去除率最高分别可达70%和85%。而且由于离子交换过程的高选择性,在除去果汁中苦味成分时不影响其他性质和风味,大大提高了果汁的品质。

2. 蔗糖工业的脱色 离子交换树脂可用于去除糖液中的各种杂质,特别是有色物质和灰分。而且该方法是目前制造高质量蔗糖的通用方法。国外精炼糖厂从20世纪50年代就开始使用离子交换树脂对糖液进行高度脱色。我国不少精炼糖厂早期使用苯乙烯系阴离子树脂,之后使用丙烯酸系阴离子树脂作前级脱色,糖浆通过它以后再进入苯乙烯系树脂柱。丙烯酸树脂的脱色能力强,容量大,较耐污染,并较易再生,将它用于第一柱,先除去大部分有机色素,苯乙烯系阴离子树脂则擅长除去芳香族有机物。这种组合脱色更加彻底,并可保护较难再生的苯乙烯系阴离子树脂。

第四节　膜分离技术

用天然或人工合成的高分子膜,以外界压力或化学位差为推动力,对双组分或多组分的溶液进行分离、分级、提纯或富集的方法称为膜分离技术(membrane separation technique)。广义的膜可以定义为两相之间的一个不连续区间。膜分离技术可以用于液相或气相混合物的分离。对于液相混合物,可以是水溶液体系、非水溶液体系、水溶胶体系以及含有其他微粒的水溶液体系。膜分离过程一般在常温或温度不太高的条件下操作,既可节约能源,又适用于热敏性物料的分离,在生物、食品、医药、化工等行业中备受青睐。

一、超滤膜分离技术

早在1861年,Schmidt用牛心包膜分离阿拉伯树胶,堪称世界上第一次超滤分离实验。后来

Martin、Sorrel、Zsigmondy、Asheshor等科学家对超滤膜(ultrafiltration membrane)分离蛇毒、病毒以及超滤膜的生产方法进行了研究。1963年，Michaels制备出了不同分子截留量(molecule weight cut off)的超滤膜，使超滤膜进入了商品化生产。20世纪80年代超滤技术获得了快速发展。超滤技术应用历史虽然不长，但因其独特的优点而成为当今世界膜分离技术领域中最重要的单元操作技术。

(一)超滤膜分离的原理

一般认为超滤膜分离是一种筛孔分离过程，在静压力为推动力的作用下，原料液中的溶剂或小的溶质粒子从高压的料液一侧透过超滤膜转移到低压滤出液一侧，而大的溶质颗粒被膜所阻拦，在滤剩液中的浓度不断增大。超滤膜对大的溶质颗粒的截留有3种方式：膜表面的机械截留（筛分）、在膜孔中截留（阻塞）以及在膜表面和膜孔内吸附截留。图15-11是超滤膜分离的原理示意。

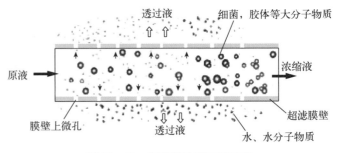

图15-11 超滤膜分离原理示意

按照超滤分离的原理，实现有效超滤分离的关键是超滤膜的选择性表面层要具有一定大小和形状的孔，而被分离物质的化学性质对分离效率的影响不大。超滤膜分离主要用于从料液中分离大分子化合物或颗粒状溶质。一般超滤膜分离采用的静压差为0.1～0.8 MPa，被分离组分的直径为0.01～0.1 μm。

(二)超滤膜及其组件

超滤膜是用有机高分子聚合物制成的多孔膜，可分为均质膜和非均质膜。均质膜是早期产品，无定向结构，膜通道易堵塞，透水率低，对溶质的选择透过性差。现在使用的超滤分离一般采用非均质膜。非均质超滤膜由表皮层和支撑层组成，表皮层厚0.1～1 μm，微孔排列有序，孔径小而均匀，孔隙率60%，孔密度10^{11}个/cm^2，起分离作用；支撑层厚100～200 μm，孔径较大，起增大膜强度的作用，本身无分离作用。

超滤膜的制造材料，可分为有机高分子和无机材料两大类。有机膜主要有醋酸纤维素膜、聚砜膜和聚砜酰胺膜。醋酸纤维素是最早应用于超滤膜制造的有机高分子，此材料制成的超滤膜具有滤液流量高、截留性能好的优点，而且材料来源丰富，价格低廉，可生物降解。但这种膜适用pH范围窄，不耐高温，容易被微生物和酶降解，耐氯性差，压缩效应高。用醋酸纤维素制成的超滤膜在食品工业上有广泛应用。聚砜膜具有耐热性好(0～100 ℃)、适用pH范围宽(pH 2～12)、耐氯性好的优点。聚砜酰胺膜耐高温(可至125 ℃)、耐酸碱(pH 2.0～10.3)、耐有机溶剂(如乙醇、丙酮、苯、醚类等)，对水和非水溶剂兼用。无机膜材料主要分为致密材料和微孔材料两大类。

一台完整的超滤设备应包括料液槽、膜组件、泵、换热器、测量部件、控制部件等，其中关键部件为膜组件。工业上常见的超滤膜组件形式包括管式、中空纤维式、板式和螺旋式。各种超滤膜组件的对比见表15-4。

表15-4 各种超滤膜组件的对比

项目	管式	中空纤维式	板式	螺旋式
结构	简单	复杂	非常复杂	复杂
膜装填密度/(m^2/m^3)	33～330	16 000～30 000	160～500	650～1 600
膜支撑体结构	简单	不需要	复杂	简单
膜清洗难度	易	难	易	难

(续)

项目	管式	中空纤维式	板式	螺旋式
膜更换方式	更换膜	更换膜组件	更换膜	更换膜组件
膜更换难度	难	易	一般	易
膜更换成本	低	较高	中等	较高
对水质要求	低	高	低	高
水前处理成本	低	高	中	高
泵容量要求	大	小	中	小
放大难度	简单	难	难	难

(三)超滤膜分离的操作

超滤膜分离的操作方法有重过滤(muti-filtration)和错流过滤(crossflow filtration)两种,其中重过滤使用较多。重过滤过程中,当原料液经过超滤后体积减少至原体积的1/5时,再往料液中加水至原体积,如此反复操作,使小分子杂质去除干净而得到较为纯净的大分子物质。错流过滤是将超滤过的截留液再次通过超滤膜组件,得到大分子物质的浓缩液。超滤膜分离过程虽然操作简单,能耗低,分离效果好,但分离过程中容易发生膜污染(contamination)和浓差极化(concentration polarization)现象。

二、反渗透膜分离技术

(一)反渗透的原理

图15-12是反渗透(reverse osmosis)的原理示意。用半透膜将纯溶剂(一般为水)与溶液隔开,溶剂分子会从纯溶剂侧经半透膜渗透到溶液侧,这种现象称为渗透(osmosis)。由于溶质分子不能通过半透膜向溶剂侧渗透,故溶液侧的压强升高。渗透一直进行到溶液侧的压强高到足以使溶剂分子不再渗透为止,即达到渗透平衡,平衡时膜两侧的压差称为渗透压(osmotic pressure)。在渗透平衡时,如果

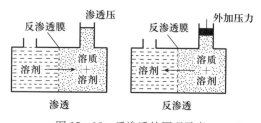

图15-12 反渗透的原理示意

在溶液侧加上一个额外的、大于渗透压的压强,则溶液中的溶剂分子就会向溶剂侧转移,转移方向与渗透时的方向相反。这一过程称为反渗透。反渗透能使溶液中的溶剂不断减少,溶液得以浓缩。

反渗透是利用反渗透膜选择性地只透过溶剂而截留溶质的性质,以膜两侧静压差为推动力,克服溶液的渗透压,使溶剂透过反渗透膜而实现对液体混合物分离的目的。与超滤一样,反渗透属于压力驱动膜分离技术,其操作压力一般为1.5~10.5MPa。

(二)反渗透膜及其组件

反渗透膜是带皮层的不对称膜,按照操作压力的高低不同,反渗透膜分为高压反渗透膜和低压反渗透膜两种。高压反渗透膜的材料一般为三醋酸纤维素、直链或交链全芳香族酰胺、交联聚醚等,其操作压力一般为10MPa。低压反渗透膜的皮层为芳烷基聚酰胺或聚乙烯醇,非皮层为直链或交链全芳香族酰胺,其操作压力一般为1.5~2.0MPa。

反渗透的膜组件与超滤膜组件基本相同,也有管式、板式、中空纤维式和螺旋式。最早研制出的是板式,目前应用最广泛的是中空纤维式和螺旋式。

三、纳米过滤技术

纳滤(NF)膜是介于反渗透(RO)膜及超滤(UF)膜之间的一种新型分离膜,由于其具有纳米级

的膜孔径、膜上多带电荷等结构特点，因而在相对分子质量为数百的物料分离、低价离子和高价离子的分离等方面有独特功效，这些特点决定了纳滤膜的特殊应用领域。

(一)纳滤膜对无机物的分离性能

纳滤膜对无机离子的去除效率介于反渗透膜和超滤膜之间，它对不同的无机离子有不同特性，如它对 Mg^{2+}、Ca^{2+}、SO_4^{2-} 的去除效率远远高于对 Na^+、Cl^- 等的去除效率，是纳滤膜与反渗透膜分离性能的主要差别。从纳滤膜的分离特性来看，纳滤膜有它自己的特点，纳滤过程也有其特有规律。

1. 纳滤膜材料 目前常用的纳滤膜材料有：芳香聚酰胺类、聚哌嗪酰胺类、磺化聚(醚)砜类、聚乙烯醇。不同的膜材料有自身不同的物理化学性质并相应地导致了膜性能的不同。与反渗透膜相比，纳滤膜的操作压力低，电耗等运转费用低，单位膜组的产水量大，水回收率高，在同样情况下达到一定规模的产水量所需膜组件数少，可以减少投资。同时纳滤膜浓水侧含盐量不太高，因此结垢趋势小，对于进水的预处理和浓水排放的后处理都简单。

2. 纳滤膜的荷电性 纳滤膜的荷电性是纳滤膜的最重要特征之一，荷电性与膜材料以及制造工艺等相关。荷电与否、荷电种类、材料以及荷电的强度对膜性能影响较大，荷电对纳滤膜抗污染性能也有一定的影响。

3. 分离对象 纳滤膜对不同的分离物质，效果也有很大的区别。目前许多纳滤膜对高价离子(如 SO_4^{2-})有很高的去除率(如反渗透膜相差不大)，而且可以在广泛的进水水质范围内获得较稳定的脱盐率；但对一价离子的截留率较低，压力增大后脱盐率有一定的增加，低价离子脱盐率增加幅度相对较大。

4. 分离条件 纳滤膜的性能与分离条件有关。如进料的浓度、溶质极性、pH、操作压力等对分离性能有明显的影响。纳滤膜分离过程部分受渗透压的控制，部分受孔径的控制，部分受电荷的控制，是一个综合的复杂过程。对同一类膜，孔径越大，截留效果就越差。

5. 荷电性及 Donnan 电位的影响 纳滤膜的荷电性(用 Donnan 电位衡量)使纳滤膜具有上面提到过的一些独特分离性能，这种影响即 Donnan 效应。如在 NaCl 浓度固定的溶液中逐渐增加 Na_2SO_4，溶液中 Na^+ 浓度升高，可使 Na^+ 的透过性增加，为了保持膜渗透液一侧溶液的电中性，Cl^- 优先于 SO_4^{2-} 并与 Na^+ 一起透过纳滤膜，Cl^- 的截留率随着 Na_2SO_4 浓度的增加而减少，在 Na_2SO_4 加入量达到一定浓度时甚至出现负的截留率(图 15-13)。一般来说，在三元体系(一种阳离子、两种阴离子)中较难渗透的阴离子将较易渗透的阴离子按 Donnan 平衡的方向排挤，由于电性的作用，易渗透的离子往往可以逆其浓度梯度渗透，这就是 Donnan 效应在纳滤膜分离过程中的表现。如多价阳离子与一价阳离子相比较，单位离子所带的电荷较多，相应地富集于纳滤膜孔中起电中和作用，这也反映纳滤膜对不同价态离子截留性能的差异，同时荷负电的纳滤膜对阳离子的去除主要是一种电中性作用。平衡膜体负电荷作用的离子数量较少，所以相应的截留作用较大。

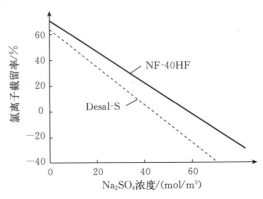

图 15-13 纳滤膜 Donnan 效应示意

(二)纳滤膜对有机物的截留机理研究

纳滤膜一般对相对分子质量在 200 以上的有机物具有较好的去除效率(>90%)，这一特征使它广泛应用于水处理等领域以去除有毒有害的有机物质。纳滤膜对有机物的去除受操作压力、进水浓度、pH、进水有机物性质等因素的影响。实验显示，pH 对纳滤膜去除氨基酸的效率影响很大，pH 增至高于等电点后，原来在较低 pH 下显正电而可以顺利通过纳滤膜的氨基酸带负电，受膜表面电性作用的影响,此时纳滤膜的截留效率急剧增加。图15-14是总有机碳(TOC)去除效率对比实验,图中亲水有机物、疏水有机物以及未分级的本体有机物维持同样的有机物浓度(总有机碳为1 mg/L),在同样的操作条件下,纳滤膜对它们的去除效率相差很大,纳滤膜对疏水性的有机物去除效果最好,在95.7%以上;而亲水性的有机物一般为小分子有机物,可以较顺利地与水分子一起透过纳滤膜,因而去除效率低。这说明纳滤膜对有机物去除有选择性。

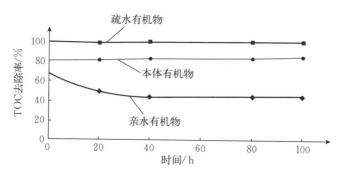

图15-14 总有机碳去除效率的对比

(三)纳滤膜的装置与工艺

纳滤膜膜组件有螺旋卷式、管式和平板式。螺旋卷式膜单位体积拥有较大膜面积,其造价较低,但在操作中膜间隙易堵塞,要求溶液预处理。管式膜单位体积膜面积较小,造价稍高,但它适于对未经预过滤的溶液进行直接浓缩,清洗也方便,故最常用。平板式膜浓差极化现象严重,易引起膜污染,降低膜的分离效率,仅用于小型实验中。纳滤膜过滤的操作方式与反渗透及超滤相同,只是压力低于反渗透而高于超滤。

四、膜分离技术的应用

膜分离技术在食品工业中的应用包括果汁澄清浓缩、回收乳清蛋白、脱脂乳浓缩、酿造业、饮料和纯净水加工等方面。

(一)膜分离技术在果蔬食品加工中的应用

自从1977年Heatherbell等成功运用超滤技术制得了稳定的苹果澄清汁之后,超滤技术在果蔬汁澄清和浓缩中的研究与应用发展很快。美国DuPont公司在20世纪80年代末已出售反渗透橘子汁浓缩装置,用的是中空纤维反渗透组件,操作压力为10.5~14.0 MPa,可以生产45白利度的橘子汁。若用氮气保护,生产温度低于10 ℃,则可以提高到55白利度。1984年意大利建立了世界上第一条反渗透浓缩番茄汁生产线,可把4.5白利度的番茄汁浓缩到8.5白利度。应用超滤技术进行果蔬汁的澄清、浓缩,可有效地简化工艺,提高果蔬汁产量和质量,降低成本。反渗透膜浓缩在果蔬制品的澄清、浓缩方面进行了成功的应用。我国近几年果蔬汁加工业发展迅速,超滤技术的应用越来越广泛,已在猕猴桃汁、冬瓜汁、葡萄汁、草莓汁、苹果汁等果蔬制品的澄清、浓缩方面进行了成功的应用。

(二)膜分离技术在乳制品加工中的应用

膜技术应用在乳制品加工中,主要用于浓缩鲜乳、分离乳清蛋白和浓缩乳糖、分离提取乳中的活性因子和牛乳除菌等方面。1969年出现了膜浓缩全乳的技术,其目的是采用膜过滤来制备高蛋白质含量(超过20%~22%)的液态乳酪,作为制备软乳酪或半硬乳酪的原料。乳制品加工中引入膜分离技术,在国外已得到较普遍的应用,并不断地进行技术改进和扩大应用范围。例如,将巴氏杀菌和膜分离相结合,生产浓缩的巴氏杀菌牛乳,利用反渗透技术可将全脂鲜乳浓缩至1/5,脱脂乳浓缩至1/7,在20世纪80年代后期已实现了工业化生产。由于鲜乳进行了浓缩,抗腐败性也大大提高,可在45 ℃以下的温度中保存8 d。当前,几乎所有的国际乳品加工厂都采用了工业化反渗透和超滤装置加工脱脂乳和乳清液，浓缩乳清蛋白已形成了相当规模的生产能力。

(三)膜分离技术在酿造业中的应用

膜分离技术于发酵行业有较多地应用，如调味品、有机酸和氨基酸等的生产。日本较早将该技术成功地用于酱油和食醋的生产。由于传统的过滤方法和过滤工艺不能解决微生物超标问题，而采用中空纤维超滤膜分离技术，可在保留原有盐分、氨基酸、总酸度和还原糖等有效成分的同时，去除细菌、大分子有机物、悬浮颗粒杂质及部分有毒有害物质。目前，我国很多生产厂家已采用超滤技术进行酱油和醋的除菌、除浊等。采用HW2型卷式超滤器(配用SPES200型滤膜)进行过滤，可得到清澈透明的食醋成品，各项成分符合质量标准。HW2型卷式超滤器的过滤通量为34 L/(m²·h)，收率可达95%以上。超滤技术还广泛应用于酿酒行业，用在白酒、啤酒、果酒、保健酒的澄清和除菌等方面。

(四)膜分离技术在饮料和纯净水加工中的应用

生产不同的饮料，其水质要求也各不相同。传统的方法为电渗析法和离子交换法，前者电耗、水耗较高，后者操作麻烦，污染排放较大，运转成本也较高。采用新的电渗析、纳滤和反渗透技术来代替传统的水处理技术，对降低饮料、纯净水生产成本，保证水质，简化操作和减少环境污染等都是十分有利的。在茶饮料工业中，首先对茶饮料进行超滤澄清，然后用反渗透浓缩茶汁，采用这种先进的膜浓缩工艺生产的茶浓缩汁，其中茶多酚、氨基酸、儿茶素、咖啡因和糖的保留量明显提高，而浓缩汁的蛋白质和果胶含量明显下降。

> **知识窗**
>
> **如何去除咖啡中的咖啡因？**
>
> 许多人喜欢喝咖啡，但出于某种原因需要限制咖啡因的摄入量。对于这些人来说，无咖啡因咖啡是一种很好的选择。目前常见的去除咖啡因的方法，主要包括有机溶剂法、分子印迹聚合物技术，以及利用基因重组培植低咖啡因的咖啡树等方法。
>
> **1. 利用有机溶剂、二氧化碳、水萃取** 有机溶剂法是利用二氯甲烷、乙酸乙酯等混合溶剂通过已浸湿润的咖啡豆，将咖啡因萃取出来，然后用蒸汽去除残留的化学物质，最后将有毒废液回收。释出的咖啡因可以转卖给药商制成止痛锭，或是转卖制作成含有咖啡因的饮料。
>
> 使用二氧化碳脱咖啡因时，要用二氧化碳高压加热，用水软化原材料。二氧化碳在高温、高压条件下处于超临界状态，可以利用液体的密度及气体的扩散性渗入咖啡豆，将咖啡因溶解。这种处理方法能更好地保留原材料香味，既不会造成咖啡豆损伤，也不容易萃取咖啡因以外的物质。此方法使用的二氧化碳无毒，且可以去除大部分的咖啡因，不过费用较高，市面上较少见到使用此法的产品。
>
> 用水处理咖啡因过程与使用二氯甲烷处理的间接法相似，但不使用化学物，此法生产费用较为昂贵。
>
> **2. 利用分子印迹聚合物技术去除咖啡因** 分子印迹聚合物(molecularly imprinted polymer, MIPs)的目标是高分子，能依照咖啡固定的结构模式找到一组符合咖啡因的官能性单体，制成吸附型胶囊，只允许咖啡因进入，如此便可分离出咖啡因。
>
> **3. 利用基因重组培植低因咖啡树** 奈良先端科学技术大学院大学的研究小组，尝试利用基因重组技术，培植出低咖啡因的咖啡树，此研究已有初步的结果，他们抑制了咖啡因基因合成时三个基因阶段性机能发挥中的第二基因，且不会影响咖啡香味，用这种方式培植的咖啡树4年后所生成的咖啡豆中的咖啡因含量确实下降了许多。

复习题

1. 简述微波辅助萃取的原理及其操作中应注意的影响因素。
2. 超声波可产生哪些效应以提高萃取效果?
3. 大孔型离子交换树脂有何特点?
4. 影响离子交换树脂吸附选择性的因素有哪些?
5. 离子交换的操作方式有哪两种? 各有何优缺点?
6. 超滤膜分离组分的原理是什么?
7. 纳滤膜有什么特点? 其截留有机物的机理是什么?

CHAPTER 16 第十六章 现代食品生物化学分析技术

作为整个质量管理程序的一部分,食品分析贯穿于产品开发、生产和销售的全过程。食品样品的性质和分析的特殊要求决定了分析方法的选择。分析方法的速度、精密度、准确度与稳定性是选择分析方法的主要因素。本章将主要介绍食品分析中使用的生物传感器分析技术、基因芯片分析技术、PCR 技术、免疫分析技术和波谱分析技术等。

第一节 生物传感器分析技术

生物传感器(biosensor)是一种对生物物质敏感并将其浓度转换为电信号进行检测的仪器,是由固定化的生物敏感材料作识别元件(包括酶、抗体、抗原、微生物、细胞、组织、核酸等生物活性物质)、适当的理化换能器(如氧电极、光敏管、场效应管、压电晶体等)及信号放大装置构成的分析工具或系统。

一、生物传感器的概念、组成及分类

根据国际理论与应用化学联合会(IUPAC)对生物传感器的定义,生物传感器是利用酶、免疫制剂、组织、细胞器或全细胞等生物识别元件的特异性生化反应,借助电、光、热、声等各种信号对化学物质进行检测的一类装置(图16-1)。1962 年,Clark 首次提出这一概念。不同的生物识别元件(感受器)和信号转换元件(换能器)组成了不同类型的生物传感器,它们的命名和分类也因此而得来。按照所用分子识别元件的不同,可分为酶、免疫、微生物、DNA、细胞等生物传感器。而

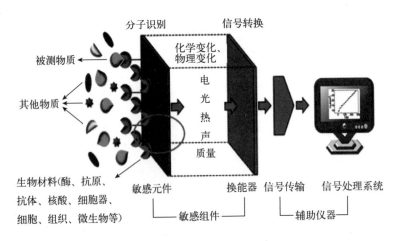

图 16-1 生物传感器的组成

根据生物传感器信号转换元件的不同,则可分为电化学、半导体、光学(如光纤、表面等离子体共振)、热敏、压电(如石英晶体微天平、表面声波)等生物传感器。

生物传感器的主要性能指标包括:选择性、灵敏度、使用寿命和检测极限等。信号转换器的类型、生物识别元件的选择以及生物材料的固定技术成为影响其性能的主要因素。生物传感器灵敏度的高低与转换器的类型、生物材料的固化技术等有很大的关系;而选择性则主要取决于敏感材料的选择。与传统的检测方法相比,生物传感器分析技术具有响应快、灵敏度高、操作简便、选择性好、成本低、便于携带及可在线监测等优点。它作为一种多学科交叉的新技术,在食品质量安全检测中正逐渐成为一种强有力的分析工具。

二、生物传感器的工作原理

生物传感器中包含抗体、抗原、蛋白质、DNA或者酶等生物活性材料,待测物质进入传感器后,分子识别完成后发生生物反应并产生信息,信息被化学换能器或者物理换能器转化为电、光、热、声等信号,经过自动化仪表技术和微电子技术处理放大,并对数据处理后输出,从而得到待测物质的浓度。它的检测原理如图16-2所示。

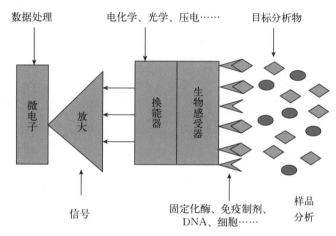

图16-2 生物传感器的原理

三、生物传感器在食品检测中的应用

(一)在农药残留检测中的应用

农药是当代农业生产中必不可少的重要生产资料。但是,农药的过度使用使食品、农产品中的农药残留量超标,成为危害食品安全的重要因素之一。生物传感器利用农药对目标酶活性的抑制作用研制的胆碱酯酶传感器,以及利用农药与特异性抗体结合反应研制的免疫传感器,在食品农药残留检测中得到了广泛的研究。应用于农药、兽药残留检测的传感器中,最常用的是酶传感器。单酶传感器只能测定数目有限的环境污染物,所以可通过一个生物传感器上偶联几种酶促反应来增加可测分析物的数量。

(二)在分析食品基本成分中的应用

生物传感器可以实现对大多数食品基本成分的快速分析,包括蛋白质、氨基酸、糖类、有机酸、酚类、维生素、矿物质元素、胆固醇等。采用亚硫酸盐光纤生物传感器可测定果蔬中亚硫酸盐的含量;利用氨基酸氧化酶传感器可测定各种氨基酸(包括谷氨酸、L-天冬氨酸、L-精氨酸等十几种氨基酸);酶电极型生物传感器可用来分析白酒、苹果汁、果酱和蜂蜜中的葡萄糖等;通过双电极的差分方法由生物传感器自动分析原先无法测定的项目,包括尿素、谷氨酰胺、淀粉、蔗糖、乳糖、麦芽糖等。

(三)在分析食品添加剂中的应用

亚硫酸盐通常被用作食品工业的漂白剂和防腐剂，采用亚硫酸盐氧化酶为敏感材料制成的电流型二氧化硫酶电极可用于测定食品中的亚硫酸含量。此外，也有些生物传感器可用于测定色素和乳化剂。

(四)在测定食品鲜度中的应用

食品的新鲜度是衡量食品是否安全的因素之一，有的食品一旦失去了新鲜度，生物成分就会转化为对人类身体有害的物质，所以要加强食品新鲜度的测定。生物传感器作为食品鲜度评价的工具使对食物新鲜度的评价由主观变得客观，由定性走向定量。目前这方面的研究和应用主要集中在肉类鲜度的评定。食物腐败的过程都伴随着产生特定的化学物质，如微生物总数增加、生成胺类、核苷酸降解等，所以根据测定对象的不同可采用不同类型的生物传感器。Volpe 等曾以黄嘌呤氧化酶为生物敏感材料，结合过氧化氢电极，通过测定鱼肉产生的磷酸肌苷、肌苷和次黄嘌呤的浓度来判断鱼的鲜度。

第二节 基因芯片分析技术

大部分情况下，免疫技术和 PCR 检测技术的一次实验只能检测一种目标分子，在少数情况下能同时检测两三种目标分子。显而易见，对于商品化生产，用以上检测方法不可能解决大量样品的检测问题，需要有更有效的、更快速的检测方法。最近几年出现的基因芯片技术能较好地解决这一矛盾。

一、基因芯片技术概述

基因芯片(gene chip)，又称 DNA 微阵列(DNA microarray)，是指将许多特定的寡核苷酸片段或基因片段作为探针，有规律地排列固定于支持物上形成的 DNA 分子阵列。芯片与待测的荧光标记样品的基因按碱基配对原理进行杂交后，再通过激光共聚焦荧光检测系统等对其表面进行扫描即可获取样品分子的数量和序列信息。基因芯片的概念可追溯到 Southern blot 杂交技术，其原理即核酸片段之间通过碱基互补配对机制形成双链，但由于 Southern 杂交的核酸样品固定在多孔的滤膜上，样品容易扩散，因此在单位面积上点样的密度受到限制，无法进行大规模、高通量的 DNA 杂交。同时，由于滤膜面积大，杂交时需要的探针量较多。为了提高点样密度和检测灵敏度，降低探针用量，基因芯片技术将大量的核酸分子同时固定于玻璃、硅等载体上，可同时检测、分析大量的 DNA/RNA，与传统核酸印迹杂交(Southern blot 和 Northern blot 等)相比，具有灵敏、高效、低成本、自动化等优点。

(一)基因芯片的种类和用途

按照基因芯片上探针的长度可将芯片分为寡核苷酸芯片和 cDNA 芯片，寡核苷酸芯片以寡核苷酸片段作为探针，而 cDNA 芯片以较长的 PCR 产物作为探针。按照基因芯片的用途可将芯片分为表达谱芯片和序列检测芯片。表达谱芯片是目前比较成熟、应用最广泛的一种基因芯片，主要用于检测基因的差异性表达、寻找新基因和研究基因功能。序列检测芯片广泛用于各种特定基因序列的检测、基因突变和单核苷酸多态性检测，也有人将其用于基因测序。

(二)芯片的制备方法

基因芯片的片基主要有硅片、玻璃片、硝酸纤维膜、聚丙烯膜等。寡核苷酸芯片以人工合成的寡核苷酸片段作为探针，制备方法主要有原位合成法和合成后点样法。而 cDNA 芯片以长片段的 PCR 产物作为探针，制备方法主要为合成后点样法。基因芯片的制备流程见图 16-3。

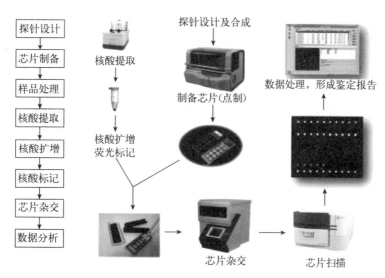

图 16-3 基因芯片的制备流程

1. 原位合成法（in situ synthesis）制备寡核苷酸芯片 原位合成法设备昂贵，技术复杂，只有少数大公司使用，主要有 Affymetrix、Incyte Pharmaceuticals 和 Rosetta Biosys-tem 等公司。Affymetrix 公司开发的光引导聚合法，将半导体光刻技术（photolithography）与传统的核酸固相合成技术相结合，以光敏保护基保护碱基单位的 5′羟基，合成时利用光照射使光敏保护基脱保护，然后与光敏保护基保护的、亚磷酰氨活化的碱基单体接触，在那些脱去保护基的地方合成寡核苷酸探针。Incyte Pharmaceuticals 公司开发的压电打印法以类似于彩色喷墨打印机的装置进行核酸合成，用 4 种碱基替代墨盒中的墨汁，在计算机控制下合成试剂被喷射在预设的底物位点表面，所用合成技术也是冲洗、去保护、偶联等常规的固相原位合成技术。

陆祖宏等用分子印章技术进行探针的原位合成也取得了成功。原位合成法具有芯片阵列密度高，可合成任意序列的寡聚核苷酸等优点。但探针的长度受到了限制，而且随长度的增加合成错误率随之增高。

2. 合成后点样法制备寡核苷酸芯片 该技术相对简单，绝大部分公司使用这一方法。合成工作用传统的 DNA 固相合成仪完成，合成后用自动化微量点样装置将其以比较高的密度涂布于硝酸纤维素膜、尼龙膜、玻片上，并事先对支持物表面进行特定处理使其带上特定的反应基团。主要优点：保持探针长度均一，成本低，用途广泛。主要缺点：密度达不到原位合成法的水平，点之间重复性差。但经过改进，可在 6.5 cm² 的范围内容纳 100 000 个核酸位点，已为从事基础研究的实验室广泛采用。

3. cDNA 芯片的制备 原理类似于 southern 杂交，即事先对支持物表面进行特定处理使其带上正电荷，将纯化后的 PCR 产物喷或点到支持物表面，DNA 分子以氢键和离子键吸附于支持物表面，如用紫外线交联则固定得更加牢固。点样方法和装置同合成后点样法。阵列密度虽不及原位合成寡核苷酸芯片高，也可达到每张载玻片 4 万个基因。而 cDNA 芯片最大的优点是靶基因检测特异性非常好，用作表达谱研究结果可靠。

二、基因芯片技术在转基因食品检测中的应用

欧盟及中国都在研究转基因产品检测芯片（GMOchip），目前已研究出一些产品，正在做验证实验，还没有商品化，也没有形成国际、国家标准或行业标准，但此技术发展很快，相信在不久的将来会应用到实际检测中去。

目前国内转基因产品检测芯片的研究目标为：要能确定是否是转基因产品，是哪一种转基因产

品，是否是我国已批准的转基因产品。已研制的芯片能检测国内外已批准的商品化转基因作物物种：大豆、玉米、油菜、棉花、马铃薯、烟草、番茄、木瓜、西葫芦、甜椒等，还可以检测含有启动子、终止子、筛选基因与报告基因等通用基因位点用作筛选是否是转基因产品，或检测含有并包括抗虫、耐除草剂、雄性不育与育性、恢复基因等各物种特定的目的基因，及品种特异的边界序列用于确定是哪种转基因品种。我国研制的转基因芯片在检测某种进口油菜过程中检测出的基因有 *P35S*、*FMV35S*、*NosT*、*bar*、*PAT*、*EPSPS*、*GOX*、*barstar*、*barnase*（雄性不育）等，对照标准样品，表明该进口油菜品种为两个转基因产品的混合物。

第三节　PCR 技术

一、PCR 技术原理及种类

PCR 是聚合酶链式反应（polymerase chain reaction）的简称，其利用核酸复制酶、引物和核酸单体组成物质（4 种单核苷酸），在试管内完成模板 DNA 的复制。它模拟 DNA 聚合酶在生物体内的催化作用，在体外进行特异 DNA 序列的聚合及扩增。可以在短短的几小时内使某特异 DNA 片段扩增数万倍，所需的 DNA 模板量仅为 10 ng 量级，而且使用粗提的 DNA 就可以获得良好的扩增效果，因而这一技术的出现为外源基因整合的检测提供了便利的条件，尤其是在样品材料少又需要及早检测的情况下。一般 PCR 只用作食品的定性筛选检测。

二、用于食品检测的 PCR 方法

目前，食品成分的定量检测方法有半定量 PCR 法、定量竞争 PCR（QC-PCR）法和实时定量 PCR 法。其中，半定量 PCR 法比较简单，但结果精确性较差；定量竞争 PCR 的特点是含有内部标准子，可降低实验室之间的检测误差；而实时定量 PCR 法可在提取 DNA 后 3 h 内，检测样品的总 DNA 量及 2 pg 转基因成分的量，但这套 PCR 系统价格昂贵。

(一)半定量 PCR 法

1. 样品 DNA 的提取　按常规的方法进行，取部分样品 DNA 在 0.8% 琼脂糖凝胶中电泳，与已知含量的 marker 比较，用计算机凝胶成像分析系统处理结果，以对所提取的 DNA 进行定量。

2. PCR 反应

(1)样品 DNA 的质量分析。设计合适引物，对样品（如玉米）基因组中的保守序列进行 PCR 扩增，保守序列是单拷贝的微卫星序列，例如，玉米的引物为 GCTTTCGTCATACACACACATTCA/ATGGAGCATGAGCTTGCATATTT，PCR 产物约 160 bp，据此可确定获得纯化 DNA 的质量和模板量，同时判定 PCR 反应抑制因素的影响。

(2)建立内部参照反应体系。利用高纯度的 pBI121 质粒（含两个 35S 启动子），以相同的引物对其 DNA 扩增可产生两条带：一是与常规 35S 启动子一致的 195 bp 带；二是 500 bp 带，为 DNA 链上两个 35S 启动子之间的序列扩增的产物。将此质粒 DNA 与待测样品 DNA 以同一对引物共扩增，有助于减少实验中的误差，得到可靠的半定量结果。

(3)测定 CaM 35S 启动子的 PCR 反应。为避免操作误差，每个样品 PCR 实验重复 3 次，所用的 DNA 模板量为 15.20 ng，检测的 35S CaMV 启动子的引物为 GCTCCTACAAATGCCATCA/GATAGTGGGATTGTGCGTCA，产物得到 195 bp 的电泳带。在对待测样品 PCR 扩增的同时，进行空白对照，0.1%、0.5%、1%、2%、5% 转基因成分含量的标准样的 PCR 反应，根据凝胶电泳的结果建立工作曲线，由工作曲线判定待测样品的转基因成分含量。

(二)定量竞争 PCR 法

定量竞争 PCR 法需要先构建含有修饰过的内部标准 DNA 片段(竞争 DNA),与待测 DNA 进行共扩增,因竞争 DNA 片段和待测 DNA 的大小不同,经琼脂糖凝胶可将两者分开,并可进行定量分析。

1. 样品 DNA 的提取和定量　按常规方法进行。

2. 竞争 DNA 的构建　按常规分子生物学的方法,用基因重组技术构建竞争 DNA 片段作为内部标准 DNA,此片段除含有转基因成分外(如 35S 启动子、Nos 终止子),还插入数十个碱基对的 DNA 序列(或缺失数十个碱基对的 DNA 序列)。

3. 标准工作曲线的建立　取定量模板 DNA,所含转基因成分分别为 0~100% 的系列参考样,分别与一定量的竞争 DNA 在同一反应体系进行 PCR 扩增。特异转基因 DNA 与竞争 DNA 竞争反应体系中的相同底物、引物,PCR 反应获得相差数十个碱基对的两条凝胶电泳带,两条带浓度随转基因成分含量的不同而有差异。当两条带浓度相等,则说明此参考样转基因浓度与竞争 DNA 浓度相等。通常实验时竞争 DNA 浓度调整到与含 1% 转基因成分的参考样相当。

通过凝胶成像分析系统对琼脂糖凝胶电泳的结果进行分析,得到每条带的相对浓度,以此数据作目标 DNA 浓度与目标 DNA 浓度/竞争 DNA 浓度的对数图,线性回归分析后得出工作曲线。

4. 待测样品的测定　将 500 ng 待测 DNA 与经过定量的竞争 DNA 共扩增,凝胶电泳后经扫描分析得到两条带,得到目标 DNA/竞争 DNA 的比值,依此数据在工作曲线图上求得待测样品的转基因成分含量。

(三)实时定量 PCR 法

1. 原理　实时(real-time)荧光定量 PCR 技术是指在 PCR 反应体系中加入荧光基团,利用荧光信号积累实时监测整个 PCR 进程,最后通过标准曲线对未知模板进行定量的方法。该技术是在常规 PCR 基础上,添加了一条标记了两个荧光基团的探针。一个标记在探针的 5′端,称为荧光报告基团(R);另一个标记在探针的 3′端,称为荧光抑制基团(Q)。两者可构成能量传递结构,即 5′端荧光基团发出的荧光可被荧光抑制基团吸收或抑制。当二者距离较远时,抑制作用消失,报告基团荧光信号增强。荧光信号随着 PCR 产物的增加而增强。实时定量 PCR 方法就是利用此原理,在 PCR 过程中连续不断地检测反应体系中荧光信号的变化。当信号增强到某一阈值时,循环次数(Ct)就被记录下来。该循环次数(Ct)和 PCR 体系中起始 DNA 量的对数值之间有严格的线性关系。利用阳性梯度标准品的 Ct 值制成标准曲线,再根据样品的 Ct 值就可以准确确定起始 DNA 的数量。

2. 荧光探针　目前应用于实时定量 PCR 检测体系中的荧光探针主要有两种:一种是 TaqMan 探针,另一种是分子信标探针。

(1)TaqMan 探针。它是一段 5′端标记报告荧光基团,3′端标记淬灭荧光基团的寡核苷酸。报告荧光基团,如 FAM,共价结合到寡核苷酸的 5′端。TET、VIC、JOE 及 HEX 也常用作报告荧光基团。所有这些报告荧光基团通常都由位于 3′端的 TAMRA 淬灭。当探针完整时,由于报告基团与淬灭基团在位置上很接近,导致其报告荧光的发射主要由于 Forster 型能量传递而受到抑制。在 PCR 过程中,上游和下游引物与目标 DNA 的特定序列结合,TaqMan 探针则与 PCR 产物相结合。 Taq DNA 聚合酶的 5′→3′外切活性将 TaqMan 探针水解。而报告荧光基团和淬灭荧光基团由于探针水解而相互分开,导致报告荧光信号增强。TaqMan 探针的 3′端则经过化学修饰,以防止其在 PCR 过程中被延伸。探针与产物的结合发生于 PCR 的每一循环,但并不影响 PCR 产物的指数积累。报告荧光基团与淬灭荧光基团的分离导致报告荧光信号的增强,而荧光信号的增强可被系统检测到,它是模板被 PCR 扩增的直接标志。

(2)分子信标探针。它能形成发夹结构,探针的噜扑环(LOOP)与目的 DNA 碱基互补,噜扑环两侧为与目的 DNA 无关的碱基互补的臂。无目的 DNA 时,探针形成发夹结构,荧光素靠近淬灭剂,荧光素接受的能量通过共振能量转移至淬灭剂,DABCYL 吸收能量后以热量形式消失,结果不产生荧光。当探针遇到目的 DNA 分子时，形成一个比两臂杂交更长也更稳定的杂交，探针自发进行构型变化，使两臂分开，荧光素和淬灭剂随之分开，此时在紫外光照射下，荧光素产生荧光。影响分子信标探针构型变化的参数主要有：臂长、臂序列 GC 含量、噜扑环长度和溶液盐浓度，尤其是二价阳离子(如 Mg^{2+})对两臂形成的杂交茎有较强的稳定作用。在 Mg^{2+} 存在条件下，4～12 个核苷酸可形成稳定的杂交茎。噜扑环长度至少应是臂长的 2 倍，才能保证探针与目标 DNA 杂交及荧光素与淬灭剂分开。

荧光定量检测的主要影响因素在于所用探针的纯度以及 Mg^{2+} 浓度，二者在很大程度上决定了检测结果的真实性和可靠性。

(四)反转录 PCR 定性检测方法

最早报道反转录 PCR(RT - PCR)定性检测方法的是 Larrick，他利用该法检测外源基因在植物细胞内的表达情况。RT - PCR 的原理是以植物总 RNA 或 DNA 为模板进行反转录，然后经过 PCR 扩增，如果从细胞总 RNA 提取物中得到特异 cDNA 扩增带，则表明外源基因得到了转录。

(五)复合 PCR 技术

复合 PCR(multiple PCR，MPCR)是在同一反应管中含有一对以上引物，可以同时针对几个靶位点进行检测的 PCR 技术。该技术不仅效率高，而且因为它是针对多个靶位点进行同时检测，所以其检测结果较之普通 PCR 更为可信。

利用 MPCR 技术对植物的转基因背景进行检测。经过对 DNA 方法的选择，对各种 PCR 程序的比较以及对引物的修饰，建立了一种快速检测植物转基因情况的技术；利用该技术对 5 个大豆样品、6 个豆粕样品进实验检测，同时利用普通 PCR 方法对上述样品进行检测，两者的结果完全相符。

第四节 免疫分析技术

一、免疫分析法概述

免疫分析技术在医学及生物学研究中起着重要的作用，并被广泛应用。其基本原理就是利用抗原(antigen)抗体(antibody)特异反应来实现的。生物体内许多成分都是很好的抗原，如蛋白质、多糖、脂类等。一种抗原可能具有诱导产生多个抗体的空间机构，即具有多个抗原决定簇，每个抗原决定簇能诱导产生一种抗体，因此动物血液中往往同时存在许多种抗体，每种抗体由一种细胞产生，从血液中直接分离得到的抗体，叫作多克隆抗体。一个产生抗体的细胞扩大培养，再分离得到的抗体叫作单克隆抗体。抗原抗体反应是一种非共价键特异性吸附反应，即通常情况下，抗原只和它自己(或者具有相同抗原决定簇的抗原)诱导产生的抗体发生反应，因此血清学反应具有高度的专一性。

抗原抗体反应，虽然能产生肉眼可见的凝聚反应，可用于检测，但此法灵敏度不够，而且需要大量的抗原抗体，现在很少应用。在实际工作中应用最多的有两种方法，一种叫作酶联免疫法(ELISA)，另一种叫作试纸条法。酶联免疫法将在下文详细介绍。试纸条法主要将特异的抗体交联到试纸条上和有颜色的物质上，当纸上抗体和特异抗原结合后，再与带有颜色的特异抗体进行反应时，就形成了带有颜色的"三明治"结构，并且固定在试纸条上，如果没有抗原，则没有颜色。血清学检测快速、具有一定的灵敏度，也能进行半定量，尤其是试纸条法，不需要特殊的仪器设备，在现场检验或初筛中具有较好的应用前景。

二、ELISA 检测法的应用

目前血清学检测试剂已有商品化的产品出售，具体的检测程序参考产品说明书，这里简单介绍美国谷物化学家协会(AACC)组织的用 ELISA 法检测转基因的抗虫玉米 MON810 协同实验。

已大量上市的 MON810 目前缺乏有效的检验方法。美国谷物化学家协会生物技术方法技术委员会与欧盟合作研究中心的标准物质与测量研究所(IRMM)协作,选择 Strategic 诊断公司(SDI)开发的 MON810 检测试剂盒,能定性定量检测 MON810 的抗虫玉米中的蛋白质。MON810 玉米表达来自苏云金杆菌(Bt)的 CryA(b)杀虫蛋白。来自 20 个国家的 40 个实验室参与了研究(其中包括中国国家转基因产品检测技术研究中心)。

本协同实验使用的检测 MON810 含量的方法是酶联免疫吸附分析法(ELISA)。所有的免疫实验都是使用从免疫动物细胞中分离出来的抗体作为分子工具来结合和检测目标蛋白,该例中的目标蛋白就是 Cry IA(b)蛋白。抗体分子是一种蛋白质,它能紧密并特异地和诱导产生它的物质结合,因此它能用来在复杂的样品抽提物中检测很低浓度的蛋白。检测 MON810 的 ELISA 法称为"夹心"式 ELISA,这是因为它使用两种抗体同时结合一个 Cry IA(b)分子,形成夹心来分离和检测蛋白,如图 16-4 所示。即一个抗体固定在酶联板孔表面,用来亲和诱捕样品中的 Cry IA(b)蛋白;

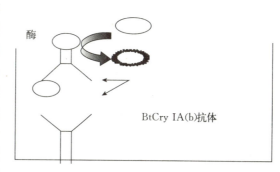

图 16-4　BtCry IA(b)夹心 ELISA

第二个抗体通过化学键结合一个酶分子,并与被第一个抗体固定在酶联板孔表面上的 Cry IA(b)结合。样品与检测试剂反应之后,冲洗掉酶联板中尚存的混合液,再加入显色剂显色,然后使用分光光度计分辨颜色的深浅,其颜色的深浅代表样品中 Cry IA(b)蛋白的数量。ELISA 分析 MON810 可以定量检测田里玉米和含玉米成分的物质,包括面粉、粗面粉、面筋和去壳谷物。

三、PCR-ELISA 技术

PCR-ELISA 法以共价交联在 PCR 管壁上的寡核苷酸作为固相引物进行 PCR 扩增。PCR 产物通过杂交和凝胶电泳双重检测,结果通过酶标仪直接输出,无人为误差。该方法灵敏度高,可靠性强,易于操作,自动化程度高,适于批量检测,是适合推广的一种快速检测方法。

(一)PCR-ELISA 原理及操作

PCR-ELISA 是将 PCR 高效性与 ELISA 高特异性结合在一起的检测方法。利用共价交联在 PCR 管壁上的寡核苷酸作为固相引物,在 Taq 酶作用下,以目标核酸为模板进行扩增,产物一部分交联在管壁上成为固相产物,一部分游离于液体中成为液相产物。对于固相产物,可用标记探针与之杂交,再用碱性磷酸酯酶标记的链亲和素进行 ELISA 检测,同时可通过凝胶电泳对液相产物进行分析。

1. 固相引物的包被　固相引物的包被是指利用特殊试剂将 5′磷酸化或氨基化的引物特异性地固定在附着物上,它是固相扩增的前提,也是杂交检测的基础。附着物的种类很多,如硝化纤维、尼龙膜、聚苯乙烯等。Gilham 认为,理想的固定是 DNA 分子的单一位点共价固定在附着物上,利用碳二亚胺将 5′端磷酸化的 DNA 分子固定在纸上,包被上的 DNA 分子可以通过同位素标记探针进行定量,通常有 20~50 ng 的核酸分子可以吸附到管壁上,这样 1~2 nm 长的引物就排列在管壁上。一般来讲,吸附到管壁上的寡核苷酸在 35~50 ng,高浓度的寡核苷酸并不能提高吸附量。包被的效果与温度、时间、核酸分子的浓度以及缓冲液的种类和 pH 等有关。EDC[1-ethyl-3(3-dimethylaminopropyl)-carbodiimide]在包被过程中起到"桥梁"作用,它以共价键的形式与固相引物的磷酸基团结合,激活寡核苷酸。

包被完毕后,必须及时洗掉包被管中残留的 EDC 和甲基咪唑,以免影响随后的 PCR 反应。包被好的 PCR 管可在 4 ℃或更低温度下存放半年以上。

2. PCR扩增 通常在包被寡核苷酸的管内进行PCR扩增，扩增条件因目的片段而异。一般来说，PCR反应体系为：10倍缓冲液5 μL，25 mmol/L Mg^{2+} 4 μL，10 mmol/L dNTPs 1 μL，25 μmol/L引物1 1 μL，8 μmol/L引物2(固相引物)1 μL，Taq酶2单位，加水至50 μL。固相引物与液相引物的浓度比值决定了两种产物的量，1:1利于琼脂糖凝胶电泳检测，8:1利于杂交检测，同时也适合凝胶电泳分析。

3. ELISA检测 变性后的固相产物在5倍SSC(含0.5% BR)中杂交1 h，杂交温度因探针而异，一般在45～50 ℃都能得到较好的效果。杂交后用0.5倍SSC，0.1%吐温-20洗掉非特异性结合的探针，加入100 μL AP(1:2 500)使之与探针上的地高辛结合，10 mg/mL的PNPP显色30 min后，通过酶标仪读数(波长为405 nm)。去掉空白对照，高于10为阳性，低于0.1为阴性。

(二)PCR-ELISA的优点

1. 高灵敏度 PCR-ELISA法将PCR扩增的高效性和ELISA的高特异性结合在一起，灵敏度高达0.1%。欧盟利用PCR技术对转基因玉米和大豆的35S启动子和Nos终止子进行水平测试时，检测灵敏度达到2%，而对于含量为0.5%的105个阳性样品则出现3个假阴性结果，并且许多电泳条带模糊，而利用PCR-ELISA对转基因大豆的检测灵敏度比欧盟推荐的PCR方法提高5～10倍。

2. 可靠性 目前，对PCR产物特异性的确认主要包括电泳、RFLP、序列测定等方法，少量样品可以通过电泳，用分子质量标准确定DNA条带的大小，也可用RFLP或核酸测序及同源性分析进行验证。但这些方法不适于大批量样品检测，利用PCR-ELISA方法，在PCR结束后用标记探针与管壁上的固相产物杂交，大大提高了检测的特异性，而且结果的判定通过紫外分光光度计或酶标仪，以数字的形式输出。与此同时，通过凝胶电泳对液相产物进行检测。两次检测有效地避免了假阳性出现，提高了检测结果的可靠性。

3. 半定量检测 PCR扩增过程中，以不同浓度标准阳性样品作参照，制出吸光值与转基因含量的标准曲线图，以此可以确定检测样品的转基因含量，这样可以进行半定量检测。PCR-ELISA检测转基因产品所需仪器简单，易于操作，杂交检测可自动化，适合大批量检测。

第五节 波谱分析技术

一、红外光谱分析

红外光谱技术是一种新型的无损检测技术，在食品检测中发挥着良好的效用。应用红外光谱技术可以直接对食品进行检测，且检测效率高，检测成本较低，污染程度较小。因此，红外光谱技术在食品检测中的应用具有非常重要的意义。

(一)红外光谱的检测原理

红外光谱是一种分子吸收光谱，主要包括近红外检测(near infrared，0.75～2.5 μm)、远红外检测(far infrared，25～1 000 μm)、中红外检测(middle infrared，2.5～25 μm)三个区段。食品样本受到频率连续变化的红外线照射后，其分子会吸收一定频率红外线辐射。随后由振动运动(或转动运动)引起分子偶极矩变化，最终形成红外吸收光谱。通过对红外吸收光谱中不同吸收峰化学基团进行对比分析，可判定化合物的结构和状态，进而确定食品性质。

(二)红外光谱在食品检测中的应用

目前应用于食品检测领域的红外光谱技术主要为近红外检测和中红外检测。

近红外检测在食品检测中的应用主要源于20世纪80年代，其将计算机技术、光谱测量技术、基础测试技术与化学计量学技术进行了有机整合，成为独立的食品检验模块。近红外检测在食品检测中的应用主要包括粮食安全性、肉类安全性、食用油安全性、乳制品安全性、茶叶安全性、酒类安全性等模块。如利用近红外检测技术，可对黑木耳、银耳、黑牛肝菌等食用菌，或者不同区域生产的山药样本进行红外检测分析。

中红外检测在食品检测领域中可检测食用油组分、粮食成分及肉制品中反式脂肪酸含量，检测依据是油脂中甲基链C—O、C—H在中红外检测中的振动方式、振动频率的差异。利用中红外检测主成分分析方式，可区别葵花子油、玉米油、菜子油及橄榄油在辐射区域内的变化。通过液体油样光纤分析，还可以对中红外检测光谱进行二阶导数处理，及时确定食品掺假情况。

1. 在食品定性鉴别中的应用 针对食品中掺杂掺假情况，可利用近红外检测技术，对食品进行直接扫描检测，确保食品掺假问题的及时发现，保证食品安全。以近红外检测定性分析牛乳掺假为例，在定性分析过程中，检测人员可分别收集掺有豆浆的牛乳样本、生鲜牛乳样本及掺有尿素的牛乳样本，利用主成分分析技术，结合人工神经网络，进行掺假牛乳定性分析模型的构建。在掺假牛乳定性分析模型中，通过对样本数据分析，可以保证牛乳掺假识别率在93.56%以上。

另外，利用中红外光谱进行食品定性分析，抽取性质相似的样品，在统一辐射区域内进行红外光谱照射，并以主成分为依据，进行二维线性投影，根据投影图内红外吸收峰聚类，可以确定不同食物的性质差异。如选择我国绍兴米酒、嘉善米酒样本，在傅立叶红外检测仪的中红外区段内进行扫描。随后利用主成分分析法进行分析，可区分两地米酒的差异。

2. 在食品定量分析中的应用

(1)基于近红外光谱的食品定量分析主要是通过多个食品样本的识别，在 4 200～4 800 nm^{-1} 波段内对食品各组分含量进行最小二乘定量模型的构建。通过对多个食品预测组分含量与参考含量的对比分析，可有效判定被检测食品组分含量的超标情况。如利用傅立叶红外变化模型，向槐花蜜、油菜蜜中掺加 5.0% 的麦芽糖浆，利用竞争性自适应重加权算法，构建蜂蜜的麦芽糖浆含量定量模型。通过对两样本定量模型方根对比分析，可确定两种蜂蜜的麦芽糖浆掺加量。在此基础上，检测人员可进一步拓展检测范围，即向槐花蜜中掺加不同含量的麦芽糖浆，配成 100 个蜂蜜样本，在 305～2 100 nm^{-1} 范围内采集近红外反射光谱。随后利用主成分分析方法，对近红外光谱内的数据进行汇总、整合，以蜂蜜麦芽糖含量定量模型构建的方式，对定量模型的交叉验证相关系数及均方根误差进行逐一分析，从而确定蜂蜜掺加麦芽糖浆的比例。通过对上述定量模型(图 16-5)分析，可有效判定蜂蜜的掺假现象，并确定掺假蜂蜜浓度，为后续蜂蜜鉴别提供依据。

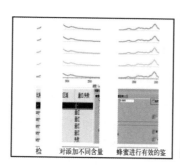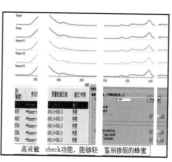

图 16-5 蜂蜜真假辨别红外图谱

(2)利用中红外光谱进行食品定量分析，主要是利用统计学、模型参数估计、化学信号处理、定量构效关系、人工智能、试验设计优化等化学计量方法，提取食品特征，构建食品参数模型，从而达到定量分析的目的。以中红外光谱在食品反式脂肪酸含量测定中的应用为例，实验主要利用氯仿-甲醇提取法，提取食品中的脂肪。然后利用甲醇-BF3将食品中的脂肪进行快速甲酯化。食品脂肪甲酯化后，在 Avatar 375 傅立叶变换红外光谱仪内，对食品中反式脂肪酸含量进行定量分析，可达到 90.2%～102.3%回收率。

二、紫外-可见光谱分析

紫外-可见光谱是电子光谱，是材料在吸收 10～800 nm 波长范围的光子所引起分子中电子能级跃迁时产生的吸收光谱。紫外-可见吸收光谱分析法常称为紫外-可见分光光度法。该法的研究对象大多是具有共轭双键结构的分子。

(一)紫外-可见光谱的检测原理

紫外-可见吸收光谱是分子内电子跃迁的结果，不同的化合物由于分子结构不同，电子跃迁类型就不同。因此，根据物质分子对波长为 200～760 nm 这一范围的电磁波的吸收特性建立了一种定性、定量和结构分析方法。紫外-可见吸收光谱会具有不同特征的吸收峰，其吸收峰的波长和强度与分子中价电子的类型有关，光谱测定即是关于分子对不同波长和特定波长处的辐射吸收程度的测量。

(二)紫外-可见光谱在食品分析中的应用

1. 酸乳中维生素 A 的测定　酸乳是一种发酵乳制品，由于其丰富的营养成分以及独特的风味而深受人们的喜爱。酸乳中含有一定量的维生素 A，是人体必需的营养元素。目前分析维生素 A 的方法很多，主要有荧光分光光度法、气相色谱法、高压液相色谱法、可见分光光度法。其中比较常用的是采用三氯化锑作为显色剂的分光光度法，但这种方法有以下几个缺点：①生成的蓝色化合物不稳定，很快褪色，比色测定必须在 6 s 内完成；②三氯化锑具有强腐蚀性及毒性；③很易吸水，受温度、湿度的影响大，器皿装过试剂后难于洗涤等。王明华等采用紫外分光光度法分析测定酸乳中维生素 A 的含量，样品经过皂化、提取、除溶剂等步骤后，于 328 nm 处测定其吸光度，测得维生素 A 的回收率为 103.3%，平均值的标准偏差为 0.32，变异系数为 0.01。同时，进行了维生素 D 对维生素 A 测定的干扰实验，结果表明维生素 D 的存在不影响维生素 A 的测定。该方法与三氯化锑比色法相比，操作简单、安全。

2. 水果汁中果糖的测定　果糖的测定法有高效液相色谱法、离子选择电极法、傅立叶变换近红外光谱法和分光光度法等。前三种方法的操作都较复杂，而分光光度法中均加入显色剂，如间苯二酚、铁氰化钾等，这些物质对环境有污染。通过研究发现：果糖在盐酸的作用下可生成羟甲基糠醛，通过对果糖在盐酸介质中的吸收光谱进行扫描，发现在波长 291 nm 处有最大吸收；果糖浓度在 1～30 μg/mL 范围内服从比耳定律。利用该研究用紫外分光光度法测定了苹果鲜汁、鸭梨鲜汁中的果糖含量。发现该方法具有很好的选择性和较高的灵敏度，适用于组成较复杂的分析对象中果糖含量的测定。该方法简便、快速、灵敏，无污染。

三、核磁共振谱分析

核磁共振(NMR)技术在食品检测领域中的应用始于 20 世纪 70 年代初期，具有其他理化分析方法难以比拟的独特优点，即对样品不具有破坏性和侵入性，能够实现实时、迅速地测量，可以对多类成分同时检测，能够获得样品内部结构图像等。因此，近年来 NMR 技术在食品检测中的应用越来越广泛。

(一)核磁共振的基本原理

核磁共振是电磁波与物质相互作用的结果，是吸收光谱的一种形式，即在适当的磁场条件下，样品能吸收射频(RF)区的电磁辐射而被激发，而且所吸收的辐射频率取决于样品的特性。待射频消失后，由激发状态返回平衡状态弛豫过程中，记录产生核磁共振光谱。核磁共振的原理如图 16-6 所示。

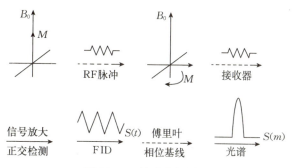

图 16-6 核磁共振原理

(二)核磁共振谱在食品分析中的应用

1. 在食品成分分析中的应用 固体脂肪含量(SFC)是评价食品质量的主要指标之一,NMR 技术在该类成分检测中的应用较早,最为常见的是低场脉冲核磁共振方法(pulsed NMR),其原理与早期 NMR 技术的工作原理相同,即施加窄脉冲在核自旋体系上,观察核体系对其的自由感应衰减(FID)信号。由于该方法测定固体脂肪含量简单易行、速度快、准确度高、不需要破坏样品等特点而备受欢迎。从 1993 年开始,低场脉冲核磁共振方法成为食品行业(如烘焙业、糖果业、人造奶油业等)中测定油脂中固体脂肪含量的美国油脂化学家学会测定油脂中固体脂肪含量的官方检测方法。

食品中氨基酸或蛋白质含量是评价其质量的另一指标,NMR 技术也可用于食品中氨基酸或蛋白质的定性和定量测定。Consonni 等对意大利阿马罗尼(Amarone)干红葡萄酒进行了多变量数据分析,以期找到代谢成分与陈酿工艺之间的关系。通过对样品 ^{1}H NMR 谱的归属和计量学分析,发现陈酿时间较长的酒样中氨基酸含量富集,而陈酿时间较短的酒样中芳香类成分含量富集。这可能是在较长的陈化过程中,酒样中的酵母和细菌发生自溶,因此不仅葡萄中的蛋白质不断被降解为氨基酸,酵母和细菌蛋白也会在宿主自溶后发生降解。α-乳白蛋白是牛乳中的主要乳清蛋白,利用一维和二维 NMR 谱图对它的变性态 A 态的结构进行表征,结果显示 α-乳白蛋白 A 态的三级结构在很大程度上是无序的且非特异性的。而 Belton 等采用 NMR 方法归属并半定量了多种液体食品(果汁和食醋)中的氨基酸等小分子成分,其中用 NMR 方法测得葡萄汁中丙氨酸/精氨酸含量比值与已报道的高效液相色谱结果一致。

2. 在食品安全分析中的应用 为了调节食品的风味,或降低食品生产的成本,生产者往往会对天然食品进行调配或勾兑。这些用于调配或勾兑的外源添加物多为天然食品本身含有的成分,采用传统的物化检测方法,只能通过成分含量的高低来推测是否含有或半定量外源添加物。NMR 技术在食品外源添加物质检测方面的应用比较晚,目前常用方法为基于 NMR 技术的位点特异性天然同位素丰度分离法(SNIF-NMR),该方法可以有效鉴别天然食品中的本身成分和外源添加成分。由于在自然条件下,生物体会优先利用较轻的元素,而非生物体系没有这一选择性,所以生物来源的代谢物的同位素比,即重元素数与轻元素数比值($R_{H/L}$),会分布在一个区别于非生物来源代谢物同位素比的较低值范围内。而利用 SNIF-NMR 法,可以直接获得有机分子可检测基团上的同位素丰度比,结合代谢路径分析就可以判断天然样品中是否添加或者添加了什么外源成分。

对合成乙酸的检测是食醋安全检测的重要组成部分。合成乙酸和发酵来源乙酸的氢同位素比值存在差异,利用基于质子的 SNIF-NMR 方法可区分二者。Hsieh 等通过对 3 种米醋鉴定模型的测试,鉴定并评估了纯酿造米醋。SNIF-NMR 分析结果显示,纯酿造米醋、糖浆制食醋和合成食醋中 $(D/H)_{CH_3}$ 值分别为 98.50×10^{-6}、108.46×10^{-6} 和 131.58×10^{-6},存在明显差异。该检测结果表明,随着糖浆制食醋或合成食醋的加入,纯酿造米醋的 $(D/H)_{CH_3}$ 值呈线性增大。

四、质谱分析

质谱是一种检测带电荷粒子的荷质比的分析技术。它可以用来检测小分子化合物、生物大分子以及元素组成等。质谱技术不仅可以得到相对分子质量信息,还可以通过碎片分析得到被分析物质的结构信息，因此可以应用于定性和定量分析。质谱作为复杂系统分析技术成为现代营养学研究必不可少的分析工具，特别是对食品组学中的蛋白质组学和代谢组学。

(一)质谱基本原理及分类

质谱仪主要分成三个部分：离子化器(离子化源)、质量分析器与侦测器。其基本原理是使样品中的成分在离子化器中发生电离，生成不同荷质比的带正电荷离子，经加速电场的作用，形成离子束，进入质量分析器。在质量分析器中，再利用电场或磁场使不同荷质比的离子在空间上或时间上分离，或是通过过滤的方式，将它们分别聚焦到侦测器而得到质谱图，从而获得质量与浓度(或分压)相关的图谱。

不同类型质谱适用于不同的应用领域(图16-7)，根据工作原理的不同可将质谱仪区分如下：

(1)按电离方式区分，可分为电子碰撞质谱、化学电离质谱、光电离质谱、阈值电离质谱。

(2)按质量分析方式区分，可分为静电磁扇区质谱、四极质谱、飞行时间质谱、离子阱质谱、傅立叶变换离子回旋共振质谱法。

图16-7 不同类型的质谱及其应用领域

(二)质谱在食品分析中的应用

1. 食物营养素的质谱分析 维生素是人体生长发育及维持正常生理机能所必需的营养素，其传统的测定方法主要是高效液相色谱法，但灵敏度、选择性和分析通量都尚有欠缺。在稳定同位素技术出现前，维生素体内代谢活性难以检测，因为体液中这些化合物的浓度极低，而鉴别维生素来源是体外吸收还是内源性几乎是不可能的。目前，质谱法和稳定同位素技术的结合成为维生素检测中颇具吸引力的分析手段。最初，视黄醇和类视黄醇化合物常常硅烷化衍生后再进行GC-MS分析，在电子俘获负离子化学电离模式下能达到皮克级(10^{-12})检测水平。随着大气压化学电离离子源的发展，类视黄醇开始用LC-MS检测，并且在食物、膳食补充剂、鱼卵和细胞提取物中都能被定量。营养学研究中则开始运用稳定同位素标记的标准品(通常是D和^{13}C)和传统质谱仪或稳定同位素质谱仪联用来追踪维生素的体内代谢活动，包括吸收、代谢和分泌。

油脂氧化产生的过氧化脂质对人体的危害长期以来是食品研究中非常活跃的领域。过氧化脂质是不饱和脂肪酸经自由基作用形成的过氧化物，对细胞及细胞膜结构和功能造成损伤，与衰老、慢性疾病(心血管疾病、糖尿病、肥胖、阿尔茨海默病等)和癌症发生有关。脂质过氧化的终产物丙二醛(malondialdehyde, MDA)和4-羟基烯醛(4-hydroxyalkenal)是强有力的交联剂，能与酶的氨基以及蛋白质和核酸反应。但是只有在色谱和质谱联用技术得到发展后，这种相互作用才得到充分研究。现在这项技术已被用于脂质组学方法研究饮食和组织中脂类的一级和二级氧化产物以及它们导致的生物损伤的代谢组学方面的评估。

2. 质谱在食品安全中的应用 公众对食品安全越来越关注，这对现代食品分析技术提出了挑战，亟待开发出准确、精确，并且稳固可靠的方法鉴定出食品中任何可能以极低浓度存在的有害化合物或微生物。不断改进的质谱技术能够满足这样的要求，尤其是液相色谱分离技术和电子喷雾三重四级杆质谱联用（LC‑ESI/MS/MS）在食品安全检测中是常用的手段。通过质谱或质谱联用技术，检测人员成功地检测出水果、蔬菜、酒、牛乳和肉类等食品中杀虫剂的污染，每千克定量极限通常能达到微克级别，同时分析速度也相当迅速。例如，牛乳中 58 种抗生素的污染能在 5 min 之内全部检出。现在为了进一步提高分离速度，超高效液相色谱（UPLC）应运而生，它使用填充更小直径微粒的短液相柱在超高压下进行分离，能在 5 min 内分析出草莓中超过 100 种杀虫剂的残留。

微生物污染食品产生的病原体、毒素和亚产物的检测也是食品安全检测的一个重要方面。GC‑MS 可以绘制食品中代谢产物谱，因此可以用来鉴定与某种特定微生物污染相关的挥发性产物。质谱还可以通过蛋白质组学直接鉴定微生物群，甚至能辨别出可能是哪个菌种污染了食物。参照质谱指纹（2 000～10 000 u）图可以分辨出所研究细菌的不同种类和种属。质谱在食品安全中的应用不仅限于此，还可以提供关于食品组成成分的准确信息，从而判断食品质量、食品成分的产地，以及是否为转基因食品等。

知识窗

质谱仪的发明者阿斯顿

弗朗西斯·威廉·阿斯顿（Francis William Aston）出生于英国伯明翰，是著名的英国化学家、物理学家，英国皇家学会会士。阿斯顿思想活跃，勇于接受新事物，而且兴趣广泛、知识渊博。他凭借其发明的质谱仪发现了大量非放射性元素的同位素，并且阐述了"整数法则"，阿斯顿因此获得了 1922 年的诺贝尔化学奖。

阿斯顿（1877—1945）

质谱学源于 1898 年，德国物理学家威廉·维恩（William Wien）发现了带正电荷的离子束在磁场中发生偏转的现象。1918 年，登普斯特（A. J. Dempster）采用电子轰击（electron impact，EI）技术使待测分子离子化。1919 年，英国剑桥大学卡文迪许实验室（Cavendish Laboratory）的阿斯顿研制出了世界上第一台速度聚焦质谱仪，同时鉴别出了至少 212 种天然同位素。从 20 世纪 60 年代开始，质谱法已经普遍地应用到有机化学和生物化学领域，逐渐成为研究单位和大学配置的实验仪器设备。

复习题

1. 简述核磁共振原理。
2. 试述 PCR 的基本原理及引物设计原则。
3. 有一化合物其分子离子的 m/z 分别为 120,其碎片离子的 m/z 为 105,问其亚稳离子的 m/z 是多少?
4. 试述生物芯片的种类及主要功能。

参考文献

陈晓平，2011. 食品生物化学[M]. 郑州：郑州大学出版社.

郭蔼光，2018. 基础生物化学[M]. 3版. 北京：高等教育出版社.

洪庆慈，2000. 食品生物化学[M]. 南京：南京大学出版社.

胡耀辉，2014. 食品生物化学[M]. 北京：化学工业出版社.

黄卓烈，朱利泉，2015. 生物化学[M]. 3版. 北京：中国农业出版社.

阚建全，2008. 食品化学[M]. 2版. 北京：中国农业大学出版社.

库彻 P W，罗尔斯顿 G B，2002. 生物化学[M]. 姜招峰，译. 北京：科学出版社.

宁正祥，2013. 食品生物化学：汉英版[M]. 广州：华南理工大学出版社.

王淼，吕晓玲，2017. 食品生物化学[M]. 北京：中国轻工业出版社.

谢达平，2014. 食品生物化学[M]. 2版. 北京：中国农业出版社.

于国萍，邵美丽，2015. 食品生物化学[M]. 北京：科学出版社.

查锡良，药立波，2008. 生物化学与分子生物学[M]. 8版. 北京：人民卫生出版社.

朱圣庚，徐长法，2017. 生物化学[M]. 4版. 北京：高等教育出版社.

Trudy Mckee, James R Mckee, 2000. 生物化学导论：影印版[M]. 2版. 北京：科学出版社.

Lodish H, Berk A, Zipursky S L, et al, 2004. Molecular cell biology[M]. 5th ed. New York：W. H. Freeman and Company.

Nelson D L, Cox M M, 2016. Lehninger principles of biochemistry[M]. 7th ed. New York：Macmillan Higher Education.

Stryer L, Berg M J, John L T, et al, 2019. Biochemistry [M]. 9th ed. New York：W. H. Freeman and Company.

图书在版编目(CIP)数据

食品生物化学/周海燕，谢达平主编．—3版．—北京：中国农业出版社，2021.3(2024.7重印)
普通高等教育农业农村部"十三五"规划教材 全国高等农业院校优秀教材
ISBN 978-7-109-27322-1

Ⅰ.①食… Ⅱ.①周…②谢… Ⅲ.①食品化学－生物化学－高等学校－教材 Ⅳ.①TS201.2

中国版本图书馆CIP数据核字(2020)第173990号

中国农业出版社出版

地址：北京市朝阳区麦子店街18号楼
邮编：100125
责任编辑：甘敏敏 张柳茵
版式设计：王 晨 责任校对：刘丽香
印刷：三河市国英印务有限公司
版次：2004年6月第1版 2021年3月第3版
印次：2024年7月第3版河北第3次印刷
发行：新华书店北京发行所
开本：889mm×1194mm 1/16
印张：23.25
字数：640千字
定价：59.80元

版权所有·侵权必究
凡购买本社图书，如有印装质量问题，我社负责调换。
服务电话：010-59195115 010-59194918